Immobilienmanagement

Immobilienmanagement

Handbuch für
Immobilienentwicklung
Bauherrenberatung
Immobilienbewirtschaftung

Herausgeberin:
Kammer Unabhängiger Bauherrenberater KUB

Mitherausgeber:
ETH Eidgenössische Technische Hochschule Zürich
Hochschule Luzern – Institut für Finanzdienstleistungen Zug IFZ
SVIT Swiss Real Estate School

Schulthess § 2009

Bibliografische Information ‹Der Deutschen Bibliothek›

Die Deutsche Bibliothek verzeichnet diese Publikation in der Deutschen Nationalbibliografie; detaillierte bibliografische Daten sind im Internet über ‹http://dnb.ddb.de› abrufbar.

ISBN 978-3-7255-5860-5

www.schulthess.com

Gestaltung: Simona Meyer, Art & Design Solutions, Zürich

Redaktionsteam

Chefredaktor:
Prof. Dr. Hans-Rudolf Schalcher, ETH Zürich

Redaktoren:
Andreas Binkert, Nüesch Development, Luzern
Thomas Häberli, Stadt Zürich, Immobilien-Bewirtschaftung
Christoph Kratzer, MMK Immobilientreuhand AG, Zürich
Bernhard Lauper, Immopro AG, Zürich
Hansjörg Pedrett, MMK Immobilientreuhand AG, Zürich

Lektorin:
Marianne Moll, Kammer Unabhängiger Bauherrenberater KUB, Zürich

Hauptgönner

Kamata Development, Zürich
Livit AG Real Estate Management, Zürich
MIBAG Property + Facility Management, Baden
SUVA, Luzern

Gönner

Bauengineering.com AG, St. Gallen
Bühler & Oettli AG, Baumanagement, Zürich
Colliers CSL AG, Zürich
Conarenco AG, Zürich
Die Schweizerische Post, Bern
Emch+Berger Gesamtplanung Hochbau AG, Bern
Fraumünster Versicherungs-Treuhand AG, Zürich
Genossenschaft Migros Zürich, Zürich
Halter Unternehmungen, Zürich
Immopro AG, Zürich
Intercity Group / Inova Intercity, Zürich
Intershop Management AG, Zürich
Kuoni Mueller & Partner Investment AG, Zürich
Markstein AG, Baden
Migros-Pensionskasse, Zürich
MMK Immobilientreuhand AG, Zürich
Mobimo Verwaltungs AG, Küsnacht
Prorealis AG, Zürich
R+B engineering ag, Zürich
SBB Immobilien, Bern
Stadt Zürich, Amt für Hochbauten, Zürich
Stadt Zürich, Immobilien-Bewirtschaftung, Zürich
Steiner-Gruppe, Total Services Contractor, Zürich
Swissbuilding Concept AG, St. Gallen
SVIT Zürich, Zürich
Wincasa AG, Immobilien-Dienstleistungen, Winterthur

Vorwort

Intakte Natur, nutzbare Siedlungsräume und moderne Städte bilden den äusseren Rahmen für einen attraktiven Wirtschaftsraum. Die Schweiz gilt als starker Wirtschaftsplatz und muss deshalb um die Aufrechterhaltung dieses äusseren Rahmens besorgt sein. Das stellt uns vor die Herausforderung, dass wir nicht nur raumplanerisch, sondern auch bei der Konzipierung der Immobilien mit der bautechnischen und der gesellschaftlichen Entwicklung Schritt halten. Mit Bauausgaben von 52.2 Milliarden Franken im Jahr 2007 ist der Immobiliensektor aber auch ein wichtiger Wirtschafts- und Gestaltungsfaktor. Ferner deckt der Immobilienbereich auch soziale, kulturelle und ökologische Aspekte unseres Zusammenlebens ab: In allen Zivilisationen haben Bauten dem Menschen Schutz und Wohlbefinden gestiftet. Sie waren aber immer auch Ausdruck von Wohlfahrt und Zukunftsglaube.

Seit der Industrialisierung im 19. Jahrhundert ist Bauen vielfältiger, anspruchsvoller und komplexer geworden. Neben Bauten für das Wohnen und Arbeiten sind auch unzählige Produktions-, Lager- und Verkaufsgebäude sowie öffentliche Bauten für Transport, Bildung, Gesundheit, Kultur usw. entstanden. Überdies haben auch die Qualitätsstandards für Bauten zugenommen und unsere Wünsche sind vielfältiger geworden. Auch die Gesellschaft äussert sich heute gegenüber der Bautätigkeit unmissverständlich. Aktuelle Anliegen sind die Steigerung der Energieeffizienz und die Reduktion des CO_2-Ausstosses von Gebäuden. Eine weitere grosse Sorge ist die zunehmende Zersiedelung unserer Landschaft und die damit verbundene ökologische Belastung der Natur. Im Rahmen einer umfassenden Energiestrategie hat deshalb der Bundesrat in jüngster Zeit zahlreiche Massnahmen zur Förderung der Energieeffizienz und der erneuerbaren Energien ausgelöst.

Die Aus- und Weiterbildung unserer Baufachleute hat mit der zunehmenden Komplexität nur zum Teil mithalten können. An den Schweizer Hochschulen dominieren nach wie vor die bautechnischen und gestalterischen Disziplinen im engeren Sinne. Die Analyse von Lebenszyklen und Fragen rund um die Bewirtschaftung von Immobilien werden eher am Rande behandelt und entsprechende Ausbildungsgänge erst seit einigen Jahren und nur von wenigen Ausbildungsstätten angeboten. Es besteht somit eine Wissenslücke in einem bedeutenden Wirtschaftsbereich.

Ich begrüsse deshalb die gemeinsame Initiative der Kammer Unabhängiger Bauherrenberater KUB, der ETH Zürich, der Hochschule Luzern und der SVIT Swiss Real Estate School zur Schaffung eines fundierten Lehrmittels und Nachschlagewerkes für Immobilienentwickler und Bauherrenberater. Damit werden benötigte Standards gesetzt, die eine Qualitätssteigerung im Bau- und Immobilienmanagement einleiten werden.

Doris Leuthard, Bundesrätin

Vorsteherin des Eidgenössichen Volkswirtschaftsdepartements

Inhaltsübersicht

Einleitung

Hans-Rudolf Schalcher

1 Einleitung

1.1 Ziele des Handbuches

Dieses Handbuch für Immobilienmanagement bildet ein umfassendes Kompendium für die Ausbildung von Immobilienfachleuten und ein Nachschlagewerk für den Praktiker. Es behandelt die vielfältigen Rahmenbedingungen, Aufgaben, Methoden und Hilfsmittel für die Leitung und Steuerung der Entwicklung, Planung, Realisierung und Bewirtschaftung von privaten und öffentlichen Immobilien. Dabei stehen die Schweizer Verhältnisse im Vordergrund, wobei die meisten Inhalte unabhängig von nationalen Eigenheiten angewendet werden können. Die bewusst knapp gehaltenen theoretischen Ausführungen werden ergänzt und vertieft mit zahlreichen praktischen Anwendungshilfen.

Dieses Handbuch richtet sich sowohl an Studierende in baunahen Wissensgebieten als auch an Immobilieneigentümer und -bewirtschafter sowie Fachleute aus dem Bauprojekt- und Immobilienmanagement. Im engeren Sinn sollen insbesondere Wissen und Können für Bauherrenberater und Immobilienentwickler vermittelt werden.

1.2 Grundlagen

Dieses vollständig überarbeitete und wesentlich ergänzte Handbuch baut in vielen Belangen auf dem früheren «Handbuch für Bauherrenberatung» (2. Auflage, Zürich, 2002) der Kammer Unabhängiger Bauherrenberater KUB, einer Mitgliederorganisation des Schweizerischen Verbandes der Immobilienwirtschaft SVIT, auf. Dieser Vorläufer richtete sich vor allem an Bauherrenberater. Die nun vorgenommene grundlegende Überarbeitung der Inhalte zur Bauherrenberatung und die wesentliche thematische Ausweitung auf die immer wichtigeren Gebiete der professionellen Immobilienentwicklung einerseits und des Betriebs von Immobilien andererseits entsprechen dem zunehmenden Bedürfnis nach einer ganzheitlichen Betrachtung des Immobilien-Lebenszyklus und den gestiegenen Anforderungen der Aus- und Weiterbildung.

Die breit gefächerten Themen wurden von einem Autorenkollektiv erarbeitet und beruhen auf dem Fachwissen und den Erfahrungen der einzelnen Spezialisten. Sie widerspiegeln weitgehend den aktuellen Stand des Wissens. Auf eine durchgehende und wissenschaftlich einwandfreie Abstimmung der einzelnen Beiträge wurde bewusst verzichtet, um die gegebene und auch erwünschte Vielfältigkeit der individuellen Sichten und Meinungen nicht einer erzwungenen Harmonisierung zu opfern.

1.3 Aufbau

Das Handbuch für Immobilienmanagement gliedert sich in sechs Hauptteile:

- Teil A: Grundlagen
- Teil B: Immobilienentwicklung
- Teil C: Planung
- Teil D: Realisierung
- Teil E: Bewirtschaftung
- Teil F: Querschnittthemen

Im Teil F «Querschnittthemen» werden Themen behandelt, die in allen Phasen des Lebenszyklus einer Baute von Bedeutung sind. Der Teil G «Methoden und Hilfsmittel» ist der detaillierten Erläuterung von relevanten Verfahren, Werkzeugen und Checklisten gewidmet. Das umfangreiche Glossar soll zur Begriffsklärung und zur Verständigung zwischen den Disziplinen beitragen.

Die Hauptteile A bis F sind in sich abgeschlossen und können in freier Reihenfolge gelesen werden. Vereinzelt entstehen dadurch gewisse Wiederholungen zu Themen, die auch in anderen Teilen behandelt werden, was von den Herausgebern in Anbetracht der differenzierten Sichten der verschiedenen Autoren jedoch als eine Bereicherung betrachtet wird.

1.4 Berufsbilder und Aufgaben

Der Fokus dieses Handbuches liegt eindeutig auf der Bauherrenberatung und der Immobilienentwicklung. In Anbetracht der fachlichen Nähe dieser beiden Aufgabenbereiche zum Portfoliomanagement werden an dieser Stelle im Sinne der Definition und Abgrenzung der Aufgabengebiete alle drei Berufsbilder beschrieben.

Bauherrenberater

Der Bauherrenberater übernimmt Aufgaben und Verantwortung während der Planung, Projektierung und Realisierung von Bauvorhaben. Dabei kann es sich um Neubauten oder Erhaltungsbauten (Instandsetzung, Veränderung) handeln. Er unterstützt primär den Bauherrn und arbeitet üblicherweise in dessen Auftrag.

Bauherrenberater erbringen in der Regel keine Leistungen aus den angestammten Bereichen der Planer oder der ausführenden Unternehmer, sondern Aufgaben, die der Bauherr bzw. dessen Baufachorgan zu übernehmen haben. Dadurch haben die Projektierenden einen fachkundigen Ansprechpartner auf der Bauherrenseite, was ihnen in Fragen der Auftragsabwicklung, Organisation, Administration und

Koordination die Wahrnehmung ihrer Aufgaben soweit erleichtert, dass sie diese effizienter und zielgerichteter leisten können.

Die Aufgaben eines Bauherrenberaters fallen schon zu einem Zeitpunkt an, wo noch keine planerischen Aufgaben im engeren Sinne zu lösen sind und auch noch nicht feststeht, ob Bauen überhaupt der richtige Weg ist, um die anstehenden Probleme zu lösen. Der sinnvolle Einsatz beginnt also bereits mit der Hilfe und Unterstützung bei der Definition des Investitionszieles und der Wahl der grundsätzlichen Lösungsstrategie. Der Bauherrenberater verfügt über das notwendige Wissen und Können aus dem gesamten Umfeld der Immobilienwirtschaft. Er vertritt ausschliesslich die Interessen des Bauherrn, ist unabhängig und gegenüber Dritten frei von jeglichen Verpflichtungen, die seine Tätigkeit einschränken können.

Der Bauherrenberater berät und unterstützt (als Berater des Bauherrn) oder vertritt (als Projektleiter Bauherr) den Bauherrn in allen Bereichen im Zusammenhang mit der Investitionsabsicht unter Beachtung der wirtschaftlichen, gesetzlichen, organisatorischen, technischen und ökologischen Abhängigkeiten und Einflüsse. Er erarbeitet die Grundlagen, die dem Besteller die notwendigen Entscheide unter Einbezug aller Einflussfaktoren ermöglichen. Er empfiehlt dem Bauherrn aufgrund der erarbeiteten Grundlagen und seiner Erfahrung die jeweils beste Lösung.

Immobilienentwickler

Der Immobilienentwickler (oder synonym Projektentwickler) übernimmt Aufgaben und Verantwortung bei der Entwicklung von neuen oder bestehenden Immobilien. Dabei kann es sich um ein einzelnes Gebäude oder um eine ganze Arealüberbauung handeln. Der Immobilienentwickler arbeitet in der Regel selbständig und auf eigenes Risiko.

Das Berufsbild und der Aufgabenbereich des Immobilienentwicklers haben sich im deutschsprachigen Raum noch nicht eindeutig und abschliessend herauskristallisiert. Je nach Art der Risikoübernahme lassen sich drei Typen von Immobilienentwicklern unterscheiden. Der sogenannte Service-Immobilienentwickler, der Trader-Immobilienentwickler und der Investor-Immobilienentwickler (nach Bone-Winkel / Isenhöfer / Hofmann 2005).

Der *Service-Immobilienentwickler* übernimmt Projektentwicklungsaufgaben als reine Dienstleistung. Diese beinhaltet in der Regel die Entwicklung eines Konzepts bis zum definitiven Investitionsentscheid bzw. bis zur Planungsreife oder sogar bis zur Baufreigabe. Gegebenenfalls werden anschliessend auch Leistungen aus der Bauherrenberatung oder dem Marketing und Verkauf im Auftragsverhältnis übernommen. Solche Leistungen werden meistens von grossen institutionellen Immobiliengesellschaften oder von professionellen Einzelinvestoren beansprucht. Die Konzeption und die Koordination und nicht das eigene finanzielle Engagement stehen im Mittelpunkt der Leistung.

Der *Trader-Immobilienentwickler* erbringt Projektentwicklungsleistungen im engeren Sinn. Er entwickelt Projekte von der Idee bis zur Fertigstellung auf eigene Rechnung und eigenes Risiko. Die Projekte werden entweder bereits während der Projektierungs- und Realisierungsphase vermarktet oder nach ihrer Fertigstellung an einen oder mehrere Investoren verkauft. Diese Form der Immobilienentwicklung wird oft als «klassische» bezeichnet.

Der *Investor-Immobilienentwickler* entwickelt Projekte ebenfalls auf eigene Rechnung und eigenes Risiko, behält die fertigen Objekte jedoch – mindestens für eine gewisse Zeit – im eigenen Bestand zu Eigentum. Damit trägt er auch das Vermietungsrisiko der Immobilie. Die eigentlichen Projektentwicklungsaufgaben des Trader-Immobilienentwicklers und des Investor-Immobilienentwicklers sind sehr ähnlich. Deshalb treten diese beiden Formen im Markt oft kombiniert auf.

Portfoliomanager

Der Portfoliomanager übernimmt Aufgaben und Verantwortung für den Betrieb und den Unterhalt bestehender Immobilien. Es handelt sich dabei um ganze Immobilienportefeuilles, d.h. einen grösseren Bestand von mehreren Einzelgebäuden und / oder Arealüberbauungen.

Die Funktion Portfoliomanagement kann entweder durch den Eigentümer bzw. seine Fachleute wahrgenommen werden oder durch spezialisierte Dritte erbracht werden.

Der Aufgaben- und Verantwortungsbereich des Portfoliomanagers ist noch weniger genau spezifiziert als derjenige des Immobilienentwicklers. Über alles ist der Portfoliomanager verantwortlich für die optimale Performance des ihm anvertrauten Immobilienportefeuilles, analog zum Fall eines Wertschriftenportefeuilles. Im Zentrum des Portfoliomanagements stehen die integrale Optimierung über den gesamten Lebenszyklus und die nachhaltige Erstellung, Bewirtschaftung und Entwicklung eines Immobilienportefeuilles. Die stringente Steuerung der Baunutzungskosten, die Betriebs- und Verbrauchsoptimierung von der Planung bis zur Liquidation sowie die Führung und ständige Verbesserung der baulichen Anlagen anhand von Kennzahlen, aber auch Kauf und Verkauf von Immobilien, sind nur einige der vielfältigen Aufgabengebiete des Portfoliomanagers.

Immobilien-Portfoliomanagement ist nicht identisch mit Facility Management. Letzteres beschäftigt sich zusätzlich zu den eigentlichen Gebäuden in einem hohen Mass auch mit der Arbeitsplatzqualität und den Arbeitsplatz-bezogenen Diensten.

Teil A

Grundlagen

Redaktor

Andreas Binkert

Autoren

Benjamin Buser

Florian Jennewein

Daniela Lutz

Minh Ly

Peter Marti

Hans-Rudolf Schalcher

Albert Ziegler

Inhaltsverzeichnis

1 Geschichte der Immobilie

Seit Menschengedenken spielen Immobilien eine wichtige soziale, wirtschaftliche und kulturelle Rolle. Sie sind nicht nur Schutz bietende Hülle für verschiedenste menschliche Tätigkeiten, sondern auch Zeugen von Wohlstand, Macht und Zukunftsglaube jeder Gesellschaft.

Die nachfolgenden Ausführungen zur Entwicklung der Immobilie in der Schweiz sind lediglich ein kurzer Abriss und konzentrieren sich auf einige wichtige Stationen.

1.1 Mittelalter

Im Mittelalter waren die Ländereien in weltliche und kirchliche Herrschaftsgebiete eingeteilt. Beide unterlagen der Oberherrschaft eines Kaisers und schuldeten diesem Steuerabgaben. Fürsten- und Bistümer waren eigene Verwaltungsbezirke. Sie verlangten ihrerseits von den Bürgern Steuern, kamen für die Infrastruktur auf und waren für Recht und Ordnung verantwortlich.

Bistum – Klerus als Bauherren

Im alten Rom hatten spirituelle Zentren den Kern der Städte gebildet. Die Bischöfe im Mittelalter übernahmen diese Struktur in ihre Bezirke. Daher gelten die Bistümer des Frühmittelalters als Übergang aus der Römerzeit zur mittelalterlichen Stadt. Im 10. Jahrhundert weiteten die Bischöfe ihre Territorien aus und umgaben ihre Residenzen mit Stiftungskirchen und Klöster. Durch das ausgeweitete kirchliche Gebiet führten Handelsstrassen. An den Strassen bildeten sich Marktplätze, Geschäftshäuser und Handelszentren. Die Kirche erweiterten damit ihre Einnahmequellen: Neben den üblichen Einnahmen aus Abgaben, Erbsteuern, Schenkungen und Bildungsbeiträgen verlangten die kirchlichen Oberhäupter auch Markt- und Handelsgebühren.

Fürstentum – Adlige als Stadtentwickler

Anfangs des zweiten Jahrtausends stieg das Familiengeschlecht der Zähringer zu den mächtigsten Fürstenhäusern auf. Um ihr Gebiet zu erweitern und ihren Einfluss auszudehnen, machten sie sich im 12. Jahrhundert daran – immer nach dem ähnlichen Modell – Städte zu gründen. Innerhalb von 80 Jahren errichteten sie im heutigen süddeutschen Raum und der heutigen Schweiz 12 Städte. Mit Bern und Murten fand das Modell der Zähringerstadt um 1190 seine «voll» entwickelte Form und erhielt mit Breisacherberg bereits Nachahmer.

Während viele Gründerfamilien im Mittelalter nicht prosperierten, waren die Zähringer äusserst erfolgreich und viele der Städte und ihre Bürger kamen über die Jahrhunderte zu grossem Wohlstand. 11 der 12 Gründungen sind heute noch äusserst belebte Städte und gelten als klassische Modelle für eine anhaltend erfolgreiche Stadtentwicklung.

Die Zähringerstädte können aus dem heutigen Blickwinkel als «Urform» einer Public Private Partnership (→ Teil F Kap. 7) angesehen werden. Auf der einen Seite gestanden die Gründer ihren Bürgern weitgehende Rechte und Handelsfreiheiten zu – für die damalige Zeit eine Neuheit – und schufen damit eine attraktive rechtliche Situation für Kaufleute. Zudem boten sie den Stadtbürgern eine sehr gute Infrastruktur. Auf der anderen Seite fungierten wohlhabende Kaufleute als Investoren, welche ein Grundstück kauften, dieses bebauten und dadurch zu Steuerzahlern wurden. Somit haben zwar die Bürger die Stadt gebaut, die Zähringer aber setzten die Rahmenbedingungen. Diese «Partnerschaft» zwischen Stadt und Privaten war in ihrer Form neu und für den Erfolg dieser Stadtgründungen ausschlaggebend.

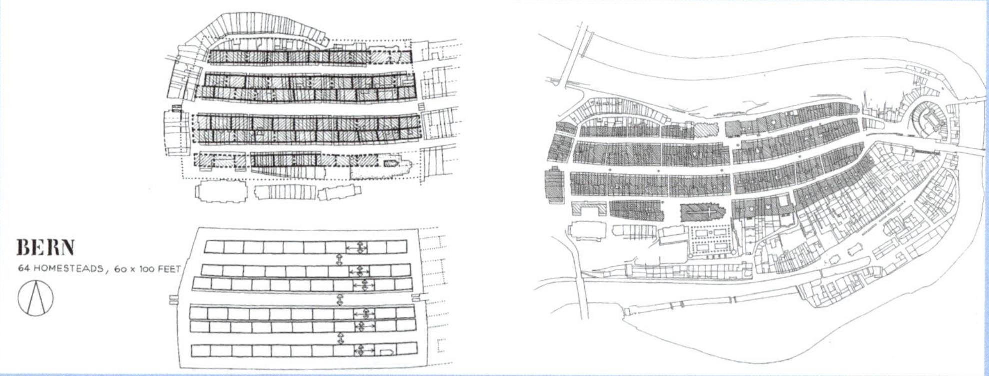

Die 8 Grundprinzipien der Städteplanung

Die Zähringerstädte sind Strassenstädte, auf einem orthogonalen Strassenraster (1) aufbauend, ohne klassische zentrale Stadtplätze (2).
Entlang der Strassen werden Parzellen (3) abgesteckt, welche den Stadtbürgern zum Kauf frei stehen. In der Mitte verläuft durchgehend die Hauptgasse (4), der Lebensnerv der Stadt. Hier findet der Handel statt, öffentliche Gebäude liegen an den Nebengassen (5).
Die Städte verfügen über ein Zu- und Abwassersystem (6). Frisches Wasser fliesst offen mitten durch die Hauptgasse, das Abwasser durch die Hinterhöfe.
Die Burg (7), Symbol für die Obrigkeit, Gründer und Beschützer der Stadt, steht nicht wie zu der Zeit üblich im Zentrum, sondern am Rand. Obwohl die Städte meist durch ihre erhöhte Lage oder einen Flusslauf bereits natürlich geschützt sind, kommen später Stadtmauern (8) hinzu.

Abb. A1: Die 8 Grundprinzipien der mittelalterlichen Städteplanung am Beispiel der Berner Altstadt [A1]

1.2 Neuzeit

Zünfte, Gilden und Burgergemeinden – Bürger als Immobilienentwickler

In den mittelalterlichen Städten lag alle Macht in den Händen von städtischem Adel, Klerus und Hochadel.

Mit dem wachsenden Wohlstand von Handwerkern und Kaufleuten stieg auch deren Interesse an der Mitbestimmung des Stadtlebens. Sie schlossen sich zur Wahrung gemeinsamer Interessen zu Zünften und Gilden zusammen. Diese Vereinigungen verliehen ihnen auch eine politische Stimme. Die Gründung der Zünfte war deshalb in den meisten Städten mit einem politischen Umschwung verbunden. Als Bauherren von Zunft- und Gildehäusern oder Markthallen traten sie zudem als neue Investoren und «Entwickler» auf. Durch ihren Zusammenschluss zu Interessengemeinschaften mit politischem Gewicht nahmen sie die Demokratisierungsentwicklungen der nachrevolutionären Verbünde des Industriezeitalters vorweg.

1.3 Industrialisierung

Beginn der Industrialisierung

Die Schweiz gehört zu den am frühesten industrialisierten Ländern des Kontinents. Wie in England begann die Industrialisierung mit der Textilherstellung. Deren Mechanisierung führte zum Aufbau der Maschinenindustrie und über die Herstellung von Farbstoffen zur chemischen Industrie. Der Technologiesprung durch die Dampfmaschine hatte die Entwicklung von Industrie-Immobilien zur Folge. Der Aufbau von Industrie und Eisenbahn geschah Hand in Hand. Er erforderte grosse Geldmittel, wodurch Banken und Versicherungen ein weites Betätigungsfeld fanden. Erste «Creditanstalten» entstanden.

Die Kehrseite der enormen wirtschaftlichen und gesellschaftlichen Veränderungen waren im 19. Jahrhundert verbreitete Landflucht, schlechte Wohnsituationen in den Ballungszentren, Massenarmut, Kinderarbeit, Hungersnöte, Arbeitskämpfe und Auswanderung. Wie auch in den anderen Industrieländern, führte die unbefriedigende Lebenssituation zu Beginn der Industrialisierung zu verschiedenen Reformen. Sozial denkende Industrielle traten als Entwickler hervor und liessen nach eigenen Vorstellungen Arbeitersiedlungen errichten. So erstellte der Schweizer Baumwollindustrielle Eduard Bühler bereits 1859 für seine Arbeiter in der Umgebung der Fabrik eine Wohnsiedlung. Es folgten sozialpolitische Einrichtungen wie eine Krankenkasse, ein Konsumverein, kulturelle Vereine und erste Gewerkschaften.

Wohnbaugenossenschaften

Die ersten Wohnbaugenossenschaften (WBG) entstanden als Folge der schlechten Wohnbedingungen um 1860 und besonders ab 1890 bis zum ersten Weltkrieg. Nach dem ersten Weltkrieg wurde die Wohnungsnot derart erdrückend, dass viele Städte, Kantone und auch der Bund anfingen, aktive Wohnbauförderung zu betreiben. Dies führte zu einem veritablen Boom der WBG. Eine weitere Gründungs- und Bauwelle gab es während und nach dem zweiten Weltkrieg bis in die 1960er Jahre.

Heute zählt die Schweiz ca. 1 500 Wohnbaugenossenschaften mit rund 160 000 Wohnungen. Das sind 5,1 % des gesamten Wohnungsbestandes. Der Marktanteil der WBG ist landesweit jedoch im Sinken begriffen, mit Ausnahme der Stadt und des Grossraums Zürich. Dort sind traditionelle und neuere WBG weiterhin sehr aktiv in der Erneuerung ihrer Bestände und im Bau neuer Siedlungen, häufig in Partnerschaft mit den Stadtbehörden.

Abb. A2: Arbeiter-Wohnsiedlung

Eisenbahnsiedlungen

In der zweiten Hälfte des 19. Jahrhunderts entstand mit den Eisenbahnsiedlungen eine Sonderform der Arbeitersiedlung. Der Eisenbahnbetrieb erforderte zu seiner Anfangszeit viel Personal, das rund um die Uhr verfügbar sein musste. Die Eisenbahnverwaltungen erwarben preiswerte Grundstücke in der Nähe der Bahnen und errichteten Wohngebäude für ihre Angestellten und deren Familien. Doch nicht alle Eisenbahnsiedlungen sind als neue Arbeiterviertel entstanden, sondern auch aus historisch bestehenden Dörfern gewachsen. 1874 wurde Chiasso, ursprünglich ein Vorort des italienischen Nachbars Como, dank der Eisenbahn mit seinem Grenzbahnhof und Rangierbahnhof zu einer wichtigen Grenzstadt. Durch die Eisenbahn erlebte Chiasso einen wirtschaftlichen Aufschwung und die Bevölkerung nahm rapide zu.

Im 20. Jahrhundert kam hinzu, dass die einsetzende Stadtflucht dazu führte, dass in der Nähe von Grossstädten und Ballungsgebieten an den Eisenbahnlinien bahnhofsnahe Siedlungen auf preiswertem Grund und Boden entstanden. Einige Eisenbahnsiedlungen konnten gar kommunale Eigenständigkeit erreichen.

Tourismus

Die industrielle Revolution und der aufblühende Kapitalismus boten für zunehmende Bevölkerungskreise die finanziellen Voraussetzungen, in der Freizeit reisen zu können. Gleichzeitig erhöhten die veränderten Lebensbedingungen, wie Verstädterung und Fabrikarbeit, die Bereitschaft und den Wunsch der Menschen, eine Reise zur Erholung und zur Regeneration zu unternehmen.

Der Tourismus entwickelte sich zu einem Massenphänomen. Charakteristisch für diesen Massentourismus sind einerseits die Standardisierung des Reiseverhaltens und andererseits der Zugang für breitere Bevölkerungsschichten. Die Zunahme der Anzahl Reisefreudiger rief Unternehmer auf den Plan, welche als Entwickler und Investoren in touristische Projekte investierten.

Josef Bucher und Josef Durrer gehörten um die Wende zum 20. Jahrhundert zu den bedeutendsten Hotel- und Bahnpionieren der Schweiz. Josef Bucher realisierte seine Vision der ersten Hotelkette Europas: vom Bürgenstock bis nach Kairo. Die Firma Bucher & Durrer konstruierte zahlreiche Bergbahnen (Stanserhornbahn, Bürgenstockbahn, San-Salvatore-Bahn). Josef Durrer erfand die revolutionäre Zangenbremse. Diese Erfindung machte den Namen Bucher & Durrer weltberühmt und symbolisierte die Umwälzung der Immobilienwirtschaft durch Technologie und Mobilität. Dies führte dazu, dass potente Investoren zunehmend auch im Ausland Opportunitäten suchten.

1.4 Moderne

Zusammenbruch der alten politischen Ordnung

Bereits während der Gründerzeit war der Adel durch die Bourgeoisie abgelöst worden. Die grosse Wende im Denken der Menschen hatte sich zwar schon in der Aufklärung angekündigt, sichtbar und politisch greifbar wurde sie jedoch erst im 19. Jahrhundert. Die bürgerlichen Gesellschaften der europäischen Monarchien wurden ersetzt durch demokratisch legitimierte Bundesstaaten und Staatenbünde.

Neuorientierung

Die Moderne orientierte sich nicht mehr an historischen Vorbildern, sondern versprach einen neuen Wertekatalog und Bezugsrahmen für Wirtschaft, Kultur und Gesellschaft. Sie überlastete besonders die Völker Europas mit idealistischen Zumutungen und köderte sie mit humanistischen Idealen. Die Folge der politischen Umwälzungen waren die beiden Weltkriege.

Wachstumseuphorie

Der Wiederaufbau nach dem zweiten Weltkrieg leitete die Boomjahre der Immobilienentwicklung ein: Nachdem die Aufbauprogramme in den von Krieg zerstörten Ländern noch politisch gesteuert und kontrolliert gewesen waren, begann sich in den 1950er Jahren die Privatwirtschaft zu erholen und produzierte Immobilien in noch nie dagewesenen Umfang. Ganze Städte wurden innert kurzer Zeit aus dem Boden gestampft, die Agglomerationen wucherten und mit zunehmendem Wohlstand entstanden auch periphere Wohngebiete, die erst dank des Siegeszugs des Automobils möglich geworden waren. Die Volkswirtschaften wuchsen sehr schnell an, und mit ihnen auch Einkommen und Bedürfnisse der Bevölkerung. Immer modernere Anforderungen wurden an das Wohn- und Arbeitsumfeld gestellt; immer stärker wuchs der Platzbedarf jedes Einzelnen. Es wurde schnell und oft billig gebaut. Aus diesen Jahren stammt über die Hälfte des heutigen Baubestandes.

An dieser Stelle muss auch auf die immer wieder aufflackernden politischen Initiativen zur Förderung des Wohneigentums hingewiesen werden, wie z.B. das Wohnbau- und Eigentumsförderungsgesetz des Bundes, welches 1975 in Kraft getreten war und Ende 2001 wieder aufgehoben wurde. Mit solchen Instrumenten wurden sowohl die Wohnbautätigkeit als auch die Zersiedelung periodisch immer wieder angeheizt.

Nach Jahrhunderten von sich abwechselnden Perioden von Wachstum und Schrumpfung explodierten nun die Städte: Die Stadtflucht führte zur Zersiedelung der Landschaft und zu immer teureren Infrastrukturangeboten. Erst die Erdölkrisen von 1973 und 1979/80 und das Waldsterben in den 1980er Jahren vermochten diese Wachstumseuphorie etwas zu dämpfen.

Grenzen des Wachstums

1968 gründeten Aurelio Peccei, Mitglied der Firmenleitung von FIAT und Olivetti, sowie Alexander King, Direktor für Wissenschaft, Technologie und Erziehung bei der Organisation für wirtschaftliche Zusammenarbeit und Entwicklung (OECD) den «Club of Rome» mit dem Ziel, Zukunftsfragen der Menschheit zu diskutieren und Antworten zu formulieren. Renommierte Ökonomen, Industrielle, Wissenschaftler und andere Persönlichkeiten des öffentlichen Lebens forderten in ihrem Schlussbericht [A2] die Abkehr vom vermeintlich ewigen Wachstum und sensibilisierten die Weltbevölkerung erstmals für eine nachhaltige Entwicklung. Dieser Paradigmenwechsel führte auch in der Immobilienwirtschaft zu enormen Umwälzungen und einem grundsätzlich neuen Verständnis von Entwicklung.

Dies bedeutete selbstverständlich nicht einen abrupten Stillstand der Bautätigkeit. Jedoch erhielten Fragen nach dem Sinn und der Verantwortbarkeit einer ungebremsten Bodennutzung, grenzenlosen Mobilität, fortschreitenden Zersiedelung und Urbanisierung sowie des explosionsartig zunehmenden Energie- und Ressourcenverbrauchs einen völlig neuen Stellenwert [A3] [A4].

2 Immobilienentwicklung – eine ethische Herausforderung

Wer Immobilien erfolgreich entwickeln will, braucht nicht nur eine vielfältige fachliche Kompetenz. Nicht weniger bedarf es eines hohen Verantwortungsbewusstseins. Denn Immobilien bieten nicht nur eine Wohnstätte oder einen Arbeitsplatz, sondern sind immer auch Lebensraum für Menschen. Wer daher Immobilien entwickelt, soll einerseits Lebensraum für bestimmte Menschen schaffen, andererseits dadurch den Raum der Erde nicht verwüsten. Dafür kann man sich sogar auf die Bibel berufen. Denn hier heisst es: «Nicht zur Wüste hat Gott die Welt erschaffen; zum Wohnen hat er sie geformt (Jes 45,18)». Kurzum: Immobilienentwicklung ist eine verantwortungsvolle Aufgabe.

Verantwortung aber ist ein Grundwort der heutigen Ethik. Ethik kann geradezu umschrieben werden als Lehre der Verantwortung oder des verantwortbaren Handelns. Verantwortung ist die Pflicht, über sein Tun und Lassen samt dessen Folgen Rechenschaft abzulegen, und zwar gegenüber dem eigenen Gewissen, gegenüber den Mitmenschen und gegenüber der Weltgemeinschaft. Aus solcher Sicht stellt sich die Frage: Wie können Immobilien nicht nur fachlich kompetent, sondern auch verantwortbar und gewissenhaft entwickelt werden? Die Antwort ergibt sich aus drei Gedankenschritten.

1 Wer verantwortbar Immobilien entwickeln will, muss der Begrenztheit in Raum und Zeit genügend Rechnung tragen.

Das heisst zum einen: Wird ein bestimmter Raum und Ort unserer Erde bebaut, dann steht er für andere Bauten nicht mehr zur Verfügung.

Dies bedeutet zum andern: Es wird in einer bestimmten Zeit und für eine bestimmte Zeit, aber nicht für die Ewigkeit gebaut. Dass der Gedanke der Zeitlichkeit in einer Zeit schnellen technischen und gesellschaftlichen Wandels besonders bedeutsam ist, bedarf kaum einer näheren Begründung.

2 Der begrenzten Raum-Zeitlichkeit des Menschen genügend Rechnung tragend, müssen Immobilien nachhaltig entwickelt werden.

Ähnlich wie das Wort *Verantwortung* ist auch der Ausdruck Nachhaltigkeit zu einem Schlüsselwort der heutigen Zeit geworden. Nachhaltigkeit im Sinne einer nachhaltigen Entwicklung hat sich durchgesetzt als deutsche Übertragung des englischen Wortes *Sustainable Development*. Dieser Begriff geht auf die Forstwirtschaft zurück. Dort ist Nachhaltigkeit schon 1713 belegt und bedeutete, man könne aus einem Forst oder Wald nicht mehr an Holz herausschlagen, als nachwächst [A5].

Verallgemeinert besagt dies: Man muss von den Zinsen des Ökokapitals leben. Daraus ergibt sich der Grundsatz: «Handle so, dass die Wirkungen deiner Handlungen verträglich sind mit der Permanenz echten menschlichen Lebens auf Erden.» [A6]. Daraus folgt: «Nachhaltigkeit ist eine Entwicklung, die die Bedürfnisse der heutigen Generation erfüllt, ohne den künftigen Generationen die Möglichkeit zu nehmen, ihre Bedürfnisse zu erfüllen.» [A7].

3 Nachhaltig ist Immobilienentwicklung nur, wenn sie vernetzt ist und darum die einzelne Immobilie in ihrem wirtschaftlichen, ökologischen und menschlichen Umfeld entwickelt.

Immobilien werden in Raum und Zeit entwickelt. Die Bedeutung der Zeit wird durch das Stichwort *Nachhaltigkeit* angedeutet. Es wird für die Zukunft gebaut. Die Bedeutung des Raumes wird heute deutlich im Begriff der *Globalisierung*. Zwar war die Welt schon immer ein Globus, aber die Globalität wird heute mehr denn je bewusst und spürbar. Alles hängt mit allem zusammen. Auch dafür gibt es ein Stichwort, nämlich Vernetzung. Der Grundsatz lautet: global denken, regional handeln, lokal wohnen. Neben der Nachhaltigkeit ist bei der Immobilienentwicklung auch der Vernetzung genügend Beachtung zu schenken.

Zwar kann eine einzelne Immobilie isoliert entwickelt werden. Aber sie steht in Wechselwirkung zu einem bestimmten Umfeld. Darum genügt es nicht, zu fragen, welche Immobilie soll wie und zu welchem Zweck entwickelt werden. Es ist immer auch die Frage zu beantworten: Wie wird die Immobilie vom Umfeld beeinflusst und wie wirkt sich die Immobilie auf ihr Umfeld aus? Immobilienentwicklung ist darum immer auch Raumplanung und hat deshalb eine gesellschaftliche und gesellschaftspolitische Bedeutung.

Zusammengefasst lässt sich sagen:

- Immobilienentwicklung muss nicht nur fachlich professionell, sondern auch menschlich verantwortbar geschehen.
- Verantwortbar ist Immobilienentwicklung nur, wenn sie der Nachhaltigkeit in der Zeit und der Vernetzung im Raum genügend Beachtung schenkt.
- Dem Leitbild vernetzter Nachhaltigkeit verpflichtet, wird eine verantwortbare Immobilienentwicklung dafür besorgt sein,
  - *wirtschaftlich* nicht nur selber effektiv und effizient zu arbeiten, sondern auch den wirtschaftlichen Aspekten der Immobilie genügend Beachtung zu widmen;
  - *menschlich* nicht nur selber für gute Arbeitsverhältnisse zu sorgen, sondern auch beim Bau, beim Vertrieb, bei der Benützung und Entsorgung der Immobilie die menschlichen Belange hinreichend zu berücksichtigen;
  - *ökologisch* nicht nur selber umweltverträglich zu arbeiten, sondern das ganze Entwicklungsgeschehen mitsamt den sich daraus ergebenden Wirkungen so zu gestalten, dass die Welt auch für künftige Generationen bewohnbar bleibt und Lebensqualität ermöglicht.

Die wichtigste ethische Grundlage der Immobilienentwicklung ist also die rational begründbare Verantwortung gegenüber der Umwelt. Die Frage lautet: Wie muss der Projektentwickler handeln, damit seine Tätigkeit dazu beiträgt, dass die Menschen miteinander, aber auch mit den übrigen Lebewesen und nicht zuletzt mit denen, die nach uns leben wollen, in Frieden und Freiheit zusammenleben können [A8]?

Allerdings lassen sich nicht alle menschlichen Bedürfnisse rein rational begründen: Wie jede menschliche Tätigkeit ist auch die Entwicklung von Räumen letztlich der Sinnfrage ausgesetzt. Macht die geplante Entwicklung Sinn für die Betroffenen? Macht sie Menschen glücklich? Diese Frage deutet auf den emotionalen Bereich, der nicht rational begründet, sondern bestenfalls psychologisch ergründet werden kann. Im abendländischen Kulturbereich besteht jedoch ein Zusammenhang zwischen Ethik und Glück: Jeder Mensch hat die Pflicht, durch sein Tun und Lassen dazu beizutragen, dass er innerhalb der Gemeinschaft der Menschen selber glücklich werde und andere glücklich mache [A8].

Einstmals verstand man unter dem Glück «den durch die Vereinigung aller Güter vollendeten geistigen Zustand des Menschen». So verstanden, war das Glück jenes Äusserste und Letzte, nach dem der Mensch strebt.

Schlussbericht der Arbeitsgruppe Wahlen für die Totalrevision der schweizerischen Bundesverfassung

«Allgemein kann man sagen, dass der Sozialstaat sich nach den ethischen Geboten der sozialen, ausgleichenden Gerechtigkeit ausrichtet, in dem Sinne, dass durch die Anstrengungen aller die Lage der schwächeren Glieder der Gesellschaft verbessert werden soll, um möglichst allen eine angemessene Entfaltung und Sicherung ihrer Persönlichkeit zu vermitteln. Doch bleibt dieser Gedanke der Solidarität aller Glieder des Volkes stets mit dem Gegenprinzip verflochten, dass «ein jeder seines Glückes Schmied ist» und grundsätzlich durch eigene Anstrengungen sich seinen Platz in der Gesellschaft erwerben muss.»

Heute ist das Glück für viele «der sinnliche Lustzustand». Das Glück wird sensualistisch-hedonistisch verstanden. Der Glücksgegenstand tritt zurück. In politischen Reden und in den Sozialwissenschaften wird, was man früher Glück nannte, heute oft als Lebensqualität abgehandelt.

Wird Glück als Zustand angenehmer Empfindungen verstanden, so stellt sich die für die Immobilienentwicklung wohl wichtigste Frage, «ob die grandiose Steigerung der Möglichkeiten zur Bedürfnisbefriedigung im Bereich des Konsums auch zu einem Zuwachs an Glück geführt hat, oder ob das Anspruchsniveau jeweils schneller gewachsen ist als die Möglichkeiten, dieses Anspruchsniveau zufriedenzustellen, sodass der Nettoeffekt – wenn es hoch kommt – exakt Null beträgt?»[A9].

Trotzdem ist gerade der Bereich der Immobilien eng mit dem Wunsch nach Glücksfindung verbunden. Am deutlichsten zeigt sich dies im «Traum vom Eigenheim». Die demografische Entwicklung der Schweiz seit dem 2. Weltkrieg führte zu einer nicht mehr zu übersehenden «Zerhäuselung des Mittellandes», zu Agglomerationen rund um die historischen Städte, die ihrerseits selbst die Grösse von Städten angenommen haben (Dübendorf, Bümpliz, Emmen u.a.) und zu einem Siedlungsbrei ohne eigentliche Struktur und ohne übergeordneten Gestaltungswille.

Im Allgemeinen wird das Glück des Eigenheims überschätzt und die Last des Pendelns unterschätzt. Dies führt dazu, dass die Schweiz zunehmend zu einer gestressten Pendlergesellschaft wird, in der die Menschen trotz stets steigendem Wohnkomfort nicht glücklicher werden. Es lohnt sich deshalb, bei Entscheiden, welche den künftigen Wohnort betreffen, auch an den damit verbundenen täglichen Zeitaufwand für das Pendeln zu denken. Denn Ökonomie ist letztlich nichts anderes als «die Kunst, das beste aus unserem Leben zu machen» (George Bernhard Shaw).

My Home is my Castle

Erfolgreiche Immobilien erfüllen die Bedürfnisse ihrer Benutzer. Was aber sind diese Bedürfnisse? Wie können diese vorausgesehen werden, insbesondere, wenn die Benutzer dem Projektentwickler gar nicht persönlich bekannt sind?

Aufwändige Studien zu den unterschiedlichsten Bedürfnissen, Wünschen und Sehnsüchten von Konsumenten, Mietern und Benutzern haben gezeigt, dass diese letztlich, verborgen unter der Oberfläche vordergründiger Zweckerfüllung, immer vom Streben nach Glück angetrieben werden. Der Glückstrieb ist für den Einzelfall nicht rational erfassbar – im Gegenteil: Der Einzelne kennt oft selbst die wahren Ursachen seiner Entscheide nicht oder will diese nicht wahrhaben. Wir leben in einer Gesellschaft, die das Glück sogar geradezu verhindert. Als grösste Verhinderer gelten Status, Anspruchshaltung, Multioptionen und Zeitdruck [A10].

Bei sorgfältiger Analyse sind aber Tendenzen feststellbar, die für eine grosse Zahl von Nutzern Gültigkeit haben und somit bei der Entwicklung von Immobilien ausgenützt werden können. Zwei dieser Tendenzen sind mit Ursache des rational nicht mehr nachvollziehbaren Drangs zum Einfamilienhaus im Grünen: Der Wunsch nach Individualität und Selbstbestimmung.

3 Nachhaltigkeit in der Projektentwicklung

3.1 Einleitung

In den letzten Jahren sind die Konsequenzen des Konsum- und Produktionsverhaltens der Industriestaaten klar ersichtlich geworden. Die Gesellschaft ist sich des globalen Ausmasses der über Jahrzehnte hinweg ungehemmten CO_2-Verbrennung bewusst [A11]. Dieser kritische Zustand verschärft sich nun exponentiell durch den grossen Nachholbedarf der Schwellenländer. Das neue Bewusstsein über den Klimawandel und das aufkommende ökologische Gewissen rücken den Begriff der «Nachhaltigkeit» mehr und mehr in den Vordergrund und bestimmen das Konsum- und Investitionsverhalten der Menschen.

Mit einer Beanspruchung von 50% der natürlichen Ressourcen, 40% der Energie und 16% des Wassers für Erstellung und Nutzung, haben Immobilien eine sehr grosse Auswirkung auf die Umwelt. Bei einem solchen Verbrauch liegt es auf der Hand, dass die grösste Reduktion des Treibhauseffektes und des Ressourcenverbrauchs durch eine nachhaltige Konzeption und Realisierung der Immobilien erreicht werden kann.

Auf raumplanerischer und politischer Ebene kann mit gezielten Massnahmen und strengen Gesetzgebungen nachhaltige Immobilienentwicklung gesteuert und gefördert werden.

Der erfolgreiche Projektentwickler erkennt solche ganzheitliche und übergeordnete Trends der Gesellschaft, kann diese in die wirtschaftlichen Zyklen einordnen und deren Bedürfnisse befriedigen.

3.2 Definitionen der Nachhaltigkeit

Die Ölkrise in den 1970er Jahren zeigte die Abhängigkeit der Industriestaaten von fossiler Energie und die Anfälligkeit des globalen Ökosystems. In diesem direkten Zusammenhang wurde der Begriff «sustainability» (Nachhaltigkeit) erstmals vom Club of Rome im Bericht «The Limits to Growth» [A2] formuliert.

Club of Rome 1972

«We are searching for a model output that represents a world system that is sustainable without sudden and uncontrollable collapse ...»

Der Bericht beruht auf verschiedenen Simulationsprogrammen, welche die Belastungsgrenzen des globalen Systems aufzeigen. Die Betrachtungen beziehen sich hierbei hauptsächlich auf quantitativ messbare ökologische und ökonomische Faktoren.

Seither wurde der Begriff mit der Erkenntnis der zunehmenden Komplexität der Thematik stets erweitert und fand 1987 im Brundtlandt-Bericht [A12] der Weltkommission für Umwelt eine weitere Manifestation.

Brundtland-Bericht 1987

«Sustainable development is development that meets the needs of the present without compromising the ability of future generations to meet their own needs.»

Der Brundtland-Bericht ist für die internationale Debatte über Entwicklungs- und Umweltpolitik deshalb so bedeutend, weil darin erstmals das Leitbild einer «Nachhaltigen Entwicklung» entworfen und der Begriff der «Nachhaltigkeit» einheitlich definiert wurde. Die herkömmlich als getrennt betrachteten Problembereiche wie Umweltverschmutzung in Industrieländern, Schuldenkrise der Drittweltländer und Bevölkerungsentwicklung wurden in einem interaktiven Wirkungsgeflecht gesehen, das ganzheitliche Massnahmen forderte.

Auf dieser Erkenntnis basierend, wurde das Prinzip des Drei Säulen-Modells der nachhaltigen Entwicklung aufgebaut. Beim Drei Säulen-Modell wird davon ausgegangen, dass die Aspekte der Ökologie, der Ökonomie und des Sozialen in Bezug auf Nachhaltigkeit gleichberechtigt sind und im Sinne einer nachhaltigen Umsetzung in Wechselwirkung zueinander berücksichtigt werden sollen.

Die ökologische Nachhaltigkeit beschäftigt sich mit der Gesamtheit von Auswirkungen des Konsum- und Produktionsmusters der Industriestaaten, wie CO_2-

Emission, Treibhauseffekt oder Klimawandel, auf die natürliche Umwelt. Auf die Immobilienwirtschaft bezogen, deckt der ökologische Aspekt der Nachhaltigkeit das Ökosystem (Abfälle, Klimaschutz, erneuerbare Rohstoffe), die menschliche Gesundheit (Emissionen, Lüftung, Schimmel) und die natürlichen Ressourcen (Rohstoffe, fossile Energien, Recycling) ab.

Der Begriff der sozialen Nachhaltigkeit bezieht sich auf das zwischenmenschliche Zusammenleben und somit auf die Organisationsstruktur eines Staats. Ein Staat oder eine Gesellschaft sollte so organisiert sein, dass sich die sozialen Spannungen in Grenzen halten und Konflikte nicht eskalieren, sondern auf friedlichem und zivilem Wege ausgetragen werden können. Darüber hinaus soll ein international geltendes Regelwerk ein möglichst spannungsfreies globales System gewährleisten. Sozial nachhaltige Immobilien sollen vor allem die Wohnzufriedenheit, die Nutzerakzeptanz sowie die soziale Kohäsion und Durchmischung unterstützen.

Nachhaltiges ökonomisches Verhalten fordert, dass eine Gesellschaft wirtschaftlich nicht über ihre Verhältnisse leben soll, da dies zwangsläufig zu Einbussen für die nachkommenden Generationen führen würde. Der ökonomisch nachhaltige Aspekt bei Immobilien umfasst den Energie- und Wasserverbrauch, die Lebenszykluskosten und -erträge, die Sicherheit, die Dauerhaftigkeit, die Unterhaltsfreundlichkeit und die Anpassungsfähigkeit an neue Anforderungen.

Zunächst impliziert das Drei Säulen-Modell, dass ökonomische, ökologische und soziale Nachhaltigkeit einander gleichrangig sind. Tatsächlich muss aber das Ziel der ökologischen Nachhaltigkeit Vorrang geniessen, da der Schutz der natürlichen Lebensgrundlagen eine zwingende Voraussetzung für ökonomische Prosperität und soziale Stabilität ist.

«Agenda 21» 1992

Auf die Veröffentlichung des Brundtland-Berichts folgte 1989 die Einberufung der Konferenz der Vereinten Nationen über Umwelt und Entwicklung (als Rio-Konferenz oder Erdgipfel bekannt), die im Jahr 1992 in Rio de Janeiro stattfand. Die Erkenntnis der interaktiven Zusammenhänge zwischen der Ökologie, Ökonomie und Soziologie verlangte nach einer integrativen globalen Politikstrategie. Der Brundtland-Bericht sollte in internationales Handeln umgesetzt werden, wozu die Agenda 21 beschlossen wurde.

Der Bericht der Agenda 21 [A13] fordert, dass zusätzlich zu den bereits im Rahmen der Brundtland Kommission definierten drei Säulen der Nachhaltigkeit auch der kulturelle Aspekt als weitere Komponente zu berücksichtigen sei.

3.3 Nachhaltige Projektentwicklung

Zwingend für eine erfolgreiche nachhaltige Projektentwicklung ist die ganzheitliche Betrachtung: Die Problemlösung ist im globalen Zusammenhang zu suchen, aus ökologischer, sozialer und ökonomischer Sicht.

Diederichs [A14] definiert nachhaltige Projektentwicklung wie folgt: «Durch Projektentwicklung sind die Faktoren Standort, Projektidee und Kapital so zu kombinieren, dass einzelwirtschaftlich wettbewerbsfähige, Arbeitsplatz schaffende und sichernde sowie gesamtwirtschaftlich sozial- und umweltverträgliche Immobilienobjekte geschaffen und dauerhaft rentabel genutzt werden können (...). Die Projektentwicklung betrachtet (...) den gesamten Lebenszyklus der Immobilie von Projektanstoss bis zur Umwidmung oder dem Abriss am Ende der wirtschaftlich vertretbaren Nutzungsdauer.»

Nachfolgend wird der Stellenwert der Nachhaltigkeit in den einzelnen Phasen der Projektentwicklung detaillierter betrachtet.

3.3.1 Nachhaltigkeit in der Projektkreation

Die Projektkreationsphase zeichnet sich durch ein hohes Risikopotenzial und durch kreative und komplexe Analyseprozesse aus. Die kreative Leistung der Projektentwickler besteht darin, bei der Ausarbeitung einer Entwicklungsidee den visionären Charakter der Entwicklung und den ökonomischen Erfolg überzeugend zu belegen. Von entscheidender Bedeutung für eine erfolgreiche, nachhaltige Entwicklung ist es, zukünftige Trends früh und richtig zu erfassen und entsprechend in die Entwicklungsidee einzubringen, da die marktgerechte wirtschaftliche Nutzung einer Immobilie auf diese Art während dem längst möglichen Zeitraum ausgenützt werden kann.

In der Projektkreationsphase werden mittels Analyse (Grundstück, Standort, Markt und gesellschaftliche Rahmenbedingungen) die Machbarkeit und die ökonomischen Potenziale der Projektentwicklung geprüft. Daraufhin werden auf der Basis eines konzeptionell definierten Mieter-Mixes erste Prognosen über künftige Erträge und über Erfahrungswerte die zu erwartenden Kosten aufgestellt.

Um dem Aspekt der Nachhaltigkeit bereits in der Anfangsphase zu genügen, muss die Projektentwicklung darauf ausgerichtet sein, durch Gestaltung, Organisation und städtebauliche Qualität langfristig nutzbar und flexibel auf zukünftige Bedürfnisse reagieren zu können. Somit muss der Aspekt der Nachhaltigkeit bereits zu Beginn das konzeptionelle Leitthema sein.

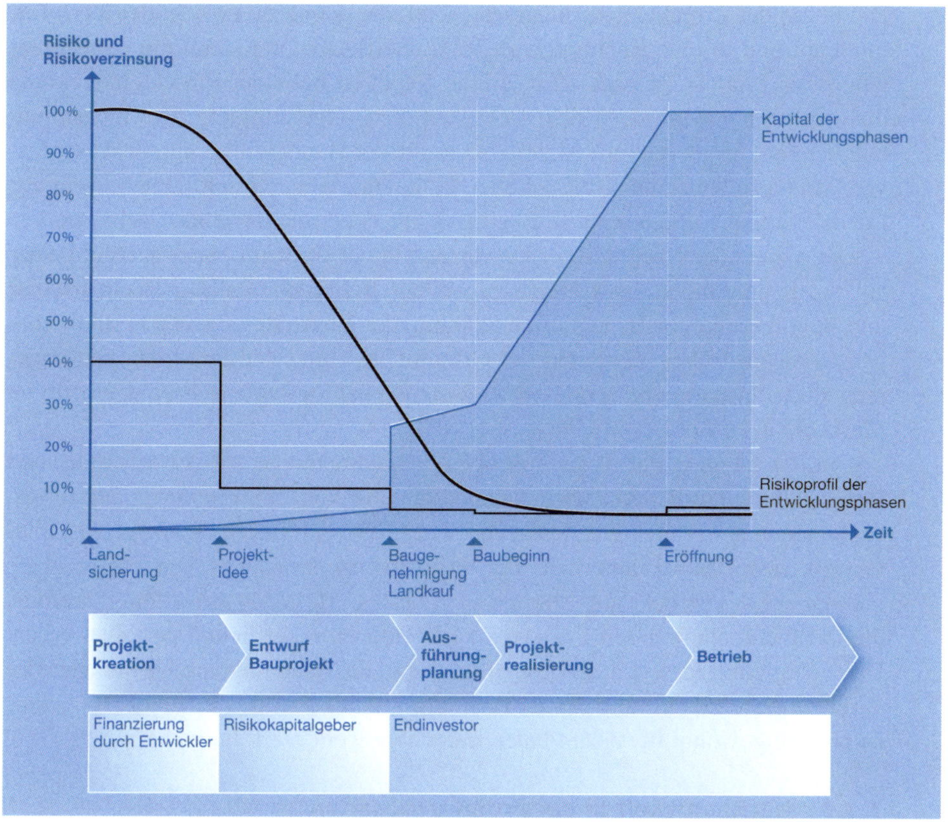

Abb. A3: Risiko und Risikoverzinsung [A15]

3.3.2 Nachhaltigkeit im Projektentwurf

Auf konzeptioneller Ebene soll die Entwicklungsidee den aktuellsten Megatrends entsprechen, gut kommunizierbar sein und die Menschen auf einer emotionalen Ebene erreichen. Der vorangehende interdisziplinäre Ideenaustausch und das sorgfältige Analysieren der Rahmenbedingungen sind unabdingbar. Sowohl Kostenbeeinflussbarkeit als auch das Risiko nehmen im Verlauf der Entwurfsphase ab, da die Entwicklungsidee bereits formuliert ist und grundlegende Abklärungen zur generellen Machbarkeit bereits stattgefunden haben.

Die Phase des Projektentwurfs hat zum Ziel, die definierte Projektidee auszuformulieren und in eine Rechtssicherheit zu überführen, um somit ein investorentaugliches Produkt zu generieren. In der Regel ist bei einer Projektentwicklung die angestrebte Form der Rechtssicherheit die Baubewilligung. Um Investorentauglichkeit zu generieren, ist zeitgleich mit der Baubewilligung der Abschluss von Mietverträgen und LOI's (Letter of Intent) vorzuweisen. Der Vertrag zur Landsicherung sollte bereits zu Beginn der Projektkreationsphase vorliegen.

Der Aspekt der Nachhaltigkeit wirkt sich in der Entwurfsphase auch in Bezug auf die Kommunikationsstrategie gegenüber Behörden, Politik, Nachbarschaft und Bevölkerung positiv aus. Eine Kommunikationsstrategie soll das Bauvorhaben zu einem frühen Zeitpunkt der Öffentlichkeit und den Behörden phasengerecht und transparent präsentieren. Zielsetzung der Strategie ist es, das Projekt im Markt positiv zu positionieren.

Um dem Aspekt der ökonomischen Nachhaltigkeit in der Ausarbeitung und Bereitstellung der Planungsgrundlagen (Nutzungskonzept, Entwurfs- und Eingabeplanung des Architekten, Haustechnisches Konzept, Energiekonzept, Erschliessungskonzept usw.) innerhalb der Projektkonzeptionsphase zu entsprechen, müssen auf das Projekt abgestimmte nachhaltige Massnahmen definiert werden, die in Pflichtenheften den Planern als Leitfaden zur Verfügung gestellt werden. Der Energieleitfaden des SIA [A16] ist dazu eine unabdingbare Grundlage. Die darin vorgestellte Öffnung des Betrachtungsraumes über das Einzelobjekt hinaus ist noch ungewohnt für viele Planer, muss aber weiterverfolgt werden.

3.3.3 Nachhaltigkeit in der Projektrealisation

In der Realisationsphase laufen der Bauprozess und die Vermarktung des Projekts parallel. Bei der Realisation muss die Einhaltung der in der Planungsphase bestimmten Bauvorgaben garantiert und kontrolliert werden.

Der Aspekt der Nachhaltigkeit eignet sich gut als Marketinginstrument. Inhalte der marketingpolitischen Instrumente sind nach Jerome McCarthy die «4 P's»: Product, Price, Place und Promotion. Diese entsprechen der Objekt-, Kontrahierungs-, Distributions- und Kommunikationspolitik.

Die wichtigsten Kriterien beim «Product», also der Immobilie, sind die Nutzungsflexibilität und vermehrt die nachhaltigen Qualitäten der Immobilie. Zudem eignet sich Nachhaltigkeit aufgrund des steigenden Umweltbewusstseins der Konsumenten als Instrument zur erfolgreichen Positionierung am Markt.

Bei der Preispolitik ist zu prüfen, ob der angestrebte Verkaufspreis die entsprechenden Absatzchancen bietet und ob die Stärken der Immobilie zur Durchsetzung der Preisvorstellung beitragen. Diese Stärken können zum Beispiel in geringeren Bewirtschaftungskosten aufgrund eines ökologisch optimierten Konzepts bestehen.

Die Distributionspolitik umfasst sämtliche Massnahmen um die Immobilie am Markt abzusetzen. Hierbei wird zwischen dem direkten Vertrieb (Verkauf der Immobilie über den Hersteller) und dem indirekten Vertrieb (Verkauf erfolgt über externe Vertriebspartner / Makler) unterschieden.

Der ökologische Aspekt der Nachhaltigkeit spielt bei der Kommunikationspolitik eine besondere Rolle. Ein Überbauungskonzept mit hohem technischem Standard und innovativem Energiekonzept, welches nachweislich die Umwelt in einem weit geringerem Mass belastet als eine Projektentwicklung ohne nachhaltigen Anspruch, wird vor allem bei der Bevölkerung und der Nachbarschaft eine breite Akzeptanz finden.

3.4 Nachhaltige Entwicklung – ein politisches Programm

Verschiedene internationale Beschlüsse und Empfehlungen fordern die Staaten auf, eine nationale Nachhaltigkeitsstrategie zu entwickeln und umzusetzen. Das wichtigste Übereinkommen dazu ist die 1992 von 178 Ländern in Rio de Janeiro verabschiedete Agenda 21 [A13]. 1996 empfahl auch die Organisation für wirtschaftliche Zusammenarbeit und Entwicklung (OECD), dass bis 2005 alle Länder eine nationale Nachhaltigkeitsstrategie besitzen und mit deren Umsetzung beginnen sollten.

Die Grundvoraussetzungen zur Erarbeitung und Umsetzung nationaler Nachhaltigkeitsstrategien sind in jedem Land verschieden. UNO, OECD und EU stimulieren die Länder, aber ohne klare Prioritäten zu setzen. Die Schweiz folgt im Grossen und Ganzen den internationalen Tendenzen.

Anlässlich von «10 Jahre nach Rio» legte der Bundesrat im Jahr 2002 eine erneuerte Strategie zur Nachhaltigen Entwicklung der Schweiz vor. Die «Strategie Nachhaltige Entwicklung 2002» [A17] will die Grundsätze der Nachhaltigen Entwicklung in möglichst viele Politikbereiche integrieren. Zu diesem Zweck definiert sie ein inhaltliches Arbeitsprogramm mit sechs Leitlinien und einen Aktionsplan mit 10 Handlungsfeldern und 22 Massnahmen.

Der Staat kann zwar rechtliche Grundlagen schaffen, insgesamt muss aber vor allem ein gesellschaftlicher Konsens in Sachen Nachhaltige Entwicklung gefunden werden. Zudem muss Nachhaltige Entwicklung als übergeordnetes Leitprinzip in kohärenter Weise auf allen Ebenen der kantonalen und kommunalen Steuerung eingeführt werden. Nur wenn alle in den Änderungsprozess eingebunden sind, kann das Ziel erreicht werden, bevor es zu spät ist. Ein solches Ziel könnte die 2000 Watt-Gesellschaft bis zum Jahr 2050 sein.

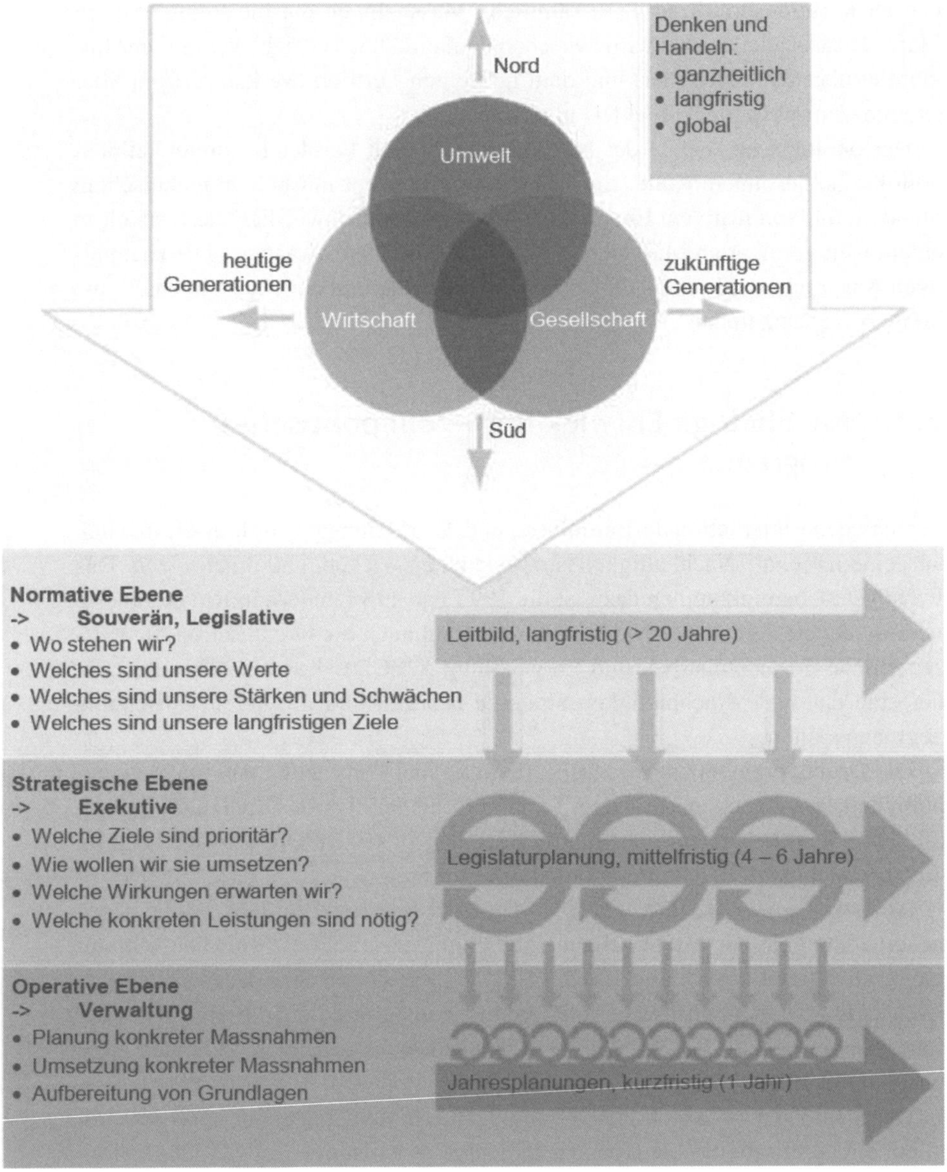

Nachhaltige Entwicklung als übergeordnetes Leitprinzip muss in kohärenter Weise auf allen Ebenen der kantonalen wie kommunalen Steuerung eingeführt werden

Abb. A4: Politische Umsetzung der Nachhaltigkeit

4 Bedeutung der Mobilität für die Immobilienentwicklung

Der Mensch ist ein mobiles Wesen. Je freier er sich von Ort zu Ort bewegen kann, desto vielfältiger kann er sich betätigen. Möglichst uneingeschränkte Mobilität ist somit ein Privileg und ein wertvolles Gut.

Immobilien sind Orte stationärer Tätigkeit. Je spezialisierter diese auf bestimmte Tätigkeiten ausgerichtet sind, desto öfters bewegt sich der Mensch von einer Immobilie zur andern. Umgekehrt führt eine hohe Mobilität auch zu differenzierteren Immobilien. Spezialisierung und Mobilität bedingen sich gegenseitig.

4.1 Langfristige Entscheide, grosse Tragweite

Es gibt kaum langfristigere Entscheide als Investitionen in Immobilien. Bereits mit den ersten Entscheiden in der Frühphase einer Immobilienentwicklung wird ein grosser Teil der Qualitäten, die eine Immobilie über 50 bis 100 Jahre prägen werden, festgelegt. Zwar können in aufwändigen Sanierungen gewisse Eigenschaften in grösseren Zeiträumen angepasst werden, aber eine gänzlich andere Widmung würde den Abbruch voraussetzen, was jedoch den Forderungen einer nachhaltigen Entwicklung zuwiderlaufen würde.

Der Standort einer Immobilie ist mit dem Investitionsentscheid ein für allemal festgelegt. Anders als bei der baulichen Konzeption, die zu einem späteren Planungsstand noch gewisse Anpassungen erlaubt, ist die Qualität der Umgebung und des Standortes nicht mehr beeinflussbar.

Deshalb kommt der Standortwahl zu Beginn einer Immobilienentwicklung die entscheidende Bedeutung für den langfristigen Erfolg oder Misserfolg eines Investitionsentscheides zu. Dies zwingt die Investoren, Annahmen über die Standortqualitäten über die gesamte Lebensdauer einer Immobilie zu treffen. Da Prognosen sehr schwierig sind, «besonders, wenn sie die Zukunft betreffen», neigen Investoren in der Regel zur Überbewertung der aktuell herrschenden Verhältnisse. Tatsächlich ist es jedoch viel weniger falsch, eine absehbare, aber unsichere Entwicklung in die Überlegungen einzubeziehen, als sie aufgrund der Ungewissheit zu ignorieren.

4.2 Mobilität als wichtiger Standortfaktor

Eine Immobilie ist dann eine sinnvolle Investition, wenn sie über ihre ganze Lebensdauer einen Nutzen stiftet, der den Aufwand (Ressourcen, Finanzen usw.) übersteigt.

Üblicherweise rührt der Nutzen einer Immobilie in der klassischen Terminologie von drei Faktoren her: den Objekteigenschaften, den kleinräumigen Standorteigenschaften und den grossräumigen Standorteigenschaften. Fragt man nach dem Einfluss mobilitätsabhängiger Eigenschaften auf den Nutzenbeitrag einer Immobilie, dann kann dieser qualitativ wie folgt beschrieben werden.

Nutzendimension	Teilkomponenten	Bezug zu Mobilitätseigenschaften
Objekt	Flächen, Grundrisse usw.	Keiner
Mikrolage	Physikalisch bedingt: Besonnung, Aussicht, Luftbelastung (teilweise) usw.	Keiner
	Luft- (teilweise) und Lärmbelastung, Erreichbarkeit von Versorgungsdienstleistungen	Gegeben
Makrolage	Erreichbarkeit von Arbeits- und Ausbildungsplätzen, Einkaufs- und Freizeitzielen	Gegeben

Abb. A5: Einfluss mobilitätsabhängiger Eigenschaften auf den Nutzen von Immobilien

Wenn die durch den Verkehr verursachten Lärm- und Luftbelastungen ausgeklammert werden, so erkennt man die bedeutende Abhängigkeit des Immobiliennutzens von bestimmenden Variablen der Mobilität:

- Erreichbarkeit verschiedener Ziele mit dem öffentlichen Verkehr (ÖV), Zeitaufwand, Fahrgelegenheiten, Komfort der Verkehrsmittel
- Erreichbarkeiten mit dem motorisierten Individualverkehr (MIV), Zeitaufwand
- Qualität der Verbindungen für den Langsamverkehr
- Parkplatzangebote
- ÖV-Tarife
- Benzinpreise und andere Kostenkomponenten im MIV

4.3 Relevanz der Mobilität für den Ressourcenverbrauch

Dass die Objekteigenschaften den Ressourcenaufwand über die Lebensdauer einer Immobilie erheblich beeinflussen, ist Allgemeinwissen. Weniger bekannt ist die Bedeutung des Standortes für den Ressourcenaufwand einer Immobilie. Dabei geht es nicht in erster Linie um die gesamte Mobilität, die Tag für Tag in Anspruch genommen wird. Es geht darum zu illustrieren, welcher Ressourcenverbrauch in Form von Energie bei der Standortwahl auf dem Spiele steht. Abbildung A6 zeigt den mobilitätsbedingten Verbrauch an Endenergie pro Person und Jahr.

Gemeindetyp	kWh / a und p
Grosszentren	2113
Nebenzentren der Grosszentren	4018
Innerer Gürtel der Grossagglomerationen	3899
Äusserer Gürtel der Grossagglomerationen	4792
Mittelzentren	6182
Innerer Gürtel der übrigen Agglomerationen	6387
Äusserer Gürtel der übrigen Agglomerationen	6286
Kleinzentren	7931
Wegpendlergemeinden	6500
Industrielle und tertiäre Gemeinden	7643
Semiagrarische Gemeinden	7508
Agrarische Gemeinden	7480
Touristische Gemeinden	8652
Alle Gemeindetypen	5360

Abb. A6: Jährlicher Endenergieverbrauch (kWh) für wohnungsabhängigen Verkehr pro Einwohner im Alter zwischen 15 und 80 Jahren nach Gemeindetyp [A18]

Dieser Vergleich zeigt eindrücklich, wie stark der durch die Mobilität verursachte Endenergieverbrauch vom Siedlungstyp des Wohnstandortes abhängig ist.

Stellt man diese Verbrauchswerte den Verbräuchen für Raumwärme, Warmwasser und Haushaltsstrom gegenüber, so wird die Bedeutung der Mobilität für den Gesamtenergieverbrauch noch einmal unterstrichen (Abb. A7).

Diese Analysen zum Endenergieverbrauch zeigen mit aller Deutlichkeit, dass bei Immobilienentwicklungen den Mobilitätsverhältnissen grösste Beachtung zu schenken ist, da diese die Nachhaltigkeit von Immobilien entscheidend beeinflussen.

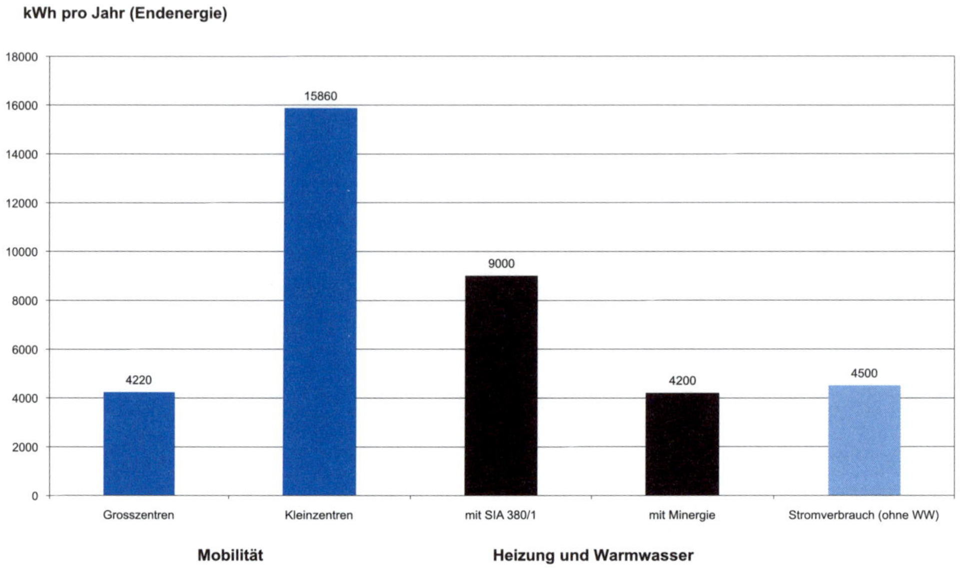

Abb. A7: Energieverbrauch eines 2-Personen-Haushalts mit 100 m² Wohnfläche für verschiedene Zwecke, mit verschiedenen Objekteigenschaften und an verschiedenen Standorten, pro Jahr [A18] [A19] [A20]

4.4 Mobilität im Wandel

Es ist deshalb nicht nur lohnend, sondern zwingend, sich im Zusammenhang mit der Immobilienentwicklung mit den langfristigen Perspektiven für die Mobilität zu befassen.

Die Bedeutung der Mobilitätsverhältnisse für Immobilienstandorte wird von zwei langfristigen Entwicklungen massgebend beeinflusst:

- Energieverfügbarkeit und Energiepreise für Zwecke der Mobilität
- Strukturelle Trends in der Raumentwicklung

Ungewisse Energieperspektiven

Aus grösserer Distanz betrachtet (Abb. A8) ist es einleuchtend, dass die heute bereits bekannten und die mit allem Optimismus vermuteten Erdölvorräte nicht ausreichen werden, um den steigenden Energiebedarf zu decken. Dies gilt nicht nur für Immobilien sondern in ebenso drastischem Ausmass auch für die Mobilität. Dies bedeutet, dass die Mobilität (MIV und ÖV) mittel- bis langfristig auf eine andere Energiebasis gestellt werden muss.

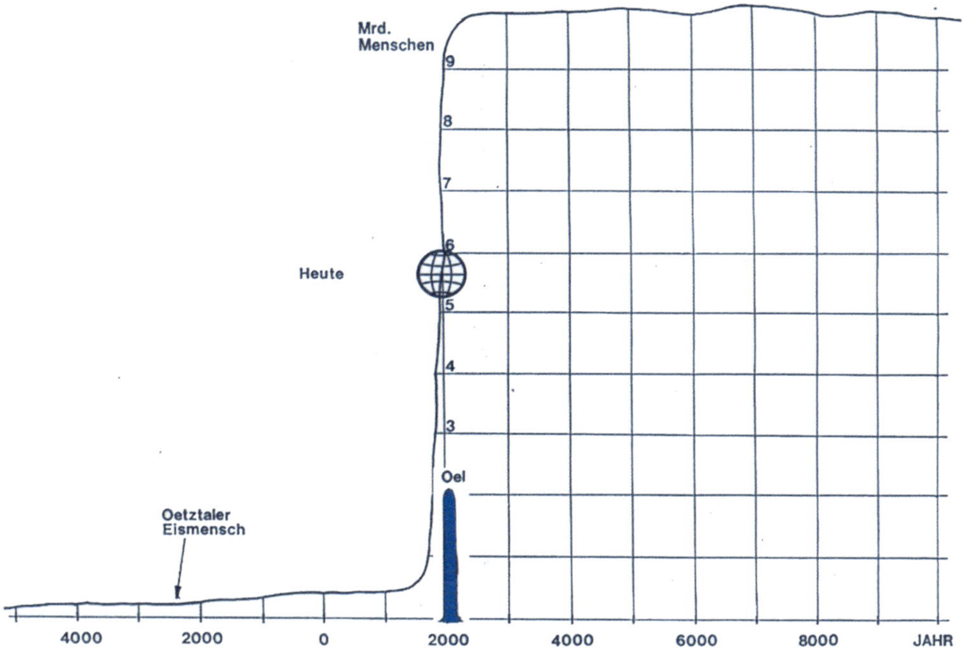

Abb. A8: Verfügbarkeit von Erdöl aus einer längerfristigen Perspektive [A21]

Es ist noch nicht bekannt, welche Konsequenzen die Umstellung der Energiebasis für Mobilitätszwecke von Erdöl auf andere Energieträger haben wird. Erdgas wird einer davon sein, ist allerdings auch erschöpflich. Jedenfalls ist klar, dass die Preise für Energie in den nächsten Jahrzehnten deutlich anziehen werden, wobei der MIV dabei stärker betroffen sein wird als der ÖV. Projektentwickler sind gut beraten, sich bei der Immobilienentwicklung bereits heute auf diese zukünftigen Tatsachen einzustellen.

Raumstruktur mit längeren Wegen

Gleichzeitig tendiert die Raumstruktur dazu, die Wege der Verkehrsteilnehmer zu verlängern. Die Versorgungsdienstleistungen für die Bevölkerung dünnen zusehends aus (Abb. A9).

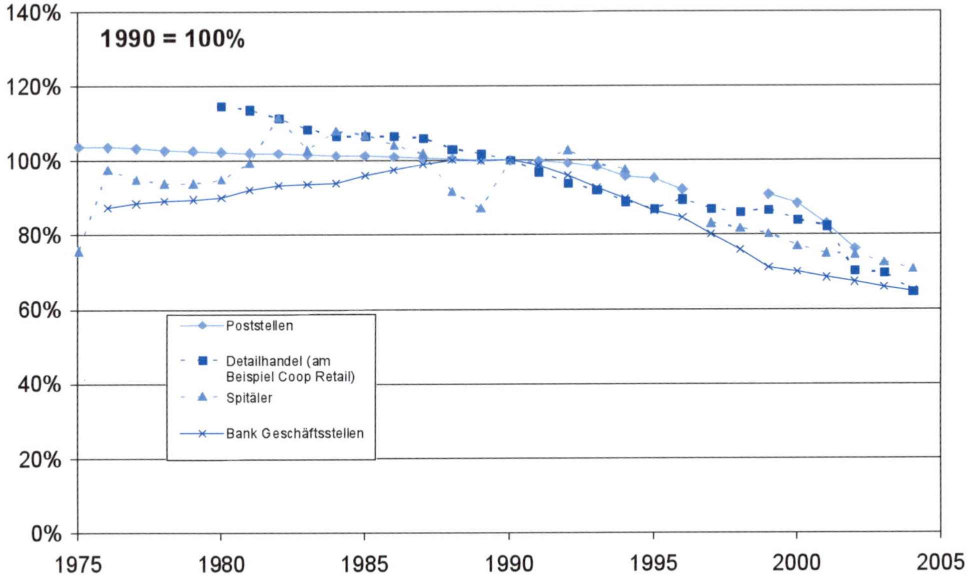

Abb. A9: Entwicklung der Angebote an Versorgungsdienstleistungen seit 1975 [A22] [A23] [A24] [A25] [A26] [A27]

Unschwer ist zu erkennen, dass seit 1990 betreffend Grundversorgung ein deutlicher Konzentrationsprozess eingesetzt hat:

- Die Zahl der Spitäler hat zwischen 1997 und 2004 um 15 % abgenommen.
- Allein zwischen 1996 und 2005 hat im Gesundheitswesen die Zahl der sogenannten «Grundversorger» (Fachärzte für Allgemeinmedizin, für Allgemeine Innere Medizin und Ärzte ohne Fachtitel) an der Gesamtzahl der Ärzte von 47 auf 42 % abgenommen [A28].
- Die Zahl der Banksitze und -filialen ist zwischen 1992 und 2005 um 33 % gesunken.
- Der Abbau von Poststellen hat sich beschleunigt (wird allerdings z.T. durch die Einrichtung von Abholdiensten und Postsatelliten aufgefangen).

Weitere Konzentrations- bzw. Ausdünnungsprozesse sind schon im Gange oder stehen bevor, etwa die Konzentration in Unter-, Mittel- und vor allem Oberstufe im Bildungswesen (vgl. das Projekt REGOS – Regionalisierung der Oberstufe im Kanton Aargau).

In der Folge verlängern sich die entsprechenden Versorgungswege. Dabei trifft es die ländlichen Gebiete deutlich stärker als die städtischen Gebiete [A29]:

- In ländlichen Gebieten war 2001 die nächstgelegene Arztpraxis im Durchschnitt 2 km entfernt, im Agglomerationsgürtel 800 m, im Agglomerationszentrum 450 m.
- In nur drei Jahren (1998 bis 2001) hat die Distanz zur nächsten Bank im ländlichen Raum um 5 % zugenommen, im Durchschnitt aller Standorte um 1.5 %.
- Die Distanz zur nächsten Post ist im selben Zeitraum um 2% grösser geworden, auf dem Land um 3 %.
- Am dramatischsten ist die Entwicklung bei den kleineren Lebensmittelgeschäften. Da ist die Distanz in diesen drei Jahren um 8 % angestiegen, auf dem Land um 13 %.

Fazit

Die Versorgungswege werden nicht nur teurer, sondern auch länger, vor allem im ländlichen Raum. Es mag sein, dass steigende Energiepreise diese Entwicklung etwas verlangsamen können; stoppen oder sogar ins Gegenteil umkehren können sie diese Trends mit Sicherheit nicht. Dafür ist die wirtschaftliche Logik der Konzentration zu zwingend.

4.5 Volkswirtschaftliche und betriebswirtschaftliche Konsequenzen

Der Mehraufwand an Energie an ländlichen Standorten hat eine wichtige wirtschaftliche Komponente, die nicht allein in den 11 600 kWh Mehrverbrauch gegenüber einem städtischen Standort zum Ausdruck kommt. Rechnet man ganz grob mit 20 Rp./kWh, dann macht dies eine Kostendifferenz zwischen den beiden Standorten von ca. 2 300 CHF pro Jahr oder 200 CHF pro Monat aus. Da die Mobilität im ländlichen Raum aber zu einem viel höheren Anteil als in den Grosszentren mit dem MIV abgewickelt wird, schlägt sich dies auch in höheren Kilometerkosten nieder. Die Kostendifferenz für den einzelnen Haushalt liegt in Tat und Wahrheit noch deutlich höher.

Die Kostendifferenz zwischen zentralen, urbanen und peripheren, ländlichen Standorten wird sich noch fühlbar verstärken. Die Perspektiven signalisieren nicht nur höhere Energiepreise, sondern auch zunehmende Distanzen, vor allem auf dem Land. Stellt man in Rechnung, dass in Zukunft der Aufwand für Heizung, Warmwasser und Haushaltsstrom sinken wird (Minergie-Standard), dann wird klar, dass der Energieverbrauch und die Kosten für die Mobilität die Standortdiskussionen zunehmend dominieren werden.

Die Frage ist, inwiefern Bewertungsmethoden für Immobilien wie z.B. die DCF-Methode diese Sachverhalte abbilden können. Tatsache ist, dass die aktuellen Auswirkungen von unterschiedlichen Standorten bereits in die Wertermittlungen einfliessen, denn die Immobilienwerte werden anhand der heute an den unterschiedlichen Standorten zu erzielenden Mieterträge bestimmt. Diese Mieterträge widerspiegeln die Zahlungsbereitschaft der heutigen Mieterschaft an diesem Standort, d.h. dass diese Zahlungsbereitschaft nutzenmindernden Effekten, wie z.B. einem ungünstigen Standort, bereits Rechnung trägt. Zukünftige Entwicklungen kann jedoch keine Bewertungsmethode vorhersagen – auch die DCF-Methode nicht.

Die logische Konsequenz daraus ist, dass die mobilitätsbedingten Standorteigenschaften einer separaten Betrachtung zu unterziehen sind und in die entsprechenden Schlussfolgerungen einfliessen müssen.

Als ebenso wichtiger Aspekt soll erwähnt werden, dass aus volkswirtschaftlicher Sicht, der Sicht der Nachhaltigkeit, ähnliche Schlussfolgerungen resultieren. Es ist erwiesen, dass langfristig die betriebswirtschaftlichen und volkswirtschaftlichen Nutzen einer Immobilienentwicklung tendenziell konvergieren.

4.6 Ausblick

Seitdem bewusst geworden ist, dass die Ressourcen beschränkt sind, kommt die freie Verfügbarkeit sowohl von Mobilität als auch von spezialisierten Immobilien (z.B. Ferienhäuser) zunehmend unter Beschuss.

Es ist davon auszugehen, dass auch das Gut «Mobilität» in naher Zukunft eingeschränkt werden muss. Ob die Verknappung über den Preis (rationing by price = asoziale Methode) oder über Wartezeiten (rationing by queue = wirtschaftshemmende Methode) stattfinden wird, ist noch offen. Der Verteilkampf wird in jedem Fall erbittert geführt werden.

«Stadt der kurzen Wege»
Neue urbane Modelle sind nötig, um unsere Lebensqualität trotz reduzierter Mobilität halten zu können.

Die «Stadt der kurzen Wege» ist eine solche Modellvorstellung. Sie baut auf der 2 000 Watt-Gesellschaft auf, welche besagt, dass jeder Mensch pro Jahr im Maximum 2 000 Watt verbrauchen darf, damit eine nachhaltige Entwicklung gewährleistet bleibt.

Ausgehend von der Annahme, dass die Gebäude der Zukunft wesentlich weniger Energie verbrauchen werden als ihre Vorfahren, gilt das Augenmerk der Stadtvisionäre hauptsächlich dem Verkehr.

Die «Stadt der kurzen Wege» ist die Absage an die funktional getrennte Stadt der Moderne, die die Funktionen Arbeiten, Wohnen, Freizeit und Öffentliche Bauten separiert hatte.

Damit die Wege, die der Stadtbenutzer zurücklegt, möglichst kurz sind, müssen die Quartiere besser durchmischt sein. Übergeordnete Funktionen wie Spitäler, Regierungsgebäude, Schulen usw. sind strategisch und gut erreichbar zu platzieren.

Die Messlatte für die «Stadt der kurzen Wege» ist das Einkaufen:

- Tägliche Einkäufe müssen zu Fuss möglich sein (ca. 1 km).
- Periodische Einkäufe müssen mit Fahrrad / Bus / Tram möglich sein (ca. 10 km).
- Qualifizierte Einkäufe müssen mit Auto / Bahn innert ca. 100 km zu erledigen sein.

5 Bauland Schweiz heute

Nach dem 2. Weltkrieg bildete sich unter den Planungsfachleuten der Konsens, dass die Schweiz in Siedlungsgebiete und Nicht-Siedlungsgebiete unterteilt werden sollte.

Im Einklang mit den politischen Regeln der direkten Demokratie untersteht das Planungsrecht dem Subsidiaritätsprinzip. Das bedeutet, dass jede raumplanungsrelevante Entscheidung möglichst bürgernah, also in der politischen Hierarchie möglichst weit nach unten delegiert wird.

- Auf Bundesebene werden übergeordnete Festlegungen (z.B. Nationalstrassen- und Schienennetz, Freileitungen) in Sachplänen geregelt.
- Auf kantonaler Ebene ist die Richtplanung angesiedelt.
- Den Gemeinden obliegen die Nutzungspläne (Zonenpläne, Sondernutzungspläne usw.).

Konkret führte das demokratische Planungsprinzip in der Schweiz zu 6 Sachplänen (national), 26 Baugesetzen (kantonal) und über 2 800 Bauordnungen und Zonenplänen (kommunal). Diese autonomen Entscheidungsträger sind immer öfters überfordert durch die Komplexität der anstehenden Aufgaben, denn ihnen obliegen die praktische Umsetzung der Raumentwicklung, die Planung konkreter Nachhaltigkeitsmassnahmen und die Kontrolle privater Projektentwicklungen.

Das theoretische Fundament der räumlichen Planung wurde über Jahrzehnte im Institut für Orts-, Regional- und Landesplanung (ORL) an der ETH in Zürich entwickelt. Eine eindrückliche Reihe von wissenschaftlichen Schriften zur Raum- und Siedlungsplanung dokumentiert dieses Schaffen. Zu Beginn dieses Jahrhunderts wurde das ORL aufgelöst und in das neue Netzwerk Stadt und Landschaft (NSL) überführt. Die Forschungsergebnisse werden neu in der Schriftenreihe des NSL der ETH Zürich publiziert.

Bereits in den 1980er Jahren wurde klar, dass die Raumplanung nach dem demokratischen Giesskannenprinzip nicht zum gewünschten Resultat eines kompakten Siedlungsraumes führte. Erschwerend wirkt auch die Tatsache, dass die grossen Ballungszentren Zürich, Genf/Lausanne und Basel bereits die politischen Grenzen ihrer Kantonsgebiete gesprengt haben. Die Pendlerströme haben in den vergangenen drei Jahrzehnten um 40 % zugenommen. Bereits arbeitet über 60 % der Berufstätigen ausserhalb ihrer Wohngemeinden, ein wachsender Anteil davon sogar ausserhalb der Kantonsgrenzen.

Die heutige Siedlungsrealität wird durch neuartige räumlich-multifunktionale Gebilde geprägt. Diese in der breiten Öffentlichkeit noch wenig diskutierte neue Struktur der Schweiz – der Anteil der Wohnbevölkerung in städtisch geprägten Räumen hat sich in den letzten 50 Jahren von ca. 45 auf 75 % erhöht – führt im Kontext einer globalisierten Welt zu einer Reihe von Problemen, Fragestellungen und Herausforderungen.

«Die Schweizer Raumentwicklung ist nicht nachhaltig», lautet denn auch das Fazit des Raumentwicklungsberichts 2005 [A30].

Anstelle der demokratisch legitimierten Gleichbehandlung aller Gemeinwesen wird darum zunehmend und immer lauter darüber nachgedacht, wo bestimmte Nutzungen sinnvoll, und wo ebendiese eher vermieden werden sollten, wo dichter gebaut, und wo grosse Landschaftsräume offenbleiben müssten. Diese strategische Planung verlangt nach einem neuen rechtlichen Fundament, denn allein mit Kooperationen über die politischen Grenzen hinweg lassen sich nicht alle raumwirksamen Infrastrukturprobleme lösen.

Boden – ein beschränktes Gut

Obschon die Bundesverfassung zu einer «zweckmässigen und haushälterischen Nutzung des Bodens» verpflichtet, ist von Nachhaltigkeit bis heute wenig zu spüren. Das Bundesamt für Raumentwicklung hielt bereits 2005 in seinem Raumentwicklungsbericht fest, die Bauzonen seien zu gross und lägen an strategisch ungünstigen Orten. Dass dem so ist, bestätigt auch die erste amtliche «Bauzonenstatistik der Schweiz» [A31], die seit 2006 vorliegt. Sie ermöglicht einen gesamtschweizerischen Überblick über Grösse und Lage der Bauzonen und analysiert die Baulandreserven: Von den insgesamt rund 227 000 Hektaren Bauzonen sind heute 17 bis 24 % noch unbebaut. Diese Baulandreserven bieten Platz für weitere 1.4 bis 2.1 Millionen Einwohnerinnen und Einwohner. Doch die Bevölkerung wird in der Schweiz auch weiterhin nur langsam wachsen. Die Baulandreserven sind somit zu gross und liegen überdies am falschen Ort: Wie die Statistik zeigt, befinden sie sich vorwiegend in ländlichen Gebieten. Vor allem Agrar- und Tourismusgemeinden verfügen über viel unbebautes Bauland. In den dicht besiedelten Agglomerationen mit hoher Wachstumsdynamik ist verfügbares Land hingegen ein knappes und besonders begehrtes Gut. Geht in den Grosszentren das Bauland aus? Wie viele Bauzonen braucht die Schweiz überhaupt? Besteht mit Umnutzungen, verdichtetem Bauen und Ersatzneubauten genügend Handlungsspielraum, um den steigenden Bedarf zu decken? Könnten handelbare Flächenzertifikate dafür sorgen, dass neue Bauzonen durch Rückzonungen kompensiert werden? Wie sehen nachhaltige Bauzonen der Zukunft aus?

Diesen Fragen muss sich die Raumentwicklung stellen und sie im Sinne der Nachhaltigkeit baldmöglichst beantworten.

Wie viel Dichte erträgt der Mensch?

Leider macht die Bauzonenstatistik keine Aussage darüber, wie viel Baulandreserve innerhalb bestehender Bauzonen an stark nachgefragten Orten noch besteht. Fast die Hälfte der gesamthaft 227 000 Hektaren eingezontes Land sind Wohnzonen. Um die räumliche Verteilung der Bauzonen und deren Nutzungsdichte besser beurteilen zu können, muss eine geeignete Verhältniszahl gebildet werden. Das einfachste Mass dafür ist das Verhältnis der Bauzonenfläche zu den Einwohnern innerhalb der Bauzone. 2007 beanspruchte jede Person durchschnittlich 336 m^2 Bauzone. Diese Verhältniszahl macht die regionalen Unterschiede gut sichtbar: Ein Einwohner im dicht besiedelten Kanton Basel-Stadt beanspruchte im Durchschnitt 116 m^2 Bauzone, im Kanton Wallis hingegen mit 671 m^2 Bauzone rund sechsmal mehr.

Während im Stadtkanton Basel-Stadt kaum noch unbebaute Bauzonenflächen vorhanden sind, verfügen die Kantone Wallis, Freiburg und Glarus über einen vergleichsweise hohen Anteil an unbebauten Bauzonen. Ihre Anteile bewegen sich zwischen rund 25 und 40 %. In den restlichen Kantonen liegen diese Anteile zwischen rund 5 und 30 %.

Die Resultate der Analysen des ARE (Bundesamt für Raumentwicklung) weisen also erst einen Teil der vorhandenen Nutzungsreserven aus, nämlich die noch nicht überbauten Bauzonen. Wie gross die zusätzlichen Reserven in den bereits überbauten Bauzonen, beispielsweise in Industriebrachen, sind, lässt sich mit den verfügbaren Grundlagen gesamtschweizerisch nicht verlässlich quantifizieren. Es kann jedoch davon ausgegangen werden, dass die Nutzungsreserven in den bereits überbauten Bauzonen beträchtlich sind. Das Schlagwort «Verdichtung» hat zwar in den letzten Jahren an Momentum verloren – trotzdem darf davon ausgegangen werden, dass zunehmend dichter gebaut werden wird. Die dazu geeigneten Gebäudetypen sind allerdings erst in der Entwicklung.

Baulandreserven

Die Schweiz verfügt heute über genügend Baulandreserven für die Bedürfnisse der nächsten Jahrzehnte. Allerdings liegen diese oft am falschen Ort, nämlich dort, wo wenig Nachfrage besteht. Grund für diesen Missstand ist die Tatsache, dass die Bauzonen nicht nach einer gesamtschweizerischen Strategie bestimmt, sondern demokratisch verteilt wurden. Dieser Zustand wird seit einigen Jahren kritisch hinterfragt:

- Bundesverfassung und Raumplanungsgesetz verlangen explizit eine haushälterische Nutzung des Bodens. In diesem Sinn lohnt sich ein Blick auf die zukünftige Bevölkerungsentwicklung. Die zunehmende Alterung lässt darauf schliessen, dass insbesondere die Nachfrage nach Wohnlagen, die gut mit dem öffentlichen Verkehr erschlossen sind, steigen wird.
- Mit neuen Einfamilienhauszonen können nur sehr bedingt gute Steuerzahler angelockt und damit die Gemeindefinanzen aufgebessert werden. Demgegenüber belasten Infrastruktur- und Erschliessungskosten die öffentliche Hand immer stärker.
- Fehlende Bauzonenreserven in einer Gemeinde sind nach Ansicht des Bundesgerichts kein zwingender Grund, weitere Einzonungen vorzunehmen. In den Berechnungen sind auch regionale Verhältnisse zu berücksichtigen. So genügt es, wenn in den umliegenden Gemeinden genügend Bauland für die unterschiedlichen Bedürfnisse vorhanden ist.
- Für die Bemessung des Baulandbedarfs wurde in der Vergangenheit in der Regel die Trendmethode angewendet. Dabei wird der bisherige Flächenverbrauch in die Zukunft extrapoliert. Zukünftig sollte diese Methode jedoch hinterfragt werden, umso mehr, als das Bevölkerungswachstum in vielen Regionen der Schweiz in den nächsten Jahrzehnten stagnieren wird.

Gehortetes Bauland «verflüssigen»

Es widerspricht dem raumplanerischen Grundsatz der Siedlungskonzentration, wenn bei der Dimensionierung der Bauzonen die inneren Nutzungsreserven ausgeklammert werden, wobei es sich oft um gehortetes Bauland handelt.

Im Rahmen ihrer Gesetzgebung suchen Kantone und Gemeinden deshalb immer wieder nach präventiven Massnahmen, um sicherzustellen, dass neu eingezontes Bauland auch tatsächlich innert 10 bis 15 Jahren überbaut wird.

Allerdings widerspricht der Versuch, die Hortung von Bauland zu verbieten, dem Verfügungsrecht von Eigentum (Eigentumsgarantie). Grundsätzlich ist nach schweizerischem Recht der Eigentümer eines Gutes berechtigt, im Rahmen der gesetzlichen Schranken selbst darüber zu entscheiden, was er wann mit diesem Gut unternehmen will. Solange er sich dabei an bestehendes Recht hält und dadurch keine öffentlichen Interessen geschmälert werden. Und genau hier setzen denn auch die raumplanerischen Steuerungsmassnahmen an. Eine eigentliche Überbauungspflicht wäre rechtlich wohl problematisch. Zulässig könnten aber indirekte Massnahmen, wie Besteuerung von nicht überbautem Bauland oder rigorose Kostenpflichten bei Quartierplänen, sein. Solche Massnahmen müssen aber stets in einem Gesetz vorgesehen sein, im öffentlichen Interesse liegen und den Grundsatz der Verhältnismässigkeit beachten.

Raumkonzept Schweiz

Für die Schweiz fehlt bislang ein verbindliches räumliches Zukunftsbild. Es entsprach seit dem Einsetzen der Raumplanung in den 1970er Jahren der föderalistischen Auffassung, dass vom Bund nur raumplanerische Grundsätze kommen dürfen, welche Kantone und Gemeinden in ihren Planungen einhalten sollen. Eine Gesamtplanung über Kantonsgrenzen hinweg war lange Zeit undenkbar. Die Grundsätze «Städtische Räume ordnen», «Ländliche Räume stärken», «Natur- und Landschaftsraum schonen» sowie «Die Schweiz in Europa einbinden» haben aber leider bisher wenig bewirkt. Zunehmender Problemdruck und steigendes Bewusstsein für die Wichtigkeit einer grossräumigen Entwicklungsstrategie und Teilnahme an europäischen Raumentwicklungs- und Forschungsprogrammen haben aber ein Umdenken herbeigeführt. In einem kooperativen Verfahren mit Kantonen und einer Vielzahl von Interessensgruppierungen wird derzeit ein Raumkonzept Schweiz erarbeitet. Bis dieses vom Bund verabschiedet und für die Kantone verbindlich erklärt wird, wozu auch eine dem fakultativen Referendum unterstehende Gesetzesrevision notwendig ist, wird es noch eine Weile dauern. Erste Entwürfe und die ökonomische, gesellschaftliche und auch fiskalpolitische Realität heben hervor, dass künftig eine Konzentration der Entwicklungsbestrebungen auf urbane Räume stattfinden wird.

Dem Projektentwickler wird empfohlen, die Veränderungen in der Raumordnungs-, Verkehrs- und Infrastrukturpolitik und die Dynamik des Raums aufmerksam zu beobachten.

6 Räumliche Zukunftsmodelle für die Schweiz

6.1 Treiber der langfristigen Raumentwicklung

Räume und Regionen entwickeln sich unterschiedlich. Dies ist auch in der kleinen Schweiz so, obschon durch Regionalpolitik, Finanzausgleich und unzählige Sektoralpolitiken (z.B. Landwirtschaftspolitik) viel Geld dazu aufgewendet wird, um die regionalen Entwicklungsunterschiede möglichst gering zu halten. Trotzdem erfüllen nicht mehr alle Räume die hohen Anforderungen der modernen, zunehmend globalisierten Wirtschaft und Gesellschaft. Ganze Räume verlieren zusehends an Wettbewerbsfähigkeit und wirtschaftlichen Aktivitäten und damit auch an Bevölkerung, Beschäftigung, Innovationskraft, Chancenvielfalt und kultureller Attraktivität.

Diesen sich entleerenden Räumen stehen andererseits wachsende Räume gegenüber, welche zusätzliche Wachstumspotenziale aus den Entleerungsregionen auf sich vereinen und laufend weiter gestärkt werden. Die unterschiedlichen Entwicklungen bedingen sich somit gegenseitig. Die wachsenden Räume werden jedoch nur teilweise vielfältiger. Viel häufiger kommt es zu einer Angleichung der wachsenden Räume. Deutlich vor Augen geführt wird dies durch die im Schweizer Mittelland fortschreitende Zersiedlung. Angetrieben durch die zunehmende Mobilität ist bald nicht mehr zu erkennen, wo eine Siedlung endet und wo die nächste beginnt. Damit sieht auch alles gleich aus. Die einzelne Gemeinde, die Dörfer und Städte verlieren an Profil und Einzigartigkeit und werden nur noch als Teil einer Agglomeration oder gar Metropolregion wahrgenommen. Für diese Teile der Grossräume dient ausschliesslich die Erreichbarkeit relativ zur Kernstadt und zu Infrastruktur des internationalen Personenverkehrs als Gradmesser der Attraktivität.

Durch diese wirtschaftlichen und gesellschaftlichen Entwicklungen muss für die unterschiedlichen Teilräume in der Schweiz von verschiedenen Entwicklungsperspektiven ausgegangen werden. Langfristig wird dies erhebliche Auswirkungen auf Angebot und Nachfrage am Immobilienmarkt haben. Eine Vorstellung über die künftige räumliche Entwicklung der Schweiz ist daher für die erfolgreiche Entwicklung von Einzelimmobilien und ganzen Immobilienportfolios von grosser Bedeutung. Neben Mengenverschiebungen in der Nachfrage stellt sich nämlich immer mehr auch die Frage, welche Nutzungen und welche Qualitäten künftig wo nachgefragt werden. Die sich verändernden Ansprüche und Anforderungen sind hierbei von ebenso grosser Bedeutung wie quantitative Verschiebungen in der Nachfrage.

Beispielsweise ist in der Vergangenheit die individuelle Wohnfläche laufend grösser geworden, bei gleichzeitiger Zunahme der Anzahl Einpersonenhaushalte.

Immer mehr junge Menschen leisten sich eine eigene Wohnung. Gleichzeitig nimmt auch die Anzahl Menschen, welche nach Auszug der Kinder und Tod des Partners im Alter eine grossflächige Familienwohnung behält, weiter zu. Mit der Demografie wandeln sich also derzeit auch Werte sehr stark, nicht zuletzt mit hoher Relevanz für die Immobilienmärkte. Diese Entwicklungen werden zusätzlich dadurch akzentuiert, dass sich urbane und ländliche Räume auch in Bezug auf die Demografie unterschiedlich entwickeln.

Die Wirtschaft ihrerseits wird zunehmend kritischer bezüglich Standortqualitäten. Selbst traditionelle Wirtschaftsstandorte können nicht mehr sicher sein, ob deren Standorteigenschaften künftig noch den Bedürfnissen und Standorterfordernissen entsprechen werden. Mit dem Entscheid für oder gegen einen Standort entscheidet die Wirtschaft, oftmals sogar einzelne grosse Unternehmungen, immer häufiger über die regionale Entwicklung insgesamt und darüber, ob die Bevölkerung künftig wächst, stagniert oder gar rückläufig ist. Damit werden Unternehmen zu eigentlichen Raumentwicklern im Verborgenen [A32].

Unternehmen wie auch Haushalte treffen ihre Standortwahl jedoch nicht nach Lust und Laune. Viel häufiger sind es Sachzwänge, Budgetrestriktionen (hierzu zählen auch die Zeitbudgets der Mitarbeitenden), Arbeits- und Absatzmärkte sowie generelle und langfristige Trends, welche die Entscheide erheblich beeinflussen. Gerade für die Unternehmen sind hierbei häufig globale Ursachen oder auch Ursachen, deren Ursprung in Jahrzehnten zuvor getroffenen Entscheiden liegt, ausschlaggebend. Betrachtet man die heutigen Faktoren der Raumentwicklung, so zählen dreissigjährige politische Entscheide über den Bau eines Eisenbahnnetzes genau so dazu wie die in Vergangenheit individuell getroffenen Entscheide über Lebensformen und – dank fortschrittlicher medizinischer Forschung erleichtert – über die Anzahl Kinder. All dies hinterlässt langfristige Spuren in der Raumentwicklung. Letztlich wird die Raumentwicklung in zeitlicher Abfolge und Überlagerung geprägt durch Verhaltensweisen, welche sich in der Wahl eines Standortes und in der Bewegung im Raum unterscheiden. Besonders deutliche Spuren hinterlassen dabei die Demografie, die Wissensökonomie, die zunehmende Mobilität und der weltweite Bedeutungszuwachs von Metropolregionen. Auch der Klimawandel dürfte zunehmend an Bedeutung gewinnen.

6.2 Entwicklungsvisionen

Wäre man sich in der Vergangenheit über einige dieser Entwicklungen im Klaren gewesen, so wären möglicherweise Investitionen in öffentliche Infrastruktur und Immobilienbestände mit anderen räumlichen Schwerpunkten getätigt worden. Da der Standortwettbewerb mittlerweile auch für das entlegenste Dorf globale Form angenommen hat, Entwicklungen immer schneller ablaufen und der Druck zu Wirtschaftlichkeit immer höher wird, wird es künftig für die Immobilienentwicklung unumgänglich sein, vermehrt eine Vorstellung der räumlichen Entwicklung der Schweiz als Ganzes zu besitzen. Diese Vorstellung entspricht aber nicht einer Prognose gemäss Trendmethode, da in der Raumentwicklung auch steuernd und gestaltend eingegriffen wird. Das Zukunftsbild wird also auch aktiv und diskursiv beeinflusst. Dabei gibt es nicht nur *eine* richtige Vorstellung der räumlichen Zukunft der Schweiz, sondern verschiedene Sichtweisen und verschiedene Auffassungen über die Notwendigkeit staatlicher Interventionen in der Raumordnungspolitik.

Nachfolgend werden einige dieser Zukunftsmodelle für die Schweiz vorgestellt. Eine erste Vision betrifft die Arbeitswelt und wo in der Schweiz künftig Wertschöpfung generiert wird.

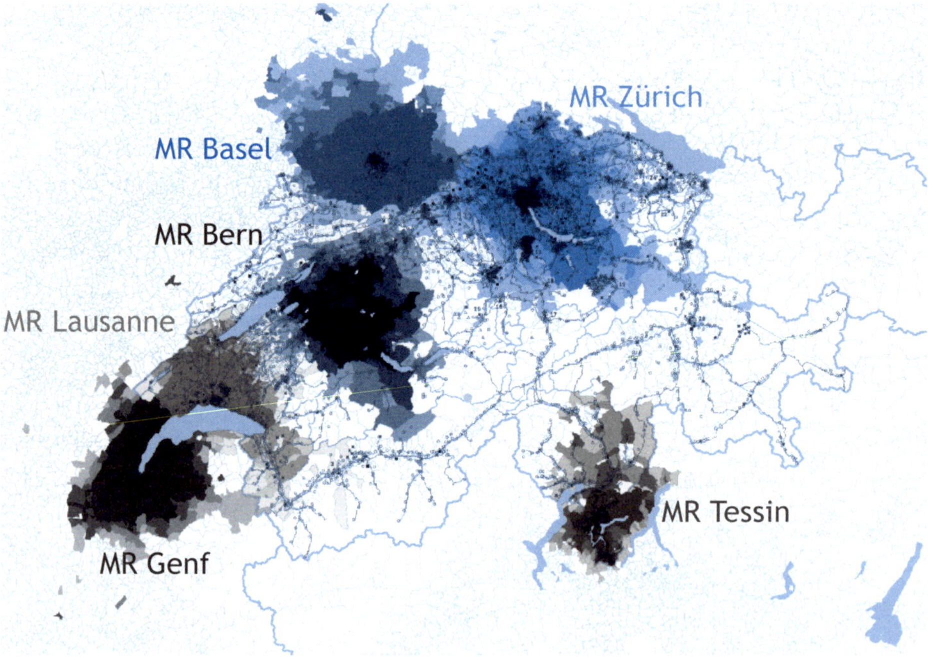

Abb. A10: Metropolregionen (MR) in der Schweiz nach Avenir Suisse [A33]

Avenir Suisse, eine Denkfabrik für wirtschaftliche und soziale Fragestellungen, hat für den Datenstand 2000 ausgewertet, wie sich derzeit die täglichen Pendlerverflechtungen mit den sechs grössten Arbeitszentren der Schweiz präsentieren [A33]. Abgestuft nach Anteilen an der erwerbstätigen Bevölkerung, welche in einer der sechs Kernstädten einer täglichen Arbeit nachgeht, zeigt sich, dass in der Schweiz sechs grosse Arbeitsmärkte bestehen. Avenir Suisse setzt diese Arbeitsmärkte Metropolregionen gleich, in denen rund 80% der Beschäftigten arbeiten bzw. 84% des Bruttoinlandprodukts der Schweiz erwirtschaftet werden. Die übrige Schweiz wird zusehends wirtschaftlich marginalisiert und erhält bestenfalls noch Zuliefer- und Erholungsfunktion für die sechs Metropolregionen.

Avenir Suisse leitet daraus ein Überdenken der föderalen Strukturen der Schweiz ab. Der Logik der wirtschaftlichen Leistungsfähigkeit folgend soll die politische Bedeutung der ländlichen Räume und des Berggebietes zugunsten der Metropolräume im globalen Wettbewerb reduziert werden. Mit zunehmendem politischen Einfluss der urbanen Räume wird sich auch der Infrastrukturausbau zugunsten der Metropolregionen verschieben und die Raumentwicklung dieser verdichteten Räume erhält eine zusätzliche Entwicklungsdynamik. Davon bleiben insbesondere die Immobilienmärkte nicht unberührt.

Einen anderen Zugang zur Thematik haben Architekten des *Studio Basel* gewählt [A34]. Mit einer Fülle von Daten und Methoden haben diese die urbanen Potenziale der Schweiz zu kartieren versucht. Für die urbanen Potenziale steht der Gedanke einer Wirtschaft und einer Gesellschaft im Vordergrund, die sich im Wandel befinden, zunehmend global werden und die Zukunft eines Standortes über dessen Möglichkeiten zu urbanen Angeboten und urbaner Attraktivität beschreiben werden. Auch diese Karte zeigt, dass das Potenzial für künftige Entwicklungen und Wachstum in einigen wenigen Metropolregionen und Agglomerationen liegt, der Alpenraum hingegen nur sehr punktuell mit diesen Entwicklungen Schritt halten kann.

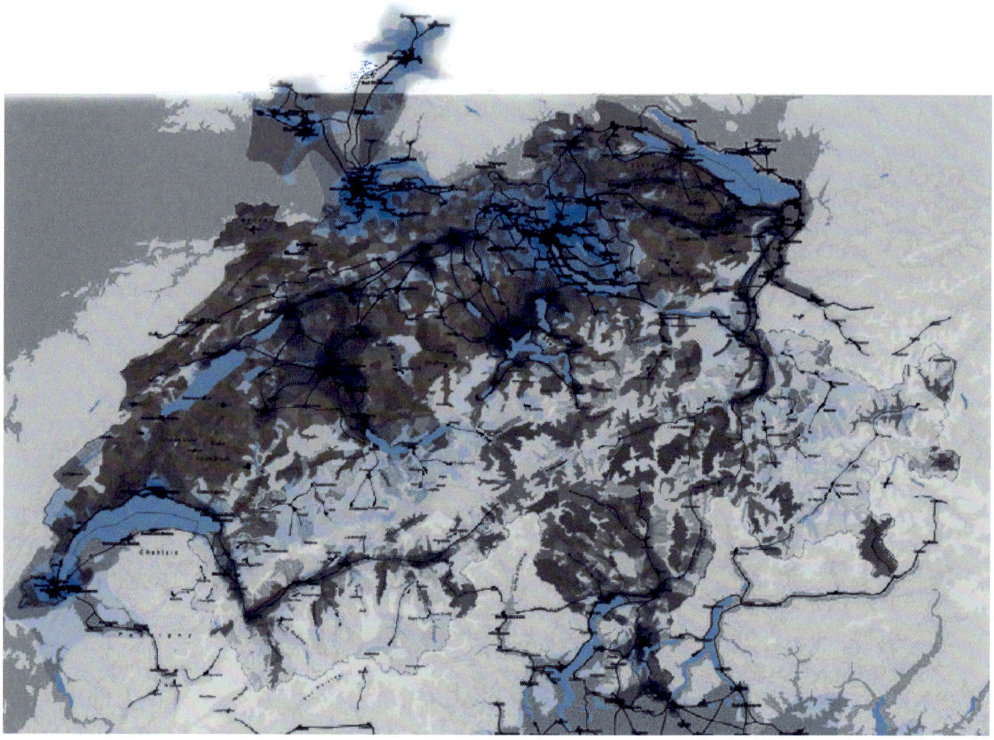

Abb. A11: Urbane Potenziale nach ETH Studio Basel [A34]

Mit Blick auf die Karte urbaner Potenziale dürften die «hellen Flecken» im Mittelland für Projektentwickler die grössten Herausforderungen stellen. Wie soll mit aufgegebenen Industriearealen in diesen Räumen verfahren werden? Welche Marktpotenziale sind für geballte Dienstleistungsangebote vorhanden? Werden sich künftig Wohnformen an die hoch urbanen Räume angleichen oder wird nach einem bewussten Kontrapunkt verlangt? Viele dieser Fragen werden sich wohl nur im Einzelfall und bestenfalls nur ansatzweise beantworten lassen, dennoch sind sie in der gesamten räumlichen Entwicklungsdynamik der Schweiz zu wichtig, um im Rahmen einer Immobilienentwicklung und eines Immobilienportfolios ausser Acht gelassen zu werden.

Wie beide Karten grafisch anklingen lassen, dürfen Analysen, Konzepte und räumliche Zukunftsbilder nicht an der Landesgrenze enden. Die Schweiz entwickelt sich räumlich im europäischen Kontext. Die Einbindung in europäische Verkehrsnetze, internationalisierte Arbeitsmärkte mit Personenfreizügigkeit und eine der internationalsten Wirtschaften der Welt führen zwangsläufig hierzu.

Mit einer territorialen Agenda und der sogenannten Leipzig Charta haben die Länder der Europäischen Union eine gemeinsame Strategie zur künftigen Raumentwicklung festgelegt [A35]. Diese beabsichtigt eine Steuerung der Raumentwicklung zwischen gesellschaftlicher und ökonomischer Realität und einem räumlichen Ausgleich an Wohlstand. Der wachstumsstarke Zentralraum der europäischen Raumentwicklung bildet dabei das Europäische Pentagon. Dieses Pentagon umschreibt den Raum zwischen London, Öresund, München, Mailand und Paris als zentraler europäischer «Gravitationsraum» von Wertschöpfung und Bevölkerung. Hier finden sich in weltweit einmaliger Dichte international bedeutsame Metropolregionen. Diese erfüllen die streng wissenschaftlichen Kriterien, wonach sich Metropolregionen gleichzeitig durch eine hohe Dichte an Wachstum und Innovation, Regulierungs- und Steuerungsfunktionen sowie durch eine sogenannte Gateway-Infrastruktur auszeichnen.

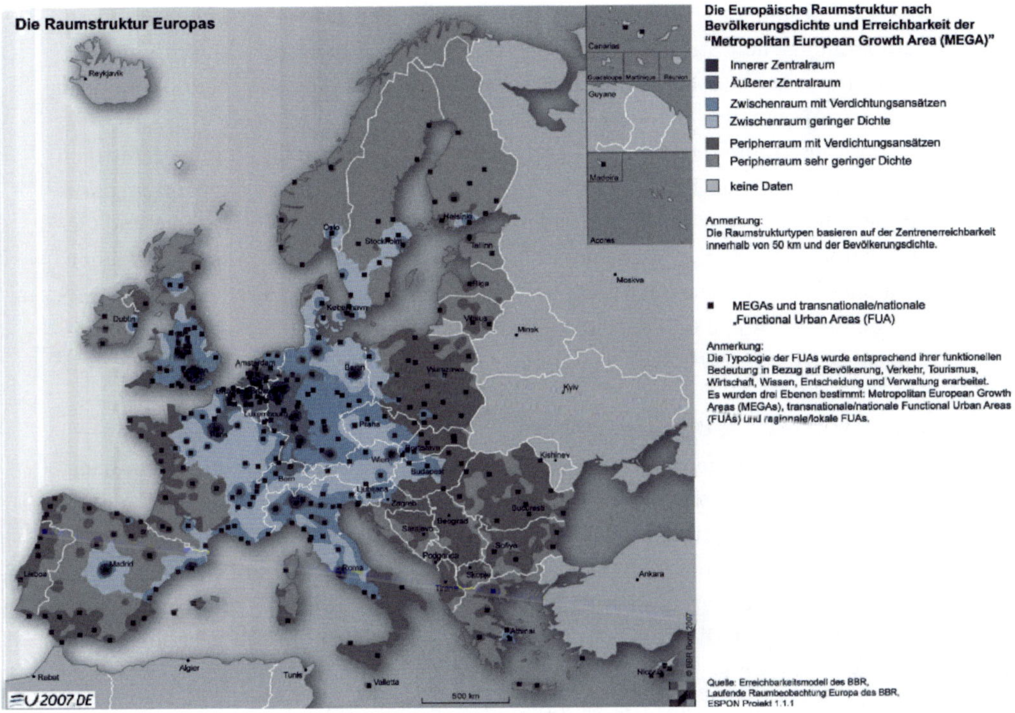

Abb. A12: Die Raumstruktur Europa – Territoriale Agenda Europäische Union [A35]

Mit der territorialen Agenda existiert ein gemeinsames Zukunftsbild, welches eine strategische Steuerung der europäischen Raumentwicklung insgesamt und in den Ländern der Europäischen Union ermöglichen soll. Zwar ist man noch weit weg von einer nachhaltigen Raumnutzung, welche bei verantwortungsvollem Umgang mit Boden und Ressourcen langfristig gesellschaftliche und wirtschaftliche Entfaltungsmöglichkeiten bietet. Eine Strategie stellt jedoch einen ersten Schritt dar, indem zumindest eine Diskussion über Ziele und Instrumente geführt wird. Nebenher erhöht sich auch die Planungssicherheit für Investitionen der öffentlichen Hand und von privater Seite mit räumlichem Bezug.

6.3 Das neue Raumkonzept Schweiz

Aufgrund der hier vorgestellten Zukunftsbilder und ähnlicher Denkanstösse von anderen Fachleuten entwickelte das Amt für Raumentwicklung (ARE) im Jahr 2008 ein «Raumkonzept Schweiz». Dieses bildet den ersten Versuch einer integralen strategischen Steuerung der schweizerischen Raumentwicklung. Es orientiert sich an der Vision einer wettbewerbsfähigen, solidarischen und ökologisch verantwortungsvollen Schweiz.

Allerdings fehlen rechtliche Instrumente zur Durchsetzung eines derartigen Konzeptes. Als erster Schritt wurde es denn auch in einem breit angelegten, partizipatorischen Prozess den Betroffenen vorgelegt. Bund, Kantone, Städte und Gemeinden konnten in der Vernehmlassung Stellung zu den neuen Ideen beziehen. In einem bisher einzigartigen Rahmen wurden die Ideen zur Entwicklung der verschiedenen Regionen und der Schweiz als Ganzes in offenen «Foren zum Raumkonzept Schweiz» vertieft diskutiert.

Polyzentrische Struktur der Schweiz

Im Unterschied zu anderen Ländern ist die Schweiz nicht auf eine dominante Hauptstadt ausgerichtet. Vielmehr ist das Land durch ein System unterschiedlich grosser Zentren mit urbanem Charakter geprägt: Metropolen, Agglomerationen, Einzelstädte oder ländliche Zentren.

Die gute Erreichbarkeit der städtischen Räume und die polyzentrische Struktur tragen dazu bei, die Zersiedelung zu bremsen, die ländlichen Räume zu stärken sowie die Natur- und Kulturlandschaften zu entlasten, beziehungsweise zu erhalten. Durch die Nähe von Wohnen, Arbeit und Freizeit verringert die polyzentrische Struktur insgesamt die Nachfrage nach Mobilität und schafft günstige Voraussetzungen für die Förderung nachhaltiger Verkehrsträger des öffentlichen Verkehrs und des Langsamverkehrs.

Das Raumkonzept Schweiz baut auf dieser polyzentrischen Struktur auf und will sie stärken. Da aber nicht alle Zentren die gleichen Aufgaben erfüllen, muss das Prinzip der Hierarchisierung konsequent zum Tragen kommen. Die unterschiedlichen Raumtypen – Metropole, Agglomeration, Städtenetz, ländliches und touristisches Zentrum – sind mit denjenigen Infrastrukturen auszustatten, die ihrer Stufe entsprechen.

Als Ermunterung für die anlaufende Diskussion formuliert das Raumkonzept Schweiz Strategien für die so genannten Handlungsräume. Diese umfassen jeweils Gebiete, die eine enge funktionale Beziehung aufweisen oder vergleichbare Herausforderungen zu meistern haben. In neun regionalen Austausch-Foren nahmen im Mai 2007 über 200 Personen teil, um sich erstmalig in der Geschichte der schweizerischen Raumplanung über die Kantonsgrenzen hinweg mit strategischen Entwicklungsfragen zu beschäftigen.

Sobald ein tragfähiger Konsens gefunden wird, soll der Bundesrat das Raumkonzept Schweiz verabschieden und damit für die Bundesverwaltung als verbindlich erklären lassen. Allerdings zeigen bereits die ersten Reaktionen aus den Austausch-Foren, dass bis dann noch viel Überzeugungsarbeit geleistet werden muss.

6.4 Ausblick

Die strategische Raumplanung ist nicht einfach ein weiterer Schritt in der Entwicklung der gebauten Schweiz. Sie ist ein bedeutungsvoller Paradigmenwechsel: Fast vier Jahrzehnte nach dem Bericht des Club of Rome entschliesst sich die offizielle Schweiz zum Wechsel von einer nachfrageorientierten zu einer angebotsorientierten Entwicklung.

7 Recht und Politik

Raumplanung, Bauen und Immobilienbewirtschaftung stehen im Fokus der politischen und gesellschaftlichen Diskussion.

Der Umgang mit dem in der Schweiz spärlichen Boden, die ungebremste Ausstrahlungskraft von Ballungszentren und die Anforderungen an die Nachhaltigkeit von Gebäuden und deren Bewirtschaftung prägen die heutigen Diskussionen ebenso wie Fragen zur gesellschaftlichen Entwicklung und zu den damit verbundenen geänderten Bedürfnissen: Die quantitativ und qualitativ zunehmenden Ansprüche der älteren Generation an das Wohnen, die hohen Erwartungen an Lage und Attraktivität von Geschäftsbauten und die zunehmende Individualisierung verlangen neue Ideen und Lösungsansätze – in der Planung und in der Ausführung.

Der politisch wahrnehmbare Wille, Freiräume für Entwickler und Gestalter und deren Ideen zu schaffen, kollidiert häufig mit dem hohen und unübersichtlichen Regulierungsgrad der Planungs- und Bauvorschriften. Und nicht zuletzt: Die Bauherren wollen ihre Bauten immer schneller, perfekter und kostengünstiger.

Der Standortwettbewerb zwischen Kantonen und Städten, insbesondere wenn es um planerische Massnahmen geht, ist Realität. Politischer Widerstand und/oder Rechtsmittelverfahren und damit verbundene Verzögerungen auf der einen Seite, beförderliche Baubewilligungsverfahren, flexible Bauvorschriften und häufig auch Steuerfragen auf der anderen Seite können für einen Bauwilligen den Ausschlag für eine Standortwahl geben.

Die Aufgaben und Ziele der Bauwirtschaft müssen sich in einem komplexen rechtlichen Umfeld orientieren, an staatlichen Gesetzen und an den von den Baupartnern geschaffenen privatrechtlichen Grundlagen (z.B. SIA-Normen). Sorgfältige und umfassende Grundlagenabklärungen auch in politischer und in rechtlicher Hinsicht sind heute als Basis für einen Grundsatzentscheid ebenso unerlässlich, wie eine sorgfältige, stetige Beobachtung der Rahmenbedingungen während des gesamten Lebenszyklus einer Baute. Sorgfältiger Umgang mit technischen und rechtlichen Anforderungen und politischen Umfeldern, aber auch die Fähigkeit, im entscheidenden Augenblick entsprechende Hilfestellungen einzuholen, zeichnen einen sorgfältigen Bauherrenberater und Immobilienentwickler aus. Bei komplexen Vorhaben ist ein Zusammenspiel aller Disziplinen unumgänglich, um den Erfolg eines Bauwerks möglichst gut abzusichern.

Von besonderer Bedeutung sind in neuster Zeit sämtliche Fragen rund um die Thematik Energie und Nachhaltigkeit (→ Teil A Kap. 3), im Weiteren aber auch steuerliche Themen (→ Teil F Kap. 15), die aufgrund des Standortwettbewerbes und der zunehmenden Globalisierung internationaler Konzerne an Bedeutung gewinnen. Markante Auswirkungen auf Erstellung und Lebenszyklus einer Baute haben bei öffentlichen Auftraggebern sodann die strengen formellen Regeln über das öffentliche Beschaffungswesen (→ Teil F Kap. 5).

Entscheidend für den Erfolg der schweizerischen Raumentwicklung wird es sein, wie gut es den Fachleuten gelingt, die neuen Erkenntnisse der Bevölkerung zu kommunizieren und sie damit mehrheitsfähig zu machen.

8 Die Entstehung der Projektentwicklung in der Schweiz

8.1 Eine neue Aufgabe – ein neuer Beruf

Projektentwicklung als selbständige Berufsgattung ist ein Produkt unserer Zeit. Die Entwicklung von Immobilien bis hin zu ganzen Städten war in der Geschichte bereits in verschiedenen Formen aufgetreten. Seien es die Zähringer im Mittelalter oder im 19. Jahrhundert Grossindustrielle – sie alle haben «entwickelt». Der moderne Projektentwickler von heute unterscheidet sich gegenüber den «historischen Entwicklern» aber durch seine Spezialisierung und durch seine Beweggründe. Während die Fürstentümer im Mittelalter aus machtpolitischen Gründen neue Städte gründeten und sozialpolitische Motivation die Industriellen veranlasste Arbeitersiedlungen zu errichten, projektiert und realisiert der moderne Entwickler primär aus wirtschaftlichen Motiven. Machthabende und Unternehmer in der Vergangenheit waren aus der Notwendigkeit heraus zu Entwicklern geworden. Für den Developer von heute ist dieser Schritt eine professionelle Entscheidung, eine Berufswahl, eine Einkommensquelle. Was einst «Mittel zum Zweck» war, ist zum «Selbstzweck» geworden.

8.2 Anfänge der Immobilienentwicklung

Die Pioniere

Hatt Haller und Ernst Göhner gelten als Wirtschaftspioniere. Durch Initiative, Weitsichtigkeit und Unternehmertum bestimmten sie die Wirtschaft und die Bauindustrie in der Schweiz des frühen 20. Jahrhunderts prägend mit.

Hatt Hallers Baufirma wuchs in den Boomjahren vor dem 1. Weltkrieg und wurde in den 1920er Jahren dank frühem Einsatz von moderner Bautechnik zu einer der grössten Baufirmen der Schweiz mit eigenen Werkstätten (1929 über 2000 Mitarbeiter). Anfangs stand der Hochbau in und um Zürich im Vordergrund, später kam der Tiefbau mit landesweiter Tätigkeit und Beteiligung an Grossbaustellen hinzu. Das Spektrum umfasste privaten und genossenschaftlichen Wohnungsbau, Fabrikbauten, Banken, Geschäftshäuser und öffentliche Bauten (Nationalbank, Bahnhof Enge, Kirche Fluntern). Im Tiefbau Strassen- und Eisenbahnbrücken, Staumauern und Kraftwerkanlagen. In den 1930er Jahren war Hatt Haller an weiteren Grossprojekten beteiligt (Säntis-Schwebebahn, Parsennbahn in Davos, Palais des Nations in Genf).

In den 1920er Jahren entwickelte Ernst Göhner mit seinem Unternehmen erste Bauprojekte. Während der Krise der 1930er und 1940er Jahre trieb er den Wohnungsbau voran, nicht zuletzt mit dem Ziel, Arbeitsplätze zu erhalten und neue zu schaffen. In dieser Zeit betrug der Anteil der durch die Ernst Göhner AG erstellten Liegenschaften ungefähr 16% der gesamten schweizerischen Bautätigkeit. Auf eigene Rechnung und als Generalunternehmer für Dritte erstellte er auch eine grosse Zahl von Neubauten im Ausland.

Totalunternehmen und Verbände

Heute sind es oft Totalunternehmen, wie Implenia, Steiner, Allreal oder Halter, welche Architekten, Planer, Spezialisten und Handwerker unter einem Dach vereinen und über genügend finanzielle Mittel verfügen, um Projekte gesamthaft entwickeln und realisieren zu können.

Ausserhalb dieser grossen Unternehmungen fand die Projektentwicklung in der Schweiz bis vor kurzem als Zusammenarbeit zwischen den verschiedenen Interessensgemeinschaften wie Investoren, Berufs- und Nutzerverbänden vor allem nach dem Prinzip «learning by doing» statt.

8.3 Die Einflüsse

Während es die Schweiz in den Disziplinen der Architektur und Bautechnik zu Höchstleistungen bringt und deren Universitäten sich mit den besten der Welt messen können, wurden das Immobilienmanagement und die Projektentwicklung lange vernachlässigt. Auch die Hochschulen haben die Bedeutung dieser Fachbereiche lange verkannt.

Angelsächsische Vorreiter

Die bekanntesten Vorreiter aus dem angelsächsischen Raum sind das Royal Institute of Chartered Surveyors (RICS) und das Urban Land Institute (ULI).

Das RICS, 1868 in England gegründet, ist die weltgrösste «standards and membership»-Organisation für Fachleute im Real Estate Bereich und fördert den Berufsstand auf der Grundlage hoher fachlicher Standards und einer strengen Berufsethik.

Das ULI, eine Non-Profit-Organisation mit Sitz in Washington D.C. und London, wurde 1936 mit dem Grundsatz «eine verantwortungsvolle Führung zugunsten der Aufwertung einer Gegend und deren Umwelt zu gewährleisten» gegründet. Über 20% der Mitglieder arbeiten für Regierungen, Bildungs- und Forschungseinrichtungen oder in Public Private Partnerships.

Dank der internationalen Verflechtung durch Kongresse und Weiterbildungen findet das Know-how aus dem europäischen und aus dem angelsächsischen Raum nun langsam auch den Weg in die Schweiz. Die Immobilienbranche kann heute bereits auf ein breit abgestütztes und stetig erweitertes Fachwissen aus dem In- und Ausland zugreifen. Nationale Fachverbände wie SVIT und KUB zeugen vom erwachenden Selbstverständnis der neuen Berufsgruppe.

8.4 Trendwechsel und neue Ausbildungsstätten

In den letzten Jahren ist in der Schweiz eine deutliche Professionalisierung in der Immobilienbranche erkennbar. Private Eigentümer wie auch die öffentliche Hand haben den Wert ihrer Immobilien erkannt und wollen diese aktiver und professioneller betreiben.

Als Reaktion auf das wachsende Verlangen nach mehr Professionalität im Umgang mit der Immobilie, bieten einzelne Verbände ihren Mitgliedern verschiedenste Fachseminare an. Und in jüngster Zeit entstanden in der Schweiz verschiedene Ausbildungsstätten mit ganzen Fachausbildungen (BBA/MBA) und Nachdiplomstudien (MAS) im Angebot. Eine neue Generation von Entwicklern wächst heran. Heute nehmen immer mehr junge, gut ausgebildete Fachleute verantwortungsvolle Positionen in grossen Unternehmen ein.

Die Ausbildungsstätten haben durch ihre akademischen Anbindungen an Kredibilität gewonnen. So ist die HSLU Schirmherrin des Nachdiplomstudiums für Immobilienmanagement in Zug/Luzern. Das CUREM wurde 2008 organisatorisch an die Universität Zürich angebunden.

Neue Fachausbildungen und Nachdiplomstudien in der Schweiz:

- CUREM — Center for Urban & Real Estate Management
Universität Zürich
- HSLU — Institut für Finanzdienstleistungen der Hochschule für Wirtschaft, Luzern
Nachdiplomstudium für Immobilienmanagement
- SVIT — Swiss Real Estate School (ehemals Realis)
Schweiz. Verband der Immobilienwirtschaft SVIT
- RICS — Royal Institute of Chartered Surveyors Schweiz, zertifiziert seit 2003 Fachleute in der Schweiz
- Schätzerlehrgänge — Lehrangebot des schweizerischen Immobilienschätzer-Verbandes SIV

8.5 Definition der Immobilienentwicklung

Immobilienentwicklung als Begriff ist im deutschen Sprachraum seit den 1980er Jahren gebräuchlich. Sie umfasst alle Schritte von der Idee über das Konzept und

Projekt bis zur Realisierung von Immobilien, die üblicherweise mit der Tätigkeit und Verantwortung des Bauherrn in Verbindung gebracht werden.

Der allgemeine Begriff «Entwicklung» wird schon wesentlich länger benutzt. Das Entwicklungsprodukt kann von einer Dienstleistung über Software zu Hardware und letztlich Immobilien alles Mögliche sein. Es ist daher sinnvoll, im täglichen Gebrauch den Begriff klar zu definieren und damit sorgfältig umzugehen.

Die «Immobilienentwicklung» ist eine Ableitung des Allgemeinbegriffs «Entwicklung» und bezeichnet den kreativen Akt, der mit einer Idee anfängt und mit einem raumdefinierenden, immobilen Produkt endet.

Innerhalb des riesigen Feldes «Immobilienentwicklung» unterscheidet man einerseits zwischen «Raumentwicklung», einem Software-Produkt in Form von Sachplänen, Richtplänen, Zonenplänen und ähnlichen abstrakten Resultaten, und andererseits «Projektentwicklung», einem Hardware-Produkt in Form eines gebauten Produktes.

Dazwischen stehen mit unterschiedlichem Anteil an Soft- respektive Hardware Spezialdefinitionen wie Standortentwicklung, Quartierentwicklung oder Arealentwicklung.

Fortschrittliche Immobilienentwickler beschäftigen sich schon heute intensiv mit der Raumentwicklung. Dieses Gebiet war bisher ausschliesslich die Domäne der öffentlichen Hand und ihrer Planer. Das Institutionenmodell von Graaskamp (→ Teil A Kap. 8.7) zeigt aber, dass sich die Fronten entkrampft haben und dass das grosse Potenzial einer Zusammenarbeit mit privaten Entwicklern erkannt wurde.

Trotzdem versteht man in der Bauwirtschaft, wenn ganz allgemein von «Entwicklung» gesprochen wird, darunter üblicherweise die objektspezifische Projektentwicklung. Die gebräuchlichste Definition dafür stammt von Diederichs [A14]. Sie lautet:

Projektentwicklung im engeren Sinn ist das Zusammenführen von Projektidee, Grundstück, Kapital und Nutzer mit dem Ziel, Mehrwert zu schaffen.

Diese vier Elemente bilden die Voraussetzung, damit Bauen überhaupt erst möglich wird. Der erste Mehrwert wird somit bereits dann erzielt, wenn es gelingt, diese gleichzeitig zugänglich zu machen. Die Definition von Diederichs fokussiert auf den «Zeugungsakt» der Projektentwicklung.

Dieser älteren, statischen Definition steht der jüngere, dynamische Ansatz gegenüber, der an der Universität in Regensburg [A36] entwickelt wurde. Dieser versteht Projektentwicklung als Prozess:

Projektentwicklung ist das interdisziplinäre Management von planungs- und baubezogenen Wertschöpfungsprozessen im Lebenszyklus der Immobilie.

Dazu gehören die Bausteine Akquisition, Nutzungskonzeption und Machbarkeitsanalyse, Baurechtschaffung, Eigen- und Fremdkapitalbeschaffung, Marketing und Vermietung, Projektmanagement sowie die Verwertung der Immobilie. Die Definition von Regensburg fokussiert auf den «Prozess» der Immobilienentwicklung.

8.6 Profil des Projektentwicklers

Entwicklung von Raum und Immobilien ist eine äusserst komplexe, anspruchsvolle Aufgabe. Sie verlangt nach einer umfassenden Ausbildung und überdurchschnittlicher Kreativität. In den folgenden Wissensgebieten ist der erfolgreiche Projektentwickler sattelfest:
- Architektur und Planung
- Wirtschaft und Recht
- Kommunikation und Marketing

Es liegt auf der Hand, dass für dieses breite Wissen neben einer hochqualifizierten Ausbildung auch umfassende, langjährige Erfahrung gefordert ist. Diese lässt sich nicht kaufen, sondern nur erarbeiten.

Ebenso wichtig wie Wissen und Erfahrung sind für den Entwickler auch eine positive Grundhaltung, Offenheit, Neugier und Kreativität. Denn trotz theoretischer Aufarbeitung des Themas, verbesserter Ausbildung und Zugriffsmöglichkeiten auf grosse Datenbanken ist und bleibt der Erfolg abhängig von irrationalen, mehrheitlich emotionalen Faktoren, die nur beschränkt lernbar sind. Der Entwickler bewegt sich zwischen Traum und Wirklichkeit, zwischen Glauben und Wissen. Er muss mit ungesicherten Annahmen operieren und darf sich trotzdem durch die Zweifel seiner Mitmenschen nicht von seiner Vision abbringen lassen. Er braucht Nerven wie Stahl (Unternehmertum) und muss gleichzeitig sensibel sein wie ein Künstler (Sozialkompetenz) und auf Bedürfnisse und Ängste der Betroffenen eingehen können (Kommunikationstalent, Teamfähigkeit). Dieses Persönlichkeitsprofil ist nur den Wenigsten in die Wiege gelegt worden – aber jeder Entwickler kann und muss sich täglich darum bemühen.

8.7 Rollen und Aufgaben des Projektentwicklers

Der Projektentwickler unterscheidet sich in einigen wichtigen Punkten vom Architekten, vom Bauherrenberater und vom Projektmanager: Er befasst sich mit räumlichen und wirtschaftlichen Problemstellungen lange bevor ein Projekt reif ist für die architektonische Umsetzung. Ausgehend von einer Problemstellung durchläuft der Entwickler mehrere Stadien der Analyse, bevor er durch persönliche Wertung zur Synthese und über einen kreativen Akt zur Idee gelangt.

Die Idee stellt einen immateriellen Wert dar, der nur schwer einschätzbar ist. Erst wenn die Idee zum Projekt gereift ist, lässt sie sich quantifizieren und qualifizieren. Nicht von ungefähr sind deshalb Entwickler oft selbständige Unternehmer. Sie übernehmen das finanzielle Risiko ihrer Tätigkeit mindestens bis zum Zeitpunkt, zu dem Dritte (Investoren, Landeigentümer, Nutzer) abschätzen können, was ihnen die Entwicklungsidee wert ist. Das trifft auch dann zu, wenn Dritte mit einem Problem an den Entwickler herantreten. Gerade weil der Wert der frühen Entwicklungsphase oft noch nicht fassbar ist, ist die Projektentwicklung im Beratungsmandat selten.

Im Gegensatz zum Projektentwickler beteiligen sich Architekten, Bauherrenberater und Projektmanager in der Regel nicht am Projekterfolg bzw. -misserfolg. Sie gehen von einer klar definierten, auf einen bestimmten Standort bezogenen und finanziell abgesicherten Investitionsabsicht des Bauherrn aus und unterstützen diesen bei der optimalen baulichen Umsetzung seines Investitionsprojekts. Sie partizipieren in der Regel nicht an den Bewilligungs-, Termin-, Kosten-, Finanzierungs- und Vermarktungsrisiken. Architekten, Bauherrenberater und Projektmanager arbeiten deshalb üblicherweise in einem Mandatsverhältnis nach Auftragsrecht.

Im englischsprachigen Raum ist es üblich, dass Entwickler ihre Projektideen von der Konzeptphase über den Entwurf, die Projektierung und bauliche Umsetzung bis hin zur Vermietung begleiten und finanzieren, bis das Objekt dem Nutzer und/oder Investor verkauft und übergeben werden kann. Je nachdem, in welchem Umfang der Entwickler am Erfolg / Misserfolg der Entwicklung beteiligt ist und inwieweit er auch als Investor fungiert, unterscheidet man zwischen:

- Service Developer: Entwicklung als Auftragsleistung (z.T. mit Risikoanteil)
- Trader Developer: Entwicklung und Erstellung mit Eigen- und Fremdkapital
- Investor Developer: Entwicklung, Erstellung und Betrieb mit Eigen- und Fremdkapital

In der Schweiz überwiegen immer noch Entwickler, die als vorgelagerte Akquisitionsabteilungen von Generalunternehmungen agieren. Selbständige, freie Unternehmer, die ihre Legitimation ausschliesslich aus der Entwicklungsphase schöpfen, sind noch selten.

Zunehmend zeichnet sich, besonders bei grossen Entwicklungsobjekten, auch in der Schweiz ein Bedarf an Entwicklern mit ausgeprägten Fähigkeiten im kommunikativen Bereich ab. Je mehr Beteiligte an einem Entwicklungsprozess beteiligt sind, desto wichtiger wird das Bereitstellen, Weiterleiten und Kontrollieren von Informationen. Der Entwickler wird zur zentralen Schnittstelle zwischen allen Interessenvertretern vom Auftraggeber bis zur Öffentlichkeit.

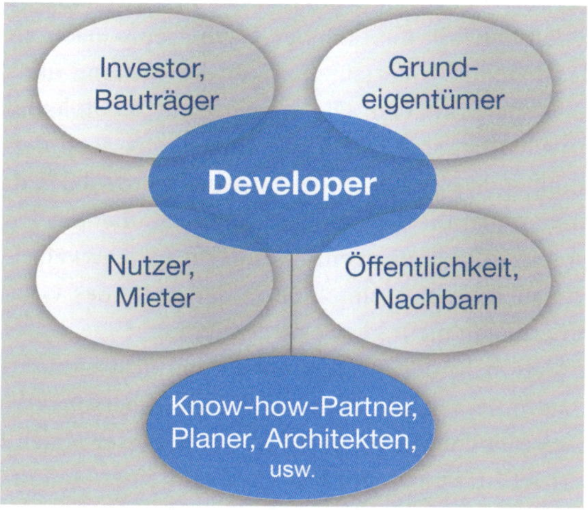

Abb. A13: Der Projektentwickler (Developer) als zentrale Drehscheibe im Projektgeschehen [A15]

Auf der wichtigen Rolle als Kommunikator baut auch das Institutionenmodell von Graaskamp [A36] auf, das den Entwickler aus der ökonomischen Perspektive als Hauptakteur (principal agent) beschreibt.

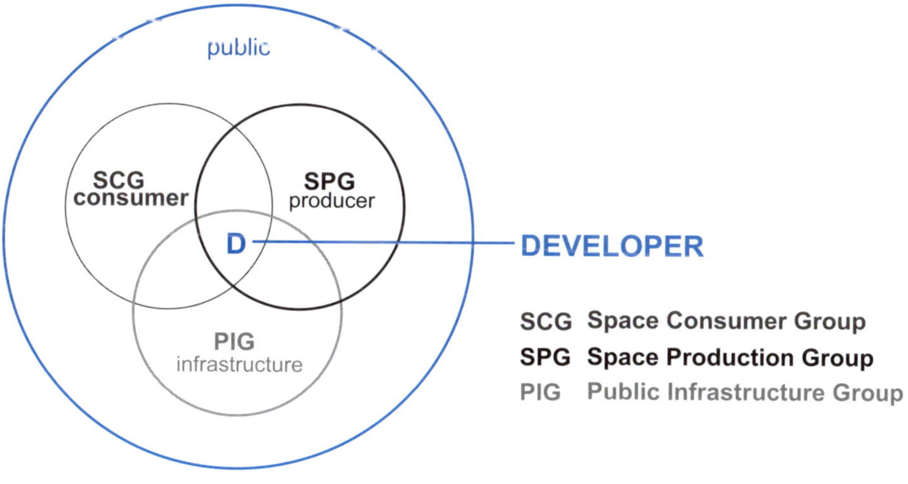

Abb. A14: Der Projektentwickler (Developer) als «principal agent» der Immobilienentwicklung [A36]

9 Der unabhängige Bauherrenberater

9.1 Die Genese der Bauherrenberater in der Schweiz

Bereits zu Beginn der 1980er Jahre manifestierte sich ein rasch wachsender Bedarf – insbesondere seitens nichtprofessioneller Bauherren – nach einer interdisziplinären und professionellen Unterstützung bei der Planung und Realisierung von anspruchsvollen Bauvorhaben. Die zunehmende Komplexität sowohl im rechtlichen und wirtschaftlichen Umfeld des Bauens als auch der eigentlichen Investitions-, Planungs- und Realisierungsaufgaben führte dazu, dass einerseits viele Bauherren weder über die notwendige Zeit noch über das Fachwissen verfügten, um die anspruchsvolle Bauherrenfunktion kompetent wahrnehmen zu können und andererseits auch viele Architekten in der Rolle des Gesamtleiters diesen neuen Herausforderungen nicht gewachsen waren.

In der Folge bildete sich mehr oder weniger wild und unstrukturiert ein Angebot an Bauherrenberatern heraus, die über einen ganz unterschiedlichen Bildungshintergrund, Wissensstand und Erfahrungsschatz in dieser neuen Disziplin verfügten. Es wäre übertrieben, von einem Eldorado und einer Goldgräberstimmung zu sprechen, aber es war auch nicht zu übersehen, dass manch frühpensionierter Mitarbeiter von professionellen Baufachorganen oder freigestellte CEO's von schlingernden Unternehmen der Bauwirtschaft sich auf diese lukrativ erscheinende Beschäftigungsmöglichkeit stürzten und in der Folge das Heer der Bauherrenberater explosionsartig zunahm.

Angesichts dieses Wildwuchses ist es nicht erstaunlich und muss im Nachhinein als ein Segen betrachtet werden, dass im Jahr 1986 der Schweizerische Verband unabhängiger Bauherrenberater (SVUB) gegründet wurde. Im Jahr 1993 schloss sich der SVUB dem Schweizerischen Verband für Immobilienwirtschaft (SVIT) an und bildet heute als Kammer Unabhängiger Bauherrenberater (KUB) eine eigenständige Mitgliederorganisation des SVIT. Dieser Berufsverband definierte für die Schweizer Bauwirtschaft das Berufsbild des unabhängigen Bauherrenberaters und die entsprechenden Anforderungen, stellte Standesregeln auf und erliess Musterverträge und Richtlinien bezüglich der Honorierung dieser neuartigen Dienstleistungen für Bauherren. Darauf aufbauend wurden ein klar geregeltes Aufnahmeverfahren eingesetzt und die berufliche Weiterbildung stark gefördert, um bei den Mitgliedern das erwünschte Mass an fachlicher Qualifikation sicherzustellen. Weitere Informationen zur KUB finden sich unter www.kub.ch.

9.2 Fachkompetenzen des Bauherrenberaters

Der Bauherrenberater KUB verfügt über das notwendige Wissen und Können aus dem gesamten Umfeld der Immobilienwirtschaft, um einen Bauherrn in allen Belangen im Zusammenhang mit der Investitionsabsicht unter Beachtung der wirtschaftlichen, gesetzlichen, organisatorischen, technischen und ökologischen Abhängigkeiten und Einflüsse zu beraten. Aufgrund seiner spezifischen Ausbildung verfügt er über umfassende Kompetenzen in den Bereichen

- Analyse und Beurteilung von Bauprojekten
- Projektmanagement
- Marktbeurteilung
- Bewirtschaftung von Hochbauten
- Privatrecht, insbesondere Vertrags- und Gesellschaftsrecht
- Finanzierung

und weist sich aus über

- Unabhängigkeit
- Loyalität gegenüber allen Planungs- und Baubeteiligten
- Führungs- und Entscheidungskompetenz
- Integrität
- Innovationskraft

9.3 Rollen des Bauherrenberaters

Ein Bauherrenberater kann in der Organisation des Bauherrn zwei grundsätzlich verschiedene Rollen übernehmen. Er tritt entweder als Berater des Bauherrn auf und übernimmt somit eine Stabsfunktion, welche nur beratend und unterstützend wirkt. Alternativ kann er die Funktion des Projektleiters Bauherr ausüben und steht dann in einer Linienfunktion, welche über gewisse Anordnungs- und Weisungsbefugnisse verfügt.

In Abbildung A15 ist die strukturelle Einbindung der beiden Rollen in die Organisation des Bauherrn dargestellt.

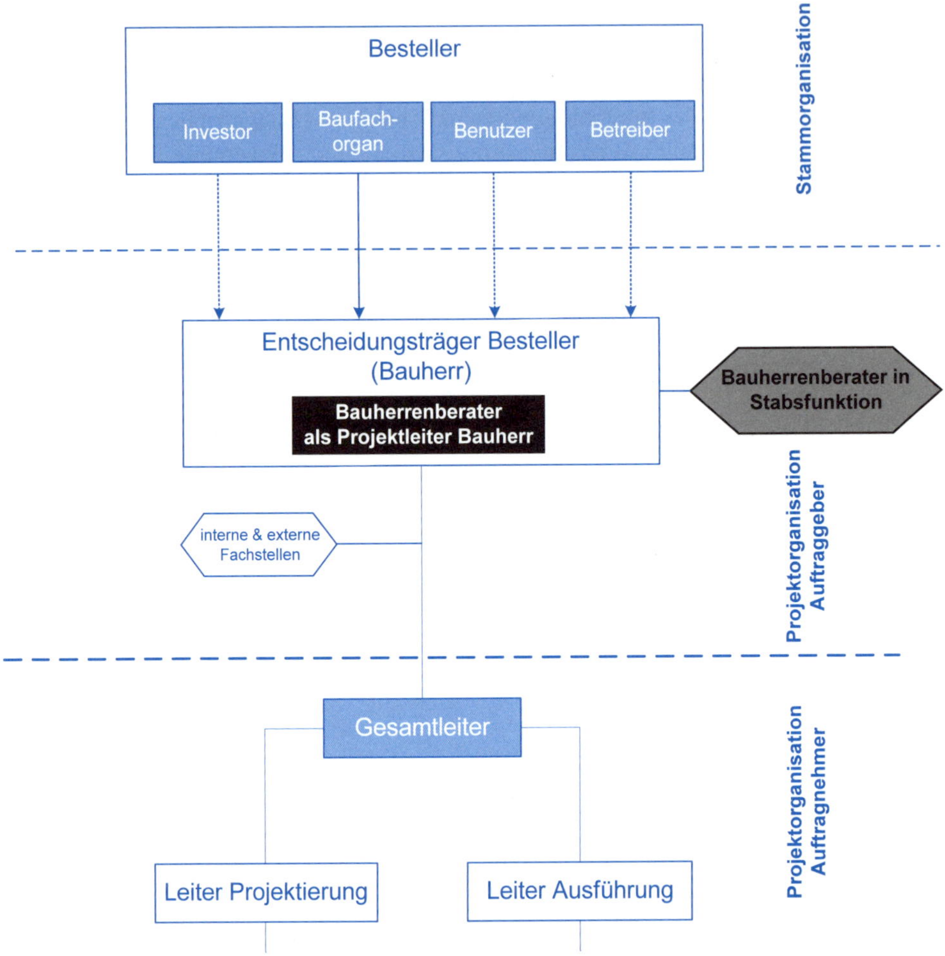

Abb. A15: Einbindung des Bauherrenberaters in die Grundstruktur der Bauprojektorganisation als Projektleiter Bauherr oder in Stabsfunktion

9.4 Aufgaben des Bauherrenberaters und Abgrenzung gegenüber anderen Leitungsfunktionen

9.4.1 Leitungsfunktionen in der Bauprojektorganisation

In einer Bauprojektorganisation werden in der Regel die folgenden Leitungsfunktionen wahrgenommen (Abb. A15):

- seitens Auftraggeber:
  - Bauherr (Entscheidungsträger des Bestellers)
  - Projektleiter Bauherr (allenfalls durch den Bauherrenberater)
- seitens Auftragnehmer:
  - Gesamtleiter
  - Leiter Projektierung (im Hochbau meistens vom Architekten wahrgenommen)
  - Leiter Ausführung (= Bauleitung, oft verstärkt durch eine Fachbauleitung für Tragkonstruktionen oder die Gebäudetechnik)

Der Bauherrenberater in Stabsfunktion hat definitionsgemäss keine Leitungsverantwortung.

9.4.2 Allgemeine, phasenübergreifende Aufgaben

In Hinsicht auf die Definition der Aufgaben des Bauherrenberaters ist vor allem die eindeutige Abgrenzung zu den Aufgaben des Bauherrn und des Gesamtleiters von Bedeutung.

Bauherr

Der Bauherr bzw. der Entscheidungsträger Bauherr (z.B. Baukommission, Projektausschuss) übernimmt in der Regel die folgenden, nicht delegierbaren Aufgaben und Verantwortlichkeiten:

- Gesamtverantwortung für die Definition, Projektierung und Ausführung eines Bauvorhabens
- Wahl der bauherrenseitigen Projektorganisation und Besetzung der Schlüsselpositionen
- Wahrnehmung und Koordination der Bestellerinteressen (Investor, Benutzer, Betreiber)
- Beschaffung des Grundstücks
- Sicherstellung der Finanzierung und der Liquidität
- Wahl der auftragnehmerseitigen Projektorganisation
- Beauftragung und Abgeltung der Planer, Unternehmer und Lieferanten
- Abnahme des fertigen Werks

Bauherrenberater in Linie (Projektleiter Bauherr)

Die Aufgaben, die der Projektleiter Bauherr über sämtliche Phasen zu erledigen hat, können wie folgt umschrieben werden (→ Teil G Kap. 1.1):

- Vertretung des Bauherrn in allen Belangen nach Massgabe der vereinbarten Delegation
- Projektleitung
- übergeordnete Projektsteuerung
- Gewährleistung der Einhaltung der Projektanforderungen (Leistung, Qualität, Kosten und Termine)

Wie bereits erwähnt, kann der Bauherrenberater mit der Funktion Projektleiter Bauherr beauftragt werden.

Bauherrenberater in Stabsfunktion

Die phasenübergreifenden Aufgaben des Bauherrenberaters in Stabsfunktion lassen sich wie folgt definieren:

- Unterstützung des Bauherrn bzw. des Projektleiters Bauherr bei der Bearbeitung seiner Aufgaben sowie bei der Entscheidungsvorbereitung und Entscheidungsfindung
- Beratung bezüglich Vertragsmanagement (Ausschreibung, Vergabe, Vertragsabschluss und Vertragsumsetzung)
- übergeordnetes Projektcontrolling (Überwachung der Leistungen, Qualität, Kosten und Termine auf der Stufe Bauherr)
- ständige Optimierung der Projektziele und Projektlösungen
- Beratung des Bauherrn in Rechts- und Verfahrensfragen
- Beratung des Gesamtleiters im Hinblick auf die zielgerichtete Projektabwicklung

Gesamtleiter

Die Gesamtleitung umfasst gemäss den Allgemeinen Vertragsbedingungen nach SIA Ordnung 112 die folgenden phasenübergreifenden Leistungen:

- Beratung des Auftraggebers (= Bauherr)
- Kommunikation mit dem Auftraggeber und Dritten
- Vertretung des Auftraggebers gegenüber Dritten im vereinbarten Rahmen
- rechtzeitige Bereitstellung von Entscheidungsgrundlagen für den Auftraggeber
- rechtzeitige Formulierung von Anträgen an den Auftraggeber
- Einholung von Entscheiden und die Abmahnung von nachteiligem Verhalten des Auftraggebers
- Erstellung der Aufbau- und Ablauforganisation

- Protokollierung der Sitzungen mit dem Auftraggeber
- Erstellung von periodischen Standberichten
- Sicherstellung des Submissions-, Bestell- und Rechnungswesens
- Erfüllung der Leistungs- und Sorgfaltspflicht der Beauftragten in Bezug auf die Einhaltung der vom Auftraggeber formulierten Ziele hinsichtlich Qualität, Kosten und Termine
- Organisation und Leitung einer koordinierten projektbezogenen Qualitätssicherung
- Koordination der Leistungen aller Beteiligten
- fachliche und administrative Leitung des Planerteams (= Leitung der Projektierung)
- Zuteilung von Aufgaben im Planerteam
- Sicherstellung des Informationsflusses und der Dokumentation, einschliesslich der Organisation des technischen und administrativen Datenaustausches

9.4.3 Phasenspezifische Aufgaben

Neben den im vorangehenden Kapitel formulierten phasenübergreifenden Leistungen gibt es für den Projektleiter Bauherr, den Bauherrenberater in Stabsfunktion und den Gesamtleiter zahlreiche weitere spezifische Aufgaben, die in den einzelnen Projektphasen anfallen. Diese sind in den Teilen C «Projektierung», D «Realisierung» und E «Bewirtschaftung» dieses Handbuches jeweils am Anfang in einer Übersichtstabelle zusammengestellt, die sich auf die Leistungsdefinitionen gemäss SIA 112 abstützt.

9.4.4 Fazit

Die Definition der insgesamt erforderlichen Leistungen und deren Zuordnung zu den verschiedenen Leitungsfunktionen (Bauherr, Bauherrenberater, Projektleiter Bauherr, Gesamtleiter) können nicht allgemein gültig formuliert werden, sondern sind in jedem Einzelfall aufgrund der projektspezifischen Gegebenheiten zu optimieren, eindeutig festzulegen und zu vereinbaren (→ Teil G Kap. 1.2).

Es ist auch darauf hinzuweisen, dass nicht bei jedem Bauvorhaben ein Bauherrenberater beigezogen wird. In solchen Fällen übernimmt der Projektleiter Bauherr zusätzlich auch die Aufgaben des Bauherrenberaters. Dies gilt sowohl für die phasenübergreifenden als auch für die phasenspezifischen Aufgaben des Bauherrenberaters.

Literatur- und Quellenverzeichnis

[A1] Hager, R.; The Zähringer New Towns; Ausstellungskatalog, ETH Zürich, 1966

[A2] Meadows D.H., Meadows D.L., Randers J., Behrens W.W.; Die Grenzen des Wachstums; DVA, Stuttgart, 1992

[A3] Von Weizsäcker E.U., Lovins A.B., Lovins L.H.; Faktor vier: Doppelter Wohlstand – halbierter Naturverbrauch; Droemer Knaur, München, 1995

[A4] World Business Council for Sustainable Development; Energy Efficiency in Buildings; WBCSD, Washington, 2007

[A5] Münk H.J.; Nachhaltige Entwicklung und Soziallehre; in: Stimmen der Zeit 216, 1998

[A6] Jonas H.; Das Prinzip Verantwortung. Versuch einer Ethik für die technologische Zivilisation; Frankfurt a.M., 1979

[A7] Vogt M.; Natürliche Ressourcen und generationelle Gerechtigkeit; in: Marianne Heimbach-Steins (Hrsg.) Christliche Sozialethik 2; Regensburg, 2005

[A8] Höffe O. (Hrsg.); Lexikon der Ethik; München, 2002

[A9] Birnbacher D.; Analytische Einführung in die Ethik; de Gruyter; Berlin, 2007

[A10] Binswanger M.; Die Tretmühlen des Glücks; Herder Verlag, Freiburg, 2006

[A11] Intergovernmental Panel on Climate Change (IPCC / UNEP), Climate Change 2007, Summary for Policymakers, ProClim, Bern, 2007

[A12] Brundtlandt Report; Report of the World Commission on Environment and Development: Our Common Future; Oxford University Press, 1987

[A13] Agenda 21; United Nations Conference on Environment and Development, UNCED, 1992

[A14] Diederichs C.J.; Führungswissen für Bau- und Immobilienfachleute; Springer Verlag, 2005

[A15] Nüesch Development, Luzern, 2008

[A16] SIA (Hrsg.); Effizienzpfad Energie – Ein Projekt von Swiss Energy Codes der KHE des SIA; Zürich, 2006

[A17] Interdepartementaler Ausschuss Nachhaltige Entwicklung (IDANE) 2007: Strategie Nachhaltige Entwicklung 2002 – Bilanz und Empfehlungen für die Erneuerung; BBL, Verkauf Bundespublikationen, Bern, 2007

[A18] Econcept; Energieaspekte städtischer und ländlicher Siedlungen; i.A. Bundesamt für Energie, Bern, 2006

[A19] EnFK (Konferenz kantonaler Energiefachstellen) und energieschweiz; Neubauten mit tiefem Energieverbrauch, Ratgeber für Bauherren und Liegenschaftskäufer; Bern, o.J.

[A20] Nipkow J., Gasser St., Bush E.; Der typische Haushalt-Stromverbrauch; Bulletin SEV / VSE 19 / 2007

[A21] Metron AG, Brugg

[A22] Zeitschrift Schweizer Spital (Datengrundlage VESKA-Statistik)

[A23] Bundesamt für Statistik; Gesundheitsstatistiken; Neuchâtel

[A24] Coop; div. Geschäftsberichte; Basel

[A25] Schweizerische Nationalbank; Die Banken in der Schweiz; 2005

[A26] MailSource AG (c / o Die Schweizerische Post) vom 19.9.2006

[A27] Metron AG; Themenheft 22; Brugg, 2006

[A28] FMH-Ärztestatistik 2005

[A29] BFS; Dienstleistungen für die Bevölkerung: Erreichbarkeit 1998-2001; Neuchâtel, 2006

[A30] Raumentwicklungsbericht 2005 – Neue Wege zu einer nachhaltigen Raumentwicklung; Bundesamt für Raumentwicklung (ARE), Bern, 2005

[A31] Bauzonenstatistik der Schweiz; Bundesamt für Raumentwicklung (ARE), Bern, 2007

[A32] Thierstein A., Kruse Ch., Glanzmann L., Gabi S., Grillon N.; Raumentwicklung im Verborgenen. Untersuchungen und Handlungsfelder für die Entwicklung der Metropolregion Nordschweiz; NZZ Buchverlag, Zürich, 2006

[A33] Blöchliger H.; Baustelle Föderalismus; Verlag NZZ, Zürich, 2005

[A34] Thesenkarte einer zukünftigen Siedlungstypologie der Schweiz; ETH Studio Basel, 2005

[A35] Leipzig Charta: Bericht des informellen EU-Treffen der europäischen Bauminister am 24. Mai 2007 in Leipzig

[A36] Schulte K.-W., Bone-Winkel St. (Hrsg.); Handbuch Immobilien-Projektentwicklung; Immobilien Manager Verlag, 2008

Teil B

Immobilienentwicklung

Redaktor

Andreas Binkert

Autoren

Giovanni Danielli
Thomas Häberli
Fredy Hasenmaile
Jürg Inderbitzin
Minh Ly
Tino Margadant
Albert Metz
Hansjörg Pedrett
Roberto Pelizzari
Markus Schmidiger
Stephan Wegelin
Thomas Wetzel

Inhaltsverzeichnis

1 Logik der Immobilienentwicklung

Die wichtigsten Grundlagen der Immobilienentwicklung sind in Teil A dieses Handbuches aufgezeigt. In Teil B werden Logik und Prinzipien der Projektentwicklung erläutert, sowie Ordnung und Struktur in den komplexen Prozess der Entwicklung gebracht (→ Teil G Kap. 2.1). Indem die Teilschritte für alle Beteiligten nachvollziehbar gemacht werden, wird der Diskurs über das Thema und die Fachausbildung professionalisiert.

Besonderes Augenmerk wird auf Themen gelegt, die typisch für den schweizerischen Immobilienmarkt sind. Denn obwohl die Immobilienentwicklung internationalen Regeln folgt und somit vor allem deutsche und englische Fachbücher durchaus wertvolle Informationen liefern, bleibt Bauen eine lokale Angelegenheit. Die Baukultur, die Rechtsgrundlagen, das politische System, das soziokulturelle Umfeld und lokale Gepflogenheiten unterscheiden sich vom Ausland. Insofern ergänzen die nachfolgenden Ausführungen die bereits vorhandene internationale Fachliteratur, ersetzen sie aber nicht.

1.1 Prinzipien der Immobilienentwicklung

«Development is a mindset of opportunities.» (Urban Land Institute)

Triebfeder der Immobilienentwicklung ist der Wunsch nach sinnvoller Veränderung des gebauten Umfeldes. Sie stützt sich ab auf verschiedene Prinzipien. Auslöser ist meistens das «marktwirtschaftliche Prinzip» der Gütervermehrung (Schaffung von Mehrwert). Weil sich dieser Mehrwert aber erst in der Zukunft, also nach Ablauf des Entwicklungsprozesses einstellt, basiert sie immer auch auf dem Noch-Nicht-Bewussten, dem «Prinzip Hoffnung» [B1]

Bei seiner Arbeit muss sich der Projektentwickler fragen, welche Werte er vermehren soll. Ausschliesslich monetäre Werte greifen zu kurz, denn auch das «Prinzip Verantwortung» [B2] muss berücksichtigt werden. So ermahnte bereits Luigi Snozzi: «Bauen ist immer auch Zerstören – Zerstöre mit Verstand». Immobilienentwicklung ist also nicht ein linearer, rationaler Prozess, sondern oszilliert zwischen verschiedenen Welten und Visionen.

Wer sich mit Immobilienentwicklung beschäftigt, muss daher deren Prinzipien verstehen und diese im Einzelfall anwenden können – erst dann wird dieses spannende, aber lange Zeit von der Wissenschaft verschmähte Tätigkeitsgebiet zu einer Disziplin.

1.2 Dimension von Zeit und Raum

«Die Zukunft ist nicht das, was wir von ihr erwarten, sondern das, was wir aus ihr machen.» (Chinesisches Sprichwort)

Immobilienentwicklung hat viel zu tun mit der Art, wie man die Welt sieht, Geschichten erzählt, fabuliert, träumt. Was erkennt man, wenn man sich umschaut? Das Oberflächliche oder das Versteckte? Das Abstossende oder das Schöne? Die Geschichte oder die Zukunft?

Entwickler müssen alle Ebenen sehen und erkennen. Sie müssen mit den Augen ihrer Mitmenschen, ihrer Kunden, ihrer Auftraggeber, ihrer Konkurrenten sehen können. Sie müssen erkennen, woher die Realität kommt, auf was sie aufgebaut ist, wohin sie führt, wenn den Dingen ihr «natürlicher» Lauf gelassen wird – und wohin sie führen könnte, wenn ein Willensakt in den Fluss der Zeit eingreift. Somit ist Immobilienentwicklung nicht nur eine räumliche, sondern ebenso eine zeiträumliche Aufgabe.

In der Schweiz dauern grosse Entwicklungsprojekte von der Idee bis zur Eröffnung schnell einmal ein Jahrzehnt. Die Bauten sind für eine Nutzungsdauer von 30 (Sonderimmobilien) bis 100 Jahre (Standardprodukte) konzipiert. Nutzungsbedingte Anpassungen schlagen sich in Form von Sanierungen und Umbauten finanzwirksam nieder, weshalb flexible Bauten zu bevorzugen sind. Je spezieller die Ausrichtung auf bestimmte Nutzungen, desto schneller demodieren die Immobilien, was sich in einer höheren Renditeerwartung niederschlägt.

Was also kann der Projektentwickler tun, um die inhärenten Nachteile der «Immobilität» seiner Produkte so gering wie möglich zu halten? Er muss weitsichtig denken und die relevanten Megatrends erkennen, sich gleichzeitig aber hüten, kurzfristigen Trends und Moden zu verfallen.

1.3 Megatrends und ihre Bedeutung für die Projektentwicklung

«Das Wichtigste ist das Vertrauen in das Unbekannte.» (Bertrand Piccard)

Im Gegensatz zu Trends und Moden entspringen Megatrends nicht einer Laune oder Beliebigkeit. Sie stellen vielmehr sorgfältig analysierbare Tendenzen und Zeitströmungen, die länder- und spartenübergreifend über längere Zeiträume zu beobachten waren, in einen Zusammenhang.

Folgende Megatrends werden die Immobilienlandschaft der kommenden Jahrzehnte beeinflussen.

Nachhaltigkeit

In den industrialisierten Ländern werden in Zukunft nur noch nachhaltige Immobilienentwicklungen politische Akzeptanz finden. Entwicklungsgewinne auf Kosten der Umwelt oder solche, die mit soziokulturellen Nachteilen erkauft werden müssen, sind nicht mehr mehrheitsfähig. Besonders die NGO's (Non-Governmental Organisation) wachen darüber, dass die Bedürfnisse der Öffentlichkeit und der Umwelt stärker berücksichtigt werden, als dies noch bis vor wenigen Jahren der Fall war.

Neues Mobilitätsverständnis

Das Umweltverständnis der jüngeren Generation ist bereits geprägt von einer affirmativen Haltung gegenüber den Belangen der Umwelt. Sie akzeptiert die zunehmende Ressourcenknappheit als Fakt. Während noch bis in die 1990er Jahre der Besitz eines eigenen Autos der Wunschtraum jedes 18-Jährigen war, sind heute aufgeschlossene urbane Junge stolz darauf, anstelle eines Autos ein Generalabonnement zu besitzen. Das wirkt sich auch auf das Wohnverhalten aus: Während noch bis vor wenigen Jahren das Einfamilienhaus im Grünen das höchste aller Ziele war, werden nun wieder Stadtwohnungen von hoher Qualität nachgefragt. Zu Fuss oder mit dem ÖV zur Arbeit gehen, ist denn auch schon deutlich gefragter als noch bis vor kurzem – die ständigen Staus auf den Einfallstrassen zu den Städten begünstigen die Landflucht, die sich in den kommenden Jahrzehnten noch verstärken dürfte.

Empathie

Das anglo-amerikanische Modell der individuellen Nutzenmaximierung wird in den kommenden Jahrzehnten immer mehr von der Orientierung an den Bedürfnissen der Gemeinschaft, wie sie auch der europäischen Charta zugrunde liegen, verdrängt werden. Die Sub-Prime Krise von 2008 und das darauf folgende weltweite Bankensterben, markieren das Ende des ungezügelten Neo-Liberalismus. Die Institution Staat ist plötzlich wieder gefragt, als Regulator wirtschaftlicher und sozialer Mechanismen. Die Stärkung des Kollektivs erschöpft sich aber nicht im gemeinsamen Kampf gegen die übergrosse Macht Einzelner und deren vermeintlichen Übergriffe auf kollektives Eigentum. Vielmehr sind ein neues Verständnis und eine wachsende Akzeptanz gegenüber Andersartigem (Gedankengut, Herkunft, Hautfarbe, soziale Gruppierung) erkennbar. Die Erkenntnis, dass die Welt ein Dorf geworden ist, in dem Separation unweigerlich zu Konflikten führt, verändert die Gesellschaft, ihre Bedürfnisse, ihr Wohn-, Arbeits- und Freizeitverhalten – und somit auch die bauliche Entwicklung.

Demografie und Migration

Überalterung und wirtschaftliche Stagnation in den entwickelten Ländern bei gleichzeitig explosionsartigem Bevölkerungswachstum und stürmisch voranschreitender Industrialisierung in der dritten Welt, verursachen Kräfteverschiebungen, die sich in ständig anwachsenden Migrationsströmen und neuen globalen Geldflüssen auswirken. Bereits gehören China und die Arabische Welt zu den grössten Immobilieneigentümern der Welt. Die Trendsetter des 20. Jahrhunderts, die USA, gehören mittlerweile zu den weltgrössten Schuldnern.

Postmaterialismus

Die zunehmend saturierte Gesellschaft der entwickelten Länder tendiert weg von quantitativem, hin zu qualitativem Wachstum. Damit einher geht auch ein Paradigmenwechsel in Bezug auf Güter: Wer schon sehr viele materielle Güter besitzt, dem liegt wenig daran, weitere «Dinge» zu akkumulieren. Vielmehr interessieren ihn die immateriellen Güter wie Gesundheit, Kultur oder Freiheit. Für diesen Menschentyp ist nicht mehr der Besitz dasjenige, was ihn glücklich macht, sondern der Zugang zu Dingen, die ihm oder anderen bisher verwehrt waren [B2]. Die Immobilienwirtschaft reagiert darauf mit verschiedenen Serviceangeboten (James, Hotelwohnen, Altersresidenzen, Buy to Use and Let-Konzepte).

Individualisierung der Gesellschaft, Heterogenität

Die auf spezielle Kundengruppen zugeschnittenen Immobilienangebote verpassen immer öfter ihre Zielgruppe. Die Kundenprofile ändern schneller als die Immobilienangebote angepasst werden können. Mit flexiblen Angeboten reagiert die Branche auf individuelle Wünsche. Im urbanen Raum sind «Mixed Use Projects» angesagt. Vielfalt ist aber auch im Wohnbereich angesagt: Neue Wohnsiedlungen halten verschiedenste Wohnungsgrössen und Grundrissdispositionen bereit. Die Monokulturen von Wohnblocks mit lauter 3½-Zimmer- und 4½-Zimmerwohnungen für die typische Kleinfamilie (Vater, Mutter, zwei Kinder) weichen zunehmend heterogenen Konglomeraten mit Wohnungstypen für Kommunen, Grossfamilien, Alters-WG‘s, Studentenwohnungen, oft noch ergänzt durch Kleingeschäfte und Dienstleister.

Zusammenwachsen von Mensch und Hightech

Mit dem Herzschrittmacher begann eine Ära, die dem Menschen bisher unvorstellbare Möglichkeiten eröffnet. Implantate für Gehörgeschädigte, Orientierungssysteme für Sehbehinderte, Robotik oder Vermischung zwischen Realität und Virtualität sind heute schon möglich. Andere, heute noch unvorstellbare, technologische Entwicklungen werden den Umgang mit der gebauten Umwelt schon in naher Zukunft grundlegend verändern.

Gute Entwickler sind in der Lage, diese und andere bedeutende Megatrends zu erkennen und sie zum Vorteil der Immobilienentwicklung umzusetzen. Sie sehen vielschichtig, erkennen versteckte Strukturen, denken das Unerwartete, planen weitsichtig und beeinflussen mit ihren Werken die gebaute Umwelt positiv.

1.4 Typische Entwicklungsthemen

In der Schweiz eignen sich insbesondere die folgenden Themen für Projektentwicklungen:

- integriertes urbanes Wohnen (als Folge der Rückwanderung Berufstätiger in die Innenstädte)
- Re-Urbanisierung von Stadtteilen (als Folge von demografischen Verschiebungen)
- Aufwertung von periurbanen Subzentren (als Folge neuer Pendlersaldos)
- Neubau von Wohn- und Bürobauten neben S-Bahn-Haltestellen (als Folge des ÖV-Ausbaus)
- Umwidmung von Industriezonen (in Wohn- und Dienstleistungszonen)
- Umnutzung von Industriebrachen (als Folge der postindustriellen Gesellschaft)
- Umnutzung von Infrastrukturbauten (von PTT-Schaltstationen über Gleisfelder bis zu Flugplätzen)
- neue Tourismus- und Freizeitzentren (als Folge von Freizeitgesellschaft und globaler Erwärmung)

Die genaue Kenntnis der Ausgangslage, ihrer Probleme, aber auch ihrer Potenziale, bildet den Nährboden jeder erfolgreichen Immobilienentwicklung. Aus dieser Kenntnis heraus synthetisiert der erfahrene Projektentwickler mögliche Szenarien und wägt diese gegeneinander ab. Abstrakt betrachtet bestehen diese aus den folgenden Optionen:

- Weiterschreiben der angetroffenen Standortentwicklung
- Gegensteuer geben zur angetroffenen Standortentwicklung
- Neuinterpretation der angetroffenen Standortentwicklung
- Schaffen einer neuen Ausgangslage

1.5 Zyklische Wertbetrachtung

«Timing is everything.» (Amerikanisches Sprichwort)

Auf den richtigen Zeitpunkt kommt es auch in der Immobilienentwicklung an. Der Faktor Zeit wird oft nur ungenügend in die Betrachtungen miteinbezogen. Dabei kann der Zeitpunkt einer Idee, einer Projektentwicklung oder eines Bauprojekts von eminenter Wichtigkeit sein. Vom Moment der ersten Idee an, über die Planungsdauer, die Bauzeit und später während der ganzen Nutzungsdauer der Immobilie, überlagern sich exogene (von aussen kommende) und endogene (bauspezifische) Zyklen. Diese beeinflussen den Zeitwert der Immobilie beträchtlich. Dazu kommt, dass Immobilien im Allgemeinen mehrere Zyklen überdauern und langfristig wirksame Veränderungen wie Wirtschaftswachstum, Baulandverknappung oder Inflation spiegeln. So haben die meisten Liegenschaften in der Schweiz seit dem zweiten Weltkrieg deutlich an Wert gewonnen, obwohl die Bausubstanz in der Zwischenzeit stark gealtert hat. Begründbar ist dieser Wertzuwachs durch die zunehmende Knappheit der Ressource «Boden» und die Inflationsgewinne, also durch exogene Faktoren.

Umgekehrt führen aber auch endogene Faktoren (z.B. Gebäudealterung, Renovationsstau) zu zyklischem Wertabbau und ein vorausschauendes Gebäudemanagement (z.B. Renovation im Minergiestandard) kann künftig Wertgewinne nach sich ziehen.

1.5.1 Wert, Preis und Rendite

Der *Wert* einer Immobilie ist immer abhängig von der Beziehung zwischen Bewertungsobjekt und Bewertungssubjekt – und ist somit relativ. Er ist dazu abhängig vom Zeitgeist und vom Wissensstand und der Wertvorstellung des Beurteilenden.

Der *Preis* ist der subjektive Wert, den der Markt zu einem bestimmten Zeitpunkt für die Immobilie zu zahlen bereit ist – er ist somit absolut. Je nach Marktzyklus verändert sich der Preis, der für eine Immobilie bezahlt wird, unabhängig von ihrem Substanzwert.

Die *Rendite* gibt das Verhältnis der Aufwände zu den Erträgen einer Immobilie an und wird meist in Prozent und jährlich angegeben. Da die Erträge sowohl vom (exogenen) Marktzyklus als auch vom (endogenen) Lebenszyklus der Immobilie abhängig sind, verändern sie sich ständig. Jede Aussage zur Rentabilität einer Immobilie ist somit eine Momentaufnahme auf der Zeitachse.

Die Dimension «Zeit» beeinflusst auch die Renditebetrachtung: der «Buy, Build and Hold»-Investor geht von einer jährlich wiederkehrenden Rendite aus, indem er die aufgelaufenen Kosten diskontiert und ins Verhältnis setzt mit den

Mieterträgen. Der «Buy, Build and Sell»-Investor geht von der Endrendite beim Verkauf aus, indem er die Gestehungskosten mit dem Verkaufspreis ins Verhältnis setzt. Diese beiden Renditen sind oft unterschiedlich. Das zeigt sich z.B. darin, dass mit Mietobjekten oft eine kleinere Rendite erwirtschaftet wird, als beim Verkauf derselben Objekte im Stockwerkeigentum.

1.5.2 Lebenszyklus der Immobilie

Immobilien haben bereits dann einen (relativen) Wert, wenn sie noch gar nicht gebaut sind. Bereits der Idee kann ein Wert zugeordnet werden. Allerdings ist dieser im frühen Stadium noch sehr ungewiss. Aber bereits beim Vorliegen eines Konzeptes kann die Idee handelbar werden – der Investor ist also bereit, dafür einen bestimmten (absoluten) Preis zu bezahlen. Sobald das Konzept zu einem bewilligungsfähigen Bauprojekt weiterentwickelt ist, lässt sich damit eine Rendite erwirtschaften. Mit zunehmendem Entwicklungsstand sinkt das Risiko, respektive steigt der Preis, den der Investor bereit ist zu bezahlen. Damit ist aber noch keine Aussage über die Rentabilität der Projektentwicklung gemacht. Zwar ist der Preis für das Entwicklungsprodukt gestiegen, aber mittlerweile ist auch der Aufwand gewachsen. Wert, Preis und Rendite bewegen sich also bereits vor der Fertigstellung der Bauten nicht parallel miteinander. Dasselbe ist auch während der Nutzungsphase der Fall.

Mit einer klugen Projektentwicklung können die Phasen im Lebenszyklus der Immobilie beeinflusst werden. Umstrukturierungs- oder Werterhaltungsmassnahmen können verlängernd auf die Nutzungsphase wirken. Wenn aber die Nutzung demodiert ist, sinkt der Marktpreis trotzdem schnell ab. Dann folgt die nächste Entwicklungsrunde.

Schon während der Entstehung der Immobilie, aber noch ausgeprägter während der Nutzungsdauer, müssen also die Aufwände gegen die zu erwartenden Erträge abgewogen werden. Unter Umständen lässt sich eine Wertsteigerung erzielen, wenn die «in die Jahre gekommene» Immobilie vollständig umgebaut oder sogar abgerissen wird. Der dazu nötige Aufwand wird als «Opportunitätskosten» bezeichnet.

1.5.3 Marktzyklen

Kaum ein Faktor im Projektentwicklungsprozess ist für den Marktpreis so zentral wie das Timing. Wer in den späten 1990er Jahren Bürobauten plante, konnte sicher sein, auf äusserst grosse Konkurrenz zu treffen. Es drohten unbefriedigende Renditen oder sogar jahrelanger Leerstand. Diese Situation wäre noch wenige Jahre früher undenkbar gewesen. Damals hatte die Nachfrage das Angebot bei Weitem übertroffen. Jede Altwohnung in den Zentren war für Bürozwecke umgenutzt worden, Wohnanteilpläne wurden notfallmässig verabschiedet, die Büromieten erreichten noch nie dagewesene Höhen. Das Beispiel belegt: Es genügt nicht, die richtige Idee am richtigen Ort mit dem richtigen Kapital zusammen zu bringen – auch der Zeitpunkt muss stimmen.

Nun mag man einwenden, Zyklen innerhalb des Immobilienmarktes (endogene Zyklen) müssten von erfahrenen Entwicklern antizipiert werden können. Allerdings ist die zyklische Natur der Immobilienentwicklung äusserst komplex. Marktzyklen treten mit einer gewissen Regelmässigkeit auf. Nur lässt sich weder die Amplitude noch die Frequenz der Zyklen mit Sicherheit vorausbestimmen. Dazu kommen Verwerfungen, lokale Gegebenheiten oder unerwartete Ereignisse, die den Idealverlauf des Zyklus stören. Sogar wenn diese Zyklen ausserhalb des Immobilienmarktes ablaufen (exogene Zyklen), beeinflussen sie doch die Entwicklungschancen und den Marktwert jeder Immobilie beträchtlich.

Die nachfolgende Abbildung zeigt den Zyklus der Wertentwicklung in der Überlagerung von endogenen und exogenen Einflüssen im Verlauf der Lebensdauer einer Immobilie.

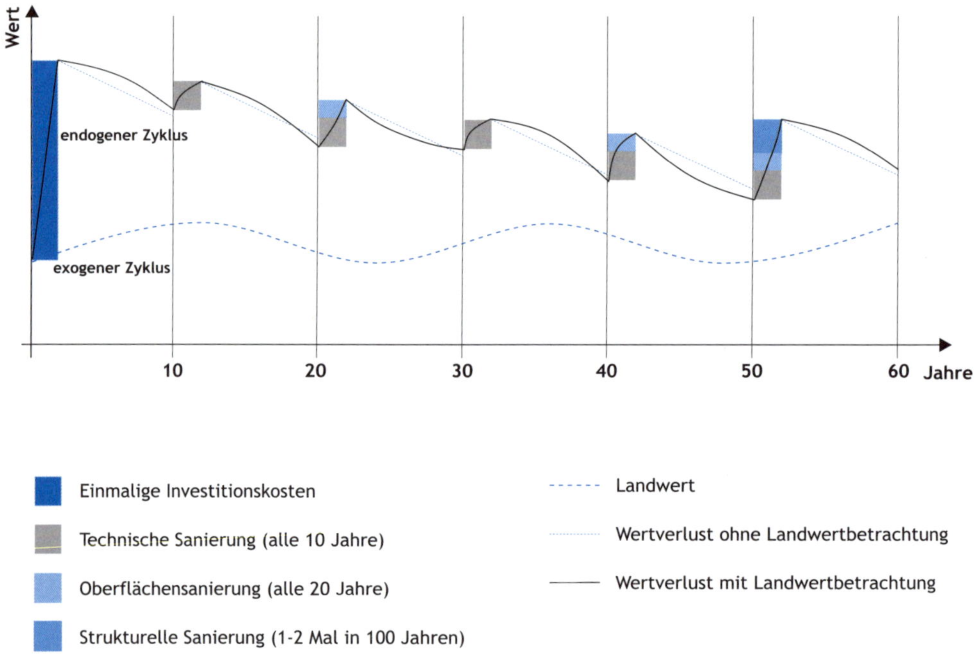

Abb. B1: Wertverlauf einer Immobilie in Abhängigkeit von den endogenen und exogenen Zyklen [B3]

1.6 Anreizsysteme und Modelle der Projektentwicklung

Die Hoffnung auf Gewinn, oder allgemeiner ausgedrückt auf Mehrwert, ist der Treiber jeder Entwicklung. Immobilienentwicklungen kosten viel Zeit und Geld. Wer das eine oder andere in eine Entwicklung steckt, erwartet, dass sich seine Investition auszahlt. Die Erwartungshaltung ist jedoch sehr verschieden, je nach den Motiven des Investors. Im Folgenden werden die gängigen Modelle der Projektentwicklung kurz vorgestellt.

Develop and Sell

Der erste Investor – während der Entwicklungsphase auch Sponsor (Project Owner) genannt – ist der Entwickler selbst. Er finanziert die Projektentwicklung bis zu dem Zeitpunkt, an dem ein Dritter an seine Idee glaubt und diese kauft. Ist der Entwickler dazu finanziell in der Lage, wird er den Verkauf hinauszögern, denn mit jeder Hürde, die das Projekt nimmt und das Objekt der Vollendung näher bringt, nimmt aufgrund der steigenden Realisierungschancen der Mehrwert der Entwicklung zu.

Develop, Build and Sell

Projektentwickler, welche die Entwicklungsobjekte durch ihre eigene Unternehmung bauen lassen, trennen oft den kalkulatorischen Gewinn der Entwicklung nicht vom Profit, den sie sich von der Erstellung der Liegenschaft erhoffen (monetär oder in Form von Arbeitsbeschaffung). Sie machen eine Mischrechnung und betrachten die Projektentwicklung primär als Akquisition für ihr Kerngeschäft.

Build and Sell

Völlig emotionslos sind kurzfristige Anleger. Sie kaufen das Entwicklungsprojekt in einem frühen Stadium und veräussern es wieder nach der Fertigstellung. Sie spekulieren auf den Mehrwert, der dank der Risikoreduktion während der Erstellung der Immobilie generiert wird.

Build, Operate and Sell

Eine weitere Variante besteht darin, dass der Anleger den Bau finanziert, für die Vermietung sorgt und die Liegenschaft so lange hält, bis sich die nötige Kontinuität im Ertragsstrom eingestellt hat.

Build and Hold

Institutionelle Anleger erwarten einen monetären Gewinn bei möglichst geringem Risiko. Sie warten deshalb mit einer Investition meistens zu bis zur rechtlichen und vertraglichen Sicherung des Projekts (z.B. Baubewilligung, 60 % unterzeichnete Mietverträge, Betreibervertrag).

Operate and Hold

Investoren / Betreiber steigen vor, während oder nach der Bauphase in das Projekt ein, um es danach zu kaufen und zu betreiben.

Nicht alle schweizerischen institutionellen Investoren sind befugt, als Immobilienentwickler tätig zu sein. So ergeben sich zum Beispiel aus dem Bundesgesetz über die kollektiven Kapitalanlagen Einschränkungen.

Private Investoren erwarten einen monetären und manchmal auch einen emotionalen Gewinn. Die Höhe des erwarteten Gewinnes ist abhängig vom Risikoprofil der Projektentwicklung. Besteht ein hohes Risiko, dass das Projekt nicht oder nicht in der erhofften Art zustande kommt, erhöht sich die Risikoprämie. Emotionale Gewinne kann man oft bei luxuriösen Wohnbauten feststellen. Man spricht dann vom Liebhaberwert.

Eine separate Betrachtung ist bei Bauten der öffentlichen Hand oder bei Stiftungen und Mäzenaten nötig.

1.7 Risiko und Gewinn

Der Risikoträger erwartet normalerweise eine dem Risiko entsprechende Verzinsung des eingesetzten Kapitals (Return on Investment). Aufgrund der grossen Ausfallquote in den frühen Entwicklungsphasen ist demnach die Zinserwartung sehr hoch; üblich sind 20 bis 30 % pro Jahr (Stand 2009). In den späteren Phasen sinkt die Zinserwartung ab, bis sie sich bei der Übergabe an den Nutzer auf die marktübliche Verzinsung von Immobilien einpendelt. Bei Neubauten sind (je nach Lage, Nutzung und Bonität des Mieters) 5 bis 8 % Zinsen (Stand 2009) üblich.

Anstelle einer degressiven Zinserwartung über den Verlauf der Entwicklung, wird oft auch das Modell von Risikoprämien (Risk Incentives) verwendet. Hier wird dem Risikoträger eine meist grosszügige Prämie in Aussicht gestellt, die er dann (und nur dann) erhält, wenn die Stufe gemäss Zieldefinition erfolgreich erklommen wurde.

Jede konkrete Situation verlangt die sorgfältige Prüfung aller Optionen. Nur wenn es dem Entwickler gelingt, daraus eine überzeugende Geschichte zu spinnen und diese erfolgreich zu kommunizieren, entstehen nachhaltige Projekte.

2 Ablauf der Projektentwicklung

Jede Entwicklung verläuft als iterativer Prozess. Dieser wird von vielen Seiten sowohl positiv als auch negativ beeinflusst und ist deshalb weder linear noch planbar. Versteckt unter der Oberfläche einer Vielzahl von turbulenten Einzelfällen lassen sich jedoch immer wiederkehrende Strukturen erkennen, die allgemeingültig sind. Diese zu verstehen hilft dem Projektentwickler, die zukünftigen Schritte zu antizipieren.

Eine robuste Immobilienstrategie bedarf einer breiten Wissensbasis und der Kenntnis der Mechanismen, welchen die geplante Immobilie während ihrem ganzen Lebenszyklus unterworfen sein wird. Aus dem Zusammenspiel dieser Mechanismen lässt sich eine Logik der Entwicklung ableiten. Diese erlaubt qualifizierte Voraussagen über das Gelingen von Immobilienprojekten.

2.1 Raumbeobachtung

Der Projektentwickler beobachtet sein Umfeld und registriert die räumlich und gesellschaftlich relevanten Veränderungen in seinem Einflussgebiet. Er wartet dazu nicht auf einen Auftrag, sondern geht einfach «mit offenen Augen durchs Leben». Er überlegt aus eigenem Antrieb andauernd, welche endogenen Möglichkeiten sich aufgrund der exogenen Veränderungen ergeben. Er testet diese Möglichkeiten an den typischen Entwicklungsthemen und Megatrends. Manch eine Entwicklungsidee wird bereits geboren bevor überhaupt ein direkter Anlass dazu besteht bzw. ein Grundstück oder Auftraggeber vorhanden ist. Aber erst wenn es gelingt, dank passiver Suche (Raumbeobachtung) oder aktiver Suche (Projektanstoss), die vier kritischen Elemente (Idee, Land, Kapital, Nutzung) zusammen zu führen, wird die Idee werthaltig.

2.2 Projektanstoss

In jedem Fall ist die Ausgangslage für die Projektentwicklung eine unbefriedigende Situation und der Wunsch nach deren Veränderung und Verbesserung. Der Anstoss zur Projektentwicklung kann von verschiedenen Seiten erfolgen:

- Nutzer sucht Grundstück
- Grundstück sucht Nutzer
- Kapital sucht Grundstück
- Grundstück sucht Kapital

Kern jeder Entwicklung ist die Idee, wie eine vorgefundene Situation verbessert werden kann. Ausschlaggebend ist dabei, dass von Anfang an ein überzeugendes Kosten / Nutzen-Verhältnis geschaffen werden kann, denn nur wirtschaftliche Projektideen überleben die meistens etwas euphorische Anfangsphase der Immobilienentwicklung.

2.3 Der Entwicklungsprozess

Die nachfolgende Abbildung zeigt die verschiedenen Phasen einer Projektentwicklung in idealisierter Form. Der Projektentwickler muss sich jedoch bewusst sein, dass es sich in der Realität selten um eine sequenzielle Abfolge handelt, wie dies hier vereinfachend dargestellt ist. In der Praxis führt oft die gewonnene Erkenntnis aus einem Teilschritt zum Hinterfragen des vorangegangenen Schrittes.

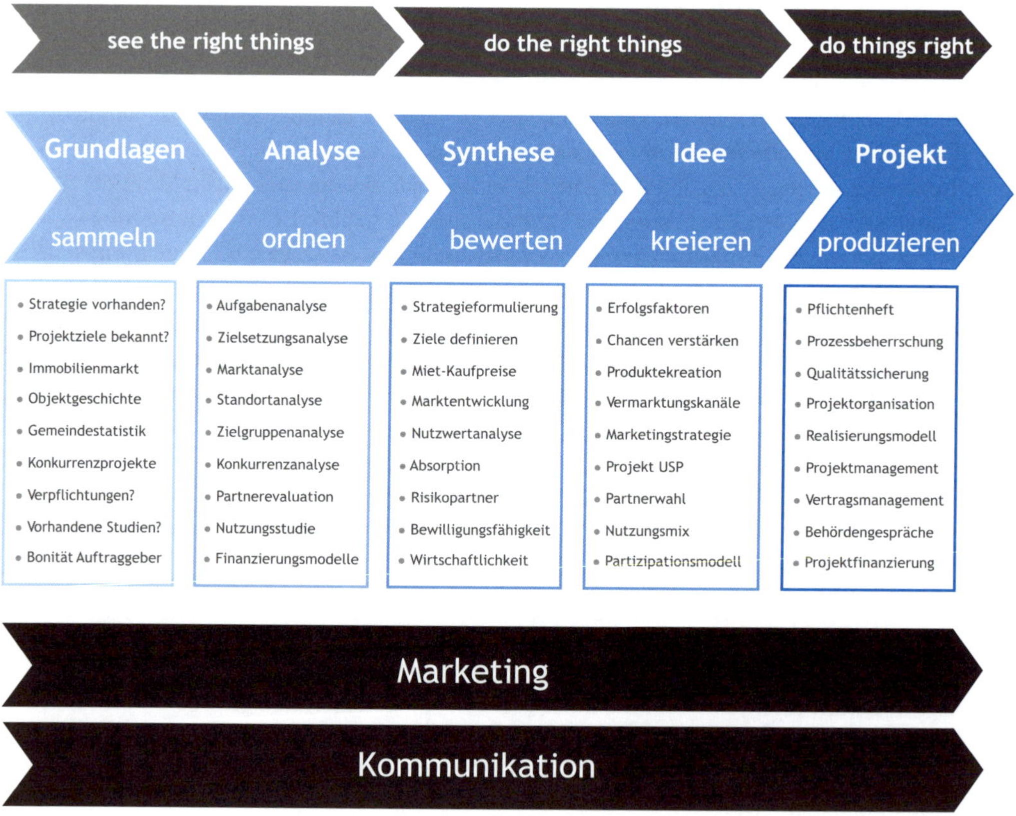

Abb. B2: Idealisierter Ablauf und Phasengliederung der Immobilienentwicklung [B3]

Das in der Projektinitiierung grob umrissene Projektziel wird nun in das existierende (und zukünftige) Umfeld eingesetzt und einer sorgfältigen Prüfung unterzogen. Diese soll den Entwickler in die Lage versetzen, die Realisierbarkeit des angestrebten Projekts anhand von detaillierten Daten und Prognosen zu verifizieren und seine Machbarkeit (→ Teil C Kap. 5.7) nachvollziehbar zu begründen. Dabei ist es zielführend, wenn der Entwickler die folgenden projektrelevanten Fragen beantwortet:

- Ist das Projekt machbar?
- Ist das Projekt sinnvoll?
- Ist das Projekt nachhaltig?
- Ist das Projekt wirtschaftlich?
- Ist das Projekt finanzierbar?

Die einzelnen Entwicklungsschritte werden in den nachfolgenden Kapitel detailliert behandelt. Sie lassen sich generell wie folgt zusammenfassen.

Beschaffung, Prüfung und Aufbereitung der Daten (Grundlagen)

Die Datenverfügbarkeit lässt sehr oft zu wünschen übrig. Daher ist es entscheidend, die bestehenden Daten maximal auszuschöpfen. Das beginnt damit, dass ein breites Wissen darüber vorhanden sein muss, welche Datenquellen vorhanden und zugänglich sind, welche Variablen darin abgedeckt werden und welchen Detaillierungsgrad diese Daten aufweisen.

Sind die gewünschten Daten eingetroffen, so gilt es, diese zunächst einer Qualitätskontrolle zu unterziehen. Spätestens bei der Analyse auf regionalem Niveau werden auch die Grenzen und Unzulänglichkeiten von Datenerhebungen sichtbar. Anschliessend werden die Daten derart organisiert und aufbereitet, dass sie in der gewünschten Abgrenzung und Form vorliegen. Grundsätzlich empfiehlt es sich, die Daten so umfassend wie möglich zu beschaffen, damit man nicht nur einen kleinen, auf das spezifische Vorhaben fokussierten Einblick erhält, sondern bei Bedarf beliebige Aspekte beleuchten kann. Das bedingt jedoch, die Daten in einer Art zu organisieren, dass entsprechende Abfragen rasch und effizient gemacht werden können.

Auswertung der Daten und Plausibilisierung (Analyse)

Bei der Analyse der Daten kommen verschiedene statistische Analysemethoden zum Einsatz, mit denen sich der Erkenntnisgewinn erhöhen lässt. Diese Werkzeuge sind mit Vor- und Nachteilen behaftet, welche es in Abhängigkeit der Fragestellung und der Datenbasis gegeneinander abzuwägen gilt. Visualisierungen sind ein weiteres probates Mittel, um den maximalen Informationsgehalt aus den Daten zu extrahieren. Erkenntnisse aus der Datenanalyse sind zwingend zu plausibilisieren. Dies geschieht dadurch, dass die gewonnenen Erkenntnisse in Beziehung zum bereits bestehenden Wissen gesetzt werden und auf Konsistenz überprüft werden. Dazu eine kleine Anekdote aus dem Mittleren Osten: In unzähligen Berichten über die in der Tat gewaltigen Bauvolumina, welche in den letzten Jahren in Dubai realisiert wurden, fand sich immer wieder die Aussage, 60 % aller Baukräne der Welt stünden in dem Wüstenstaat. Einfache Plausibilitätsüberlegungen machen deutlich, dass so viele Baukräne nicht mal auf der gesamten Fläche des Wüstenstaates Platz fänden. Diese Anekdote verdeutlicht etwas überspitzt, wie wichtig Plausibilisierungen von Daten sind.

Interpretation der Resultate (Synthese)

Die Kunst der Immobilienanalyse besteht darin, aus der Fülle an Daten und Erkenntnissen die richtigen Schlussfolgerungen aus Sicht des Auftraggebers zu ziehen. Leider trifft man immer wieder auf aufwändig und sorgfältig erstellte Analysen, bei denen das Fazit fehlt. Die Schlussfolgerungen können und dürfen nicht dem Auftraggeber überlassen werden, sondern es ist Pflicht des Analysten, diese herauszukristallisieren und zu formulieren.

Wirtschaftlichkeit

Immobilien sind mit beträchtlichen Investitionen verbunden. Parallel zur Funktionalität der Projektentwicklung muss daher phasengerecht auch deren Wirtschaftlichkeit nachgewiesen werden. Allzu oft gehen Baufachleute fälschlicherweise davon aus, man müsse ein Projekt bereits geplant haben, bevor man seine Wirtschaftlichkeit nachweisen könne. Das Umgekehrte ist der Fall: Die Wirtschaftlichkeit, respektive die Gewinnerwartung, definiert die Planung!

Währenddem in der Initialisierungsphase die überschlägige Schätzung der zu erwartenden Kosten und Erträge noch genügt (und hauptsächlich der internen Kontrolle dient), werden die Berechnungen im Verlauf des Entwicklungsprozesses immer präziser und umfangreicher. Schlussendlich müssen sie in Form einer ausgereiften Projektdokumentation den Anforderungen bei Kreditnachfragen und dem Ratingverfahren der Finanzinstitute genügen (→ Teil F Kap. 12).

3 Research

Die Marktbeobachtung gibt Aufschluss über die Veränderungen des Marktes im Laufe der Zeit. Um die Dynamik eines Immobilienmarktes richtig einschätzen zu können, ist das kontinuierliche Betrachten und systematische Festhalten der Veränderungen eine wichtige Voraussetzung. Das Sammeln von Grundlagen bezüglich des Immobilienmarktes spielt dabei eine zentrale Rolle, denn jede Entwicklung muss marktfähig sein, was nur dann möglich ist, wenn der Projektentwickler diesen Markt auch wirklich kennt. Die Marktbeobachtung ist ein dauernder Prozess, dem kein spezifischer Auftrag zugrunde liegt.

Der eigentliche Startschuss für die Researchphase ist der Auftrag. Es ist nicht zu empfehlen, eine Immobilienentwicklung ohne definierten Auftrag zu starten. Dabei ist es unerheblich, ob der Auftraggeber ein Dritter oder der Entwickler selbst ist. Der Auftrag muss nicht zwingend vom externen Auftraggeber formuliert sein, sollte aber durch diesen bestätigt werden. Im Auftrag sollen mindestens Ziele, Bedarf, Mittel und Termine festgehalten sein.

Das Sammeln von Grundlagen, Informationen und Dokumenten ist die unabdingbare Voraussetzung für eine erfolgreiche Immobilienentwicklung. Je umfangreicher die Grundlagen, desto stabiler das Fundament auf dem entwickelt werden kann. Natürlich gibt es auch finanzielle und terminliche Grenzen für das Sammeln von Grundlagen. Welche und wie detaillierte Grundlagen für das jeweilige Entwicklungsobjekt relevant sind, muss von Fall zu Fall beurteilt werden. Eine Checkliste hilft bei der Übersicht und Priorisierung der Daten und Informationen. Je nach Grösse, Typ und Komplexität der Immobilienentwicklung (Objekt, Areal, Quartier, Stadtteil, Region usw.) ist auch der Betrachtungsperimeter für das Sammeln der Grundlagen zu setzen.

3.1 Worum geht es beim Immobilienresearch?

Sinn und Zweck

Bevor auf die einzelnen Bestandteile des Immobilienresearchs eingegangen wird, gilt es, deren Sinn und Zweck zu klären. Das grundlegende Ziel des Immobilienresearchs ist die Minimierung von Gefahren bei gleichzeitiger Maximierung der gebotenen Chancen. Es lässt sich nun einwenden, dies sei das Ziel bei jeder Realisierung einer neuen Idee. Das mag stimmen, nur sind die Risiken bei einem Immobilienprojekt einiges höher angesiedelt. Dies rührt daher, dass Immobilien kein allgemeines Wirtschaftsgut sind, sondern ein sehr besonderes. Immobilien sind durch eine Reihe von Eigenschaften gekennzeichnet, welche diese Sonderstellung begründen. Aufgrund dieser Eigenheiten ergibt sich ein hoher Bedarf an entscheidungsrelevanten Informationen für das Entwicklungsmanagement.

Diese Informationen können durch das Immobilienresearch bereitgestellt werden.

Eigenschaften von Immobilien

Im Wesentlichen sind es fünf prägende Eigenschaften, welche Immobilien von Verbrauchsgütern unterscheiden und ihnen den Status eines besonderen Gutes verleihen. In erster Linie sind Immobilien charakterisiert durch ihre *Standortgebundenheit*. Kein anderes Gut ist dermassen mit den Eigenschaften des Standortes verknüpft wie ein Bauwerk. Den Eigenschaften des Standortes ist daher genauso grosse Bedeutung zuzumessen, wie den Eigenschaften des Immobilienobjektes an sich. Im Rahmen des Immobilienresearchs dient die Standortanalyse dazu, den jeweiligen Standort in seinen Einzelheiten zu analysieren, zu beurteilen und hinsichtlich Eignung für das geplante Projekt zu evaluieren.

Immobilien sind zweitens ein teures Gut. Ein durchschnittlicher Haushalt muss rund das Achtfache seines jährlichen Einkommens für den Kauf eines Eigenheims aufwenden. Die hohe Bauqualität in der Schweiz, die begrenzte Verfügbarkeit von Land und die daraus resultierenden hohen Landpreise, der trotz allen Rationalisierungsbemühungen hohe Anteil der Arbeit am Produktionsprozess sowie die zahlreichen einzuhaltenden Gesetze sind für die hohen Kosten von Bauprojekten in der Schweiz verantwortlich. Immobilien sind also kostspielig und erfordern einen *hohen Kapitaleinsatz*.

Mit Ausnahme von einigen Totalunternehmern, welche eine Vielzahl von Projekten an unterschiedlichen Standorten entwickeln und so ihre Produkte diversifizieren können, besteht für die meisten Projektentwickler die Gefahr des «Klumpenrisikos». Das Immobilienresearch kann hier einen wesentlichen Beitrag leisten, indem es die Unsicherheit eines Projekts zwar nicht gänzlich beseitigen, jedoch in überblickbare, eng eingegrenzte Bereiche transformieren kann.

Aufgrund des hohen Kapitalbedarfs werden Immobilienprojekte (mit Ausnahme von Eigenheimen) selten von Einzelpersonen realisiert. Zumeist stecken Firmen, Konsortien oder institutionelle Investoren dahinter. Für diese stellt das Research einen unabdingbaren Bestandteil der professionellen Immobilienprojektierung dar.

Die dritte Eigenschaft von Immobilien ist deren *Heterogenität*. Die Verknüpfung der direkten Eigenschaften einer Immobilie mit den Eigenschaften des Standortes hat zur Folge, dass kaum ein Objekt mit einem anderen vergleichbar ist. Die fehlende Homogenität von Immobilien trägt mit dazu bei, dass keine einheitliche Markttopografie besteht, sondern dass verschiedene Marktsegmente existieren, die miteinander je nach Grad der Substituierbarkeit verbunden sind. Die Heterogenität der Immobilien zieht nach sich, dass einzelne Objekte nur unzureichend vergleichbar sind, was die Preisbildung erheblich erschwert. Mag diese beim Bau von Mietwohnungen mit ähnlichen Objekten in gleichwertiger Umgebung noch gegeben sein, so fehlt sie z.B. beim Bau eines Einkaufszentrums gänzlich. Der Markt ist zudem durch Illiquidität geprägt, was zu grossen, schlecht erklärbaren Preisschwankungen führen kann. Auch professionelle Schätzungen einer Immobilie können gut und gerne zu Bewertungen gelangen, die um bis zu 30 % voneinander abweichen. Wegen dem Mangel an Vergleichsobjekten, welche Marktgängigkeit und Preisniveau einfach und schnell bewerten liessen, kommt dem Immobilienresearch die Rolle zu, diese Lücke so weit wie möglich zu schliessen.

Als vierte Eigenschaft ist die *lange Produktionszeit* anzuführen. Von der Idee bis zur Fertigstellung eines Objektes vergehen in der Regel Jahre. Die Marktbedingungen zum Zeitpunkt der Fertigstellung werden nur in den seltensten Fällen noch dieselben sein wie bei Projektbeginn. Der Ausblick auf künftige Marktbedingungen zählt deshalb zu den wichtigen Bestandteilen der Immobilienentwicklung und wird im Rahmen von Research und Marktanalyse abgewickelt. Dabei ist weniger den konjunkturellen Gegebenheiten Rechnung zu tragen, sondern mehr den strukturellen. Denn die fünfte wesentliche Eigenschaft von Immobilien, ihre *lange Lebensdauer*, verlangt, über die konjunkturellen Schwankungen hinaus und losgelöst von konjunkturellen Zyklen, Kenntnis der zukünftigen Marktstrukturen, um damit die dauerhafte Wettbewerbsfähigkeit einer Immobilie sicherzustellen.

3.2 Weshalb ist Immobilienresearch wichtig?

Der ökonomische Erfolg jedes Immobilienprojekts ist abhängig von dessen Marktpotenzial. Wenn Immobilienentwickler verstehen, wer ihre Käufer oder Mieter sind und was diese wünschen, wird es ihnen gelingen, das richtige Objekt am geeigneten Ort zu erstellen. Es ist die Aufgabe des Immobilienresearchs, die verschiedenen Facetten des Marktes derart zu identifizieren und herauszuschälen, sodass der Entwickler in der Lage ist, ausgereifte und rational abgestützte Entscheide zu fällen.

Obwohl Aufgabe und Umfang der Researchphase sich unterscheiden, je nachdem ob ein Mehrfamilienhaus, ein Einkaufszentrum oder ein Spa-Resort geplant werden soll, ist die Research-Aufgabe doch oft dieselbe. Einer der entscheidensten Schritte besteht darin, den relevanten Markt abzugrenzen. Dazu ist es erforderlich, Klarheit über die Endnutzer des Immobilienprojekts zu gewinnen sowie darüber, wie diese die Immobilie nutzen werden. Dem Standort kommt dabei eine wichtige Rolle zu, da er gewisse Nutzungen vorbestimmt bzw. bereits zum vornherein ausschliesst. Sind die in Frage kommenden Zielgruppen einmal identifiziert, konzentriert sich die Hauptaufgabe des Entwicklers im Wesentlichen auf die Analyse von Nachfrage und Angebot sowie deren Zusammenspiel auf den entsprechend abgegrenzten Teilmärkten.

Aufgrund der spezifischen Eigenheiten von Immobilien kommt den Entscheiden in den frühen Entwicklungsphasen eine grosse Tragweite zu, die nicht ausschliesslich auf dem hohen Kapitaleinsatz gründet. Ebenso wichtig ist die Tatsache, dass Entscheide hinsichtlich Standort und Nutzungsart nur unter erheblichen Kosten rückgängig gemacht oder abgeändert werden können. Den Entscheidungsgrundlagen kommt deshalb grosse Bedeutung zu. Vertrauen auf Instinkt und Erfahrung des Projektentwicklers genügt nicht, vielmehr gilt es, die Rahmenbedingungen vertieft zu analysieren und zu bewerten, um teure Entwicklungsfehler zu vermeiden. Eine stringente Analyse zu einem frühen Zeitpunkt, also direkt anschliessend an die Researchphase, kann zudem neue Entwicklungsideen hervorbringen, die bestehenden Konzepte verbessern und die Risikokontrolle unterstützen. Gemessen an den Investitionssummen ist der Aufwand für eine seriöse Datenaufbereitung gering. Wenn aus den Erkenntnissen des Researchs die richtigen Schlüsse gezogen werden, lassen sich teure Fehlentwicklungen vermeiden. Der Verzicht auf Research aus Budget- oder Zeitgründen kann sich daher im Nachhinein als sehr kostspielig herausstellen.

Hinzu kommt, dass die Immobilienmärkte als Folge der vorgängig beschriebenen Charakteristika von Immobilien sehr intransparent sind; die Informationen sind dementsprechend schwierig zu beschaffen. Einzelne Akteure sind deshalb oft nicht in der Lage, den Markt in seiner Gesamtheit zu überblicken, was jedoch notwendig wäre, um derart folgenschwere Entscheide fällen zu können. In solchen Fällen lohnt sich der Beizug von auf Research spezialisierten Firmen. Zwar vermag auch deren umfassendes Research nicht vollständige Gewissheit zu liefern; die Entwicklungsentscheide können jedoch auf einer viel breiteren Basis von Informationen getroffen werden.

3.3 Wer nutzt Immobilienresearch – und weshalb?

Research dient nicht nur dem Entwickler zur Verfeinerung seines Konzeptes und seiner Entwicklungspläne. Weitere Adressaten sind:

- Investoren und Kreditgeber (zur Bemessung der Werthaltigkeit des Projekts)
- Architekten und Planer (zum Verständnis des Zielmarktes des Projekts, damit bis zum Detail alle Objekteigenschaften darauf ausgerichtet werden können)
- Vermarkter (zur Formulierung der Verkaufsstrategien, Marketingkampagnen und der Gestaltung von Promotionen)
- Behörden (zur Erhöhung der Akzeptanz des Entwicklungsprojekts)
- Öffentlichkeit (zur Positionierung im Standortmarketing)
- Immobilienmanager (zur Neupositionierung einer bestehenden Anlage)

3.4 Die Qual der Wahl

Heute besteht das grösste Problem des Researchs meist nicht in der mangelnden Information, sondern in deren überwältigendem Umfang und unterschiedlicher Verlässlichkeit. Der Entwickler muss einerseits wissen, wo er die Informationen beschaffen kann und anderseits in der Lage sein, die Informationen zu validieren und die relevanten Elemente herauszufiltern.

Desk Research

Durch das Internet ist es heute sehr schnell möglich, viele Informationen und Daten vom Schreibtisch aus zu sammeln. Auf diversen von Behörden, Instituten und spezialisierten Unternehmen zugänglich gemachten Internet-Plattformen sind Grundlagen in grosser Breite und Tiefe abrufbar.

Datenquellen

Ein Grossteil von statistischen Daten wird von der öffentlichen Hand erhoben und ist dort verfügbar. Das Bundesamt für Statistik (BFS), weitere Bundesämter sowie kantonale statistische Ämter sind die bevorzugten Adressen. Es ist darauf zu achten, die Daten möglichst dort zu beziehen, wo sie auch erhoben werden, da das Wissen um die Merkmale der einzelnen Statistiken bei diesen Stellen am grössten ist. Beispielsweise wurde die Erhebung des Haushaltseinkommens für das Jahr 2006 auf eine neue Basis gestellt, mit der Folge, dass sich die Daten nicht mehr mit denjenigen vom Vorjahr vergleichen lassen – zumindest bis das BFS Vergleichsrechnungen für die älteren Daten zur Verfügung stellt. Solches Wissen ist zentral und droht bei der Weitergabe von Daten häufig verloren zu gehen. Vermehrt sind gewisse Daten auch auf der Gemeindestufe online abrufbar. Hier handelt es sich jedoch in den wenigsten Fällen um andere Daten, als diejenigen, die bei den kantonalen Stellen verfügbar sind. Die Angebote der kantonalen statistischen Ämter sind sehr unterschiedlich. Nicht alle Kantone leisten sich ein ausgewachsenes statistisches Amt und nur wenige Kantone sorgen mit eigenen Erhebungen für eine Ausweitung des Datenspektrums.

Neben den offiziellen Stellen kommen auch Verbände, Interessengruppen, Universitäten wie auch private Unternehmen als Datenlieferanten in Frage. Derartige Daten beziehen sich zumeist auf spezifische Untersuchungsgegenstände. Preisdaten werden beispielsweise vor allem von privaten Unternehmen angeboten. Dazu zählen Unternehmen wie Wüest & Partner, IAZI oder Meta-Sys, welche durch ihre Tätigkeit im Immobiliensektor über solche Daten verfügen. Beim Immobilienresearch ist darauf zu achten, die Datenarbeit Personen zu überlassen, welche über die erforderlichen Kenntnisse verfügen. Falschinterpretationen von

Daten können zu Fehlschlüssen in der Analyse führen. Denn Daten sind letztendlich nur Informationen. Erst die Interpretation der Daten erschliesst das Wissen, das sich in den Längs- und Querschnittdaten verbirgt. Allein das Wissen um die Art und Weise der Datenerhebung kann zu anderen Interpretationen führen. Geht es beispielsweise um die jährlichen Ausgaben für Renovationen in der Schweiz, so ist es entscheidend, zu wissen, ob in der Grundgesamtheit nur die Renovationen gezählt wurden, welche eine Baubewilligung voraussetzen oder ob jede noch so geringe Renovation berücksichtigt wurde.

Field Research

Trotzdem ist es ratsam, sich von der Lokalität wenn immer möglich vor Ort ein Bild zu machen. Dies ist auch für die Ideenfindung äusserst wertvoll, ist diese doch stark von emotionalen Faktoren abhängig, die sich dem Projektentwickler bei einer persönlichen Besichtigung weitaus besser erschliessen.

Als elementare Grundlagen gelten:

- Angaben und Informationen zur Eigentümerin, allenfalls Strategie und Ziele
- Angaben und Informationen zur relevanten Nachbarschaft, allenfalls Strategie und Ziele
- Quartier- oder Bebauungspläne, regionale oder kantonale Richtpläne
- Lageattraktivität: Areal- oder Objektgeschichte, Image
- Erschliessung, Verkehrsanbindung
- Baurecht und Bebaubarkeit
- Denkmalpflege, Naturschutz, Archäologie
- aktueller Grundbuchauszug mit Wortlaut, Katasterplan im Original
- Gebäudebestand: Pläne, Beschriebe, Mietverträge, Bewertungen usw.
- Baugrund: Geologie, Hydrologie, Verunreinigungen, Altlasten, Gefahrenkarten
- Immissionen: Lärm, Staub, Elektrosmog usw.
- Rumor Control, «Gerüchtedatenbank»
- bereits früher erstellte Studien

Der nachfolgende Projektphasenplan kann, je nach Projektdichte und Komplexität, auch als weitere Checkliste für das Sammeln von Grundlagen verwendet werden.

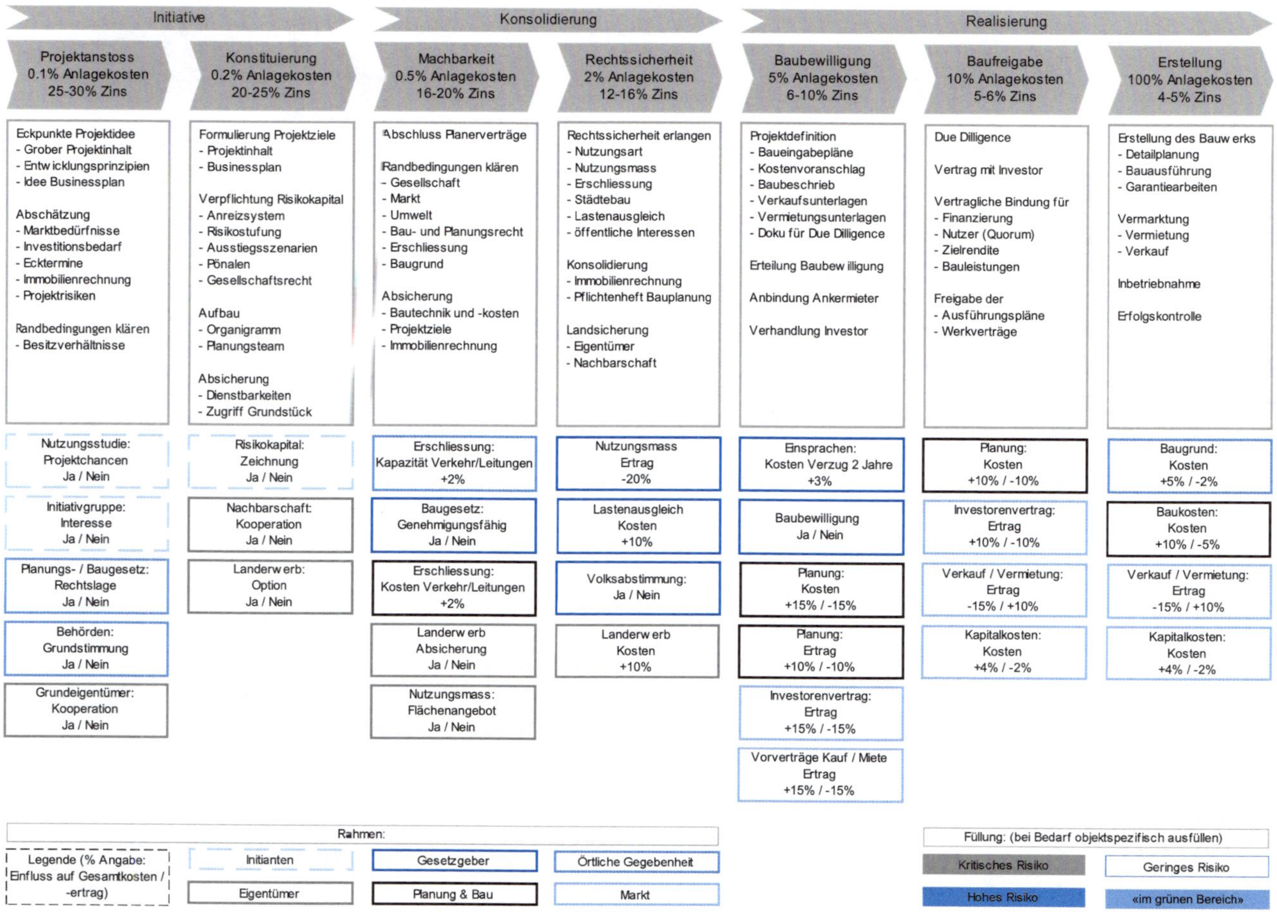

Abb. B3: Projektphasen (Modellfall) [B3]

3.5 Beitrag des Immobilienresearchs

Letztendlich liefert das Immobilienresearch Antworten auf dieselben zentralen Fragen, die sich auch Hersteller von anderen Gütern stellen müssen:

- Wer nutzt das Gut bzw. das Entwicklungsobjekt?
- Wie gross ist der Kreis der Nutzer?
- Welche Faktoren bestimmen die Nachfrage der Nutzer und wie sieht das konkurrierende Angebot aus?
- Welche Preise lassen sich bei diesem Nutzerkreis erzielen bzw. wie hoch ist die Zahlungsbereitschaft der Nutzer zu veranschlagen?
- Wie rasch findet das Gut bzw. Entwicklungsobjekt Aufnahme am Markt?
- Welche Massnahmen können den Kreis der Nutzer ausweiten, die Zahlungsbereitschaft erhöhen bzw. die Absorption beschleunigen?

Unweigerlich stellt sich die Frage, wie das Research Antworten zu diesen Fragen findet und wie dessen Beitrag zur Immobilienentwicklung konkret aussieht. Dazu muss der Mehrwert, den das Research den Entwicklern zu liefern vermag, illustriert werden. Im Kern geht es um folgende Punkte:

- Sammeln und Fruchtbarmachen vorhandener, aber brachliegender Informationen
- Aufdecken der vorhandenen Strukturen und Gesetzmässigkeiten (die für Angebot und Nachfrage bestimmend sind)
- Zusammenführen von zahlreichen Einzelinformationen zu einem Gesamtbild und zu einer ganzheitlichen Sicht
- Aufzeigen der grundlegenden Trends, wobei der Unterscheidung von konjunkturellen und strukturellen Trends erhöhte Bedeutung zukommt
- Abbauen der Unsicherheit durch Identifikation der Risiken und deren Reduktion
- Reduzieren der Komplexität mittels Eingrenzung der existierenden Handlungsmöglichkeiten auf jene, die erfolgsrelevant sind

Mit der Bereitstellung dieser Informationen gelingt es dem Immobilienresearch, die notwendigen Rahmenbedingungen für die Entwicklung einer Immobilie aufzuzeigen und zu bewerten und damit einen wichtigen Beitrag zur Erfolgssicherung des Projekts zu leisten und gleichzeitig die Flexibilität der Projektentwicklung zu erhöhen.

Zu beachten ist, dass die Schweiz nicht als einheitlicher Immobilienmarkt betrachtet werden kann. Die regionalen Teilmärkte müssen dementsprechend separat beobachtet werden, weisen sie doch sehr unterschiedliche Merkmale und Eigenheiten auf.

3.6 Methoden

Research bedient sich grundsätzlich aller Informationen, die in irgendeinem Zusammenhang mit dem Entwicklungsobjekt stehen. Hinsichtlich Methoden lassen sich Sekundärdaten und Primärdaten unterscheiden. Die Sekundärdaten werten von Dritten erhobene Daten aus, wobei darauf zu achten ist, die Rahmenbedingungen der Datenerhebung so genau wie möglich in Erfahrung zu bringen, will man Falschinterpretationen vorbeugen. Die Sekundärdaten bieten grundsätzlich eine kostengünstige Form des Researchs, besitzen jedoch die Nachteile einer beschränkten Aktualität sowie fallweise einer zu geringen inhaltlichen oder geografischen Übereinstimmung mit dem zu analysierenden Markt.

Abhilfe von diesem Problem schaffen nur Primärdaten, bei welchen eigene Daten massgeschneidert erhoben, verarbeitet und analysiert werden. Solche Feldforschung muss sich aus Kostengründen oft auf Stichproben beschränken, deren Aussagekraft je nach Stichprobengrösse entsprechend limitiert ist. Unterschieden werden quantitative und qualitative Primärforschung. Erstere erlaubt statistische Aussagen zur Grundgesamtheit, letztere beschränkt sich häufig auf eine reine Befragung von Experten. Wo es die Datenbasis und -qualität zulässt, kommt das breite Arsenal statistischer Researchmethoden zum Einsatz, was zusätzliche Zusammenhänge aufzuzeigen vermag. Wenn die Datenbasis schmal ist, kommen auch qualitative Fallstudien zum Einsatz. Diese lassen sich jedoch nicht ohne weiteres verallgemeinern. Zu empfehlen ist überdies, neben dem datengestützten Arbeiten, der Augenschein vor Ort, welcher auch durch die besten Daten nicht ersetzt werden kann.

Ein gängiges Problem bei vielen Markt- und Standort-Datensammlungen liegt darin, dass vor lauter Daten vergessen wird, eine Analyse vorzunehmen. Der Immobilienentwickler darf sich nicht damit begnügen, nur die schwierige Aufgabe der Datenbeschaffung und -darstellung zu erfüllen. Die Auswertung des Datenmaterials, die Herleitung von Analyseschlüssen und die Formulierung von Schlussfolgerungen und Empfehlungen gehören untrennbar zum Auftrag des Immobilienresearchs und sind Bestandteil von dessen Wertschöpfungsbeitrag.

4 Analyse

Die Analyse ist die zweite Phase der aktiven Immobilienentwicklung. Es geht im Wesentlichen darum, die gesammelten Informationen zu ordnen, zu vernetzen und zu interpretieren. Je fundierter und spezifischer die Analyse gemacht wird, umso weiter ist der Themenhorizont und der Fundus, aus welchem sich der Entwickler bedienen kann. Grundsätzlich wird empfohlen, eine Analyse vom Gro-

ANFORDERUNGEN		STRUKTUR-EBENEN						RESULTATE
		Umfeld-Analyse		Projekt-Analyse		Detailanalyse		
	Interessengruppen	REGION	ORT	GRUNDSTÜCK	GEBAUDE	KONSTRUKTION	ENERGIE	KONZEPTE
Architektur	Systemorganisation elementar	Regionale Merkmale	Örtliche Merkmale	Grundstücks-Merkmale	Raumfunktions-Systeme	Konstruktions-Systeme	Energie-Systeme	Organisations-Konzept
	Erschliessung verkehrstechnisch	Regionale Verkehrssysteme	Örtliche Verkehrsnetze	Grundstücks-Erschliessung	Erschliessung funktional, räumlich	Erschliessung konstruktiv	Erschliessung energetisch	Erschliessungs-Konzept
	System-Zustand	Regionaler Zustand	Örtlicher Zustand	Grundstücks-zustand	Gebäude-Zustand	Zustand Konstruktion	Zustand Erschliessung	Risiko-Konzept
Nutzung	Umfeldeinflüsse natürlich	Regionale Einflüsse	Örtliche Einflüsse	Einflüsse Aussenraum	Einflüsse Innenraum	Umfeldeinflüsse konstruktiv	Umfeldeinflüsse energetisch	Objektschutz Konzept
	System-Ausstattung	Regionale Einrichtungen	Örtliche Einrichtungen	Lokale Einrichtungen	Raumfunktionale Ausstattung	Konstruktive Ausstattung	Energetische Ausstattung	Ausstattungs-Konzept
	Nutzer funktional	Regionale Funktionen	Örtliche Funktionen	Aussenraum Funktionen	Innenraum Funktionen	Funktionalität konstruktiv	Funktionalität energetisch	Funktions-Konzept
Marketing	Gesellschaft sozial	Öffentl. Interessen Regionalpolitik	Öffentl. Interessen Lokalpolitik	Öffentl. Interessen Parzelle	Öffentl. Interessen funktional	Öffentl. Interessen konstruktiv	Öffentl. Interessen energetisch	Ethik-Konzept
	Markt markttechnisch	Arbeitskräfte-Markt	Arbeitsplatz-Markt	Grundstücks-Markt	Immobilien-Markt	Bau-Markt	Energie-Markt	Markt-Konzept
	Medien verkaufstechnisch	Regionale Attraktivität	Örtliche Attraktivität	Grundstücks-Attraktivität	Attraktivität funktional, räumlich	Attraktivität konstruktiv,materiell	Attraktivität energetisch	Marketing-Konzept
Finanzierung	Staat rechtlich	Raumplanungs-Gesetze	Ortsplanungs-Gesetze	Bau- und Zonenordnung	Gesetzgebung funktional, räumlich	Gesetzgebung konstruktiv	Gesetzgebung energetisch	Rahmenplanungs-Konzept
	Systemverhalten zeitlich	Regionale Planungsstrategien	Örtliche Planungsstrategien	Grundstücks-Planungsstrategien	Nutzungs-Planungsstrategien	Konstruktions-Planungsstrategien	Energie-Planungsstrategien	Nachhaltigkeits-Konzept
	Investor/Bauherr finanziell	Regionale Investoren	Örtliche Investoren	Grundstücks-Finanzierung/Wert	Gebäude-Finanzierung/Wert	Ausbaustandart konstruktiv	Ausbaustandart energetisch	Finanzierungs-Konzept
		Standort Zieldefinition		Objekt Zieldefinition		Technik-Konzept Zieldefinition		

Abb. B4: Strukturanalyse-Matrix [B4]

ssen ins Kleine zu machen. Dabei wird nach dem Trichterprinzip zuerst der Horizont weit geöffnet und dann schrittweise eingeengt. Durch diesen Prozess kann mit einiger Erfahrung rasch eine relativ aussagekräftige Analyse erstellt werden. Trotzdem sollte der Aufwand nicht unterschätzt werden. Die Analysephase braucht gebührend Zeit und sollte in Zusammenarbeit mit Spezialisten aus den verschiedenen Sparten und Disziplinen geplant und erstellt werden.

4.1 Schrittweises Vorgehen

Es ist von Vorteil, wenn der Projektentwickler wesentliche Analysen selber durchführen kann, Aufträge und Ziele für Drittanalysen selber formuliert, und / oder die von Dritten erstellten, zum Teil projektunabhängigen Analysen nach deren Studium in Bezug auf die relevanten Fragen mit den Autoren durchgehen kann.

Das Delegieren von Analysen ist insofern nicht optimal, als schon während der Analyse Bausteine für die Synthese (Generieren von Varianten) sichtbar werden, die es zu erkennen und dann folgerichtig zu einer Projektidee zusammenzufügen gilt. Zudem kennen unabhängige Drittpersonen in der Regel den Auftrag und die Rahmenbedingungen nicht im Detail und könnten aus ihrem reduzierten Fokus für das Projekt falsche Schlüsse ziehen. Durch das Einholen einer Zweitmeinung (Second Opinion) kann die Objektivität erhöht werden.

Der Projektentwickler stellt sicher, dass auch in der Analysephase der Betrachtungsperimeter in Abhängigkeit von der gestellten Aufgabe hinterfragt und angemessen gewählt wird. Der erste Analyseschritt muss immer der Aufgabe und Zielsetzung angemessen sein.

Neben den klassischen, in den nächsten Kapiteln im Detail beschriebenen Analysetypen gibt es einige weitere, leider in der Immobilienentwicklung immer noch zu wenig systematisch angewendete Analysen:

- Analyse der Aufgabe und der Zielsetzung
- Analyse der projektspezifischen, nicht Standard-Grundlagen
- Analyse der privatrechtlichen Rahmenbedingungen
- Analyse der Interessen der direkten und indirekten Nachbarschaft
- Analyse der vorgeschlagenen oder möglichen Partner
- Analyse der vorgeschlagenen oder möglichen Vorgehensweisen
- Analyse der vorgeschlagenen oder möglichen Dealmechaniken (Vertragswerke)
- Analyse der Finanzierungskonzepte

Gerade die Analyse und darauf folgende Auswahl der projektspezifisch geeigneten Partner, wird in ihrer Bedeutung für eine Immobilienentwicklung in der Regel unterschätzt und nicht systematisch betrieben, was oft in einer späteren Phase zur Auflösung von Partnerschaften oder zu ungenügenden Entwicklungsresultaten führt. Die Partner müssen so objektiv wie möglich auf Grundlage der Zielsetzung ausgewählt werden.

Zudem ist bei jeder Immobilienentwicklung entscheidend, dass der Projektentwickler Klarheit über die Geschäftmechanik seines Entwicklungsprojekts hat (→ Teil B Kap. 1.6). Wie kann der Projektentwickler den zukünftig generierten Mehrwert in Form eines Entwicklungsgewinnes für sich sichern? Welche Aufwendungen sind dafür nötig? Wer trägt die Kosten der Aufwendungen bei einem Misserfolg? Wie kann das Grundstück gesichert werden? Diese und weitere Fragen sind in der Analyse der vorgeschlagenen oder möglichen Geschäftsmodelle zu klären und in entsprechenden Verträgen festzuhalten.

Eine erfolgsversprechende Analysemethode ist die direkte Befragung (Interviews) von wichtigen Protagonisten zu den entsprechenden Themen. Das Wissen ist in der Regel schon da. Der Entwickler muss nur die richtigen Fragen stellen und genau zuhören, um für sein Projekt die richtigen Schlüsse zu ziehen.

Die analytische Kontrolle ist auch nach der eigentlichen Analysephase nicht abgeschlossen. Es wird empfohlen, die wesentlichen Erkenntnisse aus der Analysephase laufend am sich verändernden Markt und dessen Rahmenbedingungen zu überprüfen, allenfalls sogar die Aufgabe zu hinterfragen und entsprechend mit einem Teil der Analyse wieder zu beginnen und falls nötig, Korrekturen am Projekt vorzunehmen.

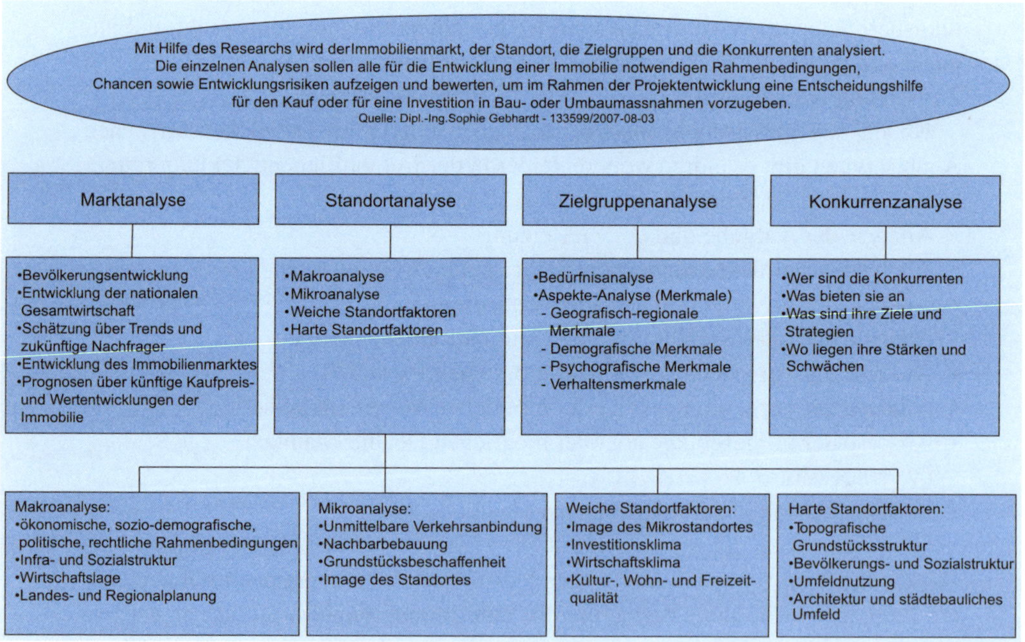

Abb. B5: Übersicht Immobilienanalyse [B4]

Für die Gliederung und Benennung der diversen Analysetypen gibt es unterschiedliche Darstellungsarten, wobei in Abbildung B5 eine mögliche und oft angewendete Variante dargestellt ist. Darin sind die klassischen Analysetypen gleichwertig.

4.2 Analysetypen

Die im Rahmen der Immobilienentwicklung auftretenden Analysetypen lassen sich grundsätzlich in Basis- und Spezialanalysen unterteilen. Zu den Basisanalysen zählen Markt- und Standortanalysen. Die Marktanalyse fokussiert auf die entsprechenden Zielgruppen und analysiert das Zusammenspiel von Angebot und Nachfrage auf den spezifischen Immobilienmärkten sowie deren Marktergebnis. Die Standortanalyse stellt den Standort ins Zentrum der Untersuchung. Konkret ermittelt die Standortanalyse die Merkmale eines Ortes, welche auf die geplante Immobilie bzw. den entsprechenden Markt einen Einfluss haben und schätzt deren Wirkung ab.

Dabei unterscheidet man Standortfaktoren der Makrolage und solche der Mikrolage. Deren Analyse erfolgt zumeist getrennt. Zur Makrolage zählen alle Rahmenbedingungen, welche nicht nur für den individuellen Standort selber Gültigkeit besitzen, sondern grossräumig für das ganze Marktgebiet. Im Gegensatz zur Makrolage können sich die Mikrolageeigenschaften auf engem Raum, sozusagen innerhalb derselben Nachbarschaft verändern. Hinsichtlich verkehrstechnischer Erschliessung eines Standortes beurteilt die Makroanalyse beispielsweise die Einbindung der Region in das übergeordnete Strassen- und Schienennetz und damit wie rasch wichtige umliegende Orte erreicht werden können. Die Mikroanalyse dagegen beurteilt die Nähe des individuellen Standortes zu den Anschlüssen an das übergeordnete Netz sowie zu den lokalen Einrichtungen.

Mittels der Gegenüberstellung der Erkenntnisse aus der Standortanalyse und der Bedürfnisse verschiedener Nutzergruppen lassen sich die relevanten Zielgruppen herleiten. Daher werden Standortanalysen meist vor allfälligen Marktanalysen durchgeführt. Der Übergang von Standort- zu Marktanalysen ist fliessend. Im Rahmen einer umfassenden Beurteilung eines Entwicklungsprojekts kommen zumeist beide Analysen zum Einsatz. Eine strikte Trennung dieser beiden Typen ist in vielen Fällen weder sinnvoll noch erforderlich, so dass beide Analysen häufig eine Einheit bilden.

Analysen von Nutzungskonzepten, Risikoanalysen und Wettbewerbsanalysen zählen zusammen mit den Zielgruppen- und Konkurrenzanalysen zu den immobilienbezogenen Spezialanalysen. Zusammen mit den Basisanalysen bilden sie die Basis für die Machbarkeitsstudien.

In der folgenden Abbildung sind die klassischen Analysen im Rahmen der Immobilienentwicklung hierarchisch dargestellt.

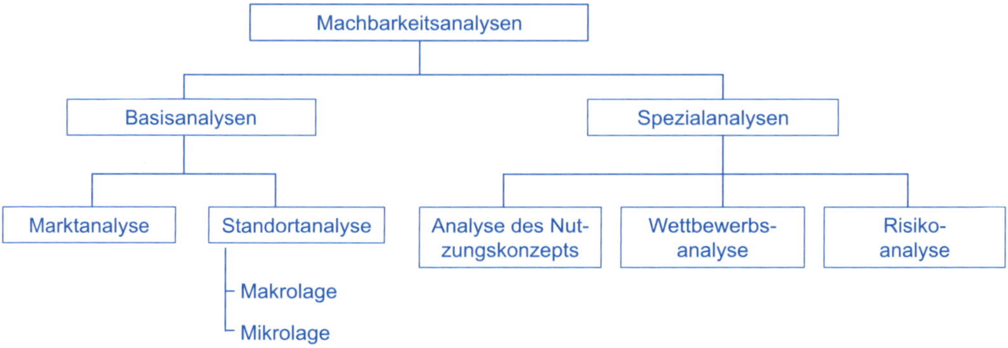

Abb. B6: Klassische Analysen bei der Immobilienentwicklung [B4]

Die in Abbildung B6 aufgelisteten Analysen sind fachlich fundierte Untersuchungen für Immobilieninvestitionen. Das systematische Zusammentragen und Analysieren von Daten und Informationen über den Standort, den Nutzermarkt (Nachfrage) und den Immobilienmarkt (Angebot) sowie in einem zweiten Schritt auch die Spezialanalysen sollen sicherstellen, dass die optimale Nutzung für einen bestimmten Standort gefunden werden kann. Nur auf der Basis detaillierter Kenntnisse über die Standort- und Marktsituation lassen sich unliebsame und kostspielige Überraschungen in der Immobilienentwicklung vermeiden.

Markt- und Spezialanalysen sind aus der Statistik und Volkswirtschaftslehre hinlänglich bekannt. Die Standortanalyse hingegen ist immobilienspezifisch und soll deshalb im Anschluss vertieft behandelt werden.

Die Makro- und die Mikroanalyse bilden zusammen die Standortanalyse. Die Makroanalyse befasst sich mit den ökonomischen, demografischen, politischen und rechtlichen Rahmenbedingungen, der Sozialstruktur, der Wirtschaftslage und der Raumplanung einer ganzen Region. Die Mikroanalyse beschränkt sich auf die unmittelbare Umgebung eines Grundstücks, klärt Fragen der Erschliessung, untersucht die umliegende Siedlungsstruktur, die Nutzungen, die Beschaffenheit des Grundstücks, seine Ausrichtung und die Reputation des Standortes.

4.3 Makroanalyse

Die Entwicklung eines Immobilienobjekts verläuft entlang einer Abfolge verschiedener Analysen. Ausgehend von der Makroanalyse, die den relevanten Markt auf einer übergeordneten Ebene abbildet, über die im Rahmen der Mikroanalyse erfolgende Erfassung der lokalen Gegebenheiten bis zur Analyse des Grundstücks selber, hilft dieser Prozess dem Projektentwickler, sein Konzept für die geplante Immobilie zu verfeinern und anzupassen. Im Folgenden werden zunächst die einzelnen Schritte bei der Erstellung einer solchen Analyse vorgestellt und anschliessend eine Auswahl der gebräuchlichsten Indikatoren aufgeführt, welche üblicherweise für eine solche Untersuchung verwendet werden.

4.3.1 Konkrete Vorgehensweise

Trotz den oft unterschiedlichen Fragestellungen von Immobilienanalysen kann eine allgemein gültige Vorgehensweise postuliert werden, deren Befolgen in praktisch allen Fällen zielführend ist. Folgende Schritte lassen sich unterscheiden.

Auftragsanalyse

Zu Beginn einer vertiefenden Studie ist zwingend der Auftrag im Detail zu analysieren. Jede Projektidee ist durch unterschiedliche Voraussetzungen geprägt und wirft spezifische Fragen auf. Ist beispielsweise eine innovative Nutzungsidee bereits vorhanden und geht es darum Standorte zu identifizieren, wo ein solches Nutzungskonzept funktionieren könnte? Oder existiert ein Standort und es sollen gangbare Nutzungsideen für diesen Standort evaluiert werden? Indem anfänglich Klarheit hergestellt wird bezüglich der spezifischen Schlüsselfragen, auf welche die Analyse eine Antwort finden muss, wird der Grundstein für eine aufschlussreiche Analyse gelegt. Je klarer dabei die relevanten Themen formuliert werden, umso zielgerichteter kann die Analyse vorgenommen werden und umso einfacher fällt die Beantwortung der Fragen aus. Im Zuge der Auftragsanalyse sollten auch die Interessen des Auftraggebers geklärt werden. Gute Immobilienanalysen zeichnen sich dadurch aus, dass sie unabhängig von den Interessen der Auftraggeber erstellt werden, heikle Punkte nicht ausblenden, die getroffenen Annahmen offen legen und auch einmal den Mut haben, Lücken zuzulassen, anstatt auf subjektive Näherungen abzustellen.

Konzepterstellung

Basierend auf der Auftragsanalyse wird ein Konzept für die Analyse erarbeitet. Das Konzept legt die Struktur der Gesamtanalyse fest, beschreibt die verschiedenen Bestandteile der Analyse und identifiziert die Schwerpunkte. Die Zahl der Analyseelemente ist praktisch unendlich. Es gilt daher diejenigen zu wählen, welche einen Erkenntnisgewinn bezüglich der zu beantwortenden Fragen versprechen. Gleichzeitig dient die Erarbeitung des Konzeptes auch der Abklärung der Datenverfügbarkeit. Sofern keine Daten für ein bestimmtes Analyseelement verfügbar sind und auch keine Idee besteht, wie die relevanten Informationen beschafft werden könnten, macht es nicht viel Sinn, das Element im Konzept aufzuführen. Wichtige Eckpunkte für die Konzepterstellung sind der Umfang der Analyse sowie die dafür zur Verfügung stehende Zeit. Die Beschaffung von Daten, deren Aufbereitung in einer Analyse-tauglichen Form, die eigentliche Analysetätigkeit sowie die Formulierung der entsprechenden Erkenntnisse sind oft sehr zeitintensiv. Anbieter von Immobilienresearchs verfügen über breites Know-how bezüglich der Datenlandschaft, sind in der Regel bereits im Besitz einer Vielzahl von Daten und verfügen über Arbeitsinstrumente, welche es erlauben, die Daten rasch in der gewünschten Abgrenzung und Form aufzubereiten. Hier lassen sich grosse Rationalisierungseffekte erzielen, welche den Zeitbedarf und damit letztlich auch die Kosten für die Erstellung einer Analyse stark reduzieren. Sobald jedoch auf Elemente zurückgegriffen werden muss, die nicht zum Standardrepertoire zählen, entfallen diese Rationalisierungsmöglichkeiten und entsprechend mehr Zeit wird die Analyse in Anspruch nehmen.

Bei der Entscheidung über den Umfang der Analyse muss berücksichtigt werden, dass die Beziehung zwischen Aufwand und Erkenntnis nicht linear ist. In Abbildung B7 ist der Zusammenhang zwischen Qualität der Analyse in Form von Analysetiefe, Vollständigkeit und Genauigkeit der Erkenntnisse und Prognosen sowie der dafür eingesetzten Zeit schematisch abgebildet.

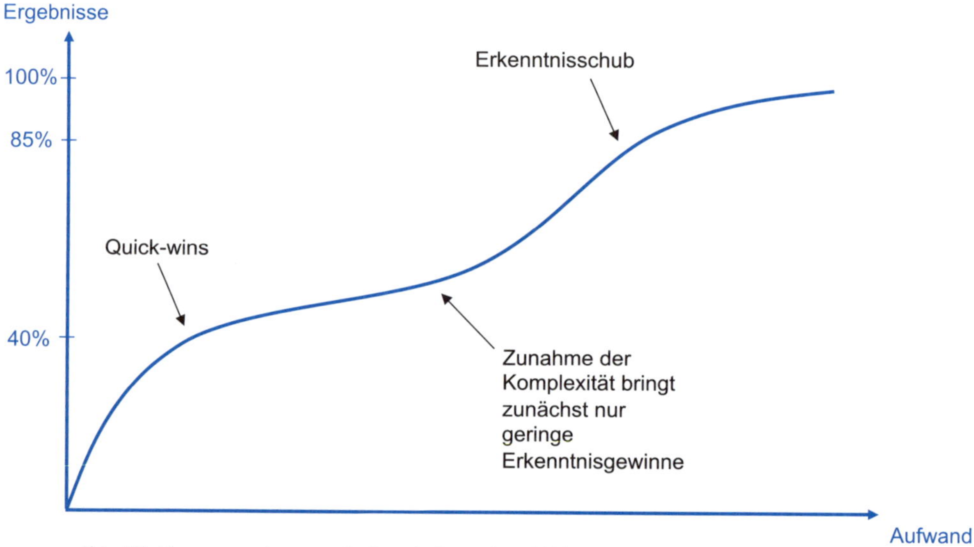

Abb. B7: Zusammenhang zwischen Aufwand und Erkenntnisgewinn bei der Immobilienanalyse [B5]

Die Grafik macht deutlich, dass sich mit wenig Aufwand einige grundlegende Erkenntnisse gewinnen lassen, welche von grossem Nutzen für ein Projekt sein können, indem beispielsweise gewisse mögliche Nutzungsformen bereits nach kurzer Analyse ausscheiden. Damit lassen sich jedoch zumeist nur vielversprechende Hypothesen, aber noch keine breit abgestützten Erkenntnisse gewinnen. Der Erkenntnisgewinn nach der Herleitung der ersten Resultate nimmt in der Regel nicht mehr im selben Tempo zu und die Gewinnung zusätzlicher Erkenntnisse erweist sich als marginal. Dies hängt unter anderem auch damit zusammen, dass zusätzliche Informationen erste Analyseergebnisse oft nicht in der gewünschten Form bestätigen, da die Realität oft komplexer ist, als dies im Schnellverfahren darstellbar wäre. Dieser Umgang mit der Komplexität erfordert einen entsprechenden Aufwand, um das Analysebild in seiner ganzen Tragweite zu verstehen und abzubilden. Je nach gewünschter Qualität sind entsprechende Investitionen in die Analyse erforderlich.

Definition von untersuchungsrelevanten Aspekten

Bereits im Rahmen der Konzepterstellung sind gewisse Entscheide zu fällen, welche die Analyse wesentlich mitbestimmen. Es muss klar definiert werden, welche Aspekte zur Untersuchung gehören und welche nicht. Dabei handelt es sich beispielsweise um die Festlegung von Einzugsgebieten (primäres und sekundäres), um die Bestimmung von Vergleichsräumen und um die Auswahl der Indikatoren, welche beigezogen werden sollen. Bei der Analyse eines Altersheimprojekts ist beispielsweise das Einzugsgebiet festzulegen, innerhalb dessen die Nachfrage analysiert wird.

Diese Entscheide sind deswegen wichtig, weil sie Voraussetzung für die Datenbeschaffung und Datenaufbereitung sind. Einerseits ist ein möglichst genaues Konzept notwendig, damit die Datenbedürfnisse sichtbar werden, andererseits ist der Umfang der Daten zu bestimmen. Reichen die Bevölkerungszahlen des Kantons für die Ermittlung des Nachfragedrucks oder sind auch die Daten benachbarter Kantone mit in die Analyse einzubeziehen? Für einen Umzugswilligen im Kanton Neuenburg ist die Steuerbelastung im Kanton Obwalden beispielsweise unerheblich – es sei denn, er zählt zu den wenigen sehr vermögenden Individuen. Zur Eingrenzung der notwendigen Datensätze müssen also bereits frühzeitig gewisse Entscheide gefällt werden. Diese sind nicht unumstösslich, verursachen jedoch beträchtlichen Aufwand, wenn sie zu einem späteren Zeitpunkt revidiert werden müssen.

4.3.2. Indikatoren der Makroanalyse

Viele wirtschaftliche Phänomene lassen sich nicht direkt beobachten, sondern müssen indirekt über Indikatoren erfasst werden. Im Zuge der Festlegung der untersuchungsrelevanten Aspekte wird definiert, welche Indikatoren näher betrachtet werden sollen, um die Schlüsselfragen zu beantworten (→ Teil G Kap. 2.2). Je nach Entwicklungsprojekt kann die Auswahl an Indikatoren sehr unterschiedlich ausfallen. Die nachstehende Aufzählung besitzt folglich keine Allgemeingültigkeit, sondern muss fallweise an die Fragestellung angepasst werden.

Indikatoren der Rahmenbedingungen

Da Immobilien standortgebunden sind, ist dem Parameter des Raumes sowie den räumlichen Beziehungen grosse Aufmerksamkeit zu schenken. Wichtige Indikatoren sind:

- regionale Gliederung
- Topografie (Achsen, Geländekammern, Distanzen)
- Flächenverteilung
- Zentren (Arbeitsmarktpole, nahe Institutionen)
- überregionale Verkehrsstruktur
- Pendlerverhalten
- Standortfaktoren (Steuern, verfügbares Humankapital)

Indikatoren der Nachfrageseite

Die Nachfrage ist die schwierigere der beiden Marktseiten. Sie lässt sich zumeist nur indirekt erkennen. Für die Veranschlagung des Nachfragepotenzials sind der Beizug von Daten, Erfahrung und oftmals auch eine Portion Intuition erforderlich. Nur so lassen sich die Fragen (wie viel Nachfrage besteht, woher kommt die Nachfrage, wie lässt sie sich befriedigen?) ausreichend beantworten. Das aktuelle makroökonomische Bild wie auch die möglichen Entwicklungsperspektiven dürfen beim Start eines Investitionsprojekts nicht fehlen. Stellvertretend einige Beispiele für Indikatoren:

- Makroökonomische Bedingungen (Zinsen, Konjunktursituation, Inflation, Konsumentenstimmung, Arbeitslosenrate, Logiernächte) formen das Vertrauen der Konsumenten und beeinflussen die Investitionsaktivitäten der Firmen.
- Die Robustheit der Konjunktur bestimmt wie stark sich die Nachfrage äussert (Erweiterungsinvestitionen der Firmen, Ausdehnung des Filialnetzes von Retailern, Nachfrage nach Wohneigentum, Übernachtungen).
- Regionale ökonomische Trends widerspiegeln die nationalen nur sehr unvollständig. Auf kleinräumiger Ebene lassen sich oft sehr unterschiedliche Geschwindigkeiten beispielsweise bei der Bevölkerungsentwicklung oder Beschäftigungsentwicklung feststellen. Als Folge nehmen regionale ökonomische Indikatoren bei Marktstudien ein grösseres Gewicht ein.
- Schlüsselfaktor für die Nachfrage nach Büroflächen an A-Lagen ist in erster Linie die regionale Beschäftigungsentwicklung in den Branchen Banken, Versicherungen usw.
- Die Wirtschaftsstruktur zu kennen, hilft bei der Identifikation der Treiber des wirtschaftlichen Wachstums (Branchenmix, grösste Arbeitgeber, dominierende

Branchen, Spezialisierungskoeffizienten, Identifikation der dynamischsten Branchen mittels Auswertung von Beschäftigungswachstum, Anzahl der Top-Unternehmen im Raum, Wertschöpfung).

- Demografische Indikatoren (Bevölkerungswachstum, Haushaltswachstum, Altersstruktur, Haushaltsstrukturen, Bevölkerungsprognosen und deren Herleitung, Eigentumsquote), nach Möglichkeit zugeschnitten auf die spezifischen Zielgruppen (z.B. Senioren, Familien, Wohneigentümer)
- Einkommensentwicklung und -verteilung, Kaufkraft
- Mobilitätsverhalten (Migrations- und Pendlerverhalten)
- Tourismusstatistiken (Ankünfte, Logiernächte)

Indikatoren der Angebotsseite

Auch wenn die Angebotsseite einfacher zu ermitteln ist, kann eine zu oberflächliche Analyse später zu schlimmen Überraschungen führen. Wichtige Angebotsseitige Indikatoren sind:

- Bestandesaufnahme (Anzahl, Grösse, Qualität, Segmentierung usw.)
- Altersstruktur des Bestandes
- geplante Ausweitung des Angebotes (nach Teilsegmenten, im Bau und geplant)
- Absorption in der nahen Vergangenheit
- Grossprojekte
- Baulandreserven

Indikatoren des Marktergebnisses

- Leerstände und deren Struktur
- Preisniveau (Angebotspreise, Transaktionspreise)
- Preisentwicklung

4.4 Mikroanalyse

In der Mikroanalyse wird unterschieden zwischen harten und weichen Standortfaktoren. Faktoren der Mikroanalyse sind oft von jenen der Makroanalyse beeinflusst. Der Übergang ist fliessend und von Fall zu Fall verschieden.

4.4.1 Harte Standortfaktoren

Die Analyse der harten Standortfaktoren auf der Mikroebene untersucht die Lage des Grundstücks, die Erschliessung, die Nachbarschaft und das Grundstück selber. Diese Standortfaktoren sind messbar oder können zumindest objektiv beurteilt werden.

Lage

Die Lage des Grundstücks wird in erheblichem Masse durch die Qualität des Quartiers bestimmt. Siedlungsstrukturen wie Blockrandbebauungen, Hochhäuser, Stadtvillen oder Einfamilienhäuser prägen den Charakter der Umgebung eines Grundstücks, legen die Dichte bzw. Ausnützung fest und haben Einfluss auf die zukünftige Nutzung. Bei der Art der Nutzung, wie Wohnen, Büro oder Gewerbe, Schulhäuser und Einkaufmöglichkeiten, gilt es zu beachten, dass sich die Bedürfnisse im Laufe der Zeit ändern können.

Der Immobilienentwickler muss sich ein Bild darüber verschaffen, welche Konsequenzen eine künftige Nutzungsänderung für sein Grundstück haben könnte. Bei Umnutzungen von Industriearealen in gemischtgenutzte Quartiere wird dem Immobilienentwickler empfohlen, mit einem Marketingspezialisten in Immobilienfragen den Nachfrage- und Angebotsmarkt zu erörtern. Basierend darauf kann er anschliessend zusammen mit einem kreativen Architekten oder über einen Studienauftrag einen Masterplan erstellen lassen. Die Erfahrung hat gezeigt, dass gerade bei Umnutzungen von Industriearealen dem Zusammenspiel von Alt und Neu eine hohe Bedeutung zukommt.

Erschliessung

Bei der Erschliessung muss abgeklärt werden, über welche öffentlichen und privaten Verkehrsanbindungen das Grundstück verfügt, ob es mit Energieträgern, wie Erdgas oder Fernwärme, erschlossen ist, respektive, ob die Möglichkeit besteht, Erdwärme oder Grundwasser zu nutzen. Eine nachhaltige Energieerzeugung wird in Zukunft den Wert einer Immobilie steigern. Auch hat sie Einfluss auf die späteren Betriebskosten.

Weiter muss sichergestellt werden, dass das Grundstück für die Ver- und Entsorgung hinreichend erschlossen ist. Nachträgliche Grundstückserschliessungen für Wasser, Abwasser, Strom, EDV usw. können die Investitionskosten erheblich erhöhen.

Nachbarschaft

Unter dem Titel der Nachbarschaft wird das Quartier bezüglich der Bebauungsstruktur wie Wohnen oder Arbeiten analysiert und die Mietzinsen, die Verkaufspreise und die Kaufkraft der Bewohner erhoben. Das Ergebnis aus diesen Erhebungen dient zur Festlegung des Produktes und des Zielpublikums.

Grundstück

Beim Grundstück sind die folgenden Kriterien massgebend und müssen auf jeden Fall geprüft werden:

- Grundstücksform und Gefällsverhältnisse
- Grösse und Exposition

- Aussicht und Besonnung
- Topografie
- baurechtliche Möglichkeiten
- Immissionen von naheliegenden Strassen oder Produktionsstätten
- Baugrundbeschaffenheit und Altlasten
- Distanzen zu den täglichen Einkaufsmöglichkeiten und Schulen

In Teil G Kapitel 2.3 ist eine Checkliste für die Grundstückanalyse enthalten.

4.4.2. Weiche Standortfaktoren

Von grosser Bedeutung sind die weichen Standortfaktoren. Im Gegensatz zu den harten Faktoren sind diese in den allermeisten Fällen jedoch nur bedingt messbar. Sie können häufig nur über qualitative Methoden (Umfragen, Interviews) ermittelt werden. Deshalb kommt es bei den weichen Standortfaktoren sehr auf die Erfahrung des Projektentwicklers an. Ihm steht die Aufgabe zu, mit Können und der nötigen Sensibilität die weichen zusammen mit den harten Faktoren zu interpretieren, zu kommentieren und anschliessend in der Synthese zu werten.

Entscheidend bei den weichen Standortfaktoren ist das Image der Lage. Es wird bestimmt durch die Qualität der Bebauungen im näheren Umfeld, der heutigen und vergangenen Nutzung des Grundstücks (z.B. frühere Ereignisse wie negative Presseberichte über Altlasten im Untergrund oder über die Bausubstanz, obwohl zwischenzeitlich eine Sanierung vorgenommen wurde), der Wohn- und Freizeitqualität, dem kulturellen Angebot, der Bevölkerungsstruktur und dem Wirtschaftsklima bis zur Genehmigungspraxis der Behörden. Die Erfahrung zeigt, dass bei vielen Standortentscheiden (Neuansiedlungen von Unternehmungen oder Kauf von Wohnungen und Häusern) den weichen Aspekten eine übermässige Bedeutung zukommt, die kaum real, sondern vielmehr emotional begründet ist.

4.4.3. Beeinflussbarkeit der Standortfaktoren

Die professionelle Standortanalyse beinhaltet neben der Erfassung und Interpretation der Ist-Analyse auch den Blick in die Zukunft. Dabei stellt sich für den Projektentwickler die Frage, inwieweit die Standortfaktoren durch sein Tun beeinflusst werden können. Allgemein kann gesagt werden, dass der Projektentwickler auf harte Faktoren Einfluss nehmen kann, die weichen Standortfaktoren durch ihn aber kaum veränderbar sind. Er kann eine mangelnde Erschliessung des Grundstücks oder eine Ver- und Entsorgung verbessern, auf lärmige Strassen mit einer geschickten Gebäudedisposition reagieren usw.

Viel schwieriger ist es jedoch für den Projektentwickler, ein bestehendes negatives Image zu verbessern. Möglich ist dies bei grossen Arealentwicklungen, wo beispielsweise eine industrielle Tätigkeit aufgegeben wird und aus einer «verbotenen Stadt» durch eine geschickte Umnutzung in Wohnen und Arbeiten neues Leben entsteht. Nebst dem grossen Investitionsbedarf für die Immobilienentwicklung darf nicht vergessen werden, dass ein derartiger Wandlungsprozess viel Zeit benötigt.

Das Ziel der Mikroanalyse besteht nicht darin, alle erdenklichen Kriterien aufzulisten und jeden Betrachter seine eigenen Schlussfolgerungen daraus ziehen zu lassen. Es geht vielmehr darum, sich auf die wichtigen Faktoren zu konzentrieren und diese zu interpretieren, damit sie in der Folge gewertet werden können.

5 Synthese

In der Synthesephase geht es darum, auf der Basis der Resultate der Analyse, mögliche und sinnvolle Varianten für die Projektentwicklung aufzuzeigen, diese qualitativ und quantitativ zu bewerten und eine Auswahl für die weitere Bearbeitung zu treffen. Ausgehend vom Diktat der Wertgenerierung stehen dem Immobilienentwickler meist drei grundsätzliche Optionen offen:
- Weiterführen des aktuellen Zustandes
- Verändern des aktuellen Zustandes
- Veräussern ohne grössere Investitionen

Welche der drei Optionen einer gegebenen Situation am besten entspricht, kann oft erst nach der Synthesephase entschieden werden. In den folgenden Abschnitten werden die dazu nötigen Arbeitsschritte vorgestellt.

5.1 Variantenstudium und Bewertung

Das Generieren von Varianten ist ein Prozess, der vom Projektentwickler sehr viel Kreativität und Erfahrung erfordert. Je nach Auftrag, Rahmenbedingungen, Resultate der Analyse, Zielsetzung und Risikobereitschaft kommen unterschiedliche Varianten in die engere Wahl.

Ausgangslage für das Aufzeigen einer Variante ist in der Regel eine spezifische Nutzungsidee, welche aus der Analyse gewonnen wurde. Es ist jedoch anzustreben, dass unterschiedliche Ideen (Denken in Alternativen) für dieselbe Immobilienentwicklung generiert und geprüft werden.

Auf der Basis einer Idee wird ein räumliches Konzept skizziert, welches dann in einer oder mehreren Bebauungsstudien abgebildet wird. Auf dieser Basis wiederum kann für jede Bebauungsvariante eine wirtschaftliche Plausibilisierung oder schon eine erste Wirtschaftlichkeitsrechnung erstellt werden. Wird dann anschliessend die Bewertung für alle Varianten gemacht, ist meistens schon eine erste Tendenz für die spätere Auswahl erkennbar.

5.1.1 Nutzungsvarianten

Die Nutzungsvarianten können auf verschiedene Arten generiert werden. Einerseits können, auf der Basis der Analyse, bewährte und vom Markt nachgefragte Nutzungen weiterentwickelt werden. Anderseits können, aufgrund von erkennbaren Marktentwicklungstendenzen, zukünftige Nachfragen durch eine neuartige Nutzungsidee vorweggenommen werden.

Eine weitere Möglichkeit, eine Nutzungsidee zu generieren, ist die Aufwertung eines Standortes durch das Implantieren einer Ikone mit entsprechender Nutzung. Ein gutes Beispiel hierfür ist das Guggenheim Museum von Frank O. Gehry in Bilbao. Das neue Museum war Grundstein einer Stadtbelebungsentwicklung, die bis heute andauert. In diesem Fall ist die Wirtschaftlichkeit nicht nur durch das neue Objekt alleine zu erbringen, sondern auch die nachhaltig positiven Einflüsse und Wertsteigerungen auf den Ort sind abzuschätzen und in der Bewertung zu berücksichtigen.

Zu jeder Nutzungsvariante müssen die entsprechenden Erfolgsfaktoren beschrieben werden.

Vor allem bei konventionellen Produkten, wie Wohnen, genügt es nicht, den Wohnungsmix und die Wohnungsgrössen zu bestimmen. Wesentlich sind die vom Nachfragemarkt gewünschten Anforderungen an die zukünftigen Produkte. Dabei können beispielsweise die demografische Entwicklung, die aktuell steigende Scheidungsrate oder die Migrationstendenzen Grundlage für eine Nutzungsvariante sein.

5.1.2 Auswahlkriterien

Es kommt oft vor, dass auf einer Parzelle, aufgrund der Analyse, sowohl eine Wohnüberbauung mit Mietwohnungen oder Eigentumswohnungen, eine Schule oder aber ein Büro- und Gewerbegebäude sowie ein Verkaufsstandort gefragt und unter Änderung der Rahmenbedingungen realisierbar wären. Je nachdem welche Ziele die Eigentümerschaft (z.B. private oder öffentliche Hand) verfolgt, kommen gewisse Varianten weniger oder gar nicht in Betracht und werden nicht weiter geprüft.

Manchmal ist es vorteilhaft, eine oder zwei vermeintlich unsinnige Varianten aufzuzeigen, wenn diese durch besonders attraktive, aber nicht klar fassbare Aspekte gekennzeichnet sind.

Dadurch werden in der Diskussion während der Auswahl nicht nur die konventionellen Varianten abgewogen, sondern eben auch unkonventionelle Optionen verglichen, diskutiert und bewertet.

Das aus dem Vergleich verschiedener Nutzungsideen generierte Nutzungskonzept bildet nun auf der Basis der baurechtlichen Rahmenbedingungen den Nutzungsmix und die Erfolgsfaktoren ab. Das mehr oder weniger detaillierte Nutzungskonzept ist Grundlage für Bebauungsstudien. Erfahrungsgemäss können Nutzungskonzepte in sehr unterschiedlichen Bebauungsstudien abgebildet werden. Wesentlich in diesem Prozess ist, dass die Kreativität der an der Entwicklung beteiligten Partner, vor allem der Planer, nicht zum Vornherein durch zu strikte Vorgaben seitens des Projektentwicklers und der Investoren eingeschränkt werden. Die Ziele für die Bebauungsstudien müssen wirtschaftlich und politisch realistisch und mit vertretbarem Aufwand umsetzbar sein. Dafür ist nicht der Planer, sondern der Projektentwickler verantwortlich.

5.1.3 Bebauungsstudien

Bebauungsstudien können durch verschiedene Verfahren generiert werden. Die Bandbreite der Möglichkeiten reicht vom Direktauftrag an einen kompetenten Planer bis zum offenen Architektur- oder Städtebauwettbewerb (→ Teil C Kap. 7 und 8). Die Partnerwahl und die Wahl des geeigneten Verfahrens zur Generierung von Bebauungsstudien sind wesentliche Erfolgsfaktoren für eine Immobilienentwicklung. Hier eignet sich als Entscheidungshilfe die Nutzwertanalyse (→ Teil G Kap. 3.1.16.2). Die möglichen Partner und Verfahren können dadurch nach Zielkriterien bewertet, beurteilt und ausgewählt werden.

Bei komplexen Entwicklungsvorhaben mit noch unklaren Rahmenbedingungen und vielen Beteiligten hat sich das begleitete, transparente Studienauftragsverfahren mit gemeinsamen Workshops sehr bewährt. Dabei sollte der Teilnehmerkreis gerade so gross sein, dass alle relevanten Themenbereiche kompetent vertreten sind. Wesentlich in diesem Verfahren ist die Steuerung durch einen kompetenten, sachlichen und objektiven Immobilienentwickler.

5.1.4 Bewertung der Lösungsalternativen

Die unterschiedlichen Entwicklungsvarianten bzw. Bebauungsstudien müssen bewertet werden. Im Vordergrund stehen dabei die Beiträge der einzelnen Alternativen an die Erfüllung der Entwicklungsziele sowie die Flexibilität und die Risiken der Lösungsalternativen. Zur Quantifizierung und Bewertung der Zielbeiträge eignen sich insbesondere die SWOT-Analyse, die Wirtschaftlichkeitsrechnung und die Nutzen/Kosten-Untersuchungen.

SWOT-Analyse

Die SWOT-Analyse ist ein mehrheitlich qualitativer Bewertungsansatz. Sie beschreibt die Stärken und Schwächen sowie die Chancen und Gefahren der Varianten und erfasst somit harte und weiche Faktoren (→ Teil G Kap. 3.1.6). Bei der qualitativen Beschreibung muss der Immobilienentwickler so objektiv wie nur möglich sein, um nicht eine persönlich bevorzugte Variante zu bevorteilen.

Wirtschaftlichkeitsrechnung

Die Wirtschaftlichkeitsrechnung erfasst ausschliesslich die prognostizierten monetären Faktoren der verschiedenen Lösungsvarianten (→ Teil F Kap. 14). Dabei ist vor allem auf die nicht zu unterschätzenden Ungewissheiten bei den Erträgen (Angebots- und Nachfrageentwicklung) hinzuweisen, welche auch in den Leerstandsprognosen zum Ausdruck kommen.

Nutzen / Kosten-Untersuchungen

Bei den Nutzen/Kosten-Untersuchungen (→ Teil G Kap. 3.1.16.2) wird zwischen der Nutzwertanalyse und der Kosten/Wirksamkeits-Analyse unterschieden. In der Projektentwicklung hat sich vor allem die Nutzwertanalyse als Bewertungsmethode bewährt. Mit ihr ist es möglich, mittels gewichteten Zielkriterien verschiedene Varianten aufgrund ihrer gesamten Nutzwerte miteinander zu vergleichen. Es werden sowohl harte als auch weiche Faktoren bewertet. Dadurch ist es in der Regel relativ einfach möglich, eine Auswahl zu treffen und eine Empfehlung mit Begründung für eine oder allenfalls mehrere Varianten abzugeben.

Eine Nutzwertanalyse ist anspruchsvoll und muss sehr sorgfältig durchgeführt werden, denn sie ist eine zentrale Entscheidungsgrundlage für die Wahl der weiter zu verfolgenden Lösung. Sie führt alle relevanten Themen und Einflussfaktoren zusammen und synthetisiert diese zur Empfehlung für das weitere Vorgehen. Als Bewertungskriterien können neben den wirtschaftlichen Faktoren und den qualitativen Aspekten aus der SWOT-Analyse auch weitere Elemente aus der «Strukturanalyse-Matrix» (Abb. B4) dienen. Die Gewichtung der Bewertungskriterien muss von Fall zu Fall festgelegt werden und richtet sich nach den übergeordneten Zielen und Rahmenbedingungen. Grosse Erfahrung bedingt auch die Definition der Nutzenfunktionen für jedes Bewertungskriterium. Die Nutzwertanalyse wird zweckmässigerweise im Team oder von einer Person zweimal hintereinander durchgeführt, um die methodenbedingte Subjektivität soweit wie möglich auszuschalten.

Flexibilität

Ein weiterer wichtiger Aspekt bei der Bewertung von Lösungsalternativen ist deren Flexibilität. Darunter wird die spätere Anpassungsfähigkeit der gewählten Lösung an geänderte Annahmen (z.B. Nachfrage) und Rahmenbedingungen (z.B. Gesetze) verstanden.

Risiken

Der dritte Aspekt bei der Bewertung von Lösungsalternativen bezieht sich auf die Risiken im Sinne von potenziellen Gefahren und Chancen auf dem Weg zur erfolgreichen Projektrealisierung. In vielen Bereichen können die Risiken relativ gut abgeschätzt und bewertet werden. Die Bewilligungsfähigkeit, die Prozesse, die Baukosten, die Ertragsflächen, die Umfeld- und Konkurrenzentwicklungen für eine Projektentwicklung sind relativ gut vorhersehbar und abschätzbar.

Die grösste Unsicherheit und damit auch das grösste Risiko jeder Immobilienentwicklung ist in der Regel die Nachfrageseite, vor allem die zukünftige Marktentwicklung. Diese Erkenntnis muss in der Nutzwertanalyse und beim Auswahlentscheid entsprechend berücksichtigt werden.

Je nach Zielsetzung und Risikobereitschaft des Auftraggebers kann dies manchmal zu einer Situation führen bei welcher der Glaube an ein unkonventionelles Produkt unerwartete Entscheide beflügelt und den Markt mit überraschenden Projekten bereichert.

Es ist eine unabdingbare Tugend und Geisteshaltung eines erfolgreichen Immobilienentwicklers, ständig auf der Suche nach neuen Antworten und Lösungen zu sein, aus seinen und den Fehlern anderer zu lernen, die nötige Flexibilität vorzuleben und die involvierten Partner für diese Veränderungen zu begeistern.

5.2 Wirtschaftlichkeit

Das Ziel einer Immobilienentwicklung ist das Schaffen eines nachhaltigen Mehrwerts. Dieser Mehrwert muss in der Regel ökonomisch messbar sein, um ihn einerseits für den Auftraggeber fassbar zu machen, andererseits auch, um die sinnvollen Varianten gegeneinander abzuwägen.

Die Summe und Nachhaltigkeit des Mehrwerts ist abhängig von der Strategie und Zielsetzung des Auftraggebers oder Investors. Somit gibt es keine allgemein gültige Definition von Wirtschaftlichkeit.

Für den einen Investor ist beispielsweise eine Rendite von x% für ein Projekt am Standort B genügend, für den anderen Investor müsste die Rendite für das gleiche Projekt x+1% sein. Das heisst, dass die Wirtschaftlichkeit eines Projekts immer abhängig ist von der Gewinn- und Risikobetrachtung eines Investors.

Selbstverständlich gibt es auch Immobilienentwicklungen, die nicht dem Gesetz der Wirtschaftlichkeit im klassischen Sinn unterworfen sind (z.B. Bauten für Bildung oder Kultur). Auf diese gehen die folgenden Ausführungen jedoch nicht ein.

Das klassische Instrument zur Beschreibung der Wirtschaftlichkeit ist die *Wirtschaftlichkeitsrechnung* (→ Teil F Kap. 14). Die Wirtschaftlichkeitsrechnung kann statisch oder dynamisch aufgesetzt werden. Heute ist allgemein bekannt, dass die Wirtschaftlichkeit von Immobilienprodukten bei einer Gesamtbetrachtung des Lebenszyklus aus zwei wesentlichen Komponenten besteht: die Erstellungskosten einerseits machen in der Regel 20–30 %, die Betriebskosten andererseits 70–80 % der gesamten Immobilienkosten aus. Es ist deshalb plausibel, dass das Augenmerk des Immobilienentwicklers vor allem auf die Betriebskosten gerichtet sein sollte. Leider ist es aber heute immer noch schwierig, an verlässliche, über Jahre gesammelte Kennzahlen zu den Betriebskosten von spezifischen Immobilien heranzukommen. Von verschiedener Seite sind Bestrebungen im Gange, Datenbanken zu diesen Betriebskosten zu erstellen, diese auszuwerten und dem Markt zur Verfügung zu stellen.

Im Gegensatz zur statischen, legt die dynamische Betrachtung wesentliche Aspekte der nachhaltigen Wirtschaftlichkeit offen, welche auf der Basis von angenommenen Erträgen, Wertsteigerungen und Ausgaben in der Zukunft auf den heutigen Zeitpunkt diskontiert werden. Auf die dynamischen Methoden wird an dieser Stelle nicht eingegangen, sondern auf Teil F Kapitel 14 verwiesen.

Die Wirtschaftlichkeit bzw. die wirtschaftliche Plausibilität von Immobilienentwicklungen muss schon von den ersten Entwicklungsschritten an überprüft, bzw. abgeschätzt und bewertet werden. Die Wirtschaftlichkeitsrechnung ist neben dem Nutzungs- und Bebauungskonzept und der SWOT-Analyse bzw. der Nutzen / Kosten-Untersuchung das wichtigste Argumentations- und Führungsinstrument für eine Immobilienentwicklung.

Die Wirtschaftlichkeitsrechnung soll Aufwand und Ertrag der Immobilienentwicklung in Abfolge der Entwicklungszeit bis zum Verkauf bestmöglich abbilden und ins Gleichgewicht bringen. Da jede Immobilienentwicklung in ihrer Anfangsphase das Suchen und Finden der bestmöglichen Variante für den definierten Standort ist, wird die Wirtschaftlichkeitsrechnung in dieser Phase auch als «Spielgerät» für das Finden des optimalen Aufwand und Ertragsmix gebraucht. Es ist, wie vorgängig bereits beschrieben, sinnvoll und empfehlenswert, für eine Immobilienentwicklung verschiedene Varianten zu generieren und entsprechende Wirtschaftlichkeitsrechnungen zu erstellen. Dadurch hat der Immobilienentwickler die Möglichkeit, dem Auftraggeber diejenige Variante zu empfehlen (und die Empfehlung auch zu begründen), welche den grössten Erfolg verspricht.

Wenn der Auftraggeber sich dann für eine Variante entschieden hat, kann gemeinsam eine verbindliche Kostenvorgabe für die weitere Entwicklung gemacht werden («Design to Cost»). Dazu wird die Wirtschaftlichkeitsrechnung mit allen darin enthaltenen Kennzahlen «eingefroren» und gilt von diesem Zeitpunkt an als Leitplanke und verbindliche Zielvorgabe.

Kennzahlen sind bei jeder Projektentwicklung von zentraler Bedeutung für die Plausibilisierung der Überlegungen zur Wirtschaftlichkeit. Gerade bei den Flächen- und Kostenkennzahlen gibt es in der Schweiz keinen Standard, welcher einheitlich angewendet wird. SIA und SVIT haben nicht identische Flächendefinitionen (→ Teil G Kap. 2.4). Es ist deshalb in jedem Fall zwingend, auch in Hinsicht auf die Vergleichbarkeit, beim Anlegen einer Datenbank, die Grundlagen der Kennzahlen genau zu kennen und eindeutig anzugeben. Bei den Kostenkennzahlen ist die Problematik noch grösser als bei den Flächenkennzahlen. Der Immobilienentwickler muss sich immer wieder versichern, was die einzelnen Kennzahlen im Detail beinhalten, die er von Dritten bekommt.

Beispiel: Bei den Baukosten BKP 2 ist es entscheidend zu wissen, ob Honorare und Mehrwertsteuer eingerechnet sind oder nicht. Zudem ist entscheidend, ob die Flächen- oder Volumenkennzahlen gemäss SIA 116 oder 416 gerechnet worden sind. Im Weiteren sind jeweils projektspezifische Eigenheiten (überhohe Räume, speziell ausgeführte Fundamente usw.) zu berücksichtigen. Hierbei sei erwähnt, dass die effektive Kostenermittlung idealerweise nicht über die m^3- oder die m^2-Kennzahlen erfolgen sollte, sondern über eine der Phase und dem spezifischen Projekt angemessene Methode wie z.B. der Elementkostenmethode. Mittels der aus der Kostenschätzung resultierenden Kostenvergleichskennzahlen nach m^3 und m^2 können dann bereits im frühen Entwicklungsstadium Aussagen über die Wirtschaftlichkeit und Effizienz (Flächen- und Volumenkoeffizient) eines Projekts gemacht werden.

Jeder erfahrene Entwickler hat einen Fundus an Vergleichskennzahlen und kann schon mit wenigen Informationen die Plausibilität einer Entwicklungsvariante beurteilen. Zu diesen Kennzahlen gehören neben den generellen wie Landpreis, Ausnutzung, Geschoss- und Nutzflächen, Volumen, auch spezifischere wie Landanteil in % der Gesamtinvestition, Baukosten in % der Gesamtinvestition, Landpreis pro m^2 Nutzfläche usw.

Je nachdem welche Themen oder Teilbereiche in der Entwicklungsvariante kosten- oder ertragstreibend sind, empfiehlt es sich, diese Themen als Schlüsselelemente zu bezeichnen und zu vertiefen, eventuell sogar sehr detailliert zu untersuchen. Das Gleiche gilt für die wesentlichen Killerkriterien wie Bewilligungsfähigkeit oder überhöhte Landpreisvorstellungen der Verkäuferschaft.

Die Wirtschaftlichkeitsrechnung kann auf verschiedenste Arten erstellt und gegliedert werden. In der Regel werden alle Aufwendungen und alle Erträge analog einer Bilanzrechnung zu einem Bild zusammengefügt und die Entwicklungsleistung sowie der Entwicklungsgewinn separat ausgewiesen. Je nach Zielsetzung des Auftraggebers ist der Landwert eine vorgegebene Grösse oder das Resultat der Berechnungen. Von eminenter Bedeutung für das Erstellen der Wirtschaftlichkeitsrechung ist das Erfassen sämtlicher in der Projektentwicklung anfallenden direkten und indirekten Kosten und natürlich auch der entsprechenden Erträge.

Die Genauigkeit von Wirtschaftlichkeitsrechnungen ist beschränkt. Schon kleine Unsorgfältigkeiten oder Versäumnisse können sich katastrophal auswirken und aus einem «go» ein «no go» machen. Dazu braucht man sich nur vor Augen zu führen, dass die Rendite von Immobilien im Allgemeinen zwischen 5 und 10 % liegt. Wenn sich nun zwei kleine Fehler von 2 oder 3 % eingeschlichen haben, kann dies dazu führen, dass der Investor erst viel zu spät merkt, dass sein Projekt ein Verlustgeschäft sein wird.

Nachfolgend ist ein vereinfachtes Beispiel einer Wirtschaftlichkeitsrechnung dargestellt und das Zusammenspiel der einzelnen Komponenten aufgezeigt.

WIRTSCHAFTLICHKEITSRECHNUNG **Datum**

Objekt:	**Ort, Strasse**		**Projektteam:**	
	MFH		**Projektleiter:**	**Verkauf-PL:**
	1 **Phase**	Ersteller	Architekt:	HLK:
Eigentümer:	**Gesellschaft**		Bauleiter:	Sanitär:
	Adresse		Bauingenieur	Elektro:
			Bauphysiker:	Verwaltung:
			Geolog:	Verkauf ext.:

Beurkundung	**Datum**	**Gesamtprojektzeit**	Monate	**Erhalt Baubewilligung**		**Datum**	Erstellt am:	**Datum**	
Dauer von Beurk. bis Eigent.	Monate			**Baubeginn**		**Datum**	Verändert am:	**Datum**	
Eigentumsübertragung	**Datum**	**Nutzen/Schaden**	**Datum**	Bauzeit	Monate		Verkaufsstart:	**Datum**	
Dauer von E. bis Baubeg.	Monate	Dauer von E. bis N/S	Monate	**Fertigstellung**		**Datum**	1. bew. IR-Einkauf:	**Datum**	
Kataster Nr.							Wohneinheiten		11
Land	4'500 m2								
							AKV = Aussenkonstruktionsvolumen	m3 SIA total	9'860
							m3 (SIA 416 exkl. AKV) Hochbau		6'489
							m3 (SIA 416 exkl. AKV) Garage		3'371
							m2 VKF gem. d 0165		0
Bauzone							m2 BWF		1'515
Ausnützungsziffer [%]	25.0%	1'125 m2					Eink. BWF	Fr./m2	3'658
AZ eff.	33.7%						Verk. BWF ohne PP	Fr./m2	8'178
Baumassenziffer	0.0	0 m3 entspricht AZE (Fktr. 3.2)		0.0%					
Wohnanteil	0%								

ENTWICKLUNGSGEWINN

Gewinn in % des **Verkaufserlös** **11.0% =** 1'694'793

AUFWAND

A.	**ERWERBSKOSTEN**					
011	Kaufpreis / Grundstückerwerb	4'500 m2	1'222 Fr./m2	5'500'000		
002	Parzellierungskosten, Vermessung, Sanierung Altlasten			0		
021	Handänderungssteuer, Notariatskosten Kauf			41'250		
030	Diverses: z.B. QP-Kosten, Erschliessungsbeiträge, Nachbarentschädigungen					
A.	**TOTAL ERWERBSKOSTEN**					**5'541'250**

B.	**BAUKOSTEN**							
1	Investitionen BKP **1**	Vorbereitungsarbeiten			150'000	0	0	
2	Investitionen BKP **2**	Hochbau SIA 416	6'489 m3	650 Fr./m3	4'217'850	0	0	
		Garage SIA 416	3'371 m3	350 Fr./m3	1'179'850	0	0	
	Reserve auf BKP **1 + 2**				200'000	0	0	
4	Investitionen BKP **4**	Umgebung	4'500 m2	100 Fr./m2	450'000	0	0	
5	Investitionen BKP **5**	Baunebenkosten			280'000	0	0	
559	Baumanagementhonorar				300'000	0	0	
B.	**TOTAL BAUKOSTEN**							**6'777'700**

C.	**VERKAUFSKOSTEN**				eff. Kosten	
614	Honorar Begründung, Reglemente etc.	15'230'000	0.30%	45'690		
621.1	Handänderungssteuer Verkauf		0.00%	0		
625.2	Verkaufshonorar			260'000		
625.3	Käuferbetreuung		0.50%	65'000		
626	Insertionskosten	15'230'000	0.70%	106'610		
627	Werbekosten / Modell/ Verkaufstafel/ inkl. Visualisierung	15'230'000	0.40%	60'920		
C.	**TOTAL VERKAUFSKOSTEN**					**538'220**

D.	**BETRIEBSKOSTEN ab Fertigstellung**		
722	Betriebskosten für unverkaufte Einheiten (Keine Budgetposition, Erstellung der Betriebskosten erst ab Fertigstellung)	0	
D.	**TOTAL BETRIEBSKOSTEN**		**0**

E.	**FINANZIERUNGSKOSTEN**										
						Betrag	Zins	Dauer in Mt.	**Summe**	**effektiv**	
042	**Land:**	EK / FK	**Anzahlung**	10.0%	von A.	554'125	5.00%	27 Mte	62'339		
		EK / FK	**Restzahl'g**	90.0%	von A.	4'987'125	5.00%	27 Mte	561'052		
			Faktor					ganze Bauzeit			
542	**Baukredit:**	EK / FK	0.4	50%	von B.	5'044'268	5.00%	13 Mte	54'646		
E.	**TOTAL FINANZIERUNGSKOSTEN**										**678'037**

TOTAL AUFWAND **13'535'207**

ERTRAG

F.	**VERKAUFSERLÖS**			
821	Erzielbarer Verkaufserlös	Gemäss Zusammenstellung aktuelle Verkaufspreise	**15'230'000**	
F.1.	**TOTAL VERKAUFSERLÖS**		15'230'000	**15'230'000**

Alle Beträge inkl. 7,6 % MWST

Abb. B8: Beispiel einer Wirtschaftlichkeitsrechnung [B4]

Erklärung der wichtigsten Elemente der Wirtschaftlichkeitsrechnung:

Aufwand

A. Die *Erwerbskosten* beinhalten neben dem effektiven Preis für den Grundstückwert weitere Kosten, welche je nach Fall berücksichtigt werden müssen:

- Aufwendungen für Parzellierung, Vermessung usw.

- Kosten für die Sanierung von Altlasten und Verunreinigungen
- Handänderungskosten bei Kauf, Notariatskosten
- allfällige Kommission
- Kosten für die Errichtung oder Erhöhung von Schuldbriefen
- Kosten für Quartier- oder Gestaltungspläne, Erschliessungsbeiträge
- Nachbarentschädigungen
- Abschreibungen

B. Die *Baukosten* werden in der Regel nach dem Baukostenplan BKP gegliedert. Dieses System hat sich in der Schweiz etabliert.

- Innerhalb der klassischen BKP-Gliederung 1–5 müssen insbesondere Präzisierungen und Abgrenzungen zum Standard klar beschrieben und separat beziffert werden. Dies können zum Beispiel im BKP 1 (Vorbereitungen) spezielle Abbruchkosten oder erhöhte Aufwendungen in der Fundation wie Baugrubensicherungen, Wasserhaltung, Pfählung sein.
- Im BKP 2 (Gebäude) sind ebenfalls die Kostenkennzahlen eindeutig zu definieren, je nach Projektkomplexität die Reserven anzupassen, die Honorare auszuweisen und in Anlageprojekten die Schnittstellen zum Mieterausbau klar zu definieren.
- Im BKP 4 (Umgebung) gilt es wiederum, die für die Projektqualität notwendige Umgebung zu budgetieren. Oft wird der Einfluss dieser Komponente auf den Erfolg des Gesamtprojekts unterschätzt. Viele Nutzer wollen heute nicht nur attraktive Innenräume, sondern auch eine lebenswerte Umgebung.
- Im BKP 5 (Baunebenkosten) sollte berücksichtigt werden, dass vor allem die Gebühren je nach Kanton oder Gemeinde sehr unterschiedlich sind.

C. Die *Vermarktungskosten* sollten sämtliche, für die erfolgreiche und zielgerichtete Vermarktung der Projektentwicklung notwendigen Kosten enthalten. Neben den klassischen Kosten für die Werbung und die Verkaufs- bzw. Vermietungshonorare müssen vor allem bei STWE-Entwicklungen die Kosten für STWE-Begründungen, Reglemente, Grundbuchgebühren, Parzellierungskosten, Handänderungssteuer, Notariatskosten, Honorare für die Käuferbetreuung und allenfalls Betriebskosten für unverkaufte Einheiten berücksichtigt werden.

D. Die *Betriebskosten* sind in der statischen Betrachtung meist zu vernachlässigen, da diese nur bis zur Fertigstellung bzw. Inbetriebnahme der Immobilie aufgeführt werden.

E. Die *Finanzierungskosten* beinhalten in der Regel die beiden Positionen «Finanzierung Land» und «Finanzierung Bau». Wesentlich ist hier, dass die Laufzeiten und die Zinssätze realistisch geschätzt werden. Bei STWE-Entwicklungen können zur Minderung der Finanzbelastung die Käuferzahlungen als Ertrag eingesetzt werden.

Ertrag

Der zukünftig zu erwartende Ertrag hat einen grossen Einfluss auf den Erfolg jeder Projektentwicklung. In ihm bilden sich neben den ertragswirksamen Flächen vor allem die mutmasslichen Marktpreise der Zukunft ab. Wer schon mit einer verknüpften Wirtschaftlichkeitsrechnung «gespielt» hat, entdeckt schnell, dass hier ein sehr grosser Hebel für das Gleichgewicht besteht. Aus diesem Grund ist gerade das Hinterfragen und Interpretieren der Zahlen und Informationen aus dem Immobilienresearch von eminenter Wichtigkeit. Manchmal ist alleine das «Wechseln der Strassenseite» mit sehr unterschiedlichen Resultaten verbunden.

Beim Aufstellen der Ertragstabelle ist entscheidend, dass sämtliche Elemente, von welchen zukünftige Erträge – aber auch solche während der Entwicklungsperiode – zu erwarten sind, aufgeführt werden. Neben den klassischen Erträgen aus vermiet- oder verkaufbaren Flächen und Parkplätzen können auch Erträge aus Werbeflächen während der Erstellung, Dienstbarkeiten usw. generiert werden.

Die ertragswirksamen Flächen sollen eindeutig und lückenlos aufgeführt sein. Nicht selten werden Flächen vergessen oder z.B. solche aufgeführt, welche nach dem Mietgesetz gar nicht vermietet werden dürften.

Rendite

Neben den Erträgen spielt natürlich bei der Entwicklung einer Immobilienanlage vor allem die zu erwartende Rendite eine wesentliche Rolle. Der vom Projektentwickler bei einer spezifischen Entwicklung gewählte Kapitalisierungssatz muss sich mit den Renditeerwartungen jener Investoren decken, welche als Käufer/Investoren des Entwicklungsprojekts in Frage kommen. Idealerweise hat der Immobilienentwickler schon im Vorfeld, während der Analysephase, Kontakt mit den möglichen Investoren, um deren Anforderungen an das Produkt und die Renditen einzuholen.

Entwicklungsleistung und Gewinn

Der durch die Entwicklung generierte Mehrwert sollte neben dem Grundstücksbesitzer auch dem Entwicklungsteam zugute kommen. Einerseits sind dadurch die effektiven Entwicklungskosten abzugelten, andererseits ist das Entwicklungsrisiko durch einen adäquaten Entwicklungsgewinn zu honorieren. Der Entwicklungsgewinn sollte in einem dem Risiko der jeweiligen Immobilienentwicklung angemessenen Verhältnis zum Mehrwert stehen.

Modelle für die Honorierung des Entwicklungsgewinnes gibt es unzählige. Je nach Risikobereitschaft des Entwicklers sehen diese Modelle unterschiedlich aus. Entscheidend ist, dass sich der Projektentwickler bewusst ist, welche Risiken er in der Entwicklung eingeht und wie diese abgesichert sind. Durch entsprechende Verträge oder Vereinbarungen kann z.B. das Land gesichert werden, bevor mit der Entwicklung gestartet wird. Zudem kann auch mit den an der Entwicklung Beteiligten eine Bonus / Malus-Regelung gefunden werden, welche erst zum Tragen kommt, wenn die Entwicklung realisiert und der Mehrwert messbar wird.

Entwicklungskosten und -gewinne sind in der Wirtschaftlichkeitsrechnung separat auszuweisen, um gegenüber dem Partner transparent zu sein und um den Vergleich von Kennzahlen nicht zu verfälschen.

5.3 Risiken, Chancen und Gefahren

Die Immobilienentwicklung als langwieriger und äusserst komplexer Prozess ist mit unzähligen Ungewissheiten bzw. Risiken verbunden. Generell werden Risiken als Abweichungen zwischen dem Soll- und dem Ist-Wert bezüglich einer Projektanforderung definiert. Diese Abweichung kann negativ (z.B. Überschreitung der Baukosten) oder positiv (z.B. höhere Nachfrage als angenommen) sein. Im ersten Fall spricht man von Gefahren und im zweiten Fall von Chancen. Die aktive Beherrschung der Gefahren und die Nutzung von Chancen wird allgemein unter dem Begriff Risikomanagement zusammengefasst (→ Teil F Kap. 2).

Das Risiko jeder Immobilienentwicklung ist anfänglich sehr hoch. Entweder reduziert es sich im Verlauf der Bearbeitung oder das Vorhaben muss abgebrochen werden. Während beispielsweise auf 30 visionäre Ideen nur eine einzige realisiert wird, kann näherungsweise angenommen werden, dass für ein Entwicklungsprojekt, welches die Hürde der Machbarkeit erfolgreich übersprungen hat, der Erfolgsquotient bereits bei 10 zu 1 liegt. Nach Vorliegen eines Vorprojekts verbessern sich die Chancen auf 5 zu 1, nach der Baubewilligung auf 3 zu 1 und wenn die Hälfte der zukünftigen Nutzer vertraglich gebunden ist, stehen die Erfolgschancen bereits bei 50 %. Dementsprechend verringert sich auch die Risikoprämie.

Im Bewusstsein dieser Investoren-aversen Situation haben sich in der noch jungen Disziplin Immobilienentwicklung in den letzten Jahren Prozesse etabliert, die diese Gefahren, aber auch die Chancen zumindest teilweise erkennbar und berechenbar gemacht haben. Immobilien zu entwickeln heisst aber immer noch, unzählige Ideen zu generieren, zu sortieren, kritisch zu hinterfragen und viele davon wieder zu verwerfen. Um in dieser grossen Menge die «Vielversprechenden» von den «Chancenlosen» scheiden zu können, ist auf dem langen Weg der Entwicklung bis zur Baureife ein fundiertes Markt- und Prozess-Know-how unabdingbar.

Der zeitliche Aufwand, der mit der Entwicklung einer Immobilie verbunden ist, wächst umgekehrt proportional zum abnehmenden Risiko. Von einer Entwicklungsstufe zur nächsten sind immer mehr Spezialisten und Planer in den Prozess integriert. Somit wächst der Aufwand pro Zeiteinheit, während die Gefahr eines Misserfolgs dank der immer präziser werdenden Projektdefinition abnimmt.

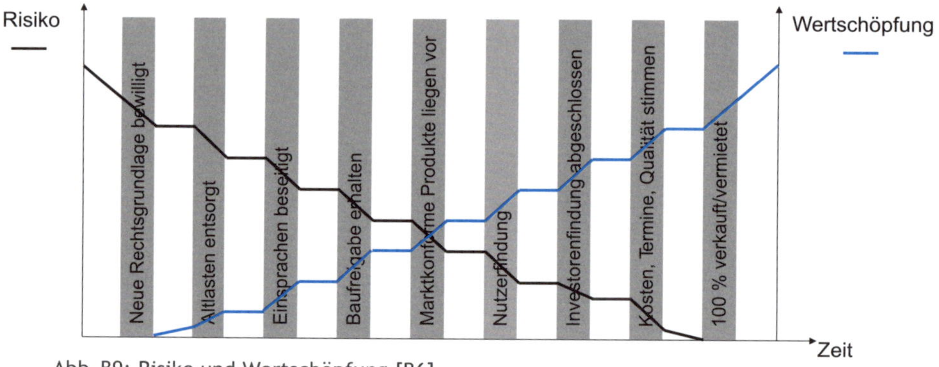

Abb. B9: Risiko und Wertschöpfung [B6]

5.3.1 Gefahren bei der Immobilienentwicklung

Generell wird zwischen beeinflussbaren und nicht beeinflussbaren Gefahren unterschieden. Für den Immobilienentwickler zählen zu den beeinflussbaren Gefahren die Wahl der richtigen Partner und die meisten Projektrisiken. Beschränkt kann er Einfluss nehmen auf das Einspracherisiko und die Umweltrisiken. Keinen Einfluss hat er auf sich verändernde Marktsituationen während der Entwicklungsphase. Diese sind jedoch teilweise vorhersehbar und können in das Projekt einkalkuliert werden.

Wahl der Partner

Die Wahl der richtigen Partner ist nicht eine Frage der Beziehungen, sondern der mitgebrachten Qualifikation für die Aufgabe. Leistungsfähigkeit, spezifisches Know-how, Bonität und die Fähigkeit zur Teamarbeit sind Grundvoraussetzungen, die an einen Planer, Marketingspezialisten, Juristen, Nutzer oder Investor gestellt werden dürfen. Die Erfahrung zeigt, dass ein Projekt mit einem gut aufeinander abgestimmten Team, in welchem das Rollenverständnis, die Verantwortlichkeiten und die Risiken zugeordnet und schriftlich formuliert sind, öfters von bösen Überraschungen verschont bleibt, als wenn im Team Reibereien und Machtspiele die Sicht auf das Ziel vernebeln. Das zu übernehmende Risiko jedes einzelnen Partners muss in einem gesunden Verhältnis zur Beeinflussbarkeit des Erfolges und der Beteiligung am Gewinn stehen. Eine einfache Organisationsform mit klarer Trennung zwischen Auftraggeber und Auftragnehmer, sowie sauber definierten Ansprechpartnern, getragen von gegenseitigem Respekt, ist der Schlüssel zum Erfolg (→ Teil C Kap. 6 und Teil D Kap. 2).

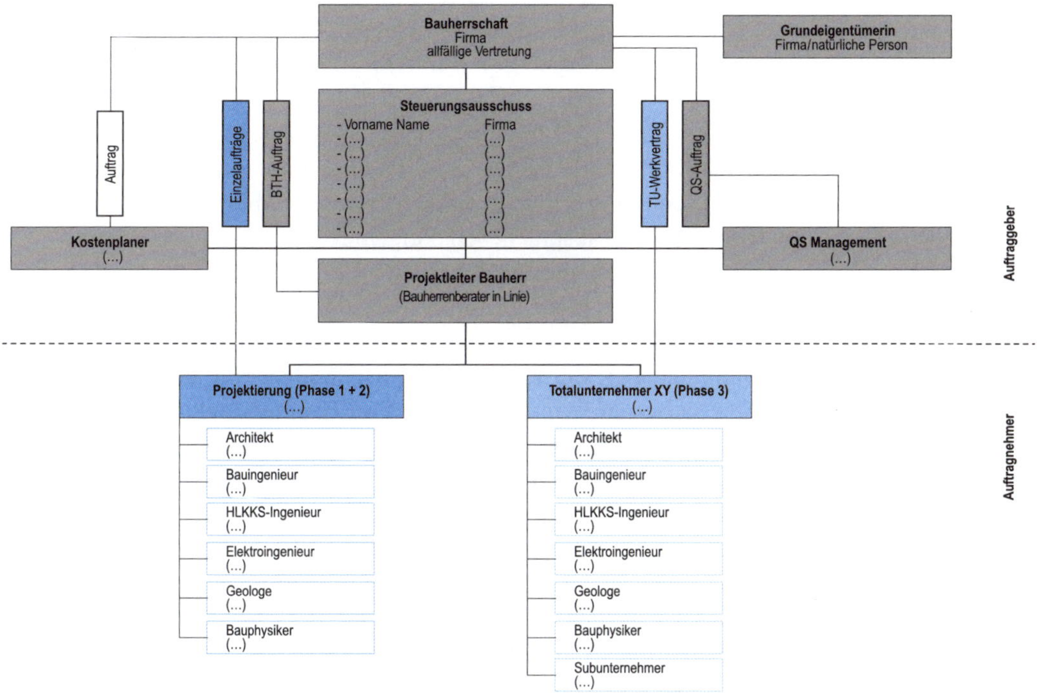

Abb. B10: Organigramm der Projektorganisation [B6]

Projektrisiken

Als Projektrisiken werden alle Abweichungen zwischen «Soll» und «Ist» im Verlauf eines Projekts von der Idee bis zur Fertigstellung bezeichnet. Die häufigsten Abweichungen sind am Markt nicht absetzbare Projekte (zu hohe Ertragserwartungen, zu hohe Kosten, das falsche Produkt für einen Standort), Terminverzögerungen (schlecht aufeinander abgestimmte Prozesse und damit viele Wiederholungsschlaufen) oder zu spät festgestellte unterschiedliche Qualitätsansprüche (fehlende Diskussion und Ausformulierung der Ziele).

Eine umfassende Analyse des Marktes, des Standortes, der Zielgruppe und der Konkurrenz ist eine wichtige Voraussetzung für eine erfolgreiche Immobilienentwicklung. Die gewonnene Synthese bildet die Grundlage für die Machbarkeitsstudie in Varianten mit einer ersten wirtschaftlichen Plausibilitätsprüfung. Die im Pflichtenheft definierten Messgrössen wie Investitions- und Betriebskosten, Rendite, Termine und Qualität werden kontinuierlich von der ersten Machbarkeitsprüfung bis zur Baureife überwacht. Die oberste Verantwortung für diesen äusserst komplexen Prozess liegt beim Immobilienentwickler. Ihm obliegt die Aufgabe, alle Projektbeteiligten auf ein Ziel zu fokussieren und laufend sicherzustellen, dass Abweichungen von der Ideallinie des Projekts früh erkannt und umgehend Massnahmen eingeleitet werden können. Diesen Spagat zwischen Kreativität und Führungsqualität kann er nur mit einer ausserordentlichen Kommunikationsfähigkeit überbrücken.

Die Möglichkeit als legitimierter Einsprecher gegen ein Baugesuch einen Rekurs einzureichen, ist ein demokratisches Grundrecht und muss daher vom Immobilienentwickler akzeptiert und miteinkalkuliert werden (Abb. B11). Es empfiehlt sich, frühzeitig mit allen Einspracheberechtigten Kontakt aufzunehmen und diese offen und transparent über die Bauabsichten zu informieren – was jedoch leider keine Gewähr bietet, von einer Einsprache verschont zu bleiben (→ Teil C Kap. 2.3.4).

Sollte der Immobilienentwickler erst während der Realisierung des Projekts auf umweltschädigende Belastungen wie Altlasten im Baugrund oder in der bestehenden Bausubstanz (z.B. Asbest) stossen, so muss davon ausgegangen werden, dass er seine Hausaufgaben bis dahin nicht vollständig erledigt hat. Das Abklären der bisherigen Nutzung auf dem Baugelände und im Gebäude – von der Betriebsgeschichte über die technischen Abklärungen mit Bodenentnahmen und Analysen – gehören zu den Standardaufgaben eines jeden Immobilienentwicklers. Vielfach unterschätzt werden bei Sanierungen die in Gebäuden gelagerten Altlasten wie PCB bei Kittfugen, Asbest in Steigzonen oder als Brandschutzverkleidung von Stützen. Ein Entdecken derartiger Sünden aus früheren Jahren erst zum Zeitpunkt der Realisierung führt unweigerlich zu Terminverzögerungen und Kostenüberschreitungen. Zudem kann bei einer frühzeitigen Lokalisierung von Belastungen im Baugrund zusammen mit den Behörden in der Projektierung darauf Rücksicht genommen werden, indem z.B. auf ein Untergeschoss verzichtet wird (→ Teil C Kap. 2.6).

Keinen Einfluss hat der Immobilienentwickler auf ein sich veränderndes wirtschaftliches Umfeld. Er bewegt sich im Rahmen der sozio-ökonomischen Entwicklung – und damit bezüglich seinem zukünftigen Kunden – in einem Spannungsfeld zwischen demografischen Veränderungen und mutmasslichen Megatrends, bezüglich der Architektur zwischen Mut zu Neuem und der Achtung für das Traditionelle und im Bereich der Finanzierung zwischen konservativem Mitteleinsatz und aggressivem Risikokapital.

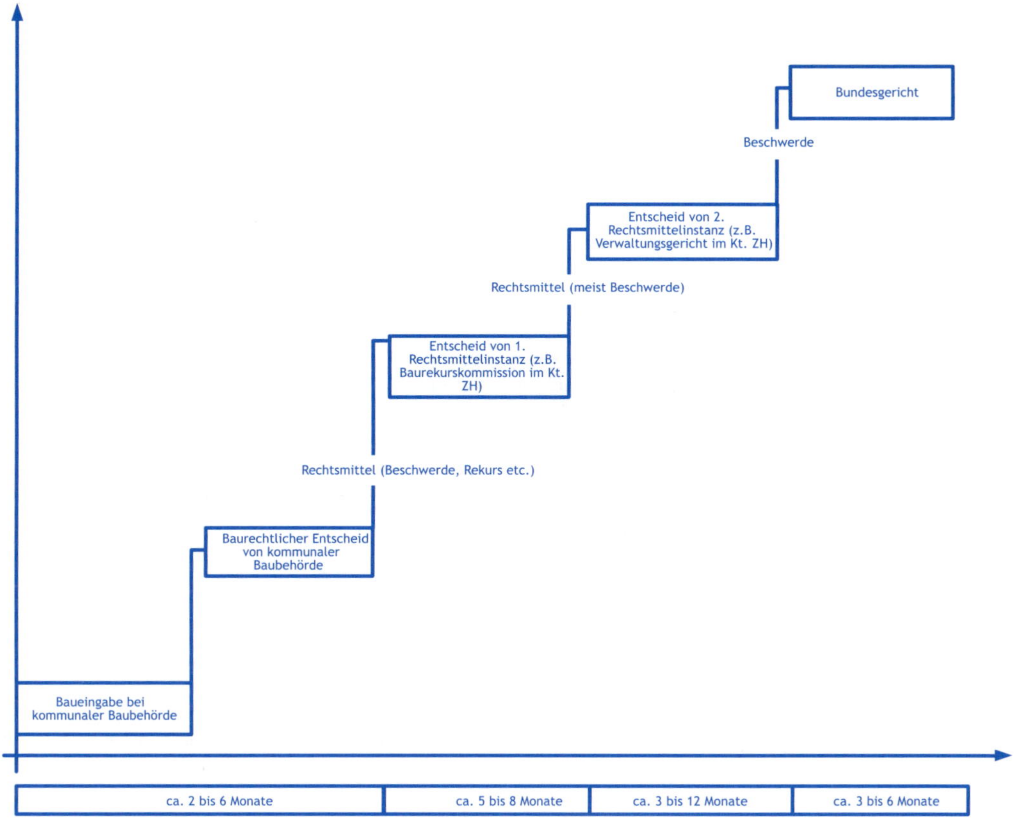

Abb. B11: Von der Baueingabe bis zum Bundesgericht [B6]

Ziel der Immobilienanalyse ist die Minimierung der Gefahren bei gleichzeitiger Maximierung der Chancen. Der Immobilienentwickler hat die Pflicht, zusammen mit seinem Spezialistenteam alle Facetten des Marktes zu identifizieren und Entscheidungsgrundlagen zu erarbeiten, um basierend darauf in einem Pflichtenheft für alle Projektbeteiligten eine Produktumschreibung festhalten zu können. Aus dieser Produktdefinition muss nachvollzogen werden können, welche Grundlagen und Annahmen getroffen wurden, um bei sich verändernden Rahmenbedingungen wie konjunkturellen Entwicklungen, demografischen Veränderungen oder Konkurrenzprojekten – soweit möglich – reagieren zu können.

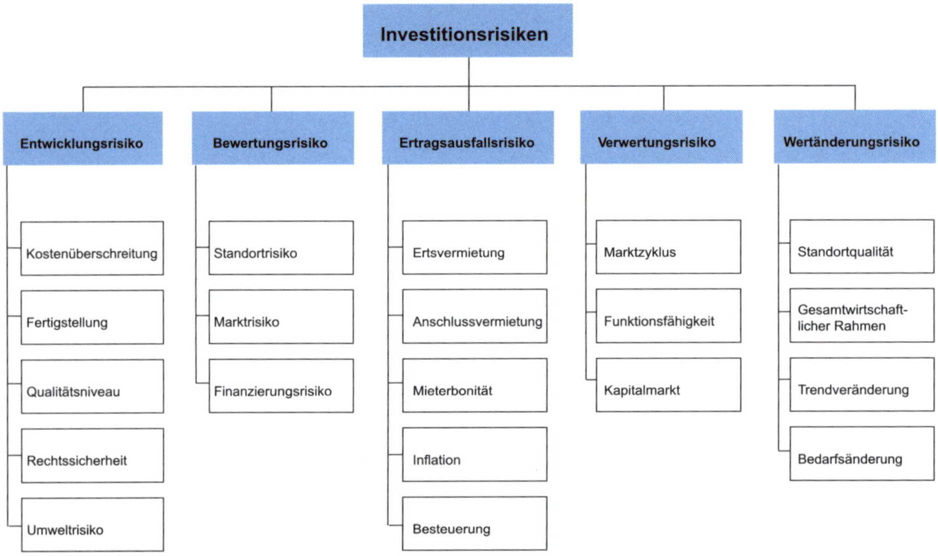

Abb. B12: Investitionsrisiken [B7]

5.3.2 Chancen bei der Immobilienentwicklung

In der Immobilienentwicklung liegen sehr grosse Gefahren, aber auch Chancen verborgen. Voraussetzung, um die sich bietenden Chancen zu einem erfolgreichen Abschluss zu führen, sind Kreativität, gute Marktkenntnisse, das Beherrschen der Prozesse von der Idee bis zur Baureife und die dafür notwendigen Ressourcen.

Der Immobilienentwickler hat grossen Einfluss auf die Markttauglichkeit eines Projekts. Dies allein schon durch die Tatsache, dass er sein Projekt von der ersten Stunde weg führt (wenn er seine Verantwortung wahrnimmt, und sich nicht von Allem und Allen führen lässt). Er kann mit seinem Tun das Image eines Ortes massgeblich verändern, einen neuen Ort kreieren und er kann viel Geld verdienen

– aber auch verlieren. Zudem kann er für die Gesellschaft einen enormen Mehrwert sowohl im sozio-kulturellen, ökonomischen als auch im ökologischen Sinne generieren – man denke dabei nur an die innerstädtischen Verdichtungen oder Umwandlungen von industriellen Brachen in gut durchmischte, urbane Orte.

Bauen bedeutet die Umwelt verändern, nicht nur für kurze Zeit, sondern unwiderruflich für die folgenden Generationen. Bauen findet immer im öffentlichen Raum statt und widerspiegelt die Kulturgeschichte einer Gesellschaft. Verändert sich die Gesellschaft, verändern sich auch deren Raumbedürfnisse. Die Veränderungen aufzuspüren, zu erkennen, kreativ umzusetzen und mit der Umwelt in Dialog treten zu lassen, sollte der Anspruch an jede Immobilienentwicklung sein.

In einer Zeit in welcher Rendite und individueller Nutzen im Vordergrund stehen, muss der Immobilienentwickler seinen Auftraggebern und Projektpartnern vor Augen führen, wie wichtig eine nachhaltige Immobilienentwicklung ist und welche Verantwortung jeder Beteiligte gegenüber seinen Mitmenschen und der Umwelt hat. Immobilienprojekte lassen sich nicht bloss an der Rendite messen. Bauten, die ein öffentliches Interesse befriedigen, sind für sich alleine betrachtet selten wirtschaftlich. Ihr nachhaltiger Nutzen für die Allgemeinheit oder ihre Ausstrahlung für eine ganze Region, muss in der Entscheidungsfindung miteinbezogen werden. Werke wie die Oper in Sydney oder das Kultur- und Kongresszentrum in Luzern wären wohl nie entstanden, hätten deren Väter bloss die Renditeerwartung als Zielgrösse definiert. Eine Herausforderung besonderer Art stellt ein gemischt finanziertes Projekt dar (→ Teil F Kap. 7). Soll und darf die öffentliche Hand durch das Einschiessen eines à fond perdu-Betrages das öffentliche Interesse finanzieren, während der private Investor auf seiner marktkonformen Rendite besteht?

All diese Werte für die Nachwelt zu schaffen, ist eine wunderbare Chance, die viel Know-how und Intuition verlangt – und Glück. Glück, zum richtigen Zeitpunkt die bahnbrechende Idee zu haben, die richtigen Partner dafür zu gewinnen und zum richtigen Zeitpunkt das Produkt auf den Markt zu bringen.

6 Idee

6.1 Bedeutung der Idee in der Projektentwicklung

Die Idee ist der wertvollste Teil vieler Immobilienentwicklungen. Obwohl Immobilien nicht vergleichbar sind mit Erfindungen wie Glühlampe oder Reissverschluss, ist doch die Idee der springende Funke, der verantwortlich ist für das Ausserordentliche an einer Immobilienentwicklung. Eine aussergewöhnliche Idee sorgt für ein Alleinstellungsmerkmal, das die Immobilie gegenüber ähnlichen Projekten absetzt und wertvoller macht. Sie mag in einer Sekunde entstanden sein, aber in der Wertschöpfung ist sie dem ganzen Aufwand der darauffolgenden Entwicklung, in der die Idee schrittweise in die Realität umgesetzt wird, ebenbürtig.

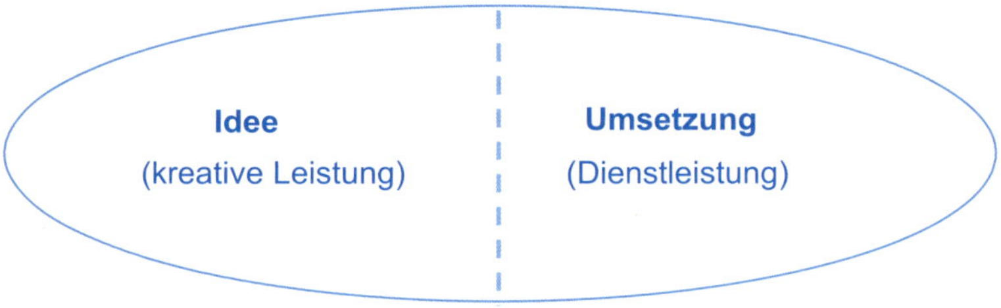

Abb. B13: Bedeutung der Idee

«Eine Idee hat man, oder man hat sie nicht», sagt ein bekannter Schweizer Entwickler. Die Idee kann tatsächlich nicht «auf Teufel komm raus» erzwungen werden. Aber Projektentwickler können sich angewöhnen, den Dingen mit Offenheit gegenüber zu treten und günstige Gelegenheiten zu erkennen, bevor andere diese sehen. Um auf Ideen zu kommen, können verschiedene Techniken und Strategien angewendet werden. Häufig finden zum Beispiel innovationsfördernde Arbeitsweisen Verwendung, wie Brainstorming, Mind-Mapping, Sounding Board- oder die Delphi-Methode (→ Teil G Kap. 3.2.13).

Auch das Reisen ist ein bewährtes Mittel, das Kreativitätspotenzial zu erhöhen. Situationen in fremden Ländern zu kennen und daraus zu lernen, kann häufig zu Deblockierungen von Problemsituationen zu Hause führen.

In der Immobilienentwicklung kann die Idee sowohl das Resultat eines Auftrages von Dritten als auch Resultat einer «Eingebung» sein, welche ohne expliziten Auftrag erschien. In jedem Fall ist die Ausgangslage ein Unbehagen bezüglich des Ist-Zustandes. Könnte dieser anders sein? Und, falls Ja, wie sollte der Soll-Zustand sein? Der kreative Geist spürt solchen Potenzialen ständig und unbewusst nach (Mindset of Opportunities). Die Formierung der Idee findet zuerst im Unterbewussten statt. Erst nach und nach konkretisieren sich einzelne Fragmente davon und werden rational greifbar und somit schrittweise auch kommunizierbar.

Interessanterweise wird der Stellenwert der Idee noch viel zu wenig erkannt – was möglicherweise damit zu tun hat, dass sie nicht automatisch und explizit vergütet werden kann. Dazu ist sie im Zeitpunkt der Eingebung zu wenig konkret. Sie ist gewissermassen das Urbild des Konzeptes und kann in einem Satz formuliert werden (z.B. «Was wäre, wenn die Erde eine Kugel wäre?»).

Oft wird eine Idee gar nicht als Wertsteigerung erkannt, weil der Gedanke beiläufig erwähnt wird. Man kann auch nicht einen Preis abmachen, bevor man die Idee einem Kunden mitteilt, denn niemand ist bereit, für etwas zu bezahlen, das er noch nicht kennt. Sobald er die Idee aber kennt, gehört sie auch ihm.

6.2 Idee und geistiges Eigentum

Projektentwickler befinden sich somit in einem Dilemma: Die kreative Idee der Projektentwicklung kann vertraglich nicht geschützt werden – auch nicht als geistiges Eigentum. Die Kausalkette lautet wie folgt:

1. Geistiges Eigentum in der Baubranche bezieht sich hauptsächlich auf Urheberrechte.
2. Das Urheberrecht regelt den Schutz der Urheber von Werken der Literatur und Kunst.
3. Geschützt ist nie die abstrakte Idee, sondern deren konkrete Umsetzung: das Werk.

Somit läuft der Entwickler immer Gefahr, seine Idee zu einem Zeitpunkt publik zu machen, zu dem er sie noch nicht schützen kann. Den besten Schutz gewährt ein Vorkaufsrecht auf das Grundstück oder ein exklusives Entwicklungsrecht. Denn auf die Idee muss die Umsetzung folgen. Erst das genau definierte Produkt ist verkäuflich. Am klarsten quantifizierbar sind die Wertverhältnisse nach der Erstellung des Objekts. Oft genügt aber bereits ein bewilligtes Projekt, um den Mehrwert, der durch die Idee entsteht, berechnen zu können: Der Mehrwert der Projektentwicklung entsteht durch die Idee und deren Umsetzung.

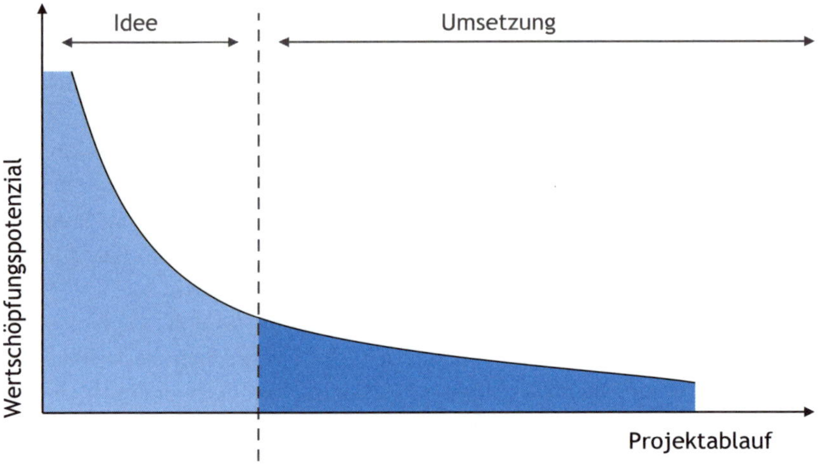

Abb. B14: Wertschöpfungspotenziale der Idee und der Umsetzung [B5]

Auf die Zeitachse der Immobilienentwicklung gelegt, ergibt sich ein eindeutiges Bild: Obwohl die Idee meistens zu einem sehr frühen Zeitpunkt entsteht (zu welchem die Projektparameter noch gar nicht bekannt sind), ist sie oft für den grössten Teil der Wertschöpfung (beim Misslingen des Vorhabens aber auch für die Wertvernichtung) verantwortlich. Es lohnt sich also, die Ideen unvoreingenommen entgegenzunehmen, diese aber nach deren Umsetzung in das konkrete Konzept auch ebenso unvoreingenommen zu prüfen und allenfalls wieder zu verwerfen.

6.3 Innovation und Demodierung

Die Idee kann nicht nur unterschiedliche Qualität oder Originalität haben, sie kann auch zum richtigen oder zum falschen Zeitpunkt lanciert werden. Produkte sind umfeldabhängig (z.B. während die Idee« Westside» in Bümpliz heute höchstens von einer kleinen Avantgarde akzeptiert wird, kann sie in Las Vegas nur noch ein müdes Lächeln provozieren).

Mut und Risiko

Fälschlicherweise wird oft argumentiert, andere sollen «den ersten Schritt tun», um den erwarteten bzw. denkbaren Misserfolg von sich fernzuhalten. Das Risiko eines zu frühen Markteintritts besteht zwar tatsächlich, aber noch grösser ist das Risiko, mit einer Idee zu spät zu kommen.

Fazit

Lieber zu früh als zu spät, denn der Markt wird der Avantgarde zwar mit Skepsis begegnen, aber er folgt den Trendsettern mit grösster Sicherheit mit einem gewissen zeitlichen Abstand. Portiert der Entwickler hingegen eine Idee, die eigentlich bereits zur Massenware geworden ist, ist die Lebensspanne bis zur Demodierung und nötigen Umnutzung gefährlich kurz.

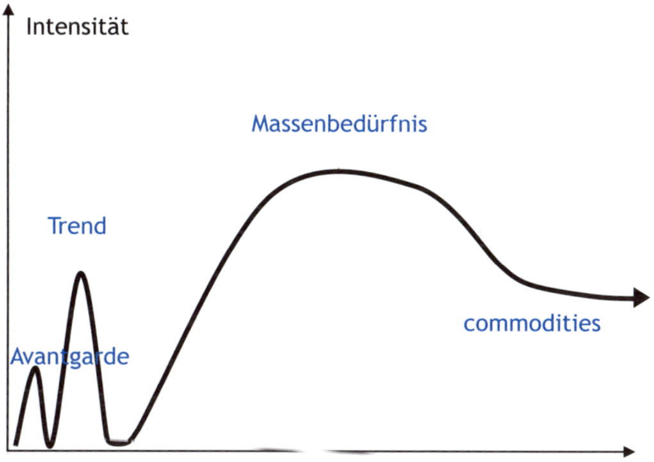

Abb. B15: Trendkurve [B5]

7 Marketing

7.1 Einleitung

Die Strategie hat ihre historischen Wurzeln in der Kriegskunst. So lassen sich auch Marketingstrategien treffend mit einer Kriegssituation beschreiben. Die Könige können mit CEO's und die Feldherren mit Marketingleitern verglichen werden. «Gekämpft» wird nicht um Ländereien und Territorien, sondern um Marktanteile. Dabei stellt sich die Frage, was unter «Marktanteil» zu verstehen ist? Der «Kampf» um Marktanteile ist gleichzusetzen mit der Bemühung, die Gunst der Konsumenten zu erlangen, was notwendigerweise voraussetzt, dass dem Unternehmen die Wünsche und Bedürfnisse der Konsumenten bekannt sind. In der Immobilienbranche sind die Konsumenten letztlich die Käufer oder Mieter einer Liegenschaft.

In einem Wachstumsmarkt wird der Kampf um den Konsumenten kaum stattfinden, da die Nachfrage grösser ist als das Angebot. In einem stagnierenden Markt, in welchem sich Angebot und Nachfrage die Waage halten, ist Wachstum für das einzelne Unternehmen nur möglich, wenn ein Anbieter dem Mitbewerber Marktanteile streitig macht. In schrumpfenden Märkten wird ein Anbieter nur auf Kosten des Mitbewerbers überleben können. In den heutigen (mehrheitlich gesättigten) Märkten herrscht daher durchaus eine wirtschaftliche «Kriegssituation».

Glücklicherweise gibt es beim Kampf um Marktanteile keinen Mord und Totschlag. Es fliesst auch kein Blut. Doch «Leichen» gibt es leider zahlreiche. Vergleicht man die Wirtschaft mit der Medizin, so fällt auf, dass sich die Wirtschaft im düsteren Mittelalter befindet: Unternehmen können erfahrungsgemäss bis zu 800 Jahre alt werden. Die durchschnittliche Lebenserwartung eines Unternehmens liegt jedoch bei einigen wenigen Jahren. Der Mensch hat eine maximale Lebenserwartung von knapp 120 Jahren. Die durchschnittliche Lebenserwartung liegt bei rund 70 bis 80 Jahren, je nach Kultur und Geschlecht. Dieser Vergleich macht deutlich, dass die Wirtschaft im Gegensatz zur Medizin nur wenig Potenzial ausschöpft, was letztlich stark mit der oben beschriebenen «Kriegssituation» zu tun hat.

In einem klassischen Marktmodell spielen neben den Lieferanten, Produzenten, Absatzmittlern, externen und internen Beeinflussern, Umfeldfaktoren wie Politik, Recht und Wirtschaft, vor allem drei Marktteilnehmer eine herausragende Rolle:

- das eigene Unternehmen und seine Produkte
- das Unternehmen der Mitbewerber und ihre Produkte
- der Konsument, welcher den Markt finanziert

Die Herausforderung besteht nun darin, Dienstleistungen und Produkte zu entwickeln, die sich positiv von den Dienstleistungen und Produkten der Mitbewerber abheben. Und diese Wettbewerbsvorteile (Unique Selling Proposition = USP) müssen für den Konsumenten kauf- / mietrelevant sein und reale Bedürfnisse befriedigen.

Aus diesem Grund ist Marketing eine Denkhaltung. Es ist der konsequente Versuch, die Welt (vor dem Hintergrund der Mitbewerber) durch die Optik der Konsumenten und ihrer Bedürfnisse zu sehen. Ziel dieser Denkhaltung ist Erfolg. Dabei kann der Erfolg ökonomisch oder auch psychologisch sein. In der Regel werden über die psychologischen die ökonomischen Ziele erreicht. Marketing beschäftigt sich (ungeachtet in welchem Umfeld) immer mit der Frage, wie Erfolg generiert werden kann. Ökonomischer Erfolg, ist einfach ausgedrückt, die Differenz von Aufwand und Ertrag eines Unternehmens oder einer Immobilie. Daher sind die Beschaffung (Aufwand) sowie der Absatz (Ertrag) von Bedeutung. Man spricht dann auch vom dualen Marketing: Beschaffungs- / Unternehmensmarketing und Absatz- /Objektmarketing.

7.2 Grundlagen

Die Wissenschaft der Ökonomie gliedert sich grundsätzlich in zwei Gebiete. Zum einen die Volkswirtschaft, die sich mit Zusammenhängen auf nationaler und internationaler Ebene beschäftigt. Zum anderen die Betriebswirtschaft, die sich mit einzelnen Disziplinen der Unternehmensführung auseinandersetzt. Neben betriebswirtschaftlichen Themenfeldern, wie Finanz- und Rechnungswesen, Personalmanagement, Produktion, Forschung und Entwicklung, Einkauf und Beschaffung, hat das Marketing eine zentrale Bedeutung für den Erfolg eines Unternehmens. Marketing wird mit den vier Instrumenten Product, Price, Place, Promotion (Marketingmix) umgesetzt. In der Dienstleistungsbranche spielen ferner die 3 P's People, Process, Physical Facilities eine grosse Rolle. Das Instrument «Promotion» steht für Kommunikation. Die Kommunikation ist eines der vier Instrumente im Marketingmix und nimmt stetig an Bedeutung zu. Kommunikation wiederum wird mittels zehn verschiedenen Kommunikationsinstrumenten umgesetzt. Die Gesamtheit der Kommunikationsinstrumente wird als Kommunikationsmix bezeichnet. Integrierte Kommunikation ist die Vernetzung sämtlicher Kommunikationsmassnahmen eines Unternehmens oder im Rahmen eines Immobilienprojekts / -objektes. Sie beschäftigt sich im Allgemeinen mit drei zentralen Fragen: welches sind die Kommunikationsziele, wie lauten die Kommunikationsbotschaften und welche Kommunikationsinstrumente stehen zur Verfügung? Dieses strategische Dreieck ist Ausgangspunkt sämtlicher Kommunikationsüberlegungen.

Marketing

Marketing kann als unternehmerische Denkhaltung definiert werden: Sie konkretisiert sich in der Analyse, Planung, Umsetzung und Kontrolle sämtlicher interner und externer Aktivitäten, die durch eine Ausrichtung der Unternehmensleistungen (Projektleistung) am Kundennutzen, im Sinne einer konsequenten Kundenorientierung, darauf abzielen, absatzmarktorientierte Unternehmensziele zu erreichen.

Dabei ist zu beachten, dass der Begriff «Kunde» sehr weit gefasst werden kann (z.B. damit ein Entwicklungsprojekt die nötige Volksabstimmung für eine Umzonung gewinnen kann, muss der Projektentwickler die Bevölkerung als «Kunde» verstehen und sie von seinem Projekt überzeugen).

Geschichtliche Entwicklungsphasen des Marketings:
1950er Jahre: Phase der Produktorientierung
1960er Jahre: Phase der Verkaufsorientierung
1970er Jahre: Phase der Marktorientierung
1980er Jahre: Phase der Wettbewerbsorientierung
1990er Jahre: Phase der Umfeldorientierung
Ab 2000: Phase der Netzwerkorientierung

Integrierte Kommunikation

Integrierte Kommunikation ist per Definition ein Prozess der Analyse, Planung, Durchführung und Kontrolle, der darauf ausgerichtet ist, aus den Quellen der internen und externen Kommunikation von Unternehmen oder Immobilienprojekten eine Einheit herzustellen, um ein für die Zielgruppen der Kommunikation konsistentes Erscheinungsbild über das Unternehmen oder das Immobilienprojekt zu vermitteln.

Geschichtliche Entwicklungsphasen der integrierten Kommunikation:
1950er Jahre: Phase der unsystematischen Kommunikation
1960er Jahre: Phase der Produktkommunikation
1970er Jahre: Phase der Zielgruppenkommunikation
1980er Jahre: Phase der Wettbewerbskommunikation
1990er Jahre: Phase des Kommunikationswettbewerbes
Ab 2000: Phase der Dialogkommunikation

Hinweis:
Die allgemeinen Marketinggrundlagen in diesem Kapitel sind auf der Basis von und in Anlehnung an Arbeiten von Professor Dr. Manfred Bruhn verfasst.

7.3 Duales Immobilienmarketing

Unternehmensmarketing (Beschaffungsmarketing)

Unternehmensmarketing beschäftigt sich mit der Vermarktung des gesamten Unternehmens und dessen Dienstleistungen. Der langfristige Planungshorizont auf Corporate-Ebene beträgt rund 7 bis 10 Jahre und hat zum Ziel, das Unternehmen nachhaltig und stark im Markt zu positionieren und letztlich (in der Dienstleistungsbranche) Mandate und Aufträge zu generieren.

Auf Business-Ebene werden auf der Grundlage der erarbeiteten und bewerteten Geschäftseinheiten 5 bis 7 Jahrespläne (Businesspläne) entwickelt, welche sich mit der Identifikation von Erfolgsfaktoren, Timingstrategien (Pioneer / Follower), Markt- / Leistungsstrategien, Qualitäts- / Preisstrategien, Produkt- / Marktstrategien, Wirkungsketten, PIMS-Modellen, Erfahrungskurven usw. beschäftigen. Also grundsätzliche, mittelfristige Fragen der strategischen Führung einer Geschäftseinheit.

Auf der Marketing-Ebene setzen sich die Führungskräfte mit einzelnen Produktgruppen oder Dienstleistungspaketen auseinander (Planungszeitraum von 2 bis 5 Jahren). Hier werden Fragen des Wettbewerbs, der Konkurrenzabgrenzung, der konkreten Marktbearbeitungsstrategien sowie der Bildung und Positionierung von Marken und Ähnliches beleuchtet.

Zuletzt gilt es auf der Instrumental-Ebene den zeitlichen Einsatz und die Budgets jährlich zu planen. Es stellt sich die Frage, mit welchen Marketinginstrumenten (Product, Price, Place, Promotion), sowie speziell in der Dienstleistungsbranche (People, Process, Physical Facilities), welche konkreten Ziele erreicht werden sollen?

Im Rahmen dieses Handbuches wird nicht weiter auf das Thema Unternehmensmarketing eingegangen. Vielmehr soll die Auseinandersetzung mit dem Objektmarketing gepflegt werden.

Objektmarketing (Absatzmarketing)

Objektmarketing beschäftigt sich mit der Frage der Vermarktung von Bestandesimmobilien und Immobilienprojekten. Es geht hier weniger um die Beschaffung der Mandate als mehr um deren Absatz an Mieter und Käufer.

Die einzelnen Schritte des Dualen Marketings werden nachfolgend anhand eines Schaubildes aufgezeigt und im folgenden Kapitel detailliert beschrieben.

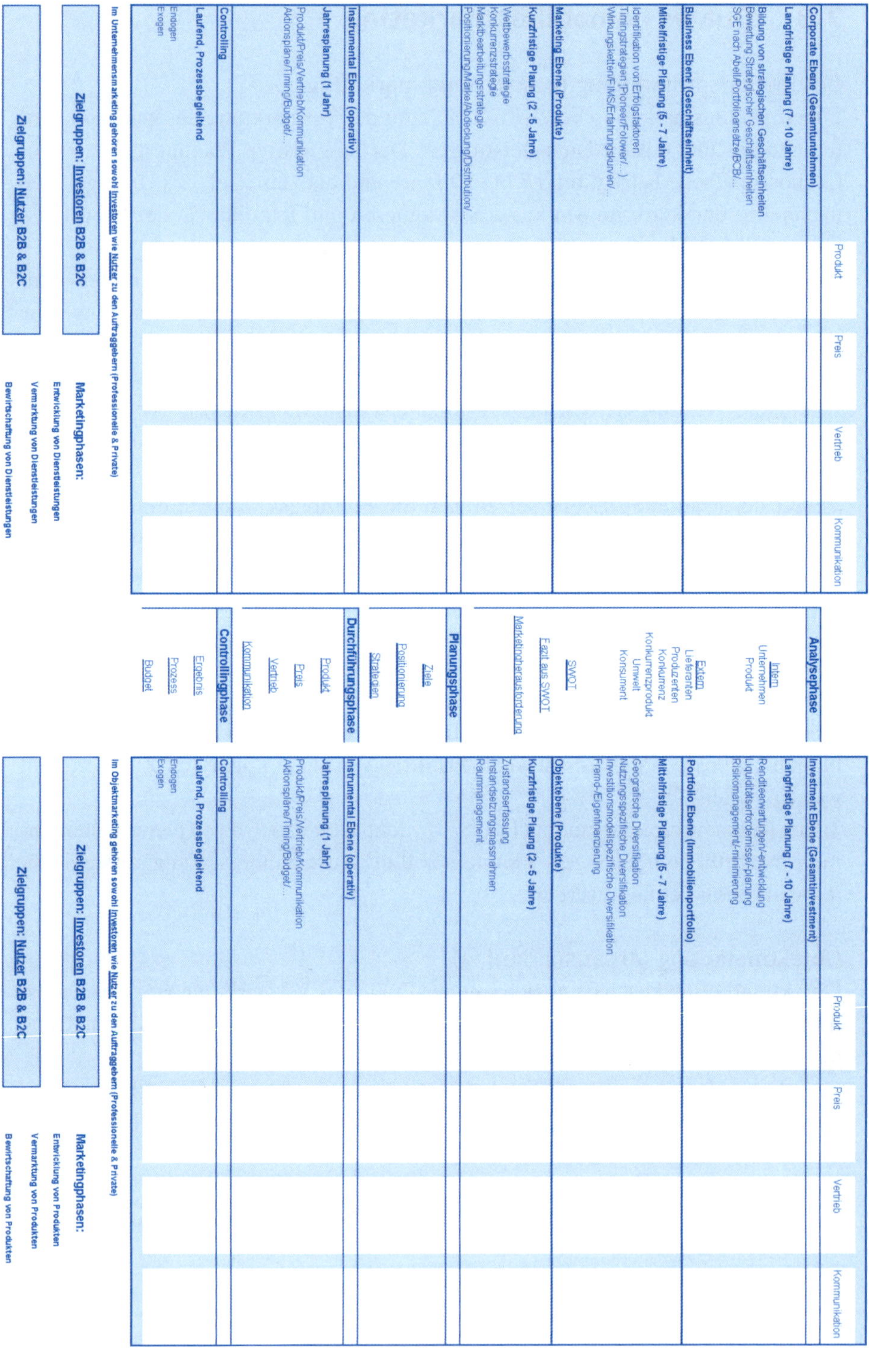

Abb. B16: Modell des dualen Immobilienmarketings [B8]

7.4 Objektmarketing (Absatzmarketing)

7.4.1 Die Phasen des Objektmarketings

Das in Abbildung B16 dargestellte Modell zeigt Marketing in der Immobilienbranche als ganzheitliche Strategiesystematik. Es stellt einen idealtypischen Planungsprozess von der obersten strategischen Ebene bis zu den einzelnen Massnahmen und deren zeitlichem Einsatz und Budget dar. Die drei Dimensionen Entwicklung, Vermarktung und Bewirtschaftung lassen sich in diesem Modell nicht immer präzise zuordnen.

Entwicklungsphase

Marketing in der Entwicklungsphase ist unbestritten die Königsdisziplin des Objektmarketings. Denn nur in der Entwicklungsphase ist es möglich, konsequent dem Ansatz der Bedürfnisbefriedigung zu folgen. Die Entwicklung innovativer Produkte ist der erste Schlüssel zur erfolgreichen Absatzwirtschaft. Die Idee und die Entwicklung der Immobilie generiert daher die höchste Wertschöpfung im Lebenszyklusmodell und damit am Ende den grössten Anteil an der Marketingrendite. Das zentrale Planungsinstrument ist ein Marketingkonzept oder eine Masterstrategie, welche Dreh- und Angelpunkt sämtlicher Überlegungen ist. Die Masterstrategie stellt sicher, dass sich sämtliche weiteren Aktivitäten an der erarbeiteten Positionierung und Nutzungsstrategie orientieren.

Vermarktungsphase

Die Vermarktung beginnt idealerweise bereits in der Entwicklungsphase. Die Fragen der Positionierung, der Nutzungsstrategie, des Brandings, der Investoren und Nutzervermarktung (Ankermieter) sowie die öffentliche und allenfalls politische Willens- und Meinungsbildung müssen schon «auf der grünen Wiese» beleuchtet werden.

Unter Vermarktungsphase darf die operative Vermarktung der Immobilie verstanden werden. Das zentrale Planungsinstrument ist des Vermarktungskonzept, welches allfällige geringfügige Produktanpassungsempfehlungen, die detaillierte Preisgestaltung (inklusive Nebenkosten, Rabatti, Boni usw.) das Verkaufsteam und die personellen Ressourcen sowie die konkreten Kommunikationsmassnahmen samt Timing und Budget plant.

Bewirtschaftungsphase

Während der Bewirtschaftungsphase sind vor allem die Bewirtschafter gefordert. Wie bereits erwähnt, wird der gesamte Markt am Ende von den Nutzern finanziert. Das Bewusstsein, dass der Nutzer/Mieter der Liegenschaft der Endverbraucher ist und damit an der Spitze der «Ernährungskette» steht, findet in der

Immobilienbranche immer mehr Raum. In Zukunft dürfte sich die Branche daher vermehrt mit Fragen der Kundenbindung, Kundentreue, Kundenrente usw. beschäftigen.

7.4.2 Objektmarketing

Das Objektmarketing folgt, wie auch das Unternehmensmarketing, den Grundprinzipien eines Management-orientierten Ansatzes, welcher am einfachsten mit den Grundbausteinen eines generischen Konzeptes erklärt werden kann: ein Konzept ist ein Planungsprozess, der sich mit der Analyse (intern und extern), Planung (Ziele und Strategien), Durchführung (Massnahmen, Budget und Timing) und der Kontrolle (intern und extern) auseinandersetzt. Dieser Grundsatz gilt sowohl für Marketing- wie auch für Kommunikationskonzepte.

Die nachfolgenden Überlegungen folgen dem betriebswirtschaftlichen Ansatz des Unternehmensmarketings (Unternehmens- / Beschaffungsmarketing). Sie stellen den Versuch dar, die gedankliche Welt der Betriebswirtschaftslehre auf die Immobilienthematik zu übertragen.

Analysephase

Die Analyse auf Objektebene beginnt bei den vorgelagerten Stufen. Die Zielvorgaben der übergeordneten Stufen legen die Basis für die nachgelagerten Ebenen. Im Rahmen dieses Handbuches liegt der Fokus vor allem auf der Objektebene. Trotzdem sollen (im Sinne eines Gesamtverständnisses) die übergeordneten Stufen kurz betrachtet werden.

Investment-Ebene

Auf Investment-Ebene werden langfristige Auseinandersetzungen wie Renditeerwartungen, Liquiditätserfordernisse und Risikomanagement gepflegt. Auf dieser Stufe bilden Immobilien meistens nur einen Teil der gesamten Assets. Oft beinhaltet das Gesamtinvestment auch Aktien, Obligationen, Hypotheken und Darlehen sowie liquide Mittel.

Portfolio-Ebene

Auf Portfolio-Ebene stellen sich insbesondere Fragen nach der geografischen und nutzungsspezifischen Diversifikation innerhalb der Objektgruppe. Darüber hinaus werden hier die objektbestimmenden Investitions- und Finanzierungsmodelle entwickelt, die Objekte klassifiziert und bewertet usw.

Objektebene

Die Objektebene beschäftigt sich mit den Fragestellungen des einzelnen Objektes. Dabei kann die Detailanalyse, gemäss allgemein bekanntem SWOT-Ansatz (→ Teil G Kap. 3.1.6), in nachfolgende zwei Betrachtungsweisen aufgegliedert werden. Die Themen finden sich detailliert in Teil B Kapitel 3 und 4 (Research und Analyse), weshalb an dieser Stelle lediglich die Marketingbetrachtung der SWOT-Matrix kurz umrissen werden soll.

Produktanalyse (intern → beeinflussbar)
Die Produktanalyse ist der konsequente Blick nach innen. Die Frage nach den Stärken und Schwächen des Produktes steht im Zentrum der Betrachtung. Dabei leitet sich eine Stärke oder Schwäche vor dem Hintergrund der Konkurrenzprojekte oder -objekte ab. Stärken lassen sich lediglich als solche identifizieren, wenn diese auch tatsächlich kauf-/mietrelevant sind. Nur wenn hinter der vermeintlichen Stärke ein adäquates Bedürfnis der Konsumenten steht, darf dieses Argument auch als Stärke interpretiert werden.

Marktanalyse (extern → nicht beeinflussbar)
Die Marktanalyse richtet den Blick nach aussen. Die Frage nach den Chancen und Risiken, die ein Markt bietet, steht im Zentrum der Betrachtung. Die externen Faktoren sind grundsätzlich nicht beeinflussbar. Sie sind fix gegeben. Sie lassen sich lediglich nutzen oder umgehen. Folgende Fragen sollen dies (im Sinne eines Fazits zur Analyse) verdeutlichen:
- Welche Chancen lassen sich durch vorhandene Stärken nutzen?
- Welche Chancen lassen sich durch den Aufbau von Stärken nutzen?
- Welche Risiken müssen abgesichert oder vorgebeugt werden?
- Welche Risiken müssen umgangen werden?

Marketingherausforderung
Die Marketingherausforderung ist das Ziel einer fundierten Analyse. Hier soll der Kern des zu lösenden Problems möglichst kurz und knapp verfasst werden. Die strategische Marketingherausforderung impliziert bereits die Zielsetzung und deutet die Strategie an.

Planungsphase
Nach der Analyse, die lediglich die Fakten und Daten in systematischer Weise festhält, verarbeitet, untersucht und interpretiert, beginnt der erste architektonisch-kreative Akt: die Planung. Bei objektivem, methodischem Vorgehen, sollten verschiedene Analytiker zu ähnlichen Schlüssen kommen. Bei ungenauer Zielsetzung wird die Streuung der Resultate erfahrungsgemäss breiter ausfallen.

Positionierung
Die Positionierung wird hier konsequenterweise als oberste Zielsetzung auf Objektebene verstanden. Dabei soll die Positionierung nicht mit der Nutzungsstrategie verwechselt werden. Die Zielsetzung versteht sich hier allgemeiner. Eben als

Ziel und nicht als Weg. Einige Beispiele:

- Produktinnovation
- Technikwunder
- Superarchitektur
- sozialer Wohnungsraum
- maximale Rendite
- ökologisches Objekt
- Prestigebaute
- städtebaulicher Akzent

Nutzungsstrategie

Die Nutzungsstrategie ist der Weg zum Ziel. Die zündende Idee zur Erreichung der Zielsetzung. Die Nutzungsstrategie schliesst die Lücke zwischen Analyse (Marketingherausforderung) und Zielsetzung (Positionierung). Sie ist der Dreh- und Angelpunkt des gesamten Konzepts. Diese Vision, welche hier entwickelt wird, soll nachfolgend konsequent auf die verschiedenen Instrumente umgesetzt werden. Dazu sind im ersten Schritt die grundlegenden Instrumentalstrategien festzulegen:

- Produktstrategie: Welches Produkt soll aufgrund der Nutzungsstrategie entwickelt werden?
- Preisstrategie: Zu welchem Preis soll das Produkt angeboten werden?
- Vertriebsstrategie: Wie soll die Vermarktung des Produktes ablaufen (Investoren-/Nutzervermarktung)?
- Kommunikationsstrategie: Welche Kommunikation ist dazu geeignet, die Vision glaubhaft zu skizzieren und in den Köpfen der Ziel-/Dialoggruppen zu verankern?

Implementierungsphase

Die Implementierung befasst sich, im Gegensatz zur Strategie, welche die Frage beantwortet was geschehen soll, mit der Frage, wie es geschehen soll.

Implementierungs-Barrieren

Um die Umsetzung einer Vision sicherzustellen, sind folgende Voraussetzungen zu schaffen:

- Inhaltliche und konzeptionelle Barrieren: Das Konzept (von der Analyse bis zum Controlling) muss fundiert zu Ende gedacht sein.
- Organisatorische und strukturelle Barrieren: Die Organisation und Struktur, welche notwendig ist um das Vorhaben zu realisieren, muss vor dem Projektstart gebaut sein.
- Personelle und kulturelle Barrieren: Das Projektteam muss sich verstehen und am gleichen Ziel arbeiten.

Instrumentaleinsatz (4 P's)

Im Zentrum steht das Produkt. Wie erwähnt ist die Produktinnovation der Königsweg im Marketing. In der Immobilienentwicklung entspricht dieses dem «Objekt». Die Preisauseinandersetzung dürfte für die Bewerter ein Heimspiel sein. Sie beschäftigen sich intensiv mit Wert- und Preisfragen jeder Art. Die Adaption / Interpretation des Vertriebes (Place) ist in der Immobilienbranche ein eher schwieriges Unterfangen. Im weitesten Sinne darf hier die Bildung von Verkaufs- / Vermietungsteams, Vermarktungsräume, Standorte der Vermarktungsteams, Musterwohnungen und Showräume, Sitzungsräume usw. angeführt werden. Die Kommunikation nimmt im Marketingmix eine zentrale Rolle ein, weshalb dieses Instrument nachfolgend in einem separaten Kapitel im Detail behandelt werden soll.

Timing

Das Timing plant die zeitliche Integration sämtlicher Marketingmassnahmen.

Budgetierung

Unter Budgetierung ist die finanzielle Planung des Marketings zu verstehen. Dazu eignet sich für das Marketingbudget die folgende Matrix: auf der X-Achse stehen die Instrumente Product, Price, Place und Promotion und auf der Y-Achse die prozessualen Schritte zum Beispiel nach dem Bauablauf nach BKP.

Bei der Kommunikation stehen auf der X-Achse die Instrumente wie Konzepte, Identity, Mediawerbung, Verkaufsförderung, Direct Marketing, Public Relation, Sponsoring, Messen / Ausstellungen, Events, Multimedia, Persönliche und Interne Kommunikation und auf der Y-Achse die prozessualen Schritte wie Management, Konzept, Kreation, Realisation, Produktion und Media.

Controlling-Phase

Controlling ist ein wichtiges und gefürchtetes Thema. Im Rahmen eines Konzeptes kommt es an letzter Stelle, was eigentlich nicht ganz korrekt ist. Controlling kann am besten mit einem Steuerrad oder Cockpit verglichen werden. Es dient als Prozesssteuerungsinstrument. Dazu sind folgende Komponenten notwendig:

1. Die Ziele müssen im Vorfeld operationalisiert werden (Inhalt, Massstab, Ausmass und Zeitbezug) und die Strategie und deren Umsetzung muss klar umrissen sein. Somit ist der vorgegebene Weg definiert.
2. Es braucht geeignete Instrumente, die den tatsächlich beschrittenen Weg lesen und analysieren. Das Controlling übernimmt nun die Funktion, Differenzen zwischen dem geplanten und dem tatsächlichen Weg festzustellen und geeignete Korrekturmassnahmen einzuleiten. So gesehen ist das Controlling ein Instrument, welches während des gesamten Prozesses begleitend eingesetzt wird.

Konkret können im Marketing folgende Faktoren analysiert werden: Ergebniskontrolle (psychologische Ziele und ökonomische Ziele), Prozesskontrolle, Budgetkontrolle (formale Kontrolle und Effizienzkontrolle).

7.5 Objektkommunikation (Absatzkommunikation)

7.5.1 Konzeptschritte

Kommunikation folgt wie das Marketing einem managementorientierten Ansatz. Die Konzeptschritte (Analyse, Planung, Durchführung und Controlling) wurden anhand des Marketings eingehend erläutert, weshalb in diesem Kapitel lediglich die zentralen (abweichenden) Punkte der Kommunikation behandelt werden. Trotzdem wird auch im Rahmen der Kommunikationsplanung (auf der Basis der Marketingplanung) ein Kommunikationskonzept erarbeitet. Wobei sich die einzelnen Planungsschritte jeweils auf die Kommunikation und nicht auf das gesamte Marketing beziehen.

Analyse

Die Kommunikationsanalyse beinhaltet sämtliche vorgelagerten Planungsprozesse wie Investment-Ebene und Portfolio-Ebene. Auch die Objektebene und die Instrumental-Ebene sind Bestandteil einer fundierten Analyse.

Zielgruppenplanung

Die Zielgruppen/Dialoggruppen werden idealerweise bereits in der Masterstrategie analysiert. Dazu eignet sich der gedankliche Raster: Soziodemografie, Psychografie, Konsumverhalten inkl. Medienkonsumverhalten usw. Oft reichen die klassischen Kriterien zur Zielgruppendefinition nicht mehr aus. Verschiedene Typologiestudien können daher hilfreich sein, die Zielgruppen schärfer zu zeichnen.

Ein zunehmender Problempunkt stellt der «hybride Kunde» dar. Es wird mit jedem Jahr schwieriger, die Zielgruppen zu kategorisieren. Der Konsument verhält sich heute paradox. Er schätzt auf der einen Seite Luxusprodukte und auf der anderen Seite ist er sehr preissensibel. Es empfiehlt sich daher, neben der klassischen Zielgruppendefinition auch die nachhaltigen Megatrends und Bedürfnisse in die Betrachtung mit ein zu beziehen (Gesundheit, Schönheit, Nachhaltigkeit, Mobilität, Netzwerk und Sozializing, Kommunikation, Technologie usw.).

Positionierung (Gesamtprojekt oder -objekt)

Die Kommunikationspositionierung definiert im Sinne einer Zielsetzung, wie das Objekt im Markt wahrgenommen werden soll, baut auf der Marketingpositionierung auf und reichert sie emotional an. Sie soll möglichst einzigartig, kommunizierbar und differenzierend sein.

Zwischenziele (Differenzierung nach Zielgruppen)

Die Positionierung wird auf die verschiedenen Zielgruppen adaptiert. Es stellt sich die Frage, welche Zwischenziele (des Gesamtziels) für die einzelnen Zielgruppen von besonderer Relevanz sind. Sämtliche Zwischenziele sollen die Gesamtpositionierung unterstützen.

Einzelziele (Differenzierung nach Kontakten / Massnahmen)

Unter Einzelzielen ist die Auflistung der konkreten Ziele für die einzelnen Massnahmen zu verstehen. Dabei stellt sich vor dem Hintergrund der Zielkategorien (Bekanntheit, Wissen, Einstellung und Verhalten) die Frage, auf welche dieser Dimensionen die Massnahme abzielt. Umsatz und Absatz sind in jedem Fall Marketingziele, für deren Erreichung sämtliche Marketinginstrumente Voraussetzung sind. Die Kommunikation alleine kann (über die oben aufgeführte Wirkungskette) lediglich den Kontakt herstellen.

Kommunikationsstrategie

Grundsätzlich bieten sich verschiedene Kommunikationsstrategien an, wobei diese sich auch beliebig kombinieren und abwandeln lassen: Reklamestrategie, Impactstrategie, Imagestrategie, Motivationsstrategie, psychoanalytische Strategie, Leitbildstrategie, isolierende Strategie, Interaktionsstrategie usw.

7.5.2 Planung der Botschaften

Kommunikative Leitidee (Gesamtprojekt oder -objekt)

Die Kommunikative Leitidee ist die Entwicklung des Kerngedankens für die gesamte Kommunikation. Idealerweise wird diese bereits im «Naming» angedeutet und mit eingängigen Bilder dramatisiert. Die Kommunikative Leitidee soll dazu geeignet sein, die Positionierung im Bewusstsein der Zielgruppen nachhaltig zu verankern: Hauptbotschaft, Nebenbotschaften, Consumer Benefit, Markenversprechen, Reason Why, Kreatividee, Tonalität, psychologische Achse usw.

Kernaussagen (Differenzierung nach Zielgruppen)

Es ist wichtig, dass für die Erreichung der Einzelziele geeignete Botschaften entwickelt werden. Auch hier gilt es, Aussagen zu erarbeiten, welche spezifisch Bezug auf die verschiedenen Zielgruppen nehmen und gleichzeitig mit der Kommunikativen Leitidee harmonieren.

Einzelaussagen (Differenzierung nach Kontakten / Massnahmen)

Bei den Einzelaussagen geht es darum, sämtliche Botschaften, welche geeignet sind, die Einzelziele zu erreichen, für alle Massnahmen zu formulieren.

7.5.3 Planung der Instrumente

Leitinstrument (Gesamtprojekt oder -objekt)

Neben der grundsätzlichen Kommunikationsstrategie haben auch die Instrumente strategische Ausrichtung. Die Entscheidung, welches Instrument ins Zentrum der medialen Vernetzung gerückt wird, ist von grosser Bedeutung für den Erfolg. Je nach Aufgabenstellung kann es Public Relation (z.B. in der Entwicklungsphase eines städtebaulichen Projekts), Mediawerbung (z.B. für die Bekanntmachung eines Shoppingcenters) oder Direct Marketing (z.B. für die spezifische Ankermietersuche eines grossen Office-Komplexes) sein. Die weiteren Instrumente werden dann so eingesetzt, dass sie diesem zentralen Leitinstrument die nötige Kraft verleihen.

Weitere wichtige Instrumente (Differenzierung nach Zielgruppen)

Die wichtigsten Instrumente und deren konkreten Kommunikationsleistungen werden beschrieben und in den Gesamtkontext eingebettet. Insbesondere der Bezug und die Vernetzung in Zusammenhang mit dem Leitinstrument sind von zentraler Bedeutung.

Instrumentenkatalog (Differenzierung nach Kontakten / Massnahmen)

Es ist empfehlenswert, sämtliche Massnahmen und deren Aufgaben im Kommunikationsmix zu beschreiben. Grundsätzlich gilt, dass keine Massnahme ohne Ziel formuliert wird.

7.5.4 Implementierung

Auch bei der Implementierung der Kommunikation ist die detaillierte Auseinandersetzung mit den Barrieren, dem Timing und dem Budget notwendig, was hier jedoch nicht wiederholt werden soll. Der instrumentelle Einsatz der Kommunikationsmassnahmen soll allerdings detailliert erläutert werden.

Integrationsformen

Um die Kommunikation (Aussagen, Formen und zeitlicher Einsatz der Instrumente / Massnahmen) zu orchestrieren, gibt es drei Dimensionen: inhaltliche, formale und zeitliche Integration. Durch die Beachtung der Integrationsformen entsteht ein konsistentes Erscheinungsbild im Kopf des Zielpublikums.

	Gegenstand	Ziel	Hilfsmittel
Inhaltliche Integration	Thematische Abstimmung durch Verbindungslinien	Konsistenz Eigenständigkeit Kongruenz	Einheitliche Botschaften Einheitliche Argumente Einheitliche Bilder
Formale Integration	Einhaltung formaler Gestaltungsprinzipien	Präsenz Prägnanz Klarheit	Marke Typo Farbwelt
Zeitliche Integration	Abstimmung zwischen den Planungsperioden	Konsistenz Kontinuität Abstimmung auf Ereignisse	Aktionspläne Ereignisplan Leistungsstufenplan

Abb. B17: Integrationsformen

7.5.5 Definition der Instrumente

Mediawerbung

Mediawerbung ist der Transport und die Verbreitung werblicher Information über die bezahlte Belegung von Werbeträgern, um Kommunikationsziele zu erreichen.

Verkaufsförderung

Verkaufsförderung sind meist zeitlich begrenzte Aktionen mit dem Ziel, durch zusätzliche Anreize Kommunikationsziele zu erreichen.

Direct Marketing

Direct Marketing umfasst sämtliche Kommunikationsmassnahmen, die durch eine gezielte Ansprache einen direkten Kontakt zum Adressaten herstellen, um einen Dialog zu initiieren.

Public Relation

Public Relation ist die Summe aller Öffentlichkeitsarbeiten, um bei ausgewählten Zielgruppen und Dialoggruppen um Verständnis und Vertrauen zu werben.

Sponsoring

Sponsoring ist die Bereitstellung von Leistungen (Geld, Dienstleistungen, Know-how) zur Förderung von Organisationen oder Personen im sportlichen, kulturellen oder sozialen Umfeld. Gleichzeitig werden damit Kommunikationsziele verfolgt.

Messen und Ausstellungen

Messen und Ausstellungen sind meist zeitlich begrenzte Ereignisse, an denen gegen Entgelt eine Fläche angemietet werden kann, um mit dem Messepublikum in direkten Dialog treten zu können.

Events

Events sind Anlässe unterschiedlichster Art, um mit den Zielgruppen in direkten Dialog zu treten und Beziehungen zu knüpfen oder zu pflegen oder aber auch um konkrete Verkäufe zu tätigen.

Multimedia

Multimedia ist die computergestützte, digitalisierte Verbindung, welche einen interaktiven und multimedialen Dialog zulässt.

Persönliche Kommunikation

Persönliche Kommunikation ist der direkte Dialog mit einem Gegenüber. Sie kann telefonisch, persönlich oder auch online erfolgen.

Interne Kommunikation

Interne Kommunikation wendet sich an die internen Dialoggruppen. Sie hat zum Ziel, Personen, die mit der Aussenwelt in Kontakt treten, in den spezifischen Kommunikationszielen zu schulen.

7.5.6 Controlling

Im Bereich Kommunikation gestaltet sich das Controlling erfahrungsgemäss komplexer als im Marketing. Einerseits stellt sich die Frage der Zurechenbarkeit: Wenn verschiedene Wirkungsinterdependenzen zwischen den einzelnen Instrumenten bestehen und diese positiv für die Kommunikation genutzt werden können (Synergien), erschwert dies notwendigerweise die Erfolgskontrolle der einzelnen Massnahmen. Es wird schwierig, den Erfolg einzelnen Instrumenten zuzuordnen.

- Problem der Validität: Da es schwierig ist, psychologische Ziele (Einstellung zu einer Marke) zu überprüfen, sind aufwendige Messverfahren, wie zum Beispiel Befragungen, notwendig. Bei der Validität stellt sich die Frage, ob das Messinstrument tatsächlich den Sachverhalt misst, welcher gemessen werden soll.
- Darüber hinaus stellt die Reliabilität eine grosse Herausforderung dar: Bei der Reliabilität interessiert, ob das Instrument zuverlässig ist. Bei gleichen Bedingungen sollten die verschiedenen Resultate (Mehrfachmessungen) immer wieder gleich sein.

- Dazu kommt die Frage der Wirtschaftlichkeit: Die Überprüfung der Zielerreichung muss auch in einem sinnvollen Verhältnis zum gesamten Kommunikationsbudget stehen. Gerade bei schwer messbaren Zielen (zum Beispiel Einstellungsziele) kann die Erfolgskontrolle nur durch Marktforschungsinstitute mit aufwändigen Befragungen durchgeführt werden.

In der Immobilienpraxis werden Kommunikationsmassnahmen daher nur auf deren Erfolg geprüft, wenn dies mit vernünftigem Aufwand möglich ist.

Die Sinusforscher versuchen ganzheitlich zu verstehen, wie verschiedene Personen aus der jeweiligen subjektiven Sicht den Alltag erleben. Die Erkenntnisse erlauben ein genaueres Erfassen der Basiszielgruppen für das Marketing.
Gruppen Gleichgesinnter:

Die Sinus-Milieus fassen Menschen zusammen, die sich in Lebensauffassung und Lebensweise ähneln
- Ähnliche Grundorientierung, Werte
- Ähnlicher Lebensstil, Geschmack

Ethnologie des Alltags:
- Abbild der gesellschaftlichen Strukturen und ihrer Veränderung

Grundorientierung:
- Alltagsbewusstsein
- Lebensstil
- Lebensziele

Soziale Lage:
- Einkommen
- Beruf
- Bildung

Die Initiatoren der Forschung in der Schweiz:
- SRG
- publisuisse SA
- PUBLICA DATA AG
- Credit Suisse

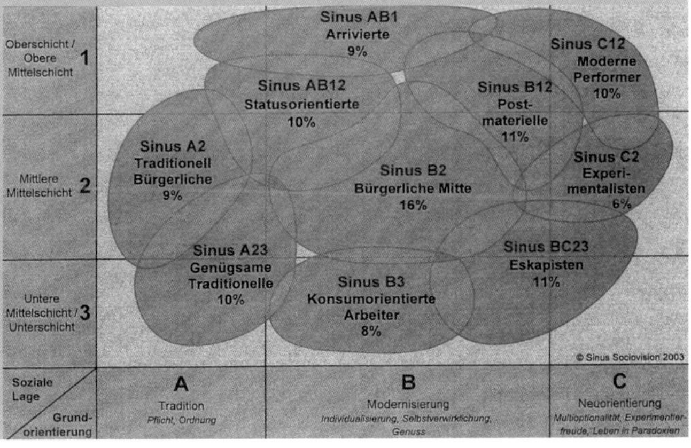

8 Standardprodukte

Der grösste Teil der laufend stattfindenden Immobilienentwicklung richtet sich auf die zwei Nutzungsformen «Wohnen» und «Arbeiten» aus. Die entsprechenden Objekte werden deshalb häufig auch als «Standardprodukte» bezeichnet, im Gegensatz zu allen anderen Projektentwicklungen, die sich somit auf «Sonderimmobilien» (→ Teil B Kap. 9) beziehen.

Trotz ihres Namens sind Standardprodukte nicht uniform, sondern müssen (vielleicht gerade deshalb) sehr individuell gestaltet werden.

Letztlich geht es immer um die Beantwortung der folgenden Frage: «Was soll an welchem Standort für wen, wie und zu welchem Preis gebaut werden?»

In den beiden folgenden Abschnitten werden für die Nutzungsarten «Wohnen» und «Arbeiten» somit folgende Fragen beantwortet:
- Wo? Welche Standortfaktoren sind zu beachten?
- Für wen? Welche Zielgruppen kommen in Frage und wodurch zeichnen sie sich aus?
- Was? Welche generellen Gestaltungsrichtlinien sind zu berücksichtigen?
- Wie? Wie sind sie auf die konkreten lokalen Gegebenheiten anzupassen?
- Zu welchem Preis? Was ist der Markt/Nutzer bereit zu zahlen?

8.1 Wohnen

In den letzten zwei Jahrzehnten konnten auf dem Wohnungsmarkt gesamtschweizerische Trends festgestellt werden, die bei der Gestaltung von Wohnobjekten berücksichtigt werden müssen.

Bevölkerungswachstum

Das Bevölkerungswachstum betrug jährlich rund 0.7%, vor allem getrieben durch Zuwanderung seit der Öffnung des Arbeitsmarktes gegenüber der EU. Standortspezifisch lässt sich feststellen, dass die Zahl der Zuzüger aus dem Ausland direkt korreliert mit einem niederen Gemeindesteuerfuss.

Zunehmende Alterung der Bevölkerung

Relative Zunahme der ab 45-Jährigen und besonders der über 60-Jährigen; Abnahme der Gruppe der 30- bis 45-Jährigen. Aufgrund der kleineren Haushaltsgrössen der älteren Generationen und der weiterhin zunehmenden Scheidungsraten führte dies zu einer zunehmenden Anzahl von Haushalten (insbesondere Kleinhaushalten). (Gross-)Familienwohnungen wurden dagegen weniger nachgefragt. Tendenziell fragten die älteren Haushalte eher Eigentums- als Mietwohnungen nach. Die Zunahme der 20- bis 30-Jährigen führte zu einer Zunahme der Haushaltsneugründungen, die sich vorwiegend im Mietwohnungsbereich auswirkte.

Zunehmende reale Haushaltseinkommen

Diese Entwicklung führte dazu, dass das bereits in der Vergangenheit beobachtete Wachstum des Flächenbedarfs pro Person weiter zunahm. Der Flächenverbrauch pro Kopf stieg von 1980 bis 2000 von 34 m^2 auf 44 m^2. Die Singlehaushalte (Ältere und Junge) haben nun überdurchschnittlich viel Fläche pro Person zur Verfügung, die ausländischen Haushalte (ausser Zuzüger aus Mittel- und Westeuropa) haben einen unterdurchschnittlichen Flächenverbrauch. Die durchschnittliche Wohnungsgrösse dürfte in Zukunft etwas sinken, da sich die Nachfrage zu Wohnungen mit weniger Zimmern verschiebt. Die absolute Zahl von Wohnungen wird aber gleichzeitig steigen.

Steigende Wohneigentumsquote

Die Wohneigentumsquote ist von 1970 bis 2000 von 28.5 auf 34.6% gestiegen. Bisher wurde selbstbewohntes Wohneigentum vorwiegend von schweizerischen Haushalten nachgefragt, überdurchschnittlich häufig von Betagtenhaushalten. Die höchsten Steigerungsraten finden sich jedoch in letzter Zeit bei den jungen Singles, den Jungfamilien und den ausländischen Haushalten, die insgesamt bisher verhältnismässig niedere Eigentumsquoten aufwiesen. Der Höhepunkt der Wohneigentumsnachfrage dürfte jedoch etwa 2005 erreicht worden sein.

Wohnausgaben pro Kopf

Die Wohnausgaben pro Kopf bewegten sich über alle Einkommensschichten hinweg im Bereich von etwa 16 bis 19% des Einkommens, wobei der prozentuale Anteil mit zunehmendem Einkommen tendenziell abnimmt.

Migrationsverhalten

Regional homogen war zu beobachten, dass 20- bis 30-Jährige eher in die Stadt ziehen, wogegen 45- bis 59-Jährige den Agglomerationsgürtel bevorzugten und die ab 60-Jährigen zogen bei einem Umzug häufig Richtung Berge und Süden. Häufig wenden pensionierte Personen auch ihrer Arbeitplatzregion den Rücken zu und kehren zu ihren Wurzeln zurück.

Unterschiedliche Nutzungsdauer

Je nach Wohn- und Eigentumsform waren unterschiedliche Muster in der Nutzungsdauer von Wohnobjekten erkennbar. Wohnungsmieter wohnten im Durchschnitt 7 Jahre in ihren Wohnungen, Eigentumswohnungsbesitzer besassen diese durchschnittlich etwas mehr als 8 Jahre, während Einfamilienhausbesitzer im

Schnitt 16 Jahre in ihrem Haus wohnten. Da das Stockwerkeigentum (STWE) vor allem in den letzten 20 Jahren stark an Popularität gewonnen hat, ist davon auszugehen, dass sich in Zukunft zeigen wird, dass STWE-Eigentümer eine höhere Standortbindung aufweisen als Mieter.

8.1.1 Standardanalysen Wohnen

Trotz dieser generellen Trends reagiert auch die Projektentwicklung von Standardprodukten immer auf die konkreten Gegebenheiten des jeweiligen Makro- und Mikrostandortes. Ganz besonders vorsichtig müssen die Trends vergangener Jahre interpretiert werden, wenn sich die Wirtschaftslage ändert. Dann kann es nämlich passieren, dass neue Verhältnisse die sorgfältig mittels Datenbanken aufgebauten Zukunftsperspektiven als völlig falsch entpuppen.

Zur Analyse des Makrostandortes können von Banken und spezialisierten Beratungsfirmen standardisierte Datenpackages angefordert werden, die Auskunft geben über die wesentlichen Faktoren bezüglich Angebot, Nachfrage und Marktresultaten:

- Angebot
  - vorhandene Wohnungsstruktur
  - Baubewilligungen, Neubautätigkeit
- Nachfrage
  - Bevölkerungsentwicklung, Wanderungssaldi
  - demografische Struktur der Bevölkerung
  - Einkommensstruktur, Steuersätze, Standortattraktivität
  - Haushaltsgrössen, Eigentumsstruktur
- Marktresultate
  - Angebots- und Leerstandsziffern
  - Mietpreise, Kaufpreise

Für die konkrete Objektentwicklung sind diese Daten, die meistens für eine Gemeinde oder eine Stadt erhoben werden, jedoch nur von bedingtem Wert, da sich die Gegebenheiten innerhalb des untersuchten Gebietes stark unterscheiden (z.B. differieren in der Stadt Zürich die konkreten Gegebenheiten des Zürichbergs doch sehr stark von Altstetten oder Schwamendingen).

In der Regel müssen deshalb, bezogen auf den Mikrostandort, eigene Analysen gemacht werden. Dabei geht es insbesondere darum, besondere Chancen, Angebotslücken und Vorteile des Standortes zu erkennen, die mit einem gezielten Angebot ausgenutzt werden können.

Ansätze dazu lassen sich etwa aufgrund folgender Fragestellungen finden:

- Siedlungshierarchie: Welche Rolle spielt das Quartier/Teilgebiet in der langfristigen Entwicklung der Region? Kommt ihm eine Zentralitätsfunktion zu? Wie ist die Erschliessung? Nähe zu Bahnhof, Autobahn? Welche Entwicklungs- / Attraktivitätssteigerungsprojekte bestehen?

- Versorgung im Nahbereich: Angebot an höheren Schulen? Internationale Schulen? Spitäler? Alterszentren? Einkaufsmöglichkeiten? Sport- und Freizeitmöglichkeiten? Kulturelle Einrichtungen?
- Umgebungsqualität: Umgebungsqualität im Teilgebiet, verglichen mit angrenzenden Gebieten? Immissionen (Lärm, Luft usw.)? Grünflächen? Aussicht? Besonnung? Seesicht?
- Wohnungs- / Umgebungsstandard: Wohnungsbestand veraltet oder neu? Erneuerungsbedarf? Soziale Struktur der Bewohner? Wie viele Wohnungen werden aufgrund Renovationstätigkeit oder Bewohnerstruktur auf den Markt kommen? Preisniveau verglichen mit umliegenden Teilgebieten?

8.1.2 Zielgruppen

Grundsätzlich können mit einer Entwicklung von Wohnimmobilien folgende Zielgruppen angesprochen werden:

Junge Singles / Ältere Singles

In der Stadt Zürich sind ca. 50 % der Haushalte Singlehaushalte. Gesamtschweizerisch sind ca. 12 % der Singlehaushalt-Bewohner unter 40 Jahren, 22 % Singlehaushalt-Bewohner sind über 40 Jahre. Während die jungen Singles sehr umzugsfreudig sind (in der Regel in Mietwohnungen), hält sich das Umzugsbedürfnis bei den älteren Singles stark in Grenzen. Aufgrund des immer höheren Heiratsalters und der zunehmenden Scheidungsrate werden die jungen Singlehaushalte in Zukunft tendenziell auch in weniger urbanen Gebieten weiter zunehmen.

Paarhaushalte

Rund 8 % der Haushalte sind Paarhaushalte mit einem Haushaltsvorstand jünger als 40, ca. 23 % der Haushalte sind solche mit einem Haushaltsvorstand älter als 40 Jahre. DINK's (Double Income, No Kids) sind in der Regel gut verdienende gemischt- oder gleichgeschlechtliche Zweipersonenhaushalte, häufig im urbanen Umfeld. Da sie über ausreichend finanzielle Mittel verfügen, sind ihre Ansprüche an die Wohnqualität, aber auch ihre Mobilität entsprechend hoch. Die älteren Paarhaushalte sind häufig nach dem Auszug der Kinder auf der Suche nach einer neuen, kleineren Wohnung, häufig auch im Eigentumswohnungsbereich. Häufig beginnt bereits ab 55 Jahren die Rückwanderung vom Einfamilienhaus im Grünen in ein eher urbaneres, zentrumsnaheres Umfeld. Seniorenhaushalte verfügen heute meist über eine überdurchschnittliche Kaufkraft und haben dementsprechende Ansprüche an den Wohnkomfort.

Kleinfamilien

Die Familiengrösse hat in den letzten Jahren laufend abgenommen. Heute haben Familien häufig nur noch 1 oder 2 Kinder. 16% aller Haushalte sind Dreipersonenhaushalte. Dementsprechend ist auch der Raum- und Zimmerbedarf heute kleiner. Die durchschnittliche Haushaltsgrösse hat sich von 1970 bis 2000 von 3.0 auf 2.3 Personen zurückgebildet. Aufgrund der zunehmenden Scheidungsraten leben bereits heute nur noch ca. 20% der Haushalte in familienähnlichen Strukturen.

Mehrpersonenhaushalte

Nur rund 19% aller Haushalte in der Schweiz bestehen aus vier oder mehr Personen, mit einer starken Konzentration in der Altersgruppe der 30- bis 50-Jährigen. Sie sind relativ immobil.

8.1.3 Produktgestaltung

Der Flächenkonsum je Bewohner ist in den letzten 20 Jahren um 10 m^2 angestiegen. Auch die Anforderungen an die Grundausstattung sind laufend gestiegen. Solange der Wohlstandszuwachs in der Schweiz anhält, kann davon ausgegangen werden, dass die entsprechenden Kennzahlen weiter steigen werden.

Für die Wohnungskonzeption bedeutet das, dass tendenziell mehr Wohnungen im Bereich von 2.5 bis 4.5 Zimmer bei gleichzeitig grösserer Fläche benötigt werden. Ebenso hat die klassische Familienwohnung mit Elternschlafzimmer, 1 bis 3 Kinderzimmern und Wohn-/Esszimmer stark an Stellenwert verloren. Wohnungen müssen heute flexibel gebaut werden, so dass sie sich den unterschiedlichen Wohnbiografien und -situationen anpassen können. Sie sollen den flexiblen Hintergrund bilden, vor dem sich das individuelle Wohnbedürfnis abspielen und entwickeln kann.

Da anzunehmen ist, dass sich der gesellschaftliche Wandel weiter beschleunigt, und nicht verhersehbar ist, wie sich die Wohnbedürfnisse in 10 oder 20 Jahren präsentieren werden, empfiehlt es sich auch im Wohnungsbau, stärker in die Richtung der im Bürobau bereits verbreiteten «Core and shell»-Philosophie zu gehen, das heisst mit Platten und Stützen zu arbeiten, so dass sich die Wohnungsgrundrisse bei Bedarf im Rahmen einer grosszyklischen Sanierung in 20 bis 25 Jahren den dannzumaligen Bedürfnissen anpassen lassen.

Die Schweiz hat in den letzten Jahren einen wahren STWE-Boom erlebt. Die Eigentumsquote ist denn auch von 28.5% im Jahr 1970 auf 34.6% im Jahr 2000 gestiegen. Aufgrund der im internationalen Vergleich tiefen Finanzierungskosten und der Möglichkeiten, sich das Eigenkapital über die Pensionskasse zu beschaffen, wird auch dieser Trend anhalten. Vor allem grössere, teurere Mietwohnungen haben heute mit der Konkurrenz des STWE zu kämpfen und sind häufig schwer vermietbar.

Dazu kommt ein zunehmender Kostendruck: Insbesondere in urbanen Zentren und Agglomerationen haben die Landpreise heute Niveaus erreicht, die es sehr schwer machen, Mietwohnungen zu realisieren. Der Entwickler wird deshalb sehr genau untersuchen müssen, ob er seine Entwicklung auf Miet- oder auf STWE-Wohnungen ausrichten will.

8.2 Arbeiten

Die Leistungsfähigkeit eines Unternehmens besteht primär in der Leistungsfähigkeit seiner Mitarbeitenden und Teams. Die Aufgabe einer Büro- oder Gewerbeimmobilie ist es, diese Produktivität bestmöglich zu fördern.

Aufgrund der zunehmenden Technisierung und der von der Wirtschaft geforderten höheren Flexibilität haben sich die Arbeitsformen in den letzten Jahren laufend verändert.

Neue Konzepte wie

- virtuelle Teams
- Desk Sharing
- Telearbeit / Desk at home / Satellitenbüros
- Business Centers
- Business Clubs

führen zu erhöhten Anforderungen an die Gestaltung und Ausrüstung von Büroflächen.

8.2.1 Typologien der Bürowelt

Heute sind vier grundsätzliche Büroraumtypen verbreitet.

Zellenbüro

Ein- und teilweise Zwei- bis Dreipersonenbüros sind nach wie vor am verbreitetsten, trotz intensiver Diskussionen um transparentere und kommunikationsfördernde Büroformen. Optimal für vertrauliche Gespräche und hochkonzentrierte Einzelarbeit, weniger geeignet jedoch für prozessorientierte Team- und Gruppenarbeit.

Grossraumbüro

Obwohl das Grossraumbüro bereits totgesagt wurde, hat es in letzter Zeit unter dem Namen «open space» eine Renaissance erlebt. Anstelle der ursprünglich sehr offenen und wenig unterteilten Form, entstehen heute «Bürolandschaften» mit vielfältiger Gruppierung von Teambereichen durch flexible Raumtrennsysteme.

Weiterhin werden Besprechungsboxen, abgeschirmte Boxen für konzentrierte Einzelarbeit sowie Begegnungs- und Technikzonen eingeplant.

Gruppenbüro

Gruppenbüros zeichnen sich aus durch abgeschlossene Gruppenräume mit offener Struktur und geringer Untergliederung.

Kombibüro

Kleine Standardarbeitsräume für eine und teilweise zwei Personen gruppieren sich entlang der Fenster und sind meist mit Glasfronten von einem gemeinschaftlichen Bereich getrennt. Zentrale Gemeinschaftsbereiche beherbergen offene Gruppen-, Cafeteria- und Technikbereiche.

Bezüglich raumspezifischer Merkmale unterscheiden sich die Typen wie folgt:

	Grossraumbüro	Gruppenbüro	Zellenbüro	Kombibüro
Raumfläche	400 – 1200 m^2	100 – 300 m^2	10 – 50 m^2	9 – 12 m^2 für Standardarbeitsraum
Raumtiefe	20 – 30 m	15 – 18 m	4 – 5.5 m	4 – 5 m pro Raum
Gebäudetiefe				15 – 17 m
Raumbreite	20 – 40 m	12 – 24 m	2.5 – 4.5 m	2.3 – 3 m 6 – 8 für Multizone
Mitarbeiter pro Raum	25 – 100	8 – 25	1 – 6	1 – 2
Erforderliche Geschosshöhe (OK-OK)	3.8 – 4.5 m	3.7 – 4.0 m	2.8 – 3.6 m	3 – 4 m
Arbeitsplatzerschliessung	Hohlraumboden	Hohlraumboden	Brüstungskanal oder Doppelboden	Brüstungskanal, Doppelboden
Klimatisierung	Vollklimatisierung	teilklimatisiert	Fenster belüftet ev. teilklimatisiert	Fenster belüftet, ev. teilklimatisiert
Künstliche Beleuchtung	Innenbereiche vollständig	teilweise Innenzone	tagesbelichtete Arbeitsplätze	tagesbelichtete Arbeitsplätze

Abb. B18 Raumspezifische Merkmale verschiedener Bürotypen [B9]

8.2.2 Welche Gebäudetypologien können was leisten?

Einbündige Gebäudestruktur mit mittig angeordnetem Haupterschliessungskern

- Büroflächen gruppiert um zentralen Erschliessungskern
- Raumtiefen in der Regel bis ca. 5.5 m
- Hauptnutzungsprinzip überwiegend Ein- und Zweipersonenräume

- geringe Organisations- und Nutzungsflexibilität (Kombibüros und Open Space nur bedingt oder nicht möglich, transparente Raumkonzepte kaum darstellbar, da alle Bürobereiche Durchlaufzonen sind)
- geringe Kommunikationsqualität
- gute Arbeitsplatzqualität (gute Ausblickqualität für alle Arbeitsplätze)

Zweibündige Gebäudestruktur mit Ringerschliessung

- gegenüberliegende Büroflächen mit Mittelflur
- Raumtiefen in der Regel bis ca. 6 m
- Bundtiefen der Büroflügel in der Regel 12–13 m
- überwiegend Ein- und Zweipersonenräume
- eingeschränkte Organisations- und Nutzungsqualität (Kombibüros und Open Space nur bedingt oder nicht möglich, transparente Raumkonzepte kaum darstellbar, da alle Bürobereiche Durchlaufzonen sind)
- eingeschränkte Kommunikationsqualität
- eingeschränkte Arbeitsplatzqualität (teilweise nur geringe Ausblickqualität)

Zweibündige Gebäudestruktur mit linearer Erschliessungsstruktur

- durchgehender Mittelkern mit linearer Erschliessung gegenüberliegender Büroflächen über einen gemeinsamen Mittelflur
- Raumtiefen in der Regel bis 6.2 m
- Bundtiefen der Büroflügen 13–14 m
- Ein-, Zwei- und Mehrpersonenräume
- gute Nutzungsqualität (Kombibüros, Open Space und transparente Raumkonzepte gut machbar, da Bürobereiche keine Durchlaufzonen sind)
- eingeschränkte Organisationsflexibilität durch schlechte Vernetzungsmöglichkeit der Büroflächen
- gute Kommunikationsqualität
- gute Arbeitsplatzqualität (alle Arbeitsplätze mit guter Ausblickqualität)

Die zweibündige Gebäudestruktur mit linearer Erschliessungsstruktur lässt sich optimieren, indem der Erschliessungskern aussenseitig platziert und dadurch die beiden Büroflächen verbunden werden. Damit wird die Organisationsflexibilität weiter erhöht.

8.2.3 Raumbedarf pro Arbeitsplatz

Flächenart	Zugehörige Flächenarten	Richtwerte in m²	
		Bandbreite	Mittelwert
Arbeitsplatzfläche	Möbelstell-, Bedienungs- und Bewegungsfläche, Flächenzuschlag	11.0 – 15	13
Bürozusatzfläche	Besprechung, Registratur	1.5 – 4.0	2.3
Kommunikationsfläche	Eingangshalle	0.2 – 0.6	0.3
	Konferenz, Schulung, Fachbibliothek	0.3 – 1.0	0.5
Sozial- und Sanitärfläche	Betriebsrestaurant, Cafeteria, Küche	0.8 – 1.5	1.1
	Betriebsarzt, Betriebssport	0.1 – 0.3	0.2
	Toiletten, Waschraum	0.6 – 0.8	0.7
Administrative zentrale Servicefläche	Warenannahme, Poststelle, Druckerei	0.3 – 0.5	0.4
	Zentralarchiv	0.4 – 1.0	0.6
	Lager	0.4 – 1.5	0.6
	Hausdienste	0.3 – 0.6	0.4
	Entsorgung	0.1 – 0.2	0.2
Zentrale Datenverarbeitung	Server, Operating	0.6 – 1.5	1
Garagenfläche	Fahrdienst	0.2 – 0.6	0.5
	Einstellplätze	0.0 – 13.0	2.6
Gebäudetechnik	Zentrale, Schacht	2.4 – 4.6	3
Verkehrsfläche	Flur, Gang	1.5 – 4.0	3
	Treppe, Aufzug	0.8 – 2.0	1.5
Konstruktionsfläche	Wand, Stütze	1.9 – 3.8	3.1
Brutto Grundfläche		23.3 – 44.7	35

Abb. B19: Raumbedarf pro Arbeitsplatz [B10]

Fazit

Dies bedeutet, dass die eigentliche «Arbeitsplatz- und Bürozusatzfläche» mehr als verdoppelt werden muss, um zur effektiv benötigten Fläche zu kommen.

Im internationalen Vergleich sind diese deutschen Zahlen, die durchaus mit schweizerischen zu vergleichen sind, eher grosszügig. Internationale Unternehmen bewegen sich mit ihren Flächen durchwegs am untersten Ende der Bandbreite.

8.2.4 Anforderungen

Zukunftsorientierte kommunikative Bürokonzepte setzen bestimmte Gebäudestrukturen voraus. Demzufolge sind folgende Anforderungen an eine Büroimmobilie zu stellen:

- Sie muss in der Lage sein, organisatorische und technische Veränderungen mitzumachen. Das bedeutet insbesondere:
  - Vertikale Erschliessungen ausreichend dimensionieren, so dass auch zukünftig zu erwartende technologische Entwicklungen auf die einzelnen Etagen gebracht werden können.
  - Umnutzungskosten, Umzugskosten tief halten (in der Regel ziehen heute 25–50% der Arbeitsplätze einmal im Jahr um).
  - Versetzen von Wänden ermöglichen durch ein umsetzbares Trennsystem.
  - Doppelboden vorsehen.
  - Modulare Büro-Einrichtungssysteme verwenden.
  - Ausreichend dimensionierte und gut zugängliche Installationsschächte, Elektro- und Verteilerräume einrichten.
- Sie muss den Repräsentationsanforderungen gegenüber Kunden, Mitarbeitern und Öffentlichkeit entsprechen. Das bedeutet insbedondere:
  - Geschossflächen bereitstellen, die in kleinere Einheiten mit je ca. 25–40 Arbeitsplätzen (Heimatbereiche) unterteilbar sind.
  - Möglichkeit schaffen, einzelne Büroflächeneinheiten separat zu erschliessen zur Vermeidung von Durchlaufverkehr.
  - Vernetzungsmöglichkeit einzelner Büroflächeneinheiten, um Organisationsflexibilität erhöhen.
  - Hohe Flexibilität der haustechnischen Systeme anstreben, um schnelle und flexible Nutzungsänderungen zuzulassen.
  - Funktioneller technischer Ausbaustandard einrichten.
  - Auf offene und transparente Büroumgebung abgestimmtes Brandschutz und Sicherheitskonzept erarbeiten.

Entscheidend ist, dass das Gebäude so konzipiert wird, dass sich diejenigen Firmen, die an diesen spezifischen Standort ziehen, darin optimal einrichten und zuhause fühlen können.

8.2.5 Standardanalysen Büro

Auch im Bürobereich können von Banken und spezialisierten Beratungsfirmen standardisierte Datensätze bezogen werden, die einen guten Überblick über die Makrosituation geben. Sie müssen jedoch auch im Bürobereich analog zum Wohnbereich durch eigene Recherchen bezüglich der konkreten lokalen Mikrosituation ergänzt werden.

Vor der Erstellung des Gebäudekonzeptes sind die folgenden, entscheidenden Fragen zu beantworten:

- Welche Nutzer (Branchen, Firmengrössen) werden aufgrund der Mikro- und Makro-Standortfaktoren am betrachteten Standort voraussichtlich hinziehen?
- Welche Anforderungen bezüglich Raumprogramm, Arbeitsplatzgestaltung, Repräsentativitäts- und Sicherheitsansprüchen haben diese Nutzer? Wie gross sind die nachgefragten Einheiten?
- Welche Preise sind diese Nutzer in der Lage zu bezahlen, bzw. können am vorliegenden Standort durchgesetzt werden?

8.2.6 Produktgestaltung

Aufgrund der Antworten auf diese Fragen kann das Gebäudekonzept erstellt werden, wobei folgende Überlegungen miteinbezogen werden sollen:

- Wird voraussichtlich in grossen oder in kleinen Einheiten vermietet? Werden somit eher wenige (1–5) oder viele Mieter im Hause sein? Welches ist somit die geeignete Gebäudetypologie?
- Wie viel zentrale Infrastruktur bzw. gemeinsam genutzte Dienstleistungen sollen eingeplant werden (z.B. zentraler gemeinsamer Empfang, Konferenz- und Sitzungsräumlichkeiten, Cafeteria)? Damit zusammenhängender geringerer Mietflächenbedarf pro Arbeitsplatz kann ein wichtiges Vermietungsargument sein bzw. dazu führen, dass höhere Flächenmieten durchgesetzt werden können.

Die Lebenszyklen von Gebäudehülle, technischer Infrastruktur, Bürotechnik und Organisationsstrukturen sind sehr unterschiedlich. Deshalb ist es wichtig, die entsprechenden Bauteile zu trennen. Bürogebäude werden sinnvollerweise in «Core and Shell»-Philosophie gebaut, bei der die entsprechenden Bauteile strikte getrennt werden:

- Rohbau mit einer Lebensdauer von 50–70 Jahren (Erschliessungskern mit ausreichend dimensionierten vertikalen Erschliessungsschächten und evt. Verteilungsräumen auf den Etagen, Etagenböden und Fassade)
- Technische Infrastruktur mit einer Lebensdauer von 20–25 Jahren (HKL-, Elektro- und Kommunikationsgrunderschliessung bis Etage)
- Bürogrundausbau mit einer Lebensdauer von 8–12 Jahren («Edelrohbau» mit evt. Doppelboden, heruntergehängter Decke sowie Bussystem zur Arbeitsplatzerschliessung)
- Büroeinrichtung und Bürotechnik mit einer Lebensdauer im Bereich von 3–5 Jahren und häufigem Änderungsbedarf (flexible Trennwände sowie Mobiliar und Arbeitsplatztechnik)

Häufige Fehler bei der Bürogebäudeentwicklung in der Schweiz sind:

- Fehlende Gestaltung der Eingangszonen: Der Eingang ist die Visitenkarte des Gebäudes und gibt dem Besucher das Gefühl willkommen zu sein oder nicht. Viel zu häufig geht vergessen, dass das bereits bei der Eingangstüre und dem Eingangsbereich des Hauses beginnt und nicht erst auf der Fläche des einzelnen Mieters. Eine grosszügige und freundliche Gestaltung des Gebäudeeingangsbereiches und der allgemeinen Zone auf den einzelnen Etagen trägt viel zum Renommee eines Objektes bei.
- Kombination von Büroflächen mit (überhohen) Gewerbeflächen im Erdgeschoss: Das Vorhandensein von Gewerbebetrieben im Erdgeschoss beeinträchtig die Büronutzer sowohl in Bezug auf Repräsentativität als auch in Bezug auf Lärm und Nutzungsqualität.
- Zu kleine Raumhöhen, die es nicht zulassen, sowohl einen Doppelboden als auch eine heruntergehängte Decke einzubauen. Insbesondere flexiblere Büroraumkonzepte wie Open Space, die aufgrund der Raumgrösse Lüftungsanlagen und schallhemmende Decken brauchen, sind ansonsten nicht umsetzbar.
- Mangelnde ökologische Ausrichtung der Projektentwicklung: Bürohäuser der Zukunft werden keine fossile Energie mehr brauchen. Bereits heute dominieren ökologische Themen die Diskussion:
  - Solarfassaden und -dächer
  - Nachtauskühlung und Komfortlüftung
  - Energiespeicherdecken
  - ECO-Beleuchtungskonzepte
  - Wärmepumpen und Blockheizkraftwerke

9 Sonderimmobilien

Sonderimmobilien sind Bauten, die nicht als Wohn- oder Arbeitsstätten genutzt werden, also beispielsweise Sportanlagen, Pflegeheime oder Einkaufszentren. Ihre räumliche Gestaltung ist meistens spezifisch auf die darin stattfindende Tätigkeit abgestimmt und entspricht auch konstruktiv sehr genau den Bedürfnissen ihrer Funktion. Das macht sie als Anlagegefässe speziell und attraktiv, solange ein Bedürfnis für ebendiese Funktion ausgewiesen ist. Ändert allerdings die Bedarfslage, so sind die Sonderimmobilien oft nur schwer einer neuen Nutzung zuzuführen. Während beispielsweise eine schlecht vermietbare Wohnung leicht in eine Zahnarztpraxis oder eine Fabrik in Loftwohnungen umgebaut werden können, sind Schwimmbäder oder Schauspielhäuser nur selten für andere Nutzungen brauchbar.

Risiken von Sonderimmobilien

Diese funktionelle Besonderheit führt zu einer höheren Volatilität der Sonderimmobilien gegenüber Standardimmobilien, die sich in einer höheren Risikostufe bei der Finanzierung niederschlägt. Je spezieller eine Immobilie für eine ganz spezifische Nutzung zugeschnitten ist, desto schwieriger ist sie im Bedarfsfall für andere Zwecke verwendbar und desto höher ist der Prämienzuschlag mit dem Finanzinstitute ihre Gewinnerwartung risikogerecht absichern.

Trotzdem stossen Sonderimmobilien im Markt auf grosses Interesse, denn während ihrer Lebensdauer sind sie durchaus in der Lage, attraktive Gewinne zu generieren:

- Objekte, die monetäre Gewinne abwerfen, sind für die Privatwirtschaft attraktiv
- Objekte, die infrastrukturelle Gewinne abwerfen, sind für die Volkswirtschaft attraktiv
- Objekte, die kulturelle Gewinne abwerfen, sind für die Gesellschaft als Ganzes attraktiv
- Objekte für Ausbildung und Gesundheit bringen zeitverzögert indirekte Gewinne

Allen Sonderimmobilien gemeinsam ist der Umstand, dass sie sich während ihrer Betriebsphase stark auf den Wert der umliegenden Standardimmobilien auswirken. Ihr Bau ist deshalb nie Privatsache, sondern muss politisch sorgfältig mit allen übrigen Interessenvertretern und Betroffenen geklärt werden. Oft muss zu solchen Projekten wegen ihrer Grösse und der Auswirkung auf den Verkehr ein Umweltverträglichkeitsbericht (UVB) erstellt werden. Dieser ist von Amtes wegen zu prüfen und wird nicht selten zum Zankapfel mit den Umweltverbänden, die unbelastet durch allfälllige lokalpolitischen Interessen und Abhängigkeiten als zweite Prüfinstanz agieren. Das Volks-Nein zur Maulkorb-Initiative vom Herbst 2008 legitimiert diese «second opinion», die von vielen Investoren als wirtschaftsschädigend eingestuft wird. Sie berufen sich dabei auf die einseitige Interpretation der Interessenabwägung, die je nach Position zu unterschiedlicher Auslegung führt.

Die Situation ist heute paradox: Das Raumplanungsgesetz verlangt verdichtetes Bauen, während das Umweltschutzgesetz eine Verteilung der Emissionen vorschreibt, was ein Wachstum in die Fläche provoziert. Das ist auch die Schwäche der Umweltverträglichkeitsprüfung (UVP): sie betrachtet nur den isolierten Einzelfall.

Raumplanungsgesetz und Umweltverträglichkeitsverordnung sind wichtige Grundlagen in der Entwicklung von Sonderimmobilien.

9.1 Immobilien für den Einkauf

Konsumgesellschaft – Der Weg in die Kommerzialisierung

Das Konsumverhalten der Gesellschaft hat sich im Verlauf des 20. Jahrhunderts stark verändert. Die Entwicklung zum Massenkonsum gründet auf dem kräftigeren Anstieg der Löhne in den 1950er Jahren gegenüber den Lebenshaltungskosten. Die Struktur der Haushaltsausgaben erfuhr seither eine deutliche Verschiebung. Der Anteil der Ausgaben für Lebens- und Genussmittel sank bei der untersten Kaufkraftklasse von 50% in den 1920er Jahren auf 14% gegen Ende des 20. Jahrhunderts. Zugenommen haben indes die Bereiche Verkehr, Bildung und Erholung. Ein weiterer Faktor, welcher das Konsumverhalten stark beeinflusste, ist das Aufkommen der Kleinkredite und der Abzahlungskäufe. Sparte man früher noch auf etwas hin, so hat man heute die Möglichkeit, zuerst zu konsumieren und nachträglich in Raten abzuzahlen.

Ein mit dem Aufkommen des Massenkonsums einhergehendes «Phänomen» ist die Konsumkritik. Bereits Anfangs der 1930er Jahre wurden die ersten Stimmen gegen eine «Ökonomie des Überflusses» laut. Während Schlagworte wie «geheime Verführer» und «Konsumterror» in den systemkritischen 1960er Jahren den Konsumenten noch als «Opfer» sahen, prangert der durch die Ölkrise gezeichnete Konsumkritiker der 1970er Jahre die Ressourcenverschwendung und Wegwerfmentalität der Gesellschaft an. Im Zusammenhang mit dem Konsumverhalten wird heute von der «silent revolution» gesprochen, einer Hinwendung zu postmateriellen Werten. Grundlage für eine solche Entwicklung ist eine Sättigung der materiellen Bedürfnisse auf sehr hohem Niveau. «Personen, die in einer Phase des relativen Wohlstands (...) ihre Kindheit und Jugend verbringen, halten wirtschaftliche Sicherheit als etwas Selbstverständliches und orientieren sich (...) an Werten wie persönliche Freiheit, Selbstverwirklichung und Lebensqualität» [B11]. Dieser Wertewandel schlägt sich darin nieder, dass als immateriell definierte Bedürfnisse, wie Freizeit, Erlebnis und Wohlbefinden, zunehmend kommerzialisiert werden.

Detailhandel

Unter Detailhandel (in Deutschland: Einzelhandel, im englischen Sprachraum: Retail) werden Handelsunternehmen verstanden, die Waren in Kleinmengen oder auch Dienstleistungen dem Endverbraucher anbieten. Im Gegensatz dazu richtet sich der Grosshandel an den Wiederverkäufer. Direktvertreiber stellen hierbei eine Sonderform des Vertriebes an den Endverbraucher dar. Die Funktion des Einzelhandels wird dabei durch den Hersteller selber übernommen. Innerhalb des Direktvertriebes gibt es eine Vielzahl von Handelsformen, wie Internet-Handel oder Factory-Outlets.

Grundsätzlich wird zwischen drei Hauptgruppen des Detailhandels unterschieden: dem ambulanten, dem stationären und dem Versandhandel. Beim Versandhandel werden die Produkte per Katalog, Internet oder Fernsehen angeboten. Die Bestellung der Produkte wird mündlich (per Telefon), schriftlich (per Brief oder Fax) oder online getätigt. Die Bezahlung erfolgt anschliessend per Kreditkarte oder auf Rechnung. Der Versandhandel ist durch Aufkommen neuer Technologien wie Telefon, Fernsehen und vor allem dem Internet (Amazon, Ebay) stark gewachsen. Ambulanter Handel bezeichnet den klassischen Handel von Marktverkäufern oder Hausierern, wobei der Verkäufer direkt zu oder in die Nähe seiner Kunden reist. Diese Handelsform wird heute auch als Reisegewerbe bezeichnet. Im 19. Jahrhundert gründeten erfolgreiche Hausiererfamilien, wie die Gebrüder C. und A. Brennink-Meyer (C&A) grosse Einzelhandelshäuser und gingen so zum stationären Handel über. Die Schweizer Migros machte dieselbe Entwicklung durch. Stationärer Handel bezeichnet den Handel von einem festen Standort aus. Der Kunde reist zum Verkäufer und in die Ladengeschäfte, um an die Ware zu gelangen. Typische Vertriebsformen im stationären Handel sind Fachhandel, Warenhäuser, Supermärkte und Baumärkte.

Von der Einkaufspassage zum Einkaufszentrum

Mit den «Arcades» entstanden im 19. Jahrhundert in Frankreich die ersten überdachten Marktstrassen, die Einkaufspassagen. Als Einkaufspassage oder Ladenpassage wird ein meist überdachter Durchgang mit einem umfangreichen Warenangebot durch einen Gebäudekomplex bezeichnet. Grundsätzlich wurden in solchen Passagen keine Billigläden integriert, eher wurde ein temporärer Leerstand akzeptiert (z.B. Galleria Vittorio Emanuele, Mailand).

Die Einkaufspassage gilt als Vorstufe des Kaufhauses. Ein Kaufhaus bietet Produkte aus einer oder wenigen bestimmten Warengruppen in tiefer Gliederung an. Kaufhausware ist in erster Linie preiswerte Massenware für einen grossen Konsumentenkreis. Am stärksten verbreitet sind Textilkaufhäuser oder solche für Elektronik und Elektrogeräte (z.B. C&A, Eschenmoser, Mediamarkt). Mit dem Aufkommen des Internets sowie dem dadurch möglich gewordenen Preisvergleich und dem Web-Einkauf nimmt der Umsatz von Kaufhäusern stetig ab.

Umgangssprachlich werden die Begriffe Kaufhaus und Warenhaus weitgehend synonym verwendet. Die beiden Betriebsformen unterscheiden sich jedoch in der Sortimentsgestaltung. Ein Warenhaus ist ein grosses, in der Regel mehrstöckiges Einzelhandelsgeschäft, in dem Waren jeglicher Art zum Kauf angeboten werden. Warenhäuser werden meist von grossen Handelsketten betrieben, können jedoch auch in speziellen Sparten (z.B. Kosmetik, Technik) untervermietet sein. Im Gegensatz zu einem Supermarkt spielt das Angebot an Lebensmitteln in einem Warenhaus eine untergeordnete Rolle. Warenhäuser sind vorwiegend in der Innenstadt zu finden, inzwischen auch zunehmend in Einkaufszentren (z.B. Globus, Jelmoli, Manor).

Vom Warenhaus zu unterscheiden ist das Selbstbedienungswarenhaus, welches seinen Schwerpunkt im Bereich Lebensmittel hat. In diesem Segment ist ein breites und tiefes Angebot charakteristisch. Selbstbedienungswarenhäuser zeichnen sich durch eine Dauerniedrigpreis- oder Sonderangebotspolitik aus. Ihre Standorte sind meist autokundenorientiert (z.B. Carrefour, Jumbo).

Das Konzept der Einkaufszentren besteht in der Zusammenführung vielfältiger Detailhandelsgeschäfte und Dienstleistungen unter einem Dach. 1956 entstand mit dem Southdale Center bei Minneapolis das weltweit erste, in einem einzigen Gebäude integrierte Einkaufszentrum. Geplant wurde es vom Architekten Victor Gruen, der als Vorreiter heutiger moderner und komplexer Einkaufszentren gilt. Einkaufszentren werden konzeptionell einheitlich geplant und über ein Center-Management gesamtheitlich geführt. Anders als bei den Warenhäusern führt jedoch kein Handelskonzern das Center auf eigene Rechnung. Der Konzern tritt nur als Vermieter auf und sorgt für das Center-Management. Einkaufszentren dienen vor allem dem qualifizierten Einkauf und nicht nur der Deckung des kurzfristigen Bedarfs.

Mit dem Wandel hin zu einer freizeitorientierten Konsumgesellschaft haben sich auch die Zentren geändert. Grössere Einkaufszentren haben sich den neuen Kundenbedürfnissen angepasst und ihr Einkaufsangebot mit einem integrierten Unterhaltungsprogramm wie Multiplexkino, Fitnesscenter oder Spielhalle erweitert. Zusätzlich organisiert das Center-Management regelmässig Events, wie Modeshows, Themenwochen usw. In diesen sogenannten Erlebniszentren dienen Unterhaltung, Freizeit und Erlebnis als Attraktoren. Der Einzelhandel tritt bewusst in den Hintergrund und wird zum «Frequenznutzer».

Das Einkaufszentrum ist ursprünglich ein amerikanisches Konzept, es sollte dort ein innerstädtisches, europäisches Ambiente simulieren, da sich die Geschäfte in den USA – anders als in Europa – nicht zentral im Ortsmittelpunkt, sondern verstreut entlang der Ausfallstrassen befanden. Trotz geringerer Suburbanisierungseffekte in Europa hat sich jedoch auch hier diese Form des Einzelhandels durchgesetzt.

Der Boom in der Schweiz

Seit Mitte der 1990er Jahre erleben Einkaufszentren in der Schweiz, definiert mit mehr als 7000 m^2 und mit mindestens 5 verschiedenen Anbietern, einen Boom. Allein im Zeitraum von 2004 bis 2006 entstanden landesweit 12 solcher Zentren, was zu einer Verkaufsflächenzunahme von 25 % auf 1.5 Mio. m^2 führte und einen Anteil von 5 % aller Detailhandelsflächen ausmacht. Auf diesen Flächen werden knapp 13 % des gesamten Branchenumsatzes erwirtschaftet (im Vergleich: in den USA sind es 55 %). Diese Prozentzahlen zeigen auf, dass der m^2-Flächenertrag in den Zentren im Schnitt 2.6 % des gesamten Branchenumsatzes ausmacht, während es die traditionellen Standorte auf lediglich 0.92 % bringen.

Durch den Zuwachs der Einkaufszentren in den vergangenen Jahren erreichen heute 96 % der Schweizer Bevölkerung innerhalb einer halben Stunde ein Einkaufszentrum. Diese Verdichtung des Konsumangebots schliesst zwar gemäss Wüest & Partner [B12] die letzten Versorgungslücken, die bis vor vier Jahren noch bestanden haben, löst aber zugleich einen immer stärker werdenden Verdrängungskampf aus. Sollten bis 2013 alle 18 in Planung stehenden Zentren mit einer Gesamtfläche von 600 000 m^2 realisiert werden, wird sich das Ranking der grössten Zentren stark verändern. Somit kann davon ausgegangen werden, dass der Verdrängungskampf erst richtig begonnen hat.

Verdrängungskampf

Beim Verdrängungskampf im Detailhandel kommen vor allem Verkaufslokale an den traditionellen Standorten unter Druck. Ihr Anteil am gesamten Branchenumsatz ist über die Jahre hinweg stetig gesunken. Die Entwicklung der sinkenden Mietpreise für Verkaufsflächen an traditionellen Standorten zeigt diese Tendenz deutlich auf. Hierbei bilden traditionelle Verkaufslokale an den Top-Lagen in Grossstädten wie die Zürcher Bahnhofstrasse oder die Rue du Rhône in Genf die Ausnahme. Diese Lagen erzielen Höchstmieten, welche, aufgrund der grossen Nachfrage, weiterhin steigen.

Die ausserstädtischen Einkaufszentren profitierten zwar von der allgemeinen Verlagerung der Branchenumsätze von traditionellen Flächen hin zu Einkaufszentren, doch konnten auch sie sich nicht dem Trend der sinkenden Flächenerträge entziehen. Der Grund hierfür ist das neue Konsumverhalten der Gesellschaft, der «silent revolution», welches nach mehr Erlebnis und Freizeit verlangt. Um diesem neuen Kundenbedürfnis gerecht zu werden, haben viele Zentren ihr Verkaufsangebot um Freizeitprogramme erweitert, was zu grosszügigeren Layouts mit grossflächigen Nebennutzungen führt.

Die Grössten	Verkaufsfläche m²
Shoppi&Tivoli Spreitenbach	77'810
Glatt ZH	43'387
Avry-Centre FR	43'365
Sihlcity ZH	42'395
Gäupark Egerkingen	42'000
Centre Balexert Genf	41'127
Shoppyland Bern	36'700
Marin-Center NE	33'606
Westside Bern	31'000
Emmen Center LU	30'300
Letzipark ZH	23'174
La Praille Carouge	25'931
La Maladière NE	25'773
Fox Town Mendrisio	25'000
Volki-Land Volketswil	24'270
Total	545'838

Die Umsatzstärksten	Umsatz in Mio. CHF
Glatt ZH	648
Centre Balexert Genf	454
Airside-Center Kloten	435
Shopville Zürich	413
Shoppi&Tivoli Spreitenbach	392
Emmen Center LU	273
Seedammcenter Pfäffikon	271
Avry-Centre FR	235
Centre Crissier VD	230
Sihlcity ZH	227
Chavannes de Bogis VD	221
Volki-Land Volketswil	209
Zugerland Steinhausen Zug	207
Shoppyland Bern	206
Letzipark ZH	206
Total	4'627

Die Produktivsten	Umsatz/m² Schweiz
Railcity Bern	27'472
Shopville Zürich	23'987
Railcity Winterthur	21'807
Railcity Genf	20'908
Airside-Center Kloten	19'777
Railcity Basel	16'831
Glatt ZH	14'926
Zentrum Oberland Thun	14'761
Railcity Luzern	14'543
Sälipark Olten	13'533
Neumarkt Altstetten	13'506
Seedammcenter Pfäffikon	13'500
Railcity Lausanne	13'239
Neumarkt Brugg	12'821
Signy Center Nyon	12'251
Schnitt	16'924

Abb. B20: Einkaufszentren im Vergleich [B13]

Standort

Walter Christaller, deutscher Geograf und Städteplaner, ist für seine theoretischen Arbeiten über urbane Zentren und deren Rolle bei der Versorgung einer Region mit Gütern und Dienstleistungen bekannt. In seinem 1933 verfassten Hauptwerk «Die zentralen Orte in Süddeutschland» [B14] klassifiziert Christaller die Orte hierarchisch nach ihren Versorgungsangeboten in 3 Ebenen (Abb. B21). Jedes Oberzentrum (Ebene 1) wird von einem Ring von Mittelzentren (Ebene 2) umgeben, diese ihrerseits wiederum von einem Ring von Unterzentren (Ebene 3).

Seinem deduktiven Raumordnungsprinzip lagen folgende Prämissen zugrunde:

- Produktion und Bevölkerung gleichmässig verteilt
- Einkommen, Kaufkraft und Bedürfnisse bei allen gleich
- Verkehrsnetz in allen Richtungen gleichförmig
- Transportkosten proportional zur Entfernung

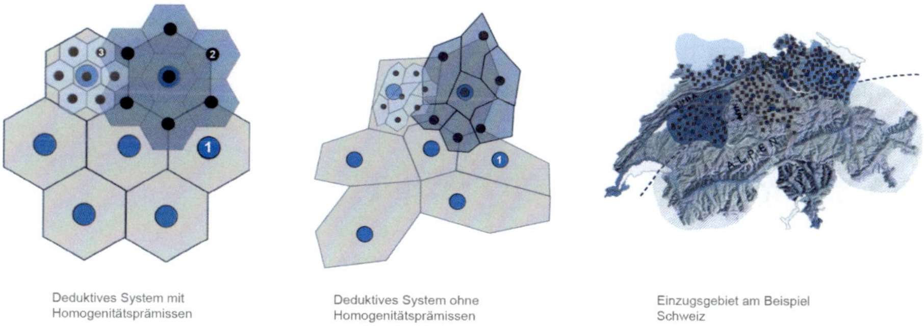

Abb. B21: Standorte nach Christaller [B14]

Ähnlich der «Theorie der zentralen Orte» von Walter Christaller gibt es auch im Detailhandel verschiedene Hierarchiestufen der Zentralität (Abb. B22).

Die Zentralität wird über die Reichweite und Notwendigkeit eines Gutes bestimmt. Wobei sich diese umgekehrt proportional zueinander verhalten. Das heisst je geringer die Notwendigkeit eines Gutes, desto grösser muss dessen Einzugsgebiet oder Reichweite sein. Folglich ist auch die Zentralität höher klassifiziert.

Im Detailhandel spricht man von drei Ebenen:
- Ebene 1: der «qualifizierte» Einkauf
- Ebene 2: der «periodische» Bedarf
- Ebene 3: der «tägliche» Bedarf

Die Zentralität nimmt von Ebene 1 hin zur Ebene 3 ab.

	Raumordnung nach Christaller	Bedürfnisse / Notwendigkeit	Erreichbarkeit	Anzahl	Zentralität / Abdeckung	Radius	Erschliessung
Ebene 1	Oberzentrum	qualifizierte	Auto / ÖV	Einzelne	überregional	60 Minuten	hervorragend
Ebene 2	Mittelzentrum	periodische	ÖV	Dutzende	regional	10–30 Minuten	gut
Ebene 3	Unterzentrum	tägliche	zu Fuss / Velo	Hunderte	lokal	bis 15 Minuten	im Quartier

Abb. B22: Standorthierarchie [B14]

Ein Lebensmittelgeschäft (Ebene 3) beispielsweise erfüllt den täglichen Bedarf, hat eine höhere Notwendigkeit und eine geringere Zentralität als ein Fahrradgeschäft (Ebene 2). Ein Baumarkt (Ebene 1) wiederum gilt als qualifizierter Einkauf, die Notwendigkeit ist am geringsten, die Reichweite und Zentralität am grössten.

Struktur im Detailhandel

Der Detailhändler hat als Verbindung zwischen Produzent und Konsument eine grosse Bedeutung. Er nimmt einerseits die Nachfrage des Konsumenten auf und trifft andererseits bei den Produzenten durch seine Sortimentsfestlegung eine Vorwahl. Durch die Filterfunktion bei der Produktwahl übt der Einzelhändler eine grosse Macht auf den Produzenten aus.

9.2. Immobilien für die Freizeit

Freizeit als «nicht der Erwerbstätigkeit dienende Zeit» ist heute als Definition nicht mehr ausreichend. Eine differenziertere Betrachtung des Begriffes definiert die Freizeit als jene Zeit, die übrig bleibt, wenn alle verpflichtenden Arbeiten (z.B. Hausarbeit) getan und die körperlichen Notwendigkeiten wie Schlafen oder Essen befriedigt sind [B15].

Einen völlig anderen Ansatz verfolgte Opaschowski [B16]. Er charakterisierte Freizeit als subjektive Wahrnehmung von besonderen Qualitäten der Erfahrung und des Erlebens. Freizeit wird als Gemütsverfassung verstanden.

Freizeit hat für die moderne, auf Selbstentfaltung und Selbstverwirklichung fokussierte Wohlstandsgesellschaft eine zunehmend zentrale Bedeutung. Die Wochenarbeitszeit wird reduziert und Teilzeitstellen werden immer populärer. Jüngere Menschen nehmen vermehrt unbezahlten Urlaub und Ältere treten freiwillig früher aus dem Arbeitsleben aus. Die Arbeitsgesellschaft hat sich zur Freizeitgesellschaft gewandelt. Der deutliche Anstieg der Freizeit und deren Bedeutung sowie Gestaltung hat umfassende Auswirkungen auf die soziale, ökonomische, ökologische und politische Umwelt.

Untersuchungen zeigen, dass nur wenige ihre Freizeit auch als «Eigenzeit» im Sinne von Musse und Ruhe verstehen. Die Freizeitgestaltung wird hauptsächlich als Aktivzeit gestaltet und kann in drei Gruppen eingeteilt werden:

- Kultur- und Bildungszeit
- Aktivzeit
- Konsumzeit

Sportanlagen

Die Infrastruktur, welche die Ausübung der genannten Freizeitbereiche erst ermöglicht, hat eine immense Auswirkung auf die gebaute Umwelt und die Volkswirtschaft. So zählt die Schweiz gemäss einer Studie des Instituts für Tourismuswirtschaft [B17] 28 800 Sportanlagen mit einem Neubauwert von 57 Mrd. CHF. Der Sportbereich beschäftigt landesweit 20 700 Mitarbeiter (Stand Oktober 2007). Die Sportanlagen bringen eine Bruttowertschöpfung von 1 840 Mio. CHF pro Jahr.

Zu den Sportanlagen zählen Berg- und Spezialbahnen, die mit einem Anteil von 19 % an der Bruttowertschöpfung der Sportanlagen wirtschaftlich am bedeutendsten sind. Gymnastik- und Fitnesscenter weisen mit 15 % ebenfalls ein überdurchschnittliches Gewicht auf. Auf Schwimmanlagen mit Hallen-, Frei- und Schwimmbädern entfällt ein Anteil von rund 14 %, Reithallen und -anlagen erbringen eine Wertschöpfung von rund 6 % am Total der Sportanlagen im Gesamtsystem Sport.

Aussenanlagen, wie Rasenplätze und Leichtathletikanlagen (14 %) sowie Turn- und Mehrzweckhallen (12 %) werden zum grössten Teil von der öffentlichen Hand getragen und unterhalten.

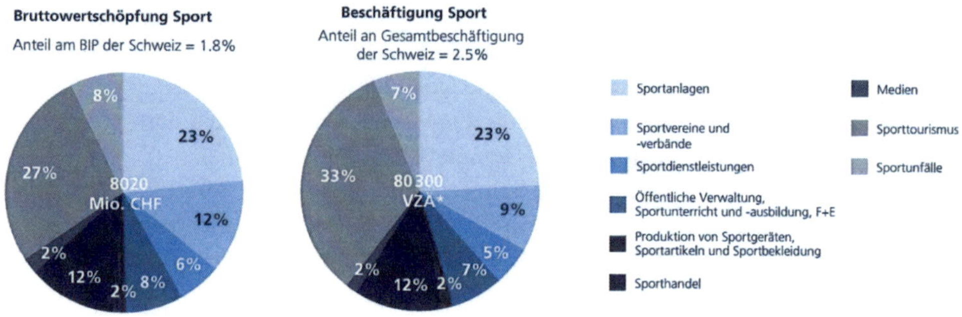

Abb. B23: Bruttowertschöpfung und Beschäftigung des Gesamtsystems Sport [B17]

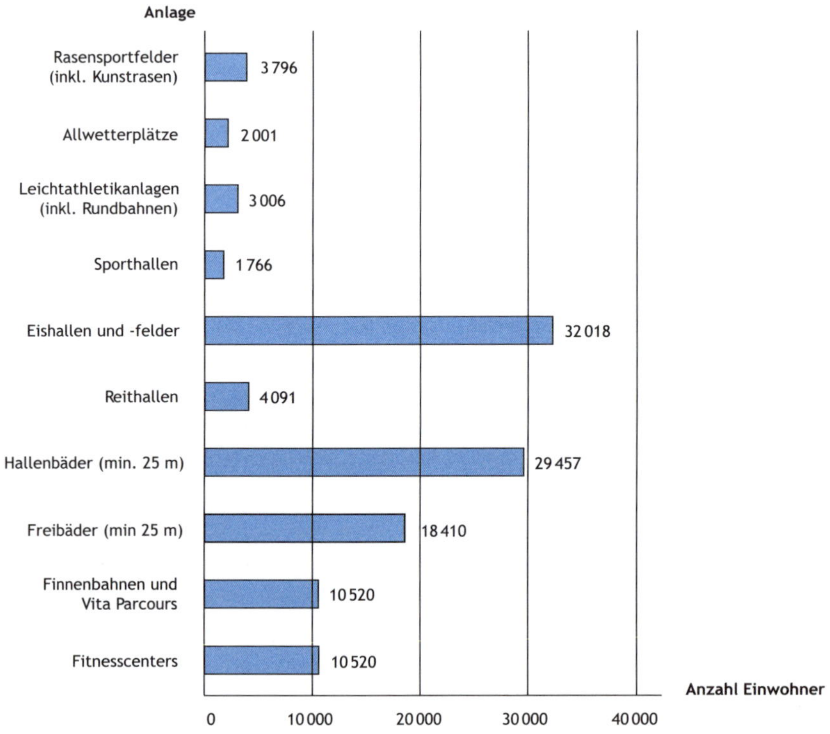

Abb. B24: Versorgung der Schweizer Bevölkerung mit Sportanlagen, 2005 (Anzahl Einwohner pro entsprechende Sportanlage) [B17]

Kulturbauten

Auch im Bereich Kultur wird die Infrastruktur mehrheitlich von der öffentlichen Hand oder Stiftungen getragen. In einem Vergleich zwischen dem Opernhaus Zürich, dem Schauspielhaus Zürich, dem Theater Basel und dem KKL Luzern wird ersichtlich, dass ausser das KKL alle anderen Kulturstätten zu deutlich über 50 % durch Subventionen und Spenden getragen werden. Den hohen Anteil der Eigenfinanzierung erbringt das KKL über «Nebennutzungen», wie Gastbetriebe und Kongresse.

Ertragsrechnung in 1000 CHF	Opernhaus Zürich		KKL Luzern		Theater Basel		Schauspielhaus Zürich	
Eigenfinanzierung	41'587	34.6%	23'642	84.9%	9'394	17.6%	10'906	26.1%
Vorstellungseinnahmen	33'625	28.0%	9'110	32.7%	7'884	14.7%	6'149	14.7%
übriger Betriebsertrag	7'962	6.6%	2'893	10.4%	1'510	2.8%	4'757	11.4%
Gastronomie	0		11'639	41.8%	0		0	
Beiträge	78'663	65.4%	4'200	15.1%	44'101	82.4%	30'820	73.9%
öffentliche Hand	67'390	56.0%	4'200	15.1%	43'822	81.9%	30'820	73.9%
Sponsoren / Spenden	11'273	9.4%	0	0.0%	279	0.5%	0	0.0%
betrieblicher Gesamtertrag	**120'250**	100.0%	**27'842**	100.0%	**53'495**	100.0%	**41'726**	100.0%

Abb. B25: Vergleich Ertragsrechnung von Kulturbauten [B5]

Kommerzielle Freizeitbauten

Der hedonistische Konsum als Freizeitgestaltung geht mit dem Dreiklang «Shopping, Kino und Essengehen» einher. Die Immobiliengruppen des Verkaufs und des Gastgewerbes werden in Teil B Kapitel 9.1 bzw. 9.3 behandelt.

Freizeitprojekte als Infrastrukturprojekte

Freizeitimmobilien gelten als Infrastrukturprojekte. Innerhalb dieser Gruppe wird zwischen den Bereichen (Verkehr, Energie, Telekommunikation, Freizeit und Entsorgung), der Ausdehnung (Punkt- und Netzinfrastruktur) und dem Risiko (hohe und tiefe Wahrnehmung) kategorisiert.

Je nach Kategorie ist mit unterschiedlichem Widerstand der verschieden starken Interessengruppen und Verbänden zu rechnen. Widerstand gegen grosse Infrastrukturprojekte ist in den demokratischen Ländern ein typisches Phänomen, doch ist die Mitsprache in der Schweiz im Vergleich zu anderen europäischen Staaten wesentlich ausgeprägter.

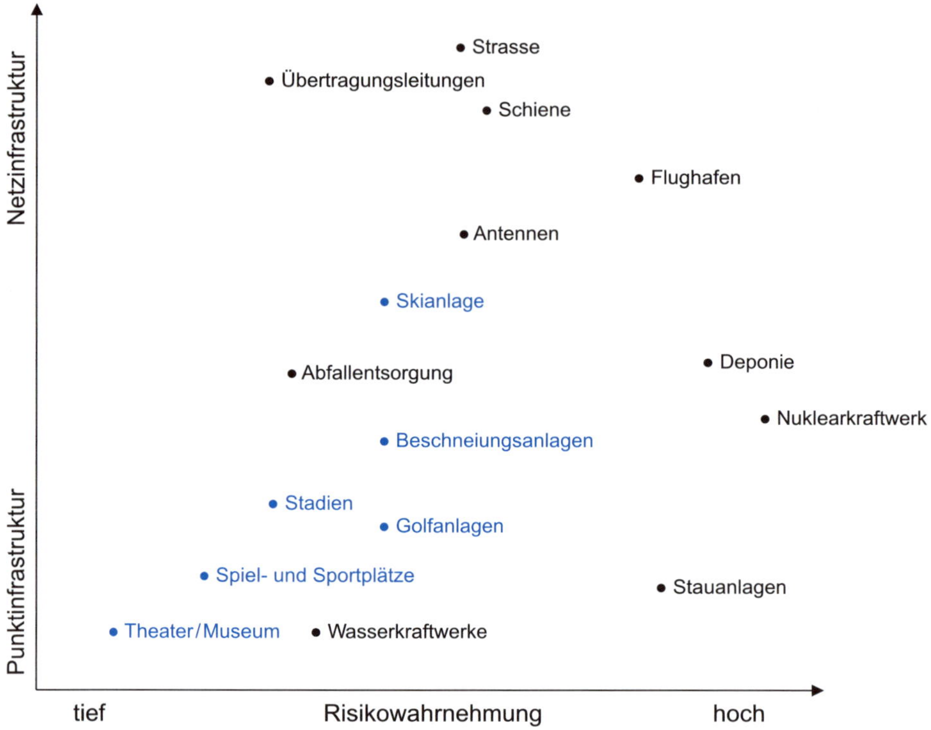

Abb. B26: Kategorien Infrastruktur [B18]

Infrastrukturbereiche		Erwartete Veränderung des Widerstandes	Interessengruppen
Verkehr	Strasse Schiene Flughäfen	0 + +	Automobilverbände, Wirtschaftsverbände, Gewerkschaften, Hauseigentümerverbände, Verkehrsgesellschaften, Umweltverbände etc.
Energie	Kraftwerke Übertragungs-leitungen	- 0	Energiebetreiber, Umweltverbände
Telekom-munikation	Antennen	+	Telekom-Betreiber, Umweltverbände
Freizeit	Hotels Infrastruktur für Trendsportarten	- +	Tourismusverbände Umweltverbände
Entsorgung	Deponien Nukleare Endlager	+ +	Umweltverbände Energiebetreiber

Abb. B27: Infrastrukturbereiche und Interessengruppen [B18]

Freizeitanlagen finden als Punktinfrastruktur mit tieferem Risiko zwar mehr Akzeptanz, dennoch ist das öffentliche Interesse bei solchen Projekten überregional sehr gross und sie stossen nicht selten auf Widerstand. Durch ihre Baumasse und das zusätzliche Verkehrsaufkommen haben sie eine grosse Einwirkung auf die Umwelt und bekommen dadurch ein enormes politisches Gewicht.

Da bei solchen Projekten viele Parteien (Stimmvolk, Umwelt- und Tourismusverbände usw.) direkt und indirekt mitwirken, ist der Prozess komplexer, die Vorlaufzeit entsprechend länger und Verhandlungen langwieriger. Eine wichtige Funktion nimmt hierbei die Kommunikation ein. Diese ist für eine transparente Öffentlichkeitsarbeit veantwortlich.

Als Investitionsobjekt sind Freizeitimmobilien nicht nur wegen den oben genannten Gründen riskant. Zusätzlich zur Immobilität sind Freizeitanlagen durch ihre spezische Nutzung auch inflexibel. Eine Umnutzung ist kaum möglich oder mit sehr hohen Investitionen verbunden.

Ausblick

Mehr Freizeit verlangt nach mehr Anlagen. Aber die Landreserven sind eingeschränkt. Die Realisierung von Neuanlagen (Golfplätze, Wasserskiarenen, Wellnessanlagen, Bootsstege usw.) wird zunehmend schwieriger. Gegen fast jede neue Freizeitanlage laufen die Umweltverbände Sturm. Die voraussehbaren zeitaufwändigen Gerichtsverfahren vereiteln manche Immobilienentwicklung noch bevor sie überhaupt konkretisiert werden kann.

Unsere Gesellschaft, bis vor kurzem noch eine «Spass- und Freizeitgesellschaft», verändert sich zusehends. Schon wird der neue Begriff «Verantwortungsgesellschaft» verwendet. Das hat auch Konsequenzen für die Freizeitimmobilien. Nicht dass die Menschen weniger freie Zeit hätten, aber sie werden zunehmend kritischer in Bezug auf gewisse «Ressourcen-verschleudernde» Freizeitbeschäftigungen. Gewisse Freizeitaktivitäten und die dazugehörigen Immobilien sind in der Schweiz nicht mehr denkbar (z.B. Rennstrecken, neue Marinas, neue Skigebiete, Motorschlitten oder Wassertöff).

9.3 Tourismus-Immobilien

9.3.1 Definition

Es gibt verschiedene Ansätze zur Definition des Phänomens «Tourismus». Eine der gebräuchlichsten Definitionen stammt von der World Tourism Organisation WTO: «Tourismus umfasst die Aktivitäten von Personen, die an Orte ausserhalb ihrer gewohnten Umgebung reisen und sich dort zu Freizeit-, Geschäfts- oder bestimmten anderen Zwecken nicht länger als ein Jahr ohne Unterbrechung aufhalten.»

Je nach Zweck werden verschiedene Formen von Tourismus unterschieden:

- Kulturtourismus (fremde Länder, Sprachen, Konzerte, Theater, Museen, Naturschönheiten)
- Gesundheitstourismus (Wellness, Fitness, Schönheitspflege, Rehabilitation)
- Sporttourismus (Skiferien, Wandern, Tauchen, Biken)
- Einkaufstourismus (Mode in Italien, Uhren in der Schweiz, Elektronik in Japan)

Wegen ihrer Zweckgebundenheit gelten Immobilien für den Tourismus als Sonderimmobilien. Eine scharfe Trennung zu verwandten Kategorien wie Freizeit, Einkauf, Pflege oder Kulturbauten ist nicht möglich. Der wichtigste Bautyp für den Tourismus dient der Beherbergung der Touristen: das Hotel.

In der Schweiz wurde gerade in der Hotelinfrastruktur ein vielfältiges Angebot aufgebaut. Die Struktur dieses Angebotes wird geprägt durch zahlreiche kleine und mittlere Betriebe. Eine Überprüfung aller Hotelbetriebe durch «GastroSuisse» bezüglich ihrer Wettbewerbsfähigkeit ergab, dass viele Betriebe gar nicht als marktfähig bezeichnet werden können. Hier schlummert ein grosser Nachholbedarf.

Aufgrund der grossen wirtschaftlichen Bedeutung der Hotellerie in der Schweiz wird diese in Teil B Kapitel 9.4 separat behandelt.

9.3.2 Geschichte

Die Handelsreisenden, die die Schweiz seit jeher bereisten oder durchquerten, gelten nicht als Touristen. Sie trugen aber zum Ruf der Schweiz als Land mit begeisternden Naturschönheiten bei. Als erste folgten die Engländer diesem Ruf und förderten an den schönsten Orten Hoteldynastien, die bis heute Markenzeichen des Tourismus geblieben sind. Ursprünglich war der Naturtourismus in der Schweiz ausschliesslich der Sommersaison vorbehalten. Der legendäre Hotelier Padrutt aus St. Moritz brachte dann aber seine Gäste mit klugem Marketing dazu, auch im Winter die Schönheit der Berge zu geniessen und leitete damit gleichzeitig den Sporttourismus ein (Ski, Curling, Bob, Skeleton). Bis heute besteht aber das Problem der Saisonalität, das im Frühjahr und Herbst wetterbedingt zu grossen Einnahmeeinbussen im Tourismus führt.

9.3.3 Situation heute: «get natural» oder einfach natürlich

Viele touristische Sehnsüchte werden mit der so genannten Kompensationshypothese erklärt: In den Ferien wird das kompensiert, was im Alltag vermisst wird. Man sucht auf Reisen das Andere, die Abwechslung, das Abenteuer oder die totale Entspannung, weil der Alltag eintönig, banalisiert, entfremdet und stressig erscheint. Man sehnt sich nach Gemächlichkeit, Authentizität und Natur, weil Hektik, Multikulti und Urbanität das Arbeitsleben dominieren. «get natural» lautet der Claim von Schweiz Tourismus. In der neuen Kommunikationsstrategie wird sogar versprochen, in den Ferien die typische Schweiz entdecken zu können. Tourismusarchitektur ist daher deutlich verspielter als Alltagsarchitektur – ganz nach dem Motto von Conrad Hilton: «Der Gast geht in Hotels, um etwas zu finden, das er zu Hause nicht hat.»

Gäste betreuen bringt Einkommen

Der Tourismus spielt auch in der Schweizer Wirtschaft eine bedeutende Rolle. Von den 21.6 Mrd. CHF Gesamteinnahmen wurden im Jahr 2004 9.7 Mrd. CHF oder 44.9 % durch den Binnentourismus erwirtschaftet. Die Ausgaben ausländischer Touristinnen und Touristen in der Schweiz brachten unserer Volkswirtschaft Einnahmen von 11.9 Mrd. CHF oder rund 2.6 % des Bruttoinlandproduktes.

Touristische Gesamteinnahmen	2003 Mrd. CHF	2004 Mrd. CHF	2005 Mrd. CHF	2006 Mrd. CHF	2007 Mrd. CHF
Von Gästen aus dem Inland	9.6	9.7	1)	1)	1)
Von Gästen aus dem Ausland (Fremdenverkehrsbilanz) 2)	11.6	11.9	12.5	13.6	14.6
Total	21.2	21.6	1)	1)	1)
Anteil am Bruttoinlandprodukt der Schweiz	5.1%	4.8%	1)	1)	1)

1) wird nicht mehr geschätzt
2) 2003/04/05: revidierte Zahlen, 2006/07 provisorische Zahlen

Abb. B28: Touristische Einnahmen [B19]

Tourismus ist unsichtbarer Export

Wenn ausländische Gäste in der Schweiz touristische Dienstleistungen beanspruchen, hat dies auf die schweizerische Zahlungsbilanz die gleiche Wirkung wie der Export von Waren. Dem Tourismus sind 8.3 % der Exporteinnahmen (Waren und Dienste) zuzuschreiben.

Exporteinnahmen der Schweiz in Branchen 1)	2003 Mrd. CHF	2004 Mrd. CHF	2005 Mrd. CHF	2006 Mrd. CHF	2007 Mrd. CHF
1. Metall-/Maschinenindustrie	50.9	55.2	58.3	65.0	72.5
2. Chemische Industrie	45.2	49.6	54.8	63.0	68.8
3. Uhrenindustrie	10.2	11.2	12.4	13.7	16.0
4. Tourismus	11.6	11.9	12.5	13.6	14.6
5. Textilindustrie	4.2	4.2	4.2	4.4	4.6

1) ohne Kapital- und Arbeitseinkommen aus dem Ausland

Abb. B29: Exporteinnahmen [B19]

9.3.4 Spezialthemen

Anzahlmässig am grössten sind die Beherbergungs- und Verpflegungsbetriebe.

Parahotellerie

Der Parahotellerie untergeordnet sind all jene Beherbergungsformen, die nicht der traditionellen Hotellerie zugeordnet werden.

Privatquartiere (Ferienhäuser und -wohnungen)

Objekte, die (im Gegensatz zu Zweitwohnungen) an Dritte zur Miete angeboten werden.

Zelt- und Wohnwagenplätze

Abgegrenzte Gelände, die für jedermann zum vorübergehenden Aufstellen von mitgebrachten Wohnwagen, Wohnmobilen und Zelten zugänglich sind. Ein «Stellplatz» entspricht im Durchschnitt drei «Schlafplätzen»

Gruppenunterkünfte

Touristen- und Massenlager, Verein- und Klubhäuser, Berg- und Schutzhütten, Jugendherbergen.

Verpflegungsbetriebe

Restaurants, Bars, Weinstuben oder Kiosks.

Neben den Beherbergungs- und Verpflegungsbetrieben existieren noch folgende touristische Betriebe:

Betriebe zur Erholung von Krankheiten

Thermalbäder oder Sanatorien.

Tagungs- und Kongressbetriebe

Kongresshäuser oder Seminarzentren.

Unterhaltungsbetriebe

Theater, Kinos, Nightclubs oder Bars.

Freizeitparks und Erlebniswelten

Erlebnisbäder, Themenparks, Safariparks oder Sportzentren.

Touristische Spezialverkehrsmittel

Skilifte, Sessellifte, Seilbahnen, Reitanlagen, Tennisplätze oder Skischulen.

Allgemeine Verkehrsbetriebe
Eisenbahn, Flugzeug, Schiff oder Bergbahnen.

9.3.5 Gastgewerbe

Etwa ein Drittel (32 %) der Betriebe im Gastgewerbe kann einen maximalen Jahresumsatz bis 350 000 CHF generieren (Bezugsjahr 2007). Der Umsatz von vier Fünfteln (79.2 %) der Betriebe liegt unter 1 100 000 CHF. Damit zeigt sich, dass das Gastgewerbe nicht nur bezogen auf die Anzahl der Mitarbeitenden, sondern auch aufgrund des Umsatzes, hauptsächlich aus KMU-Betrieben besteht.

Der Vergleich zum Vorjahr (2006) zeigt, dass der Anteil der Betriebe mit einem Jahresumsatz von weniger als 850 000 CHF gesunken und der Anteil der Betriebe mit mehr als 850 000 CHF gestiegen ist.

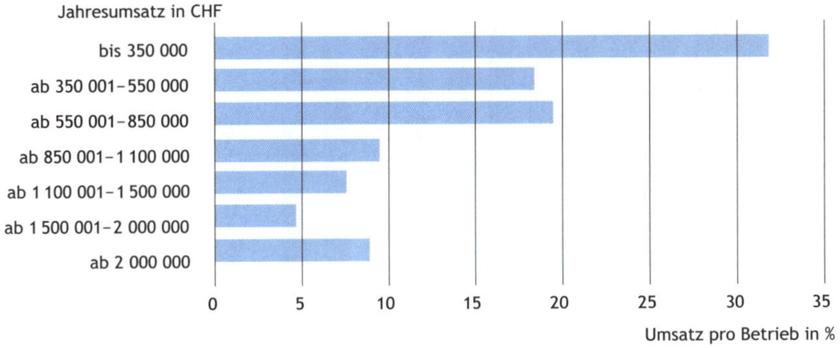

Abb. B30: Umsätze pro Betrieb [B20]

9.3.6 Grosse regionalwirtschaftliche Bedeutung der Bergbahnen

Die Bergregionen sind zu einem grossen Teil von der touristischen Wertschöpfung abhängig. Die Bergbahnen nehmen in der Wertschöpfungskette eine zentrale Stellung ein. Oft sind die Bergbahnen der treibende Faktor in den touristischen Destinationen und generieren somit direkt und indirekt auch Wertschöpfung in anderen Branchen. Die folgenden Zahlen beziehen sich auf das Jahr 2007.

- Die Bergbahnen beschäftigen schweizweit 2 826 Vollzeitarbeitende und 5 883 Teilzeitarbeitende nur im Transportbetrieb. Weitere Arbeitsstellen bieten sie in Nebenbetrieben wie beispielsweise Gastronomie an.
- In ihrem Kerngeschäft, dem Personentransport, haben die schweizerischen Bergbahnen 2005 mit dem Transport von Gästen einen Ertrag von rund 900 Mio. CHF erwirtschaftet (Personenverkehrsertrag). Dies entspricht einem Plus von 5 % im Vergleich zum Vorjahr.
- Die Anzahl der von eidgenössisch konzessionierten Bergbahnen beförderten Personen ist dabei im Vergleich zum Vorjahr leicht gestiegen (+0.12 %).

- Die Regionen, in denen der Personenverkehrsertrag generiert wird, reichen von den waadtländischen Voralpen bis zu den Bündner Hochalpen. Rund je ein Drittel wurde im Jahre 2006 durch die Walliser und Bündner, knapp ein Sechstel durch Berner Oberländer und Zentralschweizer, der Rest durch Ostschweizer und durch Freiburger und Waadtländer Seilbahnunternehmen erwirtschaftet.

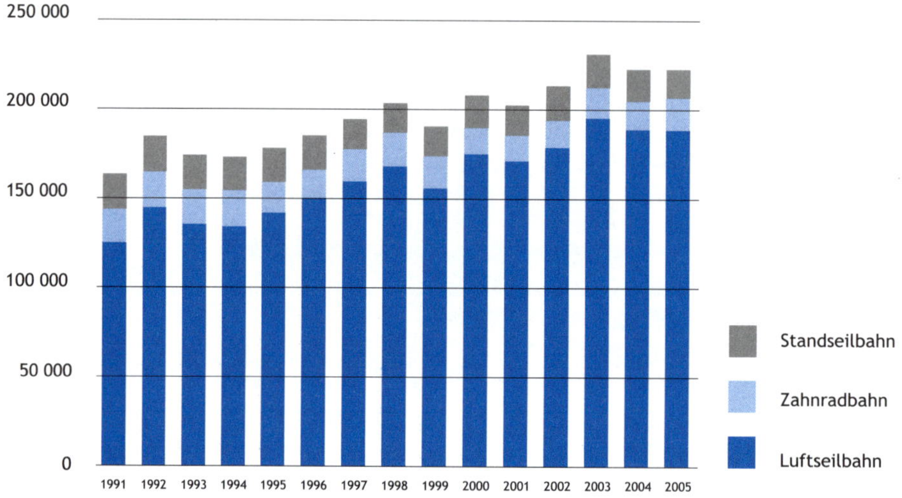

Abb. B31: Von Bergbahnen beförderte Personen (in Tausend) [B19]

9.3.7 Zweitwohnungen

Zweitwohnungen sind Wohnungen, die ausschliesslich durch die Eigentümer zeitweise belegt sind. Die Anzahl der Zweitwohnungen nimmt rasch zu und kannibalisiert teilweise die Hotellerie.

Unterkunftsform	1970 Anzahl Betten	1988 Anzahl Betten	1997 Anzahl Betten	2001 Anzahl Betten	2007 Anzahl Betten	Veränderung 1970–2006
Zweitwohnungen	ca. 580 000	ca. 700 000	ca. 850 000	ca. 900 000	ca. 1 Mio.	43%
Hotellerie		272 200	261 100	261 100	ca. 241 000	

Abb. B32: Entwicklung Zweitwohnungen und Hotellerie [B19]

Die Zweitwohnungsanteile in der Schweiz sind in Tourismusdestinationen sehr hoch und führen zu verschiedenen Chancen und Gefahren.

Chancen des Zweitwohnungsbaus

- *Wertschöpfung und Arbeitsplätze in der Region*: Alleine im Kanton Graubünden erzeugen – gemäss einer Studie des Wirtschaftsforums Graubünden – Zweitwohnungen Umsätze aus Betrieb und Bau von rund 849 Mio. CHF pro Jahr (Bezugsjahr 2006). Die direkte Wertschöpfung in der Baubranche und im örtlichen Gewerbe beträgt rund 563 Mio. CHF pro Jahr. Zusätzlich generieren die Zweitwohnungsnutzer indirekte Wertschöpfung im Tourismus von rund 201 Mio. CHF und jährliche Steuereinnahmen für Gemeinden und Kanton von rund 72 Mio. CHF. Das Zweitwohnungsgeschäft ist einer der bedeutendsten Wirtschaftsbereiche im Kanton Graubünden, wo rund 14 % der gesamten Bauausgaben auf den Zweitwohnungsbau fallen.
- *Stärkung der Gemeindehaushalte durch Steuern*: Zweitwohnungen stellen für die Gemeinden eine wesentliche Einnahmequelle dar. Mit dem Bau und Verkauf von Zweitwohnungen können Handänderungssteuern und Grundstückgewinnsteuern erhoben werden. Zweitwohnungsbesitzer sind zusätzlich regelmässige Steuerzahler mit Liegenschaftssteuern und Sondersteuern wie Kurtaxen oder Gebühren. In typischen Tourismusdestinationen können die Steuereinnahmen der Zweitwohnungsbesitzer einen Drittel der Gesamtsteuereinnahmen erreichen.
- *Verbesserte Gemeindeinfrastrukturen*: Die Infrastruktur einer Destination muss auf die Vollbelegung aller Betten ausgerichtet sein.
- *Attraktivität der Destination*: Zweitwohnungsbesitzer sind neben regelmässig wiederkehrenden Feriengästen oft gute Botschafter für die Region. Zudem setzen sich Zweitwohnungsbesitzer für die Ziele der Gemeinde ein. Sie möchten ein möglichst attraktives Feriendorf.

Gefahren des Zweitwohnungsbaus

- *Rasche Entwicklung – oft geringe Beschäftigungswirkung nach Bauphase*: Nach der boomartigen Entwicklung im Zweitwohnungsbau kann der Beschäftigungsgrad in der Baubranche rapide abnehmen. Ein weiterer Nachteil des Zweitwohnung-Booms sind die Überbelastungen und Planungsunsicherheiten der Behörden.
- *Beeinträchtigung der Landschaft und des Ortbildes*: Teilweise passen sich die neu erbauten Zweitwohnungen architektonisch nicht in das regionaltypische Landschafts- und Ortsbild der Gemeinde ein.
- *Bodenpreissteigerung – tiefe Auslastung – geschlossene Fensterläden*: Wegen der steigenden Nachfrage während den letzten 30 Jahren und dem begrenzten Angebot an Bauland explodierten die Bodenpreise. Mit der Folge, dass sich die Einheimischen kaum noch Wohnungen und Bauland leisten können und verdrängt werden.

- *Kannibalisierung der Hotellerie*: Weil im Zweitwohnungsbereich höhere Erträge erwirtschaftet werden, steigen die Opportunitätskosten in der Hotellerie. Da die Bettenauslastung in den Hotels zu gering ist, kann es für Hoteliers attraktiver werden, das Hotel aufzugeben und daraus Zweitwohnungen zu entwickeln. Die sinkende Anzahl der Hotelgäste hat ebenfalls zur Folge, dass Restaurants Umsatzeinbussen in Kauf nehmen müssen.
- *Spitzenbelastung – hohe Infrastrukturausgaben – Verkehrsbelastungen*: Zweitwohnungen sind oft nur während der Hauptsaison ausgelastet. Deshalb tragen sie zu einer Erhöhung der Belastungsspitze bei. Da die Infrastruktur auf diese Spitzen ausgerichtet werden muss, sinkt bei den Infrastrukturen (Strassennetz, öffentliche Transportmittel, funktionierendes Abfall- und Abwasserentsorgungssystem) die Durchschnittsauslastung und es entstehen damit ungünstige Ertrag / Kosten-Verhältnisse.

9.3.8 Ausblick

In den 1960er und 1970er Jahren sind einige der heutigen Tourismusorte, vor allem in der Westschweiz, durch Grossprojekte entstanden. Diese Resorts werden zwar noch betrieben und erfreuen sich einer gewissen Beliebtheit, die meisten dieser Projekte waren jedoch wirtschaftlich nicht nachhaltig, da die Promotoren nur am Verkauf und nicht an der Bewirtschaftung der Immobilien interessiert waren.

Touristische Grossbauprojekte in den Alpen

Seit einigen Jahren werden wieder neue Grossprojekte realisiert, welche auf die Wertschöpfung der Destinationen positive Effekte ausüben. Nach den Infrastrukturbauten des 18. Jahrhunderts, den Luxushotels des 19. Jahrhunderts und den Feriendörfern des 20. Jahrhunderts sind es heute vor allem die Resort-Projekte, die für neuen Schub im Tourismus sorgen.

Verschiedene Gründe sind dafür verantwortlich, dass in den letzten Jahren in der Schweiz eine derart grosse Zahl neuer Projekte für Ferienresorts ausgearbeitet und zum Teil auch realisiert worden sind:

- Beispiele in anderen Ländern zeigen, dass integrierte Tourismusorte wirtschaftlich erfolgreich sein können.
- Die Bergbahnen geraten wegen der geringen Auslastung von Zweitwohnungen und dem gleichzeitigen Abbau von Hotelbetten stark unter Druck. Sie sind deshalb wichtige Treiber für touristische Grossprojekte.
- Ausländische Investoren erkennen vermehrt, dass die Schweiz attraktive Standorte für Resorts bietet und dass Projekte realisiert werden können.

Resorts ermöglichen den Wiederaufbau von verloren gegangenen Beherbergungskapazitäten, den Anschluss an neue touristische Trends und Bedürfnisse der Gäste und die Entwicklung innovativer touristischer Angebote, mit welchen die Tourismusorte zusätzliche Wertschöpfung und Beschäftigung schaffen können.

Mixed Use Properties

Immer grösserer Beliebtheit erfreuen sich Gebäudekomplexe, in denen nebst einem Hotel auch Wohnungen, eine Seniorenresidenz, Einkaufs- und Unterhaltungszentren oder Gesundheitsangebote zu finden sind. Die so erzeugten Synergien erhöhen zwar die Komplexität der Immobilie, führen aber zu einer gesamthaft höheren Renditeerwartung.

Sport-Mega-Events

Sport-Mega-Events bewirken in den Austragungsorten häufig Infrastrukturverbesserungen. Die im Rahmen der Eventvorbereitungen getätigten Investitionen haben oft namhafte ökonomische Auswirkungen. Die ausgewiesenen Wirkungen hängen allerdings stark von der Abgrenzung zwischen eventbedingten und nicht eventbedingten Investitionen ab.

9.4 Hotellerie

9.4.1 Definition

Der Verband «hotelleriesuisse» definiert das Hotel wie folgt: «Das Hotel ist ein Betrieb, der über eine vollständige Einrichtung für den Empfang, den Aufenthalt, die Unterkunft und die Verpflegung seiner Gäste verfügt. Sein Angebot umfasst Vollpension, Halbpension, Zimmer und Frühstück sowie in der Regel auch die Restauration. Er zeichnet sich durch einen angemessenen Standard und Wohnkomfort und entsprechende Dienstleistungen aus. Er weist mindestens zehn Gästezimmer auf. Alle Zimmer haben fliessendes Warm- und Kaltwasser.»

9.4.2 Geschichte

Ursprung

Der im 17. Jahrhundert aus der französischen Sprache entlehnte Begriff «hôtel» (für Gastzimmer) bezeichnete in französischen Städten adlige Wohnhäuser und manchmal öffentliche Gebäude (Hôtel de Ville). In vor-touristischer Zeit standen für Pilger, Händler, Soldaten, fahrende Gesellen und Beamte in obrigkeitlichem Auftrag Gasthöfe, Herbergen und Hospize als Übernachtungsgelegenheit zur Verfügung. Bei längeren Aufenthalten logierten die früheren Reisenden meistens in Häusern von Privatpersonen, aus denen sich die ersten Gasthöfe für den Aufenthalt von Touristen entwickelten.

Der Adel verbrachte seine Aufenthalte an fremden Orten meist in den Schlössern der nahen und fernen Verwandschaft.

Anfang der Hotellerie

Im 19. Jahrhundert entwickelte sich in Europa das Grossbürgertum. Diese gesellschaftliche Umschichtung und das gleichzeitige Anschwellen des Fremdenstroms waren die massgeblichen Einflüsse auf die Architektur und die prägende Charakteristik der Belle Epoque. Die neuen Hotels präsentierten sich als Schlösser des Grossbürgertums, der Gast war «König auf Zeit».

Diese Häuser enthielten gewissermassen eine Kumulierung von höfischen Prestigesymbolen. Namen von Hotels wie «Palace», «Majestic», «Royal», «Grand Hotel» sind entsprechende Zeugnisse. Zu den Gästen des Grossbürgertums (heute Geldadel) gehörte auch die Aristokratie. Der recht enge Kreis jener Gäste, die über das notwendige Geld und die notwendige Zeit verfügten, hat mit der Einführung von Pauschalreisen, die Thomas Cook als Erster in den 1860er Jahren anbot, ein stetige Ausweitung erfahren.

Diese Entwicklung – ein Ärgernis der damaligen Oberschicht – führte dazu, dass eben diese Oberschicht immer exklusivere Hotelpaläste forderte. Ein typisches Zeugnis – allerdings ohne dauerhaften Erfolg – war das «Hôtel-Kursaal de la Maloja», das eine Insel der Oberschicht werden sollte. 1884 öffnete das grösste Grand Hotel der Alpen in Maloja seine Pforten. Der belgische Graf Camille de Renesse lud Hochfinanz und Adel zur Eröffnung seines kuppelgekrönten Palastes. Fünf Monate später wurde er zahlungsunfähig, stand die «Societé anonyme de l'Hôtel-Kursaal de la Maloja» vor der Auflösung und nach heutiger Kaufkraft waren über 100 Mio. CHF verloren.

Weitere, erfolgreiche «Inseln der Oberschicht» entstanden, einige Beispiele:

1893	Château Gütsch
1897	Waldhaus in Vulpera
1897	Palace St. Moritz
1902	Caux Palace
1904	Palace Bürgenstock
1905	Grand Hotel St. Moritz (1944 abgebrannt und nicht mehr aufgebaut)
1908	Waldhaus in Sils Maria
1912	Suvretta House St. Moritz
1913	Royal Hotel & Winter Palace Gstaad

Schweizer Pioniere der Saisonhotellerie

Die Schweizer Hotelgeschichte prägten vor allem zwei Namen:
Caspar Padrutt, St. Moritz, 1848–1904
Alexander Seiler, Zermatt, 1819–1891

Die Idee, die hinter der Palasthotellerie stand, war immer dieselbe: dem Grossbürgertum und der Aristokratie einen luxuriösen Zugang zur Natur zu schaffen, ohne auf die Annehmlichkeiten und den Luxus des Alltages verzichten zu müssen.

Die Ganzjahreshotellerie (Stadthotellerie) entwickelte sich parallel zur Wirtschafts- und Kulturentwicklung der grossen und kleinen Metropolen. Der Geschäftstourismus verlief und verläuft fast identisch mit der Wirtschaftsentwicklung.

Hotelklassierung

Mit der Zunahme der sozialen Sicherheit und den steigenden Einkommen wurden Ferien im Hotel für eine immer breitere Bevölkerungsschicht möglich und erschwinglich, zumal ausgehend von den Palasthotels Betriebe entstanden, die ein ähnliches, aber etwas bescheideneres Angebot auf den Markt brachten.

Durch diese Entwicklung entstand zunehmend der Bedarf nach neutralen Messwerten, um die Angebote vergleichen zu können. Die Sternen-Kategorie war der Messwert:

*	Übernachtungshäuser mit einfachster Ausstattung und geringster Dienstleistung
**	einfache Hotels mit einfacher Ausstattung und geringer Dienstleistung
***	gut bürgerliche Hotels mit und ohne Restauration und gut ausgebaute Zimmer mit erhöhter Dienstleistung
****	sehr gut ausgebaute Hotels und grosszügige Zimmer, zusätzliche Gästeeinrichtungen in der Publikumszone und hoher Dienstleistungsgrad
*****	luxuriöse Hotels mit allem erdenklichen Komfort und umfassendste Gästeeinrichtungen mit maximaler Dienstleistung

Diese Klassierung ist kein Gradmesser für die Qualität des Hauses, sondern lediglich ein Hinweis auf das Niveau des Ausbaus (Raumfläche, Ausbau, Einrichtung, allgemeine Gästeeinrichtungen) und der Dienstleistungen (Besetzung der Reception, Häufigkeit des Wechsels der Bettwäsche, Betriebsdauer der warmen Küche, Etagenservice).

In den Nachkriegsjahren wurden Ferien in der Regel fest geplant und gebucht, denn der Arbeitnehmer musste zu Jahresbeginn seine Ferien festlegen und auch konsumieren. Der Hotelier konnte frühzeitig seine Buchungen vornehmen und wusste schon zu Beginn der Saison, wie sich diese präsentieren wird. Das Geschäft war recht gut budgetierbar. «Laufkundschaft» war eher selten. Weihnachten / Neujahr und Ostern waren feste und gesicherte und damit auch einfach budgetierbare Werte.

9.4.3 Situation heute

Saison Hotellerie

Das Gästeverhalten hat sich in den letzten 20 Jahren massiv verändert. Der Gast entscheidet in der Regel eher kurzfristig, da er als Arbeitnehmer zunehmend die Möglichkeit hat, auch am Arbeitsplatz kurzfristig seine Ferien zu bestimmen. Er verfügt über ein enormes Ferienangebot weltweit. Die gewaltige Informationsfülle hinsichtlich Wetter und dessen Entwicklung haben ebenso einen Einfluss wie die kostengünstigen Pauschalangebote von prestigeträchtigen Destinationen, insbesondere im Fernen Osten. Dieser Konkurrenz kann die Schweizer Hotellerie hinsichtlich Preisen wenig entgegenhalten, denn:

- Die Investitionskosten für ein Hotel liegen deutlich tiefer im Vergleich zur Situation in der Schweiz.
- Die Personalkosten sind mit 35 bis 45% (je nach Betriebsform) der wesentlichste Kostenblock der Betriebsrechnung in der Schweizer Hotellerie. In den fernöstlichen Regionen liegen die Personalkosten bei ca. 15 bis 25%.

In dieser Situation muss in der Saisonhotellerie mit speziellen Angeboten – die sich naturgemäss nicht im monetären Bereich bewegen können – der Konkurrenz entgegengetreten werden. Den Ansprüchen des Gastes entsprechend genügt es heute nicht mehr, die Anforderungen der Sterne-Kategorien zu erfüllen. Der Hotelier muss zunehmend etwas Besonderes bieten. So sind zusätzliche Klassierungskriterien entstanden.

****+ Hotel	Raumangebot entspricht dem *****-Hotel, die Service-Leistung bleibt ****-Kategorie
*****L Hotel	weitergehendes Luxus-Angebot, als nach Klassierung gefordert
Boutique Hotel	kleinere Hotels im oberen Preissegment, Hotelinterieur insbesondere im Zimmerbereich auf ein bestimmtes Thema ausgerichtet
Design Hotel	speziell gestaltetes Hotel im oberen Preissegment

Unique Hotel	Hotels die keiner bestimmten Hotelklasse zugeordnet werden können
Wellnesshotel	(früher Kurhotel) Gesunderhaltung, Schönheit, Fitness

Die Anforderungen an diese Hotel-Klassen sind heute noch nicht eindeutig und klar definiert.

Ziel muss sein, über den Standard-Begriff des Hotels (* bis *****) hinaus ein spezielles Label, einen Brand zu erhalten, etwas Besonderes zu sein, sei es in der Form des Angebotes, der Architektur oder des Standortes. Die wirtschaftliche Tragbarkeit eines Saisonbetriebes, der seinen Jahresumsatz in der Regel innert neun Monaten (Öffnungsdauer) erzielen muss, wird durch folgende Einflussgrössen bestimmt:

- Nicht beeinflussbare objektive Komponenten
  - Wetter
  - Währung

- Beeinflussbare objektive Komponenten
  - Angebot, Brand (Marke)
  - Spezialität, Label (Merkmal)
  - Sauberkeit
  - Unterhaltszustand

- Beeinflussbare subjektive Komponenten
  - Service
  - Dienstbereitschaft
  - Höflichkeit

Ganzjahreshotellerie (Business- oder Stadthotellerie)

Die Stadthotellerie wurde vor allem durch Pioniere in den einzelnen Städten geprägt.
Einige herausragende Häuser sind:
Baur au Lac und Baur en Ville (heute Savoy), Zürich
Ritz, Paris
Sacher, Wien
Kempinsky, Berlin

Die Stadthotellerie hat sich – insbesondere durch den Einfluss aus den USA – in einem hohen Mass perfektioniert und standardisiert. International tätige Hotelketten (grösstenteils Managementgesellschaften ohne Hoteleigentum) treten als Anbieter auf.

Hilton	USA (Business)
Radison	USA (Business)
Mariott	USA (Business)
HN	Spanien (Business + Ferientourismus)
Taj	Indien (Business)
Shangri-La	Asien (Business + Ferientourismus)
Accor	Frankreich (Business)
Ramada	Deutschland (Business + Ferientourismus)
NH Hoteles	Spanien (Navarra Hoteles) (Business)
Best Western	USA reines Reservationssystem mit weltweit 4 195 Hotels 315 875 Zimmern in 80 Ländern

In der Regel bedarf es eines Investors, der bereit ist, nach den meist äusserst detaillierten Vorgaben des Anbieters, das Hotel zu realisieren. Der Anbieter schliesst mit dem Investor einen Management- oder ertragsabhängigen Mietvertrag ab.

Das Angebot in der Schweiz

Die Schweizer Hotellerie bietet in ihren 5 635 Betrieben rund 241 000 verfügbare Betten an. An den 36.4 Millionen Hotellogiernächten im Jahre 2007 waren die Schweizer mit rund 45 % und die Ausländer mit rund 55 % beteiligt.

9.4.4 Ausblick

Im Rahmen einer Projektentwicklung eines Hotels ist der Entwickler mit folgenden Gemeinplätzen konfrontiert: «Ein Hotel muss zuerst mindestens zweimal in den Konkurs gehen, erst dann rentiert es.» sowie «Es ist kaum möglich, etwas Dümmeres zu tun, als Geld in ein Hotel zu investieren.»

Die Finanzierungsinstitute äussern sich in der Regel etwas zurückhaltender, vertreten aber die gleiche Meinung: «Ein Hotel ist ein zu hohes Risiko. Zur Finanzierung müssen mindestens 50 % des Ertragswertes an Eigenmittel oder andere Sicherheiten vorliegen», «Betreiberverträge sind mit hohen Risiken für den Investor verbunden. Nur abgesicherte Mietverträge, vorzugsweise Triple Net Contracts (Dach- und Fach-Verträge) werden akzeptiert.» oder «Die Branche hat leider ein schlechtes Rating, wir brauchen zusätzliche Sicherheiten, u.a. durch einen höheren Zins.»

Im Wesentlichen ist diese Haltung darauf zurückzuführen, dass jedermann irgendwo und irgendwann einmal Gast in einem Hotel war. Damit wird er automatisch Kenner dieser Branche und damit auch urteilsfähig über diese Branche. Leider muss immer wieder festgestellt werden, dass – insbesondere die Vertreter der

Finanzierungsinstitute – keine qualifizierte Kenntnis haben, was ein Hotelbetrieb ist und welche Bedeutung die Hotellerie in der Wirtschaft einnimmt.

Tatsache
Der Tourismus – und damit auch die Hotellerie – nimmt in der schweizerischen Volkswirtschaft den 4. Platz ein.

9.5 Immobilien für die Pflege

Die Sonderimmobilien im Bereich der Pflege decken ein breites Spektrum ab. Es reicht von Spitälern über Wohn- und Pflegeheime, Kurhäuser, Gesundheits- und Wellness-Zentren bis hin zu begleiteten oder betreuten Wohnformen für betagte Personen. Immobilien für Pflege können sowohl im Portfolio der öffentlichen Hand wie auch von Privaten sein. Als öffentliche Bauten (vielfach im Verwaltungsvermögen) oder als Bauten im Besitz gemeinnütziger Stiftungen und Vereine haben sie sich bisher oft einer marktwirtschaftlichen Betrachtung entzogen. Erst in neuerer Zeit werden solche Immobilien aufgrund eines veränderten Verständnisses der Verwaltungsführung (New Public Management) wie auch aufgrund einer zunehmenden Privatisierung von Pflegeangeboten als Anlage verstanden und eine transparente Immobilienrechnung erstellt.

Gesundheitswesen im Umbruch
Die Art wie pflegebedürftige Menschen behandelt werden, ist Ausdruck der gesellschaftlichen Entwicklung und ist somit einem stetigen Wandel unterworfen. Auch die Formen der Pflegebedürftigkeit verändern sich, insbesondere aufgrund der verbesserten medizinischen Versorgung und der damit einhergehenden höheren Lebenserwartung: Aus den Siechenhäusern ausserhalb der Stadtmauern sind die Spitäler entstanden; Kurhäuser (Luftkurorte für TB-Kranke) sind Gesundheitszentren gewichen; aus Heilbädern wurden Erlebnisbäder und Altersheime werden durch Alterswohnungen mit Service-Leistungen und Pflegeheime abgelöst.

Immobilien überdauern oftmals die Bedürfnisse und Formen der Pflege. Zum Teil können sie durch Umbauten den neuen Bedürfnissen angepasst werden. Vielfach verändern sich aber auch die Ansprüche an die Standorte der Pflegeangebote, wodurch sich die Frage nach Folgenutzungen der nicht mehr für den ursprünglichen Zweck genutzten Bauten stellt. Sehr deutlich zeigt sich dies bei den Altersheimen. In den 1940er bis 1960er Jahren, als sich die Kleinfamilie mehr und mehr durchsetzte, wurden Altersheime auf der grünen Wiese, ausserhalb der Siedlungszentren gebaut. Diese zum Teil recht stattlichen und kulturhistorisch interessanten Bauten stehen für die heutigen Erfordernisse der Betagtenpflege am falschen Ort und die Gemeinden würden diese Bauten gerne veräussern. Eine vergleichbare Situation zeigt sich auch bei vielen Kurhäusern, die für einen Rückbau zu wertvoll, für eine zeitgemässe Nutzung im Pflegebereich aber wenig geeignet sind. Hier sind Immobilienentwickler gefordert, neue Nutzungsideen zu entwerfen und diese Objekte einer Revitalisierung zuzuführen.

Grössere Veränderungsprozesse, die aus Sicht der Immobilienwirtschaft relevant sind, dürften künftig im Spitalwesen sowie bei den Wohnformen betagter Personen zu erwarten sein.

Spitäler

Traditionellerweise liegt das Spitalwesen in der Schweiz in der öffentlichen Hand sowie bei kirchlichen (Ordens-)Gemeinschaften. Private Spitäler sind in der Schweiz eine eher jüngere Erscheinung. Jeder Kanton führt sein eigenes Kantonsspital. In grösseren Kantonen gibt es meist mehrere vom Kanton geführte regionale Spitäler. Diese Struktur ist bei der zunehmenden Spezialisierung in der Medizin kaum mehr aufrecht zu erhalten und aufgrund der heutigen Mobilität ist ein derart enges räumliches Netz der Spitalversorgung auch nicht mehr zwingend erforderlich. Es ist absehbar, dass sich dieses Netz in den nächsten Jahren ausdünnen wird und dass parallel dazu vermehrt private Spezialkliniken entstehen werden. Für die Immobilienwirtschaft bedeutet dies, dass grössere Areale in den Siedlungszentren (gewachsene Standorte öffentlicher Spitäler) für neue Nutzungen frei werden bzw. neue Immobilien für private Spezialkliniken nachgefragt werden.

Wohnen für Betagte

Der zweite grössere Veränderungsprozess läuft bei den neuen Wohnformen betagter Personen ab. Dank der verbesserten Gesundheit älterer Personen und dank den Dienstleistungen der Spitex (Spitalexterne Krankenpflege) können betagte Personen heute viel länger einen eigenen Haushalt führen. Altersheime im herkömmlichen Sinn werden hinfällig. Ins Heim zieht man erst bei vergleichsweise hoher Pflegebedürftigkeit. Der Übergang vom eigenen Haushalt zum Haushalt mit ergänzenden Dienstleistungen bis hin zur Inanspruchnahme von Leistungen des nahe gelegenen Pflegeheimes ist in zunehmendem Masse fliessend. Ältere Personen bevorzugen zentrale Standorte in den Siedlungsgebieten (Dörfern). So können sie auch bei eingeschränkter Mobilität die täglichen Besorgungen selbständig erledigen und am gesellschaftlichen Leben der Gemeinde teilhaben. Dies eröffnet der Immobilienwirtschaft insbesondere in ländlichen Gemeinden neue Perspektiven, Bauten im Dorfkern neuen Nutzungen zuzuführen (z.B. Ladenlokale in Verbindung mit Alterswohnungen in den darüberliegenden Stockwerken).

9.6 Immobilien für die Bildung

Sonderimmobilien für die Bildung erstrecken sich von der Kinderkrippe über die Spielgruppe, die Schulhäuser der obligatorischen Schulzeit, die Gymnasien bis zu Fachhochschulen und Universitäten. Ergänzend zu den zumeist öffentlichen Bauten für die obligatorische Schulzeit gibt es eine zunehmende Anzahl von privaten Aus- und Weiterbildungsangeboten, bei welchen die Kosten für die Immobilie, wie bei jeder anderen privaten Unternehmung, in die Betriebsrechnung einfliessen.

Bildungswesen im Wandel

Das Bildungswesen der Schweiz durchläuft seit einigen Jahren eine tief greifende Transformation. Die traditionell gegebenen Bildungswege über die Berufslehre auf der einen Seite und dem gymnasialen Weg als Vorbereitung für ein Hochschulstudium auf der anderen Seite wurden durchlässiger. Damit konnte die berufliche Mobilität und somit auch die beruflichen Perspektiven der erwerbstätigen Bevölkerung verbessert werden. Gleichzeitig wurde damit auch eine Annäherung an die Strukturen des internationalen Bildungssystems erreicht, was sich insbesondere in Form von gegenseitiger Anerkennung von Abschlüssen manifestiert.

Im Zuge dieser Transformation haben insbesondere die Fachhochschulen einen grossen Zuwachs an Studierenden erfahren. Im Vergleich mit anderen europäischen Ländern ist in der Schweiz die Maturitätsquote aber immer noch niedrig und auch die Quote der Hochschulabgänger liegt unter dem europäischen Durchschnitt. Es ist im Zuge der europäischen Angleichung und dem hohen Bedarf der Wirtschaft an hoch qualifizierten Arbeitnehmern zu erwarten, dass die Studierendenzahlen auch in der Schweiz weiter steigen werden, was eine entsprechende Nachfrage nach Immobilien nach sich ziehen wird.

Eine zweite, für die Nachfrage nach Sonderimmobilien der Lehre, relevante Entwicklung, ist das Postulat des «lebenslangen Lernens». Kontinuierliche Weiterbildung ist heute ein «Muss» für jeden Erwerbstätigen. Dies schafft zusätzliche Nachfrage nach Schulungsräumen, die den Erfordernissen der Erwachsenenbildung gerecht werden.

Aufgrund der absehbaren demografischen Entwicklung wird indessen der Bedarf an Schulraum für die obligatorische Schulzeit zurückgehen. Konkret äussert sich dies bereits heute darin, dass insbesondere die Aussenschulhäuser ländlicher Gemeinden stillgelegt werden, bzw. die Schulen mehrerer kleinerer Gemeinden räumlich zusammengelegt werden. Hier stellt sich die Frage nach der Umnutzung nicht mehr benötigter Schulhäuser.

Folgen für die Immobilienwirtschaft

Für die Immobilienwirtschaft ergibt sich aufgrund der geschilderten Entwicklungen somit folgendes Bild:

- Im Bereich der Erwachsenenbildung wird in den nächsten Jahren mit einem weiteren Wachstum der Nachfrage nach Schulungsräumen zu rechnen sein.
- Da die Angebote dem Markt entsprechend einem steten Wandel unterworfen sind (insbesondere im Bereich der privaten und öffentlichen Weiterbildungen und Nachdiplomstudien), werden sowohl die privaten als auch die öffentlichen Anbieter von Weiterbildungen in vermehrtem Masse Immobilien mieten oder im Stockwerkeigentum erwerben.
- Langfristig dürfte aber auch in der Erwachsenenbildung der demografische Wandel spürbar werden und die Nachfrage nach Sonderimmobilien der Lehre somit eine Stagnation erfahren.

9.7 Öffentliche Bauten

Jedes Gemeinwesen benötigt Immobilien zur Erfüllung seiner Aufgaben. Öffentliche Bauten dienen seinen Einrichtungen, der Verwaltung oder stehen in Zusammenhang mit Infrastrukturwerken, wie etwa der Wasser- oder Energieversorgung. Schulen, Museen, Bäder usw. sind für die politischen Entscheidungsträger auch ein wichtiges Steuerungsmittel für die Standortqualität und tragen zur Identität eines Ortes bei. Darum erstellt, besitzt und bewirtschaftet die öffentliche Hand in der Schweiz diese Bauten traditionell weitgehend selber.

Abb. B33: Standortqualität Freibad

Abb. B34: Schulhaus und Zeitzeuge

Die besondere Mission der öffentlichen Hand

Bauen für die Öffentlichkeit beinhaltet einen kulturellen und einen sozialen Auftrag. Der kulturelle Auftrag besteht einerseits darin, das historische Erbe zu bewahren, andererseits mit Neubauten die räumliche Entwicklung und das Ortsbild positiv zu beeinflussen. Hinzu kommt die Hebelwirkung durch die Vorbildfunktion gegenüber privaten Bauherren hinsichtlich Gestaltung und Nachhaltigkeit. Das aktuelle Anforderungsprofil für öffentliche Bauten lässt sich wie folgt zusammenfassen: energieeffizient, funktional und architektonisch vorbildlich.

Der soziale Auftrag zeigt sich oft nur indirekt, durch soziale Aufwertungen, z.B. durch Quartiersanierungen oder die Unterstützung des lokalen Baugewerbes. Bei Letzterem ist der Spielraum durch das öffentliche Beschaffungsrecht allerdings heute eingeschränkt.

Trotz diesen übergeordneten Rahmensetzungen wird von den zuständigen Verwaltungsstellen auch ökonomisches Handeln gefordert. Gefragt ist eine langfristig ausgerichtete Portfoliostrategie, welche Nutzer- und Gebäudebedürfnisse sowie politische Zielsetzungen auf die Lebenszyklen der Gebäude abstimmen.

Ein zweites Augenmerk richtet sich auf die Bewirtschaftungskosten, die gezielt gesenkt werden sollen. Mittels Dienstleistungsvereinbarungen (analog zum Service Level Agreement) können die Immobilienkosten transparent gemacht und Anreize für Einsparungen gesetzt werden. Public Real Estate Management, wie es z.B. von der Stadt Zürich betrieben wird, beschäftigt sich mit diesen Fragestellungen. Zielsetzung ist ein effizientes Immobilienmanagement zur zeit- und kostenoptimalen Erfüllung aller öffentlichen Aufgaben [B21].

Immobilienentwicklung durch die öffentliche Hand

Bei Immobilienstrategien und -entwicklungen der öffentlichen Hand sind folgende Besonderheiten zu beachten:

- Neben den wirtschaftlichen Aspekten sind frühzeitig übergeordnete Zielsetzungen wie z.B. Quartierentwicklung, Nachhaltigkeit und Denkmalpflege einzubeziehen.
- Ein grosser Teil der öffentlichen Gebäude sind von hoher architektonischer Qualität oder wichtige historische Zeugen und entsprechend mit Schutzauflagen versehen. Sie besitzen vielfach Repräsentationselemente oder Kunstwerke, welche sich an die Bürgerinnen und Bürger richten. Oft sind die Bauten Bedeutungsträger in den individuellen Biografien der Einwohnerschaft.
- Generell ist das Interesse der Bevölkerung und der Medien am «Schicksal» ihrer Bauten hoch. Radikale Veränderungen bedürfen einer guten Argumentationsbasis und Zeit für politische Überzeugungsarbeit.
- Die Marktteilnahme ist meist eingeschränkt, der Verkauf oder Kauf von Liegenschaften politisch schwierig realisierbar, das Angebot bzw. die Nachfrage für Spezialbauten fehlt gänzlich. Darum werden neue Bedürfnisse meist in bestehenden Objekten abgedeckt. Diese sind hinsichtlich ihres Anpassungspotenzials zu analysieren und der Variante Neubau gegenüber zu stellen. Betriebskonzepte und Baustruktur sind auf Verträglichkeit zu prüfen (z.B. Grossraumbüros in alten Massivbauten).
- Die Nutzungen sind standortgebunden, da sie mit dem Quartier verknüpft (z.B. Polizeiwache) oder nur an diesem Ort sinnvoll sind (z.B. Haltestelle des ÖV oder Kindergarten).
- Sonderimmobilien (z.B. Spital, Krematorium, Einsatzzentrale Polizei) sind teilweise wenig vergleichbar mit anderen Objekten bezüglich Kennwerten, Raumprogramm oder Technisierungsgrad. Vergleiche mit anderen Gemeinden sind meist schwierig.
- Es besteht der Anspruch, dass öffentliche Bauten mindestens in Teilbereichen den Einwohnern zur Benutzung offen stehen müssen. Eine Einschränkung dieser Zugänglichkeit – man denke etwa an den Zutritt für Rollstuhlfahrer oder an Sicherheitsvorkehrungen bei Verwaltungsbauten – hat eine hohe Brisanz. Dabei sind die Bauten oft auch einem Vandalismusrisiko ausgesetzt, das eine gewisse Robustheit bei der Materialisierung bedingt. Der Anspruch nach Mitbenutzung durch eine breite Öffentlichkeit bezieht sich auch auf den Aussenraum, der als Platz oder Grünfläche oftmals der Quartierversorgung dient.
- Die Verbindung zwischen Geldgeber (Steuerzahler), politischen Entscheidungsträgern und Besteller von Bauvorhaben ist oft sehr indirekt. Um Überraschungen bei der Krediteinholung zu vermeiden, müssen die Ansprüche periodisch mit den Kosten gespiegelt und kommuniziert werden.

Politische Vorgaben und die finanzielle Lage können bei grösseren Projekten während der Planung ändern. Die Akzeptanz von Projektmehrkosten für übergeordnete Interessen bedeutet umgekehrt ein schwierig kalkulierbares Risiko bei politischen «Wechselbädern» (z.B. Neuwahlen, Sparprogramme).

Die Anzahl der Hürden und der Zeitbedarf bei der Planung sind hoch, da parallel zur Baubewilligung politische Entscheidungsprozesse durchlaufen werden müssen und bei Auftrags-/Arbeitsvergaben im öffentlichen Beschaffungswesen zusätzliche Fristen und Rekursrisiken bestehen.

Besondere Probleme der Finanzierung öffentlicher Bauten

Der grössere Teil des öffentlichen Immobilienbesitzes gehört zum nutzenorientierten Verwaltungsvermögen, das der unmittelbaren Aufgabenerfüllung der Gemeinden dient. Dadurch unterstehen sie besonderen Rechnungslegungsvorschriften (z.B. dem kantonalen Haushaltsgesetz) und Bewertungsrichtlinien. Dies erschwert die Wirtschaftlichkeitsnachweise von Immobilienstrategien. Anders verhält es sich mit den Liegenschaften im Finanzvermögen (meist Wohnen oder Gewerbe), welche Ertrag abwerfen und in vielen Belangen mit privaten Immobilien vergleichbar sind. Im Gegensatz zu den Bauten des Verwaltungsvermögens können hier die Landwerte und Rückstellungen marktwirtschaftlich eingesetzt werden. Solche Objekte gehören nicht zu den öffentlichen Bauten im engeren Sinn, können jedoch ebenfalls für übergeordnete Ziele, z.B. Familienansiedlung oder Quartieraufwertung, eingesetzt werden. In solchen Fällen muss eine differenzierte Betrachtung von Aufwand und Ertrag vorgenommen werden, welche mit dem Begriff Stadtrendite [B22] umschrieben werden kann.

Im Kontext von Effizienzdiskussionen und begrenzten Mitteln stellt sich die Frage nach privater Finanzierung, Erstellung und Bewirtschaftung von Immobilien für öffentliche Aufgaben. Neben den oben dargelegten Besonderheiten gibt es ein wichtiges wirtschaftliches Argument gegen Miet- oder Leasingmodelle: Die öffentliche Hand ist in der Schweiz – im Gegensatz zu Beispielen im Ausland – aufgrund ihrer Finanzkraft zu einer kostengünstigeren Finanzierung von Immobilien fähig als private Investoren. Dennoch gibt es Fälle, wo eine private oder gemischte Trägerschaft sinnvoll ist (Public Private Partnership), weil sich die Interessen ergänzen (z.B. Sportstätten mit Mantelnutzungen oder Wohnen im Alter). Aktuelle Beispiele zeigen jedoch, dass solche Modelle mit politischen Risiken behaftet und rechtlich komplex sind. Nutzungen, die nicht zu den Kernaufgaben des Staates gezählt werden, eignen sich am ehesten. Eine andere Form von Public Private Partnership ist die Abgabe von Grundstücken oder Gebäuden im Baurecht verknüpft mit Auflagen. Dadurch kann der Staat gezielt Einflussnahme ausüben und langfristige Erträge sichern. Im Zuge der in den letzten Jahrzehnten erfolgten Privatisierung von Staatsunternehmen (z.B. Post, Telecom) sind grössere Portfolios von der öffentlichen Hand auf den Immobilienmarkt gelangt. Die Diskussion über die sinnvolle Einteilung zwischen öffentlichen und privaten Aufgaben wird andauern und betrifft gleichermassen den Gebäudebestand und Neuplanungen.

Nachhaltiges Immobilienmanagement

Um für künftige Generationen das kulturelle Erbe und – noch wichtiger – Entwicklungsspielräume zu sichern, hat die öffentliche Bauherrschaft eine besondere Verantwortung. Eine grosse Herausforderung bildet die Anpassung des Immobilienbestandes an die Erfordernisse der 2000 Watt-Gesellschaft, wie dies die Stadt Zürich als Vorreiterin anvisiert. Um diese Zielsetzung zu erreichen, sind Gebäudestrategien frühzeitig auf Ersatzneubaulösungen zu prüfen. Dies bedeutet einerseits, dass die Abschreibung von Investitionsmassnahmen im Hinblick auf eine befristete Restlebensdauer an Bedeutung gewinnt und andererseits, dass die über die Zeit zu rettende Bausubstanz bezüglich Umfang und Lebenserwartung definiert wird. Bei energetisch problematischen, kulturell jedoch besonders erhaltenswerten Bauwerken sind geeignete Betriebskonzepte und innovative Instandsetzungskonzepte zu entwickeln. Bei Neubauten gilt es Werte für die Öffentlichkeit zu schaffen, die wiederum Bestand haben.

Literatur- und Quellenverzeichnis

[B1] Bloch E.; Das Prinzip Hoffnung; Suhrkamp Verlag, Frankfurt a.M., 1959

[B2] Jonas H.; Das Prinzip Verantwortung. Versuch einer Ethik für die technologische Zivilisation; Suhrkamp Verlag, Frankfurt a.M., 1979

[B3] Nüesch Development, Bern, 2008

[B4] Tino Margadant / Heinz Bernegger, 2008

[B5] Nüesch Development, Zürich, 2008

[B6] MMK Immobilientreuhand AG, Zürich, 2008

[B7] Schulte K.-W. und Bone-Winkel S.; Handbuch Immobilien-Projektentwicklung; Immobilien Manager Verlag, Köln, 2008

[B8] Stephan Wegelin. Marketing&Communication, Winterthur, 2008

[B9] Zehrer H., Sasse E.; Handbuch Facility Management; ecomed, Landsberg am Lech, 2007

[B10] Gottschalk O.; Verwaltungsbauten; Bauverlag BV GmbH, Wiesbaden / Berlin, 1994

[B11] Inglehart R.; The silent revolution; Princeton, New Jersey, 1977

[B12] Wüest & Partner AG; Immo-Monitoring; Zürich, 2008

[B13] Der Bund, Bern, Oktober 2008

[B14] Christaller W.; Die zentralen Orte in Süddeutschland; Wissenschaftliche Buchgesellschaft, Darmstadt, Nachdruck der Ausgabe von 1933

[B15] Eder F.; Der Lebensbereich der Gleichaltrigen: Freizeit und Peergruppenbeziehungen; Linz; 2003

[B16] Opaschowski H.W.; Einführung in die Freizeitwissenschaft; Verlag für Sozialwissenschaften, Wiesbaden, 1944

[B17] Rütter + Partner; Sport und Wirtschaft Schweiz – Wirtschaftliche Bedeutung des Sports in der Schweiz; Bundesamt für Sport, Bern, 2007

[B18] Frey R.L., Schaltegger Ch.A.; Grossprojekte zwischen Widerstand und Akzeptanz; Bundesamt für Bauten und Logistik, Bern, 2000

[B19] Bundesamt für Statistik, Bern

[B20] Branchenspiegel 2008, GastroSuisse

[B21] Die öffentliche Hand erinnert sich ihrer Immobilienbestände – Kostentransparenz und Nutzungskonzepte statt Gratismieten; NZZ vom 15.12.2001

[B22] Schwalbach J., Schwerk A., Smuda U.; Stadtrendite der öffentlichen Wohnungswirtschaft – Formalisierung und Operationalisierung des Begriffs Stadtrendite und Anwendung am Beispiel DEGEWO; Berlin, 2006

Teil C

Planung

Redaktor

Hans-Rudolf Schalcher

Autoren

Gino Baetscher

Sandra Nigsch

Jürg Rehsteiner

Hans Jörg Rütsche

Alan Wakefield

Inhaltsverzeichnis

1 Übersicht

In dieser Übersicht werden für die Phasen Strategische Planung, Vorstudien und Projektierung die Ziele und Aufgaben gemäss der Ordnung SIA 112 beschrieben und den Funktionen Bauherr, Projektleiter Bauherr, Bauherrenberater und Gesamtleiter zugeordnet.

Phase 1: Strategische Planung (gemäss SIA 112)

Phase	Ziele	Bauherr	Projektleiter Bauherr Bauherrenberater	Gesamtleiter
1 Strategische Planung 11 Bedürfnisformulierung, Lösungsalternativen	Definition der Bedürfnisse, Ziele und Rahmenbedingungen	Klären der übergeordneten Strategieziele und Schnittstellen		
		Formulieren der Bedürfnisse sowie der übergeordneten Ziele und Rahmenbedingungen: Bedürfnisanalyse Zielsetzung	Zustandsanalyse Prognose	
		Genehmigen des Berichts	Beschaffen der notwendigen Daten und Unterlagen Überprüfen der übergeordneten Ziele und Rahmenbedingungen Erstellen des Berichts Bedürfnisüberprüfung	
	Lösungsstrategie festlegen		Entwickeln, Darstellen und Bewerten von Lösungsstrategien	
			Schätzen der Kosten, der Wirtschaftlichkeit und des Zeitbedarfs für die verschiedenen Lösungsstrategien	
		Festlegen der Lösungsstrategie	Empfehlung der Lösungsstrategie	
			Zusammenstellen der Grundlagen, Ergebnisse und Entscheide	

Phase 2: Vorstudie (gemäss SIA 112)

Phase	Teilphase	Ziele	Bauherr	Projektleiter Bauherr		Gesamtleiter*
				Bauherrenberater		
2 Vorstudien	21 Machbarkeitsstudie, Projektdefinition	Vorgehen und Organisation festlegen	Entscheid betreffend Projektorganisation	Definition der Aufbau- und Ablauforganisation; Aufzeigen der Schnittstellen zur Auftraggeberorganisation		
		Nachweis der Machbarkeit	Genehmigen des Projektpflichtenhefts	Wirtschaftliche und rechtliche Rahmenbedingungen Überprüfung der übergeordneten Zielsetzungen	Projektanforderungen: Definition des projektrelevanten Zielsystems und Rahmenbedingungen	
			Entscheid: Standort Bestimmen des Lösungsansatzes		Evaluation Standort Lösungskonzepte Überprüfung der Machbarkeiten; Darstellen und Bewerten von planungsrechtlichen und gestalterischen Lösungsansätzen Abklären: Notwendigkeit und Verfahren UVP	Vorabklärungen bezüglich Standort Diverse Konzepte
		Definition der Projektierungsgrundlagen	Genehmigen der Projektierungsgrundlagen		Projektierungsgrundlagen: Beschreiben des gewählten Lösungsansatzes	
			Festlegen des Kostenrahmens oder Kostendachs	Wirtschaftlichkeitsprüfung; Finanzierbarkeit; Finanzierungsmodell	Schätzen der Kosten; Überprüfen Wirtschaftlichkeit, Finanzierbarkeit	
			Genehmigen des Ablauf- und Terminplans		Bestimmung der hauptsächlichen Abläufe und ermitteln der voraussichtlichen Termine für die Projektierung und Realisierung des Vorhabens	Grobterminplan
			Grundsatzentscheid: Eintreten auf das Projekt		Zusammenstellen der Grundlagen, Ergebnisse und Entscheide	

* Gesamtleiter in der Regel in der Vorstudienphase noch nicht besetzt: Aufgaben von externen Spezialisten oder vom PL Bauherr übernommen

		Ziele	Bauherr	Projektleiter Bauherr Bauherrenberater		Gesamtleiter*
2 Vorstudien	22 Auswahlverfahren	Planer bzw. Projekt auswählen, welche den Anforderungen am besten entsprechen	Genehmigen des Programms und der Beilagen		Bestgeeignetes (GATT/WTO oder freies) Auswahlverfahren zur Durchführung bringen: Bestimmen des Teilnehmerfeldes, Beurteilungsgremium Administrative Unterstützung; Organisieren der benötigten Infrastruktur Auswahl von kompetenten Fachleuten Erstellen des Programms des Auswahlverfahrens (inkl. Beilagen: Pläne, Modellunterlagen, Raumprogramm usw.)	
			Entscheid bezüglich Veträgen	Vetragstexte für Projektierende		
			Genehmigen der Kosten und Kreditfreigabe		Berechnen der Kosten für die Abwicklung des Auswahlverfahrens (Preise und Ankäufe, Honorare, administrative Kosten)	
			Genehmigen der Termine		Erstellen eines Terminplans für die Abwicklung des Auswahlverfahrens	
			Auslösen des Auswahlverfahrens		Ausschreibung und Durchführung des Auswahlverfahrens Jurybericht	
			Festlegen des weiteren Vorgehens	Empfehlung des weiteren Vorgehens		

Phase 3: Projektierung (gemäss SIA 112)

Phase	Ziele	Bauherr	Projektleiter Bauherr / Bauherrenberater	Projektleiter Bauherr	Gesamtleiter (Projektierende)
3 Projektierung / 31 Vorprojekt	Optimierung der baulichen Lösung	Genehmigen der Projektorganisation (für die Projektierung)	BH-seitige Aufgaben- und Entscheidungsplanung	Koordination Vorprojekt	Begleitung Projektierende
		Vertragsabschlüsse	Verträge für Projektierende	Analysieren der Projektrisiken und festlegen der QS-Schwerpunkte	Aufbau und Implementierung PQM
		Genehmigen Konzepte, Raum- und Nutzungsprogramm	QS, Dok, PR- und Marketingkonzept Informationskonzept		Projektgrundlagen: Beschaffen und Zusammenstellen ergänzender und aktualisierter Unterlagen
			Kontrolle Projektkonzept	Bewertung Projektkonzepte	Projektkonzepte: Erstellen der notwendigen Konzepte unter Berücksichtigung der Anforderungen im Projektpflichtenheft
		Genehmigen der Bewertungskriterien		Festlegen und gewichten der Kriterien für das Bewerten von Varianten Beurteilen der formalen, funktionalen und qualitativen Aspekte	Lösungsmöglichkeiten erarbeiten, darstellen und bewerten von Lösungsvarianten
		Genehmigung des Vorprojekts, Verfeinerung Ziele			Integrales Umsetzen der Konzepte in ein Vorprojekt Erstellen der notwendigen Berichte und Nachweise
					Zusammenstellen der für behördliche Vorentscheide und Detail-Nutzungsplanverfahren notwendigen ergänzenden Unterlagen

Phase	Teilphase	Ziele	Bauherr	Projektleiter Bauherr		Gesamtleiter (Projektierende)
				Bauherrenberater		
3 Projektierung	31 Vorprojekt		Genehmigen der Kosten, Verfeinerung Kostenziele	Wirtschaftlichkeitsprüfung; Finanzierungskonzept Kontrolle der Bau- und Anlagekosten	Vorgeben der Genauigkeit der Kostenermittlung; Kostenkontrolle Budget Bauprojekt	Ermitteln der voraussichtlichen Kosten und Werte: Bau- und Anlagekosten
			Genehmigen der Termine, Verfeinerung Terminziele		Veranlassen eines Ablauf- und Terminplans mit erforderlichen Arbeiten und Entscheiden	Terminplan Projektierung
			Entscheid über Projektvariante	Empfehlung Projektvariante	Zusammenstellen der Grundlagen, Ergebnisse und Entscheide	
3 Projektierung	32 Bauprojekt	Baureifes Projekt Definition der Kosten und Termine	Evt. Vetragserweiterung mit Projektierenden	BH-seitige Aufgaben- und Entscheidungsplanung Information	Evaluation Bauleitung Festlegen der Art und Zahl der Ausführungsvarianten; Festlegen und gewichten der Kriterien für deren Bewertung; Beurteilen der formalen, funktionalen und qualitativen Aspekte	Vervollständigte Projektgrundlagen
			Genehmigen Bauprojekt, Verfeinerung Ziele Entscheid Projektänderungsverfahren	Überprüfung Bauprojekt Dokumente und Berichte	Abstimmung Bauprojekt mit Betriebsprojekt Koordination Detailstudien Projektänderungsverfahren; Anpassungen	
			Genehmigen der Kosten, Verfeinerung Kostenziele	Wirtschaftlichkeitsprüfung Finanzbedarfs- und Finanzierungsplan	Vorgeben der Genauigkeit der Kostenermittlung; Kostenkontrolle Projektrechnungswesen Budget Ausschreibung	
			Genehmigung der Termine, Verfeinerung Terminziele		Verfeinerter Ablauf- und Terminplan mit erforderlichen Arbeiten und Entscheiden	
			Entscheid über Projektspezifikation	Empfehlung Projektspezifikation	Zusammenstellen der Grundlagen, Ergebnisse und Entscheide	

Phase	Ziele	Bauherr	Projektleiter Bauherr		Gesamtleiter (Projektierende)
			Bauherrenberater		
3 Projektierung 33 Bewilligungsverfahren/Auflageprojekt	Projekt bewilligt Verifizierung der Kosten und Termine Genehmigter Baukredit	Genehmigung der Unterlagen für Gesuche		Einreichen des Bewilligungsgesuchs Koordination der Bewilligungs- und Erwerbsverfahren Mitwirkung bei der Behandlung von Einsprachen Verhandlungen mit Behörden	Erstellen der Unterlagen: Baugesuch, Bewilligungen, diverse Gesuche, Detailstudien Anpassung des Bauprojekts an behördliche Auflagen
		Baukredit genehmigen Festlegen des weiteren Vorgehens	Zusammenstellen der Projektdokumentation für das Kreditgesuch Empfehlung weiteres Vorgehen	Anpassung der Kosten und Termine als Folge behördlicher Auflagen Zusammenstellen der Grundlagen, Ergebnisse und Entscheide	

2 Planungs-, Bau- und Umweltrecht

2.1 Planungs- und Baurecht

2.1.1 Vorbemerkung

Das Planungs-, Bau- und Umweltrecht ist durch eine Fülle von Normen, durch Erkenntnisse aus der Literatur sowie von der Rechtsprechung geprägt. Die vorliegende Zusammenfassung versucht, auf einfache Weise Grundlagen zu vermitteln und Lösungshilfen für praktisches Arbeiten anzubieten. Sie kann jedoch keinen Anspruch auf eine vollständige Darstellung des geltenden Rechts und der Praxis erheben.

2.1.2 Rechtsnormen

Die Rechtsquellen stehen in einer Rangordnung. Dies bedeutet, dass kein Rechtssatz ranghöherem Recht widersprechen darf. Der Vorrang des Bundesrechts und der Grundsatz der Gesetzmässigkeit sind von allen Behörden von Amtes wegen zu beachten:

- Verfassung (Grundlage der demokratischen und rechtsstaatlichen Ordnung)
- Gesetze (Rechte und Pflichten der Bürger, Regelung der Behörden)
- Verordnungen (Ergänzungen der Gesetze)
- autonome Satzungen (Hauptbeispiel ist das kommunale Recht)
- Staatsverträge (Völkerrechtliche Verträge, interkantonale Konkordate)

2.1.3 Öffentliches Recht

Das öffentliche Recht regelt die Rechtsbeziehungen zwischen dem Staat als Inhaber der Staatsgewalt und dem einzelnen Bürger. Der Staat vertritt dabei die öffentlichen Interessen, denen allfällige Sonderinteressen des Einzelnen unterzuordnen sind:

- Staatsrecht (Bundesverfassung, Kantonsverfassungen)
- Verwaltungsrecht (Staatliche Verwaltungstätigkeit, Polizei-, Bau- und Steuerrecht)
- Strafrecht (Verfahren und Strafzumessung bei strafbaren Handlungen)
- Prozessrecht (Verfahren vor Gericht festgelegt)
- Schuldbetreibung und Konkurs (Verfahren beim Eintreiben von Geldforderungen)
- Kirchenrecht (Verhältnis Kirche-Staat, Verhältnis zu Gläubigen)
- Völkerrecht (Beziehungen zwischen den einzelnen Staaten)

2.1.4 Privates Recht

Das Privatrecht ist im Schweizerischen Zivilgesetzbuch ZGB und im Schweizerischen Obligationenrecht OR niedergelegt, welche seit 1912 bzw. 1911 in Kraft sind. Sie umfassen die nachfolgenden Rechtsgebiete, wobei das ZGB in vier Teile aufgeteilt ist und das OR zwar den fünften Teil darstellt, jedoch als selbständiges Werk verfasst wurde:

- Personenrecht (Natürliche Personen, juristische Personen)
- Familienrecht (Eheschliessung, die Verwandtschaft, Vormundschaft)
- Erbrecht (Erben, Erbgang)
- Sachenrecht (Eigentum, beschränkte dringliche Rechte, Besitz und Grundbuch)
- Obligationenrecht (Ergänzendes oder dispositives Recht)

2.1.5 Baurecht

Das Baurecht umfasst die Gesamtheit der Rechtsnormen, die sich auf das Planungs- und Bauwesen beziehen. Dabei unterscheidet man materielles Baurecht, das die Anforderungen an raumwirksame Tätigkeiten regelt und formelles Baurecht, welches sich mit der Organisation der Behörden sowie dem Verfahren zur Durchsetzung der materiellen Bestimmungen befasst.

Die gesetzlichen Voraussetzungen für die Erstellung und Änderung von Bauten und Anlagen werden als öffentliches Baurecht bezeichnet. Zu beachten sind jedoch auch privatrechtliche Normen, sofern sie in konkretem Sachzusammenhang mit dem Bauwerk stehen.

- Öffentliches Baurecht: Gesetze mit zwingendem, nicht abänderbarem Recht
- Privates Baurecht: private Verträge, durch die Parteien änderbar

2.2 Planungsrecht

2.2.1 Raumplanung

In der Schweiz steht nur eine begrenzte Bodenfläche zur Verfügung. Die intensivsten Nutzungsformen spielen sich zudem auf nur etwa einem Drittel der gesamten Landfläche ab. Der Rest sind Alpweiden, Wald, Gewässer und Hochgebirge. Ausserdem weisen diese Flächenanteile sehr grosse regionale Unterschiede auf.

Begriff der Raumplanung

Die Raumplanung wurde in Zusammenhang mit der Einführung der Bundeskompetenz in die BV (1969) geschaffen. Sie beinhaltet die vorwegnehmende Koordination von raumwirksamen Handlungsbeiträgen und deren Steuerung über längere Zeit. Als Oberbegriff umfasst die Raumplanung alle räumlichen Planungen der öffentlichen Hand auf allen Staatsebenen und in allen raumrelevanten Sachgebieten (Verkehr, Wirtschaft, Gesellschaft usw.) [C1].

Das Raumplanungsgesetz RPG (1979) [C2] wurde in geänderter Form am 21. September 2000 zusammen mit der revidierten Verordnung RPV [C3] in Kraft gesetzt.

Aufgabe der Raumplanung

Planen bedeutet Vorausschauen und Ordnen. Dies ist naturgemäss ein dynamischer Prozess, der sich immer am gegebenen und am erstrebenswerten zukünftigen Zustand orientiert.

Hauptaufgabe der Raumplanung ist die Erhaltung und Gestaltung des Lebensraumes. Die wichtigsten Planungsgrundsätze sind dabei:

- haushälterische Nutzung des Bodens
- Koordination von raumwirksamen Tätigkeiten
- geordnete Entwicklung

Nutzung des Bodens

Zwischen 1950 und 1990 hat sich die überbaute Fläche der Schweiz mehr als verdoppelt. Innerhalb von 40 Jahren hat damit unsere Gesellschaft mindestens ebenso viel natürlichen Boden überbaut und irreversibel verändert wie alle Generationen zuvor.

Wenn wir die Tier- und Pflanzenarten, den künftigen Generationen den Lebensraum und uns selber eine gesunde und lebenswerte Umwelt erhalten wollen, ist eine haushälterische Bodennutzung notwendig.

Aufgrund dieser Problematik verpflichtet das RPG die Kantone, folgende Zonen auszuscheiden:

- Bauzonen: überbaut bzw. innert 15 Jahren überbaubar

- Landwirtschaftszonen: zusammenhängend, Fruchtfolgeflächen
- Schutzzonen: Lebensräume für Tiere und Pflanzen

Koordination

Die wichtigste Aufgabe der Koordination besteht darin, Behinderungen und Widersprüche auszuschliessen. Die Kantone werden zur Zusammenarbeit verpflichtet, um sinnvolle Ergänzungen zu den verschiedenen Planungsmassnahmen, auch über die Kantonsgrenzen hinaus, vornehmen zu können.

Entwicklung

Der Bund, die Kantone und die Gemeinden planen eine auf die gewünschte Entwicklung ausgerichtete Besiedlung.

Der Bund erlässt dazu:
- Konzepte und Sachpläne (Wald, Bahn, Nationalstrassen, Atomenergie, Fruchtfolgeflächen)

Die Kantone konkretisieren:
- Richt- und Nutzungspläne (Natur- und Landschaftsschutz, Landwirtschaft, Verkehr, Ver- und Entsorgung, Tourismus, Erholung, Kulturobjekte)
- Gesetze und Verordnungen (Planungs- und Baugesetz, Strassen-, Wasserbau- und Energiegesetz)

Die Gemeinden bestimmen:
- Richt- und Nutzungspläne (Nutzungs-Richtpläne, Zonenplan)
- Bau- und Zonenordnungen (Nutzungsart, Nutzungsmass, Lärmempfindlichkeit, Bauvorschriften, Erschliessung)

2.2.2 Raumplanungsrecht

Der Raumplan dient als zentrales rechtliches Instrument der Erfüllung des raumplanerischen Auftrages. Er ist rechtsverbindlich und unterscheidet sich dadurch von anderen planerischen Mitteln, wie Leitbilder (Ziele), Konzepte (Ziele und Massnahmen) und Programme (Ziele, Massnahmen und zeitlicher Rahmen).

Der Raumplan kann in seiner Gestaltung je nach Aufgabe stark variieren. In der Regel besteht er aus einer grafischen Darstellung und zugehörigen Rechtsnormen.

Das RPG kennt drei Typen von Raumplänen:
- Richtpläne
- Rahmennutzungspläne
- Sondernutzungspläne

Rechtsnatur der Raumpläne

Die rechtstheoretische Qualifikation des Raumplanes ist nicht eindeutig. Es herrscht jedoch weitgehend Einigkeit darüber, dass der Richtplan weder Rechtssatz (keine Grundlage eines Verwaltungsaktes) noch Verfügung (nicht Grundeigentümer-verbindlich) ist. Rahmennutzungspläne (Zonenplan) werden teils als Rechtssätze, teils als Allgemeinverfügungen bezeichnet. Sondernutzungspläne (Bebauungs- und Gestaltungspläne) stehen den Verfügungen nahe.

Das Aufstellen der Raumpläne ist ausschliesslich Aufgabe der Kantone. Die im RPG erwähnten Sachpläne und Konzepte des Bundes dienen nur der Koordination und Zusammenarbeit mit den Kantonen in einem dem Bund zugewiesenen Regelungsbereich: Nationalstrassen; Eisenbahn-, Seilbahn-, Schiffs- und Flugverkehr sowie Raumfahrt; Kernenergie, Transport von Energie; Post- und Fernmeldewesen, Radio und Fernsehen; Landesverteidigung. Vorgeschrieben ist den Kantonen die Ausarbeitung von Richt- und Nutzungsplänen im Rahmen von Mindestanforderungen.

Planungsgrundsätze

Planungsgrundsätze sind Prinzipien und verlangen nicht ein bestimmtes Verhalten, sondern gebieten, dass ein Anliegen im Blick auf die tatsächlichen und rechtlichen Gegebenheiten angemessen verwirklicht wird [C4]. Sie sind unmittelbar justiziabel und für alle Planungsbehörden sowohl in der Planung wie in der Rechtsanwendung verbindlich. Das RPG umschreibt hauptsächlich vier Planungsziele:

- Umwelt- und Landschaftsschutz
- Förderung und Schutz der Wirtschaft
- soziale und kulturelle Werte
- Siedlungsgestaltung und Erschliessung

Die Pläne haben formell vollständig und zeitlich offen zu sein. Auf eine Planhierarchie wird verzichtet; es gilt das anspruchsvollere System der Plananpassung. Dies verlangt eine enge Zusammenarbeit aller Spezialisten und Behörden, wobei die Bevölkerung in geeigneter Weise mitwirken kann. Daraus folgt auch, dass die Pläne öffentlich sind.

2.2.3 Richtplan

Der Richtplan ist der behördenverbindliche Plan mit der Funktion der konzeptionellen Umschreibung von Zielen und Massnahmen sowie der Programmierung der erforderlichen raumwirksamen Tätigkeiten unter Beachtung der zu erwartenden Wirkung.

Der Richtplan hat drei hauptsächliche Aufgaben:
- Aufzeigen der räumlichen Entwicklung des Kantons
- Abstimmung mit anderen Planungsträgern
- Vorbereitung der kommunalen Nutzungsplanung

Richtpläne stellen ein Ergebnisprotokoll dar, aufgrund dessen weitergeplant werden kann. Sie sind behördenverbindlich, wobei sämtliche interessierten Rechtsträger von Bund, Kanton und Gemeinde als Behörde gelten.

2.2.4 Nutzungsplan

Der Nutzungsplan ist ein umfassender Flächenwidmungsplan, der sich heute nicht mehr auf die früher üblichen Unterscheidungen in Bauzone und übriges Gemeindegebiet beschränkt [C4].

Nutzungspläne sind für jedermann verbindlich. Sie sind parzellenscharf und legen die zulässige Bodennutzung genau fest. Gemildert wird ihre Verbindlichkeit nur durch die Möglichkeit von Ausnahmebewilligungen.

2.2.5 Rahmennutzungsplan

Der Rahmennutzungsplan überträgt die gesetzlich zulässigen Nutzungsarten (als Eigentumsbeschränkung) durch das Instrument des Planes parzellenscharf und grundeigentümerverbindlich auf den Raum. In diesem Sinn lokalisiert und dimensioniert er die zulässigen Nutzungsarten und differenziert sie – soweit erforderlich – nach der Nutzungsintensität. Er besteht aus einer Karte und dazugehörigen Vorschriften [C1].

Aufgabe des Rahmennutzungsplanes ist die Festlegung der Bodennutzung durch das Ausscheiden verschiedener Zonen. Das RPG unterscheidet drei Haupttypen:
- Bauzonen
- Landwirtschaftszonen
- Schutzzonen

Die Schaffung weiterer Zonen ist den Kantonen jedoch freigestellt.

Die wesentlichste Trennung trifft das RPG zwischen Bau- und Nichtbauzonen. Eine gewisse Relativierung erfolgt aber über die flexible Handhabung von Ausnahmen. Die Kantone dürfen sich ihrer Aufgabe, für bedeutende Nutzungsformen eine sachgerechte Zone zu schaffen, jedoch nicht über Ausnahmebewilligungen entziehen. Sie dürfen aber durch zu kleinräumige Zonen (Zwergbauzonen) das RPG auch nicht aushöhlen.

2.2.6 Bauzonen

Die Bauzonen dienen der Besiedlung. Hauptsächlichste Elemente für die Zuweisung zu einer Bauzone sind nach RPG die erschliessungsmässige und topografische Eignung des Geländes sowie die bereits erfolgte weitgehende Überbauung oder das voraussichtliche Bedürfnis und die Erschliessung als Bauland in den nächsten 15 Jahren.

Die Bauzonen sind jedoch nach dem künftigen Bedarf zu bemessen. Entscheidend sind dabei eine sinnvolle Entwicklung und die bestehende Infrastruktur.

Kantonale Bauzonen

Die Ausscheidung von kantonalen Bauzonen beschränkt sich auf öffentliche oder im öffentlichen Interesse liegende Bauten und Anlagen. Erfahrungsgemäss handelt es sich dabei um unbeliebte Infrastrukturaufgaben (Kehrichtdeponien, Strafanstalten).

Kommunale Bauzonen

Die Ausscheidung folgender Zonenarten ist möglich (nicht abschliessend), wobei auch gemischte Zonen denkbar sind, soweit der Zonencharakter dies zulässt.

- Wohnzonen
- Kern-, Altstadt-, Dorf- und Zentrumszonen
- Quartiererhaltungs- und Wohnanteilszonen
- Geschäftszonen
- Sonderbauzonen
- Gewerbe- und Industriezonen
- Zonen für öffentliche Zwecke
- Zonen für Sport- und Freizeitanlagen
- Kurzonen
- Weilerzonen
- Grünzonen

Die Grünzone ist eine Bauzone, welche der Erhaltung und Schaffung von Freiflächen im Baugebiet und der Trennung zusammenhängender Gebiete (Wohnen/Arbeiten, Gemeindegrenzen) sowie der Sicherung von Grund- und Quellwasserschutzzonen im Siedlungsgebiet dient.

2.2.7 Nichtbauzonen

Der Begriff Nichtbauzone ist im Bundesrecht nirgends erwähnt. Als Nichtbauzonen werden in der Regel alle Zonen bezeichnet, in welchen das Erstellen von Bauten und Anlagen nur mit spezifischer Übereinstimmung mit dem eng gefassten Zonenzweck zulässig sind.

Kantonale Nichtbauzonen

Einige Kantone scheiden auch auf kantonaler und regionaler Ebene Nichtbauzonen aus. Der Kanton Zürich regelt die Landwirtschaftszone und teilweise die Freihaltezone. Sie dienen der Trennung und Gliederung des Siedlungsgebietes ebenso wie dem Natur- und Landschaftsschutz und der Erholung der Bevölkerung.

Kommunale Nichtbauzonen

In diesen Zonen dürfen grundsätzlich keine Bauten und Anlagen erstellt werden, mit Ausnahme solcher, welche standortgebunden sind und direkt dem Siedlungszweck dienen.

Zonenüberlagerungen

Nutzungszonen können sich überlagern, wenn ihre Zwecke sich nicht ausschliessen. In den die Landwirtschaftszone überlagernden Zonen sind nur Einrichtungen gestattet, welche die landwirtschaftliche Nutzung nicht erheblich schmälern oder wesentlich beeinträchtigen und ökologisch verträglich sind.

Landwirtschaftszonen

Die Landwirtschaftszonen umfassen das Land, welches sich für die landwirtschaftliche Nutzung oder den Gartenbau eignet oder im Gesamtinteresse landwirtschaftlich genutzt werden soll. Anzustreben sind grössere zusammenhängende Flächen.

Die Eignung des Bodens stellt das wichtigste Kriterium für die Bemessung der Landwirtschaftszone dar. Massgebend sind die örtlichen Verhältnisse und die vorherrschende Form der Landwirtschaft. Das Agrarrecht ermöglicht und fördert aber auch die landwirtschaftliche Nutzung von Gebieten, welche nicht optimale Voraussetzungen bieten, wie im Voralpen- und Alpenraum.

Zonenkonform sind in der Landwirtschaft nur Nutzungen, bei welchen der Boden unentbehrlicher Produktionsfaktor ist, wie Acker- und Gemüsebau, Milch- und Fleischproduktion und Gartenbau. Allen anderen landwirtschaftlichen Betriebsformen wie Grastrocknungsanlagen, Schlachthäuser und Käsereien, steht die Landwirtschaftszone nicht zur Verfügung. Ausnahmen für Bauten und Anlagen ausserhalb der Bauzonen sind im Bundesrecht (RPG Art. 24) geregelt, der Vollzug erfolgt aber durch die Kantone.

Erwerb landwirtschaftlicher Grundstücke

Der Erwerb von landwirtschaftlichen Grundstücken ist seit dem Inkrafttreten des BGBB [C5] am 1. Januar 1994 beschränkt. Privatrechtliche Einschränkungen (Anspruch auf Zuweisung aus Erbschaft, Vorkaufsrecht von Verwandten und Pächter) und öffentlich-rechtliche Beschränkungen (Bewilligungspflicht für

Kauf, limitierter Kaufpreis) im BGBB lassen nur Handänderungen unter Bauern zu, welche dem durchschnittlichen Preis vergleichbarer Liegenschaften in der Gegend und den letzten fünf Jahren entsprechen.

2.2.8 Schutzzonen

Schutzzonen umfassen Bäche, Flüsse, Seen und ihre Ufer, besonders schöne, naturkundlich oder kulturgeschichtlich wertvolle Landschaften, bedeutende Ortsbilder und geschichtliche Stätten, Natur- und Kulturdenkmäler sowie Lebensräume für schutzwürdige Tiere und Pflanzen. Oftmals sind diese Gebiete und Einzelobjekte schon Gegenstand von Spezialerlassen. Mit der Aufnahme als eigenständige Nutzungsform wird diese Zone raumplanerisch den anderen Bodennutzungen gleichgestellt. Für die Schutzzonen gelten die bundesrechtlichen Vorschriften.

2.2.9 Sondernutzungsplan

Der Sondernutzungsplan enthält besondere Nutzungsanweisungen für Teilräume und Teilaspekte. Er gestaltet den Rahmennutzungsplan jeweils näher aus, und zwar im Hinblick auf detaillierte Nutzungsvorschriften für besondere Verhältnisse, sichernde Massnahmen oder die Erschliessung. Im Einzelfall kann der Eingriff ins Grundeigentum durch Sondernutzungspläne sehr stark sein. Auch ist eine föderalistische Variantenvielfalt durch die verschiedenen Kantone und die unterschiedliche Praxis vorhanden: Bebauungsplan, Gestaltungsplan, Arealüberbauung, Sonderbauvorschriften usw.

Bebauungsplan

Der Bebauungsplan bezweckt die Festlegung massgeblicher Elemente einer Überbauung, die weitere Unterteilung der Bauzonen, die Freihaltung des für die Erschliessungsanlagen erforderlichen Landes und die Ausscheidung des im öffentlichen Interesse nicht zu überbauenden Gebietes.

Er dient in der Regel dazu, in städtischen Verhältnissen und in Kern-, Altstadt-, Dorf- und Zentrumszonen – dort wo verkehrstechnische Überlegungen oder Gründe des Schutzes des Orts- und Landschaftsbildes, des Denkmalschutzes und des Grundwasserschutzes es rechtfertigen – zusätzliche, spezifische Vorschriften zu schaffen. Oft wird der Bebauungsplan zusammen mit dem Ortplanungs-Revisionsverfahren verbunden und bildet einen Teil des Rahmennutzungsplanes.

Gestaltungsplan, Arealüberbauung

Der Gestaltungsplan bezweckt eine siedlungsgerechte, architektonisch und erschliessungsmässig gute, der baulichen und landschaftlichen Umgebung angepasste Überbauung eines zusammenhängenden Gebietes. Bei Wohnüberbauungen ist der Wohnhygiene und der Wohnqualität in besonderem Mass Rechnung zu tragen. Gestaltungspläne, Arealüberbauungen und Sonderbauvorschriften können von den übrigen Bauvorschriften und vom Zonen- oder Bebauungsplan in einem festgelegten Mass abweichen, sofern sie in der Regel bestimmte Qualitätsanforderungen erfüllen:

- wesentliche Vorteile gegenüber der Regelbauweise
- Erfüllung bau- und siedlungsökologischer Anforderungen
- Siedlungsgerechte, architektonisch und wohnhygienisch qualitätsvolle Bauweise
- gute Eingliederung in die bauliche und landschaftliche Umgebung
- Ausweisung grösserer, zusammenhängender Grünflächen
- verkehrsfreie Anlegung der Spiel- und Freizeitanlagen (mind. 20% der AGF der Wohnnutzung)
- zweckmässig angelegte Flächen für Fussgänger, Fahrverkehr und Parkierung
- Vorkehrung für besondere Energiesparmassnahmen

Weitere Qualitätsanforderungen sind auch in den kommunalen Bauvorschriften möglich.

2.2.10 Plansicherungsmassnahmen

Plansicherungsmassnahmen dienen dazu, dass irreversible Entscheide (Baubewilligungen) noch nicht gefällt werden, bevor der Nutzungsplan vorliegt. In der Praxis am wichtigsten sind die Planungszonen und die Bausperre. Es kommt durch sie zu einer negativen Vorwirkung der Planung, weshalb eine gesetzliche Grundlage, öffentliches Interesse und die Verhältnismässigkeit unbedingt gegeben sein müssen.

Landsicherungsmassnahmen

Die bekanntesten Instrumente der Landsicherung sind die Bau- und Niveaulinien. Sie sollen verhindern, dass für bestimmte Projekte (Strassen, öffentliche Bauten usw.) benötigtes Land vorzeitig überbaut wird. Das Gebiet im Baulinienbereich untersteht faktisch einem Bau- und Änderungsverbot für bestehende Bauten, welche nur noch unterhalten werden dürfen. Dem Werkträger steht oftmals das Enteignungsrecht zu.

Werkpläne sichern in einem Richtplan vorgesehenes Land für Werke oder Anlagen im öffentlichen Interesse, sofern eine Sicherung durch Baulinien nicht möglich ist. Es handelt sich hier um abgeschlossene Parzellen, an welchen der Werkträger im Kanton Zürich auch ein gesetzliches Vorkaufsrecht erhält.

Erschliessungspläne, Landumlegungen

Im Erschliessungsplan wird Art und Zeitpunkt der Erstellung von Zufahrt und

Werkleitungen festgehalten. Landumlegungen sollen eine bessere Nutzung der Grundstücke ermöglichen und dienen damit, Land der Überbauung zuzuführen.

Von grosser Bedeutung im Kanton Zürich ist der Quartierplan, welcher gleichzeitig der Erschliessung und Landumlegung dient.

2.3 Baurecht

2.3.1 Rechtsquellen

Die folgende Darstellung der Rechtsquellen gibt eine Übersicht über allfällig anwendbare Regelungen, jedoch ohne Anspruch auf Vollständigkeit. Es ist im konkreten Fall zu prüfen, welche Normen des Bundesrechts und des kantonalen Rechts massgebend sind.

Auf der Stufe der Gemeinde bestehen meistens die folgenden, baurelevanten Rechtsquellen:

- Zonenplan
- Bau- und Zonenreglement bzw. -ordnung
- Sondernutzungspläne
- Siedlungsentwässerungsreglement
- Strassenreglement
- Parkplatzreglement
- Gebührenreglement

2.3.2 Bauvorschriften

Die Gemeinden erlassen in den Bau- und Zonenreglementen allgemeine Bau- und Nutzungsvorschriften für das ganze Gemeindegebiet sowie spezielle Bau- und Nutzungsvorschriften für die einzelnen Zonen.

Das kommunale Bau- und Zonenreglement enthält insbesondere Vorschriften bezüglich den nachstehenden Aspekten.

Nutzungsdichte

Die mögliche Bebaubarkeit eines Grundstückes hängt von den Bau- und Niveaulinien (Gebäudehöhe, Vollgeschosse) und der Nutzungsdichte ab. Die Bestimmung der zulässigen maximalen und minimalen Nutzung hat einen gewichtigen Einfluss auf die Wertbeurteilung eines Grundstückes. Die Nutzungsdichte kann in verschiedenen Berechnungsmethoden vorgegeben sein.

Die Berechnungsweise der Bauziffern und deren Umfang werden durch die Kantone festgelegt und können für Zonen, Nutzungen, Gebäude und Geschosse definiert sein. Die Wahl der anzuwendenden Bauziffer und die Bestimmung des zulässigen Masses der Ausnützung liegen im Ermessen der Gemeinden.

Zu beachten sind die Vorschriften zur Ermittlung der «anrechenbaren Grundstücksfläche», also jener Fläche, welche massgebend für die Anwendung der Bauziffern ist. In der Regel dürfen Flächen von Wäldern und Gewässern, sowie bestimmte Verkehrsflächen, welche eine verhältnismässige Grösse zum vermessenen Grundstück übersteigen, nicht angerechnet werden.

- *Ausnützungsziffer AZ* = Verhältniszahl zwischen der Gesamtheit der anrechenbaren Geschossflächen und der anrechenbaren Grundstücksfläche
- *Überbauungsziffer UeZ* = Verhältniszahl zwischen der überbaubaren Grundstücksfläche und der anrechenbaren Grundstücksfläche
- *Baumassenziffer BZ* = Verhältniszahl zwischen dem umbauten Raum und der anrechenbaren Grundstücksfläche
- *Grünflächenziffer GZ* = Verhältniszahl zwischen der Grünfläche und der anrechenbaren Grundstücksfläche
- *Versiegelungsanteil VA* = Verhältniszahl zwischen den versiegelten Flächen und der Grundstücksfläche

Abstände, Geschosse, Höhen, Längen

Die Nutzungsdichte wird, je nach Beschaffenheit des Grundstückes, nicht allein von den Nutzungsvorschriften bestimmt. Weitere gesetzliche Bestimmungen sind kumulativ zu erfüllen und können die Bebaubarkeit zusätzlich einschränken, wie:

- offene oder geschlossene Bauweise
- Grenz- und Gebäudeabstände
- Abstände zu Verkehrsanlagen, Leitungen, Gewässern, Anlagen mit Emissionen
- Waldabstand
- Zahl der Vollgeschosse, Untergeschosse, Dach- und Attikageschosse
- Gebäude-, First-, Fassaden-, Kniestock- und Dachfirsthöhen
- Gebäudelängen, Mehrlängenzuschlag

Bau- und Niveaulinien

Mit Baulinien sollen Räume, insbesondere entlang von Verkehrsanlagen, Leitungen, Gewässern, Grundstücksgrenzen, Naturobjekten, Aussichtspunkten oder Kulturobjekten, freigehalten werden. Sie bestimmen die Bebaubarkeit von Grundstücken und gehen allen anderen öffentlich-rechtlichen Abstandsvorschriften vor. Diese so genannten Normalbaulinien bilden in der Regel die Grenze für die äussersten Bauteile.

Baubegrenzungslinien bestimmen die zulässige Grundfläche der Bauten und das Ausmass der Freihalteflächen. Dieser besondere Baulinientyp zählt zu den so genannten Gestaltungsbaulinien.

Niveaulinien geben die Höhenlagen der Strassenachsen und der angrenzenden Bauten an.

Die Rechtswirkung der Baulinien besteht darin, dass im Baulinienbereich – der ober- und unterirdisch beschränkt werden kann – grundsätzlich nur Bauten und Anlagen erstellt werden dürfen, die dem Zweck der Baulinie nicht widersprechen, was im Allgemeinen auf ein Bauverbot hinausläuft. Ferner gilt im Baulinienbereich ein Änderungsverbot für bestehende Bauten, die jedoch, im Sinne der Besitzstandsgarantie, entsprechend dem bisherigen Verwendungszweck unterhalten und modernisiert werden dürfen.

Baubereiche

Baubereiche legen in Nutzungsplänen das Ausmass von Bauten und Anlagen fest, wobei die vorschriftsgemässen Grenz- und Gebäudeabstände zu beachten sind.

Orts- und Landschaftsschutz

Verunstaltungsverbot und Eingliederungsgebot in die bauliche und landschaftliche Umgebung durch Vorschriften über:

- Situierung des Gebäudes
- maximale Abmessungen des Gebäudes
- Bauart und Bautyp
- Dachform
- Material und Gestaltung
- Umgebungsgestaltung
- erhaltenswürdige Bauten, Anlagen und Bepflanzungen

Sicherheit

Vorschriften bezüglich Eignung, Festigkeit und Dauerhaftigkeit von Konstruktionen und Materialien, Brandsicherheit, Vorkehrungen zur Unfallverhütung und gegen schädliche Einwirkungen, Arbeitsplatzqualität und Arbeitssicherheit.

Schutz der Gesundheit

Empfehlungen und Vorschriften über Bauart und Bauweise, Materialwahl, Mindestgrössen, Ausrüstung (technische Einrichtungen) und Ausstattung (Nebeneinrichtungen) in Hinsicht auf den Gesundheitsschutz. Dazu gehören auch Vorschriften zum behindertengerechten Bauen sowie zur Begrenzung von Emissionen und Immissionen.

Energie

Vorschriften und Normen betreffend:

- Ausnützung der Energie
- Wärmedämmung
- Nachweis über Energietechnik

- gemeinsame Heizzentralen
- Anschluss an Fernheizwerke
- verbrauchsabhängige Heizkostenerfassung
- Einsatz erneuerbarer Energieträger
- Wärmepumpen (Erdkollektoren, Erdsonden, Grundwasser)
- Beheizung Schwimmbad

Umweltschutz

Vorschriften und Empfehlungen über:
- Sorgfaltspflicht mit gefährdenden Stoffen
- schädliche Baustoffe
- Abfallverwertung und Entsorgung
- Altlasten
- Umweltverträglichkeitsprüfung

Arbeitsplatzvorschriften

Vorschriften, Bedingungen und Richtlinien über:
- Raumgrössen, Belichtung, Belüftung
- Sicherheit
- Hygiene

Wohneigentumsvorschriften

Gemäss Wohneigentumsförderungsgesetz WEG:
- Wohnungsgrössen
- Qualität
- Ausbau

Benützungsbestimmungen

Öffentlich-rechtliche und privatrechtliche Bestimmungen, die eine freie Nutzung einer Liegenschaft einschränken, wie:
- Mietrecht
- Arbeitsgesetz
- Umweltschutzgesetze
- Erhaltung Wohnraum
- Benützer-Reglemente (z.B. STWE-Reglement)

2.3.3 Baubewilligung

Eine griffige, alle Aspekte abdeckende Definition der Baubewilligung gibt es nicht. Zusammenfassend kann die Baubewilligung verstanden werden als behördliche Feststellung, dass einem Bauvorhaben keine öffentlich-rechtlichen Hindernisse entgegenstehen. Im Weiteren ist die Baubewilligung eine Dauerverfügung und in diesem Bereich eine Polizeibewilligung. Formell bewirkt sie die Beseitigung der Schranke des Bauverbots. Materiell ist sie feststellender Natur und bestätigt die Rechtmässigkeit eines Bauprojekts in Bezug auf die massgebenden Vorschriften. In diesem Zusammenhang ist sie auch eine Nutzungsbewilligung.

Baubewilligungspflicht

Bauten und Anlagen dürfen nur mit behördlicher Bewilligung errichtet oder geändert werden (Art. 22 RPG).

Die Bewilligungspflicht knüpft an die geplante Vornahme einer baurechtserheblichen Tätigkeit an einem baurechtserheblichen Objekt an. Der Begriff Objekt wird im Bundesgesetz mit Bauten und Anlagen umschrieben.

Bauten

Als Bauten gelten ober- und unterirdische Gebäude und gebäudeähnliche Objekte sowie Fahrnisbauten einschliesslich beweglicher Unterkünfte, welche über nicht unerhebliche Zeiträume ortsfest verwendet werden.

Nach konstanter Rechtsprechung ist eine Baute eine überdachte bauliche Anlage, welche Menschen, Tiere oder Sachen gegen äussere Einflüsse zu schützen vermag und mehr oder weniger abgeschlossen ist. Wände sind nicht Voraussetzung, doch muss in jedem Fall zumindest ein Schutz bietendes Dach vorhanden sein, selbst wenn es nur auf Pfosten steht.

Anlagen

Als Anlagen gelten Verkehrseinrichtungen und erhebliche Terrainveränderungen. In der Baubewilligungspraxis werden alle baubewilligungsbedürftigen Vorkehrungen, welche keine Bauten darstellen, als Anlagen bezeichnet.

Vereinfachtes Bewilligungsverfahren

Für kleinere Bauten oder Anlagen, die offensichtlich keine schutzwürdigen privaten Interessen Dritter und keine wesentlichen öffentlichen Interessen berühren, kennen die meisten Kantone ein vereinfachtes Baubewilligungsverfahren.

Ausnahmen von der Bewilligungspflicht

Das RPG überträgt die Regelung der Ausnahmen von der Baubewilligungspflicht innerhalb der Bauzonen dem kantonalen Recht: Üblicherweise besteht für Reparaturen und Unterhaltsmassnahmen ohne Auswirkungen auf das äussere Erscheinungsbild keine Bewilligungspflicht. Die konkrete Rechtslage ist jedoch vor Inangriffnahme solcher baulicher Massnahmen mit der Bewilligungsbehörde abzuklären.

Umweltverträglichkeitsprüfung

In der Verordnung über die Umweltverträglichkeitsprüfung (UVPV) [C6] des Bundes sind im Anhang die UVP-pflichtigen Anlagen bezeichnet, also jene Anlagen, die mit dem Baugesuch einen (umfangreichen) Umweltverträglichkeitsbericht (UVB) benötigen und worüber die (in der Regel die kantonale) Bewilligungsbehörde eine Umweltverträglichkeitsprüfung (UVP) mit besonderer Betrachtung der Auswirkungen des geplanten Projekts auf Lärm, Luft, Gewässer, Fischerei, Natur und Landschaft, Geomorphologie, Wald, Abfallbewirtschaftung usw. durchführt. Beispielsweise bedarf eine Parkierungsanlage mit über 500 Parkplätzen einer UVP. Oder bei Einkaufszentren ist eine UVP notwendig, wenn die Verkaufsfläche grösser als 7500 m^2 ist. Einer UVP-Pflicht bedürfen weiter z.B. auch grössere Windkraftanlagen, Photovoltaikanlagen und Belagswerke, soweit diese über dem im Anhang der UVPV angegebenen Schwellenwert liegen.

Über den genauen Ablauf der UVP und die entsprechenden Voraussetzungen für den vom Bauherr zu erstellenden UVB haben die meisten Kantone Leitfäden oder Merkblätter herausgegeben, welche in der Regel bei der Baudirektion oder dem Baudepartement des Standortkantons erhältlich sind oder dort auf dem Internet zu finden sind. Auch der Bund (Bundesamt für Umwelt des Departements UVEK) hat ein entsprechendes «Handbuch Umweltverträglichkeitsprüfung» [C7] herausgegeben. Diese Hilfsmittel sind unentbehrlich bei der Erarbeitung eines Umweltverträglichkeitsberichtes. Zudem ist zwingend vor Inangriffnahme das Gespräch mit den dafür zuständigen Behörden zu suchen.

2.3.4 Baubewilligungsverfahren

Zuständig für die Behandlung von Baugesuchen ist die Leitbehörde (Gemeinderat bzw. Stadtrat, allenfalls vertreten durch das zuständige Amt). Sie hat auch über die Art des Verfahrens, welches anzuwenden ist, zu entscheiden.

Einleitung des Baubewilligungsverfahrens

Die Behörde oder die von ihr bezeichnete Stelle prüft, ob das Baugesuch und die erforderlichen Beilagen vollständig sind und das Baugespann mit den Plänen übereinstimmt. Ist dies nicht der Fall, verlangt sie vom Gesuchsteller die Behebung der gerügten Mängel innert gesetzter Frist mit der Androhung, dass sie andernfalls auf das Baugesuch nicht eintreten werde.

Bekanntmachung und Auflage

Ist das Baugesuch vorschriftsgemäss eingereicht, ist es sofort öffentlich bekannt zu machen und zusammen mit den Beilagen zur öffentlichen Einsicht aufzulegen. Den interessierten Amtsstellen wird das Baugesuch zum Mitbericht zugestellt. Den Anstössern ist das Baugesuch auf Verlangen bekannt zu geben. Sie sind auf die Einsprachemöglichkeit hinzuweisen und über die Auflage zu informieren.

Verfahrenskoordination

Ist für ein Baugesuch neben dem Baubewilligungsverfahren ein weiteres Verfahren durchzuführen und besteht zwischen diesen beiden ein enger Zusammenhang, sorgt die zuständige Behörde in einem Leitverfahren dafür, dass:

- die Bewilligungsverfahren zeitlich koordiniert ablaufen
- allfällige Widersprüche zwischen Entscheiden nach Möglichkeit bereinigt werden
- sämtliche Entscheide gleichzeitig eröffnet werden.

Einsprachen

Während der Auflagezeit können Personen, die an der Abweisung eines Gesuchs ein schutzwürdiges Interesse haben, Einsprache erheben. Sie müssen jedoch geltend machen können, dass die befürchteten Auswirkungen des geplanten Bauvorhabens sie stärker betreffen als die Allgemeinheit (Popularbeschwerde). Die Einsprache ist schriftlich und im Doppel bei der Behörde einzureichen und hat einen Antrag sowie dessen Begründung zu enthalten. Mit der öffentlich-rechtlichen Einsprache kann die Verletzung von gesetzlichen Bestimmungen, mit der privatrechtlichen Einsprache jene ziviler Rechte geltend gemacht werden.

Zur Einsprache berechtigt sind auch Behörden und Dienststellen, soweit es ihr Sachgebiet betrifft, sowie auch legitimierte, private Vereinigungen und andere Personen, Behörden und Organisationen, welche die Rechtsordnung dazu ermächtigt (z.B. VCS, WWF).

Prüfung des Baugesuches

Der Gemeinderat prüft von Amtes wegen, ob das Bauvorhaben dem Zweck der Nutzungszone und den öffentlich-rechtlichen Vorschriften entspricht und ob das Baugrundstück erschlossen ist. Trifft dies zu, ist die Baubewilligung zu erteilen, andernfalls ist sie zu verweigern, sofern die Mängel nicht durch Auflagen und Bedingungen in der Baubewilligung behoben werden können.

Entscheid

Nach Ablauf der Einsprachefrist und nach dem Vorliegen allfälliger für die Erteilung einer Baubewilligung unerlässlichen Sonderbewilligungen und Stellungnahmen eidgenössischer und kantonaler Behörden oder Dienststellen, hat der Gemeinderat ohne Verzug über das Baugesuch und die öffentlich-rechtlichen Einsprachen zu entscheiden. Der Entscheid über die öffentlich-rechtlichen Einsprachen ist zu begründen. Mit den privatrechtlichen Einsprachen verweist der Gemeinderat die Parteien an den Zivilrichter.

Der Entscheid über das Baugesuch ist dem Bauherrn, dem Grundeigentümer und den Einsprechern zuzustellen. Die Baubewilligung ist zudem den interessierten Amtsstellen zu senden. Dem Bauherrn ist zugleich ein Satz der mit dem Genehmigungsvermerk versehenen Pläne zu übermitteln.

2.3.5 Nebenbestimmungen

Wenn die Voraussetzungen für die Erteilung einer Baubewilligung zwar nicht vollständig erfüllt sind, die vorhandenen Mängel jedoch durch einfache, gezielte Anordnungen behoben werden können, wäre eine Verweigerung der Bewilligung unverhältnismässig.

Im Weiteren kann es sich als notwendig erweisen, zur Schaffung oder Erhaltung eines rechtmässigen Zustandes besondere Vorkehrungen zu treffen.

Die Baubewilligung kann daher mit Nebenbestimmungen versehen werden. Für die richtige Erfüllung von wichtigen Nebenbestimmungen kann Sicherheit verlangt oder diese können als Eigentumsbeschränkungen im Grundbuch angemerkt werden.

Bedingungen

Eine Bedingung liegt vor, wenn die Rechtswirksamkeit einer Verfügung von einem künftigen ungewissen Ereignis abhängig gemacht wird. Bei aufschiebenden Bedingungen (suspensiv) tritt die Rechtswirksamkeit erst ein, wenn die Bedingung erfüllt ist. Bei der auflösenden Bedingung (resolutiv) fällt die Rechtswirksamkeit der Verfügung mit dem Eintritt der Bedingung dahin.

Auflagen

Eine Auflage ist die mit einer Verfügung verbundene zusätzliche Verpflichtung zu einem Tun, Dulden oder Unterlassen. Im Gegensatz zur Bedingung ist die Rechtswirksamkeit der Verfügung aber nicht davon abhängig, ob die Auflage erfüllt wird oder nicht; d.h. die Verfügung ist auch gültig, wenn die Auflage nicht erfüllt wird. Demgegenüber ist die Auflage jedoch, wieder im Gegensatz zur Bedingung, selbständig erzwingbar; die zuständige Behörde kann sie zwangsweise durchsetzen lassen.

Revers

Als Revers bezeichnet man besondere Nebenbestimmungen einer Baubewilligung; sie entfalten primär die Wirkung zukunftsorientierter öffentlich-rechtlicher Eigentumsbeschränkungen. Sie können als Resolutivbedingungen und -befristungen oder als Auflagen ausgestaltet sein. Im Gegensatz zu Suspensivbedingungen und -auflagen entfalten Reverse eine über die Bauvollendung hinausgehende Wirkung.

Der Beseitigungsrevers im Speziellen verpflichtet den Eigentümer einer Baute oder Anlage, diese oder einen Teil davon auf eigene Kosten und ohne Entschädigung zu beseitigen bzw. den ursprünglichen Zustand wiederherzustellen, wenn ein bestimmtes Ereignis eintritt.

Häufiges Beispiel für eine solche Nebenbestimmung ist der Mehrwertrevers: Dabei verzichtet der Eigentümer für den Fall einer späteren Enteignung auf eine Entschädigung für jenen Mehrwert, welcher aus einem Umbau mit einer Ausnahmebewilligung entstanden ist. Die öffentliche Hand soll durch die Tatsache, dass dem Grundeigentümer eine Ausnahme zugebilligt wurde, nicht finanziell belastet werden. Es gibt aber noch weitere Arten von Revers.

Befristung

Zu den weniger gebräuchlichen Nebenbestimmungen gehört die Befristung. Damit wird die zeitliche Geltung der Baubewilligung begrenzt. So kann etwa verfügt werden, die Bewilligung erlösche nach Ablauf von 6 Monaten. Befristete Baubewilligungen sind insbesondere aus wirtschaftlichen Gründen selten (Investitionen nur für eine beschränkte Dauer). Es mag aber unter besonderen Umständen verhältnismässig sein, die Baute oder Anlage wenigstens für eine bestimmte Zeit zuzulassen (z.B. bei absehbarer Veränderung der rechtlichen oder tatsächlichen Verhältnisse).

Ausnahmen

Die Behörde kann Ausnahmen nur in gesetzlich vorgesehenen Fällen bewilligen und hat sie in der Baubewilligung einschliesslich Auflagen und Bedingungen ausdrücklich festzuhalten. Sie hat darzulegen, dass die Ausnahmen weder öffentliche noch schutzwürdige private Interessen wesentlich beeinträchtigen und allfällige besondere gesetzliche Voraussetzungen erfüllt sind.
Ausnahmen kommen insbesondere in Betracht:

- wenn ausserordentliche Verhältnisse vorliegen und die Verpflichtung zur Einhaltung der Vorschriften eine unzumutbare Härte bedeuten würde
- für öffentliche und gemeinnützige Bauten
- beim Umbau bestehender reglementwidriger Bauten, wenn der Umbau gesamthaft zur erheblichen Verbesserung der Verhältnisse führt und die Baupolizeiwidrigkeit nicht erhöht wird
- für provisorische Bauten wie Verkaufsstände, Festzelte, Baracken usw.
- im Rahmen von Nutzungsplänen

Ausnahmebewilligungen kommen in der Praxis häufig vor. Dies hauptsächlich, weil das Baurecht heute sehr stark reguliert und damit auch schematisiert ist. Daher treten in der Praxis immer wieder Einzelfälle auf, bei denen die Anwendung der gesetzlich vorgeschriebenen Regeln zu unvernünftigen oder unbilligen Lösungen führen würde.

Mit der Möglichkeit einer Ausnahmebewilligung kann auf besondere örtliche Umstände Rücksicht genommen und eine baulich sinnvolle Lösung erreicht werden. Der Gesetzeszweck darf damit jedoch nicht unterlaufen werden, insbesondere darf die Ausnahmebewilligung nicht gegen den Sinn der Vorschrift verstossen, von der sie befreit: Dem Zweck des Gesetzes entspricht die Ausnahmebewilligung dann, wenn sie mit dessen Grundgedanken vereinbar ist, wenn sie die Absicht des Gesetzgebers weiterführt und im Hinblick auf die Besonderheiten des Einzelfalles ausgestaltet [C4].

Baubeginn

Vor dem unbenützten Ablauf der Beschwerdefrist oder vor der rechtskräftigen Erledigung eines ordentlichen Rechtsmittels und vor der Leistung einer allfälligen Sicherheit darf mit den Bauarbeiten nicht begonnen werden. So lange dürfen auch das Baugespann bzw. die Profile nicht entfernt werden.

2.4 Grundstücke

2.4.1 Wertbeeinflussende Fakten

Der Wert einer Immobilie bemisst sich an ihrem zukünftigen Nutzen. Dies unabhängig davon, ob es sich um ein bebautes oder ein nicht bebautes Grundstück handelt. Somit bestimmen die Eignung, die Nutzungsart und das Ausmass einer möglichen Bebauung oder Erweiterung – die sich mit dem üblichen wirtschaftlichen Aufwand realisieren lässt – den Wert eines Grundstückes.

Heute massgebend wertbeeinflussende Faktoren werden nachfolgend behandelt. Sie stellen eine Lösungshilfe für praktische Arbeiten dar (ohne Anspruch auf Vollständigkeit). Für jede Bewertung von Grundstücken sind bestehende und auch allfällig bekannte zukünftige Beeinflussungen abzuklären und entsprechend zu berücksichtigen.

2.4.2 Grundstücke

Grundstücke im Sinne des Gesetzes (Art. 655 ZGB) sind:

- Liegenschaften
- im Grundbuch aufgenommene, selbständige und dauernde Rechte
- Bergwerke
- Miteigentumsanteile an Grundstücken

Grundstückselemente

Je nach Lage, Beschaffenheit und Nutzung können Grundstücke folgende Elemente aufweisen:

- Wald (Wald, Buschwald, Parkwald)
- Verkehrsflächen (Strassen, Wege, Plätze, Bahnen)
- Gewässer (Seen, Flüsse, Bäche, Teiche)
- unkultiviertes Gebiet (Berge, Sümpfe, Geschiebe, Geröll)
- Landwirtschaft (Äcker, Wiesen, Weiden, Obstanlagen)
- Bebauungen (Gebäude, Tiefbauten, Anlagen, Gärten)

Eigentum

Wer Eigentümer einer Sache ist, hat auch das Eigentum an allen ihren Bestandteilen. Bestandteil einer Sache ist alles, was nach der am Ort üblichen Auffassung zu ihrem Bestand gehört und ohne ihre Zerstörung, Beschädigung oder Veränderung nicht abgetrennt werden kann (Art. 642 ZGB). Dieser sehr weit ausgelegte Eigentumsbegriff gilt insbesondere auch für das Eigentum an Grundstücken und Bauten.

Gesetzliche Bestimmungen

Das materielle und formelle Baurecht setzt sich aus Bundesrecht, kantonalen und kommunalen Normen sowie aus Erkenntnissen der Rechtsprechung und der Literatur zusammen:

- Der Bund erarbeitet Konzepte und Sachpläne (Art. 13 RPG).
- Der Kanton beschliesst Richt- und Nutzungspläne (Art. 6 ff, Art. 14 ff RPG).
- Die Gemeinde erlässt Richt- und Nutzungspläne aufgrund der kantonalen Gesetzgebung.

Grundsätzlich ist davon auszugehen, dass die Rangordnung der Rechtsquellen eingehalten ist und kommunale Bau- und Zonenreglemente wie auch kantonale Gesetze höherem Recht nicht widersprechen. Durch Gerichtsentscheide oder Anpassungen an das europäische Recht (Europäische Menschenrechtskonvention) können jedoch geltende Änderungen noch nicht eingefügt sein.

Bei grösseren oder komplexen Projekten und bei Grundstücken, die an Gemeinde- oder Kantonsgrenzen stossen, ist ein Nachfragen über allfällige Planungsmassnahmen bei der zuständigen Behörde notwendig.

Bau- und Zonenreglemente bzw. -ordnungen

Bezüglich der kommunalen Zonenpläne und Bau- und Zonenreglemente bzw. Bau- und Zonenordnungen sowie ihrer Wirkung wird auf Teil C Kapitel 2.3.2 verwiesen.

Selbständige und dauernde Rechte

Selbständige und dauernde Rechte sind dingliche Rechte, die im Grundbuch eingetragen und verselbständigt sind. Sie sind gleichzeitig als Last auf einem anderen Grundstück eingetragen und können wie ein Grundstück gehandhabt werden (Veräusserung, Verpfändung).

- Baurecht (Bauten und Anlagen auf fremdem Boden)
- Quellenrecht (Quellen auf fremdem Boden)
- Nutzungsrecht (Wald, Weiden, Ausbeutung, Leitungen)

Anmerkungen

Orientierende Eintragungen im Grundbuch über bestehende, unabhängig vom Grundbuch entstandene Rechtslagen. Mehrheitlich öffentlich-rechtliche Eigentumsbeschränkungen.

- Nutzungsplan (Bebauungs- und Gestaltungsplan)
- Baulinien (Strassen, Gewässer, Freihaltezonen)
- Bauverbot (Sichtbereiche, Strassen, AZ-Übertragungen)
- Denkmalschutz (Bestandsicherung, Veränderungsverbot)
- Beseitigungs- und Mehrwertrevers (aufgrund von Ausnahmebewilligungen)
- Erwerb von Grundstücken durch Personen im Ausland (Verbot der Zweckentfremdung, Veräusserungspflicht)
- Unterhaltspflicht (Strassen, Gewässer, Hecken)

Vormerkungen

Eintragungen von obligatorisch wirkenden Rechten, die damit auch gegenüber Dritten, die das Grundstück oder dingliche Rechte am Grundstück erwerben, wirksam werden.

- Persönliche Rechte (Vor-, Rück- und Kaufsrecht, Pacht, Mieten)
- Verfügungsbeschränkungen (Ansprüche, Pfändungen, Konkurse)
- Vorläufige Eintragungen (Richterliche Anordnung, Handwerkerpfandrecht)

Dienstbarkeiten

Gemäss Art. 641 ZGB kann ein Eigentümer über seine Sache in den Schranken der Rechtsordnung nach seinem Belieben verfügen. Diese Verfügungsmacht kann durch Rechte, die Drittpersonen vom Eigentümer eingeräumt wurden, beschränkt werden. Solche Drittrechte gehen dem Eigentum vor und werden als Grund- oder Personaldienstbarkeiten bezeichnet.

Die Grunddienstbarkeit beinhaltet ein beschränktes dingliches Recht, welches zugunsten eines anderen Grundstückes eingeräumt wird.

- Unselbständiges Baurecht (z.B. Verteilkasten EW)
- Näher- und Grenzbaurecht (Bauten, Anlagen, Bepflanzungen)

Die Personaldienstbarkeit umfasst unselbständige, dingliche Rechte, die zugunsten einer bestimmten Person lauten.

- Wohnrecht (z.B. Selbstnutzung)
- Nutzniessung (z.B. Anrecht auf Besitz)
- Vorgemerkte persönliche Rechte (z.B. Kaufsrechte)

Grundlasten

Gemäss Art. 782 ZGB verpflichtet die Grundlast den jeweiligen Eigentümer eines Grundstückes zu einer Leistung an einen Berechtigten, für welche er ausschliesslich mit dem Grundstück haftet (z.B. Fernwärmeanlagen, private Wasserversorgung).

2.4.3 Erschliessung

Bauten und Anlagen dürfen gemäss Art. 22 RPG nur mit behördlicher Bewilligung errichtet oder geändert werden. Voraussetzung für eine Bewilligung ist, dass die Bauten und Anlagen dem Zweck der Nutzungszone entsprechen und das Land erschlossen ist.

Gemäss Art. 19 RPG ist Land erschlossen, wenn für die betreffende Nutzung hinreichende Zufahrt besteht und die erforderlichen Wasser-, Energie- sowie Abwasserleitungen so nahe heranführen, dass ein Anschluss ohne erheblichen Aufwand möglich ist.

Hinreichende Zufahrt

Der Begriff der hinreichenden Zufahrt wird nach anerkannter Lehre und Praxis in eine tatsächlich und eine rechtlich genügende Zufahrt unterteilt.

Tatsächlich genügende Zufahrt

Diese Voraussetzung stellt das wichtigste Erschliessungserfordernis dar. Sie ist von den örtlichen Gegebenheiten, den jeweiligen Verkehrsverhältnissen und der Art und Anzahl der zu erschliessenden Gebäude und Anlagen abhängig. Auch der Teil des öffentlichen Strassennetzes, der für die Erschliessung in Anspruch genommen wird, hat den Bestimmungen zu genügen.

Die bautechnischen Anforderungen richten sich nach der Schweizer Norm SN 640 045 und SN 640 050 der Vereinigung Schweizer Strassenfachleute.

Die Erschliessung muss spätestens mit der Bezugsbereitschaft des Bauwerks abgeschlossen sein. Für die Bauzeit genügt ein Erschliessungsstand, der geordnete Bauarbeiten zulässt.

Rechtlich genügende Zufahrt

Die rechtlich genügende Zufahrt muss dauernd gesichert sein. Im Falle einer privatrechtlichen Regelung ist sie dann als genügend zu betrachten, wenn ein entsprechender Dienstbarkeitsvertrag vorliegt und der Bestand eines Fuss- oder Fahrwegrechtes aus dem Grundbuch ersichtlich ist.

Sind Inhalt und Umfang des Fahrwegrechtes streitig und unklar, ist zu beachten, dass Baubewilligungs- und Rechtsmittelbehörden eine gewisse Zurückhaltung ausüben, soweit zivilrechtliche Fragen zu beantworten sind. Darüber hat allein der Zivilrichter und nicht eine Behörde zu entscheiden.

Werkleitungen

Die Erschliessung durch Werkleitungen für die Ver- und Entsorgung muss dem Zweck des betreffenden Bauvorhabens entsprechen. Vom Grundsatz, dass Bauten und Anlagen der beanspruchten Nutzung und den massgebenden Umständen angepasst erschlossen sein müssen, lässt das Gesetz keine Ausnahmen zu.

Versorgung

Als Mindestversorgung gilt die Bereitstellung von genügend geeignetem Trinkwasser und Energie. Im Falle einer Zuleitung durch vorhandene Werke ist die erforderliche Lieferkapazität abzuklären.

Entsorgung

Die Mindestentsorgung hat sich auf Schmutzabwasser, unverschmutztes Abwasser und Abfall zu erstrecken.

Schmutzabwasser ist über geeignete Leitungen der Abwasserreinigungsanlage oder – im Falle eines landwirtschaftlichen Betriebes – einer Verwertungsstelle zuzuführen.

Unverschmutztes Abwasser ist, sofern die Bodenbeschaffenheit und die örtlichen Verhältnisse es erlauben, möglichst nahe beim Fassungsort versickern zu lassen. Ansonsten ist es über Rückhaltemassnahmen (Retention), die ein verzögertes Abfliessen bei grossem Wasseranfall gewährleisten, in das entsprechende Leitungsnetz oder einen geeigneten Vorfluter einzuleiten.

Hauskehricht und Abfälle sind entsprechend dem Reglement über die Abfallentsorgung für die Abfuhr bereitzustellen (Container). Zu beachten sind allfällige Vorschriften zur Kompostierung verrottbarer Abfälle.

2.5 Gefahren

2.5.1 Naturgefahren

Die Schweiz ist oft von Hochwasser, Stürmen, Erdrutschen und Lawinen betroffen. Erdbeben sind selten, können aber auch in der Schweiz vorkommen und stellen ein nicht zu unterschätzendes Risiko dar.

Naturgefahren schliessen alle Vorgänge und Einwirkungen der Natur ein, die für den Menschen und für Sachwerte schädlich sein können.

Sie werden aufgrund ihrer Ursache in drei verschiedene Gruppen gegliedert:

- hydrologische und meteorologische Naturgefahren (Hochwasser, Unwetter, Lawinen, Kälte- und Hitzewellen, Waldbrände)
- geologische Naturgefahren (Murgänge, Berg- und Felsstürze, Steinschlag, Erdbeben, Vulkanismus, Tsunami)
- biologische Naturgefahren (Schädlinge)

2.5.2 Gefahrenabklärung

Die Unwetterereignisse vom August 2005 haben gezeigt, welche zerstörerische Kraft Naturgewalten entwickeln können. Um Siedlungsgebiete und Verkehrswege schützen zu können, müssen Gefahren und Risiken bekannt sein. Dies bedingt präzise Abklärungen, Untersuchungen und Analysen durch entsprechende Experten.

Rechtliche Grundlagen

Das Bundesgesetz über die Raumplanung (RPG) verpflichtet die Kantone in Art. 6 zur Erstellung von Richtplänen über die räumliche Entwicklung ihres Gebietes. Dabei sind auch jene Gebiete festzustellen, welche durch Naturgefahren oder schädliche Einwirkungen erheblich bedroht sind. Somit besteht ein gesetzlicher Auftrag für die Ausarbeitung von Gefahrenkarten.

Das in Vorbereitung befindliche Bundesgesetz über den Bevölkerungsschutz und den Zivilschutz (BZG) soll vor allem die Organisation und die Hilfe im Krisenfall regeln.

Empfehlungen des Bundes

Das Bundesamt für Umwelt (BAFU) hat Empfehlungen ausgearbeitet, in welchen planerische Massnahmen zur Erfassung möglicher Naturereignisse festgelegt sind.

Gefahrenerkennung

Die gefährdeten Gebiete müssen zuerst erkannt werden. Entweder werden diese Gebiete gänzlich gemieden oder die Raumnutzung wird den Gefahren angepasst.

Gefahrenbeurteilung

Bei der Gefahrenbeurteilung geht es darum, die Wirkungsräume und die Eintretenswahrscheinlichkeit der gefährlichen Naturprozesse zu bestimmen. Berücksichtigt werden auch die Wirkung bestehender Schutzanlagen und Schutzbauten.

Unterstützt werden die Abschätzungen durch Prozesssimulationen. Die Ergebnisse der Geländebeurteilung und der Simulation werden mit den Aufzeichnungen früherer Ereignisse verglichen.

Zonen- und Nutzungsplananpassung

Nach einem grösseren Ereignis, welches massive Schäden verursachte, sollte die Gefahrenbeurteilung neu durchgeführt und die Gefahrenkarte angepasst werden. Auf dieser Basis sollte auch der Zonen- und Nutzungsplan angepasst werden.

Gefahrenkarte

Das Ergebnis einer Gefahrenbeurteilung ist eine Gefahrenkarte. Der Auftrag zur Erstellung einer Gefahren- und Risikoabklärung wird in der Regel durch die Gemeinde oder den Kanton erteilt. Die Erarbeitung der Karten und Berichte erfolgt durch spezialisierte Ingenieurbüros. Die Simulationsmodelle werden meistens im Rahmen von Forschungsprojekten entwickelt.

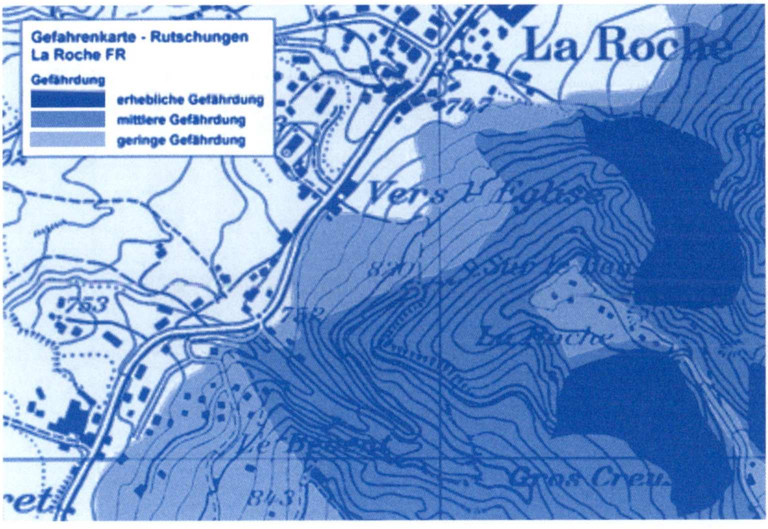

Abb. C1: Beispiel einer Gefahrenkarte

2.5.3 Gefährdung

In den Gefahrenkarten wird der heutige Gefährdungsgrad festgehalten.

Gefährdungsstufen

Die Gefahrenkarte gibt mit den Farben rot, blau und gelb die raumplanerische Bedeutung wieder, wie sie vor allem für die Nutzung von Gebäuden gelten soll.

Gefahrenbereich	Sachliche Bedeutung	Raumplan. Bedeutung
Rot	Erhebliche Gefährdung	Verbotsbereich
Blau	Mittlere Gefährdung	Gebotsbereich
Gelb	Geringe Gefährdung	Hinweisbereich
Gelb/Weiss	Restgefährdung	Hinweisbereich
Weiss	Nach derzeitigem Kenntnisstand keine oder vernachlässigbare Gefährdung	Keine Einschränkungen

Abb. C2: Gefährdungsstufen von Naturgefahren

Intensitäts-Wahrscheinlichkeitsdiagramme

Die Farben nach Gefahrenbereich ergeben sich aus dem Zusammenhang von Intensität und Häufigkeit. Um den unterschiedlichen Prozessen Rechnung zu tragen, gelten für die verschiedenen Prozesse spezifische Diagramme, welche durch Verknüpfung von Intensität und Häufigkeit die Farbe des Gefahrenbereiches festlegen.

Als Beispiel sei an dieser Stelle das Intensitäts-Wahrscheinlichkeitsdiagramm für die Gefahrengruppe «Murgang/Hangmuren, Lawinen, Stein- und Blockschlag, Eisschlag» gezeigt:

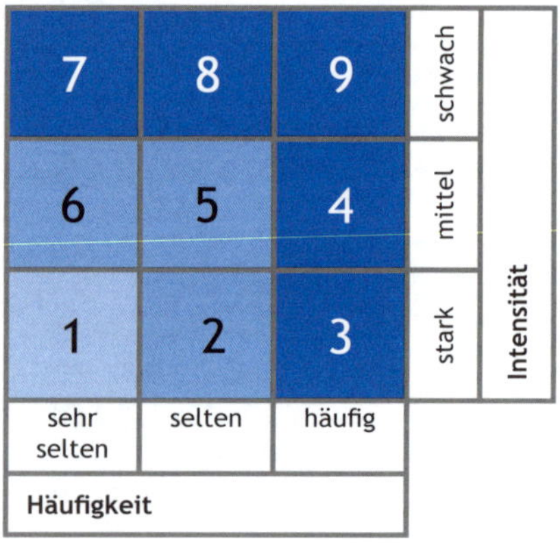

Abb. C3: Intensitäts-Wahrscheinlichkeitsdiagramm für die GefahrengruppeMurgang/Hangmuren, Lawinen, Stein- und Blockschlag, Eisschlag

Die Häufigkeitsklassen werden nach den Empfehlungen des Bundes wie folgt eingeteilt:

- häufige Ereignisse: 1–30 Jahre Wiederkehrdauer
- seltene Ereignisse: 30–100 Jahre Wiederkehrdauer
- sehr seltene Ereignisse: 100–300 Jahre Wiederkehrdauer

2.5.4 Wertbeeinflussung durch Gefahren

Die Tatsache oder die Vermutung, dass ein Baugrundstück durch aktuelle Naturgefahren bedroht ist, beeinflusst dessen Wert. Das Ausmass der Bedrohung wird massgebend sein, ob sich das Grundstück noch für eine Bebauung eignet oder ob es generell mit einem Bauverbot belegt oder einer Gefahrenzone zugewiesen wird.

Unbestritten ist, dass für die Beurteilung eines Grundstückes die Gefahrenlage genau geklärt und entsprechend berücksichtigt werden muss.

2.5.5 Projektbewilligungsverfahren (Enteignung)

Die Kantonsregierung (Regierungsrat) ist zuständig für die Anordnung von Massnahmen zur Sicherung von Gefahrengebieten. Die entsprechende Dienststelle erfüllt dabei die Aufgaben für die Massnahmen zum Schutz vor Naturereignissen.

Der Regierungsrat entscheidet in der Regel über das Schutzbauprojekt und die öffentlich-rechtlichen Einsprachen sowie über die Kostentragung. Soweit erforderlich entscheidet er auch über die Erteilung des Enteignungsrechts. Die für den Erwerb der erforderlichen Rechte zu leistende Entschädigung wird, sofern keine gütliche Einigung zustande kommt, im Schätzungsverfahren nach kantonalem Enteignungsgesetz festgesetzt.

Nach der Praxis der Bundesbehörden für die abgeltungsberechtigten Kosten wird ein durch Naturereignisse zerstörtes Grundstück, das in der Folge für Schutzbauten beansprucht wird, zum Wert von Landwirtschaftsland entschädigt. Das Bundesgericht hat jüngst bestätigt, dass bei einem unüberbaubar gewordenen Grundstück nicht etwa der Kaufpreis oder der Baulandpreis, sondern der Verkehrswert im Zeitpunkt der Schätzung massgebend ist. Keine Rolle spiele bei der Bemessung der Entschädigung der Vorteil, der dem Gemeinwesen aus dem Schutzwerk erwachse (Urteil 1P.855/2006, 15.02.07). Es besteht für den Kanton keine Veranlassung, entgegen dieser Praxis über die gesetzlichen Vorschriften hinaus das Land zu Baulandpreisen zu entschädigen.

2.6 Altlasten

2.6.1 Definitionen

Gemäss der Altlasten-Verordnung (AltlV) [C8] sind Altlasten mit Abfall belastete Standorte, für die nachgewiesen ist, dass sie zu schädlichen oder lästigen Einwirkungen führen oder bei denen die konkrete Gefahr besteht, dass solche Einwirkungen entstehen; solche Standorte sind sanierungsbedürftig.

Belasteter Standort

Im Kataster der belasteten Standorte eingetragenes Objekt, welches durch Ablagerungs-, Betriebs- oder Unfallereignisse entweder untersuchungsbedürftig, administrativ zu überwachen oder zu sanieren ist.

Verdachtsflächen-Kataster

Alle Kantone führen einen Verdachtsflächen-Kataster. Er enthält alle bekannten Objekte, die möglicherweise Belastungen aufweisen. Dieser Kataster ist nur behördenintern und unterliegt dem Datenschutz.

Kataster der belasteten Standorte

Dieser Plan enthält diejenigen Objekte, bei welchen mit grosser Wahrscheinlichkeit davon auszugehen ist, dass sie belastet sind. Der Kenntnisstand beruht in der Regel auf der Deklaration des Grundeigentümers oder des Betreibers der Liegenschaft. Der Kataster besteht aus einem Kartenwerk und standortbezogenen Katasterblättern. Der Kataster ist öffentlich und kann bei der kantonalen Dienststelle oder bei der Gemeinde eingesehen werden.

Vertiefte Abklärungen liegen nicht vor, sind jedoch mit einer Voruntersuchung nach AltlV vorzunehmen. Diese wird zeigen, ob der Standort sanierungsbedürftig ist oder ob Massnahmen erst bei einem allfälligen Bauvorhaben zu treffen sind.

Ablagerungsstandort

Hier handelt es sich um stillgelegte oder noch betriebene Deponien und Abfall-Ablagerungsplätze, ohne Standorte mit unverschmutztem Aushub-, Abbruch- und Abraummaterial.

Betriebsstandort

Objekte, deren Belastung von stillgelegten oder noch aktiven Anlagen oder Betrieben stammt, in denen mit umweltgefährdenden Stoffen umgegangen wurde.

Unfallstandort

Orte, welche infolge ausserordentlicher Ereignisse, inkl. Betriebsstörungen, belastet sind.

Sanierungsbedürftige Standorte

Im eigentlichen Sinn des Wortes Altlasten, welche zu schädlichen oder lästigen Einwirkungen führen oder bei denen die konkrete Gefahr besteht, dass solche Einwirkungen entstehen. Solche Standorte sind gemäss AltlV innert angemessener Frist zu sanieren.

Überwachungsbedürftige Standorte

Diese Objekte weisen ein Gefährdungspotenzial auf, ohne zurzeit sanierungsbedürftig zu sein. Sie sind zu überwachen, damit ein allfälliger Sanierungsbedarf rechtzeitig erkannt wird.

Weder sanierungs- noch überwachungsbedürftige Standorte

Objekte mit belasteten Materialien, deren Entsorgung bei einem Bauvorhaben vor Baubeginn zu regeln ist. Solche Standorte können bei unsachgemässem Vorgehen überwachungs- oder sanierungsbedürftig werden.

2.6.2 Bauvorhaben auf belasteten Standorten

Bauen an belasteten Standorten ist möglich. Die Bauherrschaft ist jedoch verantwortlich für die korrekte Durchführung aller Massnahmen, welche im Zusammenhang mit dem speziellen Standort festgelegt werden. Sie erbringt die erforderlichen Nachweise und führt die Untersuchungen und Abklärungen durch, welche durch ausgewiesene Fachleute auszuarbeiten sind.

Planer, Bauleitung und Fachspezialisten

Sie führen im Auftrag der Bauherrschaft die ihnen übertragenen Aufgaben aus und sind in der Regel die direkten Ansprechpartner der Behörden.

Kommunalbehörde

Die Gemeinde besitzt, je nach Arbeitsstand des Katasters, die Plangrundlagen des Gemeindegebietes und ist die Anlaufstelle für Erstinformationen.

Sie prüft bei Baugesuchen, ob sich das Bauvorhaben auf einem belasteten Grundstück befindet und meldet entsprechende Baugesuche der kantonalen Behörde. Bei Bauvorhaben auf belasteten Standorten informiert sie die Planer und die Bauherrschaft über die erforderlichen Massnahmen und verweist sie für weitere Fragen an die kantonale Altlasten-Fachstelle. Die Altlast-bezogenen Auflagen der kantonalen Behörden integriert sie in die Baubewilligung.

Kantonalbehörde

Die Fachstelle ist die Beratungsstelle und in den meisten Fällen auch die Vollzugsbehörde für Altlasten und verfügt die notwendigen Massnahmen. Sie berät die Gemeindebehörde, die Bauherrschaft und die Planer und prüft die Fachberichte und Entsorgungsprojekte im Rahmen ihrer Zuständigkeit. Sie bestimmt die Altlasten-bezogenen Bedingungen und Auflagen für das Bauvorhaben.

Sonderabfälle

Bestimmte Aushubkategorien sind Sonderabfälle und entsprechend zu entsorgen.

Belassen von belastetem Material

Ob belastetes Material, das vom Bauvorhaben nicht tangiert wird, im Untergrund belassen werden kann, wird einzelfallweise entschieden. Die Kriterien richten sich nach den Ergebnissen der Voruntersuchung und nach dem Grade der Verunreinigung.

Verwertungspflicht

Abfälle müssen nach der Technischen Verordnung über Abfälle (TVA) [C9] in erster Linie verwertet werden. Sofern nachgewiesen wird, dass eine Verwertung nicht möglich ist oder unverhältnismässig wäre, kann solches Material deponiert werden.

Ablaufschema Bauen auf belastetem Standort

Bauen auf belasteten Standorten erfordert spezielle Vorkehrungen. Nachfolgend ist ein chronologischer, den rechtlichen Vorgaben entsprechender Ablauf am Beispiel des Kantons Luzern dargestellt.

Bauablauf	Altlastenbezogene Tätigkeiten		
	Aufgaben Bauherrschaft und Planer		Aufgaben Behörde
Vorprojekt	Belasteter Standort? 1 Voruntersuchung 2a		Information Beurteilung Art. 8
	Sanierungsbedarf	Kein Sanierungsbedarf	
Bauprojekt	Detailuntersuchung Art. 14 2b Sanierungsproj. Art. 17, 24 3a Aushub + Entsorg.konzept 3c	Ev. Überwach.konzept 3b Aushub + Entsorg.konz. 3c	Begleitung Bei Sanier.bedarf: Sanierungsverfügung
Baubewill.- Verfahren	Detailuntersuchung Sanierungsprojekt Aushub + Entsorg.konzept		
Ausschreibung Vergabe	San.-Ausführungskonzept Entsorgungserklärung 4	Entsorgungserklärung 4	Beurteilung Freigabe 5
Bauausführung	Sanierung Aushub, Entsorgung 4 Massnahmen	Aushub, Entsorgung Massnahmen 6	Begleitung
Abschluss	Sanierungsbericht 7 Schlussmeldung 8	Schlussmeldung 8	Prüfen, Stell.nahme Kataster

Abb. C4: Vorgehen und Ablauf beim Bauen auf belasteten Standorten (Kanton Luzern)

1 | Ist ein belasteter Standort vorhanden?

Die Kataster sind bei der Gemeinde und bei der kantonalen Dienststelle einzusehen. Sie beinhalten die bekannten Verdachtsflächen oder belastete Standorte. Bei vorhandenem Eintrag können Informationsberechtigte (Grundeigentümer) weitere Auskünfte beziehen.

2 | Untersuchungen

Gemäss Art. 3 AltlV dürfen belastete Standorte nur dann verändert werden, wenn sie nicht sanierungsbedürftig sind und durch das Vorhaben nicht sanierungsbedürftig werden oder wenn ihre spätere Sanierung durch das Vorhaben nicht wesentlich erschwert wird oder wenn sie gleichzeitig saniert werden.

2a | Voruntersuchung

Gemäss Art. 7 AltlV wird mit der Voruntersuchung abgeklärt, ob der Standort überwachungs- oder sanierungsbedürftig ist. Durch frühzeitiges Erkennen der Situation können mit planerischen Anpassungen, Sanierungs- und Entsorgungskosten gespart werden.

Die Frage des Sanierungsbedarfes richtet sich nach Art. 7 AltlV und ist auch für die Ermittlung des Zahlungspflichtigen von Bedeutung. Damit der Umfang und die Auswirkungen rechtzeitig erkennbar werden, ist die Voruntersuchung während des Vorprojekts zu erstellen.

2b | Detailuntersuchung

Damit werden weitere Kenntnisse und Entscheidungsgrundlagen für das Sanierungsprojekt ermittelt. Bei Bauvorhaben kann sie gleichzeitig mit der Voruntersuchung durchgeführt werden.

3a | Sanierungsprojekt (falls erforderlich)

Dieses zeigt bei einem sanierungsbedürftigen Standort auf, wie die Sanierung erfolgt. Es ist in Absprache mit der kantonalen Dienststelle auszuarbeiten und wird durch diese geprüft und verfügt.

3b | Überwachungskonzept

Dieses zeigt auf, wie die Überwachung durchgeführt wird. Es ist in Absprache mit der kantonalen Altlasten-Fachstelle auszuarbeiten und wird durch diese geprüft.

3c | Aushub- und Entsorgungskonzept

Bei belasteten Standorten ist das Aushub- und Entsorgungskonzept wie folgt anzupassen (gemäss Empfehlung SIA 430):

- Lageplan (mit Aushubperimeter, Aushubkategorie und Kubatur)
- Aufbereitungsnachweis (fachkompetente Abklärung, ob für den belasteten Aushub eine Aufbereitung oder Verwertung nach Art. 12 AltlV möglich ist)
- Aushub, Triage, Analytik (Beprobung und Begleitung des Aushubes sind aufzuzeigen. Während des Aushubes oder bis zur Freistellung durch die Vollzugsbehörde ist auf der Baustelle eine unabhängige Fachperson für die korrekte Bewirtschaftung der Abfälle zuständig. Aufgaben und Kompetenzen sind in einem Pflichtenheft festzuhalten)
- Vorsorgemassnahmen (Aufzeigen, wie Versiegeln von belastetem Material, Entgasungsleitungen, Zwangsbelüftung von Räumen und Nutzungseinschränkungen. Das Entsorgungskonzept wird mit der Baubewilligung rechtskräftig verfügt)

4 | Entsorgungserklärung

Nach erfolgter Vorlage und nach vorliegender Zusicherung der Abnahmestelle, sind für jede Abfallkategorie die vorgesehenen Entsorgungswege der Behörde anzuzeigen.

5 | Freigabe durch die Behörde

Wenn die fachlichen und gesetzlichen Anforderungen sichergestellt sind, erfolgt die Baufreigabe durch die Behörde.

6 | Ausführung

Der Aushub, die Entsorgung und, falls erforderlich, die Sanierung erfolgen gemäss Beschrieb 3. Die Begleitung durch die Behörde erfolgt einzelfallweise.

7 und 8 | Sanierungsbericht und Schlussmeldung

Die durchgeführten Sanierungsarbeiten sind nach Art. 19 AltlV der Vollzugsbehörde in einem Sanierungsbericht zu melden. Bei der Schlussmeldung ist in einer Übersicht die Umsetzung und die Entsorgung aufzuzeigen und auszuweisen, welche Restmengen an belastetem Material am Standort zurückbleiben. Die Behörde führt den Kataster nach.

Die vorangehende Checkliste zeigt die notwendigen Massnahmen auf. Auch in diesem Fall ist zu beachten, dass das Bauen auf belasteten Standorten kantonal geregelt ist. Abweichungen in der Reihenfolge, in den aufgeführten Behördenstellen und in der Ausführung sind möglich. Das aufgezeigte Beispiel stammt aus dem Kanton Luzern.

2.6.3 Umweltkosten

Eine aktive Bewirtschaftung der belasteten Standorte ist für unsere Gesundheit und für unsere Finanzen sinnvoll.

Grenzwerte

In der Umwelt finden sich zahlreiche Stoffe, die bereits in kleinen Mengen für Menschen, Tiere und Pflanzen gefährlich werden, wenn sie mobilisiert sind und in den Stoffkreislauf gelangen. Wissenschaftler und Praktiker suchen deshalb gemeinsam nach Schwellenwerten, die vor allem für Menschen noch ungefährlich sind. Einige dieser Stoffe werden als Krebs erzeugend (cancerogen) und teilweise als Gen verändernd (mutagen) eingestuft. Die folgende Tabelle zeigt die Wassermenge, welche durch 1 Gramm eines Stoffes unbrauchbar wird.

Stoff	Zulässig. Schadstoffkonzentration gemäss Lebensmittelbuch		Gefährdung Grundwasser
Bezeichnung	Qualitätsziel (mg/l)	Toleranzwert (mg/l)	(m^3)
HCH Hexachlorcyclohexan	nicht nachweisbar	0.001	2000
CKW chlorierte Kohlenwasserstoffe	0.001	0.025	40
Cr-Vl Chromat	0.001	0.02	50
PCB Polychlorierte Biphenyle	nicht nachweisbar	0.001	2000
PAK Polycyclische aromatische KW	nicht nachweisbar	0.000	5000

Abb. C5: Wassermenge, die durch 1 Gramm eines schädlichen Stoffes unbrauchbar wird

Entsorgungskosten

Die Rückholung schädlicher Stoffe aus der Umwelt, wie Wasser, Boden, Luft und Untergrund ist schwierig. Die Entsorgungskosten für einen Schadstoff steigen exponentiell mit zunehmender Verdünnung im Umweltmedium. Die nachfolgende Tabelle zeigt diese Entsorgungskosten bei Kohlenwasserstoffen und bei Herbiziden und Pestiziden.

Ort des Anfalles	St. Gehalt	Entsorgung	Kosten
	(%)	Behandlung	(CHF/kg)
Betriebsabfall	80–100	Verbrennung	0.4–0.8
Benzinunfall	0.5–1.5	Bodenluftabsaugung	10–80
Aushub aus Altlast	1	Bodenwaschanlage	30–40
Aushub aus Altlast	0.1	Bodenwaschanlage	300–400
Grundwasser, Gw-träger	0.000	Stripping, Bodenluftabsaug.	10 000–15 000
Betriebsabfall	90–100	Sondermüll-Verbrennung	1–3
Aushub aus Altlast	0.2	Untertagedeponie	350–450
Aushub aus Altlast	0.01	Bodenwaschanlage	4 500–5 500
Rohwasser	0.000	Aufbereitung Aktivkohlefilter	100 000

Abb. C6: Kosten für die Rückholung schädlicher Stoffe aus der Umwelt

2.6.4 Wertbeeinflussung durch Altlasten

In den dicht besiedelten Gebieten der Schweiz dürften ca. 5 % aller Liegenschaften und überbaubaren Grundstücke kostenrelevante Belastungen aufweisen. Darunter befinden sich ca. 4 000 Altlasten, die durch den Austritt von Schadstoffen in absehbarer Zeit für Mensch und Umwelt eine Gefahr darstellen. Sind solche Belastungen vorhanden, wird der Verkehrswert eine Minderung erfahren, deren Ausmass eine Fachperson abklären muss. In Einzelfällen kann der Verkehrswert negativ ausfallen.

In einer Wertbeurteilung ist auf die Problematik der belasteten Standorte explizit hinzuweisen, da sonst später bei auftauchenden Altlasten, ein Übernahmeverschulden angelastet werden kann. Die einfachste Lösung ist ein Hinweis, dass die Klärung einer möglichen Belastung nicht Bestandteil des Gutachtens sei.

In der Regel sind auf die Möglichkeiten und Folgen einer Belastung hinzuweisen. Der Auftraggeber ist über die Modalitäten einer Vorabklärung zu informieren. Mit einem solchen Vorgehen wird die Informationspflicht gewahrt. Der Auftraggeber kann auch aufgefordert werden, alle ihm zugänglichen Informationen beizubringen, welche eine Belastung ausschliessen oder auf die Möglichkeit einer Belastung hinweisen.

Vorabklärung

Eine Vorabklärung erfordert Fachwissen, soziale Kompetenz, Spürsinn und Ausdauer. Zu klären ist die Frage, ob das Grundstück allenfalls kostenrelevante Belastungen aufweist:

- als Ablagerungs-, Betriebs- oder Unfallstandort (AltlV)
- durch belastete Bausubstanz (TVA)
- durch belasteten Boden (VBBo)

Anschliessend ist zu klären:

- Ist der Standort in einem Kataster der belasteten Standorte erfasst?
- Ist der Standort in einem Prüfperimeter für Bodenverschiebungen erfasst?
- Bestehen Hinweise auf eine erhöhte Wahrscheinlichkeit einer Belastung in der Bausubstanz, im Untergrund oder im Boden durch frühere oder aktuelle betriebliche Nutzungen?

Die Kantone haben einen Kataster der belasteten Standorte und einen Prüfperimeter für Bodenverschiebungen zu führen. Der Stand der Erfassung und die Erfassungsgenauigkeit dürften jedoch recht unterschiedlich sein. Die öffentliche Einsicht in vorhandene Kataster wird ebenfalls noch unterschiedlich gehandhabt. Details sind bei den kantonalen Fachstellen zu erfragen. Alle Adressen können über www.buwal.ch abgerufen werden.

Liegt ein Eintrag in einem Kataster vor, ist eine Abklärung durch einen Altlastenberater dringend zu empfehlen. Fehlt ein Eintrag, kann daraus noch nicht zwingend geschlossen werden, dass keine Belastung vorliegt.

In einem weiteren Schritt ist noch zu prüfen, ob auf dem Areal zu irgendeinem Zeitpunkt eine Tätigkeit ausgeübt wurde, die in der Branchenliste für Betriebsstandorte mit erhöhter Wahrscheinlichkeit einer kostenrelevanten Belastung erfasst ist. Liegt ein Verdacht oder ein Nachweis für eine solche Tätigkeit vor, ist eine Abklärung durch eine erfahrene Fachperson vorzunehmen. Eine solche ist auch dann angezeigt, wenn die Parzelle im Randbereich einer Ablagerung liegt, da diese oft nicht mit der erforderlichen Genauigkeit erfasst wurde.

Fachgutachten

Ein Fachgutachten wird in der Regel auch durch den Auftraggeber eingeholt. Es ist die Aufgabe des Fachgutachters, die Kosten in der gewünschten Genauigkeit anzugeben. Es soll allerdings nicht verschwiegen werden, dass die Angabe von Kostenbereichen für Sanierungen noch nicht überall dem Stand der Technik entspricht.

Bereinigte Wertbeurteilung

Grundsätzlich sind für die Wertbeurteilung die Sanierungskosten zu berücksichtigen. Solche bereinigten Beurteilungen auf der Basis von Fachgutachten dürften jedoch eher selten sein.

Unternehmungen, welche Umnutzungen von belasteten Standorten durchführen, ermitteln die voraussichtlichen Kosten für die Sanierung ebenfalls aufgrund von Fachgutachten.

Finanzierung bei Aushubmaterial belasteter Standorte (Art. 32b bis USG)

Entfernt der Inhaber eines Grundstücks Material aus einem belasteten Standort, welches nicht wegen Art. 32c USG [C10] entsorgt werden muss, kann er in der Regel zwei Drittel der Mehrkosten für Untersuchung und Entsorgung des Aushubmaterials von den Verursachern und früheren Inhabern verlangen, wenn:

- der Verursacher keine Entschädigung geleistet oder frühere Inhaber keinen Preisnachlass gewährt haben
- der Aushub wegen Bauvorhaben notwendig ist
- der heutige Inhaber das Grundstück zwischen dem 1.7.1972 und 1.7.1997 erworben hat

Über allfällige Forderungen entscheidet das Zivilgericht, wobei Ansprüche längstens bis zum 1.11.2021 geltend gemacht werden können.

Pflicht zur Sanierung: Ersatzvornahme (Art. 32c Abs. 3 USG)

Die Kantone können Massnahmen selber durchführen oder Dritte damit beauftragen, wenn:

- Einwirkungen unmittelbar drohen
- der Pflichtige nicht in der Lage ist, Massnahmen durchzuführen
- der Pflichtige untätig bleibt

Tragung der Kosten (Art. 32d USG)

Der Verursacher trägt die Kosten für notwendige Massnahmen zur Untersuchung, Überwachung und Sanierung belasteter Standorte.

Wer lediglich als Inhaber des Standortes beteiligt ist, trägt keine Kosten, wenn er bei Anwendung der gebotenen Sorgfalt von der Belastung keine Kenntnis haben konnte.

Das zuständige Gemeinwesen trägt den Kostenanteil der Verursacher, die nicht ermittelt werden können oder zahlungsunfähig sind.

Auf Verlangen erstellt die Behörde eine Verfügung über die Kostenverteilung. Ergibt die Untersuchung eines im Kataster nicht eingetragenen oder für den Eintrag vorgesehenen Standortes, dass dieser nicht belastet ist, so trägt das zuständige Gemeinwesen die Kosten für die notwendigen Untersuchungsmassnahmen.

Ausweitung Beiträge der Finanzierungsmassnahmen (Art. 32e Abs. 3 USG)

Der Bundesrat erhebt seit dem 1.1.2001 eine Abgabe auf die Ablagerung, bzw. den Export zur Ablagerung, auf Deponien, die der Mitfinanzierung von Sanierungen dient.

Aus dieser Abgabe bezahlt der Bund neu auch 500 CHF pro Standort, wenn der Inhaber bis am 1.11.2007 zum Eintrag in den Kataster Stellung nehmen konnte und leistet 40% an die Kosten von Untersuchung, Überwachung und Sanierung, wenn:

- der Verursacher nicht ermittelt werden kann
- der Verursacher nicht zahlungsfähig ist
- ein wesentlicher Teil als Siedlungsabfälle abgelagert wurde
- bei Schiessanlagen
- an die Untersuchung von eingetragenen oder zum Eintrag vorgesehenen Standorten, die sich als nicht belastet erweisen

Als Stichdaten für die Ablagerungen gilt bei Schiessanlagen der 1.11.2008 und bei den übrigen Standorten der 1.2.1996.

Auswirkungen

Für den Investor stellen diese Neuerungen in verschiedenen Punkten Verbesserungen dar:

- Nun ist klar geregelt, wer bei Altlastensanierungen wann für was aufkommen muss. Dies ist der Rechtssicherheit förderlich.
- Neu kann der Bund einen finanziellen Beitrag an alle Massnahmen im Bereich Altlasten – von der Untersuchung bis zur Sanierung – leisten.
- Erweist sich ein Standort, der im Kataster verzeichnet ist oder aufgenommen werden soll, als unbelastet, so übernimmt der Kanton die Kosten für die Untersuchungen. Diese musste bisher der Inhaber des Grundstückes bezahlen.
- Zudem kann ein Inhaber eines belasteten (aber nicht sanierungsbedürftigen) Grundstücks neu 2/3 der Mehrkosten für Untersuchung und Entsorgung von verschmutztem Erdreich auf die Verursacher oder auf frühere Inhaber abwälzen. Dies allerdings nur, wenn ein Bauvorhaben realisiert werden soll und wenn der Verursacher nicht bereits eine Entschädigung geleistet hat.

Die Kantone befürchten Mehrausgaben, weil die öffentliche Hand die Kosten für Untersuchungen von Standorten, die sich als nicht belastet erwiesen haben, zu tragen hat.

Hinweis:
Die Zusammenfassung der Anpassung des Umweltschutzgesetzes ab «Tragung der Kosten (Art. 32d USG)» stammt aus dem Newsletter Nr. 12 des Verbands der Immobilien-Investoren (VIV) vom November 2006. Es wird dabei explizit darauf hingewiesen, dass die rechtliche Behandlung von Sanierung von Altlasten sehr komplex ist und die Zusammenfassung nur einen allgemeinen Überblick zu geben vermag. Für einen Investor stellt sich somit die konkrete Frage, ob es sinnvoll ist, mit spezialisierten Bundes- und Kantonsstellen direkt Kontakt aufzunehmen und / oder auf spezialisierte Rechtsanwaltskanzleien zurückzugreifen?

3 Private Regelwerke von Fachvereinen

In der Schweiz gelten als allgemein anerkannter Standard zahlreiche Ordnungen, Normen, Richtlinien und Merkblätter von Fachvereinen. Für das Bauwesen sind vor allem die Regelwerke des Schweizerischen Ingenieur- und Architektenvereins (SIA) von Bedeutung. Für Projektentwickler und Bauherrenberater sind – neben den zahlreichen technischen Normen des SIA – insbesondere die folgenden Regelwerke wichtig:

Ordnungen:
- Ordnungen für Leistungen und Honorare der Architekten und Ingenieure (SIA 102 bis SIA 111)
- Leistungsmodell (SIA 112)
- Ordnung für Architektur- und Ingenieurwettbewerbe (SIA 142)
- Ordnung für Architektur- und Ingenieurstudienaufträge (SIA 143)

Normen:
- Allgemeine Bedingungen für Bauarbeiten (SIA 118)
- Thermische Energie im Hochbau (SIA 380/1)
- Elektrische Energie im Hochbau (SIA 380/4)
- Flächen und Volumen von Gebäuden (SIA 416)
- Erhaltung von Bauwerken (SIA 469)
- Wirtschaftlichkeitsrechnung für Investitionen im Hochbau (SIA 480)

Richtlinien:
- Richtlinie für das Verfahren vor einem Schiedsgericht (SIA 150)

Merkblätter:
- Qualität im Bauwesen (SIA 2007)
- Energieausweis für Gebäude (SIA 2009)

Daneben publiziert der SIA noch zahlreiche weitere wertvolle Hilfsmittel und Dokumentationen, z.B.:

- Verträge Bauherr – Projektverfasser (SIA 1002 bis SIA 1018)
- Werkvertrag, Werkabnahme (SIA 1023 bis SIA 1029)
- SIA D 0165: Kennzahlen im Immobilienmanagement
- SIA D 0213: Finanzkennzahlen für Immobilien

Dieses private Regelwerk hat in der Schweiz keine allgemeine Rechtsverbindlichkeit. Die Mitglieder des SIA sind gemäss Vereinsstatuten zur Anwendung verpflichtet. Sollen das gesamte Regelwerk des SIA (bzw. eines anderen Fachvereins) oder einzelne Teile davon für Nichtmitglieder (z.B. Bauherr, Unternehmer) Verbindlichkeit erlangen, so ist dies in den entsprechenden Verträgen ausdrücklich zu vereinbaren.

4 Strategische Planung

4.1 Einleitung

Die strategische Planung ist ein Prozess, der in der Regel periodisch durchgeführt oder durch eine konkrete betriebliche Problemstellung ausgelöst wird. Die Ergebnisse der strategischen Planung definieren die zukünftige Entwicklung eines Unternehmens (bzw. einer öffentlich-rechtlichen Organisation) und positionieren es im relevanten Umfeld der Unternehmung. Sie sind deshalb oft die initialen Auslöser von Bauprojekten (Neubau, Instandsetzung oder Umbau bzw. Erweiterung).

Die strategische Planung beantwortet folgende Fragen:

- In welchen Geschäftsfeldern sind wir zukünftig tätig?
- Wie entwickelt sich das Umfeld dieser Geschäftsfelder?
- Falls das Umfeld auch in Zukunft attraktiv sein wird: Sind unsere Produkte oder Dienstleistungen und unsere heutigen Fähigkeiten geeignet, in diesem Umfeld in Zukunft erfolgreich zu sein? (Falls ja: Strategie und Fähigkeiten beibehalten; falls nein: Strategie und/oder Fähigkeiten ändern.)
- Falls das Umfeld in Zukunft unattraktiv wird: Welche neuen Geschäftsfelder ermöglichen uns, unsere Ziele zu erreichen? (Austritt aus unattraktiven Geschäften und Diversifikation in neue Gebiete.)

Dieser Fragekatalog veranschaulicht deutlich, dass sich die Träger der strategischen Planung intensiv mit der Unternehmung, deren Umfeld und Geschäftsfeldern auseinandersetzen müssen.

Möchte sich ein Bauherrenberater bereits in dieser frühen Phase einbringen, so ist es unerlässlich, dass er über vertiefte Kenntnisse der unternehmerischen Problemstellungen des Kunden verfügt und dessen unternehmerische Sprache beherrscht. Der Bauherrenberater muss sich mit der Problemstellung, welche die strategische Planung auslöst, auseinandersetzen und diese verstehen; er kann auf diese Art und Weise schon sehr früh mit dem Kunden zusammenarbeiten und eine Vertrauensbasis aufbauen, die ihm bei der zukünftigen Projektabwicklung hilfreich sein kann.

Das Ziel sollte sein, dass der Bauherrenberater dem Auftraggeber im Rahmen der strategischen Planung eine umfassende Problemanalyse und optimierte Lösungsvorschläge unterbreiten kann, welche auch nichtbauliche Optionen beinhalten.

Die folgende Abbildung soll die Stellung der strategischen Planung im gesamten Lebenszyklus eines Bauwerks verdeutlichen.

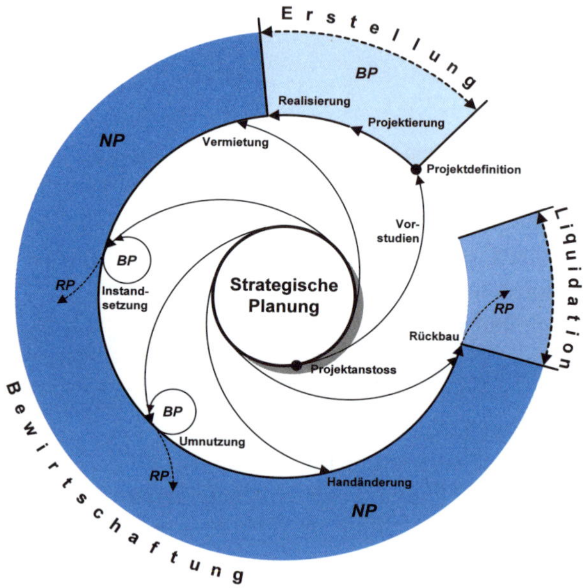

Abb. C7: Lebenszyklus eines Bauwerks [C11]
BP: Bauprozess NP: Nutzungsprozess RP: Rückbauprozess

Die strategische Planung steht im Zentrum oder ist bildlich ausgedrückt die Antriebswelle über den gesamten Lebenszyklus eines Bauwerks. Jeder Bauprozess, sei es nun die Erstellung eines Neubaus, eine Instandsetzung, eine Umnutzung oder der Rückbau, ist das Resultat eines strategischen Entscheides. Auch der Verzicht auf ein Bauvorhaben ist die Folge von strategischen Überlegungen.

4.2 Strategische Planung nach SIA 112

Gemäss Leistungsmodell SIA 112 sollen in der Phase Strategische Planung die folgenden Ziele erreicht werden:
- Bedürfnisse, Ziele und Rahmenbedingungen definiert
- Lösungsstrategie festgelegt

Bezüglich der Aufgaben, Verantwortlichkeiten und Arbeitsergebnisse der Architekten und Ingenieure in der Phase Strategische Planung wird auf die einschlägigen Ordnungen des SIA verwiesen.

4.3 Ablaufschema der strategischen Planung

Die strategische Planung startet gemäss Leistungsmodell SIA 112 mit dem Formulieren der Bedürfnisse sowie der Definition der übergeordneten Projektziele und Rahmenbedingungen. Eine Bedürfnisformulierung bedingt aber die vorgängige Erfassung des Ist-Zustandes und eine Prognose der zukünftigen Veränderungen.

Ein Bauherrenberater sollte die Phase Strategische Planung systematisch und ganzheitlich angehen und nicht vorrangig auf eine bauliche Problemlösung hinsteuern, sondern aus der gesamten Palette von Lösungen die Bestvariante herauskristallisieren. Der schematische Ablauf gemäss Abbildung C8 dient ihm dabei als Arbeitshilfe; dieser Ablauf ist ausführlicher beschrieben als im Leistungsmodell SIA 112.

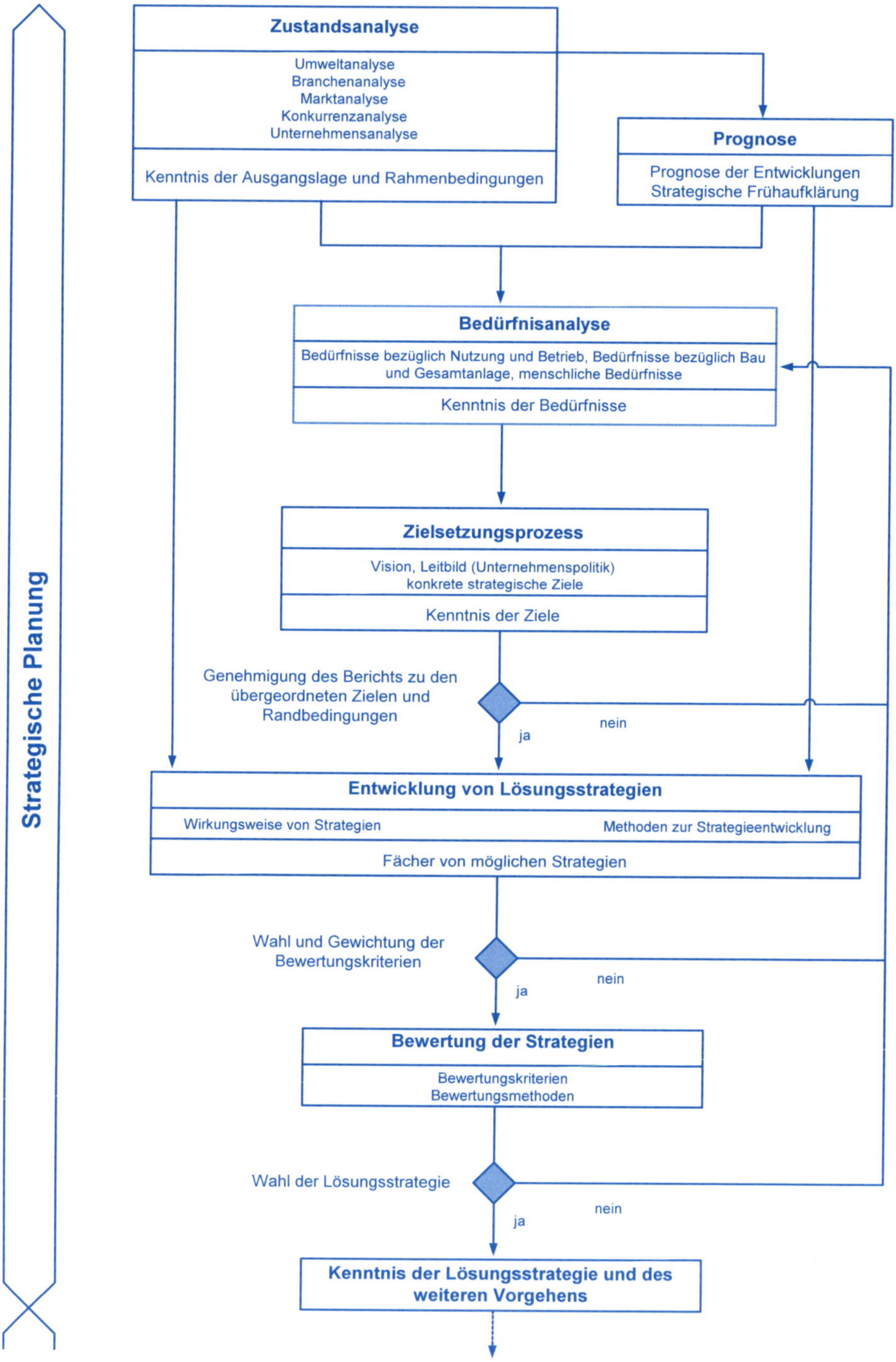

Abb. C8: Ablauf Strategische Planung

4.4 Zustandsanalyse

Die Entwicklung von Strategien setzt umfassende Kenntnisse über die Unternehmung und ihr Umfeld voraus. Heutzutage wird es immer schwieriger, aus der grossen Fülle von Daten die Schlüsselinformationen herauszufiltern, welche für die Lösung strategischer Probleme relevant sind.

Aus unternehmerischer Sicht wird die Zustandsanalyse oft in fünf Informationsbereiche gegliedert:

- Umweltanalyse
- Branchenanalyse
- Marktanalyse
- Konkurrenzanalyse
- Unternehmensanalyse

Es ist offensichtlich, dass der Bauherrenberater nicht in jedem Fall Informationen aus all diesen Bereichen beschaffen und analysieren muss. Oft genügt die Zustandsanalyse eines Teilbereiches. Was und in welchem Umfang analysiert werden muss, ist auf die jeweilige Problemsituation abzustimmen. Für weitergehende methodische Hinweise wird auf Teil G Kapitel 3.1.1 bis 3.1.5 verwiesen.

4.5 Prognose

Das Besondere an der strategischen Planung ist ihre Zukunftsorientierung und die Zukunftswirkung von gegenwärtigen Entscheidungen. Daher muss die Zustandsanalyse mit einer Prognose der zukünftigen Veränderungen in der Unternehmung und deren Umfeld ergänzt werden.

Bei den eigentlichen Prognoseinstrumenten lassen sich grundsätzlich zwei verschiedene Typen unterscheiden: quantitative und qualitative (→ Teil G Kap. 3.1.7 und 3.1.8). Das wohl am häufigsten angewendete Instrument für Prognosen im Rahmen der strategischen Planung ist die Szenariotechnik (→ Teil G Kap. 3.1.9).

Zur Prognose gehört auch die strategische Frühaufklärung. Es handelt sich dabei um ein Frühwarnsystem, das auf Abweichungen von den prognostizierten Entwicklungen aufmerksam macht (→ Teil G Kap. 3.1.10).

4.6 Bedürfnisanalyse

Bedürfnisse entstehen aus der Diskrepanz zwischen Zielen (Wunsch) und den aktuellen bzw. zukünftigen Zuständen (Realität). Bedürfnisse haben mit subjektiver Wahrnehmung zu tun. Sie sind deshalb von Mensch zu Mensch bzw. von Unternehmung zu Unternehmung verschieden. In allen Fällen tendieren Bedürfnisse aber darauf, die vorhandene Diskrepanz zwischen Wunsch und Realität zu eliminieren.

Bauwerke leisten einen wichtigen Beitrag zur Befriedigung menschlicher Bedürfnisse. Dabei spielen die unterschiedlichen Sichten der Anspruchsteller (Investor, Eigentümer, Benutzer, Betreiber und Gesellschaft) eine wichtige Rolle.

Methoden zur Bedürfnisermittlung sind z.B. das Interview (um ein möglichst unbeeinflusstes Bild der Bedürfnisse zu erlangen), das Brainstorming (um durch gegenseitige Anregung ein möglichst umfassendes Bild der Bedürfnisse zu bekommen) oder die Zielanalyse (um die Prämissen der einzelnen Bedürfnisse festzustellen).

4.7 Zielsetzungsprozess

Die ermittelten Bedürfnisse bilden einen ersten Ansatzpunkt für den Zielsetzungsprozess.

Der Zielsetzungsprozess ist ein kreativer Prozess. Er besteht aus den Komponenten Vision, Leitbild und konkrete Ziele. Diese drei Komponenten unterscheiden sich unter anderem im Konkretisierungsgrad, das heisst, mit fortschreitendem Strategieprozess werden die Zielvorstellungen immer konkreter und detaillierter.

Die Aufgabe des Bauherrenberaters beim Zielsetzungsprozess beinhaltet hauptsächlich das Klären der übergeordneten strategischen Ziele sowie das Formulieren der übergeordneten Projektziele und Rahmenbedingungen in Absprache mit dem Bauherrn.

4.7.1 Vision

Das Wesen einer Vision liegt in der allgemeinen Stossrichtung, nicht in den Details. Visionen sind wie Sterne: Sie sind nicht das eigentliche Ziel, sondern geben lediglich die Richtung an, in welche sich die strategische Planung bewegen soll.

Eine Vision basiert auf Offenheit, Spontaneität und Realitätssinn. Ohne die Synthese dieser drei Aspekte kommt keine Vision zustande oder sie wird vielfach zur Illusion.

4.7.2 Leitbild

In einem Leitbild werden sämtliche übergeordneten Werte und Ziele einer Unternehmung festgehalten. Es ist ein Instrument, um die Unternehmenspolitik als Gesamtheit der Unternehmensgrundsätze darzustellen und für alle Mitarbeiter transparent zu machen (→ Teil G Kap. 3.1.11).

Zwischen dem Leitbild und der strategischen Grundausrichtung einer Unternehmung herrscht eine Wechselbeziehung. Die Entwicklung von Strategien orientiert sich an den unternehmenspolitischen Grundsätzen (Leitbild). Umgekehrt wird bei der Formulierung des Leitbildes schon ein Auge auf die möglichen Strategien geworfen.

4.7.3 Strategische Ziele

Die Formulierung konkreter Ziele ist ein wichtiger Denk- und Arbeitsprozess im Ablauf der strategischen Planung. Ziele sind Impulse für die Erarbeitung von Strategien und dienen als Kriterien für deren Bewertung.

Es ist wichtig, dass die folgenden Aspekte bei der Zielbildung in der Phase der strategischen Planung berücksichtigt werden:

- Das Zielsystem, welches in der Phase der strategischen Planung gebildet wird, soll sich auf die gegebene Problemsituation beziehen. Falls der Strategieentscheid zur Realisierung eines Bauvorhabens führt, müssen die Ziele in der Vorstudienphase projektspezifisch konkretisiert und angepasst werden (→ Teil C Kap. 5.4).
- Die Zielbildung und -gewichtung sollte im Team der von der Problemsituation unmittelbar betroffenen Personen erfolgen. Dadurch ist gewährleistet, dass das Zielsystem vollständig ist und eine grundsätzliche Akzeptanz herrscht.

Im Folgenden werden einige allgemeine Grundsätze erläutert, die beim Aufstellen eines Zielsystems zu beachten sind.

Prinzipien bei der Zielformulierung

- Ziele sind nicht nur sachlich begründbar, sie enthalten auch subjektive Wertvorstellungen.
- Ziele sollen bewusst lösungsneutral sein, um zu vermeiden, dass gewisse Lösungsideen von vornherein ausgeschlossen werden.
- Ziele sollen möglichst präzis formuliert werden und bewertbar sein.
- In der Zielformulierung sollen Prioritäten zum Ausdruck gebracht werden.
- Im Rahmen des Zielformulierungsprozesses sollen Widersprüche und Interessensgegensätze ausgeräumt werden.
- Ein Zielsystem muss überschaubar und bewältigbar sein.
- Ein Zielsystem soll hierarchisch aufgebaut sein.

Die Devise bei der Definition von Zielen lautet: «Vollständig, einfach und eindeutig!»

Hierarchisches Zielsystem

Grundsätzlich gibt es zwei verschiedene Vorgehensweisen bei der Zielformulierung: Entweder werden alle Zielvorstellungen mehr oder weniger intuitiv gesammelt (z.B. mit Brainstorming) oder es werden systematisch konkrete Ziele aus einer übergeordneten, allgemeinen Zielvorstellung abgeleitet. Sinnvoll ist es, beide Vorgehensweisen zu kombinieren. Zuerst werden alle Zielvorstellungen gesammelt, um sie dann in eine hierarchisch strukturierte Form zu bringen. Mit dieser Strukturierung wird ein besserer Überblick geschaffen und Doppelspurigkeiten sowie Widersprüche sind leichter zu bereinigen.

Die Strukturierung erfolgt von oben nach unten, das heisst vom Groben zum Detail. Auf der obersten Ebene befinden sich die Hauptziele (z.B. finanzielle, soziale, zeitliche und funktionale Ziele). Auf der untersten Ebene des Zielsystems, der Ebene der Zielkriterien, müssen die Ziele messbar sein. Wünschenswert ist eine kardinale Messung mit einer eindeutigen Einheit (z.B. CHF, m^2). Da dies nicht immer möglich ist, muss oft auf die ordinale Messung, welche nur eine Rangordnung definiert (A besser als C, C besser als B usw.), oder auf die nominale Messung (gut/schlecht, erfüllt/nicht erfüllt usw.) ausgewichen werden.

Ein Beispiel eines hierarchisch gegliederten Zielsystems ist in Abbildung C12 dargestellt. Dabei ist zu beachten, dass sich dieses Zielsystem auf ein Bauprojekt bezieht und nicht für die originäre Problemstellung auf der Stufe der strategischen Planung gilt.

Zielbeeinflussung

Ziele können von aussen beeinflusst werden oder sich gegenseitig beeinflussen.

Den äusseren Einflüssen kann man sich nicht vollständig entziehen. Daher ist es wichtig, sie zu kennen und wo nötig, zu berücksichtigen. Die wichtigsten äusseren Einflüsse sind:

- persönliche Interessen jedes Beteiligten
- Interessen der Vorgesetzten
- Interessen der beteiligten Stammorganisationen
- Interessen der beteiligten Behörden und Ämter sowie der Öffentlichkeit

Die verschiedenen Haupt- und Unterziele sowie die Zielkriterien innerhalb eines Zielsystems sind ebenfalls nicht unabhängig voneinander. Zwei Teilziele in einem Zielsystem können in sehr unterschiedlicher Beziehung zueinander stehen:

- Zielharmonie: Die Erreichung des Teilziels A unterstützt die Erreichung des Teilziels B. Dieser Fall ist wünschenswert.

- Zielkonkurrenz: Teilziel A und Teilziel B behindern sich gegenseitig. Je stärker A erreicht wird, desto weniger ist dies bei B der Fall. Dies ist häufig im Zusammenhang mit Kostenzielen der Fall. In diesem Fall helfen klar priorisierende Zielgewichtungen.
- Zielunabhängigkeit: Die Erreichung des Teilziels A kann unabhängig von jener des Teilziels B sein. Dieser Fall ist problemlos.
- Zielkonflikt: Teilziel A und Teilziel B stehen entweder logisch oder aufgrund der derzeitigen Situation derart im Widerspruch zueinander, dass sie nicht gleichzeitig verfolgt werden können.

Zielgewichtung

Selbstverständlich sind nicht alle Ziele gleich bedeutend, d.h. sie haben je nach Blickwinkel ein unterschiedliches Gewicht. Daher ist es wichtig, dass die Zielgewichtung nicht von einer Person allein durchgeführt wird, sondern ebenfalls im Team erarbeitet wird. Methoden zur Zielgewichtung werden in Teil G Kapitel 3.1.12 erläutert.

4.8 Entwicklung von Strategien

Es ist nicht die Aufgabe eines Bauherrenberaters, strategische Unternehmensplanung zu betreiben. Er kann hingegen bei antizipierten baulichen Problemlösungen beraten und alternative Lösungsstrategien aufzeigen.

Die Entwicklung von Strategien ist ein kreativer Prozess. Es muss ein möglichst breites Spektrum von Lösungsstrategien für die vorliegende Problemsituation geöffnet werden. Es ist durchaus erlaubt, ausgefallene Strategien zu entwickeln, solange sie dem kreativen Prozess dienen und helfen, neuartige Handlungsalternativen aufzuzeigen. In einem späteren Schritt wird der breite Fächer von Strategien auf die zulässigen und machbaren Strategien reduziert, um diese anschliessend zu bewerten.

4.8.1 Grundsätze zur Strategieentwicklung

Aus den strategischen Grundsätzen lassen sich mögliche Ansatzpunkte für strategische Ausrichtungen ableiten. Solche strategischen Grundsätze sind beispielsweise:

- Konzentration der Kräfte
- Aufbau auf bestehenden Stärken – Vermeiden von Schwächen
- Nutzung von Umwelt- und Marktchancen
- Abstimmung von Zielen und Mitteln
- Wirtschaftlichkeit des Mitteleinsatzes

- Nutzung der «economies of scale»
- Sicherung des Strukturwandels
- Risikoausgleich
- Einfachheit und Beharrlichkeit
- geschickte Innovation
- Ausnützung von Synergiepotenzialen; Ausnützung von Koalitionsmöglichkeiten
- Schaffung einer zweckmässigen, führbaren Organisation
- Unité de doctrine

Diese allgemeinen Handlungsempfehlungen bedürfen selbstverständlich einer situationsabhängigen Anpassung.

4.8.2 Methoden zur Strategieentwicklung

Kreativitätsmethoden

Als Kreativitätsmethoden werden Grundsätze und Vorgehensweisen bezeichnet, die das Überwinden des passiven Wartens auf Einfälle und die Erhöhung der Wahrscheinlichkeit, schnell gute Lösungen zu finden, unterstützen.

Bei den Kreativitätsmethoden werden nach der Art des Vorgehens analytisch-systematische und intuitiv-kreative Methoden unterschieden (→ Teil G Kap. 3.1.13):

Analytisch-systematische Methoden:

- Morphologischer Kasten
- Attribute Listing
- Problemlösungsbaum

Intuitiv-kreative Methoden:

- Brainstorming
- Brainwriting
- Methode 635
- Kärtchen-Technik
- Analogie-Methoden
- Synektik

PIMS-Studie (Profit Impact of Market Strategies)

Die PIMS-Studie (zu Deutsch: Die Wirkung von Marktstrategien auf den Gewinn) entstand in den frühen 1960er Jahren aufgrund von Untersuchungen der Firma General Electric. Ziel war es, jene Faktoren zu identifizieren, welche für den Gewinn bzw. ROI (Return on Investment) und den Cash Flow verantwortlich sind. Die Informationen für diese empirische Strategieforschung lieferten mehr als 450 Unternehmungen. Durch diese Erhebung ist es gelungen, wichtige Faktoren auszusondern, welche den Erfolg von Strategien in unterschiedlichen Markt- und Wettbewerbssituationen beeinflussen. Natürlich sind diese gewonnenen strategischen Prinzipien keine Formeln für die Lösung bestimmter Managementprobleme, aber dennoch können sie die Grundlage für situationsbedingte Analysen bilden, denn jedes Management kann in Bezug auf die spezifischen Problemsituationen vieles aus den Erfahrungen anderer in vergleichbaren Situationen lernen.

Die wichtigsten Erkenntnisse und Faktoren aus der PIMS-Forschung sind in Teil G Kapitel 3.1.14 kurz zusammengefasst.

Portfolio-Methoden

In der Literatur kommt den Portfolio-Methoden im Rahmen der strategischen Planung die grösste Bedeutung zu.

Die theoretische Basis für den Portfolio-Ansatz lieferte die Portfolio-Theorie von Markowitz (1952). Für Markowitz war diese Methode primär ein Mittel zur Optimierung von Investitionen an der Aktienbörse. Als Ergebnis der Planung stand das «Portefeuille» (Wertpapierbündel), das aufgrund einer bestimmten Risikobereitschaft eine optimale Rendite abwerfen sollte.

Ausgehend von diesen Überlegungen wurde versucht, für eine Unternehmung ein optimales Portfolio bezüglich der strategischen Geschäftsfelder zusammenzustellen. Die Portfolioanalyse wird in Teil G Kapitel 3.1.15 erläutert.

4.9 Bewertung von Strategien

Damit verschiedene Strategien bewertet werden können, müssen Kriterien vorliegen, anhand derer die Bewertung vollzogen werden kann. Basis für das Aufstellen eines Kriterienkatalogs bilden die strategischen Ziele. Grundsätzlich sollten bei der Bewertung von Strategien die folgenden drei Aspekte berücksichtigt werden:

- Zielerfüllungsgrad
- Flexibilität
- Risiko

4.9.1 Zielerfüllungsgrad

In Bezug auf die Bewertung des Zielerfüllungsgrades eignen sich vor allem die folgenden Methoden.

Argumentenbilanz

Die Grundidee dieses sehr einfachen Verfahrens besteht darin, die Vor- und Nachteile einzelner Strategien in Form verbaler Argumente aufzulisten. Damit wird eine gewisse Übersicht über die Entscheidungssituation geschaffen, obwohl die Methodik nicht besonders leistungsfähig und transparent ist.

Die Argumentenbilanz hat die folgenden Vor- und Nachteile:
+ eine gewisse Ordnung der Argumente (besser als nur im Kopf behalten)
– unvollständige Argumentation
– unklar, was wichtig ist und was nicht
– unklar, womit jeweils verglichen wird (gegenüber welcher Variante)

Wirtschaftlichkeitsrechnung

Die Methoden der statischen und dynamischen Wirtschaftlichkeitsrechnung beziehen sich ausschliesslich auf monetäre Zielgrössen. Die Methoden der Wirtschaftlichkeitsrechnung werden in Teil G Kapitel 3.1.16.1 erklärt.

Nutzen/Kosten-Untersuchungen

Im Gegensatz zur Wirtschaftlichkeitsrechnung operieren die Nutzen/Kosten-Untersuchungen mit mehrdimensionalen Zielsystemen. Nutzen/Kosten-Untersuchungen werden in Teil G Kapitel 3.1.16.2 behandelt.

4.9.2 Flexibilität

Flexibilität ist die Fähigkeit, eine Strategie auf wechselnde Situationen anzupassen. Wenn die zukünftige Entwicklung der bestimmenden Einflussfaktoren im Umfeld unsicher ist, dann ist es von Vorteil, eine flexible Strategie zu wählen.

4.9.3 Risiko

Hinweise und Angaben zur Analyse und Beurteilung von Risiken sind in Teil F Kapitel 2 und in Teil G Kapitel 4.1 zu finden.

4.10 Lösungsstrategie

Die Bewertung der verschiedenen Strategien liefert die Grundlage für die Wahl der optimalen Lösungsstrategie. Die strategische Planung wird mit dem Entscheid des Unternehmens bezüglich der Lösungsstrategie abgeschlossen.

Die Kenntnis der übergeordneten Ziele und Rahmenbedingungen und der gewählten Lösungsstrategie bildet die Ausgangslage für die nachfolgende Phase Vorstudien.

5 Vorstudien

5.1 Einleitung

Der Start der Vorstudienphase setzt die Wahl einer Lösungsstrategie (= Ergebnis der Strategischen Planung) und den Willen zu deren Umsetzung voraus. Die gewählte Primärstrategie kann von flankierenden Sekundärstrategien begleitet sein. Strategien werden in der Regel durch ein abgestimmtes Bündel von Projekten und Massnahmen realisiert.

Falls die gewählte Strategie oder ein Teilprojekt davon aus einer baulichen Massnahme besteht, dann wird mit dem eigentlichen Planungs- und Bauprozess begonnen. Es kann also durchaus sein, dass die beste Lösungsstrategie kein bauliches Projekt vorsieht und somit das Mandat des Bauherrenberaters bereits in diesem frühen Zeitpunkt zum Abschluss kommt.

5.2 Vorstudien nach SIA 112

Gemäss dem Leistungsmodell der Ordnung SIA 112 gelten für die Vorstudienphase die folgenden Ziele:

- Vorgehen und Organisation festlegen
- Machbarkeit nachweisen
- Definition der Projektierungsgrundlagen
- Anbieter/Projekt auswählen, welche den Anforderungen am besten entsprechen

Bezüglich der Aufgaben, Verantwortlichkeiten und Arbeitsergebnisse der Architekten und Ingenieure in der Phase Vorstudien wird auf die einschlägigen Ordnungen des SIA verwiesen.

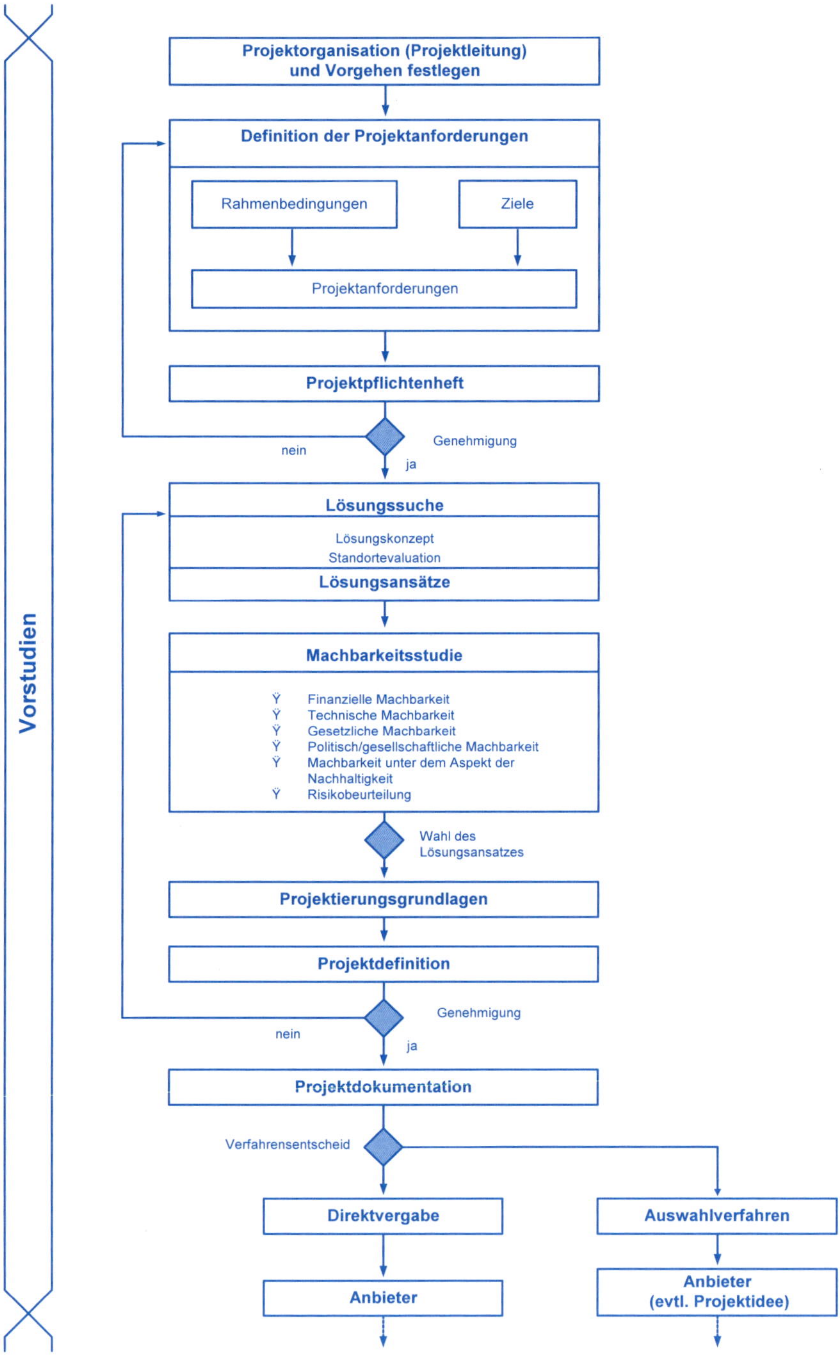

Abb. C9: Ablaufschema Vorstudie

5.3 Projektorganisation Vorstudienphase

Mit der Auslösung der Vorstudienphase wird ein Bauprojekt initialisiert. Dies bedingt den Aufbau einer, zu diesem frühen Zeitpunkt noch möglichst schlanken, Projektorganisation. Als minimale Anforderung sind zu diesem Zeitpunkt der Projektleiter Bauherr zu bestimmen und die internen Mitsprache- und Entscheidkompetenzen seitens des Projektträgers (Bauherr) zu regeln. Insbesondere für Bauherrschaften ohne ein eigenes professionelles Baufachorgan ist der Beizug eines externen Bauherrenberaters zu diesem Zeitpunkt zweckmässig. Für gewisse Aufgaben in der Vorstudienphase (z.B. für die Machbarkeitsstudien) ist es sinnvoll, entsprechend qualifizierte Architekten und Ingenieure als Berater zu verpflichten. Der Organisationsgrad und der Formalisierungsbedarf sind in dieser Phase in der Regel noch gering.

5.4 Definition der Projektanforderungen

5.4.1 Allgemeines

Projektanforderungen leiten sich aus den übergeordneten Zielen und Rahmenbedingungen ab. Aus Rahmenbedingungen resultieren immer sogenannte feste Anforderungen. Aus Zielen lassen sich hingegen sowohl feste als auch offene Anforderungen herleiten. Folgende Abbildung soll diesen Sachverhalt veranschaulichen.

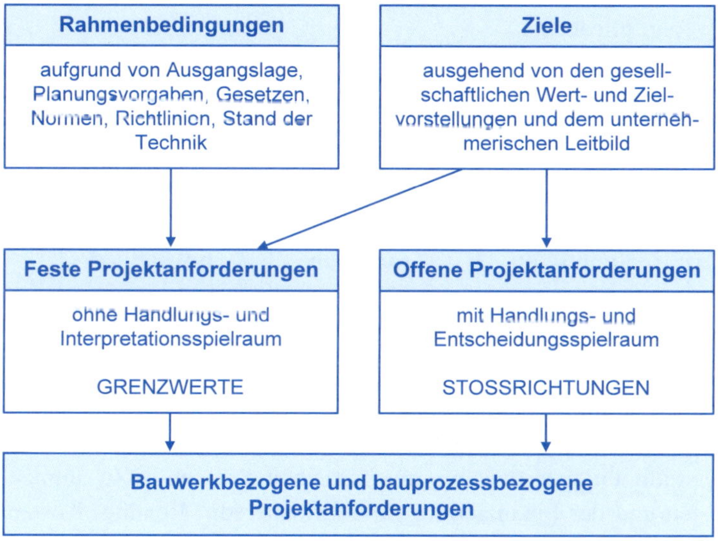

Abb. C10: Ziele, Rahmenbedingungen und Projektanforderungen [C12]

Anforderungen an ein Projekt ergeben sich also einerseits aus den allgemeinen Ziel- und Wertvorstellungen und den projektspezifischen, strategischen Zielen und andererseits aus den Rahmenbedingungen, welche aus dem Umfeld gegeben sind oder durch den Bauherrn formuliert werden.

Als offene Projektanforderung gilt z.B. das Ziel möglichst niedriger Investitionskosten, während hingegen ein genehmigter Baukredit als feste Projektanforderung (oberer Grenzwert) zu betrachten ist.

Sowohl die offenen als auch die festen Projektanforderungen spielen bei der nachfolgenden Suche nach Lösungen eine entscheidende Rolle. Während die festen Anforderungen den zulässigen Lösungsraum definieren, worin nach Lösungen gesucht werden darf, dienen die offenen Anforderungen und die zugehörigen Gewichtungen als Richtschnur bei der Lösungssuche und als Massstab bei der Bewertung von alternativen Lösungen.

Wichtig ist selbstverständlich, dass die Projektanforderungen pro Phase verfeinert oder präziser definiert werden. Bei diesem Prozess muss der Bauherr immer aktiv mitwirken und die einmal definierten Anforderungen auch genehmigen.

In diesem Zusammenhang sei auf die Methodik des «Quality Function Deployment» (QFD) in Teil G Kapitel 3.1.16.3 verwiesen. Mit diesem Instrument wird die Erfassung und Beurteilung der verschiedenen Anforderungen an ein Bauprojekt erleichtert. QFD ist auch für die Beurteilung verschiedener Varianten hinsichtlich Nutzen und Aufwand geeignet.

5.4.2 Definition der festen Projektanforderungen

Grundsätzlich lassen sich die festen Projektanforderungen (Rahmenbedingungen) wie folgt gliedern.

Abb. C11: Gliederung der Rahmenbedingungen [C11]

Wirtschaftliche Rahmenbedingungen

Bei baulichen Investitionsprojekten umfassen die wirtschaftlichen Rahmenbedingungen alle übergeordneten wirtschaftlichen Grössen in Zusammenhang mit den Kosten und der Finanzierung (Investitionskredit, Rendite, Kosten/Arbeitsplatz, Betriebskosten/m^2 usw.).

Technische Rahmenbedingungen

Technische Rahmenbedingungen sind in der Regel projekt- und standortspezifisch.

Grundstück:

- Lage, Geometrie und Topografie
- geologische Situation (Erdbeben, Rutsche, Senkungen, Hochwasser)
- bestehende Bauwerke (inkl. Werkleitungen)
- Altlasten

Umgebung:

- Versorgung (Energie, Wasser usw.) und Entsorgung (Abfälle, Abwasser usw.)
- Verkehrslage (Strassennetz, Eisenbahnnetz, öffentlicher Verkehr)
- Nachbarn bzw. gemeinsame Infrastruktureinrichtungen
- Klima

Rechtliche Rahmenbedingungen

Das rechtliche Umfeld eines baulichen Investitionsprojekts schränkt den Handlungsspielraum erheblich ein und hat deshalb eine grosse Bedeutung (→ Teil C Kap. 2).

Privatrechtliche Faktoren:

- Eigentumsverhältnisse
- Dienstbarkeiten
- Nachbarrechtliche Regelungen
- Spätere Zukaufsmöglichkeiten (Vorkaufsrecht, Option)

Öffentlich-rechtliche Faktoren:

- Wahrung der öffentlichen Sicherheit, Abwehr von Gefahren für die Allgemeinheit (z.B. Grenzabstände, Baupolizei, Gebäudehöhe, Feuerpolizei, Umweltgefährdung im Katastrophenfall usw.)
- Nutzungsvorschriften (z.B. Zonenpläne, Bebauungsziffern, Gestaltungspläne usw.)
- Erhaltung des Landschaftsbildes (z.B. Raumplanung, Freihaltezonen usw.)

Ökologische Faktoren:

- Gewässerschutz
- Luftreinhaltung
- Lärmschutz
- Energieverbrauch

Betriebliche Rahmenbedingungen

- Betriebsabläufe
- Ausbaustandards
- Sicherheit
- Bauen unter Betrieb

Terminliche Rahmenbedingungen

- spätester Bezugszeitpunkt
- Etappierung
- Lebensdauer

Rahmenbedingungen bilden die Grenzen des Lösungsraumes, welcher für die optimale Realisierung der bauwerk- und bauprozessbezogenen Ziele zur Verfügung steht. Sie grenzen Mögliches von Unmöglichem und Zulässiges von Unzulässigem ab.

5.4.3 Definition der offenen Projektanforderungen

Von einem Projekt wird erst nach der Phase der strategischen Planung gesprochen, daher muss sich das Zielsystem auch auf dieses beziehen und im Einklang mit den übergeordneten Zielen aus der strategischen Planung stehen.

Projektziele haben eine grosse Bedeutung, weil sie einerseits die Lösungssuche steuern, indem alles Geschehen im Projekt auf sie bezogen ist (zielgerichtetes Arbeiten), aber auch, weil sie die für die Führung des Projekts notwendigen Vorgaben darstellen. Erst durch die klare und objektive Definition der Ausgangslage (Ist-Zustand) und der angestrebten Veränderungen (Soll-Zustand) wird eine Problemsituation rational erfassbar. Ohne Ziele kann ein Projekt weder geplant noch erfolgreich durchgeführt werden.

Die offenen Projektanforderungen (Bauprojektziele) beziehen sich einerseits auf das eigentliche Bauwerk (Soll-Zustand) sowie auf dessen Nutzung und Betrieb (Soll-Verhalten) und andererseits auf den Bauprozess (Projektabwicklung).

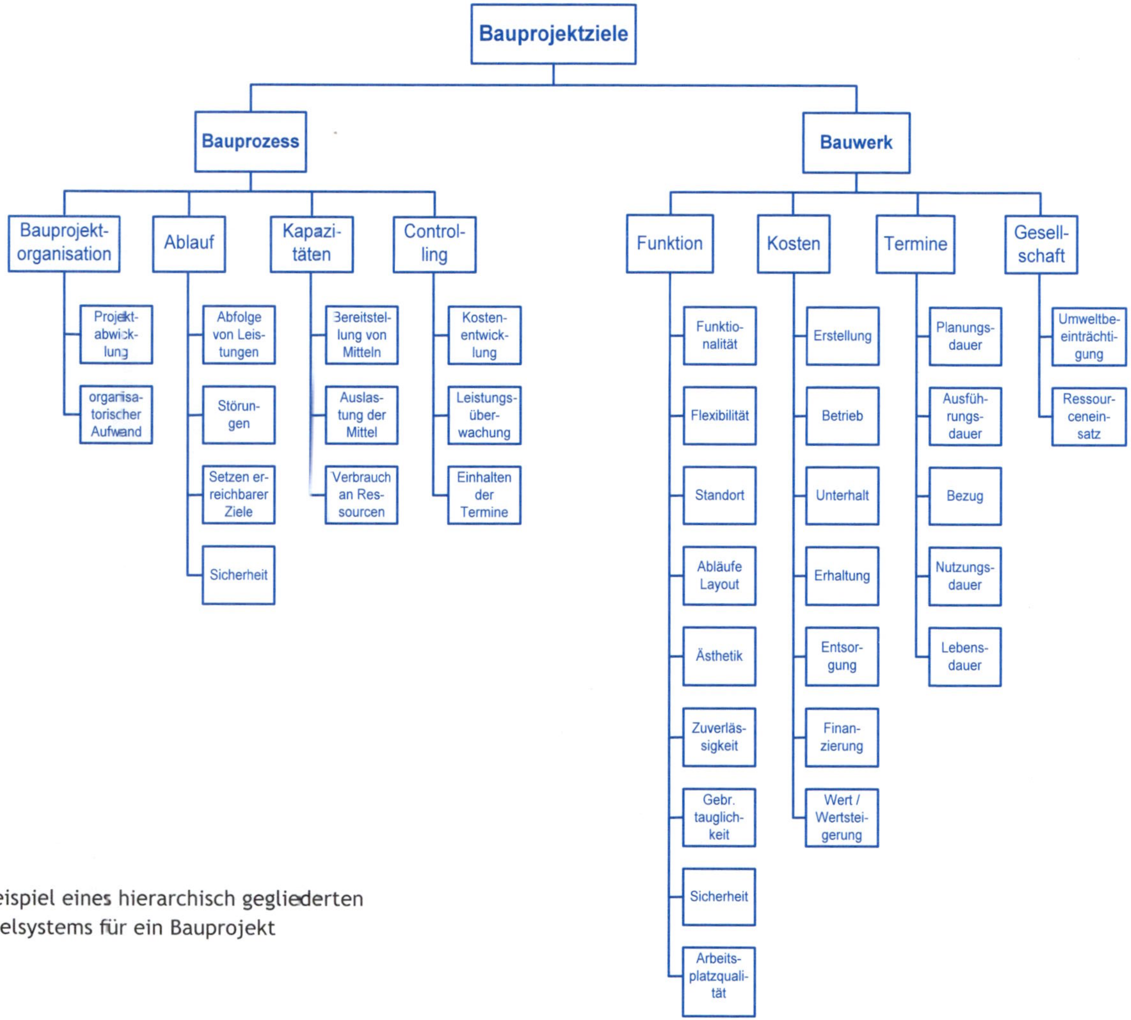

Abb. C12: Beispiel eines hierarchisch gegliederten Zielsystems für ein Bauprojekt

Bauwerkbezogene Ziele sind somit Massstab für die angestrebte und schliesslich erreichte Bauqualität. Diese kann in einem umfassenden Sinn wie folgt definiert werden:

Bauqualität ist die technisch und wirtschaftlich optimale Erfüllung der Anforderungen des Bestellers eines Bauvorhabens in Bezug auf die Funktion, die Bautechnik und Konstruktion, die Gestaltung, die Kosten, die Termine sowie unter angemessener Berücksichtigung der Anliegen der Gesellschaft.

Bauprozessbezogene Ziele beziehen sich auf:
- Aufbauorganisation (Beziehungsstruktur): vertragliche Beziehungen, Lenkungsbeziehungen und Kommunikationsbeziehungen
- Ablauforganisation (Prozessstruktur): Gliederung der Aktivitäten und Abläufe innerhalb der Beziehungsstruktur, Regelung der sachlichen, zeitlichen und räumlichen Folge der Arbeiten
- Kapazitäten: Ressourceneinsatz z.B. Informatik, Arbeitskräfte, Maschinen usw.
- Controlling bzw. Projektsteuerung

5.5 Projektpflichtenheft

Das Projektpflichtenheft dokumentiert die vom Bauherrn genehmigten offenen und festen Projektanforderungen (Ziele und Rahmenbedingungen) bezüglich des Bauvorhabens (Produkt) und des Planungs- und Bauablaufs (Prozess).

5.6 Lösungssuche

Bei der Lösungssuche werden sinnvolle und zweckmässige Lösungskonzepte erarbeitet. Dabei müssen folgende Überlegungen gemacht werden:
- Ganzheitlichkeit des Lösungskonzepts
- Erkennen der dazu erforderlichen Lösungselemente
- gedankliches, modellhaftes Zusammenfügen und Verbinden dieser Elemente zu einem tauglichen Ganzen

Die Grundlage für die Lösungssuche bildet das Projektpflichtenheft. Zu diesem Schritt gehört auch die Suche nach möglichen Grundstücken, sofern der Standort noch nicht gegeben ist. Die Grundstücke sollten auf ihre standortspezifischen Merkmale untersucht werden: Lage, Preis, baurechtliche Bestimmungen, Erschliessung, Dienstbarkeiten, schützenswerte Objekte, Altlasten, Geologie/Hydrologie, Nachbarn usw. (→ Teil B Kap. 4.3 und 4.4). Die möglichen Standorte sollten hinsichtlich ihrer spezifischen Chancen und Gefahren beurteilt werden. Die verschiedenen Lösungen werden anschliessend einer Machbarkeitsstudie und einer Risikobeurteilung unterzogen.

5.7 Machbarkeitsstudie

Die Machbarkeitsstudie ist eine zentrale Grundlage für die Beurteilung der identifizierten Lösungsalternativen. Ziel dieser Studie ist es, die Durchführbarkeit und Wirtschaftlichkeit zu beurteilen, aber auch die Abschätzung des Zeitrahmens für die Durchführung. Mit Hilfe dieser Analyse soll in der frühen Phase der Vorstudien entschieden werden, inwiefern eine Projektalternative machbar ist und welchen Zielbeitrag sie leistet.

Die Machbarkeit eines Bauprojekts soll bezüglich folgender Aspekte untersucht werden:

- Wirtschaftlichkeit und Finanzierbarkeit
- technische Durchführbarkeit
- Gesetzgebung
- politisches und gesellschaftliches Umfeld
- Berücksichtigung der Umwelt unter dem Aspekt der Nachhaltigkeit

5.7.1 Finanzielle Machbarkeit

Ein Bauprojekt stellt nicht nur ein physisches Werk dar, sondern ist zugleich auch immer eine Investition. Aus diesem Grund muss zur Beurteilung der finanziellen Machbarkeit eine Kostenprognose erstellt werden, die Aussagen über den monetären Aufwand des zu erstellenden Bauwerks zulässt. Der Nutzen (monetär oder nichtmonetär) der daraus entsteht, muss die prognostizierten Kosten rechtfertigen.

Grundlage für die Beurteilung der finanziellen Machbarkeit ist das Ermitteln von groben Richtwerten der Investitionskosten und der Lebenszykluskosten (Baunutzungskosten). Die folgende Liste führt verschiedene Einflussfaktoren bezüglich Kosten, Wirtschaftlichkeit und Rentabilität eines Bauwerks auf, wobei die Art und Bedeutung der verschiedenen Faktoren stark vom konkreten Bauvorhaben abhängen:

- Grundstück (Landkosten, Lage, Baugrund, Erschliessung)
- Ausnützung
- Verhältnisse von Nutzflächen, Bruttoflächen und Rauminhalt zu Gebäudeform, Gebäudevolumen und Gebäudehülle
- Ausbaustandard und äussere Erscheinung
- Gebäudetechnik-Installationen, Betriebseinrichtungen

- Veränderbarkeit (Flexibilität/Reversibilität)
- Bauverfahren, Marktsituation, Stand der Baukosten (z.B. Baukostenindex)
- Gesetze, Vorschriften, Normen
- Bewilligungsverfahren
- Finanzierungskosten
- Art und Umfang möglicher Folgekosten
- Rechtfertigung der Kosten durch evt. nicht-monetäre Nutzen (öffentliches Bauwerk)

In der Phase Vorstudien kann zur Kostenermittlung die kubische Berechnung nach SIA 116 oder die Flächenberechnung nach SIA 416 herangezogen werden, die mit Hilfe des Baukostenkennwertkataloges (BKK) [C13] eine Kostenaussage ermöglichen.

Ein Bauherrenberater soll das Projekt systematisch betrachten und auch jene Kosten mitberücksichtigen, die über die Grundstück- und Erstellungskosten hinausgehen (Kosten, die durch Logistik und Infrastruktur im Gebäude verursacht werden: z.B. installierte Anlagen, Maschinenpark). Damit kann dem Kunden eine ganzheitliche Kostenprognose unterbreitet werden.

Letztendlich verlangt eine Untersuchung der finanziellen Machbarkeit auch eine Wirtschaftlichkeitsprüfung. Wirtschaftlichkeit ist nicht gleichzusetzen mit möglichst tiefen Kosten. Sie bedeutet vielmehr ein günstiges Verhältnis zwischen dem gesamten finanziellen Aufwand im Zusammenhang mit einem Bauwerk und dem daraus resultierenden Nutzen oder Gegenwert. Dabei werden bei Wirtschaftlichkeitsüberlegungen neben den reinen Investitionskosten auch die Kosten für Betrieb und Unterhalt sowie insbesondere die zu erwartenden Erträge und Wertsteigerungen berücksichtigt.

Die Methoden zum Nachweis der Wirtschaftlichkeit und der damit verbundene Aufwand sind dem konkreten Bauvorhaben und den damit verbundenen Chancen und Risiken anzupassen (→ Teil B Kap. 5.2).

Eine weitere Methode zur Beurteilung der Wirtschaftlichkeit basiert auf Kennzahlen und Richtwerten (Benchmarks). Dieses Verfahren ist speziell dann anzuwenden, wenn die Wirtschaftlichkeit einer einzigen Lösung ohne Alternativen beurteilt werden muss. Mit dem Vergleich von Kennzahlen und Richtwerten aus ähnlich gelagerten, früheren Vorhaben kann mindestens teilweise auf eine wirtschaftlich vernünftige Konzeption des Projekts geschlossen werden.

Zur Beurteilung der finanziellen Machbarkeit gehört auch die Abklärung der Projektfinanzierung. Inhalt der Finanzierungsstudie ist das Evaluieren von geeigneten Finanzierungsmodellen für das entsprechende Projekt. Entscheidend ist dabei die Art und Zusammensetzung der Bauträgerschaft. Um einen sauberen Finanzplan aufzustellen, muss zuerst der Mittelbedarf in den einzelnen Phasen festgelegt werden.

5.7.2 Technische Machbarkeit

Um die technische Machbarkeit zu beurteilen, sollen die verschiedenen Lösungsmöglichkeiten auf ihre technische Realisierbarkeit untersucht werden, denn das Projekt sollte mit den heute üblichen Technologien erfolgreich durchgeführt werden können. Das bedeutet, dass der Bauherrenberater Verständnis und Kenntnisse von baubetrieblichen Verfahren und Abläufen haben muss, um die technische Machbarkeit zu beurteilen.

Meist gehören zu den definierten Anforderungen der Bauherrschaft auch terminliche Vorgaben. Es muss deshalb auch der Zeitrahmen abgeschätzt werden, der für die Durchführung des Projekts beansprucht wird.

5.7.3 Gesetzliche Machbarkeit

Bei einem Bauprozess gelten die Gesetze und Verordnungen des Planungs-, Bau- und Umweltschutzrechts als wesentliche Randbedingungen, welche die Machbarkeit des gewünschten Bauprojekts eingrenzen oder in Frage stellen können. Die entsprechenden Gesetze, Verordnungen und Verfahren sind in Teil C Kapitel 2 dargelegt.

Zusätzlich zu den üblichen gesetzlichen Vorschriften ist in gewissen Fällen eine Umweltverträglichkeitsprüfung vorgeschrieben, so zum Beispiel für:

- Nationalstrassen
- Hauptstrassen, die mit Bundeshilfe ausgebaut werden
- Eisenbahnlinien
- Rohrleitungen
- Deponien für Siedlungsabfälle
- Parkhäuser und Parkplätze für mehr als 500 Motorwagen
- Einkaufszentren mit mehr als 7 500 m^2 Verkaufsfläche

Diese Verpflichtung gilt für Neubauten, jedoch auch für Änderungen von bestehenden Anlagen, wenn es sich um wesentliche Änderungen handelt.

Die UVP stellt ein umweltpolitisches Instrument mit präventivem Charakter dar und erfüllt die Grundprinzipien des Umweltschutzgesetzes, nämlich das Vorsorgeprinzip, das Verursacherprinzip, das Kooperationsprinzip und das Prinzip der ganzheitlichen Betrachtungsweise.

5.7.4 Politisch / gesellschaftliche Machbarkeit

Bauvorhaben werden von der Öffentlichkeit meistens kritisch betrachtet. Somit können Einflussnahmen von verschiedenen Seiten erfolgen: Bewilligungsbehörde, Nachbarn, Interessensverbände, Politiker, Medien usw. Es ist im Interesse der Sache wie auch der Bauherrschaft, dass Sinn und Zweck des Bauvorhabens nicht nur den unmittelbar Beteiligten klar sind, sondern auch einer breiten Öffentlichkeit verständlich gemacht werden. Die Öffentlichkeit kann als Benutzer der baulichen Infrastruktur, als Investor, aber auch als Beteiligte an politischen Entscheidungsprozessen ein wichtiger Partner des Bauwilligen sein. Aus diesen Gründen soll das politische und gesellschaftliche Umfeld am Standort analysiert werden. Diese Lagebeurteilung dient für die Analyse der politisch/gesellschaftlichen Machbarkeit und zur Vorbereitung bzw. Unterstützung des Bewilligungsverfahrens.

Die politische und gesellschaftliche Machbarkeit eines Bauvorhabens ist eng verknüpft mit der generellen Akzeptanz der Bauabsicht. Dabei sind die Aspekte der Ästhetik (Architektur), des Nutzens und der Wirtschaftlichkeit ebenso bedeutend wie jene der Ökologie.

5.7.5 Machbarkeit unter dem Aspekt der Nachhaltigkeit

Ausgangspunkt einer nachhaltigen Entwicklung ist die Forderung, zukünftigen Generationen einen Lebensraum zu übergeben, der auch ihnen gleichwertige Lebensbedingungen und die nötigen Ressourcen bietet. Das zentrale Anliegen ist dabei, den Gebrauch und Verbrauch der nicht regenerierbaren Umweltgüter auf ein nachhaltiges Mass zu beschränken.

Die Bedeutung des Bauwesens für die nachhaltige Entwicklung ist ausserordentlich gross, da die Bautätigkeit aus Sicht der drei zentralen Aspekte der Nachhaltigkeit «Umwelt, Wirtschaft und Gesellschaft» eine der bedeutendsten zivilisatorischen Aktivitäten ist (→ Teil A Kap. 3.3).

Es ist deshalb zwingend, dass die Machbarkeit eines Bauvorhabens immer auch unter dem Aspekt der nachhaltigen Entwicklung geprüft wird.

5.7.6 Risikobeurteilung

Lösungskonzepte und die möglichen Standorte sollen auch im Hinblick auf die vorhandenen Chancen und Gefahren und deren Auswirkungen beurteilt werden. In Bezug auf ein Bauprojekt ist insbesondere das Risiko des Nichterreichens der Projekt- oder Prozessziele gemäss Projektdefinition von Bedeutung. Projektrisiken sind projektabhängig und sollten periodisch überprüft werden.

Chancen und Gefahren können ohne eindeutige und bewertbare Zielvorstellungen nicht erfasst und beurteilt werden. Mögliche Gefahren sind:

- Änderung der Benutzeranforderungen
- Änderung der gesellschaftlichen Anforderungen (z.B. Gesetze und Verordnungen)
- Bewilligungsverfahren
- organisatorische Probleme (Kompetenz und Leistungsfähigkeit der Beteiligten)
- Bonität der Auftragnehmer
- Baugrundverhältnisse
- Baustellenbetrieb

Bezüglich des methodischen Vorgehens wird auf Teil F Kapitel 2 verwiesen.

5.8 Wahl der Bestlösung

Die Machbarkeitsstudien und Bewertungen (→ Teil C Kap. 4.9) der untersuchten Lösungsalternativen bilden die Entscheidungsgrundlagen für die Wahl der besten Lösung, d.h. derjenigen Lösungsalternative, die im Projekt weiter verfolgt werden soll.

5.9 Projektdefinition

In der Projektdefinition werden für die Bestlösung sämtliche relevanten Grundlagen, Gegebenheiten und Ergebnisse festgehalten. Wichtig ist, dass die Projektdefintion vom Bauherrn verstanden und genehmigt wird, da sie die verbindliche Vorgabe für das nachfolgende Verfahren für die Wahl der Planer und die anschliessende Projektierungsphase bildet. Die Projektdefinition ist durch den Bauherrn zu genehmigen und freizugeben.

Eine Projektdefinition umfasst in der Regel die folgenden Punkte:

1. Allgemeines
   - Projektbezeichnung
   - Auftraggeber
   - Ersteller der Projektdefinition
   - Datum

2. Projektanstoss
   - Initiant des Projekts
   - Absichten, Bedürfnisse und Wünsche

3. Ausgangslage
   - Projektgegenstand (Abgrenzung gegenüber Projektumwelt)
   - Ist-Zustand (inkl. Schwachstellenanalyse)
   - Vorgeschichte (bereits vorhandene Abklärungen und Studien)

4. Definition der offenen Projektanforderungen (Ziele)
   - Bauwerkbezogene Projektanforderungen (Funktion, Termine, Kosten, Ästhetik usw.)

- Bauprozessbezogene Projektanforderungen (Aufbau- und Ablauforganisation, Mitteleinsatz usw.)
- Gewichtung der Projektanforderungen

5. Definition der festen Projektanforderungen (Rahmenbedingungen)
   - Betrieb (interne Organisation, Sicherheit usw.)
   - Termine (Ecktermine, Fertigstellung usw.)
   - Kosten (Budget, Finanzierung usw.)
   - Gesetze, Verordnungen, Normen, interne Richtlinien usw.
   - Standort (Grundstück, Lage, Erschliessung usw.)
   - Ver- und Entsorgung (Medien)
   - evt. bestehende Bausubstanz und HT-Anlagen (Erhaltung und Umnutzung)

6. Projektbeschrieb
   - Kurzbeschrieb der angestrebten Veränderungen, d.h. des Bauvorhabens (z.B. Raumprogramm, Installationsgrad, Ausbaustandard)
   - Grobkostenschätzung
   - Grobterminplan

7. Risikobeurteilung
   - Bildung von groben Szenarien für die relevanten internen und externen Einflussfaktoren (mit Bezug auf einen sinnvollen Zeithorizont)
   - Abschätzung der Wirkung dieser Einflussfaktoren auf die Erreichung der Projektziele
   - Definition der relevanten Projektrisiken (stark gefährdete Projektanforderungen) und der verursachenden Risikofaktoren (Gefahren und Chancen)

8. Organisation
   - Definition der Projektorganisation für den nächsten Schritt
   - Ermittlung und Sicherstellung der erforderlichen Mittel

9. Weiteres Vorgehen
   - Definition und Terminierung der nächsten Schritte

In Teil G Kapitel 3.2.1 ist ein Beispiel einer Projektdefinition für einen Hochbau dargelegt.

5.10 Projektdokumentation

In der Projektdokumentation sind sämtliche in der Vorstudienphase erarbeiteten Unterlagen enthalten: das Projektpflichtenheft (mit Projektanforderungen), die Machbarkeitsstudien inkl. Risikobeurteilung und die Projektdefinition. Besonders in der Phase Vorstudien ist es von grosser Bedeutung, die erarbeiteten Grundlagen, Ergebnisse und Entscheide zu dokumentieren. Eine saubere Dokumentation vereinfacht die weiteren Schritte und späteren Rückgriffe.

6 Organisationsmodelle für die Projektierung

6.1 Einleitung

Mit der Wahl und Beauftragung der Architekten und Ingenieure für die Projektierung eines Bauvorhabens nimmt die Anzahl der Projektbeteiligten und damit der Nahtstellen zu. Damit steigt auch der Organisationsbedarf. Bereits bei der Erarbeitung der Projektdefinition (→ Teil C Kap. 5.9) sind erste Entscheide betreffend Bauprojektorganisation zu treffen und in Hinsicht auf die Auswahl der Planer muss Klarheit herrschen, welches Organisationsmodell in der Projektierungsphase zum Einsatz kommen soll.

Im Folgenden werden die drei gängigen Organisationsmodelle für die Projektierungsphase mit ihren bestimmenden Vor- und Nachteilen sowie den Einsatzschwerpunkten des Bauherrenberaters (in Linie oder in einer Stabstelle) vorgestellt. Der Vollständigkeit halber sei hier auch noch auf das Organisationsmodell mit Totalunternehmer hingewiesen, bei dem Projektierung und Bauausführung aus einer Hand kommen (→ Teil D Kap. 2.4); es wird aber an dieser Stelle nicht näher behandelt, da bei diesem Ansatz die Realisierung im Vordergrund steht.

6.2 Organisationsmodell mit Architekt als Gesamtleiter

Der Projektorganisation des Bestellers steht auf der Auftragnehmerseite der Architekt als Gesamtleiter und Planer gegenüber. Er leitet und koordiniert die weiteren Planer (Leiter der Projektierung) und in der Realisierungsphase die Unternehmer (Leiter der Ausführung). Die Verträge werden durch den Besteller mit den einzelnen Planern und Unternehmern abgeschlossen.

Vor- und Nachteile:

+ Gesprächspartner ist der für das Projekt verantwortliche Architekt: «direkter» Weg.
+ Während der Planung können sich evt. ändernde Bedürfnisse laufend berücksichtigt werden.
– Verlangt Disziplin auf der Bauherrenseite: Eingriffe in die Planung sind jederzeit möglich (mit allen positiven und negativen Konsequenzen).
– Diese Projektorganisation sollte nur gewählt werden, wenn der Architekt über die notwendige Erfahrung und Kapazität (z.B. erfahrene ausführungsbezogene Fachleute) verfügt. Für grosse komplexe Aufgaben sollten andere Projektorganisationen gewählt werden.

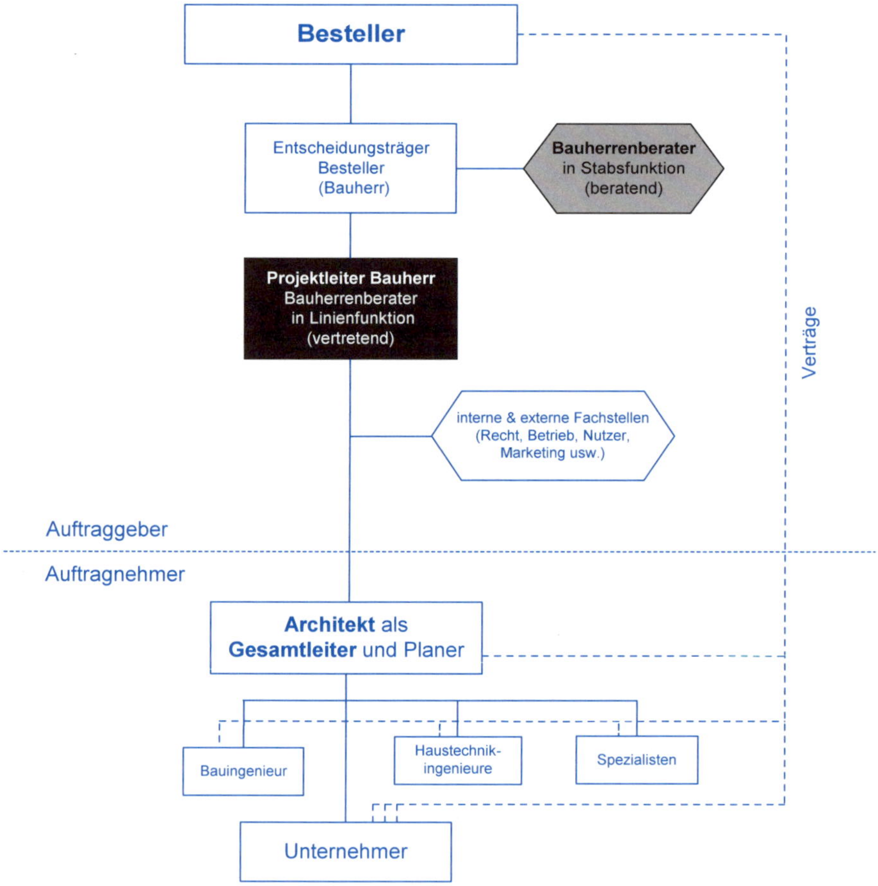

Abb. C13: Bauprojektorganisation mit Architekt als Gesamtleiter

6.4 Organisationsmodell mit Generalplaner

Der Projektorganisation des Bestellers steht auf der Auftragnehmerseite ein Generalplaner gegenüber. Im Vertrag mit dem Generalplaner sind sämtliche Planer mit eingeschlossen. Die Verträge mit den Unternehmern werden durch den Besteller abgeschlossen.

Vor- und Nachteile:

+ Ein Gesprächspartner auf der Seite der Planer
+ Straffe Leitung der Planer
– Kein direkter Einfluss des Bestellers auf die einzelnen Planer
– Nach Abschluss der Planungsphase haben Änderungen erhöhte Kostenfolgen

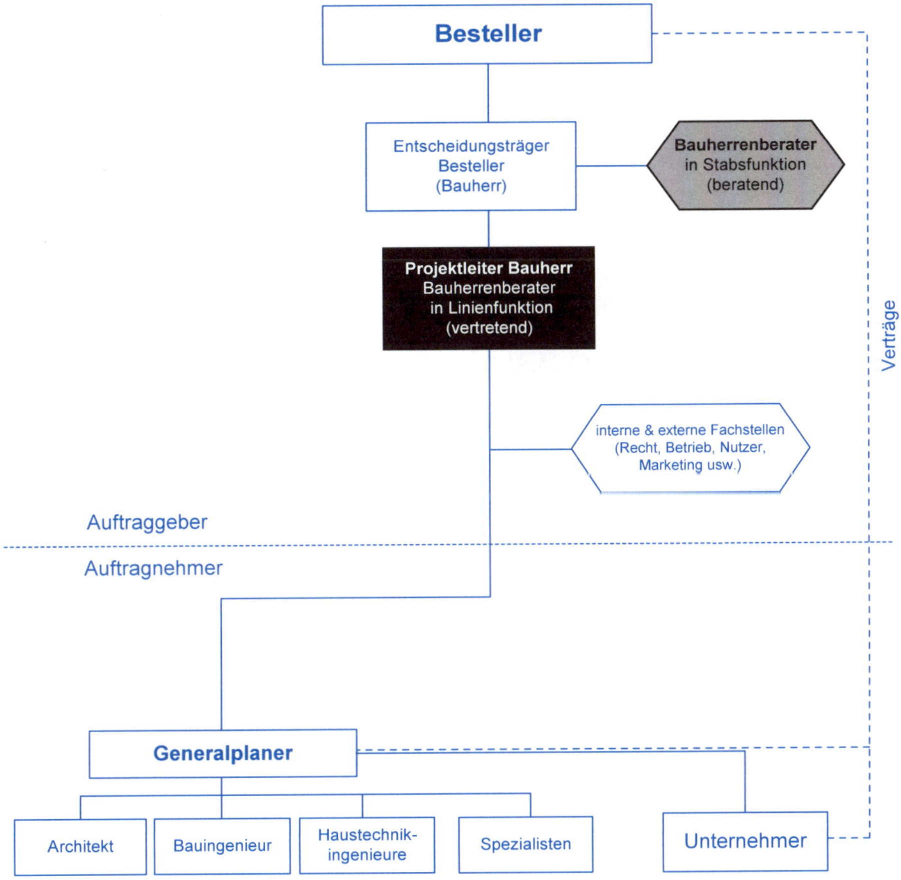

Abb. C14: Bauprojektorganisation mit Generalplaner

6.5 Organisationsmodell mit Planergemeinschaft

Der Projektorganisation des Bestellers steht auf der Auftragnehmerseite ein Gesamtleiter aus der Planergemeinschaft gegenüber. Im Vertrag mit der Planergemeinschaft (einfache Gesellschaft) sind sämtliche Planer mit eingeschlossen. Die Verträge mit den Unternehmern werden durch den Besteller abgeschlossen.

Vor- und Nachteile:
+ Ein Gesprächspartner auf der Auftragnehmerseite
+ Überwachung der Projektziele auch auf der Auftragnehmerseite
– Kein direkter Einfluss des Bestellers auf die einzelnen Planer
– Nach Abschluss der Planungsphase haben Änderungen immer Kostenfolgen

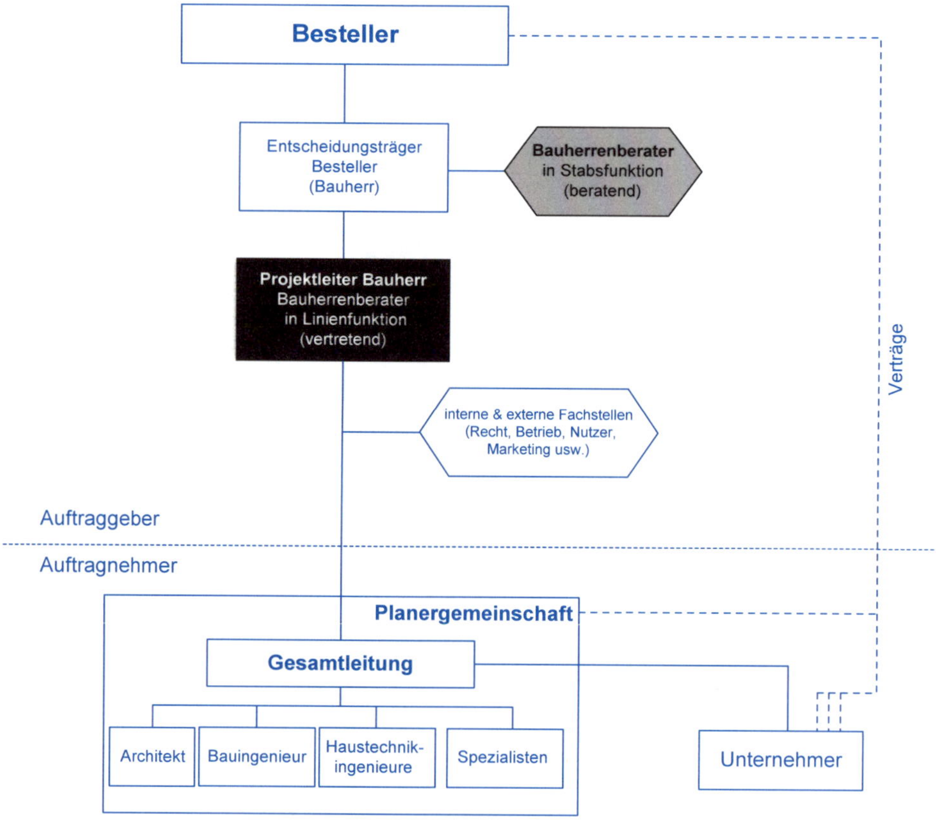

Abb. C15: Bauprojektorganisation mit Planergemeinschaft

6.6 Wahl des Organisationsmodells

Es gibt nicht «das» Organisationsmodell für die Projektierungsphase; diese Frage ist in jedem Einzelfall sorgfältig zu prüfen. Gerade bei der Wahl des fallspezifisch optimalen Organisationsmodells kann der professionelle Bauherrenberater dem wenig erfahrenen Bauherrn bedeutende Unterstützung bieten und Vorteile verschaffen. Wesentliche Entscheidkriterien sind die Komplexität der Bauaufgabe, das Engagement, die Baukompetenz und die zeitliche Verfügbarkeit des Bauherrn sowie die aktuelle Beschäftigungslage im Planermarkt.

In den letzten Jahren ist jedoch eine deutliche Tendenz in Richtung der integrierten Modelle (Generalplaner oder Planergemeinschaft) festzustellen, da dadurch aus der Sicht des Bauherrn die technische und administrative Koordination zwischen den verschiedenen Fachdisziplinen erheblich vereinfacht wird. Allerdings ist diese Übernahme der Koordinationsleistung und -verantwortung durch das Planerteam bzw. den Generalplaner oft mit einem kleinen Honorarzuschlag abzugelten.

7 Ausschreibung und Vergabe von Planerleistungen

7.1 Grundlagen

In der Schweiz hat der Schweizerische Ingenieur- und Architektenverein (SIA) in Zusammenarbeit mit bedeutenden Bauherren die Grundlagen, Prinzipien und Verfahren für die Ausschreibung, Vergabe und Entschädigung von Architektur- und Ingenieurleistungen geregelt und in Ordnungen festgelegt. Es sind dies insbesondere die folgenden Grundlagendokumente:

- Ordnungen für Leistungen und Honorare der Architekten und Ingenieure (SIA 102, 103, 105 und 108)
- Leistungsmodell (SIA 112)
- Ordnung für Architektur- und Ingenieurwettbewerbe (SIA 142)
- Ordnung für Architektur- und Ingenieurstudienaufträge (SIA 143)
- Vergabe von Planeraufträgen – Empfehlungen für die Bereiche Architektur, Ingenieurwesen und verwandte Branchen (SIA D 0204)
- Modelle der Zusammenarbeit: Erstellung und Bewirtschaftung eines Bauwerks (SIA D 0174)

Mitglieder des SIA sind grundsätzlich zur Einhaltung dieser Vereinsregeln verpflichtet.

7.2 Verfahren

Die Ausschreibung und Vergabe von Planerleistungen durch die öffentliche Hand untersteht genauso wie Bauleistungen den Gesetzen und Verordnungen zum öffentlichen Beschaffungswesen (→ Teil F Kap. 5). Damit soll der Wettbewerb gefördert sowie fair und transparent gestaltet werden.

Private Bauherren sind frei in der Wahl des Verfahrens. Sie können Direktvergaben tätigen oder ein Wettbewerbsverfahren wählen.

Grundsätzlich ist zwischen drei Wettbewerbsformen zu unterscheiden:

Ergebnisorientierter Leistungs- und Honorarwettbewerb

Das kalkulierte Honorarangebot basiert auf einem vom Auftraggeber vorgegebenen, ergebnisorientierten Leistungskatalog oder der Leistungsumfang wird vom Anbieter selbst bestimmt. Grundlagen für die Leistungsdefinition und die Honorierung sind die einschlägigen Ordnungen des SIA (siehe oben). Als Eignungs- und Zuschlagskriterien dienen die Erfahrungen, Kompetenzen und Kapazitäten des Anbieters und der Schlüsselpersonen, ihr Verständnis für die Aufgabe und deren Erfüllung sowie das Leistungs- und Honorarangebot.

Ideen- bzw. Projektwettbewerb

Die Bewerber reichen einen konkreten Vorschlag (in der Regel auf der Stufe Vorprojekt) für die Lösung der gestellten Bauaufgabe ein, welcher dokumentiert wird mit Plänen, Modellen, Beschrieben und Nachweisen. Beurteilt werden nicht die Projektverfasser (Planer) sondern die eingereichten Projektvorschläge. Die Beurteilung erfolgt anhand von vorgängig kommunizierten Kriterien durch eine fachlich qualifizierte Jury.

Gesamtleistungswettbewerb

Die Bewerber reichen zusätzlich zu einem konkreten Projektvorschlag (analog zum Ideen- bzw. Projektwettbewerb) auch einen verbindlichen Preis für die Projektierung und Ausführung des gesamten Bauvorhabens ein. Zweckmässigerweise werden die eingereichten Projektvorschläge und die Preise in einem zweistufigen Verfahren getrennt beurteilt. Gesamtleistungsangebote werden meist gemeinsam von Planern und ausführenden Unternehmern erarbeitet. Sie sind eng verwandt mit Totalunternehmerangeboten (→ Teil D Kap. 2.4).

7.3 Wahl des Verfahrens

Grundsätzlich ist dem kreativen, gestalterischen Wettbewerb den Vorzug zu geben, denn mit einem solchen Vorgehen wird das unerschöpfliche Innovations- und Gestaltungspotenzial der Planer am besten genutzt.

Ergebnisorientierte Leistungs- und Honorarwettbewerbe bergen die latente Gefahr in sich, dass sie zu guter Letzt zu reinen Preiswettbewerben verkommen. Das mag für sehr einfache, repetitive Arbeiten geeignet sein, dem anspruchsvollen Bauherrn ist damit aber sicher nicht gedient.

Gesamtleistungswettbewerbe haben ihre Berechtigung, sofern ein Bauvorhaben zu diesem frühen Zeitpunkt bereits sehr gut, d.h. vollständig, abschliessend und verbindlich definiert werden kann. Das ist oft der Fall bei relativ einfachen Bauwerken mit im Voraus und langfristig feststehenden Nutzeranforderungen und geringem Risikopotenzial.

Für anspruchsvolle Bauten steht eindeutig der Ideen- bzw. Projektwettbewerb im Vordergrund. Dieser Ansatz wird deshalb im nachfolgenden Kapitel ausführlich dargelegt.

8 Planerwettbewerb und Studienauftrag als Schlüsselstelle der Projektentwicklung

8.1 Einleitung

Die Qualität unseres Lebensraumes hängt stark von dessen Gestaltung ab. Gute Bauten und Freiräume, sowie deren optimales Zusammenspiel sind dabei wichtige Faktoren. Eine langfristige Qualitätssicherung, die letztlich einen hohen Ertrag, wie auch Nachhaltigkeit garantiert, wird immer wichtiger. Ein Identität stiftendes Bauwerk beginnt mit der Wahl des richtigen Konzeptes, bzw. mit einer tragenden Projektidee. Konkurrenzverfahren leisten dazu eine wichtige Hilfestellung. Neben der öffentlichen Hand ziehen auch viele private Bauherren diese bei grösseren Projekten einem Direktauftrag vor. Für eine konkrete Bauaufgabe können, zu einem frühen Zeitpunkt in dem noch sehr viele Optionen offen sind, verschiedene Ideen und Konzepte miteinander verglichen und hinsichtlich architektonischer und städtebaulicher Qualität, Funktionalität und Kosten abgewogen werden. Städte und Gemeinden versuchen deshalb auch an wichtigen Lagen oder bei grösseren Arealen private Bauherren zu solchen Verfahren zu bewegen oder schreiben sie in bestimmten Fällen vor. Der zeitliche und finanzielle Mehraufwand gegenüber einer Direktvergabe ist auf die Lebensdauer eines Gebäudes betrachtet marginal und kann oft bereits durch die effizientere Projektierung wieder eingespart werden. Mit der Vorbereitung eines Wettbewerbes befasst sich der Bauherr vertieft mit den Zielen und Anforderungen, die er an ein Objekt stellt. Dadurch werden wesentliche Fragen zu einem frühen Zeitpunkt geklärt und ein optimaler Projektentwicklungsprozess begünstigt.

Für viele gestalterisch tätige Planer ist der Wettbewerb ein wichtiges Mittel Aufträge zu beschaffen. Die Konkurrenzsituation verlangt von den Teilnehmenden maximales Engagement und fördert den fachlichen Diskurs zu aktuellen Themen. Da im Falle eines Wettbewerbes oder Studienauftrages die Preisgelder, bzw. Entschädigungen meist nicht kostendeckend sind, erwarten die Planenden im Gegenzug klare Spielregeln und – sofern nicht anders deklariert – die Aussicht auf einen Auftrag. Bei Verfahren ohne Folgeauftrag bemisst sich die Entschädigung am Aufwand der Teilnehmenden. In der Ausschreibung ist die Weiterverwendung der Ergebnisse für alle Fälle klar zu regeln. Die Zusammensetzung des Beurteilungsgremiums ist ein wichtiger Garant für die Qualität des Verfahrens und die Objektivität der Auswahlentscheide. Der SIA hat Verfahrensregeln definiert und besitzt eine Wettbewerbskommission, welche die Interessen der Planenden vertritt. Er unterscheidet zwischen den anonymen Verfahren (Wettbewerb) und den nicht anonymen Verfahren (Studienauftrag). Letztere kommen vor allem bei komplexen, oft städtebaulichen Aufgabenstellungen mit mehreren Unbekannten als Dialogverfahren zur Anwendung und ermöglichen einen iterativen Prozess. In der Praxis gibt es eine Vielzahl von Vorgehensweisen und Sonderformen, welche je nach Aufgabenstellung und Absicht der Bauherrschaft zur Anwendung gelangen.

8.2 Übersicht der Verfahren

Die folgenden Abschnitte erläutern, die für den Verfahrensprozess wichtigen Fragestellungen. Anhand einer zusammenfassenden Tabelle [C14] werden Entscheidungskriterien für die Verfahrenswahl geliefert.

Beschaffungsform	Studienauftrag	Wettbewerb	Verfahren mit Preisangebot/ Offerte
Charakteristik	Dialogverfahren, offene Aufgabenstellung, Aufgabe kann während dem Verfahren präzisiert werden	Auswahlverfahren zur Emittlung des besten Projekts aus dem breitem Spektrum von Lösungsmöglichkeiten, geschlossene Aufgabenstellung	Auswahl eines Projekts inkl. Preisangebot oder Offerte
Durchführung	nicht anonym, mit Zwischenbesprechung, als Workshopverfahren, mit Präsentationen etc.	anonym, schriftliche Fragenbeantwortung möglich	Anonymität möglich, macht aber wegen kleinem Teilnehmerfeld oft keinen Sinn

Beschaffungsform	Studienauftrag	Wettbewerb	Verfahren mit Preisangebot/ Offerte
Eignung	komplexe, offene und widersprüchliche Aufgabe, hinsichtlich Ziel, Programm, Organisation und / oder Rahmenbedingungen	Aufgabenstellung, Rahmenbedingungen und Spielraum sind klar	Aufgabenstellung, Rahmenbedingungen und Spielraum sind klar und präzise definiert
Zulassungsart	selektiv oder auf Einladung (normal 3–10 Teams)	offen (normal 20–200 Teams) selektiv oder auf Einladung (normal 5–20 Teams)	selektiv oder auf Einladung (normal 3–5 Firmen)
Jurierung	Beurteilungsgremium ermittelt Gewinner (sofern ein Folgeauftrag vorgesehen ist) und / oder erarbeitet eine Synthese in der eine oder mehrere Projektideen vereint werden (Erkenntnisse, Schlussfolgerungen, Synthesepläne), Erstellung eines Schlussberichtes	Vorprüfungsbericht wird genehmigt, Preisgericht ermittelt in Rundgängen die Projekte der engeren Wahl. Evt. weiterer Vorprüfungsbericht, Rundgang mit Rangierung, Empfehlung zur Weiterbearbeitung, Jurybericht mit Würdigung der Beiträge und Ausstellung	analog Wettbewerb / Studienauftrag. Die Gewichtungsfrage stellt eine besondere Herausforderung dar. Oft erfolgt der Einbezug des Preises bzw. der Offerte erst in einer zweiten Stufe des Verfahrens.
Entschädigung	Vergütung im Auftragsverhältnis für alle Teilnehmenden gleich. Vorgaben zur Entschädigungshöhe gibt der SIA in Abhängigkeit von der Aussicht auf Folgeauftrag und anhand des Leistungsaufwandes, Regelung im Programm vorsehen	Gesamtpreissumme, Verteilung nach Rangierung und Ermessen Preisgericht. Vorgaben zur Preissumme gibt die SIA in Abhängigkeit von der Aussicht auf Folgeauftrag. Regelung im Programm vorsehen	analog Wettbewerb / Studienauftrag. Preissumme/ Vergütung tendenziell hoch, wegen dem grösseren Aufwand für die Teilnehmenden Teams. Regelung im Programm vorsehen
Ordnung	in Anhang zu SIA 142 (SIA 143 in Erarbeitung)	SIA 142	teilweise in SIA 142, SIA 144 in Bearbeitung
Vorteile	Widersprüche können bereinigt werden, Erkenntnisse können einfliessen, gegenseitiger Lernprozess, Bauherrschaft tritt in Kontakt mit den Planern, direkter Einfluss der verschiedenen Beteiligten auf Ergebnis möglich	hohe Objektivität des Entscheids, Qualität durch grosse Selektion, für Planer individuelle Gestaltung des Arbeitsprozesses möglich	Beschleunigter Projektentwicklungsprozess, Gesamtbeurteilung inkl. Preis / Offerte möglich, interdisziplinäre Zusammenarbeit in früher Projektphase
Nachteile	kleinere Auswahl an Lösungen, stellt hohe Ansprüche an die Integrität der Jury, im öffentlichen Beschaffungsrecht sind nicht anonyme Verfahren heikel bezüglich Folgeaufträgen	während des Verfahrens keine Einflussmöglichkeit auf das Ergebnis, Projektauswahl anonym, höheres Risiko bei ungenügenden Vorabklärungen	Anforderungen müssen sehr präzise definiert sein, hoher zeitlicher Aufwand für die Anbieter, beschränkte Auswahl für die Bauherrschaft, teures Verfahren
Hinweise	Dialog / Fragebeantwortung nach vorgängig definierten Regeln. Wichtig: Gleichbehandlung der Teams. Spezialfall bilden Workshopverfahren (Lösungen können unter allen Beteiligten ausgetauscht und Entwurfsansätze für Zielplan kombiniert werden)	Anonymität soll gemäss SIA bis zum Schlussentscheid gewährleistet bleiben. Überarbeitungsoption muss bereits im Programm vorgesehen sein	sehr anspruchsvolle Verfahren, die viel Vorbereitungsaufwand bedingen. Meist empfiehlt sich ein mehrstufiges Vorgehen, wo nur die besten Projekte weiterbearbeitet werden

Abb. C16: Entscheidungskriterien für die Wahl des Vergabeverfahrens (Beschaffungsform)

Verfahrensart	Ideenstudie	Projektstudie	Ideenwettbewerb	Projektwettbewerb	Gesamtleistungswettbewerb/ -studie	Investorenwettbewerb/ -studie
Erwünschtes Resultat	Auslegeordnung, Planungsgrundlage, Leitbild, Konzept, Machbarkeitsstudie etc.	Realisierbares Projekt	Auslegeordnung, Planungsgrundlage, Leitbild, Konzept etc.	Realisierbares Projekt	Realisierbares Projekt inkl. Preis	Offerte für Grundstück oder Baurecht inkl. Realisierbares Projekt
Abklärungen im Vorfeld	Ziele, Rahmenbedingungen, Verfahrensfragen, oft: Nutzungsvorstellungen	Ziele, Raumprogramm, Machbarkeit, Wirtschaftlichkeit, Städtebau, Verfahrensfragen	Ziele, Rahmenbedingungen, Verfahrensfragen	Ziele, Raumprogramm, Machbarkeit, Wirtschaftlichkeit, Städtebau, Verfahrensfragen	Ziele, Raumprogramm, Machbarkeit, Wirtschaftlichkeit, Städtebau, Verfahrensfragen	Ziele, Nutzungskonzepte, Landwert, Städtebau, Verfahrensfragen
Teilnehmerkreis	Fachleute für die jeweilige Fragestellung	Einzelplaner, Planergemeinschaften oder Gesamtplaner	Fachleute für die jeweilige Fragestellung	Einzelplaner, Planergemeinschaften oder Gesamtplaner	Gesamtplaner und Unternehmer oder Totalunternehmer	Gesamtplaner und Investor oder Projektentwickler und evt. Unternehmer
Vorprüfung	für Schlussbesprechung: formelle Prüfung der Eingabe, Anforderungen Programm / bei Workshopverfahren meist nicht sinnvoll	formelle Prüfung der Eingabe, Baurecht, Raumprogramm, Wirtschaftlichkeit, Energie, Statik, weitere fallweise	formelle Prüfung der Eingabe, Anforderungen Programm	formelle Prüfung der Eingabe, Baurecht, Raumprogramm, Wirtschaftlichkeit, Energie, Statik, weitere fallweise	formelle Prüfung der Eingabe, Baurecht, Raumprogramm, Wirtschaftlichkeit, Energie, Statik, weitere fallweise	formelle Prüfung der Eingabe, Baurecht, Anforderungen Programm
Weiterbearbeitung	evt. Teilnahme an weiterem Verfahren oder Direktauftrag	Gewinner wird i.d.R. beauftragt, Konditionen gemäss Programm	evt. Teilnahme an weiterem Verfahren oder Direktauftrag	gemäss Empfehlung Preisgericht, Konditionen gemäss Programm	gemäss Empfehlung Preisgericht, Programm und Angebot	Zuschlag an Gewinner, Projektbindung und Erfüllungsgarantien sind zu regeln
Typische Beispiele	Städtebauliche Fragen, Wettbewerbsvorbereitung, Test-, Quartier- und Masterplanungen, Innovationsverfahren	komplexe Neubauprojekte, Bauprojekte mit Teilerhalt von bestehender Substanz	Städtebaulicher Wettbewerb, Innovationsverfahren	Neubauten, Erweiterungen	Gesamtinstandsetzungen, Um- und Neubauten	Arealentwicklungen, Abgabe von Bauland der öffentlichen Hand

Abb. C16: Entscheidungskriterien für die Wahl des Vergabeverfahrens (Verfahrensart)

Abb. C17: Klassifizierung der Vergabeverfahren [C14]

8.3 Grundlagen

Als erster Schritt werden alle relevanten Grundlagen und Rahmenbedingungen zusammengetragen. Diese werden ausgewertet und für nachfolgende Studien aufbereitet.

Ein erstes Gespräch mit den Behörden ist sinnvoll und nützlich, um frühzeitig die kritischen Punkte zu evaluieren und das Vorgehen zu besprechen. Es ist zweckmässig, bereits für die Grundlagenerarbeitung und später für die Verfahrensorganisation fehlendes Know-how beizuziehen. Der Bauherr definiert die Ziele (u.a. Nutzung, Rendite, Erstellungskosten, Termine, Qualitätsanforderungen) und erarbeitet Vorgaben wie Raumprogramm, Betriebskonzept oder Anforderungsbeschrieb für Gebäude und Aussenräume. Diese Vorgaben sind in der Projektdefinition (→ Teil C Kap. 5.9) zusammengefasst.

Typische Fragestellungen:

- Passt die vorgesehene Nutzung zum gewählten Standort?
- Welche übergeordneten Richtpläne, Leitbilder/Masterpläne usw. sind zu berücksichtigen?
- Welches sind die planungs- und baurechtlich relevanten Rahmenbedingungen für das Projekt (Zonenordnung, Feuerpolizei, Grenzabstände, Gebäudehöhen usw.)?
- Welche relevanten ergänzenden Grundlagen sind zu erarbeiten? (Wirtschaftlichkeitsberechnung, geologische Gutachten, Statik, Erschliessung usw.)
- Wie werden die Behörden einbezogen?

- Ist eine Testplanung notwendig? Reicht ein Planungsbüro, das in Varianten arbeitet oder wäre ein Workshopverfahren mit mehreren Teams sinnvoll?
- Welche internen und externen Personen begleiten, erarbeiten und organisieren die Studie oder Testplanung?

Bei konkreten Bauabsichten wird mittels Machbarkeitsstudie geprüft, ob das gewünschte Raumprogramm auf der vorgesehenen Parzelle innerhalb der formulierten Zielsetzungen umgesetzt werden kann (→ Teil C Kap. 5.7). Anhand von Variantenstudien und Volumenmodellen werden die Auswirkungen analysiert, die Bewilligungsfähigkeit geprüft, Zielkonflikte bereinigt und die Rahmenbedingungen justiert. Die so bereinigten Grundlagen bilden eine optimale Basis für das Wettbewerbsprogramm. Bei komplexen Projekten ist es oft sinnvoll, als Vorbereitung des Wettbewerbs ein Workshop mit allen Betroffenen durchzuführen, um allfällige Widersprüche gemeinsam auszudiskutieren.

Typische Fragestellungen:
- Können das Konzept/Raumprogramm auf der zur Verfügung stehenden Parzelle verwirklicht werden?
- Kann und soll die vorgegebene Dichte ausgeschöpft werden?
- Wo verläuft der verfügbare Perimeter in der Fläche und in der Höhe?
- Welche Auswirkungen hat das Projekt auf die Umgebung und welche städtebaulichen, topografischen und gestalterischen Rahmenbedingungen sind zu berücksichtigen?
- Wie wird mit allfällig vorhandenen bestehenden Bauten oder Schutzobjekten umgegangen?
- Sind vor dem Verfahren weitere Schritte notwendig (z.B. Planungsverfahren, Baulinienaufhebung, Inventarentlassung, Änderung des Raumprogrammes)?
- Welches sind die kritischen Themen für den Erfolg des Bauprojekts?
- Wie sieht der weitere Terminplan für das Verfahren, die Projektierung und die Realisierung aus?
- Können die wirtschaftlichen Zielwerte unter Berücksichtigung der gesetzlichen Auflagen und übrigen Anforderungen erreicht werden?

8.4 Verfahrensvorbereitung

Ziel der Verfahrensvorbereitung ist es, den gesamten Wettbewerb zu organisieren, sowie Programm inkl. begleitende Unterlagen und Modelle bereitzustellen. Das Verfahren ist anzupassen an die Aufgabe, die Bauträgerschaft und den Kontext. Anhand derselben Kriterien sowie in Abstimmung auf das gewünschte Teilnehmerfeld werden das Beurteilungsgremium inkl. Vorsitz und die Experten nominiert. Die Bauherrschaft ist normalerweise mit mehreren Vertretern im Auswahlgremium beteiligt. Um die Objektivität und Glaubwürdigkeit des Entscheides zu gewährleisten, müssen nach den Regeln des SIA die unabhängigen Fachleute in der Mehrzahl sein. Als Abschluss der Vorbereitung wird das Wettbewerbsprogramm inkl. Beilagen vom Preisgericht, bzw. Beurteilungsgremium verabschiedet.

Typische Fragestellungen:

- Welche Vorgaben müssen / sollen beachtet werden (SIA-Ordnung, öffentliches Beschaffungswesen, Bedingungen Bauherrschaft, Rahmenbedingungen der Behörden usw.)?
- Welches Verfahren ist zielführend? Ist ein anonymes Verfahren möglich oder braucht es Zwischenbesprechungen? Wie wird das Verfahren im Detail gestaltet?
- Wer ist verantwortlich für die Vorbereitung, wer für die Leitung, wer für die Protokollierung von Sitzungen und Jurierungstagen?
- Wie sieht das Terminprogramm aus? Sind alle Jurytermine, die Medienorientierung, die Ausstellung der Ergebnisse usw. vereinbart?
- Wird ein Preisgeld, eine feste Entschädigung oder eine Kombination von beidem vereinbart? Werden Ankäufe zugelassen (submissionsrechtlich heikel)?
- Welche Rahmenbedingungen werden für eine Weiterbearbeitung des Siegerteams festgelegt (z.B. Leistungsanteil, Honoraransatz)?
- Welche Unterlagen werden abgegeben?
- Welche Anforderungen an die Abgabe inkl. Modell und Art der Darstellung sind in Abstimmung auf die Aufgabenstellung notwendig?
- Welches sind die relevanten Entscheidungskriterien wie Städtebau / Architektur / Freiraum, Funktionalität / Gebrauchswert, Wirtschaftlichkeit (Erstellungskosten / Betrieb / Unterhalt) oder ökologische Nachhaltigkeit?

8.5 Teilnehmerauswahl

Bei der Auswahl der teilnehmenden Teams können unterschiedliche Wege beschritten werden. Durch eine offene Ausschreibung werden besonders jüngere und unbekannte Büros zur Teilnahme animiert, während eine Präqualifikation meist zur Findung von Teams mit aufgabenspezifischer Erfahrung eingesetzt wird. Bei eingeladenen Wettbewerben wird eine limitierte Anzahl Firmen von Bauherrschaft und Jurymitgliedern vorgeschlagen. Mögliche Vorbehalte gegenüber teilnehmenden Firmen sollten vor dem Verfahren geklärt werden. Eine gute Möglichkeit ist eine gemeinsame Sichtung (evt. mit Präsentation) und Auswahl von potenziellen Teilnehmern durch die Jury. Indem im Programm die Möglichkeit zum Beizug eines Baumanagementbüros für die Realisierung eingeräumt wird, können Vorbehalte gegenüber unbekannten Büros ausgeräumt werden.

Für öffentliche oder öffentlich-rechtliche Institutionen und Anstalten gelten die Vorgaben des öffentlichen Beschaffungswesens. Zu beachten ist insbesondere, dass eine spätere Beauftragung des Siegerteams vom Auswahlverfahren abhängig ist. Bei grösseren Dienstleistungsaufträgen bzw. Bauvorhaben bedeutet dies eine offene oder selektive Ausschreibung nach GATT/ WTO (→ Teil F Kap. 5)

Typische Fragestellungen:
- Wie breit soll das Feld der Lösungen sein?
- Wie sieht das Marktumfeld aus? Gibt es genügend qualifizierte Teams, die mitmachen würden? Muss der Teilnehmerkreis eingeschränkt werden? Wo erfolgt die Publikation des Verfahrens?
- Wie erfolgt die Auswahl der Teams? Welche Kriterien gelten? Wie wird mit persönlichen Verbindungen zwischen Jury und Teilnehmenden umgegangen?
- Welche Berufsgattungen sind erforderlich? Sind Teambildungen sinnvoll und Mehrfachbewerbungen bei Fachplanern möglich?
- Wie sind allfällige Folgeaufträge für Fachplaner oder z.B. Landschaftsarchitekten geregelt?

8.6 Vorprüfung

Nach Abgabe der verlangten Unterlagen erfolgt eine Prüfung der Projekte hinsichtlich der Erfüllung der Programmbestimmungen. Der wertungsfreie Vorprüfungsbericht dient der Jury einerseits als Grundlage für den Entscheid zur Zulassung eines Projekts zur Beurteilung und andererseits als Hilfestellung bei der Bewertung selber. Bei Bedarf können Experten für die Vorprüfung beigezogen werden, hierbei ist die personelle Trennung zwischen Vorprüfung und Auswahlgremium zu beachten.

Typische Fragen:
- Ist die Abgabe rechtzeitig und vollständig erfolgt? Ist das Projekt beurteilbar?
- Ist der Wettbewerbsperimeter eingehalten?
- Sind die baurechtlichen Anforderungen, hoheitliche Auflagen wie Brandschutz, hindernisfreies Wohnen, Parkierung usw. erfüllt?
- Wird das Raumprogramm erfüllt? Sind die verlangten Angebote für den Aussenraum ausgewiesen? Funktioniert die Erschliessung und Parkierung?
- Werden die funktionellen Anliegen des Betriebes erfüllt? Wo gibt es Mängel?
- Können die Anforderungen hinsichtlich Wirtschaftlichkeit erfüllt werden?

- Wie sieht der Energie- und Ressourcenverbrauch aus?
- Gibt es andere Rahmenbedingungen, die verletzt werden?

8.7 Jurierung und Nachbearbeitung

Nach Genehmigung des Vorprüfungsberichtes und Vorstellung der Projekte erfolgt die Auswahl der Projekte in der Regel mittels Rundgängen. Während es anfänglich primär um Verständnisfragen geht, erfolgen anschliessend die Wertungsrundgänge mit offener Diskussion der Qualitäten, sowie der Vor- und Nachteile der verschiedenen Projektvorschläge. Wichtig sind dabei die offen geführte Kommunikation und das Verständnis für die verschiedenen Rollen und Interessen. Eine gemeinsame Besichtigung des Areals ist essenziell, um die Diskussionen der Pläne und Modelle vor Ort zu plausibilisieren. Wichtig für die Realisierungschancen des Projekts sind die Nachvollziehbarkeit und Objektivität des Entscheides im Gremium. Im gemeinsam unterzeichneten Schlussbericht werden u.a. die Projekte beschrieben und gewürdigt, sowie die Empfehlung zur Weiterbearbeitung festgehalten. Kann kein Projekt gefunden werden das genügend befriedigt, muss das Verfahren entsprechend beendet werden oder aber es kommt zu einer Überarbeitungsphase (diese Möglichkeit muss bereits im Programm geregelt werden).

Typische Fragen:
- Können alle Projekte zur Beurteilung zugelassen werden?
- Welche Projekte erfüllen die Zuschlagskriterien am besten?
- Gibt es aufgrund der Lösungen und der Diskussion neue Erkenntnisse?
- Wie viel Entwicklungsspielraum besteht für ein noch nicht restlos überzeugendes Projekt?
- Gibt es Projekte, welche wichtige Vorgaben des Programms verletzen, aber ein hohes Potenzial besitzen? Wie soll mit diesen umgegangen werden?
- Kann ein einzelnes Projekt zur Weiterbearbeitung empfohlen werden oder ist eine Weiterbearbeitung von mehreren Vorschlägen notwendig?
- Welche Empfehlungen gibt das Beurteilungsgremium den Verfassenden und der Bauherrschaft mit auf den Weg?
- Wie sieht die Rang- und Preisgeldverteilung aus?

Nach Abschluss des Verfahrens müssen die nächsten Schritte geregelt werden. Die relevanten Informationen und Unterlagen sind an die Bauherrschaft zu übergeben. Gefragt sind aber auch Unterstützungsleistungen bei der Kommunikation und beim Projektstart.

Typische Fragen:

- Wie und wo wird das Ergebnis kommuniziert? Wer benötigt einen Jurybericht?
- Wer organisiert die Startsitzung mit Bauherrschaft und Planern?
- Welche Unterlagen müssen an die Bauherrschaft übergeben werden?
- Welche Planeraufträge ergeben sich durch das Verfahren und welche zusätzlichen Aufträge sind notwendig?

8.8 Fazit und Ausblick

Die Verfahrensorganisation und die Prozessmoderation erfordern neben Fachwissen in hohem Masse auch soziale Kompetenzen. Im Auswahlprozess gilt es, die unterschiedlichen Betrachtungsweisen und Interessen zwischen Bauherrschaft, Behörden, Experten und Fachpreisrichtern zusammenzuführen. Ein transparenter Verfahrensablauf mit fairen Spielregeln gegenüber der Bauherrschaft, wie auch gegenüber den teilnehmenden Teams, schafft die notwendige Vertrauensbasis. Dieser Grundsatz gilt besonders auch für mehrstufige, situativ angepasste Verfahren. Zunehmend werden neben dem Projektvorschlag verbindliche Aussagen zu den Kosten oder zur Nachhaltigkeit verlangt. Dies bedeutet nicht nur auf Teilnehmerseite einen Mehraufwand, sondern erfordert auch in der Vorbereitung und Durchführung solcher Verfahren erhöhte Professionalität.

Die Bedeutung von Konkurrenzverfahren wird weiter zunehmen. Vor allem im städtischen Umfeld werden die Anforderungen immer vielschichtiger und sind zum Teil widersprüchlich. Der Anspruch nach Unverwechselbarkeit, Nachhaltigkeit und hoher Qualität, im Wettstreit mit den Kosten, verlangt an der Schlüsselstelle der Projektentwicklung die richtige Weichenstellung. Viele Ansprüche und Auflagen, kombiniert mit schwierigen Parzellenzuschnitten und hohen Dichten, führen dazu, dass es keine klar ersichtlichen und einzig richtigen Lösungen mehr gibt. Bei Wettbewerben und Studienaufträgen lassen sich die Vor- und Nachteile von unterschiedlichen Lösungsansätzen diskutieren. Auf diese Weise können Entscheidungsträger unter Berücksichtigung der gewonnenen Erkenntnisse das beste Projekt auswählen.

9 Projektierung (Vorprojekt, Bauprojekt)

9.1 Projektierung nach SIA 112

Gemäss Leistungsmodell der Ordnung SIA 112 gliedert sich die Phase «Projektierung» in die beiden Teilphasen «Vorprojekt» und «Bauprojekt». In diesen beiden Teilphasen sollen die folgenden Ziele erreicht werden:
- Vorprojekt: Projekt bezüglich Konzeption und Wirtschaftlichkeit optimiert
- Bauprojekt: Projekt und Kosten optimiert, Termine definiert

Bezüglich der Aufgaben, Verantwortlichkeiten und Arbeitsergebnissen der Architekten und Ingenieure in der Phase Projektierung wird auf die einschlägigen Ordnungen des SIA verwiesen.

9.2 Ablaufschema der Projektierung

Das Ablaufschema in Abbildung C18 gibt einen Überblick über die Teilphasen und die wichtigsten Aktivitäten in der Phase Projektierung.

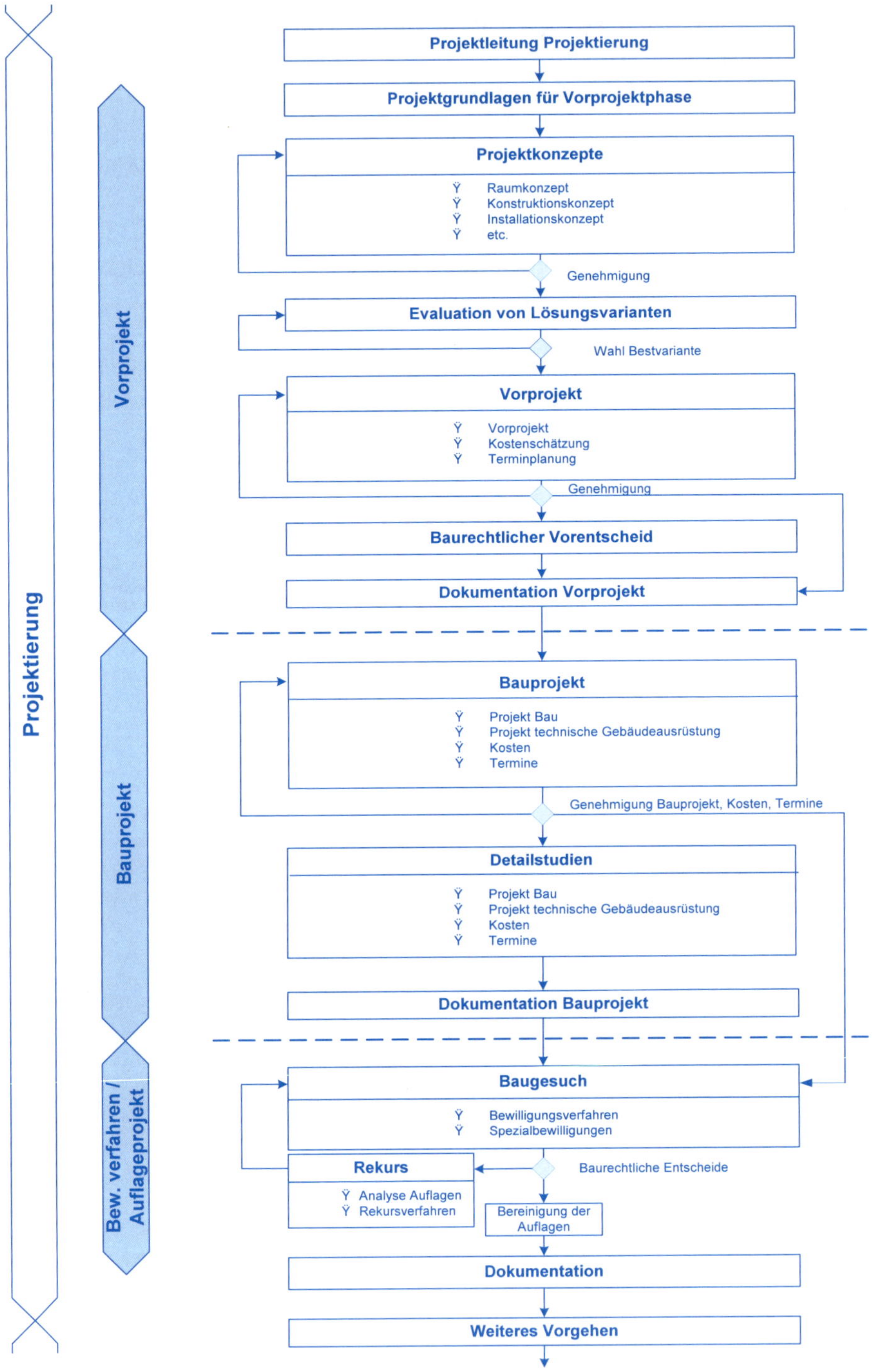

Abb. C18: Ablaufschema Projektierung

9.3 Vorprojekt

Als Grundlage für die Phase «Vorprojekt» liegen die Ergebnisse aus der Vorstudienphase vor: das Projektpflichtenheft, die Machbarkeitsstudien inkl. Risikobeurteilungen zu den untersuchten Lösungsalternativen, die Projektierungsgrundlagen und die Projektdefinition. Diese Ergebnisse sind in der so genannten Projektdokumentation zusammengefasst. Im Idealfall liegt auch das Resultat eines Auswahlverfahrens (empfohlenes Projekt/empfohlener Anbieter) oder der Anbieter im Fall einer direkten Vergabe vor. Eine wichtige Ausgangslage für das Vorprojekt ist die definitive Festlegung auf einen Standort.

Das Ziel des Vorprojekts ist die Optimierung der baulichen Lösung innerhalb der standortgebundenen Rahmenbedingungen. Mit «optimiert» wird die bestmögliche Erfüllung der durch den Bauherrn gesetzten Anforderungen verstanden.

Die Tätigkeit des Projektleiters Bauherr im Vorprojekt besteht in der Ausarbeitung der entsprechenden Verträge mit den aus dem Auswahlverfahren hervorgegangenen Auftragnehmern sowie in der Erarbeitung und Einführung des Qualitätsmanagements, der Dokumentation und des PR- und Marketingkonzeptes. Die Koordination der gesamten Vorprojektierung und die Fortschritts- und Kostenkontrolle gehören ebenfalls zu seinem Aufgabenbereich.

Bevor mit dem eigentlichen Vorprojekt gestartet werden kann, müssen Projektkonzepte erarbeitet werden. Der Zweck der Projektkonzepte ist es, in ausgewählten Planungsbereichen (z.B. Nutzung, Sicherheit, Bau oder Betrieb) das Denken in Alternativen und die ganzheitliche Optimierung zu fördern. Projektkonzepte müssen immer als Ganzes im Hinblick auf die Projektanforderungen optimiert werden. Genehmigte Projektkonzepte bilden eine verbindliche Vorgabe für die nachfolgende Projektierung. Daher sind sie ein wesentliches Element in Bezug auf die Definition der Bauqualität.

Nachdem die Projektkonzepte genehmigt sind, geht es um die integrale Umsetzung dieser Konzepte in Lösungsvarianten. Die Art und Anzahl der zu bearbeitenden Varianten ist jeweils in den Planerverträgen festzulegen. Eine Vorprojektvariante wird als die optimale Lösung gewählt und baurechtliche Vorentscheide seitens der Behörden können eingeholt werden. Falls ein baurechtlicher Vorentscheid getroffen werden soll, müssen alle dafür benötigten Unterlagen zusammengestellt und das Verfahren begleitet werden.

Zu einem vollständigen Vorprojekt gehören immer auch Kosten und Termine. Die Kosten werden auf der Basis des gewählten Vorprojekts berechnet. Der Genauigkeitsgrad ist im Planervertrag festzulegen. Die Terminplanung besteht hauptsächlich aus dem Grobterminprogramm und der Bauherren-seitigen Aufgaben- und Entscheidungsplanung.

9.4 Bauprojekt

Die Grundlagen für das Bauprojekt sind die bis anhin gesammelten Projektgrundlagen, die diversen Projektkonzepte, das bereinigte und genehmigte Vorprojekt und evt. baurechtliche Vorentscheide der Behörden.

Die Ziele der Bauprojektphase sind ein insgesamt optimiertes Projekt und die verbindliche Definition der Kosten und Termine.

Das Bauprojekt umfasst das eigentliche Gebäude und die Projekte der technischen Gebäudeausrüstung.

Die Aufgaben des Projektleiters Bauherr in der Bauprojektphase beinhalten hauptsächlich die Evaluation der Bauleitung, den Aufbau des Projektrechnungswesens und des Projektänderungsverfahrens und wie immer das Leiten und Begleiten des gesamten Projekts. Weiter erstellt er Finanzierungs- und Entscheidungspläne, kontrolliert und prüft diverse Ergebnisse und Ziele der Bauprojektphase.

Beim Projekt Bau und technische Gebäudeausrüstung geht es um die Umsetzung des Vorprojekts in ein bewilligungsreifes Bauprojekt und um die gegenseitige Abstimmung der beiden Projekte. Die Erarbeitung von Detailstudien (inkl. genauere Kostenschätzung und verfeinertes Terminprogramm mit den erforderlichen Arbeiten und Entscheiden) kann auch zur Bauprojektphase gehören.

9.5 Bewilligungsverfahren / Auflageprojekt

Bezüglich der Rechtsgrundlagen und Verfahren zur Erlangung einer Baubewilligung wird auf Teil C Kapitel 2.3 verwiesen.

9.6 Dokumentation

Obwohl der Übergang vom Bau- und Detailprojekt zum Ausführungsprojekt oft fliessend bzw. zeitlich überlappend stattfindet, kommt der lückenlosen Dokumentation der in der Phase Projektierung erzeugten Daten und Dokumente grosse Bedeutung zu. Zahlreiche Dokumente sind zudem von erheblicher rechtlicher Relevanz oder werden in späteren Projektphasen als Grundlagen weiter verwendet und sind deshalb besonders sorgfältig zu archivieren.

Bis zum Abschluss der Projektierung sind in der Regel die folgenden wichtigen Dokumente entstanden:

- Dokumentation des strategischen Entscheides (Investitionsantrag)
- Machbarkeitsstudien inkl. Risikobeurteilung
- Projektierungsgrundlagen

- Projektdefinition
- Unterlagen zur Ausschreibung und Auswahl der Architekten und Ingenieure
- Verträge mit Architekten und Ingenieuren
- Planungskonzepte
- Vorstudienskizzen und Vorprojektpläne
- Bauprojekt- und Detailpläne
- Kostenschätzung
- Terminprogramm
- Unterlagen für das Bewilligungsverfahren
- Baurechtlicher Entscheid und andere Bewilligungen
- allfällige Rekursakten
- wichtige Korrespondenz
- Protokolle und Aktennotizen
- Organigramm und Koordinaten der Projektbeteiligten

Zunehmend werden diese Daten und Datenträger elektronisch gespeichert. Dabei ist der Datensicherheit, Datenstabilität und der Aufwärtskompatibilität schon sehr früh grösste Aufmerksamkeit zu schenken.

10 Planung Gebäudetechnik und Energie

10.1 Einleitung

In den letzten Jahrzehnten haben sich die Gebäudetechnik und die Gebäudeautomation stark entwickelt. Dies aus verschiedenen Gründen:

- gestiegene Ansprüche an Behaglichkeit in Zweck- und Wohngebäuden
- gestiegene Ansprüche an Energieeffizienz, in Zukunft ein eigentlicher Motor in der Vernetzung der Gebäudetechnik
- gestiegene Ansprüche an effizientere Bewirtschaftung von Immobilien
- gestiegene Ansprüche an Flexibilität und leichte Anpassbarkeit von Gebäuden, aufgrund viel schnellerer, globaler Wirtschaftsentwicklungen, d.h. der Verwendungszweck eines Gebäudes über den Lebenszyklus ist heute oft gar nicht mehr planbar
- Entwicklung von Elektromechanik an vollelektronische Systeme, zunehmende Konvergenz aller Dienste über IP-Netzwerke
- weg von Abhängigkeiten (Lieferanten und Systeme) hin zu offenen Standards (in der Gebäudeautomation z.B. BACnet, KNX, LonMark, DALI, M-Bus)
- zunehmendes Outsourcing von Betreiberaufgaben an externe FM-Dienstleister

All dies schafft neue Anforderungen an den Planungs-, Vergabe- und Ausführungs-, Optimierungs- und Betriebsprozess gebäudetechnischer Anlagen, die sich in einzelnen Punkten auch von der entsprechenden Praxis im Bauhauptgewerbe unterscheiden. Prozessdenken und Life Cycle-Betrachtungen sowie klare funktionale Vorgaben sind unabdingbare Voraussetzungen für einen fairen und gerechten Wettbewerb. Dies wird sich mit der Aufgabe der Bauindustrie, neue und bestehende Gebäude mit wesentlich weniger Energie und kostengünstiger zu betreiben, noch verschärfen.

Zusammengefasst: Es besteht ein erhebliches Malaise bezüglich Qualität der Gebäudetechnik und Gebäudeautomation. Dies ist eine Folge von Lücken im bisherigen Planungs- und Ausführungsablauf sowie einer ungenügenden Qualitätssicherung in diesem Bereich. Im Extremfall werden ganze Systeme nach drei Jahren wieder ersetzt.

Mit den nachfolgenden, nach Phasen gegliederten Ausführungen zur Planung betreffend Gebäudetechnik und Energie sollten die wesentlichen Schwachstellen bei der Planung aufgezeigt und behoben werden.

10.2 Strategische Planung

Strategie Nachhaltigkeit und Energieeffizienz

Gebäude erhalten künftig einen Energieausweis, in dem der Gesamtenergieverbrauch klassifiziert wird, wie dies heute für Autos oder Haushaltsgeräte üblich ist. Die bessere Klassifizierung wird zum Wettbewerbsvorteil werden. 40% des gesamten Energieverbrauchs in Europa entfällt auf die Versorgung von Gebäuden mit Wärme und Strom. Angesichts von Oil Peak und Gas Peak sowie der Notwendigkeit nachhaltiger Reduktion des CO_2-Ausstosses erhält eine nachhaltige und energieeffiziente Gebäudetechnik eine strategische Bedeutung, deren Zielwerte bereits in der strategischen Planung aufgestellt werden sollen. Die Energieeffizienz eines Gebäudes lässt sich nur dann optimieren, wenn der gesamte Lebenszyklus des Gebäudes betrachtet wird. Bereits bei der Planung sind die Voraussetzungen für den späteren Bau und Betrieb einer energieeffizienten gebäudetechnischen Anlage zu schaffen.

10.3 Vorstudien

Machbarkeit unter dem Aspekt der Nachhaltigkeit

Im Kontext der Nachhaltigkeit obliegen dem Bauherrenberater auch Überlegungen und Inputs in der Vorstudienphase bezüglich Gebäudetechnik und Gebäudeautomation. Grundlegende Zielwerte sollen für die beteiligten Fachplaner vorgegeben werden. Eine echte Life Cycle-Betrachtung muss eine reine Investitionsbetrachtung ersetzen. Zusätzlich sollen konzeptionelle Vorgaben bezüglich technischer Infrastruktur, besonders im Hinblick auf die Nutzung, vorgegeben werden (z.B. Planung in Raummodulen für ein flexibles Flächenmanagement, IP-Multiservice-Netzwerk für die Kommunikation aller Services, wie EDV, Telefonie und Gebäudemanagement, integrale Raumautomation). Anstelle einer induktiven Integration der einzelnen Gewerke soll das Gebäudemanagement deduktiv «von oben» geplant werden, um eine möglichst hohe Synergie im Betrieb zu erzielen. Diesbezüglich soll auch SIA 386.110 «Energieeffizienz von Gebäuden – Einfluss von Gebäudeautomation und Gebäudemanagement» [C15] als Massstab verwendet werden, um einheitliche Vorgaben an die Gebäudeautomation vorzugeben, welche mit der angestrebten Effizienzklasse des Gebäudes korrelieren. Für die Fachkoordination der Gebäudetechnikplanung inkl. Gebäudeautomation müssen entsprechende Honorare eingesetzt werden.

10.4 Ausschreibung

Funktionale Ausschreibung Gebäudetechnik und Gebäudeautomation

Die Gebäudetechnik und die Gebäudeautomation inkl. technisches Gebäudemanagement sollen funktional ausgeschrieben werden: Gebäudeautomation gemäss EN ISO 16 484 [C16] mit normierten Funktionslisten, Prinzipschematas und 1:50-Bauplänen statt rein mit physikalischen Datenpunkten. Insbesondere Gebäudeautomation und technisches Gebäudemanagement müssen als gesamthaft zu offerierende Dienstleistung (detailliertes Engineering zur Erfüllung der Funktionen) statt Hardware-Ausschreibung definiert werden. Zusätzlich müssen wichtige Systemvorgaben (z.B. Protokoll für die Kommunikation) vorgegeben sein. Dank funktionaler Ausschreibung soll ein echter Know-how-Wettbewerb unter den Anbietern ermöglicht werden. Die Ausschreibung der Gebäude- und Raumautomation sowie des technischen Gebäudemanagements soll als Gesamtsystem (eigenes Gewerk) und als Gesamtvergabe erfolgen (nicht als Bestandteil der einzelnen Gewerke). Schnittstellen zu den Gewerken (z.B. Feldgeräte wie Ventile usw.) müssen klar definiert sein. Für die Fachkoordination der Ausschreibung Gebäudetechnik inkl. Gebäudeautomation müssen entsprechende Honorare eingesetzt werden.

Die Ausschreibung soll unbedingt auch eine 2-jährige Optimierungsphase als Bestandteil der Lieferung, in Zusammenarbeit mit den späteren Betreibern, enthalten. Ein wichtiger Bestandteil bildet die Einhaltung normativer Vorgaben bezüglich Energieeffizienz gemäss SIA 386.110 [C15].

Bei Bedarf soll ein zielgerichtetes Coaching den integralen Planungsprozess begleiten, um eine echte Synergie der verschiedenen Fachleute (Architekten und Fachplaner) zu gewährleisten.

10.5 Realisierung

Ausführung

Für Gebäudetechnik-Anlagen und insbesondere Gebäudeautomation sowie technisches Gebäudemanagement müssen die ausführenden Unternehmen ein Ausführungspflichtenheft (Funktionen gemäss Ausschreibung/Werkvertrag, eingesetzte Hard- und Software, Umsetzung Funktionen in entsprechende, nachvollziehbare Programmierung) erstellen und gemäss nachträglichen Änderungen laufend aktualisieren. Alle Änderungen müssen genehmigt werden. Erst nach Genehmigung der Ausführungspflichtenhefte dürfen die Anlagen ausgeführt werden. Die aktualisierten Ausführungspflichtenhefte bilden die Basis für die Abnahme.

Begleitung der Realisierung durch Bauherren-seitiges Qualitätsmanagement mit den Schwerpunkten Energie, Life Cycle-Kosten und Gebäudemanagement zur Sicherstellung der Vorgaben (z.B. «Entsprechen die eingebauten Jalousien den vom SIA geforderten Werten bezüglich Windfestigkeit?» oder «Verfügen die einzelnen Subsysteme über ein offenes Protokoll, um diese einfach in das Gebäudemanagement einzubinden?») mit entsprechender Honorierung – insbesondere bei GU- und TU-Aufträgen.

11 Kooperative Planungsverfahren

11.1 Einleitung

In diesem Kapitel geht es darum, die Arbeitsweise einer Planungsbehörde am Beispiel des Hochbaudepartements der Stadt Zürich darzustellen und damit relevante Aspekte und Zusammenhänge für die private Immobilienentwicklung (Hochbau) aufzuzeigen. Damit sollen nach wie vor verbreitete Vorurteile und die damit verbundenen Vorbehalte gegenüber der Verwaltung abgebaut werden. Kernaussage ist, dass sich kooperatives Entwickeln und Planen für alle Beteiligten in jedem Fall auszahlt und deshalb konfrontative Vorgehensweisen bei Projektentwicklungen vermieden werden sollten. Hauptinhalt ist die geraffte Darstellung der Abläufe und Prozesse, wie sie sich im Rahmen der kooperativen Entwicklungsplanung des Gebiets Zürich West vollzogen haben und die bis heute weiter umgesetzt werden. Einige der folgenden Ausführungen sowie diverse Planunterlagen und Publikationen zu den angesprochenen Themen sind auf der Website des Hochbaudepartements der Stadt Zürich zur Vertiefung abrufbar [C17].

11.2 Stadtplanung und Immobilienentwicklung – kooperative Planung in Zürich

Akteure in der Stadtverwaltung

Die vielfältigen Aufgaben der Stadtverwaltung von Zürich [C18] mit ihren über 22 000 Mitarbeitenden, werden von neun Departementen wahrgenommen. In den für die Entwicklung von Immobilien-relevanten Bereichen sind primär das Hochbaudepartement (Räumliche Entwicklungsstrategien, Planen, Beraten, Bewilligen und Bauen Hochbau) und das Tiefbau- und Entsorgungsdepartement (Planen und Bauen Tiefbau und öffentlicher Raum) involviert. Im Weiteren aber auch das Finanzdepartement (Grundeigentümerin Stadt Zürich) und das Gesundheits- und Umweltdepartement (Lärmthematik, Energie, Hygiene usw.).

Hochbaudepartement Stadt Zürich, Aufgaben und Ziele

Grundlage der Arbeit des Hochbaudepartements sind einerseits die entsprechenden Rechtssatzungen wie RPG (Raumplanungsgesetz des Bundes), PBG (Planungs- und Baugesetz Kanton Zürich), BZO (Bau- und Zonenordnung Stadt Zürich), Sondernutzungsinstrumente wie Gestaltungspläne, Sonderbauvorschriften oder Quartierpläne, sowie weitere Gesetze und Verordnungen bzgl. Planen und Bauen.

Andererseits sind es die Aufgaben und Ziele welche die politische Führung (Exekutive, Departementsleitung oder Gesamtstadtrat) in Form von Legislaturzielen vorgibt. Für die Legislatur 2006–2010 [C19] sind dies, was Planen und Bauen betrifft, folgende Ziele:

- Planen und Bauen für die Stadt von Morgen
- Nachhaltiges Zürich – auf dem Weg zur 2000 Watt-Gesellschaft
- Multiprojektprogramm HBD 2010

Früher Einbezug, Arbeitsweise und Rollen

Es liegt in der Natur der Sache, dass bei einer so differenzierten Verwaltung wie in Zürich, eine Vielzahl von Fachstellen in unterschiedlichsten Rollen (beratend und/oder hoheitlich) und zu verschiedenen Zeitpunkten in die Planungs- und Bauprozesse von privaten Projektentwicklern und der Stadt selber involviert sind bzw. einbezogen werden müssen. Es empfiehlt sich in jedem Fall, sich so früh wie möglich einen Überblick zu verschaffen und die entsprechenden Fachstellen stufengerecht in die Prozesse mit einzubinden, um so mit der fortschreitenden Planung auch eine zunehmende Verbindlichkeit – letztlich bis hin zur Bewilligung – zu erreichen. Das Schaffen von «vollendeten Tatsachen», sprich die Entwicklung quasi baureifer Projekte, ohne die zuständigen Behörden mit einzubeziehen, wie es früher häufiger der Fall war, ist in Zürich heute sehr unüblich und eher verpönt. Diese Vorgehensweise birgt auch das grosse Risiko von unabwägbaren Verzögerungen, da dann oftmals und zu einem späten Zeitpunkt ganz neue Anforderungen von behördlicher Seite in ein Projekt eingearbeitet werden müssen.

Spannungsfeld der Akteure

Die Entwicklung von Immobilien erfolgt immer in einem Kräftefeld, welches im Wesentlichen von zwei Hauptakteuren, insgesamt aber vier Akteursgruppen, mit meist sehr unterschiedlichen Zielen, bestimmt wird.

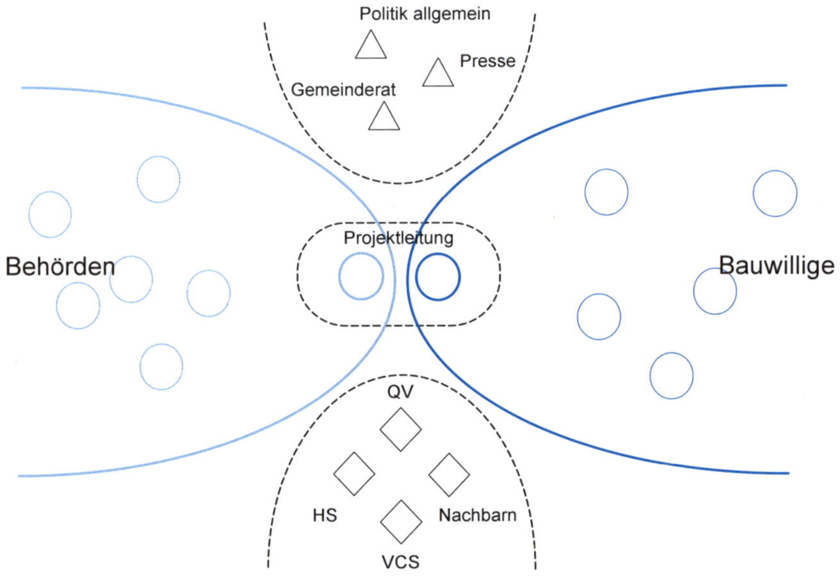

Abb. C19: Das Spannungsfeld der Akteure [C20]

Kooperative Planung kann somit folgendermassen definiert werden:

Unter kooperativer Planung versteht man Planungsverfahren, die auf eine gemeinsame Problemlösung zwischen Staat und Privaten abzielen.

Das Ergebnis wird danach in einem Plan nach dem Bundesgesetz über die Raumplanung bzw. nach dem kantonalen Planungsrecht oder in Vereinbarungen/Leitbildern mit der jeweils entsprechenden Verbindlichkeit zwischen Privaten und dem Gemeinwesen festgehalten. Da sich Programme, Vorstellungen und Inhalte rasch ändern können, sollten Pläne und Vereinbarungen eine gewisse Flexibilität aufweisen, um sich ändernden Bedürfnissen einfach anpassen zu können.

11.3 Stadtentwicklung mit kooperativer Planung – Entwicklungsgebiet Zürich West

11.3.1 Hintergrund und Potenziale

Am Beispiel Zürich West, dem zentral gelegenen grössten Entwicklungsgebiet der Stadt Zürich, lässt sich der Prozess der Stadtentwicklung mittels kooperativer Planung gut veranschaulichen. Hintergrund dafür bildet der aktuelle und in fast allen Fällen bereits bebaute Stadtkörper von Zürich. Im Gegensatz zu vielen Planungen des letzten Jahrhunderts, welche die Stadterweiterung auf der grünen Wiese zum Inhalt hatten, wie etwa die Planungen von Stadtbaumeister Albert Heinrich Steiner in Affoltern, Seebach und Schwamendingen, findet heute primär eine Veränderung, Entwicklung und Verdichtung nach Innen statt.

Zürich West ist ein typisches Transformationsgebiet: Aufgrund der gesellschaftlichen Wandlung, weg von der Industrie- hin zur Dienstleistungsgesellschaft, sind die grossflächigen, im 19. Jahrhundert rasant erschlossenen Industriegebiete, verknüpft mit bekannten Industriebetrieben wie Sulzer-Escher Wyss, Schöller Textil oder Maag Zahnräder, seit den 1980er Jahren ebenso rasch wieder obsolet geworden. Die Industrien wurden weitgehend stillgelegt, die Produktionsfirmen haben sich vielfach in Immobiliengesellschaften gewandelt. Es ging also neben der rein baulichen Entwicklung zuerst darum, Vorstellungen zur neuen Identität, zu Nutzungen und Programmen zu generieren, um überhaupt einen Entwicklungsprozess einleiten zu können. Im Gegensatz zum reinen Wohngebiet Schwamendingen, wo aktuell ebenfalls ein starker Veränderungsprozess mit dem Ziel einer sinnvollen Erneuerung und Verdichtung der bestehenden Garten-Wohnstadt abläuft, wobei die primäre Nutzung Wohnen aber bestehen bleiben soll.

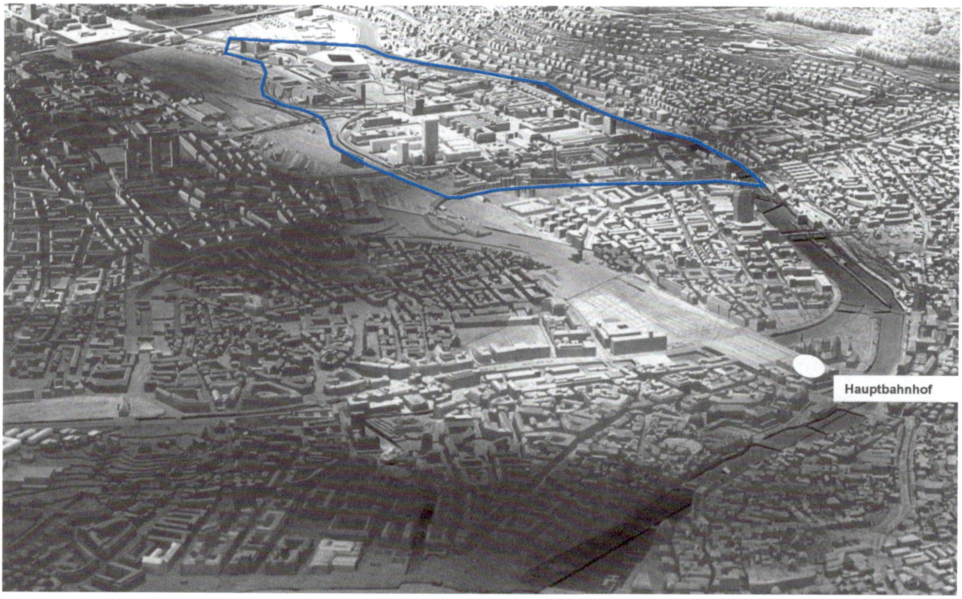

Abb. C20: Zürich West, Übersicht im Stadtmodell [C20]

Zürich West, ca. 100 Hektaren gross, zwischen Limmat im Norden und Gleisfeld im Süden, bildet im Westen das Eingangstor zu Zürich und reicht östlich bis an die Stadterweiterungsgebiete des 19. Jahrhunderts. Die Bauparzellenfläche beträgt ca. 85 Hektaren, überwiegend in privatem Grundbesitz. Das Gebiet hat ein Entwicklungspotenzial für ca. 7000–8000 Einwohner und 30000–40000 Arbeitsplätze.

11.3.2 Von der hoheitlichen Planung zur Kooperation

Die BZO von Zürich

Aufgrund der sich abzeichnenden gesellschaftlichen Veränderungen in den 1980er Jahren wurde von der Stadtverwaltung, unter der Leitung der damaligen Hochbauvorsteherin Ursula Koch, dem damaligen Planungsverständnis entsprechend, eine die ganze Stadt betreffende, sehr differenzierte Revision der Bau- und Zonenordnung BZO 92 erarbeitet, welche sowohl vom Parlament als auch vom Volk angenommen wurde. In der Folge wurde diese aber von unzähligen Rekursen privater Grundeigentümer vollständig blockiert und konnte schlicht nicht in Kraft gesetzt werden. Dieser länger andauernde «Schwebezustand» zwischen alter und neuer, aber noch nicht rechtskräftiger BZO, führte dazu, dass sich der

Kanton genötigt sah, über eine für die rekurrierenden Grundeigentümer akzeptable Bau- und Zonenordnung zu verfügen, um eine gewisse Rechtssicherheit wieder herzustellen.

Diese «BZO Hofmann», nach dem damaligen kantonalen Baudirektor benannte Notverordnung, wurde relativ summarisch und neu mit einem gegenüber der BZO Koch und auch gegenüber dem aktuellen Bestand, in vielen Gebieten sehr hohen Verdichtungspotenzial verfügt. Gleichzeitig war die Stadt angehalten, so rasch wie möglich eine neue definitive Bau- und Zonenordnung zu erarbeiten. So wurde denn auch die heute aktuelle BZO 99 in kurzer Zeit erarbeitet und schliesslich zur Jahrtausendwende in Kraft gesetzt.

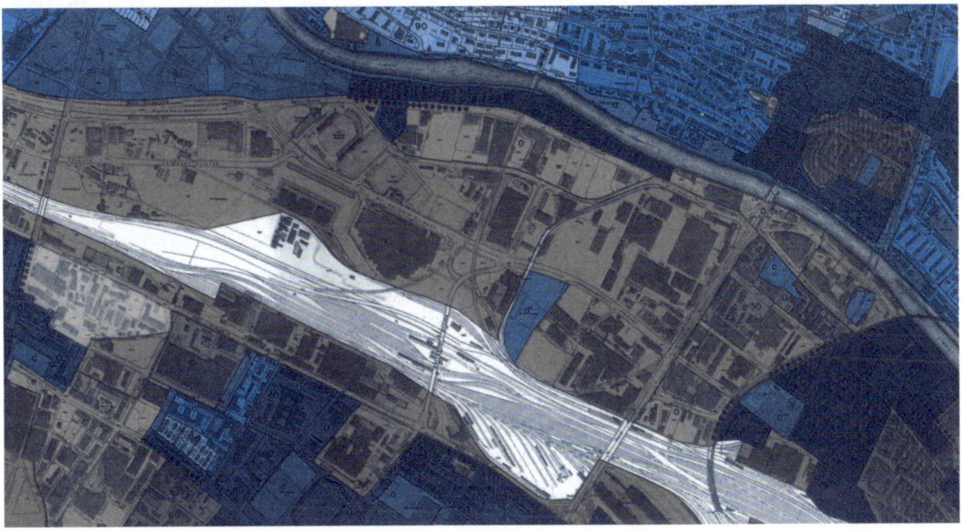

Abb. C21: Ausschnitt Bau- und Zonenordnung «BZO Hofmann» [C20]

Der lang anhaltende und auf beiden Seiten mit einer gewissen Unerbittlichkeit geführte «Kampf» zwischen einzelnen Grundeigentümern und der Stadt führte praktisch zu einem Stillstand der Planungs- und Bautätigkeit auf dem Platz Zürich. Dazu trugen aber auch die damals generell schlechte Baukonjunktur sowie weitere, tiefergreifende wirtschaftliche und soziale Veränderungsprozesse bei, welche sich z.B. im Drogenelend auf dem Platzspitz oder in den Zürcher Jugend-Unruhen besonders manifestierten.

Vor diesem Hintergrund war klar, dass nur ein vollständig neuer Planungsansatz aus dieser verfahrenen Situation führen konnte.

Ein erster neuer Ansatz – Planung Neu-Oerlikon

Bereits 1988 startete der Planungsprozess zum heutigen Neu-Oerlikon, vormals Zentrum Zürich Nord. Die drei Grundeigentümer ABB, Oerlikon Bührle und die SBB erarbeiteten während zehn Jahren gemeinsam mit der Stadt Zürich, wie das zukünftige Wohn- und Dienstleistungszentrum aussehen sollte. Aus einem 1992 durchgeführten Wettbewerb ging die städtebauliche Vision für das Gebiet hervor. Sie ist im «Entwicklungsleitbild Zentrum Zürich Nord» festgehalten. 1998 wurden die Resultate in den Sonderbauvorschriften und den dazugehörigen Richtlinien rechtsverbindlich festgehalten. Sie regeln Nutzungen, Landzuteilung und Erschliessung. Die Grundeigentümer verpflichteten sich zur kostenlosen Landabgabe für die Realisierung öffentlicher Freiräume. Im Rahmen der Sonderbauvorschriften wurden zudem erhöhte Anforderungen an die städtebauliche Einordnung und die architektonische Gestaltung gestellt. In Neu-Oerlikon sind rund 12000 neue Arbeitsplätze geplant und rund 5000 Menschen werden im neuen Stadtteil leben können.

Entgegen dem ursprünglich erwarteten Szenario hat sich Neu-Oerlikon viel schneller entwickelt als erwartet. Heute sind bereits über 80 % des Gebietes vollständig neu bebaut; in kürzester Zeit sind unzählige öffentliche und private Projekte, darunter ausgezeichnete Wohnsiedlungen, die grösste Schulanlage in Zürich, Bürobauten und vier grosse öffentliche Parkanlagen entstanden.

Ausgangslage in Zürich West

In Zürich West stellte sich die Situation Mitte der 1990er Jahre wesentlich komplexer dar als in Neu-Oerlikon. Zum einen vollzog sich der Wandel des Gebietes zur Industriebrache langsamer, zum andern bildete eine wesentlich höhere Zahl von Grundeigentümer ein viel heterogeneres Gegenüber zur Stadt. Dazu kam, dass in diesem Gebiet die Auseinandersetzungen über die BZO 92 besonders heftig geführt wurden.

Stadtforum

Auf Initiative des damaligen Stadtpräsidenten Josef Estermann wurde deshalb 1995 das Stadtforum Zürich ins Leben gerufen [C21]. Das Ziel dieses Gremiums war es, die verhärteten Fronten im Kampf um die Bau- und Zonenordnung aufzuweichen und konstruktive Gespräche zu führen. Das Stadtforum wollte die Standpunkte in wichtigen Entwicklungsfragen offenlegen und gegenseitiges Verständnis aufbauen. Offene und öffentliche Gespräche sollten die Verständigung zwischen den handelnden und involvierten Personen aus allen Gruppen verbessern. Vertreterinnen und Vertreter aus Politik, Wirtschaft, Verwaltung und Bevölkerung verhandelten über die Entwicklung in den Gebieten der Stadtkreise 4, 5 und 9 (zwischen dem Hauptbahnhof und der Stadtgrenze bei Schlieren, Limmat und Badenerstrasse). Dank dieses Prozesses konnte ein Konsens in zwei zentralen Punkten gefunden werden: Die im Stadtforum besprochenen Gebiete sollen städtebaulich aufgewertet werden, und diese Aufwertung sollte weiter in einem kooperativen Verfahren erfolgen. Die Ergebnisse sind in den drei Schlussberichten ausführlich dokumentiert [C22].

11.3.3 Kooperative Entwicklungsplanung Zürich West

Ablauf

Im Anschluss an die Beratungen des Stadtforums startete das Amt für Städtebau das kooperative Planungsverfahren für Zürich West (Stadtkreis 5, äusserer Teil). Gefragt waren Grundlagen für eine dynamische Stadtentwicklung sowie für einzelne Projekte. Gestützt auf die Testentwürfe dreier namhafter, auch internationaler Planungsbüros erarbeitete die Stadt Zürich zusammen mit den Grundeigentümern die Planungsvorgaben.

Der Synthesebericht [C23] von 1999 hält die Ergebnisse der kooperativen Planung und die von der Stadt Zürich und den Grundeigentümern gemeinsam verabschiedete Absichtserklärung fest. Der Planungsbericht fasst den Planungsprozess zusammen. Aufgrund der Erkenntnisse der kooperativen Entwicklungsplanung erarbeiteten die Beteiligten das im Jahr 2000 erschienene Entwicklungskonzept Zürich West.

Beteiligte, Prozess und Inhalte

Die wichtigsten Beteiligten bei einer kooperativen Planung sind:

- Grundeigentümer
- Verwaltung
- Fachleute / Experten
- Projektentwickler
- Entwurfteams
- Quartiervertretungen

Die pro Gruppe sehr unterschiedlichen Erwartungen, Interessen, aber auch die Rollen müssen zu Beginn des kooperativen Prozesses gemeinsam diskutiert und geklärt werden. Dies ist wichtig, um von Anfang an mit klaren Spielregeln arbeiten zu können. Die wesentlichen Punkte sind:

- Zeit- und Kostenrahmen festlegen
- Finanzierung
- Arbeitsmethodik in Workshops
- Auswahl der Entwurfteams und Experten
- professionelle Moderation
- gemeinsame Kommunikation

Wenn diese wichtigen Grundlagen geklärt und Einigung über das Vorgehen gefunden werden konnte, erfolgt der Ablauf eines kooperativen Entwicklungsverfahrens mehr oder weniger immer gleich nach dem folgenden, beispielhaften Ablaufplan. Es ist klar, dass die Zahl der Beteiligten, die Kosten, aber auch die nötige Zeit für ein kooperatives Verfahren variiert, je nach Dimension und Komplexität der Aufgabenstellung.

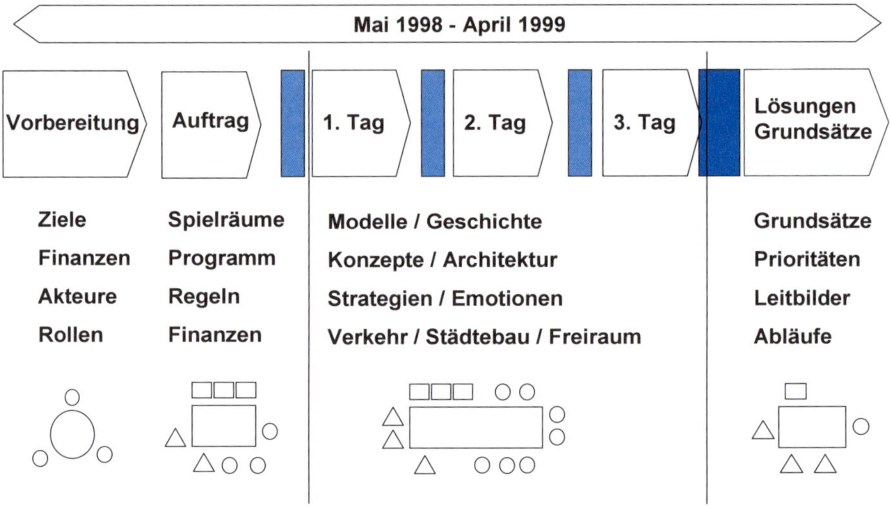

Abb. C22: Schematischer Ablauf einer kooperativen Planung [C20]

Die erste Phase umfasst die Vorbereitung und die Auftragsdefinition. In der zweiten Phase erfolgt die Erarbeitung und Bearbeitung der definierten Themen. In der dritten Phase werden die Ergebnisse konsolidiert und in Grundsätze, Leitbilder, aber auch in Prozesse und Abläufe für das weitere Vorgehen und die Umsetzung einzelner Projekte übersetzt.

Zusammengefasst können also die Hauptphasen des kooperativen Entwicklungsprozesses in Zürich West wie folgt beschrieben werden.

Schritt 1: Stadtforum

Das zeitlich vorgelagerte und geografisch weiter fokussierte Stadtforum war eine wichtige Voraussetzung für die kooperative Entwicklungsplanung Zürich West, denn es ging dabei primär um Vertrauensbildung, eine Annäherung der Beteiligten und die grundsätzliche Definition des folgenden kooperativen Entwicklungsprozesses Zürich West.

Schritt 2: Kooperative Planung Zürich West

Mit drei internationalen Planungsteams wurde anhand von städtebaulichen Entwürfen das Potenzial des Gebietes ausgelotet. Diese visionären Stadtbilder dienten dazu, Emotionen zu wecken und die Diskussion konkret führen zu können.

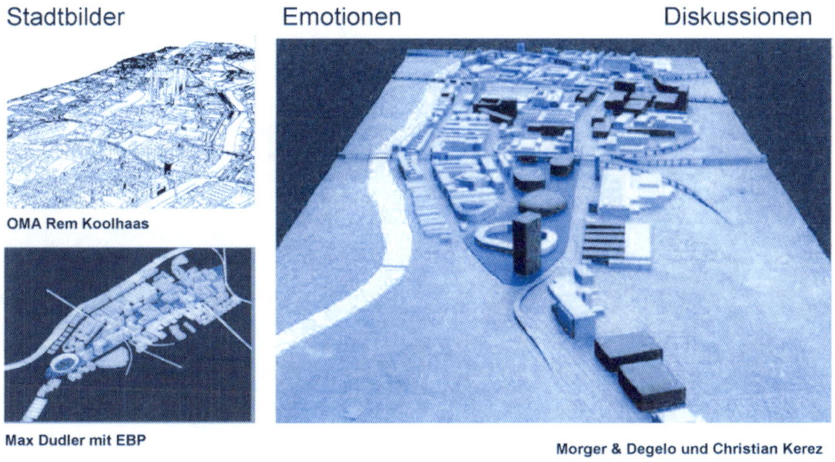

Abb. C23: Zürich West: Städtebauliche Entwürfe [C20]

Daraus resultierten als konkrete Ergebnisse eine gemeinsame Vision über die Entwicklung des Gebietes und eine konkrete Vereinbarung, in der die wichtigsten Eckdaten der Entwicklung festgehalten wurden, wie z.B.:

- Ausnützung: 20–300 %
- Mindest-Wohnanteil: 20–30 %
- Freiraum: 8 m^2/EW und 5 m^2/AP
- hohe städtebauliche Dichte
- angemessene Wertschöpfung
- Kostenbeteiligung der Grundeigentümer an den Aufwertungsmassnahmen
- nachhaltige Entwicklung

Schritt 3: Entwicklungsleitbild Zürich West

Als letzter Schritt und als Grundlage für die Ausarbeitung der Sondernutzungspläne (Gestaltungspläne, Sonderbauvorschriften) und der konkreten Bauprojekte erfolgte die Erarbeitung des Entwicklungsleitbilds Zürich West, zusammen mit den zugehörigen Leitlinien, die dank ihrer Flexibilität angepasst werden können.

Das Entwicklungskonzept mit den 12 städtebaulichen Prinzipien gibt den Rahmen für die Entwicklung der konkreten Projekte vor. Ein wesentlicher Teil stellt dabei das Freiraumkonzept dar, ist doch der Freiraum zusammen mit den neuen markanten Bauten ein zentraler Träger und Vermittler der angestrebten neuen Gebietsidentität.

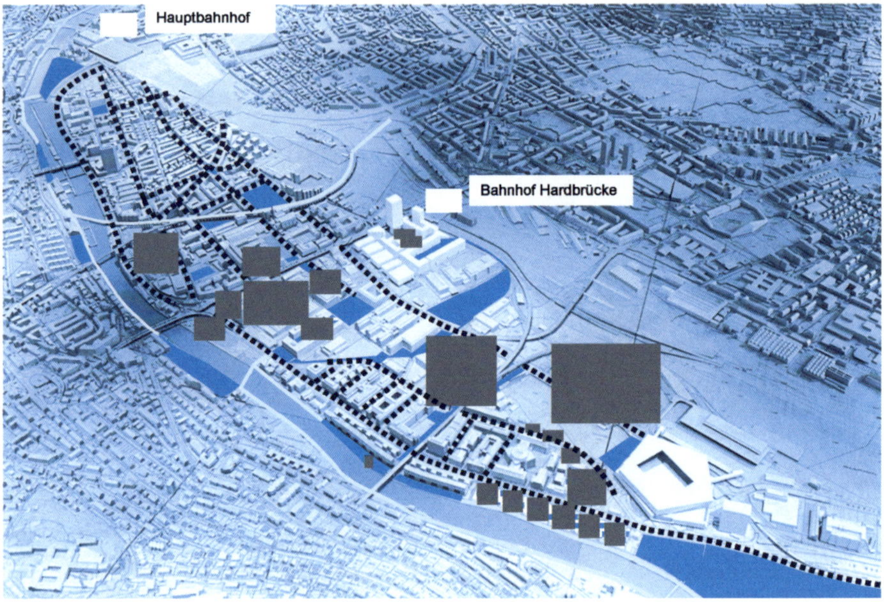

Abb. C24: Zürich West: Freiraumstruktur als zentraler Faktor für Gebietsidentität [C20]

11.3.4 Umsetzung auf hoheitlicher Ebene

Auf diesen und weiteren Grundlagen erfolgte – und dies ist nun wieder ein Teil der nach wie vor bestehenden hoheitlichen Planung – die Ausarbeitung der Gestaltungspläne oder der Sonderbauvorschriften auf den einzelnen Teilarealen. Diese werden von der Stadt mit den Grundeigentümern zusammen nach den inhaltlichen Vorgaben der kooperativen Planungen und den gesetzlichen Grundlagen erarbeitet, aber letztlich vom Zürcher Gemeinderat (Legislative) festgesetzt.

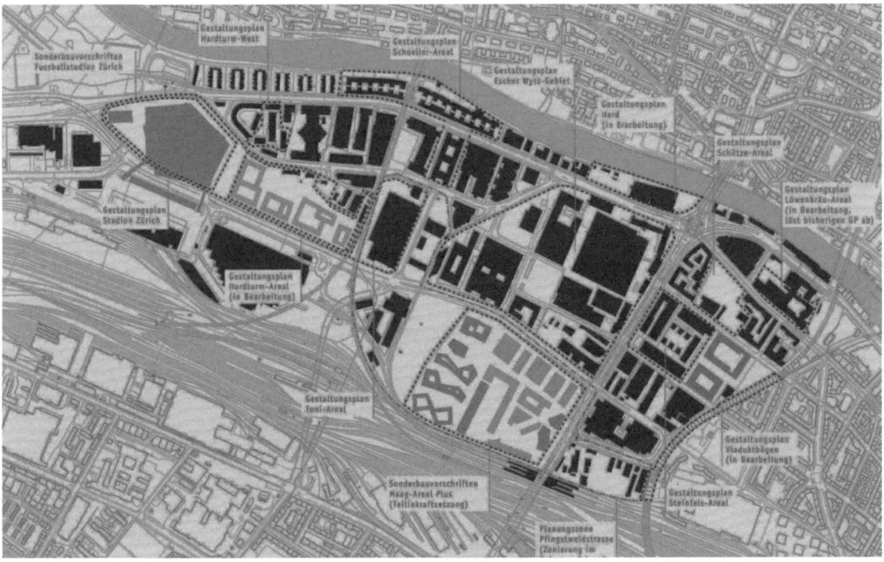

Abb. C25: Zürich West: Hoheitliche Planungen, Sonderbauvorschriften und Gestaltungspläne [C18]

Zusammenfassend noch einmal die wesentlichen Punkte (Instrumente, Verfahren), wo die Verwaltung Einfluss nehmen will oder wo sie aufgrund ihrer hoheitlichen Tätigkeiten Aufgaben wahrnehmen muss.

Instrumente der Planungsfestlegungen, Bewilligungen (Hoheitlich, rechtsverbindlich):

- Bau- und Zonenordnung BZO
- Sonderbauvorschriften und Gestaltungspläne
- Baulinienfestsetzungen
- Baubewilligungsverfahren

Prozesssteuerung während der Planung (kooperativ):

- Entwicklungskonzept und «Leitlinien»
- Planungs- und Projektierungsberatung, Prozessberatung
- Koordinationsgespräche mit Grundeigentümern
- Sicherstellung von Kontakten und der Kommunikation

Vom Stadtrat ist deshalb in Zürich West ein eigentliches Gebietsmanagement eingesetzt worden. Dieses steuert, koordiniert, informiert und vernetzt alle Beteiligten in der Entwicklungsplanung. Dies ist wichtig, weil die verschiedenen Entwicklungen der einzelnen Areale und Projekte gleichzeitig aber in unterschiedlichsten Phasen und Zuständen mit immer wieder neuen und anderen Bedingungen und Beteiligten ablaufen. Es geht dabei im Wesentlichen um das Management der Gleichzeitigkeit des Ungleichzeitigen.

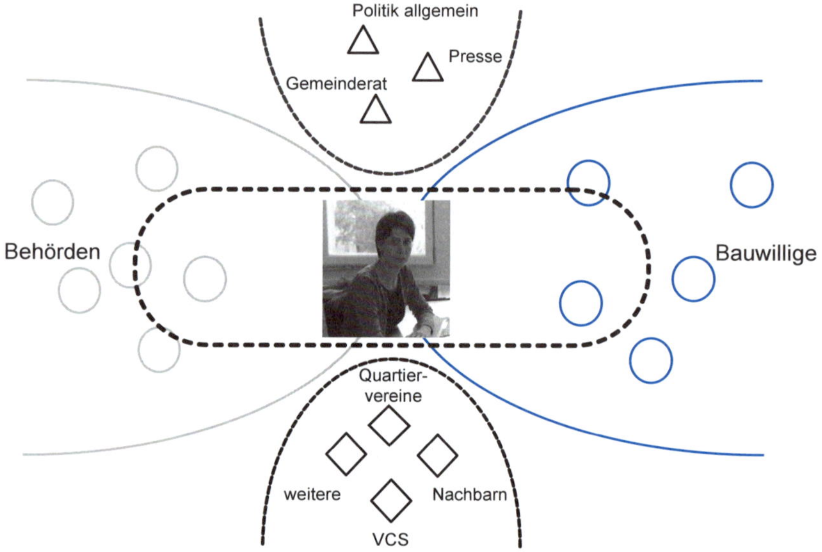

Abb. C26: Gebietsmanagement im Spannungsfeld der Akteure [C20]

Um die wesentlichen Inhalte der zugrundeliegenden Planungen sicherstellen zu können, werden unterschiedliche Mittel zur Steuerung und für das Qualitätscontrolling eingesetzt. Ein zentrales Element dazu sind die Leitlinien für die planerische Umsetzung. Diese können sich als dynamisches Instrument auch einfach und rasch den häufig wechselnden Anforderungen und Gegebenheiten anpassen. Im Weiteren werden mit so genannten Monitoring-Plänen die für die Gebietsentwicklung entscheidenden Parameter wie Erdgeschossnutzungen, Wohnanteile oder der wichtige Bestand an prägender Bausubstanz (Geschichte) überwacht und gesteuert.

Literatur- und Quellenverzeichnis

[C1] Lendi M., Elsässer H.; Raumplanung in der Schweiz; Verlag der Fachvereine, Zürich, 1991

[C2] Bundesgesetz vom 22. Juni 1979 über die Raumplanung (RPG)

[C3] Raumplanungsverordnung vom 28. Juni 2000 (RPV)

[C4] Haller W., Karlen P.; Raumplanungs-, Bau- und Umweltrecht; Schulthess, Zürich, 1999

[C5] Bundesgesetz vom 4. Oktober 1991 über das bäuerliche Bodenrecht (BGBB)

[C6] Verordnung vom 19. Oktober 1988 über die Umweltverträglichkeitsprüfung (UVPV)

[C7] Handbuch Umweltverträglichkeitsprüfung – Richtlinien für die Ausarbeitung von Berichten zur Umweltverträglichkeitsprüfung gemäss Umweltschutzgesetz; Bundesamt für Umwelt, Bern, 1990

[C8] Verordnung vom 26. August 1998 über die Sanierung von belasteten Standorten (AltlV)

[C9] Technische Verordnung über Abfälle vom 10. Dezember 1990 (TVA)

[C10] Bundesgesetz vom 7. Oktober 1983 über den Umweltschutz (USG)

[C11] Schalcher H.R.; Projektmanagement; Vorlesungsmanuskript, IBB ETH Zürich, 2006

[C12] SIA Merkblatt 2007; Qualität im Bauwesen – Aufbau und Anwendung von Managementsystemen; Schweizerischer Ingenieur- und Architektenverein, Zürich, 2001

[C13] Baukostenkennwert-Katalog (BKK), CRB, Zürich

[C14] Div. Ordnungen und Berichte des Schweizerischen Ingenieur- und Architektenvereins (SIA 142, SIA 143 usw.), Zürich

[C15] SIA 386.110:2007; Energieeffizienz – Auswirkungen der Gebäudeautomation und des Gebäudemanagements; Schweizerischer Ingenieur- und Architektenverein, Zürich, 2007

[C16] SN EN ISO 16484:2006; Gebäudeautomatisation, Teile 1–7; Schweizerische Normen-Vereinigung, Zürich, 2006

[C17] www.stadt-zuerich.ch/internet/hbd/home.html

[C18] www.stadt-zuerich.ch/internet/stzh/ueberbau/organisation.html

[C19] www.stadt-zuerich.ch/internet/lsp/home/legislaturschwerpunkte/planen_und_bauen.html

[C20] Hochbaudepartement Stadt Zürich

[C21] www.stadt-zuerich.ch/internet/west/home/planung_gebiet.html

[C22] Arras H.E., Keller D.A.; Schlussbericht Stadtforum, Teile 1–3, Zürich, 1997

[C23] Hochbaudepartement Stadt Zürich, Amt für Städtebau (Hrsg.); Synthesebericht Entwicklungsplanung, Zürich, 1999

Teil D

Realisierung

Redaktor

Bernhard Lauper

Autoren

Daniela Lutz

Hans Jörg Rütsche

Hans-Rudolf Schalcher

Christopher Tillman

Inhaltsverzeichnis

1 Übersicht

In dieser Übersicht werden für die Phasen Ausschreibung (von Bauleistungen) und Realisierung die Ziele und Aufgaben gemäss der Ordnung SIA 112 [D1] beschrieben und den Funktionen Bauherr, Projektleiter Bauherr, Bauherrenberater und Gesamtleiter zugeordnet.

Phase 4: Ausschreibung (gemäss SIA 112)

	Ziele	Bauherr	Projektleiter Bauherr		Gesamtleiter (Projektierende)
			Bauherrenberater		
4 Ausschreibung 41 Ausschreibung, Offertvergleich, Vergabeantrag	Erreichung der Vergabereife	Genehmigen der Ausschreibungsunterlagen, Verfahren, Organisation Weitere Vertragsabschlüsse Entscheid: Instrumente für QS Ausschreibungsrichtlinien Submissionsunterlagen und genehmigen Unternehmerlisten	BH-seitige Aufgaben- und Entscheidungsplanung Kauf-/Baurechtsverträge Instrumente QS Mithilfe Ausschreibungsverfahren Information	Festlegen des Verfahrens und der Organisation für die Ausschreibung (GATT/WTO oder frei) Bestimmen der einzuladenden Unternehmer bzw. öffentliche Ausschreibung (GATT/WTO) Festlegen der Kriterien zur Beurteilung der Angebote	Erstellen der Unternehmerlisten Vorschlagen des Ausschreibungs- und Vergabeverfahrens Vorschlagen der Eignungskriterien Vorschlagen der Zuschlagskriterien
				Vorgaben betreffend Provisorien, Etappierungen, Verhaltensregeln bei Umbauten, Wartungsverträge Vergleich Angebote: Analyse und Bewertung der Angebote; Führen von Vergabeverhandlungen oder Beihilfe	Erstellen der Pläne, Beschriebe, Verzeichnisse und Konzepte
		Entscheid Versicherungskonzept	Versicherungskonzept prüfen	Versicherungskonzept Ausführung	
		Genehmigen der revidierten Kostenermittlung	Wirtschaftlichkeitsprüfung Wertanalyse Finanzierungskonzept Betrieb/Unterhalt	Revidieren der Kostenermittlung aufgrund der Angebote und Vergleich mit bisheriger Kostenermittlung Zusammenstellung Investitionskosten Baukredit Kostenkontrolle	Bau- und Anlagekosten
		Go- / No Go-Entscheid Genehmigen der Vergabeanträge und Vergaben Bauprogramm genehmigen Baubeginn festlegen	Kontrolle, Vergabe	Nachführen des Ablauf- und Terminplans mit den erforderlichen Arbeiten und Entscheiden Baubeginn vorschlagen Vorbereitung Vergabe Information der Anbieter	Terminkontrolle Entwurf Werkverträge Verbindliches Bauprogramm

Phase 5: Realisierung (gemäss SIA 112)

Phase	Teilphase	Ziele	Bauherr	Projektleiter Bauherr		Gesamtleiter (Projektierende und Bauleitung)
				Bauherrenberater		
5 Realisierung	51 Ausführungsprojekt	Erreichung der Ausführungsreife	Evt. weitere Vertragsabschlüsse (mit Unternehmern) Genehmigen der Projektorganisation und des PQM-Konzepts	BH-seitige Aufgaben- und Entscheidungsplanung Aufbau Vertriebs- und Verwaltungsorganisation	Analysieren der Projektrisiken und festlegen der QS-Schwerpunkte	Aufbau und Implementierung PQM Beschaffen und Zusammenstellen ergänzender und aktualisierter Unterlagen
			Genehmigen der Ausführungs- und Detailpläne und der Projektänderungen		Kontrolle der Ausführungsunterlagen	Ausführungsprojekt Bau und technische Gebäudeausrüstung
			Abschluss Erwerb von Grund und Rechten	Landerwerb: Mitwirkung beim Abschluss Erwerb von Grund und Rechten	Erstellen von provisorischen Überwachungs- und Massnahmenplänen	
			Genehmigen der Zahlungspläne; Freigabe des Baukredits	Aufstellen des generellen Zahlungsplans		Vorbereiten der Werkverträge
			Genehmigen des Ablauf- und Terminplans Vertragsabschlüsse	Kontrolle der Werkverträge	Erstellen des definitiven Ablauf- und Terminplans Zusammenstellen der Grundlagen, Ergebnisse und Entscheide	
5 Realisierung	52 Ausführung	Erstellung des Bauwerks gemäss Pflichtenheft und Vertrag	Genehmigen der Organisation, des Änderungswesens und des QS-Plans		Organisieren des Änderungswesens Werk- und Lieferverträge	Beschaffen und Zusammenstellen ergänzender und aktualisierter Unterlagen
			Genehmigen der Standberichte		Periodisches Erstellen von Standberichten Durchführung der Abnahmen	Bauleitung: Leitung der Bauausführung Qualitätsprüfungen Organisation/Protokollierung der Abnahmen
			Genehmigen von Projekt- und Ausführungsänderungen	Information über Projektanforderungen	Kontrolle und Nachführung von Projektanforderungen	Nachführen der Ausführungsunterlagen Festlegen der in den Ausführungsunterlagen nicht festgelegten Gestaltungselemente Begleitung während der Bauausführung

Phase	Ziele	Bauherr	Projektleiter Bauherr Bauherrenberater	Projektleiter Bauherr	Gesamtleiter (Bauleitung)
5 Realisierung 52 Ausführung		Genehmigen von Mehr- und Minderkosten Auslösen von Zahlungen	Finanzierung ausserordentlicher Projektänderungen Anpassungen Finanzbedarf/Finanzplan Kontrolle Mehr-/Minderkosten	Baukostenkontrolle: Kontrolle der Baubuchhaltung und Zahlungsfreigabe, Soll-/Ist-Vergleich Schätzung Endkosten	Führen der Baubuchhaltung Beantragen von Zahlungen Beschaffen von finanziellen Sicherheiten Rapportierung Kostenüberwachung
		Genehmigen Terminprogramm IBS/Bezug	Mitarbeit Terminprogramm IBS / Bezug		Periodisches Nachführen des Ablauf- und Terminplans mit Terminprognose Terminprogramm IBS / Bezug
				Zusammenstellen der Grundlagen, Ergebnisse und Entscheide	Protokollierung der Sitzungen mit dem Auftraggeber
5 Realisierung 53 Inbetriebsetzung, Abschluss	Übernommenes und in Betrieb gesetztes Bauwerk Schlussabrechnung Mängel behoben	Genehmigen der Organisation IBS / Abschluss		Veranlassung Anlagetests und integraler Test Mängelrüge Abnahme behobener Mängel	Erarbeitung von Einsatzplänen Sicherstellen der Versorgung Nachführen Mängel Überwachung Mängelbehebung Organisation, Durchführung und Protokolle bei Anlagetests und integralem Test IBS planen und koordinieren
		Genehmigen von Prüfkriterien und Massnahmen Übernahme Bauwerk	Betreuen des Vertragswesens Kontrolle Unterhaltsplan Bau und technische Gebäudeausrüstung Versicherungskonzept Nutzung	Massnahmen für Sicherstellung Betrieb vorbereiten Kündigung Bauversicherung Leitung Umzug Einführung Betriebspersonal	Planen, durchführen und protokollieren von Abnahmen Ausmass definitiver Leistungen Aufrichte Übergabe Bauwerk

Phase 5: Realisierung (gemäss SIA 112)

5 Realisierung / 53 Inbetriebsetzung, Abschluss	Ziele	Bauherr	Projektleiter Bauherr / Bauherrenberater	Projektleiter Bauherr	Gesamtleiter (Bauleitung)
		Genehmigen von Budgets und Schlussabrechnungen	Finanzvorgaben; Controlling		Kontrolle der Schlussabrechnungen
		Genehmigen der Termine		Vorbereitung Verkauf, Vermietung Terminprogramm Instandhaltung	Terminprogramm für Wartung und Mängelbehebung Ausarbeitung Wartungs- und Serviceverträge Garantiescheine
		Genehmigen der Unterhaltsverträge Entscheid: Definitive Nutzungsvorschriften Genehmigen Schlussbericht	Auflösung Aufbau- und Ablauforganisation Abschluss QS, Dok., PR- und Marketingkonzept Kontrolle Schlussbericht	Zusammenstellen der Grundlagen, Ergebnisse und Entscheide Definitive Nutzungsvorschriften Einweihung	Zusammenstellung sämtlicher Akten Schlusskontrolle Schlussbericht

2 Organisationsmodelle für die Bauausführung

Die Wahl des Organisationsmodells für die Bauausführung ist aufgrund der Zielsetzungen und der Risikoabwägung der Bauherrschaft sowie des zeitlichen Ablaufs des jeweiligen Bauprojekts sorgfältig zu beurteilen und zu bestimmen. Im Folgenden werden die drei geläufigsten Organisationsmodelle dargelegt.

2.1 Realisierung mit Einzelleistungsträgern

Beim Organisationsmodell mit Einzelleistungsträgern wird jeder einzelne am Bau beteiligte Unternehmer, Handwerker und Lieferant, wie z.B. Baumeister, Elektriker, Schreiner, Maler usw. nach der Durchführung eines Ausschreibungsverfahrens mit einem Werkvertrag direkt von der Bauherrschaft beauftragt. Die Bauleitungsaufgabe übernimmt der Architekt oder eine spezialisierte Bauleitungsfirma, ebenfalls im direkten Auftrag der Bauherrschaft.

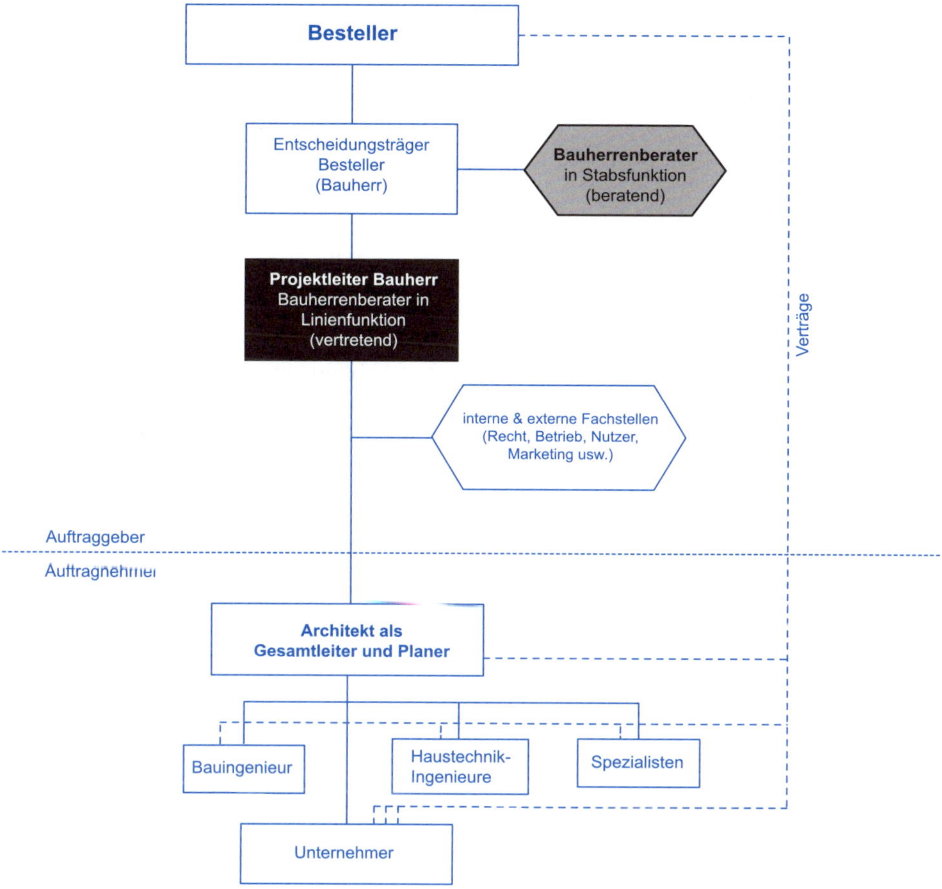

Abb. D1: Bauprojektorganisation mit Einzelleistungsträgern und Architekt als Gesamtleiter

Dieses Modell lässt ein rollendes Planungsverfahren zu, d.h. es können bis kurz vor der entsprechenden Ausführung auf der Baustelle noch Anpassungen und Änderungen vorgenommen werden. Der Einfluss des Bauherrn und der Architekten und Ingenieure auf die Bauarbeiten ist bis zum spätmöglichsten Zeitpunkt gewährleistet. Allerdings birgt dieses Modell das grosse Risiko, dass die Bauherrschaft Projektänderungen mit zum Teil erheblichen Kostenfolgen zu einem sehr späten Zeitpunkt beschliesst, diese jedoch nicht sauber dokumentiert und nicht rechtzeitig als Nachträge formuliert und beziffert werden. Dadurch werden dem Bauherrn Mehrkosten oft erst zu einem Zeitpunkt bewusst, wo die gefällten Entscheide nicht mehr rückgängig gemacht werden können. Ein professionelles und regelmässig (mindestens monatlich) durch die örtliche Bauleitung zu führendes und vom Bauherrn bzw. seinem Vertreter zu kontrollierendes Änderungswesen ist daher zwingend.

Die Basis für die Ausführung bildet im Normalfall ein vom Architekten bzw. Bauleiter erarbeiteter Kostenvoranschlag mit einer Kostengenauigkeit von +/– 10% (SIA-Ordnung 102) [D2]. Bei Abweichungen der Baukosten innerhalb der ausgewiesenen +/– 10% trägt die Bauherrschaft die Kosten; der Architekt bzw. Bauleiter kann, sofern kein schuldhaftes Verhalten oder eine grobe Unterlassung vorliegt, nicht belangt werden. Die Bauherrschaft ist deshalb gut beraten, wenn sie eine Reserve von 10% allein für die Ungenauigkeit des Kostenvoranschlages zur Verfügung hält und bei den Wirtschaftlichkeitsüberlegungen berücksichtigt. Selbst bei Abweichungen von mehr als 10% muss die Bauherrschaft damit rechnen, dass sie einen Teil der zusätzlichen Kosten tragen muss. Dies betrifft insbesondere die Ohnehin-Kosten, d.h. diejenigen Kosten, die auch bei rechtzeitiger Anmeldung zur Erstellung eines mängelfreien Werks angefallen wären.

Vor der Freigabe der Bauarbeiten müssen der Kostenvoranschlag und die entsprechende Kreditfreigabe durch den Bauherrn vorliegen. Der Kostenvoranschlag ist mit Datum, Genauigkeitsgrad, Stand der Teuerung und inkl. Mehrwertsteuer auszuweisen. Seit 2001 ist es möglich, mit dem vom SIA portierten Kostengarantievertrag im Rahmen eines GU-/TU-ähnlichen Modells, für den Fall von Kostenüberschreitungen eine Versicherung abzuschliessen. Der Abschluss einer derartigen Versicherung ist jedoch an zahlreiche Bedingungen geknüpft.

2.2 Realisierung mit einem Generalunternehmer

Im Unterschied zum Organisationsmodell mit Einzelleistungsträgern werden beim Modell mit Generalunternehmer (GU) sämtliche Bauleistungen, die Gesamtleitung und die Bauleitung in einem einzigen Werkvertrag mit der Bauherrschaft zusammengefasst. Die Planungsarbeiten werden auch in der Ausführungsphase im direkten Vertragsverhältnis zwischen Bauherrn und Planern erbracht.

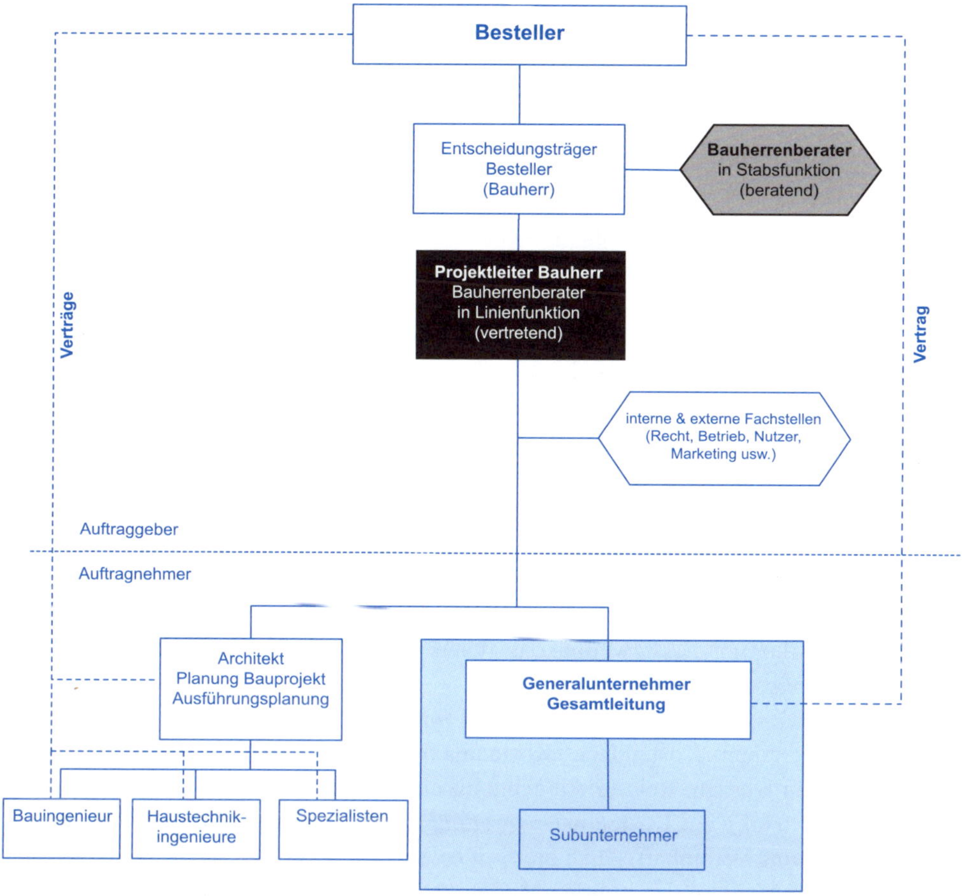

Abb. D2: Bauprojektorganisation mit Generalunternehmer

Für die Beauftragung einer Generalunternehmung wird idealerweise aufgrund der provisorischen Ausführungspläne und des Bau- bzw. Leistungsbeschriebs ein Ausschreibungsverfahren (GU-Submission) durchgeführt. Weil nach der Beauftragung der Generalunternehmung keine Änderungen am Bauprojekt vorgenommen werden sollten – um allenfalls kostspielige Nachträge zu vermeiden –, müssen alle relevanten Punkte für die Ausführung in einem vergleichsweise frühen Stadium der Planbearbeitung vollständig und verbindlich geklärt sein. Dies erfordert von den Architekten und Ingenieuren eine von der Tradition etwas abweichende Arbeitsweise, indem zahlreiche wichtige Projektentscheide zu einem frühen Zeitpunkt abschliessend getroffen und kommuniziert werden müssen.

Als Alternative werden meist aus Zeitgründen auch so genannte funktionale Ausschreibungsverfahren durchgeführt. Dies weil noch nicht genügend genaue Pläne vorhanden sind, die Zeit für eine detaillierte Ausschreibung der einzelnen Leistungen fehlt oder vom Generalunternehmer eigene technische Lösungen verlangt werden. In der Praxis zeigt sich, dass mit einer funktionalen Ausschreibung ein grösseres Nachtragsrisiko besteht. Die Ausführung von Bauleistungen auf der Basis einer funktionalen Ausschreibung bedingt zwingend eine detaillierte Vorbereitung und enge Überwachung durch die Planer und den Bauherrenberater, sie sind in einem hohen Mass gefordert, denn auf der GU-Seite ist die Professionalität gesetzt. Zur Einschränkung der Risiken kann im Vertrag die Bezeichnung eines Referenzobjektes, welches über den angestrebten Leistungsstandard verfügt, vereinbart werden.

Für die Realisierung mit einem GU-Werkvertrag rechnet man in der Regel mit einem zusätzlichen Zeitbedarf in der Planungsphase von drei Monaten. Ob diese Zeit in der Ausführung eingeholt werden kann, ist umstritten. Generalunternehmungen behaupten, sie könnten rascher bauen, während Architekten und Bauleiter dies in Frage stellen. Der Beweis kann letztlich nicht erbracht werden, weil es nicht vorkommt, dass zweimal das gleiche Bauprojekt mit unterschiedlichen Realisierungsmodellen erstellt wird.

Der GU-Werkvertrag kann pauschal (inkl. Teuerung), global (exkl. Teuerung) oder mit einem Kostendach (Kostenmaximum mit offener Abrechnung) abgeschlossen werden. Bei der Abrechnung mit Kostendach wird zwischen Bauherr und GU häufig ein Kostenunterschreitungsmodell als Anreiz für eine günstigere Ausführung vereinbart. Auch hier gilt es, für das jeweilige Bauvorhaben je nach Risikobeurteilung das richtige Modell zu bestimmen. Dabei sind die Referenzauskünfte, die Erfahrung der Beteiligten und der gute Ratschlag des Bauherrenberaters gefragt.

Die Generalunternehmung hat aufgrund des Werkvertrags – im Unterschied zum Architekt und Bauleiter – keine treuhänderischen Pflichten gegenüber der Bauherrschaft zu wahren. Die GU verpflichtet sich lediglich zur Erbringung der vertraglich vereinbarten Leistung (mit Termin-, Kosten- und Qualitätsgarantie), was meistens der schlüsselfertigen Erstellung des ganzen Bauwerks entspricht.

2.3 Realisierung mit einem Teil-Generalunternehmer

Die Realisierung mit einem Teil-Generalunternehmermodell unterscheidet sich von einer Realisierung mit einem Generalunternehmermodell nur darin, dass dem Generalunternehmer nicht die gesamten Ausführungsarbeiten, sondern nur Teilpakete übertragen werden. Derartige Teilpakete können die gesamten Rohbauarbeiten, die gesamten Haustechnikarbeiten oder die gesamten Ausbauarbeiten sein. Die Ausschreibung derartiger Teilpakete richtet sich deshalb an spezialisierte Unternehmungen oder Arbeitsgemeinschaften. Eine Realisierung mit einem Teil-Generalunternehmermodell kann aus zeitlichen Gründen interessant sein, weil die jeweilige Ausschreibung dem Baufortschritt entsprechend gestaffelt erfolgen kann und damit mehr Zeit für die planerische Vorbereitung zur Verfügung steht. Der Koordinationsaufwand auf Seite der Bauherrschaft ist während der Realisierung im Vergleich zum GU-Modell höher und die Schnittstellen und Verantwortlichkeiten müssen vorgängig genau definiert werden.

2.4 Realisierung mit einem Totalunternehmer

Beim Organisationsmodell mit einem Totalunternehmer (TU) werden zusätzlich zu den GU-Leistungen auch noch die Planungsarbeiten in einen einzigen Vertrag mit eingeschlossen. Zur Beauftragung eines TU's stehen grundsätzlich zwei Möglichkeiten zur Verfügung. Entweder erfolgt die Beauftragung aufgrund eines Gesamtleistungswettbewerbs oder es wird nach ersten Planungsschritten ein TU-Vertrag abgeschlossen, der auch alle notwendigen Leistungen der Planer (Architekt, Bauingenieur, Haustechnikingenieure usw.), Unternehmer und Lieferanten beinhaltet.

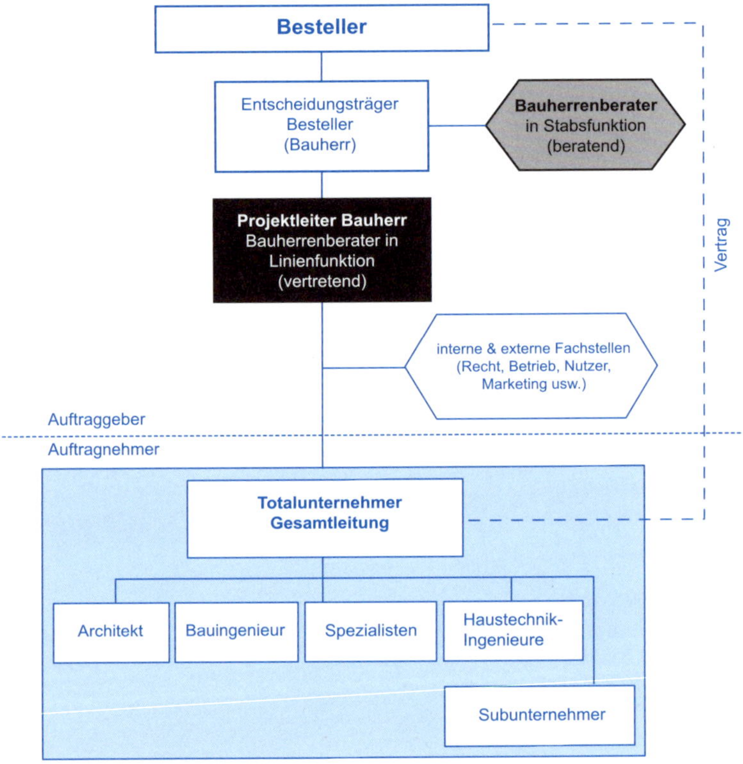

Abb. D3: Bauprojektorganisation mit Totalunternehmer

Während der Gesamtleistungswettbewerb zu einem sehr frühen Zeitpunkt der Projektplanung erfolgt, wird ein TU-Vertrag oft zu einem späteren Zeitpunkt, z. B. nach der Durchführung einer GU-Submission, ausgehandelt. In diesem Fall werden alle Planer ab einem zu vereinbarenden Zeitpunkt und Leistungsstand vom Totalunternehmer in seinen Vertrag integriert, womit die Verantwortung für deren Arbeit an den TU übergeht. Die treuhänderische Arbeit der Planer – im Interesse der Qualitätskontrolle – geht dadurch für die Bauherrschaft verloren.

Totalunternehmer sind daran interessiert, einen TU-Vertrag möglichst früh und ohne Konkurrenzverfahren abzuschliessen. Obwohl der Bauherr bei einer Direktbeauftragung einen kleineren Aufwand hat, muss berücksichtigt werden, dass er sich mit einer frühen Beauftragung eines TU in dessen Abhängigkeit begibt. Die Einflussnahme des Bauherrn, insbesondere auf die Preisbildung und bei Nachträgen, ist sehr gering. Die Gefahr von Missverständnissen und aufwändigen Auseinandersetzungen darf nicht unterschätzt werden. Der Bauherrenberater kann bei derartigen Verträgen mit seiner Erfahrung eine wertvolle Hilfestellung für den Bauherrn bieten. Bei TU-Aufträgen, wo die Konkurrenz zum Teil oder ganz ausgeschlossen ist, ist die dem Bauherrenberater gestellte Aufgabe betreffend Marktvergleich sehr anspruchs- und verantwortungsvoll.

Auch der Totalunternehmer hat (wie der Generalunternehmer) aufgrund des Werkvertrags keine treuhänderischen Pflichten gegenüber der Bauherrschaft wahrzunehmen. Er muss lediglich die vertraglich vereinbarte Leistung, meist für die Projektierung und schlüsselfertige Erstellung des gesamten Bauwerks, erbringen, unter Einhaltung der vereinbarten Kosten- und Terminziele sowie unter Gewährleistung der vereinbarten Funktionalitäten und Qualitäten des Bauwerks. Beim TU-Modell sind Referenzauskünfte, die Erfahrung der Beteiligten und der gute Ratschlag des Bauherrenberaters besonders wichtig.

Fazit

Für die erfolgreiche Realisierung eines Bauvorhabens ist die Wahl des zweckmässigen Organisationsmodells von zentraler Bedeutung. Dabei sind die besonderen Merkmale des Bauvorhabens, die spezifischen lokalen Rahmenbedingungen, das beabsichtigte Engagement und die Risikobereitschaft des Bauherrn sowie die personellen Ressourcen, Fähigkeiten und Erfahrungen aller am Bau Beteiligten zu berücksichtigen. Es gibt nicht «das richtige Modell», es gibt nur den richtigen Auswahlprozess. Dabei wird vom Bauherrenberater aufgrund seiner spezifischen Erfahrung eine unabhängige und professionelle Beratung erwartet.

3 Ausschreibung von Bauleistungen

3.1 Einleitung

Die Grundlagen für die Ausschreibung bilden das rechtskräftig bewilligte und Auflagen-bereinigte Bauprojekt (Projekt Bau und technische Gebäudeausrüstung), die Detailstudien und -pläne für den Bau und die technische Gebäudeausrüstung sowie die genehmigten Kosten und Termine. Im Weiteren muss vorgängig geklärt sein, welches Organisationsmodell für die Bauausführung (→ Teil D Kap. 2) zur Anwendung kommen soll, denn dieses definiert die zu einzelnen Ausschreibungs- bzw. Vergabepaketen zusammengefassten Bauleistungen. Das Ziel der Ausschreibungsphase ist die Vergabereife.

Zentrale Fragestellungen in dieser Phase sind:
- Untersteht die Bauherrschaft dem Gesetz über das öffentliche Beschaffungswesen?
- Soll die Realisierung mit Einzelleistungsträgern, einer Generalunternehmung (GU) oder einer Totalunternehmung (TU) erfolgen?

Bereits an dieser Stelle kann festgehalten werden, dass die Ausschreibung nach den Regeln des öffentlichen Beschaffungswesens (→ Teil F Kap. 5) hohe formelle Anforderungen stellt und deutlich mehr Zeit in Anspruch nimmt, als die private oder freihändige Vergabe.

3.2 Ausschreibungsunterlagen

Als Grundlage für das Ausschreibungsverfahren sind aber in jedem Fall – ob private oder öffentliche Submission – Ausschreibungsunterlagen zu erarbeiten bzw. allenfalls vom Auftraggeber zu übernehmen. Dazu gehören in der Regel:
- Submissionsbedingungen (Verfahrensart, Eingabefrist und Eingabeort, Dauer der Verbindlichkeit des Angebots, Eignungs- und Zuschlagskriterien, Beilagen zum Angebot usw.)
- wichtige Fakten zum Bauvorhaben (Standort, Bauherrschaft, Planer, Projekt- und Bauleitung, Kurzbeschrieb des Bauvorhabens usw.)
- Pläne des Bauvorhabens (in der Regel Bauprojektpläne oder spezielle Submissionspläne)
- Beschrieb der vom Unternehmer zu erbringenden Leistungen (Leistungsverzeichnis mit Einzelpositionen und Mengenangaben oder funktionaler Leistungsbeschrieb)

- Art der Leistungsvergütung (Einheitspreise, Gesamtpreis, offene Abrechnung mit Kostendach)
- Zahlungskonditionen (Rechnungsstellung, Teuerungsklausel, besondere Abzüge usw.)
- Allgemeine Bestimmungen (verbindlich für alle Gewerke)
- Besondere Bestimmungen (verbindlich für den vorliegenden Vertrag)
- Angaben zur Baustelleninstallation
- Ecktermine für die Leistungserbringung
- mitgeltende Normen und Vorschriften
- Vertragsentwurf (Vertragsmantel)

Die Wahl der zur Offertstellung einzuladenden Unternehmen ist in der Regel Sache des Bauherrn. Der Bauherrenberater und die Planer haben ein Antragsrecht. Bei offenen Ausschreibungsverfahren sind alle geeigneten Unternehmen zur Einreichung eines Angebots zugelassen.

3.3 Unternehmerangebot und Angebotsprüfung

Ein vollständiges Angebot eines Unternehmers beinhaltet üblicherweise die folgenden Elemente:
- Nachweis der Eignung (Referenzen, personelle Kompetenzen und Kapazitäten, verfügbare Maschinen und Geräte, Bonität usw.)
- vollständig ausgefülltes, d.h. bepreistes Leistungsverzeichnis mit einem Gesamttotal oder Angabe eines Gesamtpreises, d.h. eines Global- bzw. Pauschalpreises
- Preisbasis des Angebots
- Rabatt und Skonto
- Versicherungsnachweis
- eventuelle Unternehmervarianten (Produkte, Baumethoden usw.)
- Bauprogramm für die Vertragsleistungen
- Baustelleninstallation des Unternehmers
- allfällige Vorbehalte oder Ausschlüsse

Die Offerten werden durch die Bauleitung auf Vollständigkeit, Fehlerfreiheit und Plausibilität geprüft. Zu guter Letzt erstellt die Bauleitung einen transparenten Offertvergleich und formuliert anhand der Eignungs- und Zuschlagskriterien einen Vergabeantrag zuhanden der Bauherrschaft. Der verbindliche Vergabeentscheid wird in der Regel durch die Bauherrschaft gefällt. Sowohl der siegreiche als auch die nicht berücksichtigten Anbieter sind umgehend über das Ergebnis des Ausschreibungsverfahrens zu informieren.

Die Beratung der Bauherrschaft in diesen Fragen muss bereits in der Planungsphase einsetzen, weil mit der Ausschreibung wichtige Weichenstellungen für die Realisierung vorgenommen werden.

Die Ergebnisse der Ausschreibung fliessen in die Berechnung der Baukosten ein. In dieser Verfahrensstufe besteht auch Anlass, die Wirtschaftlichkeit des gesamten Projekts erneut zu überprüfen: Gerade in Zeiten steigender oder sinkender Preise kann die Ausschreibung dazu führen, dass markante Kostenabweichungen zum Projekt festgestellt werden bzw. dass der verbindliche Kostenvoranschlag erst auf der Basis der Ausschreibungsergebnisse festgelegt werden kann. Ein wichtiger Schritt in der Ausschreibungsphase ist weiter das Beantragen des Baukredits. Bereits in dieser Phase sollten auch Kostenschätzungen für den Betrieb und den Unterhalt erarbeitet werden. Schliesslich fällt in diese Phase auch das Erarbeiten verbindlicher Terminprogramme für die Ausführung und das Festlegen des Baubeginns.

4 Realisierung

4.1 Ausführungsprojekt

Das Ausführungsprojekt wird auf der Basis des rechtskräftig bewilligten und Auflagen-bereinigten Bauprojekts, der Projekte der technischen Gebäudeausrüstung und allfälliger Unternehmensvarianten entwickelt. Zum Ausführungsprojekt gehören alle erforderlichen Unterlagen für die Ausführung sämtlicher Bauleistungen, wie zum Beispiel:

- Pflichtenheft bzw. Projektdefinition des Bauherrn
- Unterlagen zur Baubewilligung und baurechtlicher Entscheid
- evt. Geologisch-hydrogeologisches Gutachten
- evt. Bericht betreffend Altlasten
- evt. Umweltverträglichkeitsbericht (UVB) und Ergebnis der Umweltverträglichkeitsprüfung (UVP)
- Werk- und Detailpläne des Architekten
- Aussparungspläne des Architekten
- Kanalisationspläne des Architekten
- Umgebungspläne des Architekten oder des Landschaftsplaners inkl. Verkehrserschliessung
- Sicherheits- und Nutzungsplan des Bauingenieurs
- Pläne der bestehenden und neuen Werkleitungen
- Pläne des Bauingenieurs für Spezialfundationen, Baugrubenabschlüsse und Wasserhaltung

- Schalungs- und Bewehrungspläne des Bauingenieurs
- Ausführungspläne des Bauingenieurs für Tragkonstruktionen in Stahl, Holz und Mauerwerk
- Anlageschematas und Leitungsführungspläne der Haustechnikingenieure
- Koordinationspläne für die haustechnischen Installationen
- Submissionsunterlagen und Werkverträge mit den Unternehmern
- evt. Ausführungs- und Werkstattpläne der Unternehmer
- Plan der Baustelleninstallationen und -zufahrten
- Bauprogramm
- aktueller Kostenvoranschlag
- Projekthandbuch (Koordinaten der Baubeteiligten, Organigramm, Pflichtenhefte und Stellenbeschreibungen, Funktionendiagramme, Formulare und Checklisten, Konventionen für den Datenaustausch usw.)

Je nach Komplexität des Bauvorhabens können zusätzliche Grundlagen von weiteren Spezialisten (Innenarchitekt, Lichtplaner, Sicherheitsingenieur, Brandschutzspezialist, Kommunikationsberater, Marketingfachleute u.a.) für die erfolgreiche Realisation notwendig sein.

Es ist selbstverständlich, dass nicht sämtliche Ausführungsunterlagen bereits beim ersten Spatenstich vorliegen müssen. Es lohnt sich jedoch, vor Beginn der Ausführungsarbeiten ein verbindliches Programm für die Ablieferung der Ausführungspläne zu erstellen und zu vereinbaren, das auf dem Bauprogramm aufbaut und den Unternehmern genügend Zeit für eine sorgfältige Arbeitsvorbereitung einräumt.

Die Realisierungsphase ist die produktive Umsetzung des geplanten und bewilligten Bauvorhabens vor Ort. Die Erfahrung zeigt, dass sich eine umfassende und qualitativ hochstehende planerische Vorbereitung für die Umsetzung eines Bauvorhabens in jedem Fall lohnt. Wenn dies nicht sorgfältig genug geschieht, kann dies Verzögerungen oder sogar Unterbrüche im Bauablauf und erhebliche Mehrkosten zur Folge haben. Als Optimum ist anzustreben, dass die Bauproduktion ohne Unterbruch und störende Behinderungen gemäss dem vereinbarten Bauprogramm ablaufen kann.

4.2 Bauausführung und Bauleitung

Unzählige erfolgreich abgewickelte Bauvorhaben haben gezeigt, dass die persönliche und fachliche Qualifikation des Gesamtleiters und des örtlichen Bauleiters matchentscheidend ist. Diese Funktionen werden im Hochbau entweder durch den Architekten oder den GU bzw. TU wahrgenommen. Der Besetzung dieser beiden Stellen ist deshalb grösste Beachtung zu schenken. Vorgängig eingeholte Referenzen sagen meist mehr aus als Diplome und Arbeitszeugnisse. Zeichnet sich im Laufe der Bauarbeiten eine Fehlbesetzung ab, so ist ein rascher Wechsel in der Regel zielführender als alle Versuche zur Nachbesserung. Bei komplexen Bauten mit anspruchsvollen haustechnischen Installationen sind diese beiden Schlüsselpersonen durch eine ausgewiesene Fachbauleitung zu verstärken.

Das Ziel der Ausführung besteht in der vertrags- und plankonformen, fristgerechten und mängelfreien Erstellung des bestellten (Bau-)Werks unter Einhaltung der anerkannten Regeln der Baukunde.

Das Zusammenspiel zwischen Bauherr, Unternehmer und Bauleitung ist in der Schweiz in der Norm SIA 118 «Allgemeine Bedingungen für Bauarbeiten» [D3] weitgehend geregelt. Bei dieser Norm handelt es sich um ein Regelwerk eines Vereins ohne automatische Rechtswirkung. Soll diese Norm zur Anwendung kommen, so ist dies im Werkvertrag ausdrücklich zu vereinbaren. Die Anwendung der Norm SIA 118 wird an dieser Stelle mit Nachdruck empfohlen, denn sie hat sich in der Praxis sehr gut bewährt.

Das Aufgabenheft des Projektleiters Bauherr bzw. Bauherrenberaters in der Ausführungsphase beinhaltet im Wesentlichen die Um- und Durchsetzung des Bauvorhabens im Auftrag der Bauherrschaft und die dafür notwendigen Festlegungen betreffend Qualitätssicherung, die übergeordnete Überwachung der Kosten und Termine, die Verfolgung von Projekt- und Ausführungsänderungen bis hin zur Abnahme des bestellten Werks. Je nach Situation kann der Einsatz des Bauherrenberaters in der Realisationsphase in Linie (d.h. mit Weisungsbefugnis) oder in einer Stabsfunktion (d.h. ohne Weisungsbefugnis) erfolgen.

Bei der Überwachung der Baukosten – insbesondere bei der Ausführung mit Einzelleistungsträgern – kommt dem Projektleiter Bauherr eine entscheidende Rolle zu. Während die örtliche Bauleitung für das Baurechnungswesen (Ausmass, materielle und rechnerische Rechnungskontrolle) verantwortlich ist, hat der Projektleiter Bauherr den Zahlungslauf im Rahmen des bewilligten und von der Bauherrschaft freigegebenen Kostenbudgets zu kontrollieren und zu koordinieren. Dabei hat er sein spezielles Augenmerk auf das Änderungswesen zu legen und dafür zu sorgen, dass die Entscheide auf Stufe Bauherrschaft rechtzeitig und in deren Interesse erfolgen und Nachträge vor Ausführung der Bauarbeiten genehmigt werden können.

Bei einem konventionellen Bauvorhaben wird der Bauablauf primär durch die technisch und räumlich bedingten Abhängigkeiten der einzelnen Arbeitsgänge bestimmt. Das klassische Drehbuch sieht die folgende Abfolge vor: Vorbereitung des Grundstücks (allenfalls Abbruch bestehender Bauten), Aushub (allenfalls mit Baugrubensicherung und Wasserhaltung), Fundation, Rohbau, Dach und Fassade, haustechnische Installationen, Innenausbau, Fertigstellungs- und Umgebungsarbeiten und Baureinigung. Diese Abfolge ist nicht in exakter Sequenz zu verstehen, sondern die einzelnen Arbeitsgänge können sich mehr oder weniger überlappen, um Bauzeitgewinne zu realisieren. Die heutigen Bautechnologien ermöglichen in gewissen Fällen auch einen grundsätzlich anderen Ablauf. So können zum Beispiel bei der Wand/Deckel-Bauweise zuerst die Aussenwände (im Schlitzwandverfahren) und die Innenstützen (verrohrte Stahlstützen auf Bohrpfählen) in den Untergeschossen sowie die Decke über dem ersten UG erstellt werden, dann folgt der Rohbau ab Erdgeschoss und die Aushubarbeiten werden zeitgleich oder sogar später ausgeführt. Unabhängig vom Bauablauf sind die Grundsteinlegung, das Richtfest nach dem Aufrichten des Dachstuhls, die Erstellung der Dichtheit der Gebäudehülle, die Inbetriebsetzung, Abnahme und Übergabe des Werks sowie die Einweihung des fertigen Bauwerks wichtige Meilensteine aus Sicht des Bauherrn.

Mit fortschreitendem Bauablauf nimmt die Anzahl der Unternehmer und Handwerker auf der Baustelle zu, denn zahlreiche Arbeiten können erst kurz vor der Übergabe des fertigen Bauwerks abgeschlossen werden. Damit steigt nicht nur die Hektik auf der Baustelle, sondern auch der Koordinationsbedarf wächst stark an. Diese letzten Monate und Wochen vor der Fertigstellung sind deshalb eine grosse Herausforderung für die Bauleitung und entscheiden oft über den erfolgreichen Abschluss eines Bauvorhabens. In dieser Phase sollte auch dem Schutz bereits fertiggestellter Bau- und Anlageteile vor Beschädigung und leider auch gegen Diebstahl grösste Beachtung geschenkt werden. Die Verantwortung für das teilvollendete Bauwerk sowie die Einrichtungen und Maschinen der Handwerker liegt bis zur Abnahme des Werks bei den zuständigen Unternehmern. Der sogenannte Gefahrenübergang an den Bauherrn erfolgt erst zum Zeitpunkt der Abnahme des Werks (→ Teil D Kap. 6 und 7).

5 Inbetriebsetzung der haustechnischen Anlagen

5.1 Inbetriebsetzung

Die Grundlagen für die Inbetriebsetzung, insbesondere von haustechnischen Anlagen und Installationen bei komplexeren Gebäuden, bilden ein gemäss dem Pflichtenheft und Vertrag erstelltes Bauwerk oder eine Anlage. Für den Abschluss sind die provisorischen Dokumentationen Bau und technische Gebäudeausrüstung sowie die Anlagetests, die Instruktion und der integrale Test aus der Inbetriebsetzungsphase von Bedeutung.

Das Ziel der Teilphase Inbetriebsetzung ist ein betriebsbereites und in Betrieb gesetztes Bauwerk (Nachweis der Vertragserfüllung). Beteiligt sind daran unter der Federführung des Gesamtleiters der Projektleiter Bauherr, der zukünftige Betreiber, die Bauleitung, die Fachplaner und Fachbauleitungen sowie die zuständigen Unternehmer und Lieferanten.

Die Aufgaben der Inbetriebsetzung umfassen üblicherweise die Planung und Durchführung der Anlagetests und der integralen Tests, die Behebung der bei der Inbetriebsetzung festgestellten Mängel sowie die schrittweise Einführung des Betriebspersonals.

Die Aufgaben der Bauleitung umfassen in dieser Phase hauptsächlich die Planung, Durchführung und Dokumentation der Inbetriebsetzung. Mängel müssen festgestellt, dokumentiert, analysiert, gerügt und fristgerecht behoben werden.

Das Testprogramm setzt sich aus den Anlagetests und den integralen Tests zusammen. Dabei müssen die einzelnen Tests geplant, durchgeführt, protokolliert und das Betriebspersonal instruiert werden. Die Anlagetests haben zum Ziel, die Gesamtanlage oder einzelne Teile davon bezüglich Vertragserfüllung zu prüfen. Die Fachplaner sind zuständig und verantwortlich für die Tests der von ihnen projektierten Anlagen. Die integralen Tests dienen der Überprüfung der Sicherheit, Gebrauchs- und Funktionstauglichkeit bei gewerke- und anlageübergreifenden Funktionen. In Verbindung mit dem Betriebspersonal sollen neben dem Nachweis der Vertragserfüllung auch die notwendigen Schnittstellen zum Betrieb sichergestellt werden. Diese sind besonders bei der Inbetriebsetzung von Gebäudeautomations-, Sicherheits- und Netzersatzanlagen wichtig.

Nach der Ordnung SIA 112 bilden die Planer in der Regel ein Team und sind dementsprechend gemeinsam verantwortlich für die integralen Tests. Beim Einzelleistungsträgermodell muss der Bauherr für die Durchführung der integralen Tests den geeigneten Ansprechpartner bestimmen. Bewährt hat sich für die Durchführung integraler Tests die Drehbuch-Methode: Damit werden die verschiedenen Beteiligten mit je eigenen Rollen zu einem Zusammenspiel mit planmässigem Ablauf vereint. Dafür benötigen alle Beteiligten einen schriftlichen Ablauf – eben das Drehbuch – sowie eine Person, welche das Ganze leitet – den Regisseur.

Die provisorische Dokumentation Bau und technische Gebäudeausrüstung umfasst sämtliche Revisions- und Unterhaltspläne, Beschriebe, Listen, Protokolle sowie Belegungs- und Betriebspläne. Im Gegensatz zu den definitiven Bauwerksakten müssen die provisorischen Dokumentationen nicht genehmigt werden.

5.2 Optimierung

Gute Gebäudetechnik- und Gebäudemanagementsysteme sind dynamisch. Sie werden aufgrund von Simulationen entworfen. Keine Simulation kann das tatsächliche Verhalten vorhersagen. Die Optimierungsphase dient dazu, das System richtig abzustimmen, allfällige Fehler zu korrigieren und Parameter laufend zu optimieren (→ Teil E Kap. 9). Es empfiehlt sich, den Anlageersteller erst nach zwei Betriebsjahren aus seiner Verantwortung zu entlassen. Eine derartige Optimierungsphase mit entsprechender Nachabnahme ist im Werkvertrag speziell zu vereinbaren. Die Optimierungsphase muss bereits in der Ausschreibung enthalten sein, die Schnittstellen zwischen Ersteller und Betreiber müssen vor der Abnahme definiert sowie die entsprechenden Aufgaben der Unternehmer genau dokumentiert und honoriert werden. Zu einer Optimierungsphase gehört auch die Kommunikation mit den Benutzern über Zweck, Funktionen und Bedienung der Gebäudetechnik.

6 Übergabe und Abnahme

6.1 Präambel

Die folgenden Ausführungen gehen davon aus, dass die Anwendung der Norm SIA 118 vereinbart ist. Wenn SIA 118 *nicht* vereinbart ist, gelten die Bestimmungen nach OR und ZGB, d.h. im Abnahmeprozess sind die unterschiedlichen Verantwortlichkeiten und Fristen zu beachten.

6.2 Grundsätze

Der Bauherr ist verpflichtet, das vollendete Werk des Unternehmers (d.h. das Ergebnis des vom Unternehmer erfüllten Werkvertrags) innert eines Monats nach Anzeige der Werkvollendung durch den Unternehmer auf Vertragserfüllung zu überprüfen. Beim Einzelunternehmer betrifft die Abnahme den durch ihn erstellten Teil des Bauwerks und beim GU und TU das gesamte Bauwerk.

Die Abnahme kann nur verweigert werden, sofern das Werk grobe Mängel aufweist, so dass dem Bauherrn die Übernahme des Werks nicht zugemutet werden kann.

Der Bauherr ist verpflichtet, auch ein mit Mängel behaftetes Werk zu übernehmen, ausser es handle sich um wesentliche Mängel. Mit der Übernahme geht das Werk mit allen Rechten, Pflichten und Gefahren und der damit verbundenen Haftpflicht vom Unternehmer an den Bauherrn über.

6.3 Zielsetzung

Die Abnahme dient dazu, die Vertragserfüllung durch den Unternehmer zu überprüfen und nachzuweisen. Die Vertragserfüllung ist gewährleistet, wenn das Werk mängelfrei (Produkte, Materialien und Funktionen) und fristgerecht im vereinbarten Leistungsumfang erstellt, abgenommen und in Betrieb gesetzt ist. Unverzichtbare Voraussetzung für die Erfüllung des Vertrages und einen nutzungs- und fachgerechten Betrieb ist eine vollständige und aktuelle Dokumentation der Anlagen, welche abgenommen werden. Die Betriebsunterlagen sind in Papierform und wenn möglich auch in elektronischer Form zur Verfügung zu stellen (zweifach komplett zwecks Datensicherung). Zur Erleichterung späterer Anpassungen von programmierbaren gebäudetechnischen Systemen ist auf vollständige Übergabe der projektspezifischen Planungs-Datenbanken, Programme und Parameter mit Beschreibungen und, falls vereinbart, der System-Quellcodes auf Datenträgern zu achten. Die Papierform dient der Übersicht und als Wegweiserin für die elektronischen Medien und ist übersichtlich und dauerhaft beschriftet, in Ordnern zusammengestellt, der Bauherrschaft bzw. dem Betreiber zu übergeben.

6.4 Zeitpunkt

Der Unternehmer hat dem Bauherrn die Vollendung seines Werks anzuzeigen. Die gemeinsame Abnahme des Werks muss innert eines Monats nach Anzeige erfolgen. Falls der Bauherr diese Frist verpasst, wird die Abnahme stillschweigend als mängelfrei zustande gekommen angenommen. Nimmt ein Bauherr von sich aus ein Werk in Gebrauch, gilt dies als Anzeige der Vollendung. Erfolgt innert Monatsfrist ab Ingebrauchnahme keine Abnahme, gilt das Werk als abgenommen.

Für Bau- und Anlageteile, die nach der Vollendung des Werks nicht mehr eingesehen oder überprüft werden können, sind vorzeitig Teilabnahmen (sogenannte Zwischenprüfungen) durchzuführen (z.B. Armierung, eingelegte Sanitärleitungen, Lüftungskanäle). Insbesondere bei Teilabnahmen kommt der Beweissicherung grösste Bedeutung zu (Skizzen, Fotos usw.). Für ausgewählte Bau- und Anlageteile werden sinnvollerweise oft auch Kontrollen im Werk, d.h. vor der Auslieferung auf die Baustelle, durchgeführt (z.B. für Schaltgeräte-Kombinationen). Diese sogenannten Werkkontrollen sind lediglich eine vorsorgliche Massnahme und entbinden den Bauherrn nicht von der Abnahmepflicht nach erfolgter Montage.

6.5 Durchführung

Der Gesamtleiter ist gegenüber dem Projektleiter Bauherr für die Durchführung der Abnahme verantwortlich. Der Werkvertrag bildet die Grundlage für die Überprüfung der Vollständigkeit, der Mängelfreiheit und der Termineinhaltung.

Festgestellte Mängel müssen sofort gerügt und in einem Abnahmeprotokoll festgehalten werden. Das Abnahmeprotokoll ist vom Unternehmer, Gesamtleiter und Projektleiter Bauherr zu unterzeichnen.

Werkmängel, welche bei der Abnahme festgestellt und gerügt werden, sind vom Unternehmer innert einer angesetzten Frist zu beheben. Behobene Mängel sind durch den Unternehmer wieder anzuzeigen und durch den Bauherrn bzw. den Gesamtleiter abzunehmen.

Bei grösseren Werken kann vor der eigentlichen Abnahme eine Vorprüfung durchgeführt werden, welche der Vorbereitung der Abnahme dient und dem Unternehmer Klarheit über die Vorstellungen der Bauherrschaft bezüglich der Mängelfreiheit verschafft.

Teilnehmer von Abnahmen sind:

- Unternehmer
- Gesamtleiter
- verantwortliche Fachbauleitung
- Projektleiter Bauherr
- Fachstellen des Bauherrn (und fallweise Bauherrenberater)

Von behördlicher Seite sind ebenfalls Abnahmen vorgeschrieben (baupolizeiliche Abnahme, Feuerpolizei, Starkstrominspektorat, Aufzugskontrolle usw.). Sie sind durch die Bauleitung zu organisieren und durchzuführen.

In Abbildung D4 ist die Abnahme eines Werks nach SIA 118 als Flussdiagramm dargestellt.

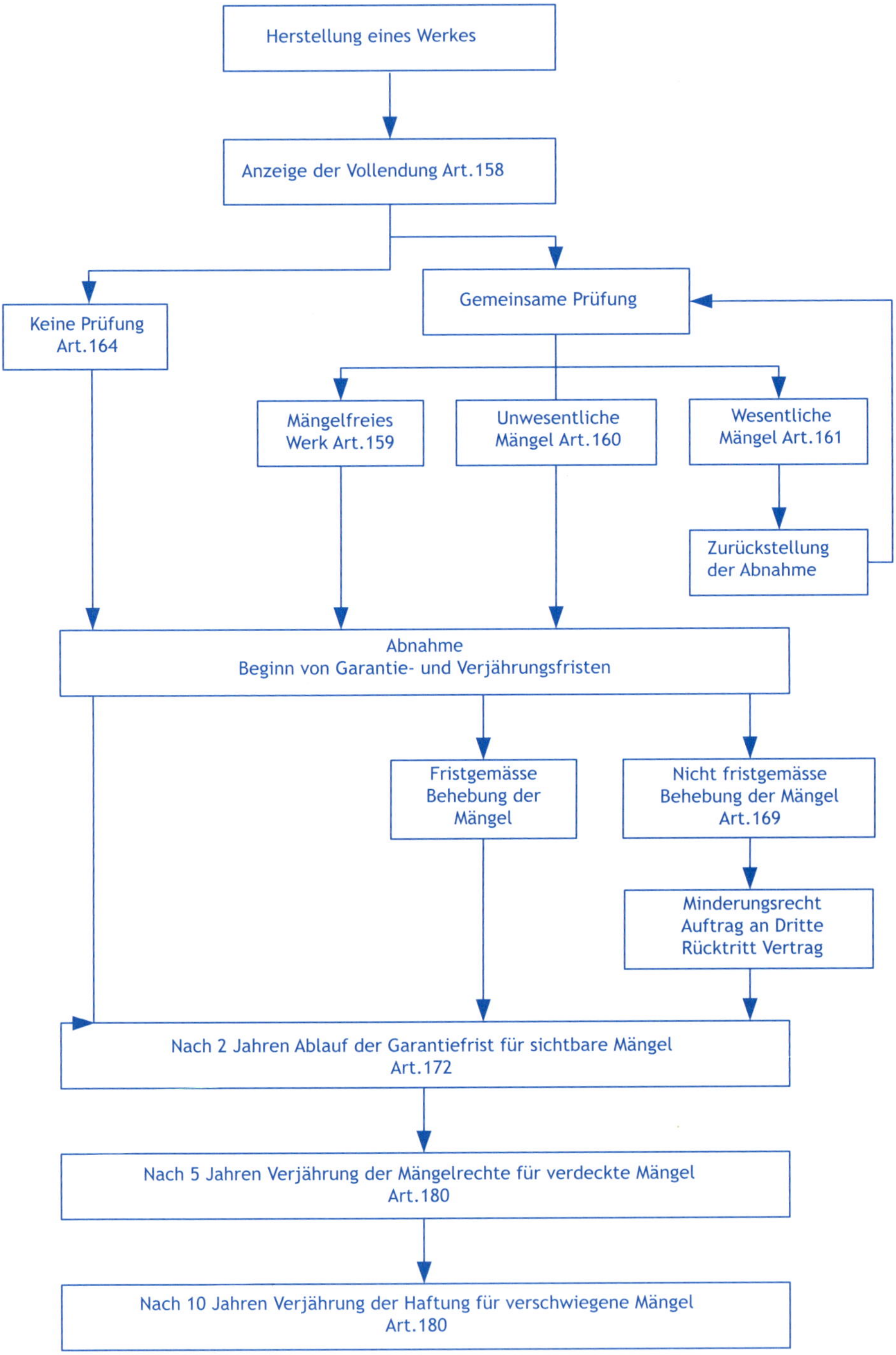

Abb. D4: Abnahme eines Werks nach SIA 118 [D4]

6.6 Übergabe durch Besitzübertragung oder Notifikation

Die Ablieferung des Werks erfolgt grundsätzlich mit der Übergabe des Werks vom Unternehmer an den Besteller (Bauherr). Bei Arbeiten, welche auf Grund und Boden des Bestellers vorgenommen werden, muss nicht generell eine Besitzesübertragung erfolgen, da das Werk durch Verbindung mit dem Eigentum des Bestellers automatisch in dessen Eigentum übergeht. Die Ablieferung erfolgt in diesem Fall durch eine entsprechende Mitteilung des Unternehmers oder auch konkludent, d.h. indem er zusammenräumt und das Grundstück verlässt.

6.7 Rechtszustand bis zur Abnahme

Bis zur Abnahme hat der Unternehmer die Obhutspflicht über die Baustelle. Der Unternehmer hat somit a) die Pflicht, bis zur Abnahme die zum Schutz des Bauwerks gebotenen Vorkehren zu treffen. Der Unternehmer hat b) weiter die Pflicht, die Sachen in seinem Gewahrsam pfleglich zu behandeln (Schutz vor Diebstahl, Schutz vor mutwilliger Zerstörung, Schutz vor missbräuchlicher Benutzung, Schutz vor schädlichen Umwelteinflüssen usw.). Bis zur Abnahme hat der Unternehmer weiter c) die sogenannte Gefahrtragungspflicht, d.h. der Unternehmer trägt das Risiko des zufälligen (ganzen oder teilweisen) Untergangs und der zufälligen Verschlechterung des Bauwerks. Diese Gefahrtragungspflicht (insbesondere die Tragung der Leistungsgefahr und der Vergütungsgefahr) ist in Art. 187 und 188 SIA 118 geregelt.

6.8 Wirkungen der Abnahme

Die Abnahme des Werks setzt die Vollendung des Werks voraus (BGE 115 II 456 E. 4). Mit der Abnahme («am Tag der Abnahme») beginnt die sofortige Mängelrügepflicht nach OR (Art. 367 Abs. 1 OR) oder die 2-jährige Rügefrist (Garantiefrist) nach SIA 118 zu laufen (Art. 172 Abs. 2 SIA 118). Im Regelfall ergibt sich der Fristbeginn der 2-jährigen Rügefrist aus einem beidseitig unterzeichneten Abnahmeprotokoll. Oft aber auch aus anderen Vorgängen oder bloss aus den Umständen. Weiter hat die Abnahme folgende Wirkungen:

- Die Abnahme ist spätester Zeitpunkt für die Einforderung von Konventionalstrafen, die wegen Nichteinhaltung von Terminen oder Ähnlichem geschuldet sind (Art. 160 Abs. 2 OR, nicht in SIA 118 erwähnt). Nimmt also der Bauherr das Werk vorbehaltlos ab, so verwirkt er ein allfällig ausbedungenes Recht zur

Einforderung einer Konventionalstrafe, die wegen Nichteinhaltung von Terminen durch den Unternehmer geschuldet wäre (BGE 97 II 350 E. 2d).

- Die Abnahme ist Beurteilungszeitpunkt zur Bestimmung der Mangelhaftigkeit und des Minderwertes eines Bauwerks. Daraus folgt, dass ein Werk vor seiner Ablieferung begrifflich nicht mangelhaft sein kann (BGE 117 II 259 E. 2a).
- Der Zeitpunkt der Abnahme ist mitentscheidend für die Fälligkeit des Rückbehaltes (Art. 152 Abs. 2 SIA 118).
- Die Abnahme ist unabhängig von einer baupolizeilichen Abnahme oder von Zwischenprüfungen nach Art. 139 Abs. 1 SIA 118.
- Das idealerweise beidseitig unterzeichnete Protokoll der Abnahme (Art. 158 Abs. 3 SIA 118) ist der Beleg für das Ergebnis der gemeinsamen Prüfung.

7 Mängelrüge durch den Besteller und Behebung von Baumängeln

7.1 Vorgehen nach OR (ohne Norm SIA 118)

Ein Mangel eines Bauwerks wird definiert als Abweichung des abgelieferten Werks vom Vertrag. Der Mangel muss bereits bei der Ablieferung des Werks bestanden haben. Wenn SIA 118 nicht vereinbart worden ist, dann gilt – unabhängig davon ob dies schriftlich festgehalten worden ist – die Regelung gemäss Art. 363-379 OR.

Demnach hat der Besteller (Bauherr) das Werk nach der Ablieferung zu überprüfen und gegebenenfalls Mängel zu rügen (Art. 367 Abs. 1 OR). Diese Prüfungs- und Rügelast des Bestellers entsteht erst mit der Ablieferung, d.h. der formellen Übergabe des fertigen Werks (BGE 94 II 164). Der Besteller ist also verpflichtet, das Werk und die korrekte Ausführung der Arbeiten bei der Übergabe zu prüfen. Der Besteller hat eine unverzügliche Mängelrügepflicht bei allfälligen offenen sowie erkennbaren Mängeln und mit der Entdeckung auch bei versteckten Mängeln (d.h. bei ordnungsgemässer Prüfung nicht erkennbare Mängel). Als Faustregel gilt nach der Rechtsprechung, dass in Fällen, wo keine Besonderheiten bestehen, innert 8 Tagen die Mängelrüge nach Entdeckung erhoben sein muss (in Einzelfällen mit besonderen Umständen gelten auch längere Mängelrügefristen). Mängel, die nach und nach zu Tage treten, gelten erst dann als entdeckt, wenn der Besteller ihre Bedeutung und Tragweite erfassen kann (BGE 118 II 142; 107 II 172 ff., 176). Als entdeckt gilt der Mangel erst mit der zweifelsfreien Feststellung. Die Beweislast für die rechtzeitige Mängelrüge trägt der Besteller (BGE 118 II 142, 147; 107 II 172, 176), sofern im Vertrag nichts anderes vereinbart ist. Wer also Mängel geltend macht, muss den Mangel beweisen

(Art. 8 ZGB). Die Mängelrüge kann formfrei erhoben werden. Aus Beweisgründen empfiehlt sich für den Besteller einzig Telefax oder Einschreibebrief. Der Besteller muss den Mangel substantiiert behaupten, d.h. entsprechende Tatsachen vortragen, die eine Nachprüfung durch den Unternehmer (Handwerker) ermöglichen. Eine korrekte Mängelrüge beinhaltet folgende Elemente: a) eine genaue Beschreibung des Mangels. Die allgemeine Feststellung, das Werk sei mangelhaft, genügt also nicht. Es genügt ebenfalls nicht, dass der Besteller sagt oder schreibt: «Ich erhebe Mängelrüge». Sodann beinhaltet eine korrekte Mängelrüge b) die Feststellung, dass das Werk nicht vertragskonform sei und c), dass man den Unternehmer für diesen Mangel haftbar mache. Schliesslich ist d) eine realistische Frist zur Behebung des Mangels anzusetzen (Art. 368 OR). Bei fehlender oder verspäteter Mängelrüge des Bestellers gilt das Werk als genehmigt (Art. 370 Abs. 2 und 3 OR). Der Unternehmer wird frei. Bei arglistigem Verschweigen von Mängeln durch den Unternehmer besteht die Genehmigungsfiktion nicht (Art. 370 Abs. 1 OR). Treten die Mängel erst später zutage (verdeckte Mängel), so muss die Anzeige sofort nach der Entdeckung erfolgen, ansonsten die Mängelrechte verwirken.

7.2 Vorgehen nach Norm SIA 118

Die Abnahme des Bauwerks hat nach SIA 118 zwingend in der nachfolgend erwähnten strikten Reihenfolge a bis c schrittweise zu erfolgen. Anschliessend ist nach den nachfolgend erwähnten Punkten d bis f vorzugehen.

a | Zuerst muss das Bauwerk vom Unternehmer vollendet werden (Art. 157 SIA 118).

b | Darauf muss der Unternehmer dem Bauherrn (Besteller) schriftlich oder mündlich eine formelle Vollendungsanzeige zukommen lassen: «Der Unternehmer leitet die Abnahme dadurch ein, dass er der Bauleitung die Vollendung des Werks oder eines in sich geschlossenen Werkteils (Art. 157 Abs. 1) anzeigt» (Art. 158 Abs. 1 SIA 118).

c | Schliesslich ist im Regelfall eine gemeinsame Prüfung des Werks durch die Bauleitung (Besteller/Bauherr) einerseits und den Unternehmer (Handwerker) andererseits vorzunehmen. Diese gemeinsame Prüfung muss innert Monatsfrist seit der Vollendungsanzeige erfolgen. Der Unternehmer nimmt an der Prüfung teil und gibt die erforderlichen Auskünfte (Art. 158 Abs. 2 SIA 118). Es sind in der Folge folgende Konstellationen i) bis v) möglich: i) Abnahme des mängelfreien Werks (Art. 159 SIA 118): Zeigen sich bei der gemeinsamen Prüfung gemäss Art. 158 Abs. 2 SIA 118 keine Mängel, so ist das Werk oder der Werkteil mit Abschluss der Prüfung abgenommen. ii) Abnahme bei unwesentlichen Mängeln (Art. 160 SIA 118): Zeigen sich bei der gemeinsamen Prüfung (Art. 158 Abs. 2) Mängel, die im Verhältnis zum ganzen Werk (oder Werkteil) unwesentlich sind, so findet die Abnahme gleichwohl mit Abschluss der gemeinsamen Prüfung statt; doch hat der Unternehmer die festgestellten Mängel innert angemessener Frist, die der Bauherr ansetzt (Art. 169 SIA 118), zu beheben. iii) Zurückstellung bei wesentlichen Mängeln (Art. 161 SIA 118): Zeigen sich wesentliche Mängel, wird die Abnahme zurückgestellt. Die Zurückstellung geschieht von selbst; sie muss nicht vom Bauherrn verlangt werden und sie geschieht auch gegen den Willen des Unternehmers. Der Bauherr setzt dem Unternehmer dann ohne Versäumnis eine angemessene Frist zur Behebung dieser wesentlichen Mängel. Der Unternehmer beseitigt die Mängel innerhalb der angesetzten Frist und zeigt dem Bauherrn den Abschluss der Verbesserung unverzüglich an. Darauf werden die beanstandeten Bauteile innert Monatsfrist nochmals gemeinsam geprüft (Art. 161 SIA 118). iv) Abnahme trotz wesentlicher Mängel (Art. 162 SIA 118): Eine Abnahme trotz wesentlicher Mängel ist in den drei in Art. 162 SIA 118 erwähnten Fallgruppen möglich. Aber erkannte oder offensichtliche Mängel müssen vom Bauherr immer bereits bei der gemeinsamen Prüfung des Werks gerügt werden, da sonst das Werk bezüglich dieser Mängel als genehmigt gilt und für diese Mängel Haftungsbefreiung des Unternehmers eintritt. Dabei muss aber der Bauherr vom Mangel als solchem Kenntnis erlangt haben, damit er eine genügend substantiierte Mängelrüge erheben kann (BGE 118 II 148). v) Abnahme bei Verzicht auf die Geltendmachung von Mängeln (Art. 163 SIA 118): Hat die Bauleitung (gemeint ist der Bauherr) bei der gemeinsamen Prüfung gemäss Art. 158 Abs. 2 SIA 118 einen Mangel zwar erkannt, aber auf dessen Geltendmachung ausdrücklich oder stillschweigend verzichtet, so gilt das Werk (oder der Werkteil) für den Mangel, soweit er erkannt wurde, als genehmigt.

d | Werkabnahme ohne gemeinsame Prüfung (Art. 164 SIA 118): Unterbleibt nach Anzeige der Vollendung gemäss Art. 158 Abs. 1 SIA 118 die gemeinsame Prüfung innert Monatsfrist deswegen, weil entweder keine der Parteien die Prüfung verlangt oder von Seiten des Bauherrn die Mitwirkung unterlassen wird, so gilt das Werk (oder der Werkteil) mit Ablauf dieser Frist dennoch als abgenommen (Art. 164 Abs. 1 SIA 118). Keine Abnahme findet jedoch statt, solange die gemeinsame Prüfung deswegen unterbleibt, weil der Unternehmer die Mitwirkung unterlässt (Art. 164 Abs. 2 SIA 118).

e | Garantiefrist (= 2-jährige Rügefrist): Der Bauherr kann nach der Werkabnahme während der 2-jährigen Rügefrist (in Abweichung vom OR) Mängel aller Art jederzeit rügen (Art. 173 Abs. 1 SIA 118). Dieses Mängelrügerecht während der 2-jährigen Rügefrist besteht unabhängig davon, ob das Werk erst nach gemeinsamer Prüfung (Art. 159 ff. SIA 118) oder ohne gemeinsame Prüfung (Art. 164 SIA 118) abgenommen wurde. Von der «Garantie» bzw. von der Haftung des Unternehmers für Mängel, bleiben Mängel ausgenommen, für die das Werk (oder der Werkteil) bei der gemeinsamen Prüfung gemäss Art. 163 SIA 118 vom Bauherrn genehmigt wurde. Dies gilt insbesondere für Mängel, welche der Bauherr bei der gemeinsamen Abnahmeprüfung nicht gerügt hat, obwohl er sie erkannt hat oder sie ihm bekannt waren oder diese offensichtlich waren. Als Regel bei der Werkabnahme gilt daher für den Praktiker auch bei einem Vertrag mit der SIA 118: Entweder ist ein ausführliches Abnahmeprotokoll zu erstellen, in dem alle Mängel festgehalten werden (es ist somit eine besondere Vorsicht des Bauherrn oder seines Beraters bei der Abnahme erforderlich), oder das Werk ist stillschweigend – ohne Protokoll – abzunehmen. In diesem letzteren Fall können sämtliche Mängel während zweier Jahre bis zum Ablauf der Rügefrist (Garantiefrist) gerügt werden.

f | Nachrügefrist für sogenannt verdeckte Mängel (Art. 179 SIA 118): Nach Ablauf der 2-jährigen Rügefrist (Garantiefrist) kann der Bauherr noch sogenannt verdeckte Mängel rügen (vgl. Art. 179 Abs. 2 und 3 SIA 118). Auch verdeckte Mängel müssen sofort nach Entdeckung gerügt werden (Art. 179 Abs. 2 SIA 118). Verdeckte Mängel sind solche Mängel, die der Bauherr erst nach Ablauf der Rügefrist (Garantiefrist) entdeckt (Art. 179 Abs. 1 SIA 118).

Fazit

Nach SIA 118 können Mängel, die nicht sofort erkennbar sind, vom Bauherrn noch zwei Jahre nach Bauabnahme gerügt werden (Art. 173 Abs. 1 SIA 118). Nach dieser Rügefrist (Garantiefrist) gilt gemäss Art. 179 SIA-Norm 118 eine weitere Frist von noch einmal drei Jahren, während der verdeckte Mängel vom Bauherrn gerügt werden können, sofern diese unverzüglich vom Bauherrn angezeigt werden. Mit Ablauf der Mängelrügefrist (Garantiefrist) erlischt das Recht des Bauherrn, vorher entdeckte Mängel zu rügen (Art. 178 Abs. 1 Satz 1 SIA 118).

Der grosse Vorteil für den Bauherrn mit der Vereinbarung der Norm SIA 118 im Werkvertrag ist die sogenannte Umkehr der Beweislast. Für den Beweis des mangelhaften Zustandes trägt zwar nach wie vor der Bauherr die Verantwortung. Im Streitfall muss jedoch der Unternehmer oder Architekt aufzeigen bzw. beweisen, dass kein Mangel vorliegt. Diese dargestellte Rechtslage nach SIA 118 gilt nur, wenn im Werkvertrag ausdrücklich, am besten schriftlich, die Geltung von

SIA 118 vereinbart worden ist. Handelt es sich nicht um einen Werkvertrag, sondern um einen Vertrag für den Kauf eines neuen – eventuell noch nicht einmal gebauten – Hauses, z.B. von einem Generalunternehmer, sollte man im Vertrag festhalten, dass betreffend Mängelrügen und Sicherstellung der Garantieleistungen SIA 118 analog gilt. Diese soll insbesondere für alle Teile des Hauses, d.h. für die eventuell bereits fertig gestellten Teile, wie auch für diejenigen Teile, die sich noch im Bau befinden, gelten. Für sonstige Grundstückkaufverträge ist die Norm SIA 118, die wirklich auf das Bauen zugeschnitten ist, nicht geeignet.

8 Gewährleistung und Werkgarantie

8.1 Gewährleistungsfrist nach OR

Die Gewährleistung (Haftung) des Unternehmers gegenüber dem Besteller ist nach OR wie folgt festgelegt:

- 1 Jahr bei beweglichen Sachen, wie gewisse technische Geräte und Anlageteile, nach der Abnahme (Liefervertragsrecht: Art. 371 Abs. 1 i.V.m. Art. 210 OR)
- 5 Jahre bei unbeweglichen Bauwerken nach Abnahme des Werks (Art. 371 Abs. 2 OR)
- 10 Jahre bei arglistigem Verschweigen des Mangels durch den Unternehmer (die durch Art. 371 OR abgekürzte Verjährungsfrist wird auf die ordentliche Frist des Art. 127 OR ausgedehnt)

8.2 Gewährleistungsfrist nach Norm SIA 118

Die Norm SIA 118 unterscheidet nicht zwischen unbeweglichen Bauwerken und übrigen Werken. Die Verjährung tritt einheitlich wie folgt ein:

- 5 Jahre nach Abnahme des Werks (Bauabnahme, Art. 180 Abs. 1 SIA 118)
- 10 Jahre bei absichtlichem Verschweigen von Mängeln seitens des Unternehmers (Art. 180 Abs. 2 SIA 118)

8.3 Vertragliche Verlängerung der Gewährleistungsfrist

Den Vertragsparteien eines Werkvertrages steht es frei, eine längere Gewährleistungsfrist als die soeben erwähnten Fristen nach OR und SIA 118 zu vereinbaren, sofern diese vereinbarte verlängerte Frist die Dauer von zehn Jahren nicht überschreitet (vgl. Art. 127 OR).

8.4 Mängelrechte des Bestellers

Der Bauherr hat bei der Feststellung eines Baumangels die Wahl zwischen der Nachbesserung oder der Minderung (Werkpreisreduktion).

a | Nachbesserung (Art. 368 Abs. 2 OR oder Art. 169 Abs. 1 Ziff. 1 SIA 118): Der Besteller hat nach OR das Recht, vom Unternehmer die unentgeltliche Nachbesserung des mangelhaften Werks zu verlangen, sofern dies dem Unternehmer nicht übermässige Kosten verursacht. Der Besteller soll durch die Nachbesserung weder schlechter noch besser gestellt werden, als wenn der Unternehmer von Anfang an seinen Auftrag korrekt erfüllt hätte. Wird der Mangel vom Unternehmer nicht oder nicht zufriedenstellend behoben, so kann der Besteller auf der Nachbesserung beharren. Ist der Unternehmer zur Nachbesserung nicht in der Lage, kann der Besteller die Nachbesserung durch einen Dritten vornehmen lassen (Ersatzvornahme) und vom Unternehmer Schadenersatz verlangen.

Während im Vertrag nach OR der Besteller nicht verpflichtet ist, eine Nachbesserung zu verlangen (Art. 368 Abs. 2 OR), so ist der Besteller im Vertrag nach SIA 118 zunächst verpflichtet, einzig die Nachbesserung zu verlangen. Erst wenn diese nicht innert Frist erledigt wird, hat der Bauherr ein Wahlrecht zwischen dem weiteren Beharren auf Nachbesserung, der Minderung oder der Wandelung (Art. 169 Abs. 1 Ziff. 1 SIA 118).

b | Minderung (Art. 368 Abs. 2 OR oder Art. 169 Abs. 1 Ziff. 2 SIA 118): Eine Minderung des Werklohnes ist möglich, wenn die Werkmängel weniger erheblich sind und eine Wandelung (siehe unten) nicht gerechtfertigt ist. Das Minderungsrecht richtet sich auf die Herabsetzung der vom Besteller zu entrichtenden Werklohnvergütung. Im Umfang des so herabgesetzten Betrages bleibt der Besteller aber zur Zahlung verpflichtet. Die Berechnung des Minderwertes erfolgt dabei – wie beim Kaufvertrag – nach der relativen Methode: Die Höhe der Minderung soll den objektiven und effektiven Unterschied zwischen dem Vermögenswert des mangelhaften Werks ausgleichen. Der volle Werklohn verhält sich somit zum herabgesetzten Werklohn gleich wie der objektive Wert der mängelfrei gedachten Sache zum tatsächlichen Wert der mangelhaften Sache.

Nachbesserungskosten des Bestellers, der über Dritte eine Ersatzvornahme vornimmt, welche die Herabsetzungssumme der Minderung übersteigen, fallen nicht unter den Minderungsanspruch des Bestellers. Denn mit der Wahl von Minderung durch den Besteller fällt der Nachbesserungsanspruch dahin und die höheren Nachbesserungskosten sind überhaupt nicht mehr ersatzfähig. Dies auch nicht unter dem Titel Schadenersatzansprüche (BGE 116 II 305).

Im Falle des Vertrages nach SIA 118 (nicht aber im Falle des Vertrages nur nach OR) hat der Bauherr zunächst einzig das Recht, vom Unternehmer die Beseitigung des Mangels innerhalb einer angemessenen Frist zu verlangen (Art. 169 Abs. 1 Ziff. 1 SIA 118). Wird der Mangel dann vom Unternehmer nicht oder nicht zufriedenstellend behoben, so kann der Besteller auf der Minderung beharren.

c | Wandelung als ultima ratio: Rücktritt vom Werkvertrag (Art. 368 Abs. 1 OR oder Art. 169 Abs. 1 Ziff. 3 SIA 118): Neben Nachbesserung oder Minderung kann der Besteller bei schwerwiegenden Mängeln unter gewissen Umständen auch die Forderung nach Rücktritt vom Vertrag (sogenannte Wandelung) oder nach Ersatzlieferung stellen.

Wandelung bedeutet Vertragsaufhebung. Der Werkvertrag wird dabei von Anfang an (ex tunc) aufgelöst, d.h. die Forderung des Bestellers auf das Werk und die Forderung des Unternehmers auf die Leistung einer Vergütung erlöschen. Als Folge der Wandelung hat der Unternehmer eine bereits erhaltene Vergütung zurückzuleisten und der Besteller muss das empfangene Werk zurückgeben.

Wandelung kann verlangt werden, wenn das Werk unter so erheblichen Mängeln leidet oder so stark vom Vertrag abweicht, dass das Werk für den Besteller unbrauchbar ist oder ihm die Annahme nicht zugemutet werden kann. Die Wandelung ist somit nur dann möglich, wenn die Entfernung des Werks nicht mit unverhältnismässigen Nachteilen für den Unternehmer verbunden ist und die Annahme des Werks dem Bauherrn nicht zugemutet werden kann (Art. 368 Abs. 1 OR und Art. 169 Abs. 1 Ziff. 3 SIA 118). Unzumutbar ist die Annahme des Werks für den Bauherrn, wenn es dem Bauherrn unter Berücksichtigung der gegenseitigen Interessen der Parteien nach Recht und Billigkeit nicht zumutbar ist, das mangelhafte Werk zu behalten (BGE 98 II 118). Es ist wegen Unverhältnismässigkeit nicht möglich, dass der Besteller die Wandelung geltend macht, wenn es sich um kleine, unbedeutende Mängel handelt.

Eine solche als Wandelung bezeichnete Rückgängigmachung des Vertrages ist nicht möglich bei Werken, die auf Grund und Boden des Bestellers errichtet sind und ihrer Natur nach nur mit unverhältnismässigen Nachteilen entfernt werden können (Art. 368 Abs. 3 OR). Ausnahme davon: Das Werk ist selbst dann zu entfernen (wegen Wandelung), wenn das Werk für den beabsichtigten Gebrauch völlig untauglich ist oder Leib und Leben von Personen gefährdet, ohne dass geeignete und verhältnismässige Schutzmassnahmen getroffen werden können.

Ersatzlieferung: Bei mangelhaften beweglichen Teilen des Werks, z.B. bei den nicht fest mit dem Gebäude verbundenen Küchengeräten oder Bestandteilen der Heizanlage, kann Ersatzlieferung verlangt werden, sofern Zweifel über die Möglichkeiten einer vollständigen Reparatur bestehen (Art. 206 OR).

d | Ersatzvornahme nach Norm SIA 118 anstelle der Nachbesserung (Art. 169 Abs. 1 Ziff. 1 SIA 118): Kommt der Unternehmer seiner Pflicht nach Ansetzung einer angemessenen Frist auf Nachbesserung nicht nach und macht eine Minderung keinen Sinn (etwa wenn das Dach rinnt), so hat der Bauherr das Recht, unmittelbar nach Ablauf der gesetzten Frist einen anderen Handwerker mit der Behebung des Werkmangels zu beauftragen (Art. 169 Abs. 1 Ziff. 1 SIA 118). Dies ist ein weiterer Grund, auch ganz einfache Werkverträge der SIA 118 zu unterstellen.

Ersatzvornahme nach OR anstelle der Nachbesserung: Der Besteller kann die Nachbesserung nur dann durch einen Dritten vornehmen lassen, wenn der Unternehmer dazu nicht in der Lage ist und der Besteller nach den Verzugsregeln vorgegangen ist (Art. 107 Abs. 2 OR: Ersatz des aus der Nichterfüllung entstandenen Schadens vorgängig verlangen) oder – und daher eher zu empfehlen – eine richterliche Ermächtigung zur Ersatzvornahme eingeholt hat. Der Besteller kann dann vom Unternehmer Schadenersatz wegen Nichterfüllung der Nachbesserungspflicht im Umfang des Ersatzes für die entstandenen Aufwendungen verlangen.

e | Haftung für Mangelfolgeschaden (Art. 368 Abs. 1 und 2 OR oder Art. 171 SIA 118): Neben dem gewählten oben erwähnten Gewährleistungsrecht, welches bei gegebenen Voraussetzungen zum Ersatz des Mangelschadens führt, kann der Besteller bei Verschulden des Unternehmers zusätzlich Schadenersatz fordern, wenn aus dem Werkmangel ein Schaden (Mangelfolgeschaden) resultiert. Dieses Recht auf Schadenersatz tritt somit kumulativ (zusätzlich) zum Nachbesserungs-, Minderungs- und Wandelungsanspruch hinzu. Mangelfolgeschäden sind Schäden, die durch den Mangel verursacht worden sind, aber nicht unmittelbar in der Mangelhaftigkeit des Werks bestehen. Voraussetzung des Schadenersatzes sind erstens das rechtzeitige Erheben der Mängelrüge durch den Besteller und zweitens ein Verschulden des Unternehmers. Allerdings wird – wie stets im Vertragsrecht (vgl. Art. 97 OR) – bei einer Vertragsverletzung das Verschulden vermutet. Somit hat der Unternehmer zu beweisen, dass ihn kein Verschulden trifft. Der Unternehmer muss sich also entlasten und hat insofern die Beweislast (BGE 93 II 315, 107 II 439). Das Verschulden kann auch in einer fahrlässigen Verletzung einer Sorgfaltspflicht liegen.

Unter diesen Schadenersatz (Mangelfolgeschaden) fällt etwa der Ersatz des Mangelfolgeschadens, der dem Bauherrn trotz tadelloser Nachbesserung, trotz Minderung oder trotz Rücktritt (Wandelung) verbleibt (BGE 117 II 550).

Die Schadenersatzansprüche für Mangelfolgeschäden des Bestellers aus dem Werkvertrag (nicht der Mängelrechte) verjähren mit Ablauf von fünf Jahren seit der Abnahme bzw. seit der Ablieferung des Werks (Art. 128 OR).

8.5 Wegbedingung der Gewährleistungs- und Schadenersatzansprüche

Aus Sicht der Unternehmer ist es in der Praxis vielfach üblich, die Gewährleistungs- und Schadenersatzansprüche des Bestellers zu beschränken. Häufig werden Wandelung, Minderung und Schadenersatz ausgeschlossen und der Besteller auf Nachbesserung beschränkt (diese Beschränkung auf Nachbesserung ist für eine erste Phase mit Art. 169 Abs. 1 SIA 118 bereits erfolgt). Die Wegbedingung (Freizeichnung) von Gewährleistungs- und Haftungsansprüchen ist in den Grenzen von Art. 100 OR zulässig, d.h. die Haftung des Unternehmers für grobe Fahrlässigkeit kann nicht wegbedungen werden. Aus Sicht des Bauherrn ist demgegenüber aber zu beachten, dass überhaupt keine solche Wegbedingung im Werkvertrag erfolgt.

8.6 Recht auf Werklohnrückbehalt bei Mängeln

Besteht ein rechtzeitig geltend gemachter Anspruch auf Mängelbehebung, hat der Besteller (nur dann!) das Recht, die Werklohnvergütung bis zur Erfüllung der Nachbesserungsschuld zurückzuhalten. Ist demnach das Werk nicht mängelfrei, so kann der Besteller, selbst mangels anderweitiger vertraglicher Abrede, die Zahlung des Werklohnes, gestützt auf die Einrede des nicht erfüllten Vertrages (Art. 82 OR), verweigern (BGE 89 II 235). Sind – wie bei einem grösseren Werk üblich – bereits Abschlagszahlungen erfolgt, dann ist die Zurückhaltung des Werklohnes bis zur Höhe von 10% des Rechnungsbetrages ein zulässiges Mittel zur Durchsetzung des Nachbesserungsanspruches, auch wenn die Fälligkeit des Gesamtbetrages damit nicht aufgehoben wird. Es ist somit insbesondere bei der Zahlung der letzten Abschlagszahlung darauf zu achten, dass die Mängel vorher durch Nachbesserung vom Unternehmer behoben sind. Ansonsten ist es ohne diesbezügliche vertragliche Regelung ohne weiteres zulässig, einen Werklohnrückbehalt von 10% des Rechnungsbetrages zu machen.

8.7 Garantieleistungen

Es gibt folgende Typen gebräuchlicher Sicherheiten: Nach der Norm SIA 118 sind dies:

- Rückbehalt: Absicherung des Bauherrn für die Erfüllung der Verpflichtungen des Unternehmers bis zur Abnahme (Art. 149 SIA 118). Nebst dem Rückbehalt wird bei grösseren Bauprojekten oft zusätzlich noch eine sogenannte «Erfüllungsgarantie» verlangt.
- Solidarbürgschaft als «Werkgarantie»: Absicherung des Bauherrn für die Haftung des Unternehmers für Mängel nach der Abnahme (Art. 181 SIA 118). Die Solidarbürgschaft ist abhängig vom Grundgeschäft (Werkvertrag). Der Bürge (Bank, Versicherung, Privatperson oder juristische Person) kann nur dann in Anspruch genommen werden, wenn der Gläubiger (Bauherr) beweist, dass die verbürgte Schuld besteht. In der Praxis heisst das: Erst der Prozess, dann das Geld.

Nach OR kommt auch bei Anwendung der Norm SIA 118 weiter in Frage:

- Garantie auf erstes Verlangen als Werkgarantie (Art. 111 OR): Diese Garantie ist im Unterschied zu den Solidarbürgschaften vom Grundgeschäft (Werkvertrag) unabhängig und deshalb «ohne Einwendungen und Einreden» aus dem Grundgeschäft (Werkvertrag) einforderbar. In der Praxis heisst das: Erst das Geld, dann der Prozess. Für den Bauherrn ist das die bessere Form.

Praktische Muster für eine Solidarbürgschaftsverpflichtung gemäss Art. 181 SIA 118 oder eine Garantievereinbarung nach Art. 111 OR finden sich im Merkblatt 2020 zu SIA 118. Die Höhe der zu leistenden Werkgarantie bemisst sich in Prozenten der Netto-Abrechnungssumme des Unternehmers (Art. 181 und Art. 150 SIA 118: üblich und realistisch sind 5%). Die Laufzeit der Garantieleistungen beträgt gemäss SIA 118 lediglich zwei Jahre, obwohl die Gewährleistungsfrist des Unternehmers fünf Jahre ist. Sind in Ausnahmefällen daher längere Laufzeiten erforderlich, so ist dies bereits in der Ausschreibung der entsprechenden Arbeiten zu verlangen. Die Solidarbürgschafts- oder Garantievereinbarungen sind als sogenannte Werkgarantien spätestens zusammen mit der Schlussrechnung des Unternehmers dem Gesamtleiter einzureichen. Dieser übergibt sämtliche Garantievereinbarungen dem Projektleiter Bauherr spätestens zusammen mit der Schlussabrechnung des ganzen Bauwerks. Der Wortlaut der Texte der einzelnen Garantie- oder Solidarbürgschaftsvereinbarungen ist aber mit Vorteil bereits vor Unterzeichnung des Werkvertrages zu klären und als Anhang zum Werkvertrag beizulegen, verbunden mit einer Frist für die Einreichung der allseits unterzeichneten Solidarbürgschafts- oder Garantievereinbarungen.

9 Schlussabrechnung

Nach Vollendung des Werks oder Werkteils erstellt der Unternehmer die Schlussabrechnung. Die Schlussabrechnung legt den einem Unternehmer insgesamt geschuldeten Werklohn fest. Der Werklohn wird auf der Grundlage der im Werkvertrag und in allfälligen Nachträgen zum Werkvertrag vereinbarten Einheits-, Global- oder Pauschalpreisen und der effektiv erbrachten Leistungen (bei Einheitspreisvertägen nach definitivem Ausmass) bestimmt, unter Berücksichtigung der Teuerungsklausel, der vertraglich vereinbarten Rabatte, Skonto und übrigen Abzüge (z.B. Baureklame, Baureinigung, gemeinsame Versicherungen, Energie- und Wasserbezug usw.).

Vom Bauherrn bzw. der Bauleitung anerkannte Leistungen in Regie werden in der Regel laufend abgerechnet und sind daher nicht Gegenstand der Schlussabrechnung.

Der Schlussabrechnung beigelegt ist eine Zusammenstellung aller bisher gestellten Rechnungen und der bereits erhaltenen oder noch ausstehenden Zahlungen.

Die Schlussabrechnung ist spätestens zwei Monate nach der Abnahme durch die Bauleitung einzureichen. Wird dies nicht gemacht, so kann die Bauleitung auf Kosten des Unternehmers eine Schlussabrechnung erstellen.

Die Schlussabrechnung ist durch die Bauleitung innerhalb eines Monats zu prüfen. Differenzen sind dem Unternehmer unverzüglich mit Begründung mitzuteilen.

Die Schlussabrechnung ist in der Regel innerhalb von zwei Monaten nach dem Prüfbescheid zu bezahlen. Voraussetzung für die Begleichung der Schlussabrechnung ist die vorgängige Beibringung der vertraglich vereinbarten Garantieleistungen des Unternehmers (→ Teil D Kap. 8.7)

10 Bauwerksakten

Die erforderliche Dokumentation über ein Bauwerk wird stark von dessen Grösse, Nutzungsart, technischer Gebäudeausrüstung usw. bestimmt.

Das Ziel ist eine vollständige und lückenlose Dokumentation des fertigen Bauwerks. Festzulegen ist auch die Art der Dokumentation (Papierkopien, Datenträger usw.). Übliche Bauwerksakten sind:

- Pläne und Schemata des erstellten Bauwerks
- Baubeschrieb
- Produkte- und Materialspezifikationen
- Nutzungs- und Sicherheitsplan

- Bewilligungsunterlagen und -entscheide
- Planer- und Unternehmerverzeichnis
- Verträge und Garantiescheine
- Schlussabrechnungen
- Inbetriebsetzungs- und Abnahmeprotokolle (inkl. behördliche Abnahmen)
- Betriebs- und Unterhaltsdokumentation
- Gebäudedaten
- Schlussbericht und Kennzahlen
- übrige wichtige Dokumente

11 Schlusskontrolle

Die Schlusskontrolle nach SIA 118 dient als abschliessende Kontrolle der Funktionstauglichkeit des Werks und der Rüge aller offenen Mängel, welche in den ersten zwei Jahren nach der Abnahme festgestellt wurden.

Die Schlusskontrolle muss zwingend vor Ablauf der 2-jährigen Garantiefrist durchgeführt werden, da sonst Mängelrechte verfallen können.

Der Gesamtleiter ist für die Durchführung der Schlusskontrolle verantwortlich. Als Grundlage werden der Werkvertrag, die Mängelliste des Benutzers / Betreibers und – sofern vereinbart – die Betriebs- und Verbrauchsdaten der ersten zwei Jahre verwendet. Über die Schlussabnahme wird ein Protokoll geführt, das insbesondere auch die Erledigung festgestellter Mängel regelt.

Teilnehmer:

- Benutzer / Betreiber
- Projektleiter Bauherr
- Fachstellen des Bauherrn (evt. Bauherrenberater)
- Gesamtleiter
- Fachbauleitung

Literatur- und Quellenverzeichnis

[D1] SIA Ordnung 112; Leistungsmodell; Schweizerischer Ingenieur- und Architektenverein, Zürich, 2001

[D2] SIA Ordnung 102; Ordnung für Leistungen und Honorare der Architektinnen und Architekten; Schweizerischer Ingenieur- und Architektenverein, Zürich, 2003

[D3] SIA Norm 118; Allgemeine Bedingungen für Bauarbeiten; Schweizerischer Ingenieur- und Architektenverein, Zürich, 1991

[D4] Meyer-Meierling P.; Gesamtleitung von Bauten; Institut für Hochbautechnik, ETH Zürich, 1999

Teil E

Bewirtschaftung

Redaktor

Thomas Häberli

Autoren

Rudolf Detsch

Sandro De Jacob

Werner Kälin

Andreas Meister

Werner Mendler

Hans-Rudolf Schalcher

Mark Ziegler

Inhaltsverzeichnis

1 Übersicht

In dieser Übersicht werden für die Phase Bewirtschaftung die Ziele und Aufgaben gemäss dem Leistungsmodell der Ordnung SIA 112 beschrieben und den Funktionen Bauherr, Projektleiter Bauherr, Bauherrenberater und Gesamtleiter zugeordnet.

Phase	Teilphase	Ziele	Bauherr	Projektleiter Bauherr		Gesamtleiter
				Bauherrenberater		
6 Bewirtschaftung	61 Betrieb	Sicherstellung und Optimierung des Betriebs	Genehmigen der Organisation		Erarbeiten von Einsatzplänen Sicherstellung der Versorgung	
			Genehmigen von Prüfkriterien und Massnahmen		Massnahmen für die Sicherstellung des Betriebs: Erstellen der erforderlichen Unterlagen	
			Weitere Genehmigungen von Budgets und Abrechnungen	Finanzvorgaben; Controlling	Kosten der Massnahmen: Erstellen der erforderlichen Unterlagen	
			Genehmigen der Termine		Termine der Massnahmen: Planen der Termine für die Durchführung von Massnahmen	
			Genehmigen der Verträge	Ausarbeitung Wartungs- und Serviceverträge Betreuen des Vertragswesens	Zusammenstellung der Grundlagen, Ergebnisse und Entscheide	
	62 Erhaltung	Aufrechterhaltung der Gebrauchstauglichkeit und des Wertes des Bauwerks für den definierten Zeitraum	Genehmigen der Organisation und des Überwachungsplans		Erarbeiten eines Überwachungsplans Erstellen eines Massnahmenplans Nachführen der Bauwerksakten	Massnahmen für Erhaltung: Durchführen der Inspektionen und Kontrollen gemäss Überwachungsplan
			Weitere Genehmigungen von Budgets und Abrechnungen	Finanzvorgaben; Controlling	Erstellen von Mehrjahresplänen und Jahresbudgets für die geplanten Massnahmen	Erstellen der Abrechnung von durchgeführten Massnahmen
			Genehmigen der Termine		Planen der Termine für die Durchführung von Massnahmen	
					Zusammenstellen der Grundlagen, Ergebnisse und Entscheide	

2 Bewirtschaftung – eine Aufgabe für Immobilienentwickler und Bauherrenberater?

Weshalb sollen sich Projektentwickler und Bauherrenberater mit der Bewirtschaftung von Immobilien befassen? Die Antwort ist einleuchtend, beinahe trivial und schon fast historisch.

Immobilien waren von jeher Bauten für einen bestimmten Nutzungszweck. Von der Antike bis zur Neuzeit haben Baumeister die Wünsche der Bauherren entgegengenommen und in die Realität umgesetzt. Im Zuge der Spezialisierung und Industrialisierung im 19. Jahrhundert haben sich auch die baurelevanten Disziplinen differenziert und die Zahl der Baubeteiligten ist rasant angestiegen. Parallel dazu haben die technische Komplexität der Bauten und die Anforderungen der Bauherren, Nutzer und der Gesellschaft markant zugenommen. In der Folge ist der Koordinationsbedarf stark angestiegen, eine Aufgabe, die früher vom Architekten wahrgenommen wurde und heute zunehmend an die darauf spezialisierten Bauherrenberater delegiert wird.

Damit wurde der Bauherrenberater – ähnlich wie der Projektentwickler – zunehmend in die Gesamtverantwortung für den Erfolg eines Bauvorhabens eingebunden. Der Erfolg eines Bauvorhabens wird jedoch nur zu einem Teil durch eine hohe Bauqualität, günstige Investitionskosten und eine kurze Bauzeit bestimmt. Von ebenso grosser Bedeutung ist die professionelle Bewirtschaftung der Baute während der Nutzungsphase. Bereits bei der Konzeption und insbesondere bei der Projektierung eines Bauvorhabens werden aber entscheidende Weichen gestellt in Hinsicht auf den späteren Betrieb und Unterhalt, die sowohl die Lebenszykluskosten als auch den Gesamterfolg einer Immobilie wesentlich beeinflussen.

Es ist deshalb unerlässlich, dass Projektentwickler und Bauherrenberater über das nötige Rüstzeug im Bereich Immobilienbewirtschaftung verfügen, um Bauherren und Investoren in allen Lebensphasen einer Baute ganzheitlich beraten zu können. Diese Notwendigkeit wird noch akzentuiert durch die Tatsache, dass Projektentwicklung und Bauen immer seltener auf der «grünen Wiese» beginnt, sondern im Bestand stattfindet. Dabei geht es darum, bestehende Immobilien zu erhalten oder zu entwickeln bzw. umzunutzen oder zu erweitern, wobei immer auch der Ersatz oder der Verkauf als Alternativen zu prüfen sind. Auch diese Fragen sind ohne profunde Kenntnisse der Immobilienbewirtschaftung nicht kompetent zu beantworten.

In Teil E werden vor allem die strategischen Fragestellungen im Zusammenhang mit der Bewirtschaftung von Immobilien behandelt. Es geht deshalb weniger um die operativen Strukturen und Prozesse des Facility Managements bzw. des administrativen, technischen und infrastrukturellen Gebäudemanagements, sondern um die ganzheitliche Lebenszyklusbetrachtung von Immobilien, insbesondere um das Immobilien- und Portfoliomanagement, die Lebenszykluskosten, Betriebskonzepte und Betriebsoptimierung sowie um die nachhaltige Gestaltung und Steuerung von Immobilien anhand von Kennzahlen. Besondere Beachtung wird dabei den Unterschieden zwischen der Bewirtschaftung von öffentlichen und von privaten Gebäudebeständen geschenkt.

Im Weiteren muss darauf hingewiesen werden, dass der Grossteil der in Teil E dargelegten Konzepte, Methoden und Beispiele von der Abteilung Immobilien-Bewirtschaftung der Stadt Zürich stammen. Dies nicht, weil die Privaten weniger gut instrumentalisiert wären, die Stadt Zürich hat jedoch in vielen Belangen der Immobilienbewirtschaftung eine Vorreiterrolle inne.

In der nachfolgenden Abbildung sind die wesentlichen Rollen im Lebenszyklus einer Immobilie dargestellt und gegeneinander abgegrenzt. Diese Übersicht soll der Begriffsklärung und der fachlichen Einordnung der nachfolgenden Beiträge dienen.

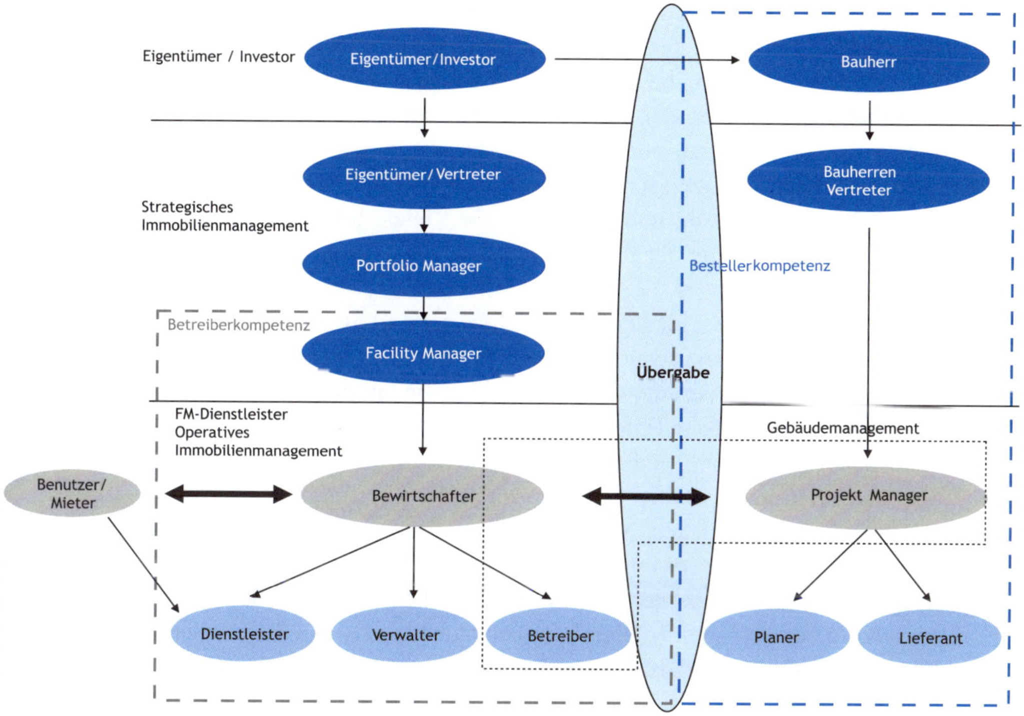

Abb. E1: Rollenmodell nach IFMA Schweiz-ProLeMo

3 Portfoliomanagement: Unterschiede Non-Profit vs. Profit Portfoliomanagement

Immobilienbesitz ist vor allem Immobilienpflege. Für Private ist dies wiederum eine Gratwanderung, auf der die Balance zwischen Aufwand und Ertrag stets unter Kontrolle bleiben muss. Bei Bauten im Verwaltungsvermögen der öffentlichen Hand – wo kein Mittelrückfluss generiert wird – sind im Hauptfokus die Nutzungskosten (Lebenszykluskosten). Erkenntnisse aus einer Studie des Hochbaudepartements der Stadt Zürich [E1] haben ergeben, dass dabei die Kapital-, Instandsetzungs- und Reinigungskosten den grössten Anteil ausmachen.

Worin unterscheiden sich überhaupt die privaten von den öffentlichen Immobilien? Auf den ersten Blick – gewissermassen «von der Strasse aus» – sind die beiden kaum zu unterscheiden. So sind z.B. heute viele ehemalige Infrastruktur- und Verwaltungsbauten, wie Bahnhöfe, Schulhäuser usw., in privatem Besitz. Beide, private wie öffentliche Immobilien, müssen betrieben und bewirtschaftet werden. Am deutlichsten treten die Unterschiede im Hinblick auf eine beabsichtigte Investition in eine Immobilie hervor. Legen die Privaten ihr Geld eben dort an, wo es sich rechnet, investieren die Öffentlichen in die Grundversorgung (Infrastruktur) von bestehenden Quartieren und Entwicklungsgebieten, z.B. aufgrund sich verändernder Bedürfnisse (Ausbau der Sicherheit wie Feuerwehr- oder Polizeistützpunkte) oder demografischer Entwicklungen (Schülerentwicklungen, Zu- und Wegzüge). Währenddem beim Immobilienfonds-Management Ertrag, Wertvermehrung und Sicherheit die Ziele sind, ist es bei den Öffentlichen die Sicherstellung der Infrastruktur und der Gebrauchstauglichkeit/Sicherheit der Anlagen.

Wesentliche Unterschiede gibt es auch betreffend Standort/Lage einer Immobilie. Während für den privaten Investor die Wahl des Standorts der Liegenschaft die grosse Herausforderung und von zentraler Bedeutung für die Wertschöpfung ist, ist für die öffentliche Hand die frühzeitige Sicherstellung von Standorten für künftige Infrastrukturvorhaben die grosse Herausforderung. Schulhäuser, Kindergärten, Betreuungsstätten usw. müssen in einer bestimmten Gehdistanz zu den Wohnüberbauungen liegen. Nicht selten ist – über Jahre hinweg – die Wertschöpfung dieser frühzeitig erworbenen Standorte nur gewachsenes Gras.

Auch was das Tempo der Umsetzung eines Bauvorhabens betrifft, gibt es bedeutende Unterschiede. Während ein privater Investor ein Bauvorhaben – vom Konzept bis zur Realisierung – in 2 bis 3 Jahren verwirklicht, benötigt die öffentliche Hand zwischen 6 bis 8 Jahre – je nach Vernehmlassungszeit (Stadtrat, Gemeinderat, Volk). In Entwicklungsgebieten bedeutet das, dass die neuen Wohnüberbauungen einige Jahre vor dem ersten Schulhaus gebaut sind. Um den notwendigen Schulraum trotzdem sicherzustellen, werden in der Stadt Zürich für die Übergangszeit hochwertige Schulpavillons aufgestellt. Zurzeit sind in der Stadt Zürich ca. 28 Pavillons im Einsatz.

3.1 Umfeld/Rahmenbedingungen

3.1.1 Private Investoren

In den letzten 20 Jahren hat im Management der Immobilien weltweit ein bedeutender Wandel stattgefunden: zum einen durch zahlreiche Forschungsbeiträge zur Portfoliooptimierung mit Liegenschaften und zum anderen durch zunehmend über die Immobilienmärkte verfügbares Datenmaterial. Parallel dazu haben sich die Rahmenbedingungen für Institutionen der indirekten Immobilienanlage substanziell verändert, in regulatorischer Hinsicht wie in Bezug auf die Investoren und das Angebot an Anlagemöglichkeiten [E3].

Der rasch angestiegene Anlagebedarf vieler institutioneller und privater Investoren basiert auf der starken angebotseitigen Auswirkung des Spektrums sowie des Volumens an Immobilien-Anlagemöglichkeiten. Mit deren zunehmender Wertorientierung hat sich auch die Qualität der Anlagen verändert.

Dieser Wandel der Wertorientierung hat verschiedene Entwicklungen ausgelöst: Bis vor wenigen Jahren war das Immobilieneigentum breit gestreut. Inzwischen haben viele Unternehmen sowie die öffentliche Hand damit begonnen, ihre Liegenschaftsbestände auszulagern. Auslöser war zunächst die Immobilienkrise in den 1990er Jahren und die damit verbundene schlechte Handelbarkeit von grossen Liegenschaftsbeständen. Weitere Faktoren, die eine Auslagerung attraktiv erscheinen lassen, sind die ineffiziente Bindung von Mitteln, ein geringerer Bedarf an Gebäuden für die Leistungserstellung infolge neuer Technologien sowie alternative Nutzungsformen.

Eine weitere Entwicklung fand auf Seite der Institutionen der indirekten Immobilienanlage statt, deren Portfolio bis Mitte der 1990er Jahren hauptsächlich aus Wohnliegenschaften bestand. Seither engagieren sich die Institutionen verstärkt auch in kommerziell genutzte Liegenschaften, in internationale Anlagen sowie in weitere Geschäftstätigkeiten.

3.1.2 Öffentliche Hand – Public Real Estate Management (PREM)

Die öffentliche Hand gehört in der Schweiz zu den wichtigsten Eigentümerinnen von Immobilien. Daten dazu sind nur schwer erhältlich. Rund ein Fünftel aller Hochbauten mit einem Wiedererstellungswert von ca. 350 Mrd. CHF befinden sich in öffentlichem Besitz [E2]. Davon dienen ca. 90 % aller Gebäude zur Erfüllung öffentlicher Aufgaben (Bildung, Erziehung, Freizeit, Gesundheit, Verwaltung und Kultur). Die restlichen 10 % sind Wohnbauten, die zu einem grossen

Teil zum Finanzvermögen der Gemeinden gehören. Der öffentliche Immobilienbestand wächst infolge nachlassenden Raumbedarfs langsamer als jener der Privaten.

Während vor einigen Jahren der Anteil der Ausgaben für Neubauten im Verhältnis zu Instandsetzungs- bzw. Erneuerungsmassnahmen grösser war, hat sich dieses Verhältnis umgekehrt (Stadt Zürich: Neubau ca. 40 %, Substanzerhalt ca. 60 %). Gleichzeitig sind die Ansprüche an öffentliche Immobilien gestiegen. Infolge der Sparpolitik resultierte in den 1990er Jahren ein grosser Unterhaltsrückstand. Die Finanzen für die erforderlichen Sanierungen sind ungenügend und somit kann der aufgestaute Unterhalt nicht abgebaut werden, was wiederum zu langfristig steigenden Sanierungskosten bzw. einem Wertzerfall führt. Die Mittel für den Gebäudeunterhalt müssen jährlich budgetiert und beantragt werden und sind somit einem politischen Ermessen ausgesetzt. Rückstellungen (Erneuerungsunterhalt) für einen ordentlichen Gebäudeunterhalt sind gemäss Finanz- und Haushaltsgesetz des Kantons Zürich (Zweckbindung von Steuergeldern) nicht zulässig.

Der immer stärker werdende Finanzdruck erfordert ein effizientes Immobilienmanagement, das erhöhten Ansprüchen gerecht wird. Aufgaben eines solchen Managements müssen beispielsweise die Entwicklung von Immobilienstrategien, Strukturreformen, Transparenz und Leistungsvergleiche, Bewertung des momentanen Immobilienbestandes, Budgetierung und Finanzplanung sein.

3.2 Immobilienmanagement

3.2.1 Aspekte des Corporate Real Estate Managements (CREM)

Herausforderung: Erfolg am Kapitalmarkt [E3]

Im Zentrum steht die optimale Organisation von «Immobilienvehikeln», die als primärer Geschäftszweck ein grosses Immobilienportfolio halten. Eine entscheidende Frage ist, wie sich ein derartiges «Vehikel» konzipieren lässt, welches am Kapitalmarkt erfolgreich ist. Im Hinblick auf den angestrebten Erfolg am Markt stellt sich die Frage nach der optimalen Grösse der Institution und der zu verfolgenden Strategie, nach der Zusammensetzung des Immobilienportfolios in Bezug auf die Liegenschaftstypen sowie nach dessen geografischer Fokussierung, ebenso nach der Höhe der Verschuldung und deren Instrumenten.

Wertmanagement mit Immobilien

Für die Wert- sowie Performance-Entwicklung einer Immobiliengesellschaft können sowohl exogene wie endogene Faktoren relevant sein. Während erstere im Sinne von nicht beeinflussbaren Rahmenbedingungen makroökonomische, marktbedingte, politische und rechtliche sowie institutionelle Grössen umfassen, beinhalten letztere jene Determinanten, welche die Gesellschaft innerhalb bestimmter Grenzen selbst steuern kann.

Ansatzpunkte für das Wertmanagement einer Immobilienunternehmung gibt es grundsätzlich wie bei jeder anderen Unternehmung auch. Der Fokus liegt hier jedoch auf Investmentgesellschaften und damit in erster Linie auf Massnahmen des Portfolio- und Finanzmanagements.

Zu den Steuerungsgrössen zählen die folgenden Faktoren:

- *Immobilientyp*: Büro-, Gewerbe-, Industrie-, Wohn-, Hotel-, Spitalliegenschaften sowie Land im Sinne unbebauter Grundstücke
- *Immobilienstrategie*: Buy & Hold (Halten), Bauen, Development (Entwickeln), Management (Bewirtschaften), Trading (Handel), immobilienfremde Geschäftsfelder
- *Geografischer Fokus*: Diversifikation im Sitzland der Gesellschaft, Immobilienanteil im Ausland
- *Aktiva*: Liquide Mittel, Anlagevermögen, Immobilien
- *Passiva*: Verschuldungsgrad, kurz- und langfristiges Fremdkapital, Stimmrechtsaktie, Free Float (Streubesitz)
- *Grösse der Unternehmung*: Marktkapitalisierung, Bilanzsumme
- *Ausschüttungen*: Payout-Ratio (Dividenden-Ausschüttungsverhältnis)
- *Rechtsform*: «normale» Equity-Gesellschaft, Spezialvehikel im Sinne von REITs (Real Estate Investment Trust) oder Schweizer Immobilienfonds

3.2.2 Immobilienmanagement der öffentlichen Hand, Public Real Estate Management (PREM)

Public Real Estate Management (PREM) unterscheidet sich vom Immobilienmanagement der Privaten (CREM) nur insofern, als beim PREM in der grossen Mehrheit nicht nur finanzielle Ziele im Vordergrund stehen. Vielmehr müssen ständig öffentliche und politische Aufgaben und Zielsetzungen beachtet und Rücksicht auf die Stadt- bzw. Gemeindeentwicklung genommen werden. Es besteht somit ein ständiger Zielkonflikt. PREM sollte sich im Rahmen der limitierten finanziellen Mittel und Ressourcen auf eine Effizienzsteigerung und eine wirkungsorientierte Verwaltung ausrichten. Orientierung dafür bieten privatwirtschaftliche Modelle, neue Finanzierungsmethoden und eine Konzentration auf die Kernaufgaben.

Drei kritische Erfolgsfaktoren für das PREM

- Entwicklung von standardisierten und klar definierten Prozessen für die Leistungserbringung
- Unterstützung dieser Prozesse durch eine passende Organisationsstruktur
- Steuerung der Prozesse durch geeignete Instrumente und Methoden

Ein betriebswirtschaftlich ausgerichtetes Immobilienmanagement, das solche Prozesse und Methoden sinnvoll integriert, lässt sich beispielsweise unterteilen in Portfolio-, Asset- und Facility-Management.

Es wird Wert auf ein ganzheitliches, nachhaltiges Immobilienmanagement gelegt, das nicht nur Kostenminderungen und effizienten Kapitaleinsatz anstrebt, sondern stets auch architektonisch-städtebauliche, sozialpolitische bzw. gesellschaftliche Kriterien und den Nachhaltigkeitsansatz in das Management einbezieht. PREM benutzt die Nachhaltigkeit und den sparsamen Umgang mit Ressourcen als Kriterien für ihre Entscheide.

Erfolgskriterien für PREM

- Liegenschaften professionell und ökonomisch / nachhaltig bewirtschaften
- Substanzwert mehren (Abbau des vernachlässigten Unterhalts)
- Nutzwert erhalten / steigern
- Raumnutzung (Belegungsquote) optimieren
- Präzise Daten / Kennzahlen / Kostentransparenz erheben und aufzeigen
- Nutzungskosten (Betriebs- und Bewirtschaftungskosten) reduzieren
- Rendite optimieren bei marktüblichen, kalkulatorischen Erträgen

Zentrale Fragestellungen

- Haben wir die richtigen Immobilien?
- Nutzen und bewirtschaften wir unsere Immobilien optimal?
- Wie erhalten wir die Substanz unserer Immobilien langfristig?
- Wie können wir den Flächenkonsum optimieren?

3.3 Portfolio Management

3.3.1 Corporate Portfolio Management – Portfolio-Selektion

Mit der Berücksichtigung von Immobilien als Anlageform resultieren für die Investoren verschiedene Fragen, die sich grob in drei Perspektiven unterteilen lassen.

Zum einen gibt es die Perspektive des Finanzinvestors, der Immobilien als Teil eines gemischten Portfolios hält. Es kann sich dabei sowohl um eine private Anlage als auch um eine Institution der Kapitalanlage handeln.

Zum andern stellt sich für die Institution mit einem grossen oder ausschliesslich aus Immobilien bestehenden Portfolio die Frage, wie dieses optimal konfiguriert wird. Konkret geht es um die optimale Selektion eines Portfolios aus verschiedenen Immobilientypen und Immobilienstrategien sowie um die Grösse und den geografischen Fokus der Gesellschaft.

Schliesslich hängt der Erfolg auf einem Immobilienportfolio auch davon ab, mit welchen Massnahmen das Management innerhalb der strategischen Vorgaben das Portfolio sowie die Einzelobjekte steuert. Im Zentrum stehen Leistungen des Facility Managements sowie der Portfolioentwicklung.

Ziel der Portfolio-Selektion ist eine optimale Allokation des Vermögens über die Anlagen. Die Portfolio-Selektion soll mithin Ausgangspunkt sein für die optimale Gestaltung von Einzelanlagen, im konkreten Fall von Immobiliengesellschaften. Zentral ist somit die Frage, welche Immobiliengesellschaften von den Investoren besser aufgenommen werden als andere?

Performance-Treiber

Performance wird hier verstanden als risikoadjustierter Gesamtertrag eines Investments. Wichtig ist das Element der Risikobereinigung.

Schlussfolgerungen einer Forschungsarbeit (unvollständig zitiert) [E3]

«Während der Immobilientyp und die Immobilienstrategie nur einen geringen Einfluss auf die Sharpe-Ratios haben, sind insbesondere Gewerbe-, Industrie- und Wohnliegenschaften mit hohen Aktienmarkt-Treynor-Ratios verbunden. Die geografische Fokussierung des Immobilienportfolios innerhalb des Sitzlandes wirkt sich nur schwach auf die Performance (Treynor-Ratio) und gar nicht auf die Börsenbewertung (P/E-Ratio [Kurs-Gewinn-Verhältnis]) aus. Dagegen stellen sich im Ausland gehaltene Liegenschaften als besonders nachteilig heraus. Die Grösse der Gesellschaften – gemessen als Marktkapitalisierung bzw. Bilanzsumme – ist nach verschiedenen Performance-Massen ein irrelevanter Faktor. Generell nachteilig – ausser für die P/E-Ratio – sind starke Schwankungen in den Jahresergebnissen.»

Corporate Portfolios

Für den Optimierungserfolg ergeben sich folgende wichtige Fragestellungen:

- Welcher Zusammenhang existiert zwischen Immobilientyp und Immobilienstrategie?
- Wie wirken sich Immobilientyp und -strategie auf die geografische Fokussierung der Aktivitäten und des Portfolios aus?
- Welchen Einfluss haben Fokussierungsstrategien bezüglich der Liegenschaftstypen, der Immobilienstrategie und der geografischen Dimension auf den Unternehmenswert?

Schlussfolgerungen einer Forschungsarbeit (unvollständig zitiert) [E3]

«Es gibt sowohl hinsichtlich der gehaltenen Portfolios als auch bezüglich der Strategiekombinationen grosse länderspezifische Besonderheiten. Büro- und Wohn-Immobilien werden generell selten gemeinsam gehalten (Ausnahme Asien). Schweizerische Immobilienfonds sind vorab im Wohnsektor engagiert und generieren stabile Einkommen.

Es zeigt sich für den jeweiligen Heimmarkt, dass Portfolios von Büroliegenschaften stärker lokal konzentriert sind, während Detailhandels-Immobilien und Shopping Centers sowie Spital- und Pflegeeinrichtungen eher Teil eines geografisch diversifizierten Portfolios sind.

Während sowohl die Immobilien- als auch die Strategie-Diversifikation wegen der implizierten Verhaltensrisiken von den Anlegern als Unsicherheitsfaktoren aufgefasst und mit Risikoprämien versehen werden, hat die geografische Diversifikation im Inland einen tendenziell positiven Einfluss auf den Wert, weil sich dadurch die Marktrisiken besser verteilen lassen (Stichwort: Klumpenrisiko).»

Optimales «set-up» (Konstruktion effizienter Corporate Portfolios)

Durch welche Eigenschaften sollte sich eine Gesellschaft aus Anlegersicht optimalerweise auszeichnen? Und welche Komponenten hat ein effizientes Corporate Portfolio einer Immobiliengesellschaft?

Schlussfolgerungen einer Forschungsarbeit (unvollständig zitiert) [E3]

«Folgendes hat sich gezeigt: Typisch für den Minimum-Varianz-Bereich sind Büroliegenschaften, zuweilen auch Gewerbeportfolios. Im Bereich hoher Renditen und Risiken häufig optimale Immobilientypen sind Gewerbe- und Wohnliegenschaften. Diese sind eher mit kurzem Fremdkapital finanziert. An Strategien erweisen sich im oberen Segment oftmals zu Buy & Hold auch immobilienfremde Geschäftsbereiche sowie die Bautätigkeit als effizient. Dagegen finden sich die Immobilientypen Hotel, Health Care (Gesundheitswesen) und Land eher am unteren Ende der Renditeskala, zuweilen trifft dies auch auf Portfolios von Industrieliegenschaften zu.»

3.3.2 Portfolio Management der öffentlichen Hand

Im Rahmen des Portfolio Management (PM) wird auf der Grundlage der Immobilienstrategie festgelegt, welche Immobilien die öffentliche Hand halten muss. Gestützt auf einen Kriterien-Katalog kann über Kaufen, Halten oder Verkaufen entschieden werden. Die Grösse des Portfolios ist historisch gewachsen und von den öffentlichen Aufgaben bestimmt. Das PM der öffentlichen Hand kann weder durch marktwirtschaftliche Kennzahlen noch durch eine Performance beurteilt werden, sondern basiert auf einer anderen Logik.

Das PM wird als Analyse- und Planungsinstrument sämtlicher Immobilien eines Eigentümers genutzt. Das PM liefert Transparenz über den gesamten Bestand der Immobilien und ermöglicht eine den strategischen Zielen angepasste Planung und genaue Betrachtung der einzelnen Immobilien, mit dem Ziel eines ausgewogenen Portfolios. Unter Einbezug verschiedener Einflussgrössen, wie der Marktentwicklung, oder der Chancen- und Risiko-Potenziale oder Stärken und Schwächen der Immobilien, ermöglicht die Portfolioanalyse den Entscheidungsträgern, den Immobilienbestand aus einer Gesamtsicht heraus zu führen und den Zielen der Stadt/Gemeinde anzupassen. Dabei ist eine Optimierung des Gesamtportfolios durch geeignete Zu- und Verkäufe oder Umgestaltungen von entscheidender Bedeutung.

Zu diesem Zweck wird der gesamte Immobilienbestand segmentiert, wie z.B. Gesundheitsbauten, Schulen, Kultur, Sportbauten, Sozialbauten usw. und in den einzelnen Teilportfolios beurteilt. Das PM ermöglicht damit eine Flexibilisierung des Immobilienbestandes. Ein strategisches Portfoliomanagement setzt voraus, dass in jedem Teilportfolio eine klare, vorausschauende Portfoliostrategie besteht. Diese beruht auf vorausschauenden (mittel- und langfristigen) Bedarfsstrategien der Nutzer, auf den Unterhaltsstrategien sowie auf dem Finanzbedarf des Teilportfoliomanagements.

Eine *Portfoliostrategie* umfasst:

- die Strategie zur Entwicklung eines Portfolios im gesamtstädtischen Kontext
- das Erfassen des Bedarfs der Kundengruppe im Portfolio (Mittel- und langfristige Entwicklungen, Trends, Technologie- und Organisationsentwicklung, Betriebsoptimierung)
- das Suchen von Standorten
- die Optimierung und Instandhaltung des Portfoliobestandes
- die Sicherstellung der finanziellen und personellen Mittel
- das Setzen von Rahmenbedingungen, welche auf die Objektebene wirken

Aufgabenbereich des PM (unvollständige Aufzählung)

- Verantwortung für die optimale, langfristige Vermietung
- Wert des Portfolios halten bzw. steigern
- Umsetzen der Investitionsstrategie inkl. Sicherstellung der finanziellen Mittel
- Strategisches Flächenmanagement
- Sicherstellen der relevanten Strategien zur optimalen Portfolioentwicklung
- Ableiten der Nachhaltigkeits- und Umweltstrategie
- Ableiten der Unterhaltsstrategie
- Erarbeiten von Raumstandards
- Sicherstellen des Raumcontrollings (Kennzahlen, Auswertungen, Analysen)

Das *Strategische Flächenmanagement* hat das Ziel, eine Gesamtsicht der Entwicklung des Flächenbedarfs (mittel- bis langfristig), die Erstellung von Entscheidungsgrundlagen zu einer Flächenbeschaffungsstrategie sowie eines Flächenreportings für die Unternehmenssteuerung aufzuzeigen. Weitere Aufgaben sind die Koordination des Bedarfs der Teilportfolios und der Standortstrategien, Aufzeigen der Synergien zwischen den Teilportfolios sowie des Controllings der Leerstände, der Reserve- und Rochadeflächen.

Immobilien im Verwaltungsvermögen (Zitat aus [E4])

«Öffentlichen Immobilien wird oft nachgesagt, dass sie keine Rendite erwirtschaften müssen und daher nicht wie kommerzielle Anlagen zu behandeln sind. In der Tat kann davon ausgegangen werden, dass die Rendite auf den Immobilien im Verwaltungsvermögen nicht mit jenen kommerzieller Bauten verglichen werden kann. Es wäre hingegen ein fataler Trugschluss zu folgern, dass sie nicht gleichermassen ökonomisch und professionell zu bewirtschaften seien. Selbst wenn eine monetäre Rendite nicht offensichtlich erwirtschaftet werden kann, so haben doch Effizienzgewinne in der Bewirtschaftung eine positive Auswirkung auf das Ergebnis der öffentlichen Hand insgesamt.»

4 Lebenszyklusbetrachtung einer Immobilie – Erstellungs- und Nutzungskosten

4.1 Einleitung

Was bedeutet eine Lebenszyklusbetrachtung und wozu dient diese? Konkurrenziert die Lebenszyklusbetrachtung etwa Minergie, Minergie P, die 2000 Watt-Gesellschaft oder das Gebäudelabeling? Solche und andere Fragen tauchen im Umfeld des offensichtlich zu wenig bekannten Instruments zur Kostenkontrolle auf.

Durch die Diskussion um das Nachhaltige Bauen und Effizienzgewinne bei BOT-Verträgen (Built-Operate-Transfer) oder PPP-Modellen (Public Privat Partnership) haben sich die Lebenszykluskosten (LZK) als Synonym für ganzheitliche Kostenplanung durchgesetzt.

International hat sich der Begriff Life Cycle Costs (LCC) etabliert. Die Norm ISO 15686 [E5] definiert *Life Cycle* Cost als «total cost of a building (or its parts) throughout its life, including the costs of planning, design, acquisition, operations, maintenance and disposal, less any residual value».

In der Schweiz hat sich der Begriff Lebenszykluskosten in Anlehnung an SIA 112/1 (2004) durchgesetzt: «Lebenszykluskosten nennt man die Summe aller Kosten, die ein Gebäude (ohne Grundstück) von der Projektentwicklung (strategische Planung) bis zu seiner Verwertung (Rückbau oder Verkauf) verursacht ». Die Definition des *Lebenszyklus* wird meist in Anlehnung an die GEFMA 100-1 [E6] gewählt: «Der Lebenszyklus einer baulichen Anlage (ohne Grundstück) reicht über die strategische Planung, Projektierung, Realisierung, Bewirtschaftung, ggf. Nutzungsänderungen bis zur Verwertung (Rückbau oder Verkauf)». Detaillierungen zum Berechnungsansatz liefert GEFMA 220 [E7].

Eine Immobilie soll einen für den Investor oder Eigentümer definierten Zweck erfüllen bzw. Nutzen stiften. Bei baulichen Investitionen sind die Nutzungszeiten aber eher lange (60 bis 100 Jahre) anzusetzen. Somit sind Umnutzungen mit entsprechenden baulichen Anpassungen normal. Daher stellt sich die Frage nach dem Lebenszyklus. Wird nun der einzelne Bauteil oder die ganze Immobilie betrachtet?

Einflüsse des Betrachtungszeitraums

Der Betrachtungszeitraum definiert die Dauer für welche die Rechnung der Lebenszykluskosten angewendet werden soll. In der nachfolgenden Abbildung ist das Verhältnis der Investitionskosten zu den Lebenszykluskosten in Bezug auf einen Betrachtungszeitraum (Nutzungsdauer Gebäude) von 100, 60 und 30 Jahren sowie unter der Annahme eines Kapitalzinssatzes von 4 % für ein Schulgebäude in der Stadt Zürich dargestellt.

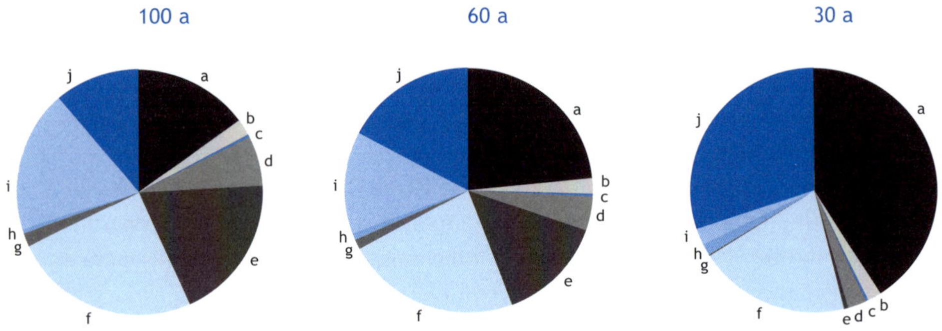

	100 a	60 a	30 a
a Investitionskosten	15%	23%	42%
b Verwaltungskosten gesamt	2%	2%	2%
c Gebäudeversicherung gesamt	0%	0%	0%
d Instandsetzung Haustechnik	7%	5%	2%
e Instandsetzung baulicher Unterhalt	19%	14%	1%
f Betriebskosten	24%	23%	20%
g Teilrückbau	2%	1%	0%
h Rückbaukosten	1%	1%	1%
i Kapitalkosten Instandsetzung	19%	14%	2 %
j Kapitalkosten	11%	17%	30%

Abb. E2: Lebenszykluskosten in Bezug auf einen Betrachtungszeitraum (Nutzungsdauer Gebäude) von 100, 60 und 30 Jahren (in %)

Der technische Lebenszykluswert eines Bauteils müsste also klar und eindeutig dem Gesamtnutzen untergeordnet werden. Somit diktiert die effektive Nutzung und nicht die Bauteil-Lebenserwartung die gesamte Rechnung. Dies führt bei Umnutzungen von Immobilien zu zusätzlichen Kostenabschreibungen.

In Abbildung E3 ist die durchschnittliche Verteilung der Lebenszykluskosten von sieben unterschiedlichen Gebäuden der Stadt Zürich dargestellt.

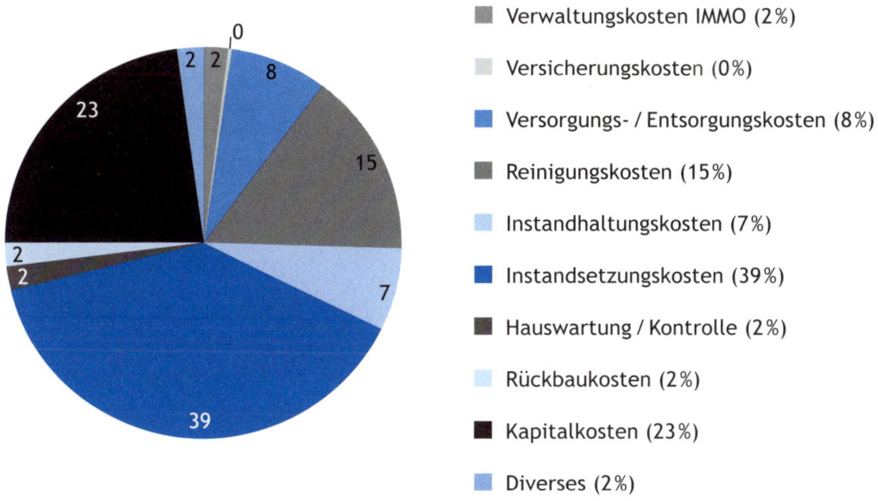

Abb. E3: Durchschnittliche Verteilung der Lebenszykluskosten von sieben Gebäuden der Stadt Zürich (in %)

Somit muss einer Immobilie auch ein Lebenszyklusphasenmodell zugeordnet werden. Da unbestritten das Facility Management für einen wirtschaftlichen Betrieb der Immobilie verantwortlich ist, muss festgehalten werden, dass diese Verantwortung nicht mit der Übernahme der Immobilie beginnt. Vielmehr muss diese Verantwortung schon in der Entwicklungsphase wahrgenommen werden. Dies teilweise zum Erstaunen der Planenden. Die wichtigsten Impulse für den Erfolg einer Immobilie werden bei der Eigentümerstrategie und der Projektdefinition gegeben.

Der Lebenszyklus eines Gebäudes gliedert sich in einzelne Lebenszyklusphasen. Den Phasen können Prozesse, Leistungen und Kosten zugeordnet werden. Die Lebenszyklusphasen werden wie folgt definiert.

Abb. E4: Lebenszyklusphasenmodell

Sehr kritisch ist in der Phase 9 «Wertvermehrende Erhaltung» die Tatsache, dass Bauteile, die das Ende des Lebenszyklus noch nicht erreicht haben, vernichtet bzw. durch neue Bau- und Anlageteile ersetzt werden. Da stellt sich die Frage, ob der alte, meist erste Lebenszyklus abgeschlossen (und abgerechnet) werden soll? Viele professionelle Eigentümer führen den ersten Erneuerungszyklus zu einem günstigen Zeitpunkt und in Abhängigkeit von den notwendigen Eingriffen durch und rechnen die Restlebenszykluskosten entsprechend der ersetzten Komponenten auf.

4.2 Ermittlung der Lebenszykluskosten

Abbildung E5 zeigt die Ergebnisse der Lebenszykluskostenermittlung im Rahmen der Projektdefinition, des Projektwettbewerbes und des Vor- und Bauprojekts in Bezug auf die Lebenszykluskosten. Des Weiteren sind beispielhaft die Grundlagen zur Ermittlung der Lebenszykluskosten sowie die Verantwortlichkeiten und Anwendenden dargestellt. Die Phase der Nutzung wird gemäss Projektdefinition noch nicht betrachtet, ist hier jedoch im Sinne der Vollständigkeit in Bezug auf die Datengrundlagen zu Kennzahlen aus dem Betrieb mit abgebildet.

Die Stadt Zürich erarbeitete ein Vier Säulen-Modell zur Steuerung der Projektentwicklung (IMMO = Immobilien-Bewirtschaftung oder Liegenschaftenverwaltung in der Rolle als Eigentümervertreterin und bei Teilportfolios auch der Betreiberin, AHB = Baufachorgan in der Rolle als Bauherrenvertreter).

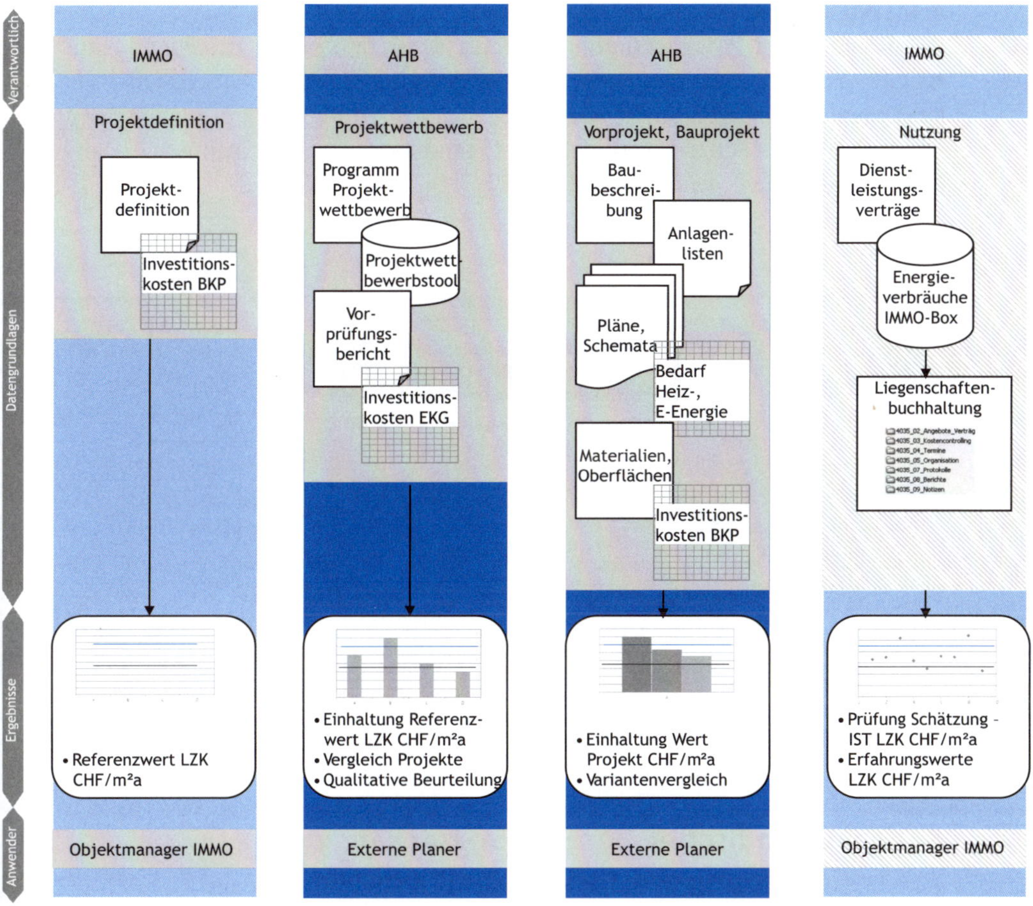

Abb. E5: Vier Säulen-Modell der Stadt Zürich zur Ermittlung und Steuerung der Lebenszykluskosten

Anmerkungen zur Projektdefinition

Das Ergebnis der Projektdefinition (→ Teil C Kap. 5.9) ist die Bestellung beim Bauherrenberater (oder Baufachorgan). Auf der Grundlage des Auftragsentwurfs kann eine Machbarkeitsstudie (oder Testplanung) erfolgen. Nach Abstimmung mit der künftigen Nutzerschaft und dem Eigentümer erfolgt die definitive Beauftragung durch die Eigentümerschaft.

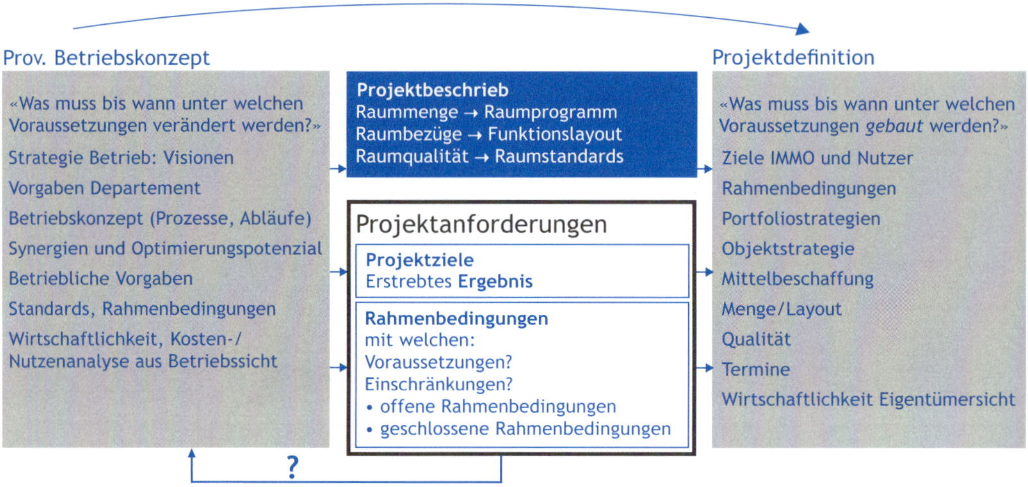

Abb. E6: Schematische Darstellung vom Betriebskonzept zur Projektdefinition

4.3 Methodischer Berechnungsansatz zur Ermittlung der Lebenszykluskosten

4.3.1 Berechnungsmethoden

Für die Berechnung der Lebenszykluskosten stehen verschiedene Methoden der Wirtschaftlichkeitsrechnung zur Verfügung. Im Sinne einer Systemabgrenzung werden nur Kosten und keine Erträge berücksichtigt. Die Berechnungsmethoden gliedern sich in:

- statische Methoden
- dynamische Methoden

Die statischen Methoden (z.B. Kostenvergleichsrechnung) verwenden einperiodische Durchschnittswerte (Periode = Jahr), die den tatsächlichen Zeitpunkt des Kostenanfalls nicht berücksichtigen. Die dynamischen Methoden (z.B. Kapitalwertmethode, Annuitätenmethode) bilden den Zeitwert des Geldes durch Diskontierung (Abzinsung) künftiger Zahlungen auf den Betrachtungszeitpunkt ab (→Teil G Kap. 3.1.16.1). Die jährliche Ermittlung der Kapitalkosten und der Erhaltungskosten (werterhaltend) erfolgen im LZK-Tool (→ Teil E Kap. 4.3.2) dynamisch. Die Summe der Lebenszykluskosten über den Betrachtungszeitraum wird sowohl nach dem dynamischen wie auch nach dem statischen Berechnungsverfahren ausgewiesen.

4.3.2 Lebenszykluskosten von Gebäuden

Die nachfolgenden Ausführungen beziehen sich auf ein IT-Tool, welches von der Stadt Zürich für die Ermittlung der Lebenszykluskosten von Gebäuden entwickelt wurde.

Lebenszykluskosten

Auf der Grundlage der Definition der Lebenszykluskosten (KLZ) ergibt sich der folgende Algorithmus:

KLZ = KIV + (KNU * zB) + (KEHwv * n) + KVW [CHF]

KLZ	Lebenszykluskosten [CHF]
KIV	Einmalige Investitionskosten [CHF]
KNU	Jährliche Nutzungskosten [CHF/a]
KEHwv	Erhaltungskosten wertvermehrend [CHF/n]
KVW	Verwertungskosten [CHF]
zB	Anzahl Jahre im Betrachtungszeitraum [a]
n	Anzahl der Erhaltungsmassnahmen wertvermehrend [-]

Investitionskosten

Die einmaligen Investitionskosten (KIV) umfassen sämtliche Kosten der Phasen:

- Strategie der Stadt Zürich
- Strategische Planung
- Projektdefinition, Machbarkeitsstudie, Projektwettbewerb
- Vorprojekt, Bauprojekt
- Ausschreibung
- Realisierung

KIV = KHO + KBA [CHF]

Diese Kosten umfassen im Wesentlichen Honorarkosten (KHO) und Baukosten (KBA). Es ist zu beachten, dass das Tool kein Instrument zur Investitionskostenermittlung ist. Die Investitionskosten sind als Datengrundlage zu liefern. Honorarkosten der Planung können, sofern nicht bekannt, als Prozentsatz zu den Baukosten ermittelt werden.

Nutzungskosten

Die jährlichen Nutzungskosten (KNU) setzen sich aus folgenden jährlichen Kostenteilen zusammen:

KNU = KBW + KMP + KAS + KKA [CHF/a]

KBW	Bewirtschaftungskosten [CHF/a]
KMP	Miet- und Pachtkosten [CHF/a]
KAS	Abschreibungskosten [CHF/a]
KKA	Kapitalkosten [CHF/a]

Bewirtschaftungskosten

Die Bewirtschaftungskosten (KBW) entsprechen der Summe der jährlichen Bewirtschaftungskosten über den Betrachtungszeitraum. Diese Kosten setzen sich wie folgt zusammen:

KBW = KVA + KVS + KBE + (KEHwe * n) [CHF/a]

KVA	Verwaltungskosten [CHF/a]
KVS	Versicherungen und Steuern [CHF/a]
KBE	Betriebskosten [CHF/a]
KEHwe	Erhaltungskosten werterhaltend [CHF/n]
Nn	Anzahl der Erhaltungsmassnahmen werterhaltend [-]

Betriebskosten

Die Betriebskosten setzen sich wie folgt zusammen:

KBE = KVE + KES + KRP + KSH + KIH [CHF/a]

KVE	Versorgungskosten [CHF/a]
KES	Entsorgungskosten [CHF/a]
KRP	Reinigungs- und Pflegekosten [CHF/a]
KSH	Sicherheitskosten [CHF/a]
KIH	Instandhaltungskosten [CHF/a]

Erhaltungskosten werterhaltend

Die werterhaltenden Erhaltungskosten können auch den Abschreibungskosten gleichgesetzt werden. Dabei wird davon ausgegangen, dass jedes Bauteil nach Ende seiner Lebensdauer instandgesetzt und durch diese Massnahme wieder auf den ursprünglichen Ausgangswert zurückgeführt wird. Das Ende der Nutzungsdauer des Gebäudes wird nicht vom Ende der Lebensdauer der Bauteile bestimmt, d.h. es wird von einem «permanenten» Bauwerk ausgegangen. In der Praxis ist das Ende der Nutzungsdauer des Gebäudes jedoch von diversen Faktoren abhängig, welche zum Zeitpunkt der Erstellung noch unbekannt sind. Der Zeitraum vom Neubau bzw. der Gesamtinstandsetzung bis zum prognostizierten Ende der Nutzungsdauer des Gebäudes wird als Betrachtungszeitraum eingegeben.

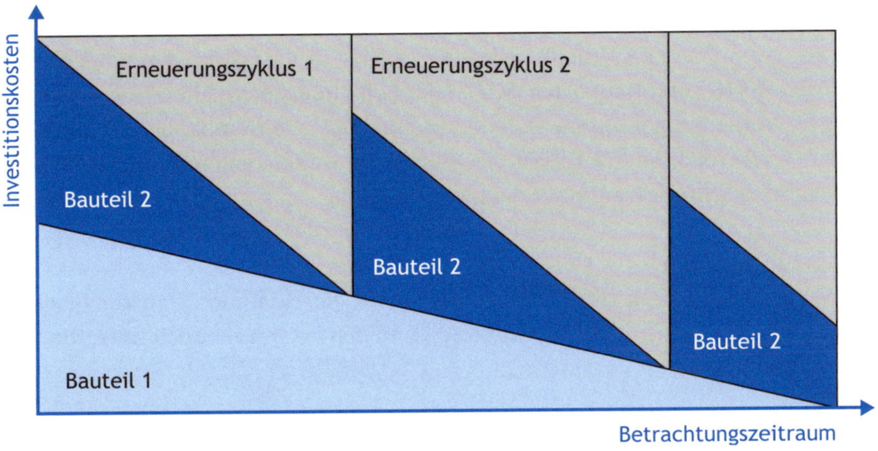

Abb. E7: Verlauf der Erhaltungskosten über die Erhaltungszyklen

Miet- und Pachtkosten

Die Miet- und Pachtkosten (KMP) werden nicht berücksichtigt, da diese nur bei einer Kosten- / Ertragsbetrachtung relevant sind.

Abschreibungskosten

Als Abschreibung wird die Wertminderung einer Anlage oder eines Bauteils bezeichnet. Dabei wird der Wertverlust durch Gründe wie Alterung und Verschleiss verursacht. Die Abschreibungskosten können, wie oben erwähnt, auch den Erhaltungskosten werterhaltend gleichgesetzt werden und werden deshalb als Abschreibungskosten nicht mehr weiter berücksichtigt.

Kapitalkosten

Die Abschreibungskosten und die Zinslast werden auf Grundlage der Investitionskosten als Annuität berechnet, d.h. deren Summe ist über die ganze Nutzungsdauer des Gebäudes gleich hoch. Der jährliche Zins entspricht in der hiesigen Aufstellung den Kapitalkosten. Sein Verlauf über die Jahre ist bei der Annuität an die Abschreibung gekoppelt, die degressiv verläuft. Um den Einfluss der Inflation, welcher über lange Zeiträume kaum vorhergesagt werden kann, auszuschliessen, muss eine reale Betrachtungsweise gewählt und ein entsprechender Zinssatz eingesetzt werden. Für die Lebenszykluskostenermittlung wird gemäss Kostengliederung nach «Zürich baut gut und günstig» von Fremdkapitalkosten ausgegangen.

Erhaltungskosten wertvermehrend

Die wertvermehrenden Erhaltungskosten (KEHwv) umfassen sämtliche Honorarkosten (KHO) und Baukosten (KBA) der Erhaltungsmassnahmen (z.B. Erneuerungen, Veränderungen) innerhalb des Betrachtungszeitraums. Die Erhaltungskosten wertvermehrend (KEHwv) werden nicht weiter berücksichtigt, da diese über den Betrachtungszeitraum von mehr als 10 Jahren kaum abzuschätzen sind.

Verwertungskosten

Die Verwertungskosten (KVW) setzen sich aus den Honorarkosten zur Planung der Verwertung sowie den Rückbaukosten und den entsprechenden Entsorgungskosten zusammen.

4.3.3 Einflussgrössen

Die Lebenszykluskosten eines Gebäudes sind abhängig von baulichen, technischen und nutzungsbedingten Einflussgrössen. Gebäudenutzung, Tragwerk und Gebäudehülle, eingesetzte Materialien sowie die technische Ausstattung eines Gebäudes, nur als Beispiele aufgezählt, sind ausschlaggebend für die Lebenszykluskosten. Die Kenntnisse über die genaue Umsetzung der Einflussgrössen steigen mit zunehmendem Projektfortschritt. Für die phasenorientierte Ausbildung des Tools ist die Kenntnis über die Einbindung der Einflussgrössen in die Berechnung entscheidend.

Qualitative Umsetzung

Im ersten Ansatz wird qualitativ dargestellt, zu welchem Zeitpunkt die grundlegenden Einflussgrössen, die für eine detaillierte Lebenszykluskostenermittlung erforderlich sind, bekannt sind. Hierbei bedeutet:

\- Einflussgrössen sind nicht bekannt
o Einflussgrössen sind in Teilen bekannt
\+ Einflussgrössen sind bekannt

Die Aussage «Einflussgrössen sind nicht bekannt» bedeutet nicht, dass die Lebenszykluskosten nicht ermittelt werden können, sondern dass aufgrund einer übergeordneten Kategorisierung des Gebäudes, auf Basis globaler Kennzahlen, Erfahrungswerte angenommen werden können. Kategorisierungsansätze hierzu sind beispielsweise:

- Nutzung (z.B. Betriebszeit, Publikumsverkehr, Sondernutzungen)
- Aussenwirkung des Gebäudes (z.B. Qualitätsstandard)
- Technisierungsgrad
- A/EBF-Verhältnis

Kostengruppen	Kostenart	Projekt-definition	Wett-bewerb	Vor-projekt	Bau-projekt	Nutzung
Strategie der Stadt Zürich	HK	+	+	+	+	+
Strategische Planung	HK	+	+	+	+	+
Projektdefinition und Machbarkeitstudien	HK	+	+	+	+	+
Projektwettbewerb, Auswahlverfahren	HK	+	+	+	+	+
Projektierung (Vor- und Bauprojekt)	HK	-	-	+	+	+
Ausschreibung	HK	-	-	+	+	+
Realisierung						
Personal- und Planungskosten	HK	-	-	+	+	+
Baukosten	IK	+	+	+	+	+
Bewirtschaftung						
Verwaltungskosten	NK	-	-	+	+	+
Versicherungen, Steuern	NK	+	+	+	+	+
Betriebskosten	NK					
Ver- und Entsorgung	NK	-	o	+	+	+
Sicherheit und Bewachung	NK	-	o	+	+	+
Reinigung und Pflege	NK	-	o	+	+	+
Überwachung und Instand-haltung	NK	o	o	+	+	+
Erhaltungskosten werter-haltend	NK	-	-	-	+	+
Abschreibungen	NK	-	-	o	+	+
Kapitalkosten	NK	-	-	o	+	+
Erhaltungskosten wertvermehrend						
Personal- und Planungskosten	HK	-	-	-	-	o
Baukosten	IK	-	-	-	-	o
Verwertung						
Personal- und Planungskosten	HK	-	-	+	+	+
Entsorgungskosten	IK	-	-	-	+	+

HK= Honorarkosten / IK= Investitionskosten / NK= Nutzungskosten
- Einflussgrössen sind nicht bekannt
o Einflussgrössen sind in Teilen bekannt
+ Einflussgrössen sind bekannt

Abb. E8: Einflussgrössen der Lebenszykluskosten

Aus der Abbildung E8 sind die folgenden Schlussfolgerungen abzuleiten:

- Wesentliche Lebenszykluskosten-beeinflussende Grössen sind erst ab dem Vorprojekt bekannt.
- Für die Phase der Projektdefinition und des Projektwettbewerbs sind nutzungsspezifische Kennzahlen aufgrund bekannter Parameter abzuleiten. Eine entsprechende Datenauswertung muss stattfinden.
- Pro Phase des Bauprojekts ist ein eigenständiges Ermittlungstool für Lebenszykluskosten sinnvoll. Die nutzungsübergreifende Abbildung innerhalb eines LZK-Tools (Varianz der Kennwerte) ist zu untersuchen.

4.3.4 Berechnungstool

Die Projekt- bzw. Objekt-Berechnungen werden mittels eines bewusst einfach gehaltenen Berechnungstools auf Excel-Basis erstellt. Darin werden laufend die aktuellen Pflegedaten nachgeführt.

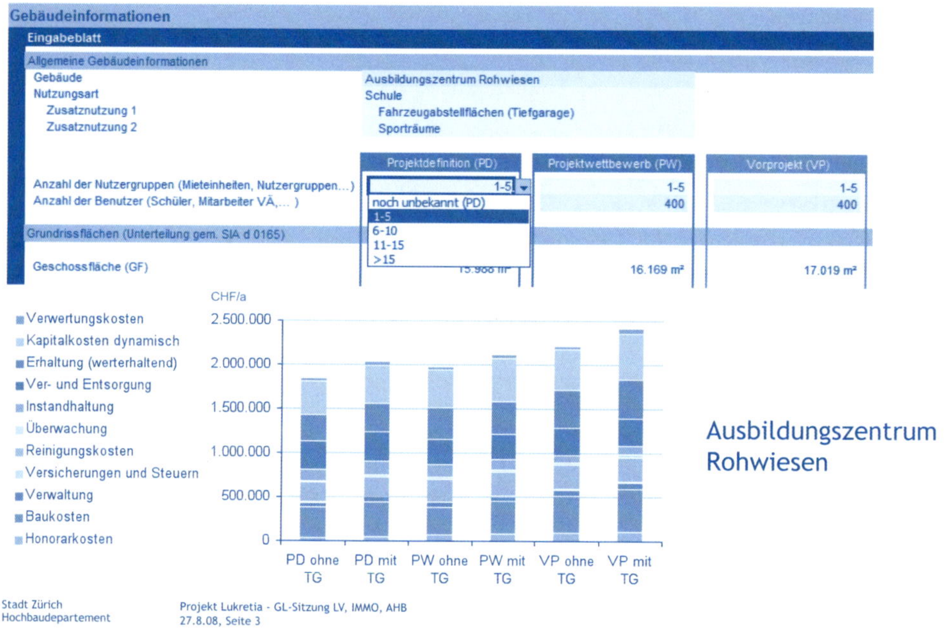

Abb. E9: Kurzdarstellung Tool und Auswertungsbeispiel

5 Nachhaltigkeitsrating auf Immobilien – Werkzeuge und Auswertungen

Nachhaltigkeit liegt im Trend. Es gibt fast keine kommerzielle oder öffentliche Institution, die nicht im Rahmen ihrer Kommunikationsmassnahmen die Nachhaltigkeit erwähnt, handle es sich um die Herstellung von Waschmitteln («reinigt nachhaltig») oder um Vermögensverwaltung. Es ist jedoch unbestritten, dass insbesondere bei der Erstellung und Bewirtschaftung von Gebäuden den Forderungen nach einer nachhaltigen Entwicklung grösste Bedeutung zukommt.

Ein Gebäude zu erstellen bindet erhebliche finanzielle und materielle Mittel über eine sehr lange Zeit. Dies sind nicht nur die Mittel für das Erstellen eines Gebäudes, sondern auch für dessen Nutzung während der gesamten Dauer des Bestehens. Während dieser Dauer verändern sich Gesellschaft, Umfeld und Wirtschaft mit zunehmender Geschwindigkeit.

Zur Erläuterung nur ein paar Fakten: Der Rohbau eines Gebäudes hat bei der in der Schweiz herkömmlichen Bauweise eine Lebenserwartung von ca. 120 Jahren. Die Gebäudehülle, Haustechnik und Innenausbau haben jedoch eine wesentlich kürzere Lebensdauer. Diese sind daher in diesem Zeitraum je nach Nutzung des Gebäudes zirka 4- bis 5-mal zu ersetzen.

Der Wert eines Gebäudes setzt sich nicht nur aus ökonomischen Werten (Landwert, Gebäudewert) sondern auch aus indirekt-ökonomischen (Nutzwert) und auch nicht-ökonomischen Faktoren (kulturelle Werte, hedonische Werte wie z.B. Umfeld, Aussicht usw.) zusammen, die sich im Wandel der Zeit mehr oder weniger rasch ändern.

Der Stadtrat der Stadt Zürich hat sich in der Legislaturperiode 2002–2006 folgendes Ziel gesetzt: «Wir beachten das Prinzip der Nachhaltigkeit bei sämtlichen Tätigkeiten – planen, bauen, betreiben, erhalten.» Dabei wurde im Hochbaudepartement das Thema auf Stufe Städtebau bis und mit dem einzelnen Objekt durchleuchtet und es wurden Strategien zur Umsetzung dieser Thematik untersucht. Während der Legislatur 2002–2006 wurden insbesondere Projekte wie LUKRETIA (Analyse der Lebenszykluskosten an diversen öffentlichen Bauten) [E1] und die Entwicklung eines Nachhaltigen Portfolio Ratings (NPR) für Schulbauten durchgeführt. In der Legislatur 2006–2010 wird das Thema Nachhaltigkeit weitergezogen.

Die 2001 gegründete Immobilien-Bewirtschaftung der Stadt Zürich ist eine Dienstabteilung des Hochbaudepartements. Ihre Aufgaben umfassen unter anderem die Bewirtschaftung der zum Verwaltungsvermögen gehörenden Liegenschaften, mitunter das Portfoliomanagement und die Projektdefinition von Bauvorhaben (Public Real Estate Management PREM). Im Gegensatz zu den Objekten im Finanzvermögen der Stadt Zürich handelt es sich dabei im Verwaltungsvermögen (mit Ausnahme der Bürogebäude der Verwaltung) um Hochbauten und Anlagen der öffentlichen Infrastruktur, beispielsweise Altersheime, Pflegezentren, Schulanlagen, Sportanlagen, Werkhöfe, soziale Einrichtungen und Polizeibauten. Solche Anlagen sind aufgrund ihrer Funktion und Aufgabe schwer oder gar nicht nach marktwirtschaftlichen Kriterien zu beurteilen. Eine Schulanlage, zum Beispiel, muss funktionsbedingt in einem bestimmten Quartier sein und kann nicht aus Renditeüberlegungen verkauft und an die Peripherie der Stadt verlegt werden. In der Bau- und Zonenordnung sind die Grundstücke von Bauten im Verwaltungsvermögen oft der Zone für öffentliche Bauten zugeteilt und können daher auch nicht zu anderen Zwecken verwendet werden. Dazu kommen noch weitere Gründe, warum die Immobilien-Bewirtschaftung der Stadt Zürich nicht nach denselben Kriterien handeln kann wie die Privatwirtschaft:

- Kommerzielles Portfoliomanagement wird durch die Regeln des Marktes gesteuert. Das PREM im Verwaltungsvermögen wird durch Entscheide der politischen Exekutive gesteuert.
- Kommerzielles Portfoliomanagement umfasst auch den Kauf und Verkauf von Liegenschaften. Dem PREM im Verwaltungsvermögen ist der Liegenschaftenhandel nicht zulässig; gemäss öffentlichem Recht ist dies ausschliesslich dem Finanzdepartement erlaubt.
- Kommerzielles Portfoliomanagement kann Rückstellungen machen, mit dem es den Unterhalt und die Instandsetzung seiner Liegenschaften finanziert. Der öffentlichen Hand ist das Erstellen von solchen Rückstellungen untersagt. Das PREM muss jedes Jahr von Neuem die notwendigen Mittel für die Instandsetzung beantragen. Diese Mittel sind nicht durch den Immobilienbestand, sondern durch die Legislative bestimmt.

Kurz gesagt, das Public Real Estate Management muss für seine Strategien einen anderen Massstab und andere Entscheidungskriterien finden, als im freien Markt üblich ist. Kommerzielles Portfoliomanagement ist Rendite-orientiert und beurteilt die Liegenschaften aufgrund der finanziellen Performance. Diesen Ansatz kann die öffentliche Hand nicht anwenden, da:

- die Grösse ihres Portfolios von der politischen Behörde aufgrund des bestehenden Gebäudebestandes und den öffentlichen Aufgaben bestimmt ist,
- die Mittel für die Bewirtschaftung durch die politische Behörde aufgrund des Finanzhaushalts gegeben sind und
- die «Miete», die von der Immobilien-Bewirtschaftung der Stadt Zürich den Nutzern verrechnet wird, nach einer durch den Stadtrat bestimmten einheitlichen Portfoliomiete definiert ist.

Der Ansatz, welcher die Immobilien-Bewirtschaftung der Stadt Zürich für ihre Portfoliostrategie entwickelt hat, basiert auf den Kriterien der SIA Empfehlung 112/1 «Nachhaltiges Bauen». Die darin beschriebenen 11 Kriterien decken die diversen Faktoren ab, die für die Entwicklung einer individuellen Objektstrategie relevant sind. Die SIA Empfehlung ist aber auf die Sicht des Architekten ausgerichtet, der mit dem Bauherrn die Nachhaltigkeitsziele für das spezifische Bauvorhaben vereinbart. Als Kriterienkatalog für Portfolio-strategische Entscheide eines professionellen Eigentümervertreters der öffentlichen Hand mussten also Anpassungen gemacht werden. Insbesondere ging es darum, der Berücksichtigung anderer öffentlicher Aufträge wie Denkmalpflege, Architektur, Städtebau und Energieziele (2000 Watt-Gesellschaft) Rechnung zu tragen. Da der Wert einer öffentlichen Liegenschaft in erster Linie durch ihren Nutzwert bestimmt ist, muss auch dieses Kriterium einfach, klar und nachvollziehbar erfasst werden.

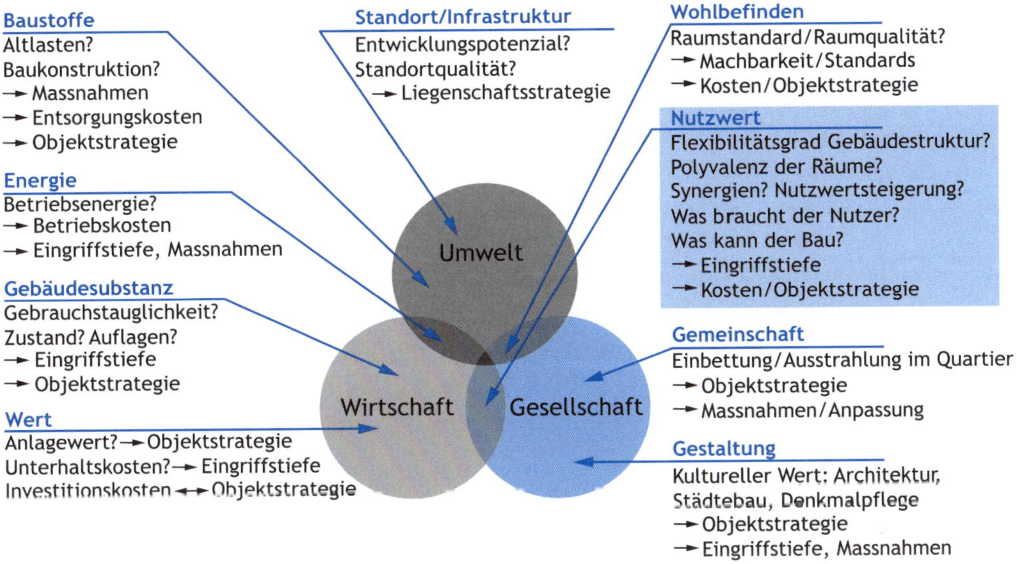

Abb. E10: Visualisierung der Nachhaltigkeitskriterien

In Zusammenarbeit mit privaten Fachleuten hat die Immobilien-Bewirtschaftung der Stadt Zürich ein Werkzeug entwickelt, um einzelne Objekte innerhalb eines Portfolios erfassen, beurteilen und vergleichen sowie bauliche Massnahmen priorisieren zu können. Dabei sollten die Kriterien so eineindeutig erfasst werden, dass die Beurteilung nicht durch den Beurteilenden gefärbt, sondern mit klaren und sachlichen Kriterien bzw. Werten bestimmt wird. Dies bedeutete auch eine «Versachlichung» von so genannten «weichen» Faktoren, was für die Erstellung des Werkzeugs eine grosse Herausforderung war.

Das Ergebnis ist ein Fragebogen, der mittels eines Rundgangs durch das Gebäude ausgefüllt und mit diversen Daten (Flächen, Energieverbrauchsdaten, Kostendaten) ergänzt wird. Die Auswertung wird automatisch erstellt.

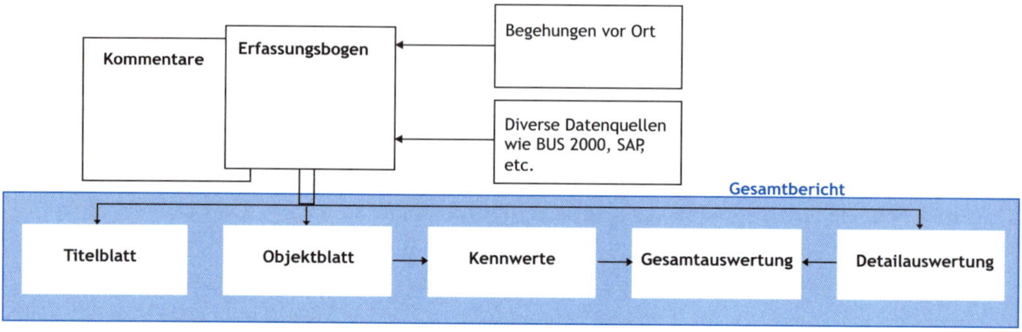

Abb. E11: Erfassungsschema des Nachhaltigkeitsratings

Erste Erfahrungen im Portfolio «Schulen» haben gezeigt, dass das Werkzeug innerhalb eines definierten Portfolios funktioniert. Daraufhin wurde beschlossen, ein zusätzliches Werkzeug für Verwaltungsbauten zu erstellen.

Die Grenzen des Systems haben sich schnell gezeigt: Sobald ein Portfolio zu heterogen oder zu klein ist, wird der Aufwand zur Erstellung eines solchen Werkzeugs entweder zu gross oder die Ergebnisse streuen zu stark. Zudem setzt das Werkzeug eine homogene und systematische Datenerfassung voraus.

Das NPR (Nachhaltiges Portfolio Rating) ersetzt nicht eine gründliche und fundierte Objektstrategie, sondern ergänzt sie nur. Es entlastet den Portfoliomanager nicht von der Aufgabe, jedes Objekt gut zu kennen, eine solide Zustandserfassung und Nutzwertanalyse als Grundlage für eine Projektdefinition zu erstellen. Der Portfoliomanager gewinnt mit dem Werkzeug aber einen Überblick über sein Portfolio und es erleichtert die Kommunikation mit Entscheidungsträgern, insbesondere bei komplexen Zusammenhängen.

Das NPR stand Pate, als die Immobilien-Bewirtschaftung der Stadt Zürich zusammen mit anderen Immobilienexperten eingeladen wurde, mit dem Center for Corporate Responsibility and Sustainability (CCRS) der Universität Zürich ein Werkzeug zu entwickeln, welches der Nachhaltigkeit von Mehrfamilienhäusern im offenen Markt einen reellen finanziellen Wert zuordnet. Das Ergebnis war der Economic Sustainability Indicator (ESI) der aufgrund ähnlicher Mechanik eine bestehende Immobilienbewertung um den Faktor Nachhaltigkeit «korrigiert». So erhalten nachhaltige Objekte einen höheren Wert als weniger nachhaltige.

Ob sich die Nachhaltigkeit als Entscheidungsfaktor in der Immobilien-Branche der Privatwirtschaft durchsetzen kann, wird sich zeigen. Für die öffentliche Hand jedoch ist klar: Nur eine nachhaltige Investition macht angesichts der limitierten Ressourcen, definierten Portfolios und starren Regelwerke der öffentlichen Verwaltung Sinn.

6 Betriebsführungskonzept und Betriebsorganisation

6.1 Allgemeine Betrachtung

Ausgangslage

Über den gesamten Lebenszyklus einer Immobilie betrachtet, betragen Investitionskosten (Planung / Realisation) etwa 20 % und die Betriebs- und Unterhaltskosten etwa 80 % der Lebenszykluskosten. Das Verhältnis zeigt auf, wie wichtig die Phase Betrieb / Unterhalt in der Lebenszyklusbetrachtung für den Eigentümer bzw. Investor ist. Diese Situation wird sich in Zukunft noch verschärfen in Anbetracht der steigenden Energiekosten und zusätzlichen Auflagen im Umweltbereich.

Management des Betriebs

Jedes Objekt durchlebt verschiedene Zyklen und wird in diesem Prozess durch seine unterschiedlichen Nutzer sowie deren individuellen Bedürfnisse beeinflusst. Um dieser Tatsache gerecht zu werden, muss der Eigentümer/Investor oder Betreiber sich konsequent mit der Entwicklung auseinandersetzen.

Eine Betrachtung mit dem strategischen Management-Ansatz ist eine Aufgabe für ein Team, das die Kompetenzen und Strategien des Eigentümers/Investors kennt und das Wissen von Investment-, Nutzungs- und Entwicklungsspezialisten abrufen kann. Diese Fachleute sind in der Lage, dank profundem Wissen und praktischer Erfahrung, Objekte integral zu analysieren, strategische Vorschläge auszuarbeiten und diese auch entsprechend in die Praxis umzusetzen. Mit dieser ganzheitlichen Betrachtungsweise können der Objektwert und die Attraktivität von Immobilien sowohl für deren Mieter/Nutzer als auch den Eigentümer/Investor nachhaltig optimiert werden. Die integrale Betrachtungsweise umfasst alle Aspekte der Bewirtschaftung und des Betriebs (Property und Facility Management) über den gesamten Lebenszyklus einer Immobilie bzw. Investition. Ziel ist es also, für den Eigentümer/Investor alle aus Projektsicht notwendigen Leistungen, strukturiert nach den einzelnen Phasen, Leistungsträgern und -bezügern, aufzuzeigen.

6.2 Betriebsführungskonzept

6.2.1 Grundaufgabe des Betriebsführungskonzepts

Für jede Planung im Immobilienmanagement sind die unterschiedlichen Bedürfnisse der Akteure zu ermitteln. Dabei werden unterschiedliche Ansprüche an das Immobilienmanagement gestellt. Dem Eigentümer stehen eine Erhöhung der Rendite sowie der Werterhalt der Immobilie im Vordergrund. Niedrige Miet- und Betriebskosten, eine hohe Servicequalität und eine hohe Behaglichkeit am Arbeitsplatz sind dem Nutzer/Mieter wichtig. Der Dienstleister ist dagegen um die optimale Erbringung seiner Dienstleistungen besorgt.

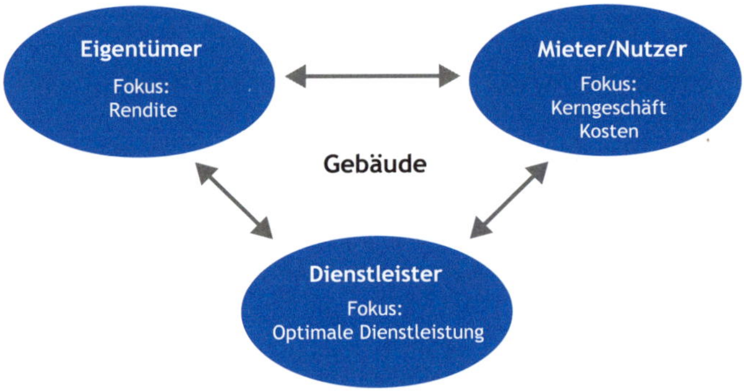

Abb. E12: Abhängigkeiten im Betriebsführungskonzept

Die Grundlage für eine nutzerorientierte und wirtschaftliche Immobilien-Betriebsorganisation ist das Immobilien-Betriebsführungskonzept (kurz Betriebsführungskonzept).

6.2.2 Struktur und Implementierung des Betriebsführungskonzepts

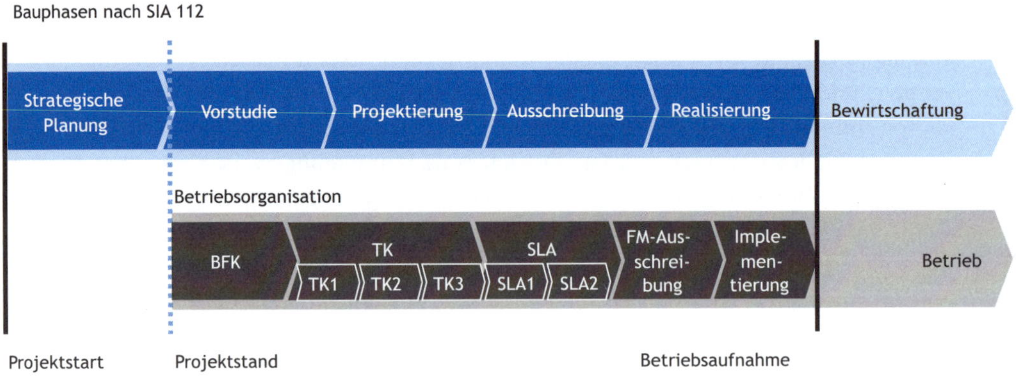

Abb. E13: Bauablauf und Aufbau der Betriebsorganisation

Betriebsführungskonzept (BFK)

Hauptbestandteil des Betriebsführungskonzepts (BFK) – als übergeordnetes Konzept zu den Teilkonzepten – ist die Organisation des Immobilienmanagements, d.h. alle Leistungen zur Bewirtschaftung und zum Betrieb von Immobilien einschliesslich der baulichen und technischen Anlagen auf der Grundlage einer ganzheitlichen Strategie.

Das Betriebsführungskonzept bildet die Basis für Entscheidungen über die Aufbau- und Ablauforganisation sowie die Kostenträgerschaft und ist der erste Schritt für die Erstellung von Teilkonzepten.

Teilkonzepte (TK)

In den Teilkonzepten (TK) werden alle anfallenden organisatorischen Aufgaben und Abläufe (Prozesse) definiert, die für das erfolgreiche Umsetzen des Betriebsführungskonzepts notwendig sind. Das bedeutet, dass die Beteiligten (im strategischen und operativen Bereich) entsprechend ihrer Kompetenz wirtschaftlich eingesetzt werden.

Service Level Agreement (SLA)

In einem Service Level Agreement (SLA) wird zwischen einem Kunden und einem Dienstleister ein konkreter Vertrag über eine definierte Dienstleistung oder eine Reihe von definierten Dienstleistungen vertraglich vereinbart. Diese sind in der vom Kunden geforderten Qualität zu erbringen. Die Dienstleistung stellt somit eine bewertbare Schnittstelle dar, die auf Basis dieser Vereinbarung abgerechnet wird.

Typischer Inhalt von SLA:

- Festlegung, Erweiterung und / oder Präzisierung der Leistungen des Leistungserbringers
- quantitative Parameter für die Leistungserfüllung
- Leistungen bzw. Mitwirkungspflicht des Kunden
- Regelung der Folgen bei Schlechterfüllung (Bonus – Malus)

Facility Management-Ausschreibung (FM-Ausschreibung)

Die Ausschreibung der operativen Facility Management-Leistungen beinhaltet das Erstellen der Ausschreibungsunterlagen sowie die Beurteilung und den Vergleich der eingereichten Angebote der Unternehmen.

Implementierung

Während der Implementierungsphase sind einmalige Aufgaben zur Vorbereitung der Betriebsaufnahme zu lösen. Sie beinhaltet u.a. folgende Leistungen:

- Evaluation der Lieferanten
- Ausarbeitung und Abschluss der Verträge
- Einführung der Betriebsorganisation
- operative Umsetzung des Betriebsführungskonzepts
- Umsetzung der Teilkonzepte und Service Level Agreements
- Integration respektive Outsourcing von Mitarbeitern
- laufende Ab- und Übernahme der Anlagen und Flächen
- Einführung der EDV-Tools
- Prozess- und Kostenoptimierung
- Objekt-/Prozessorientierung (bei bestehendem oder laufendem Betrieb)
- Beschaffung der Grundlagen über das Business Reengineering (Objekt-/Prozessorientierung)für bestehende Objekte
- Beschaffen von Informationen und Grundlagen
- Analysieren und bewerten von bestehenden Ablauf- und Aufbauorganisationen
- Identifizieren von Kostentreibern
- Durchführen von Workshops
- Erfassen der Bedürfnisse und Ansprüche der verschiedenen Akteure
- Ermitteln der notwendigen Leistungen für die Immobilie

6.3 Organisation des Gebäudemanagements

Die Interessen der Akteure im Immobilienmanagement werden im Betriebsführungskonzept dargelegt und die zu erbringenden Leistungen aus den Unternehmenszielen abgeleitet. Das Betriebsführungskonzept beruht auf der Aufgabenverteilung zwischen Eigentümer, Bewirtschafter, Facility Manager und einzelnen Dienstleistungserbringern. Diese prinzipielle Aufgabenverteilung ist unabhängig von der endgültigen Entscheidung über den Organisationsaufbau und kann entsprechend der vom Eigentümer gewünschten Fertigungstiefe ausgestaltet werden. Es ist sinnvoll, beim Design der Organisationsform auch Entscheidungsträger der Bereiche des kaufmännischen, technischen und infrastrukturellen Gebäudemanagements einzubeziehen.

Variante 1
Der Eigentümer bewirtschaftet und betreibt die Liegenschaft. Einzeldienstleistungen, wie Reinigung oder Instandhaltung, werden bei Dienstleistungspartnern (DL-Partner) eingekauft.

Variante 2
Der Eigentümer bewirtschaftet die Liegenschaft. Ein FM-Partner ist verantwortlich und beauftragt DL-Partner mit Einzel- und Serviceaufträgen.

Variante 3 + 4
Der Eigentümer überträgt die Bewirtschaftung und den Betrieb an einzelne spezialisierte Partner (PM-Partner und FM-Partner).

Variante 5
Der Eigentümer beauftragt einen einzigen Komplettanbieter (PM-Partner) für die Bewirtschaftung und den Betrieb.

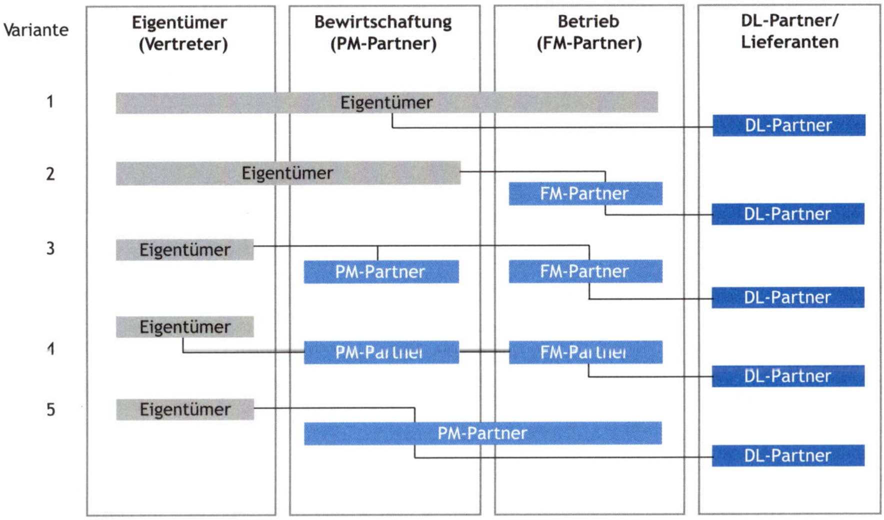

Abb. E14: Alternative Organisationsformen für das Gebäudemanagement

6.4 Fazit / Nutzen des Betriebsführungskonzepts

Mit interdisziplinärem Wissen und breiten Erfahrungen werden die gesammelten Informationen aufbereitet und im Betriebführungskonzept festgehalten. Das Betriebführungskonzept bildet eine konzeptionelle Grundlage für die Bewirtschaftung und den Betrieb der Immobilie.

Mit der Erarbeitung des Betriebsführungskonzepts werden die verschiedenen Bedürfnisse und Ansprüche erfasst. Die transparente und strukturierte Darstellung von Kosten, Leistungen und Zuständigkeiten optimiert die Arbeitsabläufe, steigert die Leistungsqualität, fördert die Betriebssicherheit und führt zu Kostenoptimierungen. Zugleich wird die Zufriedenheit aller Akteure erhöht. Folgende wirtschaftlichen Vorteile lassen sich von einem kundenspezifisch ausgelegten Betriebsführungskonzept ableiten:

- Sicherstellung der Rahmenbedingungen für die Kernprozesse (Primär-Prozesse) des Auftraggebers
- wirtschaftlicher, ökologischer und störungsfreier Gebäudebetrieb
- Steigerung der Sach- und Personensicherheit
- Förderung der Facility Management-Dienstleistungsqualität
- Gewährleistung der Immobilienattraktivität
- strukturierte und transparente Darstellung der Leistungen und Kosten
- klare Schnittstellen in der Betriebsorganisation zwischen Eigentümer, Mieter/Nutzer und Betreiber
- Kosteneinsparung durch optimalen Einsatz der Ressourcen (inkl. Regelung bei Krankheit oder Ferienabwesenheit)
- Sicherstellung der optimalen Gebäudeverfügbarkeit und Interventionszeiten
- Steigerung der Eigentümer- und Nutzerzufriedenheit

7 Nutzungskosten und Kennzahlen – Mehrwert und Führung durch Kennzahlen

7.1 Immobilienlebenszyklus und Nutzungskosten

In Teil E Kapitel 4 wurde die Bedeutung der Lebenszyklusbetrachtung einer Immobilie aufgezeigt. Die Lebenszyklussteuerung und -beherrschung ist der zentrale Erfolgsfaktor für eine nachhaltig erfolgreiche Immobilie. Die in der Regel lange Lebens- und Nutzungsdauer von Immobilien und damit verbunden, die sich ändernden Anforderungen von Nutzern und übrigen Stakeholdern, stellen dabei eine zentrale Herausforderung dar. Anteilsmässig verlieren damit die Planungs- und Erstellungskosten von Gebäuden im Verhältnis zu den direkt daraus hervorgehenden Nutzungskosten zunehmend an Bedeutung. Je nach Nutzungsart und -situation übersteigen die Folgekosten einer baulichen Investition die Erstellungskosten bereits nach 10 bis 15 Jahren. Dementsprechend betragen die Erstellungskosten je nach Nutzungsart nur ca. 20 % oder sogar noch weniger der gesamten Lebenszykluskosten.

Die durch die Erstellung eines Gebäudes provozierten und in der Summe dominierenden Folgekosten sind periodisch wiederkehrend. Im Unterschied zu einmalig zu hohen Baukosten rächen sich zu hohe Betriebs- und Bewirtschaftungskosten jährlich von Neuem. Im Wesentlichen setzen sich diese Kosten aus den folgenden Teilkosten zusammen:

- Kosten für Verwaltung und den laufenden Betrieb (inkl. Ver- und Entsorgung, Reinigung, Instandhaltung und Sicherheit)
- Abgaben für Steuern, Versicherungen und Anschlüsse
- Werterhaltung und zyklischer Austausch von Bauteilen am Ende ihrer Lebensdauer (Instandsetzung)
- Umnutzungsmassnahmen zur Anpassung der Immobilie an veränderte Nutzungsbedürfnisse, Gesetze und Verordnungen
- wertvermehrende bauliche Massnahmen zur Kompensation der alterungsbedingten Demodierung von Immobilien

Die jährlichen Nutzungskosten umfassen neben den oben erwähnten Teilkosten auch die Finanzierungskosten (Eigen- und Fremdkapital), die direkt von den Investitionskosten und den Zinskonditionen abhängig sind.

7.2 Einflussfaktoren und Prozesse zur Beherrschung von Betriebs-, Nutzungs- und Arbeitsplatzkosten

Die Plan- und Beherrschbarkeit der Betriebs-, Bewirtschaftungs- und Werterhaltungskosten von Immobilien werden sowohl aus Sicht von Eigentümern als auch von Nutzern und Mietern zum zentralen Faktor, wenn es für die einen um nachhaltige Renditesicherung und für die anderen um günstige bzw. konkurrenzfähige Flächen- oder Arbeitsplatzkosten geht.

Aber mit welchen Massnahmen lassen sich mit Immobilien vorteilhafte relative und absolute Nutzungskosten und damit niedrige Lebenszykluskosten erzielen? Mit absolut sind dabei die gesamten Nutzungskosten gemeint, im Unterschied zu den relativen, wo die gesamten Nutzungskosten in Relation zur Hauptnutzung einer Immobilie gesetzt werden. Die Steuer- und Beeinflussbarkeit der durch Betrieb und Nutzung erzeugten Kosten ist zum Zeitpunkt der strategischen Planung eines Objektes gemäss der folgenden Abbildung am grössten und nimmt gegenläufig zum Baufortschritt und zur Kurve der Kostenentwicklung rasch ab.

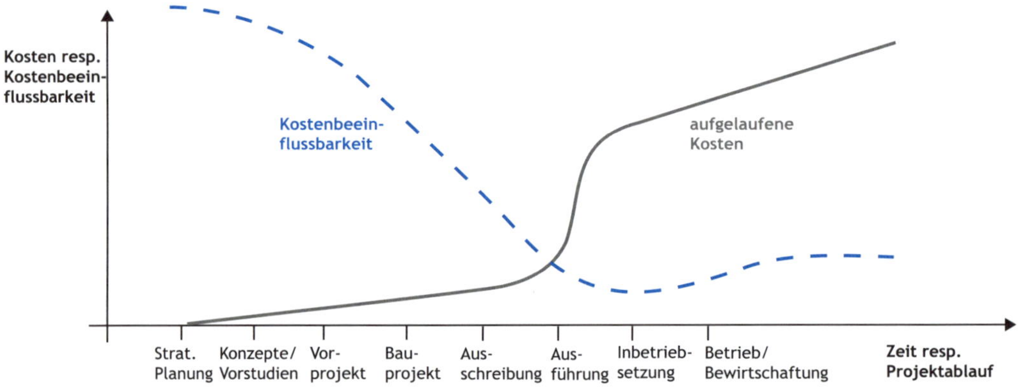

Abb. E15: Beeinflussbarkeit der Nutzungskosten

Mit Beendigung der Planung und Ausführung einer Liegenschaft und deren Übergabe an Nutzung und Betrieb können die dann beginnenden Bewirtschaftungskosten mittels Optimierungen nur unwesentlich beeinflusst werden. Fehler und Unterlassungen, welche in den anfänglichen Planungs- und Konzeptionsphasen begangen wurden, können – wenn überhaupt – nur noch mit grossen Kostenfolgen korrigiert werden.

Planungs- und baubegleitendes Facility Management stellt ab Beginn der Planung ein wichtiges Element zur Optimierung und Planbarkeit der Nutzungs- und Lebenszykluskosten dar. Im Vordergrund stehen dabei Analysen und Einflussnahme einerseits bei baulichen Konzepten und Ausführungsaspekten und andererseits bei den Betriebs- und Nutzungskonzepten unter Einbezug des Nachhaltigkeitsverhaltens des zu realisierenden Gebäudes. Die mit dem baubegleitenden Facility Management angestrebten zusätzlichen Mehrwerte betreffen hauptsächlich Qualitäten wie:

- hohe Flächeneffizienz (maximaler Anteil von Hauptnutzflächen im Verhältnis zu den Geschossflächen)
- optimale Nutzungsneutralität und -flexibilität zur Anpassungsfähigkeit an sich änderndes Nutzerverhalten
- nutzergerechte und kostenoptimale Betreiber- und Gebäudelogistikkonzepte
- niedrige Betriebs- und Werterhaltungskosten im Interesse von Eigentümer und Nutzer
- Energieeffizienz

7.3 Zielführende Messung und Steuerung von Immobilien mittels Kennzahlen

7.3.1 Cockpit des Immobilienmanagements

Über den Erfolg einer Immobilie entscheidet in besonderem Masse die Nutzungsphase. Die technisch und funktional korrekte Bauwerkserstellung inklusive der plangerechten Erreichung von Kosten- und Terminzielen sind notwendige Voraussetzungen und darum auch wichtig – aber eben nur dann, wenn die Immobilie in der Regel während mehrerer Jahrzehnte erfolgreich und ohne kritische Leerstände genutzt und nachgefragt wird. Zentrales Element bei Nutzung, Bereitstellung und Betrieb stellen Kennzahlen dar, welche unterschiedliche Qualitäten von Immobilien mess-, vergleich-, steuer- und damit beeinflussbar machen. Vergleichbar einem Cockpit des Piloten oder den typischen Armaturen eines Autos, benötigen auch die unterschiedlichen am Wertschöpfungsprozess von Immobilien Beteiligten ein Messinstrumentarium zur Erreichung ihrer Ziele. Sind es beim Auto hauptsächlich Tachometer, Tankanzeiger und immer mehr auch Navigationssysteme, welche das sichere, zeitgerechte und bussenfreie Ankommen am Zielort gewährleisten sollen, ist ein vergleichbares Instrumentarium im Immobilienprozess anders zu bestücken.

Wie ist nun ein solches Immobilien-Cockpit auszurüsten, damit die selbst verantworteten Prozesse zur Erreichung eines erfolgreichen Immobilien-Lebenszyklus optimal gestaltet werden können? In der Regel handelt es sich wie beim Auto um wenige, aussagefähige Werte, welche das Erreichen der gesetzten Ziele vereinfachen und ermöglichen sollen. Nach dem Prinzip des gesunden Menschenverstandes kann sich jeder an Immobilien-Wertschöpfungsprozessen Beteiligte selbst die Frage stellen, welche immobilienbezogenen Kennzahlen ihn in seiner Aufgabe und Verantwortung am besten unterstützen würden. Je nach Blickwinkel von Eigentümer, Planer / Ersteller, Nutzer oder Immobiliendienstleister (Bewirtschafter, Facility Manager, Objektverantwortlicher) sind dies aufgaben-, prozess- und zielbedingt unterschiedliche Kennzahlen. Darüber hinaus sind es je nach Situation innerhalb des Lebenszyklus auch andere Kennzahlen, welche interessieren. Immer nach dem Motto: «What you cannot measure, you cannot manage.». Wobei auch der Umkehrschluss gilt, was nicht beeinflussbar ist, soll auch nicht mittels Kennzahlen gemessen werden. Einen Überblick über gängige und normierte Kennzahlen geben die SIA Dokumentationen «Finanzkennzahlen für Immobilien» (SIA D 0213) und «Kennzahlen im Immobilienmanagement» (SIA D 0165). Gemeinsam an den interessierenden Kennzahlen ist, dass es sich dabei mehrheitlich um Kosten- bzw. Rendite- und um Flächenkennzahlen handelt, welche für sämtliche Beteiligten von Interesse sind. Die für die unterschiedlichen Rollen relevanten Kennzahlen stehen in engem Zusammenhang mit den zu erfüllenden Aufgaben.

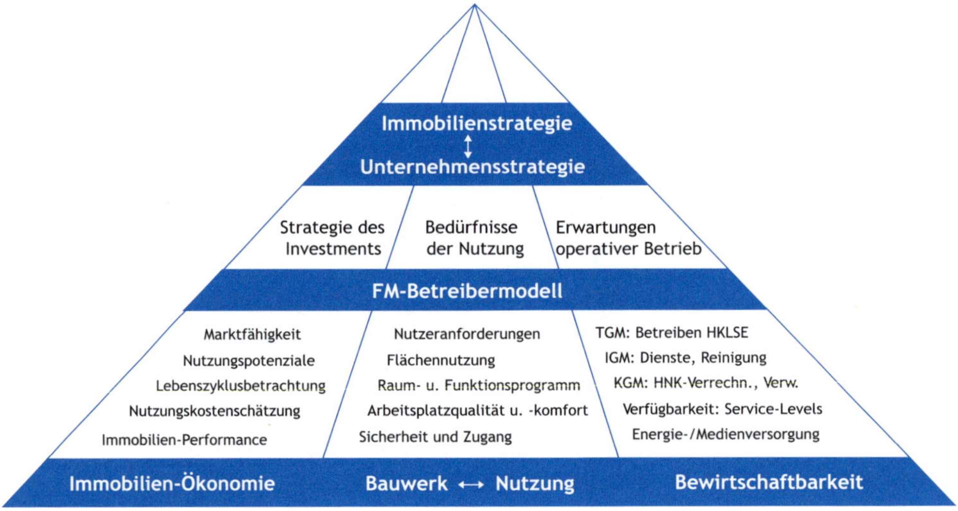

Abb. E16: Kennzahlenpyramide

7.3.2 Ansprüche an die erfolgreiche Immobilie in der Nutzungsphase

Eigentümer

Besonders bei privatwirtschaftlichen Eigentümern besteht ein immobilienökonomisch geprägter Fokus. Entsprechend konzentrieren sich deren Interessen auf ertrags-, kosten- und renditeorientierte Kennzahlen. Darüber hinaus besteht ein Interesse an einer hohen Flächeneffizienz, sprich einem hohen Anteil an vermietbaren Flächen im Verhältnis zu Geschoss- oder Nettogeschossflächen. «Unproduktive» und damit ertragslose Flächen kosten viel Geld bei Erstellung und Betrieb und schmälern die Erträge. Bei den Kosten sind neben Kennzahlen für die Ersterstellung (Investitionskosten pro m^2 GF oder pro Arbeitsplatz) insbesondere auch solche für Betrieb und Werterhaltung von Interesse. Das Alterungsverhalten und damit der jährliche Substanzverzehr der Immobilien sind von grosser Bedeutung. Je höher der Anteil an kurzlebigen Bauteilen, umso höher die Lebenszykluskosten und umso niedriger die nachhaltig erzielte Rendite.

Nutzer und Mieter

Der Nutzer und Mieter von gewerblich genutzten Immobilien legt im Allgemeinen seinen Fokus auf den Perimeter des genutzten Mietobjekts. Sein Interesse liegt in niedrigen Arbeitsplatz- und Flächenkosten. Wichtige Hebel sind dabei günstige und konkurrenzfähige Flächen- und Nebenkosten pro m^2 HNF und besonders ein möglichst hoher, effizient nutzbarer Anteil an Hauptnutzflächen im Verhältnis zu den gemieteten Flächen. Verkehrsflächen oder auch Nebennutzflächen werden zwar auch benötigt, sollten aber in möglichst niedrigem Umfang vorhanden sein, sind sie doch teuer, dienen aber kaum dem angestrebten Nutzungszweck. Im Bereich von Büro- und Verwaltungsnutzung ist so die Kennzahl pro Quadratmeter HNF2 (Hauptnutzfläche Büronutzung) oder pro Quadratmeter Mietfläche pro Arbeitsplatz zur Erreichung von konkurrenzfähigen Arbeitsplatzkosten wichtig.

Bewirtschafter/Betreiber

Hier liegt der Schlüssel in der Erbringung und bei den Kosten bedürfnisgerechter und effizienter Dienstleistungen für Funktionalität und Verfügbarkeit von Immobilien und in der Umsetzung der geforderten längerfristigen Werterhaltungsstrategie. Diese zweckgebundenen Kosten sind in erster Linie Konsequenz und damit Folgekosten der initialen Planung und Realisierung des Bauwerks und erst in zweiter Linie abhängig von der Optimalität der zu erbringenden Betreiberleistungen. Kennzahlen sind hier typisch die jährlichen Kosten für Betrieb und Werterhaltung der Immobilie im Verhältnis zu den initialen Erstellungskosten.

Weitere aussagekräftige Kennzahlen sind in der Gesamtsumme oder differenziert nach unterschiedlichen Leistungen die Kosten pro m^2 für technische Instandhaltung, Hauswartung oder Reinigung. Kostenkennzahlen für das technische Gebäudemanagement stehen dabei in enger Relation zum technischen Instrumentierungsgrad der Immobilie.

Zunehmende Bedeutung bei den Nutzungskosten kommt den Energiekennwerten von Immobilien zu. Die Energieverbrauchswerte für Heizen und Kühlen pro m^2 Energiebezugsfläche als Messgrösse für die Energieeffizienz von Bauten ist mitunter ein wichtiger Wert für das Nachhaltigkeitsverhalten und damit auch für die Energiekosten von Bauten. Der Gebäudeenergiepass misst diesen Kennwert und kategorisiert Immobilien in unterschiedliche Energieverbrauchsklassen.

Die Nutzungskosten oder eben auch Folgekosten der Investition sind nicht nur Resultat, sondern lassen sich unter Beizug entsprechenden Expertenwissens, vergleichbar der Kostenplanung, bereits ab dem Zeitpunkt der frühen Planungsphase ausreichend genau ermitteln und prognostizieren. Es ist deshalb zur Erreichung niedriger und optimaler Nutzungskosten entscheidend, Schwachstellen in Bezug auf Betrieb und Unterhalt frühzeitig zu erkennen und mittels Massnahmen zu entschärfen.

8 Technisierungsgrad einer Immobilie – nutzungsspezifische Technik?

Hochtechnisierte, «intelligente» Gebäude liegen seit den 1990er Jahren im Trend. Mangelnde Benutzerfreundlichkeit und hohe Lebenszykluskosten stellen den Nutzen vollautomatischer, vernetzter Systeme heute jedoch in Frage. Mit dem Grundsatz der angemessenen Technisierung wird durch das Amt für Hochbauten und die Immobilien-Bewirtschaftung der Stadt Zürich eine Trendwende in der Gebäudetechnik eingeleitet. Dazu ein Beispiel:

«Morgens 8.45 Uhr in einem Schulhaus. Die Morgensonne blendet leicht und wie von Zauberhand gleiten die Sonnenstoren «vollautomatisch» herunter. Dahinter steckt ein ausgeklügeltes Steuerungssystem, das neben den Sonnenstoren auch die gesamte Heiz- und Lüftungstechnik des Gebäudes reguliert. Faszinierend, aber nicht ohne Tücken.

Was passiert, wenn sich das System verselbständigt, musste Regula Lüthi (Name geändert) erfahren: Nach dem Klassenausflug hatte die Lehrerin alle Eltern zum Diavortrag ins Schulhaus eingeladen. Kaum war die Präsentation gestartet, wurden auch die Storen aktiv – sie gingen auf und wollten sich nicht mehr schliessen lassen. Immer wieder wurde die Diaschau durch Einlagen der Technik unterbrochen.»

8.1 Nutzer schätzen Bewährtes

Wie Nutzer und Betreiber mit hochkomplexen Technologien umgehen, hat das Amt für Hochbauten der Stadt Zürich in einer Umfrage untersucht. Gezeigt hat sich, dass die Nutzer die vollautomatischen Systeme nicht schätzen. Stattdessen bevorzugen sie bewährte mechanische Systeme. Zusatzfunktionen wie «automatisches Licht einschalten» oder Tageslichtregulierungen bei der Beleuchtung schätzen die Nutzer dann, wenn sie jederzeit manuell einfach eingeschaltet oder übersteuert werden können. Ein automatisches System, das keine individuellen Einstellungen erlaubt, wird hingegen als ungenügend und unkomfortabel erachtet.

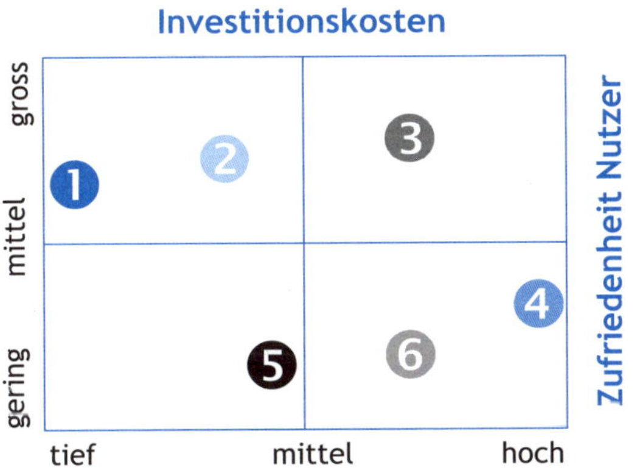

Abb. E17: Beispiel Beleuchtung: Die Zufriedenheit der Nutzer ist bei ganz einfachen Systemen (1) relativ hoch. Zudem werden Zusatzfunktionen geschätzt, wenn diese jederzeit einfach ausgeschaltet oder übersteuert werden können (2+3). Automatische Systeme (4+6), die übergeordnet steuern, werden als unkomfortabel eingestuft.

8.2 Trend zu mehr Komplexität

8.2.1 Grenzen der Komplexität

Entgegen diesem Bedürfnis nach weniger Komplexität und besserer Bedienbarkeit geht der Trend in der Gebäudetechnik weiterhin zu mehr Komplexität. Immer mehr Steuerelemente werden eingesetzt, die eine Software benötigen; immer häufiger werden einzelne Funktionen, wie Licht, Heizung, Lüftung und Storen über Leit- oder Bussysteme miteinander vernetzt. Das soll mehr Komfort bieten und «automatisch» Energie sparen. Welche Auswirkungen dies in der Praxis auch auf die Kosten hat, zeigen die Erfahrungen der Stadt Zürich: Nicht selten brauchen solche Systeme bis zu 2 Jahre, bis ein mangelfreier Betrieb möglich ist. Aufwändig ist auch der Unterhalt der Steuersysteme. Da die Gebäudetechnik-Programme aus ökonomischen Gründen oft nicht detailliert dokumentiert werden, kann nach einigen Jahren niemand mehr nachvollziehen, wie das installierte Programm genau funktioniert. Oft ist die dahinter steckende Software bereits nach wenigen Jahren nicht mehr erhältlich oder nicht kompatibel mit neuen Hardwarekomponenten. So wird etwa alle 10 Jahre die Investition in ein neues Steuerungssystem erforderlich.

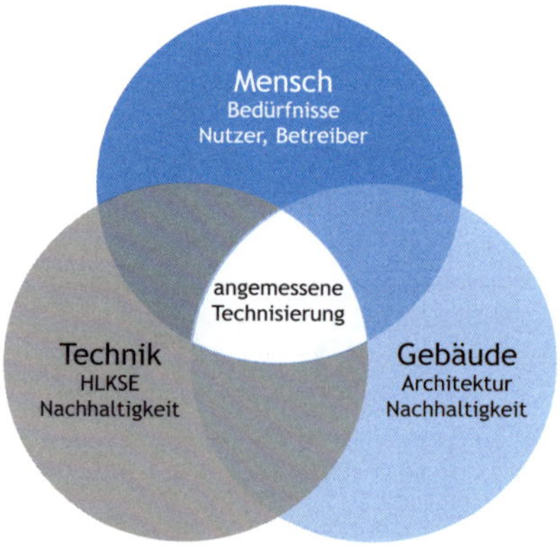

Abb. E18: Lösungen die sowohl für Mensch, Gebäude und Technik weitgehend ausgewogen sind, verfügen über eine angemessene Technisierung.

8.2.2 Angemessene Gebäudetechnisierung als neuer Weg

Aus den Ergebnissen der beiden Untersuchungen hat die Stadt Zürich im Jahr 2007 Konsequenzen gezogen und für ihre Bauten den Grundsatz der angemessenen Technisierung entwickelt. Die «angemessene Technisierung» ist ein Prinzip, das Kriterien zur Bewertung technischer Lösungen vorgibt. Oberstes Kriterium ist, dass die Gebäudetechnik dem Bedarf des Eigentümers / Betreibers und der Nutzer angepasst ist. Um eine hohe Verfügbarkeit zu gewährleisten, werden standardisierte, erprobte Lösungen gewählt. Eine hohe Zuverlässigkeit wird durch den Einsatz weitgehend autonom arbeitender Lösungen mit wenigen, klar definierten Schnittstellen erzielt. Dabei geht es nicht darum, zurück zum «Kachelofen» zu gehen, sondern in sich geschlossene, intelligente Systeme zu installieren, die jedoch nur sehr wenige Schnittstellen mit anderen Systemen haben – vergleichbar mit einem iPod. Die Bedienung dieser Systeme soll für die Nutzer weitgehend selbsterklärend sein. Nach dem Motto «So wenig wie möglich, so viel wie nötig» soll der Grad der Technisierung den Bedürfnissen von Nutzern und Betreibern entsprechen. So soll erreicht werden, dass die Systeme leichter verständlich und einfacher zu bedienen sind. Das wirkt sich auch positiv auf die Kosten aus: Die Stadt hat festgestellt, dass ein angemessener Technisierungsgrad weitaus geringere Kosten für Investition, Betrieb und Unterhalt über die Lebensdauer einer Anlage verursacht. Die angemessene Technisierung ist daher für Investoren und Betreiber sehr interessant. Für die praktische Umsetzung wurde ein Tool für Planer entwickelt. Dieses zeigt auf, wie die Komplexität der verschiedenen technischen Lösungsmöglichkeiten bewertet werden soll. Die beauftragten Planer müssen so bewusst entscheiden, welche technische Lösung mit welchem Komplexitätsgrad für das betreffende Gebäude geeignet ist. Dabei ist nicht zwangsläufig die einfachste Lösung die beste. Die Wahl einer komplexeren Lösung muss jedoch gegenüber der Bauherrschaft begründet werden.

Ein positives Beispiel für die Umsetzung einer angemessenen Technisierung ist das Zürcher Schulhaus Fluntern. Das im Jahr 2003 mit einem einfachen Technisierungsgrad eingerichtete Schulhaus schnitt in der Umfrage zur Nutzer-Zufriedenheit sehr gut ab, verglichen mit Schulbauten, die einen höheren Technisierungsgrad aufweisen. Das Prinzip der angemessenen Technisierung soll nun bei allen Bauten der Stadt Zürich umgesetzt werden.

8.3 Basis für zukunftsfähige Bauten

In der Stadt Zürich sieht man das Prinzip der angemessenen Technisierung als gute Basis für zukunftsfähige Bauten. Längst sind jedoch nicht alle Fragen geklärt. Im Legislaturschwerpunkt «Nachhaltige Entwicklung» hat sich der Zürcher Stadtrat als Leitlinie den Vorgaben der «2000 Watt-Gesellschaft» verschrieben. In der Praxis stellt sich schnell die Frage, wie die Forderung nach einem sehr tiefen Energieverbrauch mit dem Grundsatz der angemessenen Technisierung verbunden werden kann? Werden in einem Spital alle Fenster mit einem Fensterkontakt ausgerüstet, damit Heizung und Lüftung bei geöffneten Fenstern automatisch abgestellt werden? Dies spart Energie, verursacht jedoch erhöhte Kosten für Kontakte, Motoren, Steuerungssoftware und Wartung. Oder werden einige Energielecks in Kauf genommen, um eine einfache Gebäudetechnik zu realisieren, welche benutzerfreundlich und kostengünstig ist? Eine Patentlösung gibt es noch nicht, aber die Stadt Zürich arbeitet daran.

Angemessene Technisierung heisst:

- hohe Verfügbarkeit
- standardisierte, erprobte Systeme
- hohe Zuverlässigkeit
- weitgehend autonom arbeitende Systeme mit wenigen, klar definierten Schnittstellen
- starke Benutzerorientierung
- weitgehend selbsterklärende Bedienung, die auf die Bedürfnisse von Nutzern und Betreibern ausgerichtet ist
- umfassende Kostenbetrachtung
- Berücksichtigen der Lebenszykluskosten (nebst den reinen Investitionskosten werden auch die Kosten für Energie, Wasser, Abwasser, Sicherheit, Bewachung, Reinigung, Hauswartung und Instandhaltung mit einbezogen)

9 Betriebsoptimierung – Vorgehen und Wirkung

9.1 Allgemeines

Infolge der stark ansteigenden Energiekosten ist die Kostenreduktion durch Betriebsoptimierung unbedingt erforderlich. Eine energetische Gebäudeoptimierung bietet eine gute Möglichkeit, grosse Kosteneinsparungen für Bauherr und Nutzer zu erzielen. Die Betriebsoptimierung setzt voraus, dass die Inbetriebnahme der technischen Anlagen, die Übernahme des Gebäudes und die Mängelbehebung vollständig und richtig durchgeführt wurden.

Mit Optimierungsmassnahmen werden Betriebskosten gespart und die Umweltbelastung reduziert. Es können durchaus Amortisationszeiten von unter einem Jahr erreicht werden. Wenn zum Beispiel nur ein verstellter Parameter wieder richtig justiert werden muss, kann dies ohne grosse Kosten einen enormen Energieeinsparungseffekt haben.

Grundsatz

Wirtschaftliche Betriebsoptimierungsmassnahmen erfordern keine bedeutenden Investitionen und dürfen keine Einbussen bei Komfort, Sicherheit und Hygiene mit sich bringen.

Die ermittelte Energiekennzahl zeigt auf einen Blick, ob in einem Gebäude viel oder wenig Energie «verheizt» wird. Dazu muss der effektive Energieverbrauch bekannt sein oder aufgrund der Rechnungen für Heizöl, Gas, Holz, Elektrizität, Wasser usw. abgeschätzt werden. Die Elektrizität wird doppelt gewichtet, um die Verluste bei der Erzeugung und Verteilung zu berücksichtigen.

Energie-Etikette

Es empfiehlt sich, den Verbrauch bei Gebäuden für Laien mit einem bekannten einfachen Label sichtbar zu machen, damit Veränderungen durch Massnahmen erkennbar werden. Bei der Display®-Kampagne wird ein grosses Labelposter, das die Energieeffizienz aufzeigt, am Gebäude angebracht, welches an das bekannte EU-Label für Haushaltgeräte angelehnt ist. Das Poster soll informativ sein, die Nutzenden der Gebäude zum ökologischen sparsamen Umgang mit den Ressourcen auffordern und somit eine Verhaltensänderung herbeiführen. Mehr über das Label Display® ist unter www.display-campaign.org zu finden.

Benutzerverhalten

Der Verbrauch ist wesentlich vom persönlichen Verhalten der Gebäudenutzenden abhängig:

- Wird viel Warmwasser verbraucht?
- Wie wird gelüftet? Stehen im Winter Kippfenster offen?
- Ist das Gebäude überheizt, sind Thermostatventile richtig eingestellt?

Die Internetplattform www.bau-schlau.ch enthält Informationen zur Verminderung des Energieverbrauches für Wohn- und Bürogebäude.

Bereiche der Betriebsoptimierung

Bedarf der Nutzenden	Nutzungsänderungen Behaglichkeitsbedürfnisse Prozessänderungen Neue Gesetze und Richtlinien Benutzerverhalten (Aufklärung)
Wärme	Systemtemperaturen Betriebszeiten Funktionen prüfen regelmässige Servicearbeiten Wärmerückgewinnung vorhanden
Elektrizität	Beleuchtung Bürogeräte Motoren
Wasser	Trinkwasser

Warum besteht Optimierungspotenzial?

Optimierungspotenzial entsteht, wenn die Anlagen nicht mehr ihrem Zweck entsprechend genutzt werden, Betriebsparameter unkorrekt eingestellt sind oder konzeptionelle Fehler den optimalen Betrieb gar nicht erlauben. Zudem setzen Änderungen von Gesetzen und Richtlinien oft Optimierungspotenzial frei (z.B. Nichtraucherräume benötigen geringere Luftwechsel der Lüftungsanlagen).

9.2 Vorgehen

Die Beachtung der folgenden Punkte hilft, die Betriebsoptimierung (BO) in einer Organisation erfolgreich umzusetzen.

9.2.1 Ablaufschema BO Immobilien-Bewirtschaftung der Stadt Zürich (IMMO)

Um die Energieverbrauchsziele zu erreichen, führt das Energiemanagement der IMMO bei Liegenschaften mit Energiekosten von über 100 000 CHF eine Betriebsoptimierung durch. Mit dem Kanton Zürich wurde am 1. Dezember 2006 eine kantonale Zielvereinbarung abgeschlossen, die eine Energieeffizienz von 117 % für das Zieljahr 2021 vorsieht. Die Betriebsoptimierung erfolgt in Zusammenarbeit mit dem Verein energho [E8]. Für die Optimierung wurde das Energiemanagement der IMMO als energho-Ingenieur beauftragt.

Die Umsetzung der Betriebsoptimierung erfolgt gemäss folgendem vereinfachten Ablaufschema. Die Zusammensetzung der Teams ist objektspezifisch gewählt.

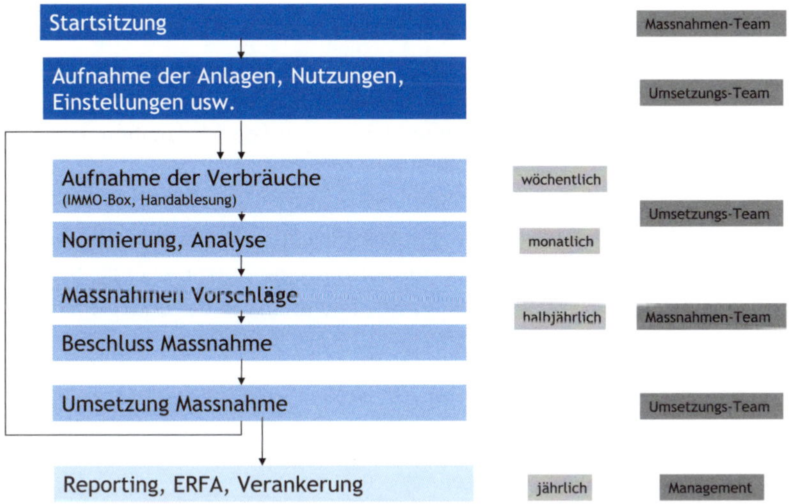

Abb. E19: Prozess Betriebsoptimierung gemäss Immobilien-Bewirtschaftung der Stadt Zürich

9.2.2 Teamzusammensetzung für die Betriebsoptimierung gemäss IMMO-Ablaufschema

Massnahmen-Team
Objektleitung, technisches Personal, Leiter Hausdienst-Technik, energho-Ingenieur usw.

Umsetzungs-Team
Leiter Hausdienst-Technik, Spezialisten, Koch, energho-Ingenieur usw.

9.2.3 Betriebsoptimierung ist Chefsache (oder Eigentümersache)

Die Durchführung einer Betriebsoptimierung bedingt die Unterstützung der Betriebsleitung, die deshalb im Massnahmenteam direkt vertreten sein soll. Eine aktive Kommunikation der Unterstützung gegenüber den Angestellten und dem technischen Personal wirkt motivierend für alle Beteiligten. Massnahmen sollen gemeinsam beschlossen und im Umsetzungsteam erfolgreich realisiert werden.

Die moralische Unterstützung des technischen Personals durch die Geschäftsleitung alleine genügt nicht. Für eine erfolgreiche Durchführung einer BO braucht es entsprechende Ressourcen. Diese sind:

Zeit
Ein Zeitbudget, welches speziell für Betriebsoptimierung reserviert ist, ermöglicht dem Personal die Ausarbeitung und Umsetzung von Massnahmen.

Wissen
Das technische Personal braucht für die Aufspürung, Ausarbeitung und Umsetzung von Massnahmen zur Betriebsoptimierung eine entsprechende Schulung. Ebenfalls ist eine Betreuung durch einen BO-Fachmann in der ersten Phase sinnvoll.

Geld
Für kleinere Investitionen, wie zum Beispiel die Installation von Schaltuhren, braucht es ein entsprechendes Budget.

Für grössere Investitionen werden mit der Geschäftsleitung Regeln erarbeitet, nach denen beurteilt werden kann, ob die Investition in eine BO- oder Energieeffizienz-Massnahme auch wirtschaftlich sinnvoll ist (z.B. maximale Paybackzeit).

Das technische Personal braucht Anreize für die Durchführung der Betriebsoptimierung. Angestellte, die für den Betrieb und die Wartung der haustechnischen Anlagen verantwortlich sind, sind oft überlastet und sehen die Durchführung von

BO-Massnahmen im Umsetzungsteam nicht mit hoher Priorität. Sie sind in der Regel froh, wenn die Anlagen ohne Störungen laufen. Um diese Sichtweise zu verändern, braucht es Anreize für die Durchführung von BO-Massnahmen. Diese können sein:

- Anerkennung für durch BO bewirkte Energie- und Kosteneinsparungen (z.B. Artikel in Firmenzeitung)
- finanzielles Bonussystem anteilig an den durch die BO bewirkten Kosteneinsparungen
- regelmässige Behandlung des Themas BO durch Weiterbildungs- und ERFA-Veranstaltungen, Energieapéro usw.
- Führen einer Energiebuchhaltung und Veröffentlichung eines jährlichen Reports

Bewusster Umgang mit Energie ist bei den Angestellten des Betriebs «in». Die Mitwirkung der Angestellten im Betrieb bei der Umsetzung von BO-Massnahmen ist wichtig. Gerade in den Bereichen Raumheizung und Bedienung von Maschinen und Bürogeräten ist die Mitarbeit der Angestellten entscheidend für den Erfolg einer BO-Massnahme.

Eine Energiesparwoche hilft das entsprechende Bewusstsein für das Thema Energie bei den Angestellten zu bilden.

9.2.4 Betriebsoptimierung ist eine ständige Aufgabe

Da sich die Nutzung von Betriebseinrichtungen und Gebäuden ständig ändert, brauchen die Anlagen (wie z.B. die Betriebszeiten einer Lüftung) laufend eine Anpassung an die neuen Randbedingungen. Die BO ist deshalb nie abgeschlossen und soll als dauernde Aufgabe auch ständig mit Aktionen unterstützt werden.

9.3 Erfolgskontrolle

Eine regelmässig geführte Energiebuchhaltung und Erfolgskontrolle helfen, neue «Energielecks» zu entdecken und motivieren, am Thema BO «dran» zu bleiben.

Um die Wirtschaftlichkeit der Massnahmen und der vorausgesagten Wirkungen überprüfen zu können, ist eine Erfolgskontrolle erforderlich. Bei der Kontrolle wird die wirtschaftliche Aussage geprüft, allfällige Mängel bei der Umsetzung werden gefunden und geben wichtige Erfahrungen für weitere Massnahmen. Für die Erfolgskontrolle ist es wichtig, dass die erforderlichen Messungen und Auswertungsprogramme vorhanden sind und von einem Massnahme-Team überprüft werden. Die Erfahrung zeigt, dass es oft zu fehlerhaften Ablesungen oder Verbuchungen kommt.

Es ist wichtig, den Energieverbrauch vor der Umsetzung der Massnahmen zu kennen und diesen mit demjenigen nach der Optimierung zu vergleichen. Sollten die Erwartungen nicht erfüllt werden, müssen die Gründe gesucht werden, um Erfahrungen für die Zukunft zu gewinnen.

Energie-Controlling IMMO-BOX mit computerunterstützter Energiebuchhaltung

Die IMMO hat, um die Erfolgskontrolle aller Energiegrossverbraucher gemäss Artikel 13 des Energiegesetzes des Kantons Zürich auszuweisen, das Energieerfassungssystem «IMMO-BOX» mit standardisierten Messschemata aufgebaut und löst damit die aufwendige Handerfassung der Zählerstände ab. Die Energiedaten werden in einer zentralen Datenbank gespeichert und mit dem Energie-Controlling-Tool CEBU ausgewertet. Mit diesen Auswertungen werden die Erfolgsnachweise der Massnahmen und der Jahresbericht der kantonalen Zielvereinbarung sichergestellt.

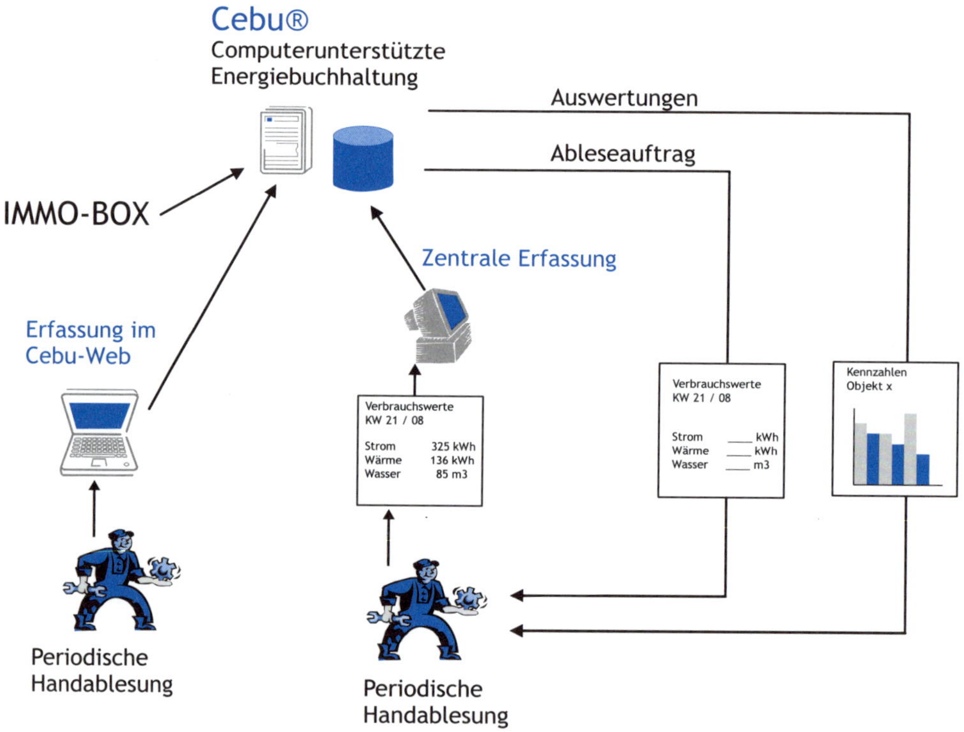

Abb. E20: Erfassungsschema der Energiebuchhaltung

9.4 Resultate

Die stark gestiegenen Energiebeschaffungskosten haben bei vielen Gebäudebetreibern zu einem Umdenken geführt, indem heute alle Möglichkeiten zur Steigerung der Energieeffizienz noch konsequenter umgesetzt werden. Denn durch Betriebsoptimierung können die Energiebeschaffungskosten um bis zu 15 % reduziert werden.

Erzielte Einsparungen durch Betriebsoptimierung

Als Mitglied von Energie Schweiz liefert energho [E8] wesentliche Beiträge, damit die nationalen Einsparziele und die internationalen Verpflichtungen (Kyoto-Protokoll) eingehalten werden können.

Als Verein und als Nichtprofitorganisation arbeitet energho mit Erfolg, aber ohne Profit: Anstatt Gewinne zu schreiben, bietet energho den Kunden möglichst kostengünstige Dienstleistungen an und setzt sich dafür ein, die noch ungeahnten Potenziale der Betriebsoptimierung weiter bekannt zu machen.

Das folgende Diagramm illustriert die mittleren, erzielten Energieverbrauchseinsparungen von 300 BO-Verträgen in der Deutschschweiz in Bezug auf die Betreuungsjahre der Optimierung.

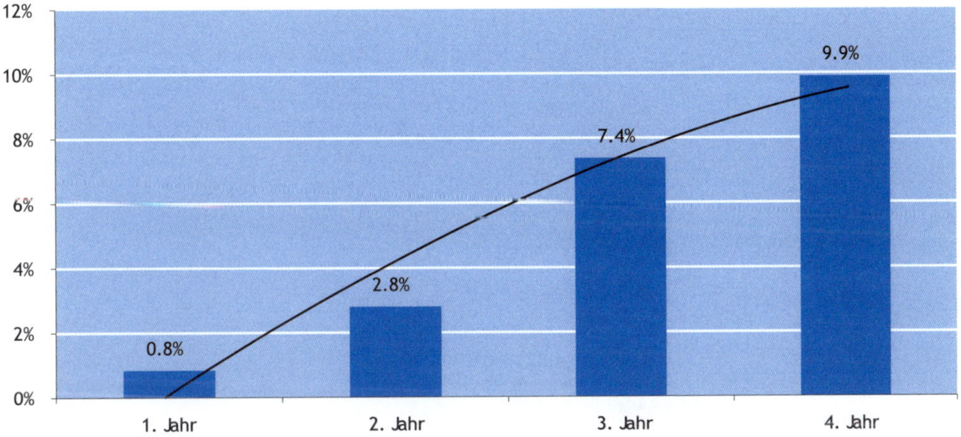

Abb. E21: Energieverbrauchseinsparungen Stand: 1. Quartal 2008 [E8]

Nach 4 von 5 Betreuungsjahren weisen die 300 energho-ABO-Verträge im Mittel klimakorrigierte Einsparungen von 9.9 % aus.

10 Erhaltung von Bauwerken

10.1 Einleitung

Alle Bauten verlieren mit der Zeit an Wert infolge Alterung, Abnützung und Verschleiss. Dies gilt sowohl für die einzelnen Bau- und Anlageteile als auch für das Bauwerk als Ganzes. Diese Wertminderung über die Zeit hat im Allgemeinen einen negativ parabelförmigen Verlauf (Abb. E22), wobei die Steigung der Parabel für jeden Bau- und Anlageteil verschieden ist und stark von der Materialisierung, der Ausführungsqualität, der Beanspruchung und der Bewitterung abhängt.

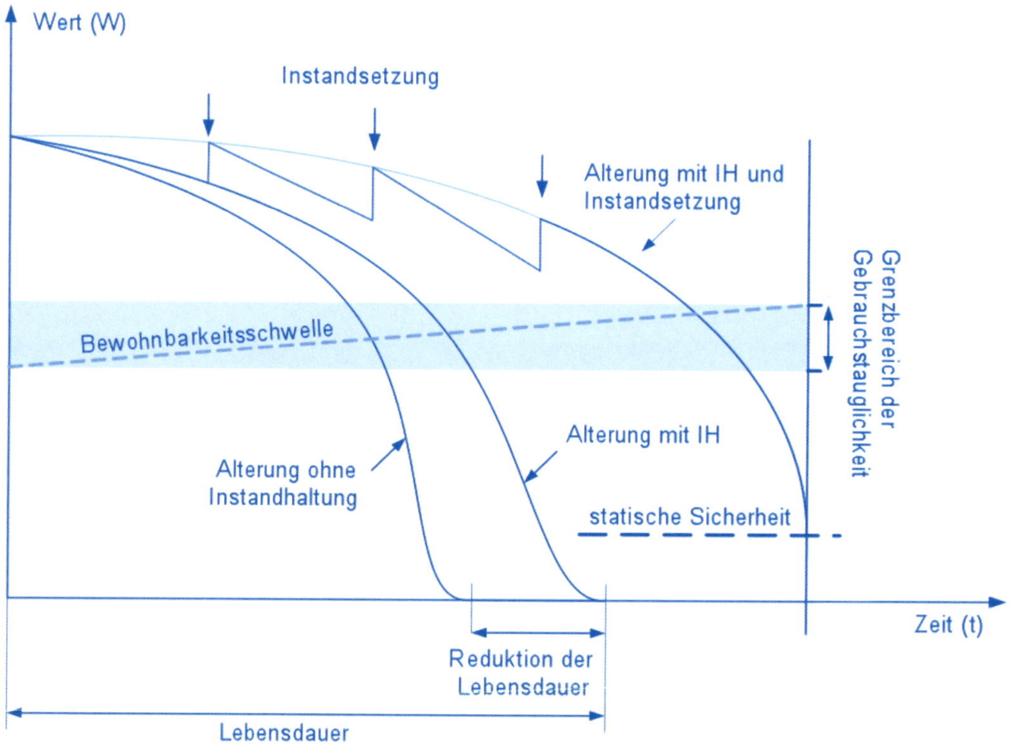

Abb. E22: Wertminderung von Bauten bzw. von Bau- und Anlageteilen in Abhängigkeit von der Zeit [E9]

Während vor der Witterung geschützte Tragkonstruktionen in Beton, Stahl oder Mauerwerk in der Regel eine Lebensdauer von 80 bis 120 Jahre aufweisen, beträgt diese bei Sanitär- und Heizungsinstallationen lediglich 35 bis 45 Jahre, bei Elektroanlagen rund 50 Jahre und bei qualitativ einwandfreien Aussenputzen 50 bis 80 Jahre. Aus der Sicht des Benutzers ist jedoch nicht die «technische» Lebensdauer relevant, sondern die meist bedeutend kürzere Zeitdauer, während der die erwartete Funktions- und Gebrauchstauglichkeit noch gegeben ist, die so genannte Bewohnbarkeitsschwelle (Abb. E22).

Durch gezielte und zeitgerechte Erhaltungsmassnahmen kann die Lebensdauer der einzelnen Bau- und Anlageteile bzw. des ganzen Bauwerks erheblich verlängert werden (Abb. E22). Dabei wird unterschieden zwischen Massnahmen zur Instandhaltung und Massnahmen zur Instandsetzung. Bei ersteren handelt es sich um laufend durchgeführte, kleinere Vorkehrungen zur Erhaltung der Funktionstauglichkeit im Sinne der Wartung, während es sich bei letzteren um periodisch vorgenommene, grössere Eingriffe zwecks Erhaltung der Gebrauchstauglichkeit und der Sicherheit handelt. Instandsetzungsmassnahmen werden in der Regel aufgrund der Ergebnisse von vorgängigen Inspektionen geplant und umgesetzt.

Bei der Instandsetzung wird zwischen werterhaltenden und wertvermehrenden Massnahmen unterschieden: Werterhaltende Massnahmen dienen der Wiederherstellung der ursprünglichen Eigenschaften eines Bau- oder Anlageteils, während wertvermehrende Massnahmen einen Mehrwert erzeugen, z.B. eine Leistungsverbesserung, eine Komfortsteigerung oder Energieeinsparungen. Diese Unterscheidung ist auch relevant in Hinsicht auf die Überwälzung der Erneuerungskosten auf den Nutzer (Mieter), indem die Kosten von werterhaltenden Massnahmen voll zu Lasten des Eigentümers gehen, wogegen die Kosten von wertvermehrenden Massnahmen je nach herrschendem (kantonalem) Mietrecht zu 60 bis 70% auf den Mieter überwälzt werden können.

Bauwerkserhaltung im weitesten Sinn beinhaltet jedoch nicht nur die Instandhaltung und die Instandsetzung, sondern ebenfalls die laufende Überwachung und die periodische Inspektion der Bau- und Anlageteile sowie die Veränderung eines Bauwerks (Anpassung, Umbau und Erweiterung).

10.2 Der Prozess der Bauwerkserhaltung

In der Schweiz ist der Prozess der Erhaltung von Bauwerken in der gleich betitelten Norm SIA 469 dargelegt (Abb. E23). Hierin finden sich neben einem Ablaufschema der Bauwerkserhaltung auch die zugehörigen Begriffsdefinitionen.

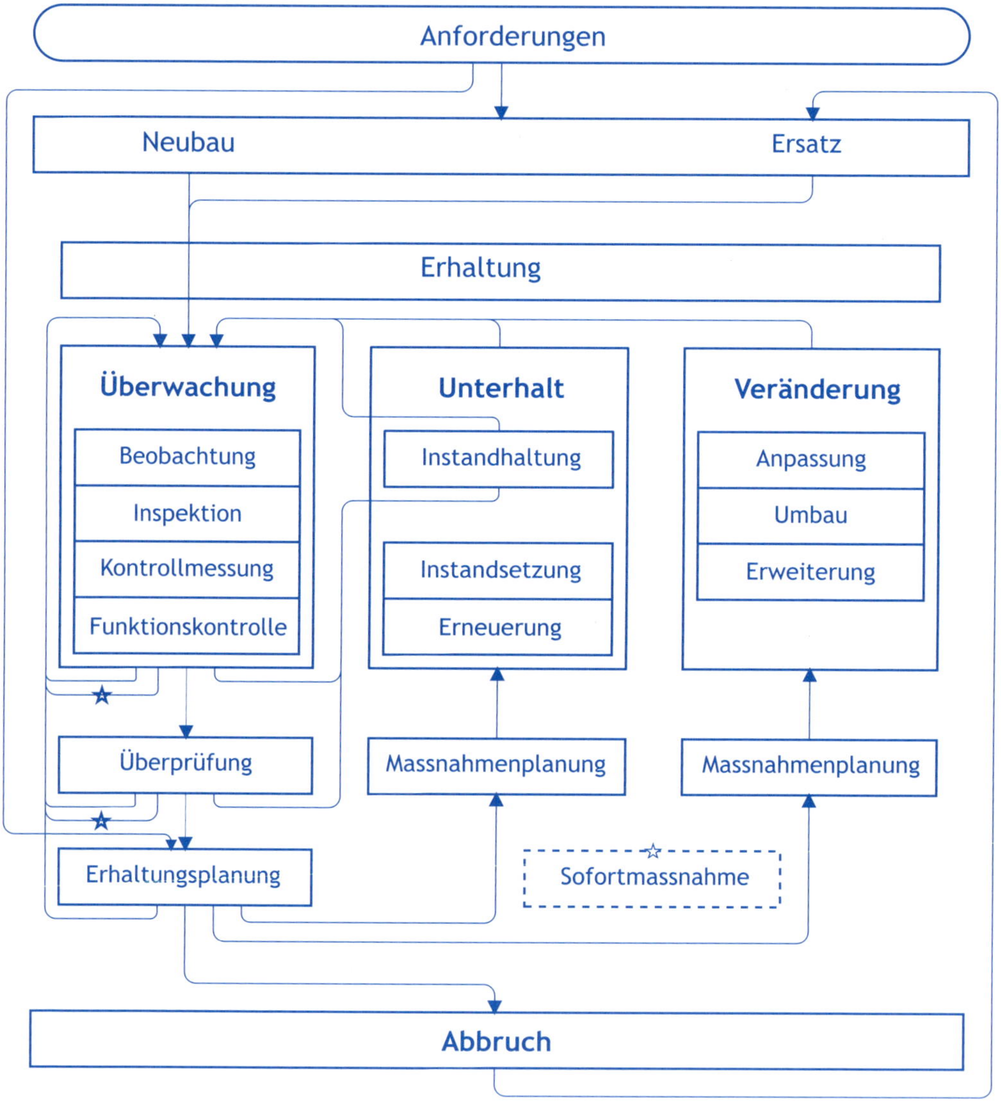

Abb. E23: Ablaufschema der Bauwerkserhaltung gemäss SIA 469

Die einzelnen Begriffe in Abbildung E23 definiert SIA 469 wie folgt:

Allgemein

Bauwerkserhaltung	Gesamtheit der Tätigkeiten und Massnahmen zur Sicherstellung des Bestandes sowie der materiellen und kulturellen Werte eines Bauwerks. Die Bauwerkserhaltung ist der bauspezifische Teil der Bauwerksbewirtschaftung. Sie beginnt nach erfolgter Inbetriebnahme eines Bauwerks und erstreckt sich über dessen gesamte Nutzungsdauer. Nicht zur Bauwerkserhaltung gehören die Verwaltung und der eigentliche Betrieb des Bauwerks.
Überprüfung	Beurteilen des Zustandes anhand der Ergebnisse der Überwachung und anhand allfälliger vertiefter Untersuchungen sowie Abgeben einer Empfehlung für das weitere Vorgehen.
Massnahmenplanung	Projektieren der im Erhaltungskonzept beschriebenen und durch Grundsatzentscheid der Eigentümerschaft festgelegten Erhaltungsmassnahmen.
Erhaltungsplanung	Ausarbeiten eines Erhaltungskonzepts für einen festgelegten Zeitabschnitt (mittels Optimierung von Erhaltungsvarianten).
Sofortmassnahme	Durch Überwachung oder Überprüfung veranlasste, unverzüglich auszuführende Massnahmen zur Verbesserung der Sicherheit und der Gebrauchstauglichkeit.

Unterhalt

Bewahren oder Wiederherstellen eines Bauwerks ohne wesentliche Änderung der Anforderungen

Instandhaltung	Bewahren der Gebrauchstauglichkeit durch einfache und regelmässige Massnahmen. Technische Anlagen müssen gewartet und optimal eingestellt werden (die Instandhaltung wird auch bezeichnet mit: funktioneller Unterhalt, betrieblicher Unterhalt, Wartung).
Instandsetzung	Wiederherstellen der Sicherheit und der Gebrauchstauglichkeit für eine festgelegte Dauer.
Erneuerung	Wiederherstellen eines gesamten Bauwerks oder von Teilen desselben in einen mit dem ursprünglichen Neubau vergleichbaren Zustand.

Veränderung

Eingreifen in ein Bauwerk zwecks Anpassung an neue Anforderungen (neue Gesetze, neue Betriebsabläufe, veränderter Markt)

Anpassung	Anpassen eines Bauwerks an neue Anforderungen, ohne wesentliche Eingriffe in das Bauwerk (Beispiele: Komfortsteigerung).
Umbau	Anpassen an neue Anforderungen, mit wesentlichen Eingriffen in das Bauwerk.
Erweiterung	Anpassen an neue Anforderungen durch Hinzufügen neuer Bauwerksteile.

10.3 Erhaltungsstrategien

Die Bauwerkserhaltung liegt primär im Interesse und in der Verantwortung des Eigentümers einer Baute. Sie dient in erster Linie der Wertsicherung und bei Anlageobjekten der Erzielung einer nachhaltigen Rendite.

Der Bauwerkseigentümer ist von Gesetz wegen verpflichtet, sein Bauwerk derart zu erhalten, dass Dritte (Benutzer, Besucher, Passanten usw.) durch das Bauwerk nicht zu Schaden kommen. Über diese zwingende Forderung hinaus kann der Eigentümer seine Erhaltungsstrategie nach eigenem Ermessen wählen. Grundsätzlich werden drei Erhaltungsstrategien unterschieden.

Bei der *Ausfallstrategie* wird eine Erhaltungsmassnahme erst zu dem Zeitpunkt ausgeführt, wo der betroffene Bau- oder Anlageteil unzumutbar abgenützt oder unbrauchbar geworden ist. Mit dieser Strategie werden die Lebensdauer der einzelnen Komponenten maximal ausgenutzt und die direkten Erhaltungskosten minimal. Nachteilig ist, dass die Bauwerkserhaltung nicht geplant werden kann und dass oft erhebliche Folgeschäden resultieren.

Mit einer *Präventivstrategie mit Inspektionen* wird beabsichtigt, möglichst vor dem Auftreten von Schäden geeignete Massnahmen zur Verlängerung der Lebensdauer zu treffen. Die einzelnen Erhaltungsmassnahmen können zu zweckmässigen Paketen zusammengefasst, sorgfältig geplant und zu einem günstigen Zeitpunkt umgesetzt werden. Der Vorteil dieser Strategie ist, dass sich die Erhaltungsmassnahmen aus dem effektiven Zustand der einzelnen Komponenten ableiten. Dieser Vorteil wird mit zusätzlichen Kosten für die periodischen Inspektionen erkauft.

Bei der *Präventivstrategie ohne Inspektionen* werden die verschiedenen Bau- und Anlageteile in einem festen Rhythmus bzw. kurz vor Ablauf der angenommenen Nutzungsdauer prophylaktisch, d.h. unabhängig vom effektiven Zustand, ersetzt. Es ist offensichtlich, dass bei dieser Strategie die wirkliche Lebensdauer der Komponenten nicht ausgenutzt wird und damit allenfalls zu hohe Erhaltungskosten in Kauf genommen werden.

Zusammenfassend muss festgehalten werden, dass es keine generell optimale Strategie für die Bauwerkserhaltung gibt. Die Wahl der «richtigen» Erhaltungsstrategie ist in jedem Einzelfall aufgrund der situativen Gegebenheiten und der zukünftigen Absichten (Veränderung, Ersatz, Verkauf usw.) zu treffen.

Literatur- und Quellenverzeichnis

[E1] Schlussbericht Projekt LUKRETIA; Amt für Hochbauten und Immobilien-Bewirtschaftung der Stadt Zürich, 2006

[E2] Immo-Monitoring; Wüest & Partner AG, Zürich, 2005

[E3] Gantenbein P.; Performance von Immobiliengesellschaften: Marktbasierte Ansätze zum effizienten Corporate Portfolio Management; Schulthess Juristische Medien AG, Zürich, 2004

[E4] Schedler K., Fischbacher J., Lau A.; Immobilienmanagement in den Schweizer Gemeinden; Institut für öffentliche Dienstleistungen und Tourismus, Universität St. Gallen, 2006

[E5] ISO 15686; Hochbau und Bauwerke – Planung der Lebensdauer, Teile 1–11; Schweizerische Normenvereinigung, Zürich, 2000–2008

[E6] GEFMA 100-1; Facility Management – Grundlagen; Deutscher Verband für Facility Management e.V., Nürnberg, 2004

[E7] GEFMA 220-1; Lebenszykluskostenrechnung im FM; Deutscher Verband für Facility Management e.V., Nürnberg, 2006

[E8] energho, Geschäftsstelle Deutschschweiz, 8331 Hünenberg, www.energho.ch

[E9] Christen K., Meyer-Meierling P.; Optimierung von Instandsetzungszyklen und deren Finanzierung bei Wohnbauten; Forschungsbericht, Vdf Hochschulverlag der ETH Zürich, 1999

Teil F

Querschnittthemen

Redaktor
Hans-Rudolf Schalcher

Autoren
Stefan Bingisser
Michael Eichholzer
Daniela Lutz
Albert Metz
Werner Schaeppi
Adrian Schmid
Christopher Tillman
Christian Unternährer

Inhaltsverzeichnis

1 Projektsteuerung

Der Begriff Projektsteuerung ist auf das englische «Controlling» zurückzuführen. Im Gegensatz zur Regelung, die auf Rückkoppelung und automatischer Einstellung auf den Zielkurs beruht, ist Steuerung aktives Eingreifen auf der Basis von Vorwärtskoppelung, d.h. aktives Bekämpfen von Zielabweichungen mit konkreten Korrekturmassnahmen in Kenntnis der Ursachen dieser Abweichungen.

Dem Projektleiter Bauherr dient die Projektsteuerung zur erfolgreichen Durchsetzung der bauwerk- und der bauprozessbezogenen Projektanforderungen (→Teil C Kap. 5.4). Die Projektsteuerung stellt die Kontroll-, Prognose- und Steuerungskomponente des Projektmanagements dar. Ziel der Projektsteuerung ist die vorwärtsgerichtete Lenkung von Prozessen und Organisationen im Hinblick auf die Erreichung vorgegebener Projektziele und nicht die rückblickende Kontrolle der bereits erzielten Resultate.

1.1 Bedeutung der Projektsteuerung

Während der Projektdurchführung muss das Projekt permanent überwacht werden. Die Projektsteuerung dient dabei der Früherkennung und rechtzeitigen Korrektur von sich abzeichnenden oder bereits eingetretenen Zielabweichungen. Ohne Projektsteuerung ist die Zielerreichung weitgehend dem Zufall überlassen und der Projektleiter Bauherr ohne Steuer in der Hand.

In Bezug auf die bauwerkbezogenen Projektanforderungen eines Bauvorhabens umfasst Projektsteuerung alle Steuerungsmassnahmen, welche sicherstellen, dass die folgenden Ziele wirklich erreicht werden:

- Leistung (qualitative und quantitative Merkmale des Projektergebnisses)
- Kosten (Life Cycle Cost)
- Termine
- Finanzierung

Die Projektsteuerung bezieht sich auch auf die bauprozessbezogenen Projektanforderungen, insbesondere:

- Das frühzeitige Erkennen von signifikanten Umweltauswirkungen der Bautätigkeit und des fertigen Bauvorhabens, um Emissionen zu begrenzen und die Energie- und Stoffflüsse ressourcenschonend zu gestalten.
- Die Minimierung von Unfallrisiken und Gesundheitsgefährdungen während der Bauwerkserstellung und -nutzung.

Zusammenfassend werden an die professionelle Projektsteuerung nachstehende Anforderungen gestellt.

Neben der «Autopilot»-Funktion zur Einhaltung des Zielkurses muss die Projektsteuerung auch die Früherkennung von Hindernissen, die in der Projektplanung (noch) nicht erfasst worden sind, sicherstellen («Radar»-Funktion) und damit der Projektleitung die erforderliche Zeit verschaffen, um Hindernisse zu beseitigen oder zu umgehen.

1.2 Vorgehen

In der Betriebswirtschaftslehre wird Controlling als Steuerungsinstrument der Unternehmensführung in sieben Schritte unterteilt. Dieser Ansatz kann analog auch auf Projekte angewendet werden und eignet sich insbesondere sehr gut für die Steuerung von Bauprojekten.

Schritt	Inhalt
Schritt 1	Ziele festlegen und gewichten
Schritt 2	Ziele in Planung umsetzen
Schritt 3	Verfeinern der Zielkriterien
Schritt 4	Risikobeurteilung, Frühindikator bestimmen
Schritt 5	Abläufe und erzielte Ergebnisse beobachten
Schritt 6	Abweichungen feststellen und analysisieren
Schritt 7	Korrekturen und Massnahmen anordnen und durchsetzen

Abb. F1: Die sieben Schritte der Projektsteuerung

Die sieben Schritte sind dabei wie folgt zu verstehen:

Schritt 1: Ziele festlegen und gewichten

Die bei Bauprojekten zwingend notwendige phasenweise Konkretisierung der offenen und festen Projektanforderungen und deren Gewichtung sind in Teil C Kapitel 5.4 eingehend dargelegt.

Schritt 2: Ziele in Planung umsetzen

Dies ist die zentrale Aufgabe der Architekten und Ingenieure in der Phase «Projektierung».

Schritt 3: Verfeinerung der Zielkriterien

Die phasenweise Verfeinerung der Zielkriterien erfolgt bei Bauvorhaben über die verschiedenen Massstabstufen der Projektierung bis hin zur Definition von konkreten Qualitäts- und Quantitätsforderungen (Materialien, Produkte, Verfahren usw.) in den Plänen und Ausschreibungsunterlagen.

Schritt 4: Risikobeurteilung, Frühindikatoren bestimmen

Die Identifikation, Bewertung und Beurteilung der Projektrisiken sowie der relevanten Gefahren und Chancen werden in Teil F Kapitel 2 behandelt.

Risikomanagement ist zukunftsorientiert. Es ist deshalb zweckmässig, so genannte Frühindikatoren zu beobachten, welche heraufziehende Chancen und Gefahren und die damit verbundenen Projektrisiken frühzeitig anzeigen.

Frühindikatoren schaffen die notwendige Zeit, um auf die sich abzeichnenden Zielabweichungen rechtzeitig reagieren zu können. Damit bleibt der Handlungsspielraum erhalten und die Chancen zur Erreichung der Projektziele verbessern sich. Es entsteht die Möglichkeit, zu agieren statt nur zu reagieren.

Beispiele von Frühindikatoren:

- Rasch ansteigende Konjunkturindikatoren (z.B. BIP oder Beschäftigungsgrad) weisen auf ein Anziehen der Baukosten mit einem Zeitverzug von 1 bis 2 Jahren hin.
- Ein Planungsrückstand als Folge verspäteter Projektentscheide ist ein Indiz für bevorstehende Projektänderungen und damit verbundene Kosten- und Terminüberschreitungen.
- Unordnung auf der Baustelle erhöht die Unfallgefahr und das Risiko von ungenügender Bauqualität.
- Ein zu grosser Verbrauch an Armierungsstahl in der Bodenplatte und im Untergeschoss ist eine deutliche Vorwarnung für Kostenüberschreitungen im Rohbau.

Schritt 5: Abläufe und erzielte Ergebnisse beobachten

Die aufmerksame und laufende Überwachung der Projektentwicklung ist eine der zentralen Aufgaben des Gesamtleiters und des Projektleiters Bauherr. Im Vordergrund stehen dabei die Steuergrössen Leistung, Kosten, Termine und Finanzierung. Der periodische Vergleich (monatlich bzw. vierteljährlich je nach Grösse des Projekts) der Soll- und Ist-Werte und die Endwertprognose für jede Steuergrösse unter Berücksichtigung der genehmigten Projektänderungen (Mehr- und Minderleistungen) sind eine zwingende Voraussetzung einer wirkungsvollen Projektsteuerung. Dabei gilt das Prinzip: Aktualität geht vor Genauigkeit.

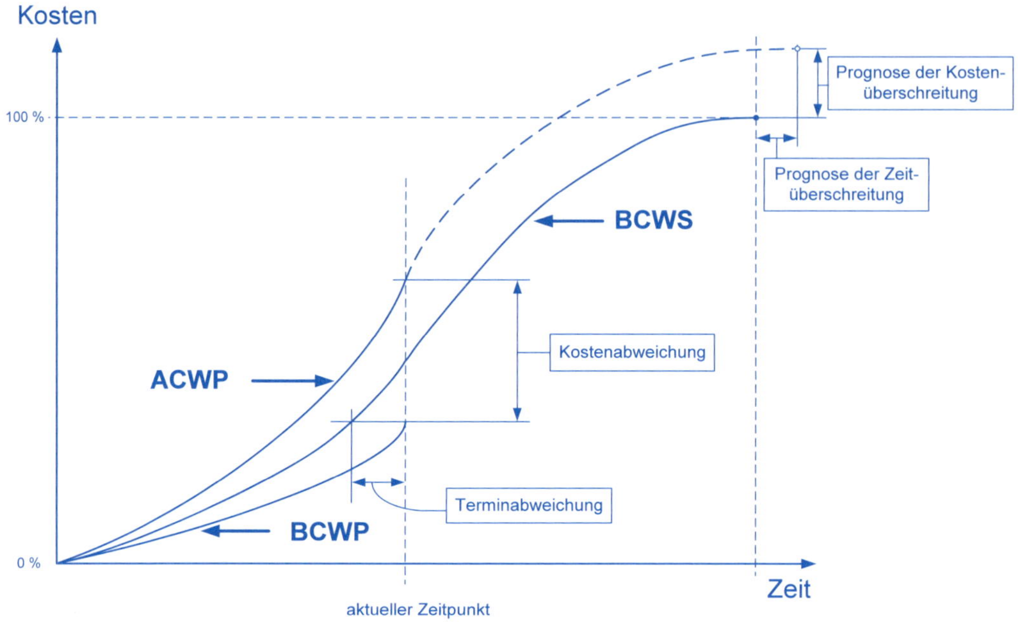

BCWS: Budget Cost of Work Scheduled (Budgetierte Kosten für geplante Leistungen)
BCWP: Budget Cost of Work Performed (Budgetierte Kosten für effektiv erbrachte Leistungen)
ACWP: Actual Cost of Work Performed (Aktuelle Kosten für effektiv erbrachte Leistungen)

Abb. F2: Projektstand und Endwertprognose nach der Earned Value Methode [F1]

Die «Earned Value Analysis» ist eine bewährte und anschauliche Methode zur Darstellung des Projektstandes, welche Leistungsquantität, Zeit und Kosten verknüpft.

Oft sind begangene Fehler oder bereits eingetretene Mengen- und Terminüberschreitungen nicht mehr reversibel. Auf der Grundlage der Endwertprognose ist es jedoch möglich, die weitere Entwicklung der Steuergrössen Leistung, Kosten und Zeit positiv zu beeinflussen.

Schritt 6: Abweichungen feststellen und analysieren

Der Projektleiter Bauherr ist verantwortlich für die ziel- und entscheidungsorientierte Auswertung der im Rahmen des Berichtswesens anfallenden Daten für die Projektsteuerung. Er stützt sich dabei auf die vorbereitenden Auswertungen des Gesamtleiters. Das Ziel der Auswertung ist das frühzeitige Erkennen von sich anbahnenden Zielabweichungen und deren Ursachen im Hinblick auf die Planung und Durchsetzung von wirkungsvollen Korrekturmassnahmen.

Mit einem aktuellen und effizienten Berichtswesen innerhalb der Bauprojektorganisation ist sicherzustellen, dass der Projektleiter Bauherr unmittelbar über Zielabweichungen bzw. wesentliche Veränderungen der Frühindikatoren orientiert wird. Der Aufbau und die Sicherstellung dieses Berichtswesens im Hinblick auf eine wirkungsvolle Projektsteuerung ist Sache des Projektleiters Bauherr. Er erteilt dem Gesamtleiter die entsprechenden Aufträge und überwacht deren Durchführung.

Die periodische Berichterstattung an den Bauherrn bzw. an die vorgesetzte Stelle des Projektleiters Bauherr, auf der Basis der ausgewerteten Daten und deren Interpretation im Hinblick auf die Zielerreichung, erfolgt in der Regel mit Hilfe von periodischen Standberichten. Aussergewöhnliche Ereignisse mit gravierenden Folgen sind der vorgesetzten Stelle unmittelbar zu melden.

Schritt 7: Korrekturen und Massnahmen anordnen und durchsetzen

Der Projektleiter Bauherr entscheidet im Rahmen seiner Kompetenzen selbständig und zeitgerecht über die zu treffenden Korrekturmassnahmen und deren Durchsetzung. Die Korrekturmassnahmen können sich auf die Bauprojektorganisation, den Bauprojektablauf oder das Bauwerk beziehen, wie zum Beispiel:

- Wiederholt ungenügende Leistungen und der dadurch verursachte Planungsrückstand sind ein ausreichender Grund für das Auswechseln eines Planers.
- Terminverzögerungen in der Ausführung können durch den Einsatz zusätzlicher Kapazitäten und das Aussetzen von Leistungsprämien wettgemacht werden.
- Kostenüberschreitungen können durch Projektänderungen (z.B. Einsparungen beim Ausbaustandard) kompensiert werden.

Korrekturmassnahmen dürfen nicht überstürzt eingeleitet werden, sondern sind sorgfältig und unter Abwägung aller Vor- und Nachteile zu planen und bewusst anzuordnen. Nur mit vertiefter Kenntnis der Ursachen von Abweichungen sowie der Lösungsalternativen und deren Auswirkungen (z.B. auf andere Projektanforderungen) ist es möglich, die richtigen Entscheide zu treffen und wirksame Korrekturmassnahmen umzusetzen.

1.3 Instrumente der Projektsteuerung

Effiziente und effektive Strukturen und Prozesse bilden die Grundlage zur Steuerung eines Bauprojekts. Die projekt- und phasengerechte Festlegung und Einführung dieser Instrumente ist Sache des Projektleiters Bauherr und des Gesamtleiters. Von besonderer Bedeutung sind dabei betriebsübergreifende Regelungen innerhalb der Projektorganisation. Dazu gehören:

Strukturen

- Projektorganisation (Verträge, Organigramm, Pflichtenhefte, Funktionendiagramme)
- Phasengliederung (z.B. nach SIA 112, mit Meilensteinen)
- Projektstrukturplan (Gliederung des Bauobjektes und/oder der Leistungen = Work Breakdown Structure)
- Kostengliederung (Projektkontenplan)
- Datenstruktur (Konventionen zur Erfassung, Verarbeitung, Übertragung und Speicherung von Daten, Zugriffs- und Bearbeitungsrechten)
- Dokumentenstruktur (Konventionen bezüglich Bezeichnung, Inhalt, Darstellung und Ablage von Dokumenten)

Prozesse

- Zielvereinbarungsprozess (mit dem Bauherrn und innerhalb der Projektorganisation)
- Projektsteuerungsprozess
- Projektbezogenes Risikomanagement
- Entscheidungs- und Genehmigungsprozess (seitens Bauherr und innerhalb der Projektorganisation)
- Koordinationsprozess
- Informationsprozess (Berichtswesen, Sitzungen, Öffentlichkeitsarbeit)
- Änderungsprozess
- Störfall- und Konfliktmanagement
- Projektrechnungswesen
- Abnahme, Inbetriebsetzung und Übergabe

Umfang und Detaillierungsgrad richten sich nach der Grösse und Komplexität des konkreten Bauvorhabens. Es ist in jedem Fall zweckmässig, die getroffenen Regelungen in einem *Projekthandbuch* zu dokumentieren.

2 Risikomanagement

2.1 Einleitung

Risikomanagement dient der frühzeitigen Identifikation und Beurteilung von Projektrisiken und der relevanten Chancen und Gefahren im Hinblick auf die Planung und Umsetzung von Vorbeugemassnahmen zur Beherrschung der Ungewissheiten (Risiken) in einem Bauprojekt (→ Teil G Kap. 4.1).

Beim Projektstart sind die Risiken am grössten. Die Ungewissheiten nehmen mit zunehmendem Projektfortschritt ab, da der Wissensstand und damit die Gewissheit bezüglich des Projekts und seines Umfelds ständig wachsen und viele Ereignisse bereits eingetreten und damit bekannt sind. Obwohl im allgemeinen Sprachgebrauch der Begriff «Risiko» negativ behaftet ist, werden im Folgenden unter diesem Begriff alle Ungewissheiten infolge von Gefahren und Chancen verstanden.

Im Projektmanagement ist es sinnvoll, von einem anforderungsorientierten Risikobegriff auszugehen:

Als Risiko wird die Wahrscheinlichkeit bezeichnet, dass die Erfüllung einer konkreten Projektanforderung von einem oder mehreren Risikofaktoren negativ (Gefahr) oder positiv (Chance) beeinflusst wird.

Das Risikomanagement bezweckt, mit geeigneten Massnahmen die relevanten Gefahren zu beherrschen und die sich bietenden Chancen zu nutzen, um damit den Weg von den Projektanforderungen bis zum fertigen Bauwerk zu bewältigen.

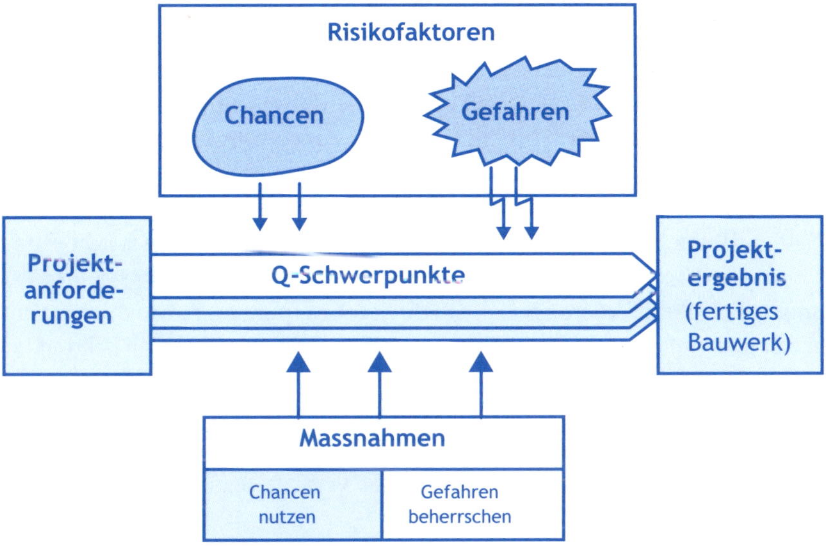

Abb. F3: Chancen und Gefahren im Projektablauf

2.2 Ablauf

Risikomanagement ist ein wesentliches Element der Projektsteuerung und umfasst die folgenden fünf Schritte:
- Risikoanalyse
- Risikobewertung
- Risikobeurteilung
- Risikostrategie
- Massnahmenplanung und -umsetzung

Am Anfang jeder *Risikoanalyse* steht die klare Definition des Betrachtungsfeldes. Dabei geht es um die folgenden Fragen: Was ist der Gegenstand der Risikobetrachtung (z.B. das ganze Bauwerk oder Teile davon)? Um welchen Zeitraum geht es (z.B. die Ausführungsphase oder Nutzungsphase)? Von welchem Standpunkt erfolgt die Betrachtung (z.B. als Bauherr oder Unternehmer, vor oder nach der Vertragsunterzeichnung)? Mit Bezug auf das gewählte Betrachtungsfeld werden die relevanten Projektanforderungen sowie die möglichen Chancen und Gefahren (Risikofaktoren) bestimmt.

Die *Bewertung* der Projektrisiken erfolgt mit Hilfe des Risikowertes. Dieser ist definiert als Produkt von Eintretenswahrscheinlichkeit eines Risikofaktors und dessen positiver bzw. negativer Auswirkung auf die Erfüllung der Projektanforderungen. Dieser Wert ist meist nicht oder nur mit grossem Aufwand zu quantifizieren und wird deshalb in der Regel qualitativ aufgrund von Expertenmeinungen bestimmt. In methodischer Hinsicht eignet sich für die Bewertung die so genannte Risikomatrix (→ Teil G Kap. 4).

Die *Beurteilung* der verschiedenen Projektrisiken ergibt ein Gesamtbild der im gewählten Betrachtungsfeld herrschenden Risikosituation. Diese wird bestimmt durch die Risikoschwerpunkte, d.h. die stark positiv oder negativ beeinflussten, wichtigen Projektanforderungen (= Qualitätsschwerpunkte) sowie die relevanten Chancen und Gefahren (= Risikofaktoren). Einerseits können die Risikofaktoren und deren Einflüsse auf die Erfüllung der Projektanforderungen auf der Basis der Risikomatrix relativ beurteilt werden. Andererseits ergibt jedoch erst die absolute Beurteilung der Auswirkungen der Gefahren und Chancen auf die Projektanforderungen (z.B. erwartete Mehrkosten oder Verzögerungen) ein aussagekräftiges Bild der herrschenden Risikosituation.

Bei der Gesamtbeurteilung einer Risikosituation sowie bei der definitiven Wahl der Qualitätsschwerpunkte und der relevanten Risikofaktoren ist darauf zu achten, dass:
- die Projektanforderungen meistens unterschiedlich gewichtet sind,
- die verschiedenen Risikofaktoren in der Regel nicht gleichzeitig eintreten und dass zwischen einzelnen Risikofaktoren Beziehungen bestehen können.

Aufbauend auf der Gesamtbeurteilung der Risikosituation kann eine Strategie zur Eindämmung der Gefahren bzw. Unterstützung der Chancen sowie zur Überwälzung oder Akzeptanz der Auswirkungen eines oder mehrerer Risikofaktoren festgelegt werden. In der Risikostrategie werden zudem die Verantwortlichkeiten für die einzelnen Risikofaktoren definiert.

Die Risikobeurteilung und die Risikostrategie bilden die Grundlagen für die Planung und Umsetzung von Massnahmen zur Eindämmung der Gefahren bzw. Nutzung der Chancen durch die jeweiligen Verantwortlichen. Dieser Schritt erfolgt in der Regel im Rahmen des projektbezogenen Qualitätsmanagements (→ Teil G Kap. 4.2.2).

Die Risikoanalyse wird beim Projektstart und anschliessend mindestens vor der Freigabe einer neuen Projektphase aktualisiert. Auch bei aussergewöhnlichen Ereignissen ist eine umgehende Überprüfung der Risikosituation angezeigt. Tritt eine neue Risikosituationen auf, ist angemessen auf diese zu reagieren.

Sofern keine grossen Projektrisiken bestehen, wird das Risikomanagement nach der Beurteilung der Risikosituation abgebrochen.

3 Qualitäts- und Umweltmanagement

3.1 Grundlagen

Qualitäts- und Umweltmanagement haben sich in den letzten Jahren auch im Schweizer Bauwesen zu zentralen Anliegen aller Projektbeteiligten und der Öffentlichkeit entwickelt. Als national und international anerkannte Grundlagen für den Aufbau und den Einsatz entsprechender Führungssysteme in Unternehmen gelten die folgenden Normen:

ISO 9001

Die Norm ISO 9001 behandelt das Qualitätsmanagement. Deren Anwendung kann vom Kunden (Bauherr) gefordert werden.

ISO 14001

Die Norm ISO 14001 betrifft das Unternehmensmanagement. Sie hat im Bereich der Umweltrechtskonformität erheblich grössere Bedeutung: Während in der ISO 9001 lediglich der Zugang zu den gesetzlichen Anforderungen zur Produktrealisierung verlangt wird, wird bei der ISO 14001 ein Verfahren zur Einhaltung der Umweltgesetze und -verordnungen gefordert.

Diese Normen beziehen sich vor allem auf die einzelne Unternehmung. Deren Umsetzung auf das Schweizer Bauwesen ist im Merkblatt SIA 2007 (Ausgabe 2001) dargelegt.

Managementsysteme nach ISO 9001 und ISO 14001 können offiziell zertifiziert werden. Sie gewinnen dadurch internationale Anerkennung. Im Schweizer Bauwesen werden solche Zertifikate vorderhand noch nicht allgemein verlangt.

3.2 Qualitätsmanagement

Die Norm ISO 9001:2000 basiert auf einem prozessorientierten Ansatz und legt die Anforderungen an das Managementsystem einer Unternehmung fest (→ Teil G Kap. 4.2.1). Die wesentlichen Anliegen sind:

- prozessorientiertes Führungsmodell
- Orientierung an den Kundenbedürfnissen und der Kundenzufriedenheit
- kontinuierliche Verbesserung des Managementsystems und der Unternehmensleitung
- Messung der Prozessqualität im Sinne der Prozessbeherrschung

Die neue ISO 9000er Reihe umfasst zusätzlich die Norm ISO 9004:2000 (Leitfaden für die Verbesserung der Leistung) in Richtung Business Excellence.

Im Bauwesen sind Führungsmodelle nach ISO 9001:2000 bei allen Projektbeteiligten (Bauherr, Planer, Unternehmen) erwünscht, da sie das Qualitätsbewusstsein in Bauprojekten fördern. Ergänzend zu diesen Qualitätsmanagementsystemen der Unternehmungen kommt bei risikoreichen Bauprojekten das projektbezogene Qualitätsmanagement zum Einsatz (→ Teil G Kap. 4.2.2).

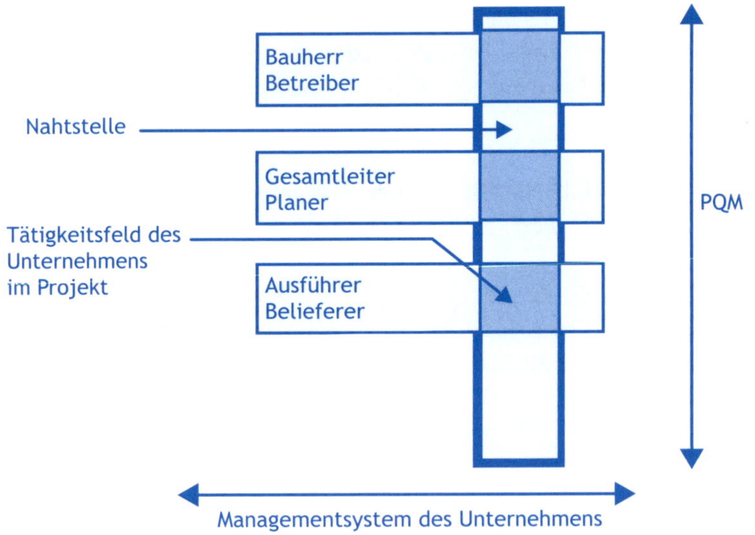

Abb. F4: Zusammenwirken zwischen dem Managementsystem des Unternehmens (MS) und dem projektbezogenen Qualitätsmanagement (PQM)

3.3 Umweltmanagement

Die Norm ISO 14001 verlangt, dass die Umweltaspekte verbindlich in das Managementsystem des Unternehmens integriert werden. Sie stellt als Minimalforderung die Einhaltung aller relevanten gesetzlichen Vorgaben und darüber hinaus eine kontinuierliche Verbesserung der Umweltleistungen eines Unternehmens. Die kontinuierliche Verbesserung der Umweltleistungen bezieht sich auf Produkte, Tätigkeiten und Dienstleistungen.

Der ISO 14001 liegt ein Modell mit 5 Schritten zugrunde, welche in einem Unternehmen in festgelegtem Ablauf zyklisch durchlaufen werden (Abb. F5). Ausgehend von der unternehmensbezogen festgelegten Umweltpolitik muss die Geschäftsleitung auf der Basis der bedeutenden Umweltaspekte umweltbezogene Ziele setzen und daraus ein zweckmässiges Umweltprogramm ableiten.

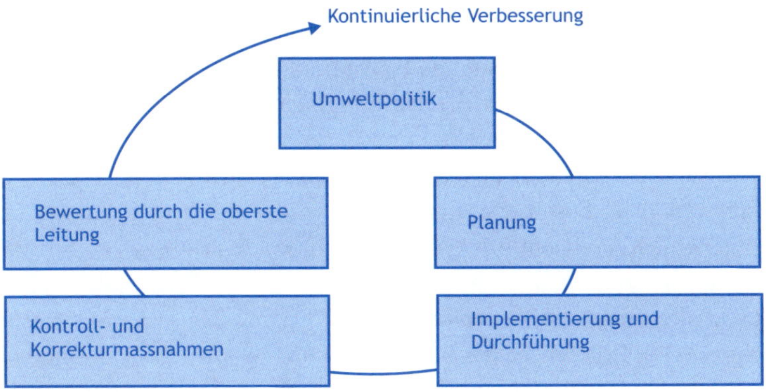

Abb. F5: Modell des Umweltmanagementsystems nach ISO 14001:1996

Als Umweltaspekt wird derjenige Bestandteil der Tätigkeiten, Produkte und Dienstleistungen bezeichnet, der in Wechselwirkung mit der Umwelt treten kann. Dies kann bei Bauprojekten eine Baustelleneinrichtung, der Standort des Gebäudes, der Baugrund, aber auch ein Bau- und Zonenplan, die Gebäudehülle, Materialien, Konstruktionen usw. sein.

Die Schwierigkeit der Anwendbarkeit des Umweltmanagementsystems bei Bauvorhaben besteht im Wesentlichen darin, dass im Rahmen von Planungs- und Entscheidungsprozessen über Disziplinen und Bereichsgrenzen hinweg gemeinsam zweckmässige und sinnvolle Instrumente entwickelt werden müssen. Insbesondere sind die direkten und indirekten Umwelteinwirkungen von grosser Bedeutung.

Als direkte Umwelteinwirkungen bezeichnet man die anfallenden Stoff- und Energieflüsse in einem Unternehmen. Diese Auswirkungen am Standort können in der Regel erfasst und ausgewertet werden (z.B. Luft-, Lärm- und Abwasseremissionen, Materialien, Inhaltsstoffe, Prozesse).

Als indirekte Umwelteinwirkungen werden Dienstleistungen verstanden, bei welchen keine direkten Stoff- und Energieflüsse anfallen, sondern deren Auswirkungen Stoff- und Energieflüsse nach sich ziehen (z.B. die gesamte Planungstätigkeit). Umwelteinwirkungen durch Bauherren wiederum erfolgen vor allem indirekt über die Auswirkungen der Aufgaben, Entscheide und Handlungen in ihrem Verantwortungsbereich.

4 Arbeitssicherheit und Gesundheitsschutz

4.1 Grundlagen

Bezüglich Sicherheit und Gesundheitsschutz am Arbeitsplatz geben in der Schweiz das Bundesgesetz über die Unfallversicherung UVG und die Verordnung über die Verhütung von Unfällen und Berufskrankheiten VVU vor, dass der Arbeitgeber für die Sicherheit in seinem Betrieb verantwortlich ist. Der Gesetzgeber konkretisiert in diesem Zusammenhang in der seit dem 1. Januar 1996 in Kraft getretenen EKAS-Richtlinie (ASA-Richtlinie) den Beizug von Spezialisten der Arbeitssicherheit.

Die EKAS-Richtlinie 6508 verlangt vom Unternehmen eine Selbsteinschätzung. Aufgrund der Ergebnisse der Selbsteinschätzung wird das Unternehmen als Betrieb ohne besondere Gefahren (2.1-Betrieb), Betrieb mit besonderen Gefahren in geringem Umfang (2.2-Betrieb) oder Betrieb mit besonderen Gefahren in normalem Umfang (2.3-Betrieb) eingestuft.

Speziell für Bauarbeiten hat der Bund, gestützt auf das Unfallversicherungsgesetz Art. 83.1, am 1. Juli 2000 die «Verordnung über die Sicherheit und den Gesundheitsschutz der Arbeitnehmerinnen und Arbeitnehmer bei Bauarbeiten» vom 29. März 2000 (BauAV) in Kraft gesetzt.

4.2 Bedeutung

Gemäss EKAS-Richtlinie muss jedes Unternehmen ein Sicherheitskonzept aufbauen, dessen Inhalt aufgrund der Gefahrenanalyse unterschiedlich ist. Die BauAV enthält speziell auf die Baubranche zugeschnittene Vorschriften (Bestimmungen für alle Bauarbeiten, Bestimmungen für Arbeiten auf Dächern, Bestimmungen für Gerüste).

4.2.1 Bedeutung für Bauherrenorganisationen

Für den Bauherrn wirkt sich die rechtliche Situation in zweifacher Hinsicht aus:

- Als Betrieb: Bauherrenorganisationen können in Betriebe ohne besondere Gefahren (2.1-Betrieb) und in solche mit besonderen Gefahren in geringem Umfang (2.2-Betrieb) eingeteilt werden. Falls die Bauherrenorganisation eigene ausführende Betriebe hat (z.B. ein Tiefbauamt mit eigenem Werkhof, eigener Gärtnerei, eigenem Strassenunterhaltsdienst), können entsprechende Branchenvereinbarungen bzw. -lösungen übernommen werden. Betriebe ohne besondere Gefahren nehmen eine Gefahrenermittlung bei Gebäudeeinrichtung, Mobiliar, Geräten, besonderen Situationen und Tätigkeiten ausserhalb des Büros (ohne Bauleitung) vor. Betriebe mit besonderen Gefahren in geringem Umfang (2.2-Betrieb) führen zusätzlich zum 2.1-Betrieb eine Risikobeurteilung und Risikominderung durch. Dies gilt für Projektleiter und Bauleiter, wobei die Risiken beim Kundenbesuch, der Begehung, der Bauleitung, der Feldarbeit und der Objektabnahme zu ermitteln sind.
- In der Bauherren-Funktion: Art. 3 Absatz 2 der BauAV legt fest, dass der Bauherr oder sein Vertreter mit dem Unternehmer als Arbeitgeber schriftlich Massnahmen zur Gewährleistung der Arbeitssicherheit und des Gesundheitsschutzes zu vereinbaren hat.

4.2.2 Bedeutung für Ingenieur- und Architekturbüros

Ingenieur- und Architekturbüros gelten wie Bauherrenorganisationen als Betriebe ohne besondere Gefahren (2.1-Betrieb; eigentliche Büros) und als Betriebe mit besonderen Gefahren in geringem Umfang (2.2-Betrieb; Büros mit Tätigkeiten ausserhalb des Büros wie z.B. Bauleitung, Vermessung).

In der Funktion Bauleitung gelten Ingenieure und Architekten als Hilfspersonen des Bauherrn und sind somit verpflichtet, das Zustandekommen der in Art. 3.2 der BauAV erwähnten Vereinbarung zwischen Unternehmer und Bauherr zu überwachen.

4.2.3 Bedeutung für Unternehmungen des Bauhauptgewerbes

Die Unternehmungen des Bauhauptgewerbes gelten als Betriebe mit besonderen Gefahren in normalem Umfang (2.3-Betriebe). Für die Umsetzung der EKAS-Richtlinie bildet die Branchenlösung Bauhauptgewerbe des Schweizerischen Baumeisterverbandes inkl. Leitfaden und Musterdokumentation die Grundlage. Diese Betriebe müssen ein Leitbild haben, Ziele vorgeben, eine Sicherheitsorganisation aufbauen und eine Risikobeurteilung über den gesamten Betrieb vornehmen. Im Weiteren ist eine Erfolgskontrolle durchzuführen.

Für jedes Bauprojekt ist weiter die in BauAV Art. 3.2 erwähnte Vereinbarung mit dem Bauherrn zu beachten. Die SUVA hat hierfür ein Standardformular erstellt, das an Bauherren und Unternehmer abgegeben wird.

5 Öffentliches Beschaffungswesen

5.1 Allgemeines

Die Schweiz hat sich im Rahmen internationaler Verpflichtungen (WTO-Übereinkommen über das öffentliche Beschaffungswesen und bilaterale Verträge mit der EU und der EFTA) verpflichtet, den Markt für die Vergabe öffentlicher Aufträge zu öffnen. Diese staatsvertraglichen Verpflichtungen sind für den Bund im Bundesgesetz über das öffentliche Beschaffungswesen (BoeB) und der zugehörigen Verordnung (VoeB) umgesetzt; für die Kantone in der interkantonalen Vereinbarung zum öffentlichen Beschaffungswesen (IVöB) und den entsprechenden kantonalen Detailbestimmungen, welche zudem die Anforderungen des Binnenmarktgesetzes berücksichtigen. Im heutigen Zeitpunkt bedeutet diese Rechtszersplitterung, dass je nach Ort des Bauvorhabens bzw. je nach Auftraggeber z.T. erheblich unterschiedliche Regelungen zur Anwendung gelangen können.

Zurzeit ist eine Revision des BoeB im Gange, mit der mindestens eine Teilvereinheitlichung zwischen Bundesrecht und kantonalem Recht erreicht werden soll.

Ob eine Submission auch den staatsvertraglichen Regelungen untersteht (also «international» auszuschreiben ist) oder nicht, entscheidet sich nach der Höhe des Auftragswertes. Für internationale Vergaben gelten besondere formelle Anforderungen.

5.2 Grundsätze

Die Rechtsgrundlagen definieren als zentrale Grundsätze des Submissionsrechtes:

- Gleichbehandlung (Verbot der Diskriminierung)
- Gewährleistung von Wettbewerb
- Transparenz
- Vertraulichkeit
- wirtschaftlicher Umgang mit öffentlichen Mitteln

Dem öffentlichen Beschaffungswesen sind alle Verwaltungseinheiten von Bund, Kantonen und Gemeinden unterstellt, daneben aber auch öffentliche und private Organisationen, wenn sie in den Bereichen Wasser-, Energie- und Verkehrsversorgung tätig sind (sogenannten Sektoren), oder selbst private Organisationen, die von der öffentlichen Hand beherrscht oder von ihr mehrheitlich finanziert werden. So können auch Vereine, Stiftungen o.Ä. dem öffentlichen Beschaffungsrecht unterstehen, wenn sie ein Bauvorhaben ausführen, das mehrheitlich mit öffentlichen Geldern subventioniert oder unterstützt wird. Die Abgrenzung im Einzelfall kann heikel sein.

Die seit Mitte der 1990er Jahre in Kraft stehenden neuen Regeln zum öffentlichen Beschaffungswesen haben zu einer Verrechtlichung des Submissionsrechts und zu einer Verkomplizierung geführt. Dass neu Anbieter ans Gericht gelangen können, wenn sie einen Auftrag nicht erhalten, führte dazu, dass öffentliche Bauherren grossen Wert auf die Einhaltung der Regeln legen müssen, damit ihr Vorhaben nicht durch ein gerichtliches Beschwerdeverfahren während längerer Zeit blockiert wird. Der Rechtsschutz ist im Bund und in den Kantonen unterschiedlich ausgestaltet.

5.3 Elemente des Submissionsverfahrens

5.3.1 Verfahrenswahl und Schwellenwerte

Es stehen folgende Verfahren zur Verfügung:

Offenes Verfahren

Es können alle interessierten Anbieter ein Angebot einreichen.

Selektives Verfahren

In einer ersten Stufe werden die Bewerber ausschliesslich betreffend Eignung für den Auftrag geprüft. Jene Anbieter, die präqualifiziert werden, können in einer zweiten Verfahrensstufe ein konkretes Angebot einreichen. Mit diesem Verfahren kann der Teilnehmerkreis, insbesondere bei sehr komplexen Ausschreibungen, beschränkt werden.

Einladungsverfahren

Die Bauherrschaft bestimmt selbst, welche Anbieter (mindestens 3) zur Angebotsabgabe eingeladen werden.

Freihändiges Verfahren

Es gibt zwei Formen des freihändigen Verfahrens. Zum einen können all jene Vergaben, die unter den entsprechenden Schwellenwerten liegen, direkt, eben freihändig, getätigt werden, zum andern können sich freihändige Vergaben auch für höhere Auftragssummen dann rechtfertigen, wenn eine der im Gesetz abschliessend definierten Ausnahmen vorliegt (etwa bei unvorhersehbarer Dringlichkeit, technischer Einzigartigkeit). Diese Ausnahmen sind im Gesetz abschliessend geregelt und nur mit Zurückhaltung anwendbar.

Welches Verfahren zur Anwendung gelangen kann, entscheidet sich anhand der Auftragssumme. Es gelten die nachfolgenden Schwellenwerte für Bau- und Planeraufträge:

Schwellenwerte bei Ausschreibungen des Bundes

Bauaufträge:
Freihändige Vergabe: bis 100 000 CHF
Einladungsverfahren: bis 2 000 000 CHF
Darüber: offenes Verfahren bzw. selektives Verfahren
Überschreitet die Summe der Bauleistungen eines Bauwerks den Betrag von 9 575 000 CHF, sind alle Teilleistungen im offenen oder selektiven Verfahren auszuschreiben.

Planeraufträge:
Freihändige Vergabe bis 50 000 CHF
Einladungsverfahren bis 248 950 CHF
Darüber: offenes bzw. selektives Verfahren
Planerwettbewerbe (gemäss SIA oder nach besonderen Regeln) sind möglich.

Schwellenwerte bei Ausschreibungen der Kantone

Bauaufträge Baunebengewerbe:
Freihändige Vergabe: bis 150 000 CHF
Einladungsverfahren: bis 250 000 CHF
Darüber: offenes Verfahren bzw. selektives Verfahren
Überschreitet die Summe der Bauleistungen eines Bauwerks den Betrag von 9 575 000 CHF, sind alle Teilleistungen im offenen oder selektiven Verfahren auszuschreiben.

Bauaufträge Bauhauptgewerbe:
Freihändige Vergabe: bis 300 000 CHF
Einladungsverfahren: bis 500 000 CHF
Darüber: offenes Verfahren bzw. selektives Verfahren
Überschreitet die Summe der Bauleistungen eines Bauwerks den Betrag von 9 575 000 CHF, sind alle Teilleistungen im offenen oder selektiven Verfahren international auszuschreiben

Planeraufträge:
Freihändige Vergabe bis 150 000 CHF
Einladungsverfahren bis 250 000 CHF
Darüber: offenes bzw. selektives Verfahren.
Überschreitet die Auftragssumme 383 000 CHF ist der Auftrag im offenen oder selektiven Verfahren international auszuschreiben.
Planerwettbewerbe (gemäss SIA oder nach besonderen Regeln) sind möglich.

5.3.2 Beurteilungskriterien

Neben der Einhaltung vieler formeller Vorschriften wie Fristen, Publikationsvorgaben o.Ä. ist für den Erfolg einer öffentlichen Beschaffung von zentraler Bedeutung, dass fachgerechte Beurteilungskriterien gewählt und publiziert werden.

Es wird unterschieden zwischen Eignungs- und Zuschlagskriterien. Eignungskriterien sind Ausschlusskriterien und definieren die Grundanforderungen, die ein Anbieter erfüllen muss, damit er für den ausgeschriebenen Auftrag in Frage kommt. Dazu gehören etwa Kapazität, ausreichend ausgebildetes Schlüsselpersonal, bestimmte Anforderungen an den Maschinenpark, Nachweis von Referenzen.

Mit den Zuschlagskriterien, die gewichtet und nach einem transparenten System bewertet werden, definiert die Bauherrschaft jene Kriterien, die für das konkrete Angebot von Bedeutung sind. Dazu gehören neben dem Preis, der immer ein Zuschlagskriterium ist, z.B. das Bauprogramm, Ideen zur Auftragsausführung, Baustellenpersonal, Auftragsanalyse, Qualitätssicherungssystem usw. Die einmal definierten Kriterien sind verbindlich und zwingend anzuwenden. Zuschlagskriterien sind zu gewichten und entsprechend transparent zu machen, damit Anbieter ihr Angebot auf die Zuschlagskriterien ausrichten können.

5.4 Offertevaluation

Das zentrale Erfordernis im öffentlichen Beschaffungswesen, wonach Anbieter gleich zu behandeln sind, ist insbesondere in der Offertprüfungs- und Bereinigungsphase entscheidend. Die Bauherrschaft hat sicherzustellen, dass eine faire Bewertung stattfindet, dass die Gleichbehandlung gewahrt ist und dass allfällige Verhandlungen – die nur bei Submission des Bundes zulässig sind – nicht zu unerlaubten Abgeboten führen. Bauherrenberater haben die Bauherren auf diese Problematik aufmerksam zu machen und zwar schon im Rahmen der Ausschreibung. Die Evaluation der Angebote erfolgt üblicherweise mit einer sogenannten Auswertungsmatrix, bei der die Erfüllung der einzelnen Kriterien mit Punkten bewertet und mit der Gewichtung des Kriteriums multipliziert wird.

Zentral für den reibungslosen Verlauf von Beschaffungsverfahren ist die Einhaltung der Verfahrensgrundsätze und ganz besonders – der Transparenz. Bei transparenten Verfahren fällt der mögliche spätere Vorwurf in sich zusammen, man habe nicht gewusst, wie das Verfahren abläuft, man habe keine Informationen erhalten und der Entscheid sei nicht nachvollziehbar. Die Nachvollziehbarkeit eines Vergabeentscheides – dazu gehören Protokolle aller Besprechungen, Notizen über eingeholte mündliche Referenzen, Notizen über Telefongespräche, Protokolle von Präsentationen o.Ä. – entscheidet massgeblich über den Erfolg der Submission und den Erfolg in einem allfälligen Beschwerdeverfahren.

5.5 Beschwerdeverfahren

Anbieter, die nach der Offertevaluation den Zuschlag nicht erhalten, können gegen ihre Nichtberücksichtigung ein Rechtsmittel einlegen. Die entsprechenden Verfahren finden auf kantonaler Ebene in aller Regel vor den kantonalen Verwaltungsgerichten statt, d.h. es gibt kein Einspracheverfahren. Bei den Bundesvergaben ist die erste Instanz das Bundesverwaltungsgericht (seit 1. Januar 2007). Die Entscheidungen der Vorinstanzen können – unter bestimmten Voraussetzungen – an das Bundesgericht weitergezogen werden. Neben dem Zuschlag sind eine Reihe von weiteren Verfahrensschritten gerichtlich überprüfbar (z.B. Auswahl im selektiven Verfahren, Ausschluss aus dem Verfahren, Verfahrensabbruch).

Wird Beschwerde erhoben, bedeutet dies im Minimum einige Wochen Verzögerung für das Bauvorhaben, weil das zuständige Gericht vorerst einmal alle Vertragsabschlüsse untersagt. Überaus zentral für allfällige Verzögerungen ist sodann, ob dem entsprechenden Rechtsmittel in der Folge die aufschiebende Wirkung erteilt wird. Dies wird von den Gerichten anhand einer Plausibilitätsprüfung der Begründetheit der Beschwerde und einer Interessensabwägung zwischen den privaten und wichtigen öffentlichen Interessen an einem sofortigen Vertragsschluss (z.B. Dringlichkeit, hohe Folgekosten bei Stopp des Projekts o.Ä.) entschieden.

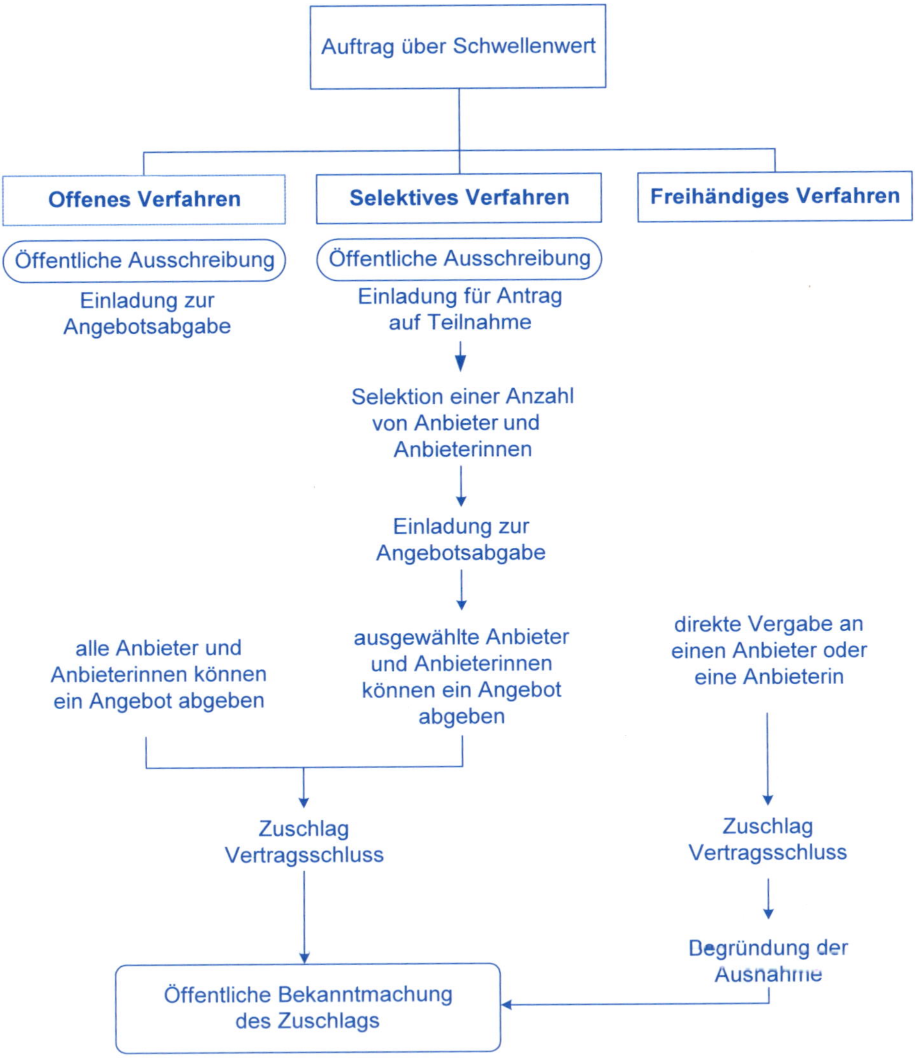

Abb. F6: Übersicht der öffentlichen Submissionsverfahren

6 Vertragsmanagement

6.1 Vertragsabschluss

In einer Bauprojektorganisation stehen die einzelnen Baubeteiligten in vertraglichen Beziehungen zueinander (→ Teil C Kap. 6 und Teil D Kap. 2). Diese regeln die jeweiligen Pflichten und Rechte unter den Vertragsparteien.

Voraussetzung für einen gültigen Vertragsschluss ist der Konsens der beteiligten Parteien. Art. 1 OR bestimmt dazu: Zum Abschluss eines Vertrages ist die übereinstimmende gegenseitige Willensäusserung der Parteien erforderlich. Sie kann eine ausdrückliche oder stillschweigende sein. Dabei werden die Willensäusserungen als Antrag (Offerte) und Annahme (Akzept) bezeichnet. Wenn diese übereinstimmen, die Parteien handlungsfähig (mündig und urteilsfähig) sind und keine Willensmängel (wesentlicher Irrtum, Täuschung, Drohung: vgl. Art. 23 bis 30 OR) vorliegen, ist ein Vertrag rechtsgültig zustande gekommen. Es braucht dazu nicht zwingend die schriftliche Form. Die Schriftform mit eigenhändiger Unterzeichnung wird aber in allen Fällen dringend empfohlen. Eine E-Mail gilt nicht als schriftliches Dokument (Art. 13 und 14 OR).

6.2 Formularverträge aus dem SIA-Normenwerk

Das SIA-Normenwerk, herausgegeben vom Schweizerischen Ingenieur- und Architektenverein (SIA), ist ein privatrechtliches Regelwerk. Die Normen, Richtlinien und Empfehlungen dieses Vereins haben von sich aus deshalb keinen rechtsverbindlichen Charakter; erst durch die Aufnahme in einen Vertrag wird der vereinbarte Teil des SIA-Normenwerks für die Vertragsparteien zur gültigen Rechtsnorm. Deren Qualität entspricht dabei derjenigen von «Allgemeinen Geschäftsbedingungen (AGB)». Im Bauwesen haben die Formularverträge des SIA weite Verbreitung gefunden. Diese Formularverträge setzen sich aus einem knapp gehaltenen Vertragsformular und bei Planerverträgen einer Leistungs- und Honorarordnung inkl. der allgemeinen Vertragsbestimmungen zusammen.

6.3 Verträge im Bauwesen

Im Bauwesen ist zwischen folgenden gebräuchlichen Vertragsarten zu unterscheiden:

- Kauf (Art. 184 bis 236 OR): Eigentumserwerb an einem Gegenstand (Sache oder Recht).
- Werkvertrag (Art. 363 bis 379 OR): Herstellung oder Veränderung eines indi-

viduellen Werks gegen Bezahlung eines Werklohnes (Vergütung). Also der typische Handwerkervertrag.

- Auftrag (Art. 398 bis 406 OR): Erbringung einer Dienstleistung, in der Regel gegen Bezahlung eines Honorars (der Auftrag kann aber auch unentgeltlich sein).
- Architekten- und Ingenieurverträge: Die Leistungen der Architekten und Ingenieure können in einem weiteren Sinn als Planungsleistungen bezeichnet werden. Damit kann anstelle von Architekten- und Ingenieurverträgen vereinfacht und allgemeingültig von Planerverträgen gesprochen werden.

Planervertrag

Die bis heute meist verwendeten Teilverträge weisen eine fachliche Aufteilung der Planerleistungen oder Eingliederung in die Bereiche Planung (im engeren Sinn) und Bauleitung auf. Planerleistungen in den Phasen Strategische Planung, Vorstudien und Bewirtschaftung werden in der Regel separat vereinbart.

Als Gesamtvertrag wird im Allgemeinen ein Planervertrag bezeichnet, der Leistungen der Planung (Projektierung) und der Realisierung (Bauleitung) umfasst. Das Bundesgericht betrachtet den Gesamtvertrag als gemischtes Vertragsverhältnis. Wo einzelne Leistungen zur Diskussion stehen, ist (wie bei Teilverträgen) auf die Erarbeitung von Projekten und Plänen das Werkvertragsrecht (Art. 363 ff. OR) und auf die übrigen Leistungen das Auftragsrecht (Art. 398 ff. OR) anzuwenden. Probleme, die das ganze Vertragsverhältnis beschlagen, sind einheitlich dem geeigneteren Vertragstypus unterzuordnen. Fragen im Bereich der vorzeitigen Auflösung des Gesamtvertrages sind aber immer nach der auftragsrechtlichen Regelung zu behandeln.

Einzelunternehmervertrag (Handwerkervertrag)

Der Unternehmer (Handwerker) verpflichtet sich zur Erstellung des Werks nach den Plänen und Vorgaben des Bauherrn bzw. seiner Planer. Damit liegt ein typischer und eindeutiger Fall eines Werkvertrages nach Art. 363 ff. OR vor. Jeder Unternehmer ist Nebenunternehmer eines anderen. Der Bauherr schliesst mit jedem Einzelunternehmer einen separaten Werkvertrag ab. Die Koordination (Bauleitung) obliegt dabei dem Bauherrn bzw. seinen damit beauftragten Hilfspersonen (Gesamtleiter, Bauleiter).

Generalunternehmervertrag (GU-Vertrag)

Der Generalunternehmer (GU) übernimmt die gesamte Ausführung einer Baute. Der GU verwirklicht ein ihm übergebenes Projekt. Der GU ist nicht für die Planung zuständig. Allerdings werden vom GU teils auch erhebliche planerische Leistungen erbracht (z.B. Werkstattpläne, Pläne zu Unternehmervarianten). Der GU-Vertrag gilt als reiner Werkvertrag im Sinne von Art. 363 ff. OR.

Totalunternehmervertrag (TU-Vertrag)

Der Totalunternehmer (TU) verpflichtet sich zur gesamten Planung und zur umfassenden Ausführung eines – zumeist grösseren – Bauwerks. Der TU ist also ein «projektierender GU». Er plant, projektiert und stellt das Bauwerk her. Der TU hat dem Bauherrn ein funktionstaugliches und schlüsselfertiges Bauobjekt zu übergeben. Auch der TU-Vertrag ist als reiner Werkvertrag im Sinne von Art. 363 ff. OR zu behandeln. Die Planung gilt als unmittelbare Vorbereitung der Werkerstellung und geht daher in dieser auf.

7 Public Private Partnership

7.1 Ausgangslage

Public Private Partnership (PPP) ist zurzeit ein oft und engagiert diskutiertes Thema in Zusammenhang mit dem öffentlichen Beschaffungswesen. Auf der einen Seite nehmen die Aufgaben der öffentlichen Hand (Bund, Kantone und Gemeinden) ständig zu und auf der anderen Seite werden die zur Verfügung stehenden Mittel zunehmend knapper. Im Kontext dieser aufgehenden Schere werden politische Forderungen nach Effizienzsteigerungen, wirkungsorientierter Führung und unternehmerischem Handeln der öffentlichen Verwaltungen artikuliert. Was liegt da näher, als vermehrt die Kompetenzen und finanziellen Möglichkeiten der Privatwirtschaft anzuzapfen, um diesem Dilemma zu entkommen. Das Patentrezept lautet: Public Private Partnership.

Zahlreiche Länder, z.B. die USA, England oder Deutschland, sind auf diesem Weg vorausgegangen. Infrastrukturbauten wie Strassen, Bahnen, Schulhäuser, Spitäler oder Gefängnisse wurden nach diesem Zusammenarbeitsmodell neu erstellt oder instand gesetzt. Die Ergebnisse sind vielfältig und zum Teil widersprüchlich. Die einen machen Kosteneinsparungen zwischen 20 bis 30 % geltend, während andere substanzielle Qualitätseinbussen oder sogar die völlige Demontage des «Service Public» beklagen. Trotz dieser zum Teil sehr kritischen Stimmen gegenüber PPP bleibt diese enge und langfristig angelegte Form der Zusammenarbeit zwischen der öffentlichen Hand und der Privatwirtschaft eine ernsthafte Option, die im Einzelfall seriös zu prüfen ist.

7.2 Was ist PPP?

In Anlehnung an die verschiedensten Definitionen in einschlägigen Fachbüchern [F2] und Normen kann PPP wie folgt umschrieben werden:

Public Private Partnership ist eine langfristig angelegte, wirtschaftlich begründete Partnerschaft zwischen der öffentlichen Hand und der Privatwirtschaft zum beidseitigen Nutzen und zum Wohl der Gesellschaft.

Es muss mit Nachdruck darauf hingewiesen werden, dass PPP nichts zu tun hat mit der reinen Finanzierung von öffentlichen Investitionen durch Private, der Subventionierung von privaten Betrieben oder deren Produkte (z.B. Landwirtschaft), der Privatisierung oder Auslagerung von öffentlichen Aufgaben (z.B. Telecom) und mit dem Einkauf privater Leistungen (z.B. Planungs- oder Bauleistungen) durch die öffentliche Hand.

Grundsätzlich wird unterschieden zwischen zwei Arten von PPP:

- Beschaffungs-PPP als Alternative zur heutigen Beschaffung der öffentlichen Infrastruktur (fixe oder mobile Assets, z.B. Bauwerke oder Rollmaterial für die Bahn)
- Aufgabenerfüllungs-PPP als qualifizierte partnerschaftliche Erbringung einer öffentlichen Dienstleistung oder Aufgabe (in der Regel keine hoheitlichen Aufgaben, jedoch z.B. Betrieb und Unterhalt von Strassen)

Gegenüber der traditionellen, weitgehend sehr erfolgreichen Zusammenarbeit zwischen der öffentlichen Hand und Privaten unterscheidet sich PPP durch:

- eine neue Qualität der Zusammenarbeit zwischen öffentlicher Hand und privaten Unternehmen im Sinne einer echten Partnerschaft (Win / Win-Situation)
- eine bewusste Risikoallokation zwischen Staat und Privaten
- eine Lebenszyklusorientierung bei Beschaffungen

7.3 Merkmale von PPP im engeren Sinn

PPP im engeren Sinne lässt sich wie folgt charakterisieren:

- Erfüllung einer öffentlichen Aufgabe (Beschaffung oder Dienstleistung)
- mindestens ein privater und ein öffentlicher Partner
- Bereitstellung einer wirtschaftlichen Leistung
- Verantwortungsgemeinschaft
- Bündelung von Ressourcen
- vereinbarte Risikoallokation
- längerfristige, prozessorientierte Zusammenarbeit

7.4 Rollen und Partner

Bei PPP im engeren Sinn kommen als öffentliche Partner Verwaltungseinheiten des Bundes, der Kantone, der Städte und Gemeinden sowie spezialgesetzliche Aktiengesellschaften (z.B. SBB oder Post) in Frage. Als private Partner treten private Unternehmen als Leistungs- und Risikoträger und evt. Eigenkapitalgeber sowie Investoren als Fremdkapitalgeber (Banken, Versicherungen, Investitionsfonds usw.) auf. Zusätzlich sind in PPP-Projekten oft auch Dritte (z.B. Finanzintermediäre, Berater, Experten) in unterstützender Funktion involviert.

7.5 PPP-Modelle

PPP-Modelle unterscheiden sich nach:

- Leistungsgegenstand (Infrastruktur, Dienstleistung)
- Leistungsumfang (Projektphasen über den Lebenszyklus)
- Vertragsstruktur (Kontraktmodell, Konzessionsmodell, Kooperationsmodell)
- Finanzierung (Kauf, Leasing, Konzession, Factoring)

Beim Kontraktmodell wird die langfristige Zusammenarbeit zwischen Staat und Privaten über einen Zusammenarbeitsvertrag mit entsprechenden Finanzierungs- und Entschädigungsmodi geregelt. Beim Konzessionsmodell wird der Private vom Staat ermächtigt, auf der Grundlage einer Konzessionsvereinbarung beim Nutzer für die erbrachten Leistungen Gebühren oder Abgaben zu erheben, um den Kapitaleinsatz des Privaten zu amortisieren und seine übrigen Aufwendungen abzugelten. Das Kooperationsmodell ist die engste Form der Zusammenarbeit, da in diesem Fall die Partnerschaft über die Bildung einer zweckgebundenen Gesellschaft mit eigener Rechtspersönlichkeit (in der Regel AG oder GmbH) begründet wird. Sowohl die Beschaffung des erforderlichen Investitions- und Betriebskapitals (von den Gesellschaftern und / oder über den Kapitalmarkt) als auch die Erbringung der vereinbarten Leistungen und die Vereinnahmung der entsprechenden Abgeltungen ist Aufgabe dieser PPP-Projektgesellschaft. Das Verhältnis zwischen der öffentlichen Hand und dieser meist gemischtwirtschaftlichen Trägergesellschaft wird in einem PPP-Projektvertrag vereinbart.

Auf die verschiedenen Finanzierungsmodelle wird an dieser Stelle nicht eingetreten, da es sich dabei nicht um PPP-spezifische, sondern um allgemein bekannte Formen der Kapitalbeschaffung, -verzinsung und -rückzahlung handelt.

Abb. F7: Schematische Darstellung eines Kooperationsmodells für die Beschaffung und Bewirtschaftung eines Bauwerks für öffentliche Zwecke

7.6 PPP in der Bau- und Immobilienwirtschaft

In Hinsicht auf die Bau- und Immobilienwirtschaft steht Beschaffungs-PPP im Vordergrund des Interesses. Der klassische PPP-Ansatz umfasst dabei die teilweise oder vollständige Finanzierung, die Planung und Projektierung, die Erstellung sowie den Betrieb und Unterhalt der beschafften Baute (Hoch- oder Tiefbau). Es handelt sich also um eine Zusammenarbeit, die alle relevanten Leistungen einschliesst und sämtliche Phasen des Lebenszyklus eines Bauwerks betrifft.

7.7 Voraussetzungen für eine erfolgreiche PPP

Eine erfolgreiche PPP muss die folgenden Voraussetzungen erfüllen: PPP-Projekte sollten überschaubar und eindeutig abgrenzbar sein. In Bezug auf Schweizer Verhältnisse eignen sich Projekte mit Investitionssummen zwischen 20 und 500 Mio. CHF. Die Dauer der vertraglichen Bindung zwischen öffentlicher Hand und Privaten und für den damit verbundenen Kapitaldienst sollte 20 bis 30 Jahre betragen, wobei eine Option zur Vertragsverlängerung vorgesehen werden kann.

Die Nachfrage nach den vereinbarten Leistungen sollte kalkulierbar und die Wirtschaftlichkeit nachgewiesen sein. Zusätzlich müssen der Vertragsabschluss nach Ablauf der Vertragsdauer und ein allfälliger Heimfall der getätigten Investition im Voraus geregelt werden können.

Mit Bezug auf die öffentlichen Partner bedarf es einer breiten Akzeptanz seitens der Politik, der Verwaltungen und der Bevölkerung. In dieser Hinsicht besteht in der Schweiz noch grosser Handlungsbedarf. Zudem müssen bei der involvierten Verwaltungseinheit eine verlässliche Bereitschaft und die Fähigkeiten zum unternehmerischen Handeln gegeben sein. Im Weiteren harren zurzeit gewisse gesetzliche und verfahrensmässige Unsicherheiten noch auf eine praktikable Lösung (z.B. im Bereich des öffentlichen Beschaffungswesens) [F3].

Auch auf der Seite der privaten Partner müssen bestimmte Voraussetzungen gegeben sein. Dazu gehören vor allem eine umfassende Kompetenz in allen Belangen von PPP, die langfristige Risikobereitschaft und -fähigkeit sowie eine ausreichende Finanzkraft.

7.8 Chancen und Gefahren von PPP

PPP als neuartige und damit noch wenig angewendete Form der Zusammenarbeit zwischen der Öffentlichkeit und privaten Unternehmen ist mit nicht zu vernachlässigenden Risiken verbunden. Die relevanten Chancen und Gefahren von PPP sind in Abbildung F8 zusammengestellt.

Risikoträger	Chancen	Gefahren
Öffentliche Partner	Finanzielle und personelle Entlastung Geglättete und stabile Finanzplanung Risikotransfer Optimierung öffentlicher Aufgaben Nutzung von privatem Know-how Effizienz- und Zeitgewinne Volkswirtschaftliche Mehrwerte	Partnerwahl Langfristige Bindung Wahrung der öffentlichen Interessen Komplexität und Aufwand von PPP-Projekten Rechts- und Verfahrensunsicherheit
Privater Partner	Erschliessung neuer Geschäftsfelder Langfristige Aufträge Attraktivität der öffentlichen Hand als Partner und Auftraggeber Verbesserte Ertragsaussichten	Risikoübernahme Langfristige Bindung Komplexität und Aufwand von PPP-Projekten Rechts- und Verfahrensunsicherheit Divergierende Interessen

Abb. F8: Gefahren und Chancen im Zusammenhang mit PPP-Projekten

7.9 Fazit

PPP steckt in der Schweiz noch in den Anfängen. Die zurzeit mehrheitlich gute Verfassung der öffentlichen Haushalte, zahlreiche, in den Medien breit ausgeschlachtete Meldungen über Misserfolge im Ausland, Zweifel an der langfristigen Wirtschaftlichkeit sowie die dem Schweizer angeborene Liebe zum «Service Public» lassen die Politik und die öffentlichen Verwaltungen noch zögern.

Trotzdem herrscht unter Fachleuten Einigkeit darüber, dass PPP eine zukunftsgerichtete und erfolgsversprechende Form der Zusammenarbeit zwischen der öffentlichen Hand und der Privatwirtschaft darstellt, deren Eignung und Zweckmässigkeit in jedem Fall umfassend und objektiv zu prüfen ist.

8 Teammoderation

Projektarbeit ist Teamarbeit. Der Projekterfolg hängt wesentlich von der Qualität der Zusammenarbeit innerhalb der Projektorganisation ab. Im Vergleich zur Teamarbeit in einer Unternehmung ergeben sich in der temporären Projektorganisation die folgenden zusätzlichen Schwierigkeiten:

- Es besteht eine grundsätzliche Konkurrenzsituation zwischen den Anforderungen des Projekts und denjenigen der Stammorganisationen, aus denen sich die Teammitglieder rekrutieren.
- Die personelle Zusammenarbeit des Projektteams kann nur bedingt beeinflusst werden.
- In Anbetracht der relativ kurzen Verweilzeit im Projektteam sind Lerneffekte nur bedingt realisierbar.

A priori ist die Teammoderation eine Aufgabe der leitenden Funktionen in einem Projekt. Gerade der Bauherrenberater in seiner Rolle als Projektleiter Bauherr oder als Berater in einer Stabsfunktion ist dafür besonders prädestiniert, da er im Projektteam keine persönlichen Interessen zu verteidigen hat wie zum Beispiel der Bauherr (Zeit und Geld) oder die Planer (Architektur, technische Konzepte, Honorare). Diese günstige Ausgangslage für den Bauherrenberater genügt aber nicht für eine erfolgreiche Teamarbeit. Die damit betraute Person muss über ganz spezifische persönliche Fähigkeiten verfügen, die vor allem im Bereich der Sozialkompetenz liegen. Dazu gehören:

- psychologische Kenntnisse im (zwischen-)menschlichen Verhalten
- Kommunikations- und Motivationsfähigkeit
- Offenheit gegenüber Neuem und Unkonventionellem
- ein gewisser Altruismus (Gemeinsame Lösung vor eigener Meinung)

Bevor der Bauherrenberater die Rolle des Teammoderators übernimmt, sind die persönlichen Fähigkeiten kritisch zu hinterfragen. Vieles davon kann man erlernen und sich durch Erfahrung aneignen. Einiges muss einem aber schon in die Wiege gelegt sein. Andernfalls ist die Moderation einem besser geeigneten Teammitglied oder einem externen, vollkommen unabhängigen Spezialisten zu übertragen.

Teamarbeit funktioniert nicht auf Anhieb. Es handelt sich dabei um einen Lernprozess der Gruppe, der sich immer in die Phasen «Forming», «Storming», «Norming» und «Performing» gliedert. Es empfiehlt sich, im Teambildungsprozess diese Phasen bewusst zu planen und zu erleben.

Dabei ist zu beachten, dass die einzelnen Teammitglieder in der Regel ganz spezifische Verhaltensweisen übernehmen. Schon nach kurzer Zeit schälen sich Rollen wie der «Innovative», der «Besserwisser», der «Bewahrer», der «Kritiker», der «Beobachter» usw. heraus. Diese Rollenvielfalt, und die sich daraus ergebende Konkurrenz, ist ein bedeutendes Erfolgspotenzial der Teamarbeit und darf weder negiert noch unterdrückt werden.

Erfolgreiches Arbeiten im Team zeichnet sich vor allem durch die folgenden Bedingungen und Verhaltensweisen aus:

- Das zu lösende Problem und die zu erreichenden Ziele sind klar definiert, abgegrenzt und vom ganzen Team akzeptiert.
- Die Teamgrösse ist dem Problem angepasst, übersteigt aber nie 12 Personen.
- Die Atmosphäre soll entspannt und informell sein.
- Alle Teilnehmer können ihre Meinung offen äussern und werden angehört.
- Die Gespräche konzentrieren sich auf die Sachebene des Problems.
- Auftretende persönliche Differenzen oder Gruppenkonflikte werden umgehend aufgegriffen und ausserhalb der Problembearbeitung einer Lösung zugeführt.
- Der Moderator moderiert das Team und dominiert weder das Gruppengeschehen noch einzelne Mitglieder.
- Entscheide werden im Konsens gefällt.
- Das Ergebnis der Teamarbeit wird dokumentiert und allen Teammitgliedern zur abschliessenden Akzeptanz unterbreitet. Nachträgliche Retouchen sind unzulässig, denn sie torpedieren die wertvolle Teamanstrengung.

Werden diese Regeln vom gesamten Team eingehalten, sind die besten Voraussetzungen für eine erfolgreiche Teamarbeit geschaffen. Dann unterscheidet sich das Team wirklich von einer Gruppe bzw. einer ungezügelten Horde von Rechthabern.

9 Stakeholder Management

9.1 Ausgangslage

Bauwerke werden nicht im hermetisch abgeschlossenen Labor entwickelt, realisiert und genutzt, sondern unter dem wachsamen Auge der Öffentlichkeit. Aufgrund ihrer Grösse, wirtschaftlichen Bedeutung und vielfältigen Auswirkungen auf die Gesellschaft und die Umwelt haben Bauvorhaben seit eh und je das Interesse von verschiedensten, direkt oder indirekt Beteiligten bzw. Betroffenen gefunden. Diese Anspruchsteller – oder eben Stakeholder – nutzen zunehmend die gesetzlich legitimierten oder auch die informellen Möglichkeiten zur Einflussnahme auf die Gestaltung, die Erstellung und die Nutzung von privaten und öffentlichen Bauvorhaben. Solche Stakeholder-Interventionen haben in der Regel relevante Auswirkungen auf die Planungs- und Bauzeit, die Investitions- und Betriebskosten, die zukünftigen Erträge und oft auch auf die Qualität der Bauten.

Es ist deshalb offensichtlich, dass das Verhalten der Stakeholder einen entscheidenden Einfluss auf den Erfolg von Immobilienentwicklungen hat, wobei festzuhalten ist, dass diese Einflussnahmen nicht immer nur negative, sondern durchaus auch positive Wirkungen entfalten können. So oder so sind die frühzeitige Identifikation von potenziellen Stakeholdern und der professionelle Umgang mit diesen als relevante strategische Erfolgspositionen bei der Projektentwicklung zu betrachten. Die damit verbundenen Aufgaben und Aktivitäten werden unter dem Begriff Stakeholder Management zusammengefasst. Stakeholder Management setzt sich grundsätzlich mit zwei Fragestellungen auseinander [F4]:

- Welche Personen oder Organisationen sollen als Stakeholder angesehen werden und wie lassen sich diese erfassen?
- Wie können Konflikte mit Stakeholdern vermieden bzw. produktiv geregelt werden?

9.2 Stakeholder und ihre Merkmale

In der Betriebswirtschaftslehre wird der Begriff Stakeholder sehr weit gefasst: Als Stakeholder einer Unternehmung (z.B. einer Bauherrschaft oder eines Projektentwicklers) gelten im Allgemeinen Personen oder Organisationen, die einen massgeblichen Einfluss auf die Unternehmensziele und deren Erreichung sowie auf die Aktivitäten und das Verhalten dieser Unternehmung ausüben können bzw. die von den Aktivitäten und Produkten dieser Unternehmung betroffen sind. Unter dieser extrem breiten Sicht gehören die Eigner, die leitenden Organe und sämtliche Mitarbeitenden, die Lieferanten und Kunden, aber auch die Fremdkapitalgeber, die Konkurrenten, die Politik und Behörden, institutionalisierte Interessengruppen, die Medien und die Öffentlichkeit zum Kreis der relevanten Anspruchsteller einer Unternehmung.

Mit Bezug auf Projektentwicklungsunternehmen und klassische Bauherrschaften muss unterschieden werden zwischen branchenspezifischen und projektspezifischen Stakeholdern. Erstere interessieren sich generell für das Kerngeschäft solcher Organisationen, während Letztere das Interesse auf ein spezifisches Bauvorhaben fokussieren. Im Weiteren differenzieren sich Stakeholder nach deren Organisationsfähigkeit, Macht bzw. Einfluss, Ressourcenausstattung und Legitimation. Die nachstehende Tabelle gibt einen Überblick über die wesentlichen projektspezifischen Stakeholder bei der Projektentwicklung und deren üblichen Merkmale.

Stakeholdertyp	Organisationgrad	Macht/ Einfluss	Ressourcenausstattung	Legitimation	Beispiele
Behörden	hoch	stark	gross	Gesetze, Verordnungen	Baubewilligungsbehörde
Planer	mittel	mittel	mittel	im Rahmen des Auftrags	Architekt Ingenieur
Unternehmer	mittel	mittel	mittel	im Rahmen des Werkvertrags	Baumeister Elektroinstallateur
Nachbarn	gering	mittel	klein	Gesetze	Anlieger
Interessengruppen	hoch	stark	mittel	Verbandsbeschwerderecht	VCS Quartierverein
Drittpersonen	gering	schwach	klein	keine	Aktivisten
Konkurrenz	gering	schwach	mittel	Gesetze	Mitbewerber
Medien	mittel	stark	gross	Pressefreiheit	Fernsehen Gratisanzeiger

Abb. F9: Projektspezifische Stakeholder und ihre Merkmale (die qualitativen Aussagen zu den einzelnen Merkmalen können von Fall zu Fall variieren)

Bereits diese schematische Übersicht der üblichen projektspezifischen Stakeholder und deren Merkmale lassen erste Schlüsse zu hinsichtlich ihrer Potenziale und der Risiken im Hinblick auf eine erfolgreiche Projektentwicklung. Die Identifikation und Beurteilung der relevanten Stakeholder muss möglichst früh im Projektablauf vorgenommen werden. Es hat sich als zweckmässig und zielführend erwiesen, diese Überlegungen bereits in die Machbarkeitsstudien während der Vorstudienphase einfliessen zu lassen (→ Teil C Kap. 5.7).

9.3 Umgang mit Stakeholdern

Die Kenntnis und Beurteilung der relevanten Stakeholder ist noch keine Garantie für eine reibungslose Projektentwicklung. Stakeholder müssen proaktiv gepflegt und geführt werden. Dabei sind die folgenden Grundsätze zu beachten:

- Professionelle Projektentwickler und Bauherrschaften pflegen ihre Stakeholder ständig und nicht erst wenn es brennt bei einem konkreten Projekt.
- Eine offene, vollständige und frühzeitige Information der Stakeholder aus erster Hand ist immer besser als tendenziöse Medienberichte oder ungenügend fundierte Stammtischgespräche.
- Der Dialog mit den Stakeholdern wird vom Projektentwickler bzw. von der Bauherrschaft frühzeitig initiiert, straff geführt und lückenlos dokumentiert.
- Stakeholder sind nicht nur eine Gefahr für ein Projekt, sondern sie können auch Chancen erschliessen.
- Der Rechtsweg ist in der Regel der schlechteste Ausweg aus einem Konflikt mit Stakeholdern.
- Auch beim Stakeholder Management gilt es, ein günstiges Verhältnis von Nutzen zu Aufwand zu erzielen.

Für die erfolgreiche Umsetzung dieser sechs Grundsätze haben sich in der Praxis die folgenden Massnahmen bewährt:

- Die laufende Beobachtung und Interpretation der Stakeholder-Landschaft im Geschäftsrayon eines Projektentwicklers bzw. einer professionellen Bauherrschaft ermöglicht das frühzeitige Erkennen von Veränderungen (neue Stakeholder, geändertes Stakeholder-Verhalten, neue Rechtssprechung usw.).
- Die relevanten branchenspezifischen Stakeholder sind periodisch über die Geschäftsstrategie, personelle Veränderungen in Schlüsselpositionen und den Geschäftserfolg des Projektentwicklers zu informieren. Dadurch mutieren die Stakeholder vom situativen Feind zum langfristigen Partner.
- Die relevanten projektspezifischen Stakeholder sind möglichst früh in den Projektentwicklungsprozess einzubinden (runder Tisch), um vollständige und korrekte Information zu gewährleisten sowie um Ärger und unerwünschte Publizität zu vermeiden und Zeit und Geld zu sparen.
- Bei einer grossen Anzahl von relevanten Stakeholdern lässt sich das Stakeholder Management durch den Einsatz eines allseits akzeptierten Stakeholder-Repräsentanten als einziger Gesprächspartner des Projektentwicklers stark vereinfachen und beschleunigen.

- Bei kritischen Projekten lohnt sich die vorgängige Vereinbarung und konkrete Vorbereitung eines Mediationsverfahrens für die aussergerichtliche Konfliktregelung zwischen den Stakeholdern und dem Projektentwickler (→ Teil F Kap. 10.3). Eine zentrale Voraussetzung für einen erfolgreichen Umgang mit Stakeholdern ist das gegenseitige Vertrauen [F4]. Vertrauen aufzubauen ist ein langwieriger und anspruchsvoller Prozess und nichts geht rascher und häufiger verloren als Vertrauen. Deshalb ist Stakeholder Management Chefsache. Es müssen alle an dieser Aufgabe arbeiten, die Verantwortung für das Stakeholder Management kann jedoch nicht delegiert werden.

10 Streiterledigung, Mediation

10.1 Einleitung

An einem Bauprojekt sind immer mehrere Parteien beteiligt. Die Bewerkstelligung eines Bauprojekts erfordert daher eine enge Zusammenarbeit dieser Parteien. Die Leistungen, die von den verschiedenen Beteiligten erbracht werden müssen, sind in Verträgen festgehalten. Jeder noch so sorgfältig vereinbarte Vertrag beinhaltet ein Konfliktpotenzial. Oft bildet dieses Konfliktpotenzial den Ausgangspunkt für Auseinandersetzungen bzw. Streitigkeiten unter den Baubeteiligten.
Streitquellen können sein:
- Vertragsmängel (Unklarheiten, Widersprüche, Lücken)
- Vertragsauslegung
- Projektänderungen, Nachträge
- unvorhergesehene Ereignisse (falsche Vertragsgrundlagen bzw. -annahmen, Unfälle, Störfälle, politische Entscheide, neue Gesetze usw.)

Ein Ziel aller Projektbeteiligten sollte es sein, solche Konflikte zu verhindern. Falls dies nicht möglich ist, sollte rasch und fair nach einer Lösung zur Erledigung des Streitfalles gesucht werden.

10.2 Methoden zur Streiterledigung

Die Abbildung F10 zeigt eine Übersicht über die gängigen Methoden zur Streiterledigung.

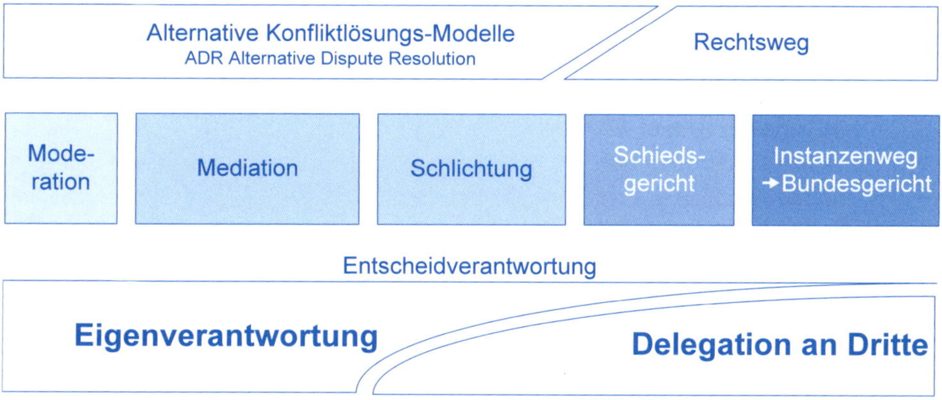

Abb. F10: Gängige Methoden zur Streiterledigung [F5]

Im Weiteren soll die «Mediation» genauer erläutert werden; es handelt sich dabei um eine Methode, die ohne Rechtsweg durchgeführt wird.

10.3 Mediation

Die Mediation ist eine erprobte Methode zur effizienten Regelung von Konflikten. Sie zeichnet sich durch folgende Punkte aus:

- aussergerichtliches Konfliktlösungsverfahren
- unparteiischer Dritter
- ohne inhaltliche Entscheidungsbefugnis
- eigenverantwortlich
- rechtsverbindliche Lösungen

Die Aufgabenfelder der Mediatoren befinden sich auf der Beziehungsebene (Personen), der Verfahrensebene (Prozess) und auf der Sachebene (Problem).

Die Mediation hat einige Vorteile aufzuweisen:

- hohe Effizienz
- konsensorientiert
- zukunftsorientiert
- alle Betroffenen sind beteiligt
- individueller Ablauf
- rascher als der Rechtsweg
- erhöhte Akzeptanz
- dauerhafte Lösung
- zukünftige Zusammenarbeit

Phasen der Mediation:

Abb. F11: Phasen der Mediation [F5]

11 Kommunikation

11.1 Erfolgsfaktor Kommunikation

Kommunikation ist als Instrument des Marketings ein wichtiger und wertbestimmender Faktor der Immobilienentwicklung. Gute Kommunikation kann Zeit sparen, Vermarktungschancen erhöhen, Erträge steigern und den objektiven Wert einer Immobilie erhöhen. Es lohnt sich deshalb, Kommunikation sorgfältig zu planen und entsprechende Ressourcen und Budgets bereitzustellen.

Immobilie und Kommunikation

Die Immobilie kann Subjekt, Objekt, oder Mittel von Kommunikation sein. Das heisst, es kann mittels einer Immobilie oder über eine Immobilie kommuniziert werden.

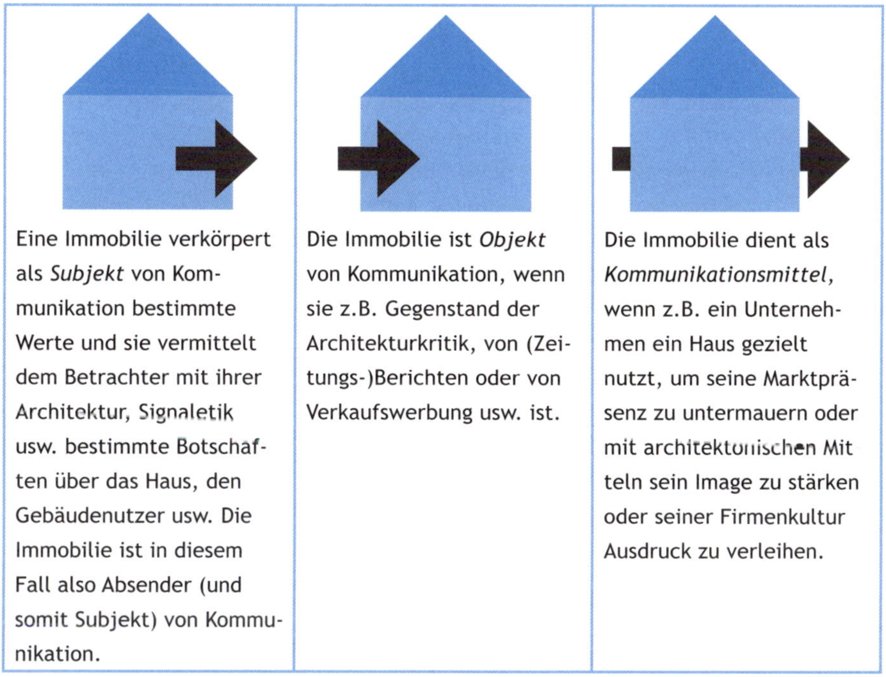

Abb. F12: Immobilie als Subjekt, Objekt und Mittel von bzw. der Kommunikation

Selbstverständlich erfüllt die Immobilie ihre verschiedenen Rollen als Subjekt, Objekt oder Mittel von Kommunikation nicht unabhängig voneinander. Die funktionale und formale Gestaltung eines Hauses beeinflusst die Art und Weise, wie darüber kommuniziert wird und das wiederum hat Einfluss darauf, wie das Haus wahrgenommen und verstanden wird und welche Akzeptanz es im Markt findet.

Wichtig ist die Erkenntnis, dass kommunikative Wirkung unvermeidbar ist. Man kann nicht nicht kommunizieren, wie es der Sozialpsychologe Paul Watzlawick schon vor langer Zeit formulierte [F6]. Wenn zum Beispiel jemand ein Haus baut, ohne die Nachbarn angemessen zu informieren, entstehen leicht Gerüchte und negative Gefühle, weil die Betroffenen gerade diesen Mangel an Information als Zeichen interpretieren. Ausschlaggebend ist nicht, was der Absender einer Botschaft sagen will, sondern wie der Empfänger seine Botschaft versteht.

Kommunikation im Lebenszyklus der Immobilie

Gute Kommunikation macht in jeder Lebensphase einer Immobilie Sinn, von der Entwicklung über die Vermarktung bis zur Bewirtschaftung, von der Planung bis zur dereinst fälligen De-Investition.

Weil sich die Wirkungsbedingungen von Kommunikation (Marktsituation, Wirtschaftslage, Konkurrenzumfeld, Wahrnehmung durch wichtige Zielgruppen usw.) im Laufe der Zeit und von Lebensabschnitt zu Lebensabschnitt einer Immobilie ändern, ist Immobilien-Kommunikation stets als Prozess zu verstehen. Dieser Prozess muss von Anfang an und sowohl in seinen einzelnen Schritten als auch in seiner Gesamtheit gut geplant und systematisch umgesetzt werden. Es ist deshalb unerlässlich, ein sogenanntes Kommunikationskonzept zu erstellen (→ Teil F Kap. 11.2). Je nach Grösse und Bedeutung des Objekts macht es vielleicht sogar Sinn, mehrere Konzepte zu unterscheiden, die dann aber inhaltlich und in ihrer formalen Umsetzung in einem übergreifenden Dachkonzept miteinander koordiniert sein müssen, um Doppelspurigkeiten oder Widersprüche zu vermeiden.

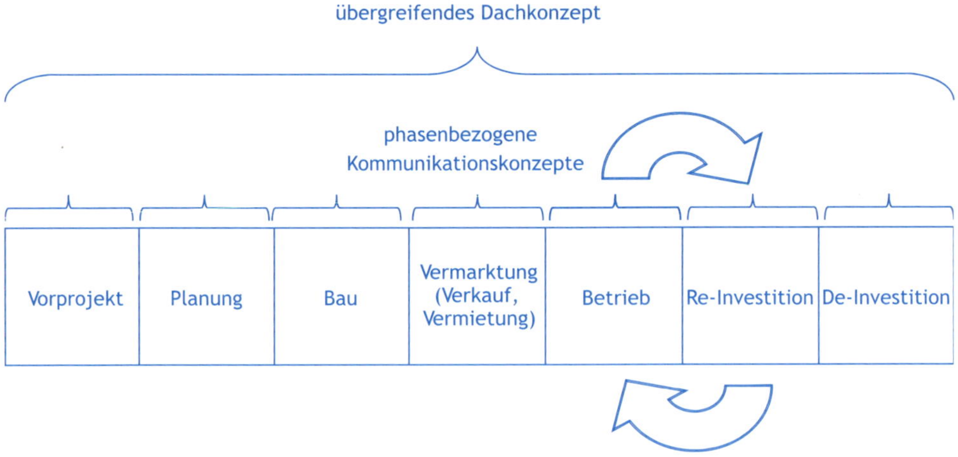

Abb. F13: Planungsbedarf Kommunikation im Lebenszyklus der Immobilie

11.2 Erfolgreich kommunizieren

Der Erfolg von Marketingkommunikation hängt ganz wesentlich davon ab, wie gut man die Zielgruppe(n) versteht und wie es gelingt, die Botschaften inhaltlich und formal präzise auf sie auszurichten – also die subjektiv für die Zielgruppe(n) relevanten Argumente zu gebrauchen und für sie attraktiv und verständlich darzustellen, die richtige Wortwahl und Tonalität zu treffen, die adäquaten Kommunikationskanäle und -mittel zu benutzen usw.

Damit das gelingt, ist es unabdingbar, viel über die Zielgruppen zu wissen und sich mit ihren Bedürfnissen, Erwartungen, Präferenzen, ihrem Vorwissen, ihrer Verständnisfähigkeit und ihren Kommunikationsgewohnheiten auseinanderzusetzen. Als Quelle für diese Informationen können neben eigenen Erfahrungen mit der Zielgruppe auch bestehende Markt- und Zielgruppenstudien benutzt werden (etwa statistische Erhebungen) oder es müssen allenfalls auch zusätzlich eigene Recherchen und Untersuchungen durchgeführt werden. Diese analytischen Überlegungen und die daraus folgenden Erkenntnisse und Schlüsse werden im Kommunikationskonzept festgehalten.

Kommunikationskonzept

Das Kommunikationskonzept systematisiert alle Überlegungen zur Analyse, Planung und Umsetzung sowie zur Wirkungskontrolle und -optimierung. Und weil sich das Umfeld der Kommunikation laufend ändert, ist ein gutes Kommunikationskonzept niemals statisch, sondern eine dynamische, immer wiederkehrende («iterierende») Abfolge von Analyse und Re-Definition. Die Wirkung von Kommunikation wird laufend überprüft und wenn nötig werden die Massnahmen optimiert.

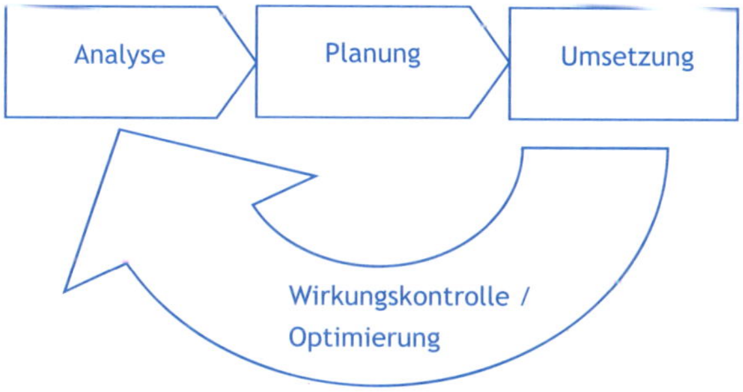

Abb. F14: Systematik des Kommunikationskonzepts

Aus dieser Systematik ergibt sich das folgende, typische Inhaltsverzeichnis eines Kommunikationskonzepts:

Analyse	Planung	Umsetzung	Wirkungskontrolle
(Marketing)Ziele	Zielgruppenstruktur	Timing	Analyse der Kommunikationswirkung
Umfeld (Kommunikationsbedingungen)	Kommunikations-/Wirkungsziele	Budget	Definition Optimierungsmassnahmen
Ressourcen	Kommunikationsinhalte (Botschaften)		
SWOT Ausgangslage	Stil/Tonalität		
	Strategie		
	Kommunikationsmittel/-Kanäle		

Abb. F15: Inhaltsverzeichnis des Kommunikationskonzepts

Während der Analyseteil rein deskriptiven (beschreibenden) Charakter hat, fliessen in die Abschnitte der Planung und Umsetzung auch strategische Überlegungen und kreative Ideen mit ein. Man nennt diesen Teil deshalb häufig auch das «kreative Konzept» oder die «kreative Strategie».

Die zentralen Erkenntnisse, dass erfolgreiche Kommunikation auf einer soliden Analyse der Zielgruppen und Wirkungsbedingungen beruht, systematisch geplant und umgesetzt werden muss und dass dieser Prozess iterierenden Charakter hat, gelten unabhängig davon, ob man über Immobilien als Gegenstand (Objekt) oder als Absender (Subjekt) von Kommunikation spricht.

11.3 Die Immobilie als Objekt von Kommunikation

Die objektorientierte Kommunikation im Rahmen der Vermarktung von Immobilien – Verkaufswerbung, Akquisition von Mietern usw. – wird in Teil B Kapitel 7 behandelt. Um Wiederholungen zu vermeiden, soll an dieser Stelle das Schwergewicht auf die spezielle Situation gelegt werden, wo eine Immobilie gleichzeitig als Subjekt und Objekt von Kommunikation in Erscheinung tritt: auf das sogenannte Branding von Immobilien.

Branding von Immobilien

Der Begriff «Branding» meint, dass ein Objekt (Erzeugnis, Dienstleistung usw.) mit einem prägnanten Zeichen versehen («brandmarken») wird, um es im Bewusstsein seiner Zielgruppen wirksam zu verankern und vom Konkurrenzumfeld abzugrenzen. Dieses Zeichen nennt man synonym «die Marke» oder «der Brand». Der Brand steht jeweils stellvertretend für ein definiertes Set von Eigenschaften und Qualitäten, denen sich auf der einen Seite der Anbieter verpflichtet und auf deren Vorhandensein sich andererseits der Nutzer/Käufer in der Folge quasi blind verlassen kann.

Meist erhalten Brands neben ihrer inhaltlichen Definition auch eine physische Erscheinungsform in Form eines (Marken-)Namens, eines Logos oder eines anderen visuellen oder akustischen Signets. Die Marke hat dabei naturgemäss den Anspruch, einzigartig und möglichst prägnant im Sinne der zu verkörpernden Werte und Inhalte zu sein.

Ein guter Brand spielt auch in der Vermarktung und im Gebrauch von Immobilien mitunter eine wichtige oder gar entscheidende Rolle. Nicht selten generiert ein Brand nicht nur während der Vermarktung für den Verkäufer Mehrwert, sondern auch für die späteren Nutzer der Immobilie. Das Firmendomizil an einer «guten Adresse» – in einem bekannten Geschäftshaus, in einem Technopark usw. – trägt zweifellos zur Profilierung und möglicherweise zum Prestige eines Unternehmens bei.

In der Immobilienbranche kann sich ein Brand auf eine konkrete Immobilie, auf ein architektonisches Konzept, auf bestimmte Eigenschaften und Qualitätsstandards (z.B. Minergie P) oder auch zum Beispiel auf die Identität des Vermarkters beziehen.

Das Brandig beginnt in der Regel mit der Namensgebung. Für eine Immobilie beispielsweise besteht eine Bandbreite von Möglichkeiten von der sachlichen Funktions- und/oder Ortsbezeichnung («Bürohaus Thalstrasse») bis hin zum artifiziellen Label («D4« im «Future Valley»). Welche Strategie im Einzelfall richtig ist, hängt von den Zielen des Vermarkters, vom Zielpublikum, von der zu vermittelnden Botschaft und von der beabsichtigen Kommunikationswirkung sowie den gegebenen Voraussetzungen ab. Sicher fällt die Entscheidung leichter, eine Wohnüberbauung nach ihrem Flurnamen zu benennen, wenn sie am «Sonnenberg» liegt, als wenn die Gegend ausgerechnet «Unterlöchli» heisst. Entscheidend ist letztlich, dass der gewählte Name beim Zielpublikum entweder bereits positiv besetzt ist oder aber das Potenzial hat, die gewünschten Assoziationen hervorzurufen.

Die Anlehnung an Bestehendes kann eine wertvolle Image-Anleihe bewirken. Ein neues, artifizielles Label macht es dagegen unter Umständen einfacher, neue Werte und Inhalte, innovative Konzepte und dergleichen zu propagieren. In der

Praxis zeigt sich, dass völlig neue Bezeichnungen es aber oft schwer haben, sich gegenüber bereits etablierten Begriffen durchzusetzen. Die Zuger «Business-Factory» etwa, heisst im lokalen Volksmund, allen kommunikativen Anstrengungen der Vermarkter zum Trotz, nach wie vor «Kistenfabrik». Die Zürcher «Fabrik im Schiffsbau» hat sich dagegen mit ihrer Anlehnung an die industrielle Vergangenheit des Ortes rasch im Bewusstsein der Öffentlichkeit festgesetzt. Und um ein wirklich berühmtes Beispiel zu nennen: Das imposante, 1964 errichtete einstige Hauptquartier der Pan American World Airlines über der New Yorker Central Station ist heute noch weltweit als «Pan Am Building» bekannt, obwohl es schon vor Jahrzehnten, nach dem Zusammenbruch der damaligen Fluggesellschaft, verkauft und seither von einer anderen namhaften Mieterin (MetLife) genutzt wird.

Ob und wie schnell sich eine Bezeichnung nachhaltig platzieren lässt, hängt also von der Vorgeschichte aber natürlich auch vom qualitativen und quantitativen Aufwand ab, mit dem man sie propagiert.

Wie bei jeder kommunikativen Planung sind sorgfältige Abklärungen und ein systematisches Vorgehen angezeigt. Die zielgerichtete Wahl eines Namens für eine Immobilie könnte folgende Prozessschritte umfassen:

- Definieren, welche Werte und Inhalte der Brand verkörpern soll (Erstellung des Soll-Profils).
- Klären, was das vorhandene Umfeld an möglichen Anlehnungen bietet (Ortsnahmen, Flurbezeichnungen, frühere Nutzung des Gebäudes oder Areals usw.).
- Prüfen, wie stark die gefundenen Begriffe im Bewusstsein des relevanten Zielpublikums verankert sind und was es mit ihnen assoziiert.
- Prüfen, ob die Assoziationen mit dem Sollprofil des geplanten Brands kongruent sind. Falls dies nicht oder nicht vollständig der Fall ist: Entwicklung von (artifiziellen) Alternativen.
- Evaluation anhand des Sollprofils (evt. abgestützt mit einem Akzeptanz-Test beim Zielpublikum).

Selbstverständlich braucht der Name in seiner kommunikativen Funktion auch nicht überstrapaziert zu werden. Schliesslich stehen neben der verbalen Bezeichnung zur Vermittlung von Inhalten und Werten ja auch andere Ebenen des Kommunikationsmix zur Verfügung. Vieles leistet vielleicht schon die visuelle Ausgestaltung des Brands, etwa in Form eines Logos oder Emblems. Generell sollte allerdings bei der Definition und gestalterischen Umsetzung eines Brands auch der kommunikative Gesamtkontext nicht ausser Acht gelassen werden, in dem er in Erscheinung tritt. Gerade in der Phase der Vermarktung einer Immobilie wird dem Zielpublikum häufig eine wahre Flut von Firmenidentitäten, Brands und Labeln zugemutet, die sich letzten Endes nur gegenseitig die Aufmerksamkeit streitig machen und sich in ihrer Wirkung beschneiden. Weniger wäre oft mehr, und ob im Einzelfall ein zusätzliches Label wirklich sinnvoll und nötig ist, sollte vor allem aus dem Blickwinkel des Betrachters entschieden werden.

Schliesslich fragt sich auch, ob das Branding einer Immobilie zwingend über die Phase der Vermarktung hinausgehen soll.

Branding mit Immobilien

Mit dem Branding eng verbunden ist auch die Gestaltung der Immobilie selbst. Die Immobilie selbst kann zum Markenzeichen werden – zur Landmarke, zum Wahrzeichen einer Stadt oder Region, zum Sinnbild eines Zeitgeists oder auch etwa «nur» zur baulichen Manifestation einer bestimmten Geschäftsphilosophie.

Die Positionierung und Einbettung einer Immobilie in ihren räumlichen, z.B. landschaftlichen oder städtebaulichen Kontext, ihre Dimensionierung und ihre architektonische Gestaltung werden, ob gewollt oder ungewollt, zur Botschaft an ihre Umwelt und an den Betrachter. Die Immobilie selbst wird damit zum Mittel und Subjekt von Kommunikation.

Die Beispiele sind zahllos. Wenn von einer Landmarke gesprochen wird, denkt man in erster Linie an grössere, sehr auffällige bauliche Strukturen, wie etwa die Pyramiden, den Eifelturm oder eine markant positionierte Burgruine. Aber auch im Kleinen erfüllt die Immobilie ihre kommunikative Funktion. Das Geschäftshaus Grafenau in Zug wurde beispielsweise in den 1990er Jahren zum Sinnbild für den erfolgreichen Versuch, wirtschaftliches Potenzial an einem Ort zu versammeln. Und Technoparks wie in Zürich oder im luzernischen Root wurden zum Wahrzeichen für den Willen zur wirtschaftlichen Entwicklung, indem sie innovativen KMU und Start-up Firmen ein Umfeld von Gleichgesinnten und eine kostensparende Infrastruktur boten. Die Architektur dieser Gebäude scheint diesen Willen und Geltungsanspruch zu widerspiegeln, sei es durch stolze Erhabenheit, technische Raffinesse oder betonte Sachlichkeit.

11.4 Die Immobilie als Subjekt und Mittel von Kommunikation

Architektur ist Sprache. Eine Immobilie vermittelt dem Betrachter durch ihre Dimension, Form, Gestaltung, aber auch durch ihren momentanen Zustand (gepflegt / ungepflegt usw.) Botschaften, Werte und Inhalte. Ein Geschäftshaus zum Beispiel, kann das Selbstverständnis und den Geltungsanspruch einer Firma zum Ausdruck bringen, ein Einfamilienhaus den Charakter seiner Bewohner verraten. Für viele Menschen ist es essenziell wichtig, dass sie ihrer Persönlichkeit in der Wahl ihrer Behausung und in der Gestaltung ihrer Einrichtung Ausdruck verleihen können [F7].

Zumindest innerhalb eines gemeinsamen Kulturkreises sind die Menschen normalerweise intuitiv in der Lage, die architektonischen Zeichen und Hinweise zu verstehen. Man lernt den Umgang mit dem Zeichencode architektonischer Gestaltung ganz einfach so, wie man sich die Muttersprache aneignet: in einem vielschichtigen Prozess von Erfahrung und unbewusster Nachahmung.

In der modernen Welt wird das allerdings zunehmend schwieriger. Noch vor wenigen Jahrzehnten war ein Schulhaus in aller Regel zweifelsfrei als Schulhaus zu erkennen, eine Kirche als Kirche, ein Wohnhaus als Wohnhaus und so weiter. Heute büssen die entsprechenden Zeichen und Hinweise immer mehr ihre Bedeutungsschärfe ein. Das hat mehrere, ganz unterschiedliche Gründe:

- Neue Materialien und Technologien, aber auch neue Anforderungen an das Gebäude in Sachen Energieeffizienz, Sicherheit usw. führen zu neuen baulichen Erscheinungsformen.
- Architekten und Bauherren durchbrechen bewusst gewohnte Wahrnehmungsmuster zu Gunsten von Auffälligkeit und Einzigartigkeit. Die Suche nach individuellem, originärem Ausdruck wird längst nicht mehr nur in westlichen Kulturen weit höher gewichtet, als die Wahrung von Tradition.
- Globalisierung und zunehmende kommunikative Vernetzung tragen zur Verwässerung von ehemals kulturspezifischen Eigenheiten bei. Typische regionale Merkmale tauchen plötzlich auch andernorts auf und verschmelzen allmählich zu einem stilistischen Einheitsbrei.
- Vor allem im Bereich öffentlicher Bauten und bei kommerziell genutzten Gebäuden, wie etwa Flughäfen, Hotelketten, Verkaufsgeschäften usw. führen Rationalisierungsgedanken, aber auch etwa das Bedürfnis nach markentypischer Wiedererkennbarkeit, zu weltweiter Uniformität.
- Veränderte Konsumgewohnheiten und Absatzstrategien von Unternehmen fördern eine zunehmende Durchmischung von Gebäudefunktionen: der Bahnhof dient auch als Einkaufszentrum, in der Buchhandlung trifft man sich schnell auf einen Café und in der Postfiliale erwirbt man problemlos Zeitschriften, Computer, Versicherungen oder Hypotheken.
- Am nachhaltigsten aber wirkt sich die Erfahrung der heutigen Zeit aus, dass sich alles sehr schnell ändert. Eine Folge davon ist der ökonomisch bedingte Druck, ein Gebäude möglichst gebrauchsneutral zu gestalten, damit jederzeit und mit tragbarem Aufwand eine Umnutzung stattfinden kann. Die Fabrikanlage wird zum loftigen Mehrfamilienhaus, die Kirche zur trendigen Music-Hall.

Dieser veränderte Zeichengebrauch hat nachhaltige, durchaus auch wirtschaftlich relevante Bedeutung. Er verändert die Art und Weise, wie man sich in Siedlungsräumen und in Bauten orientiert und sukzessive auch das Verständnis der Einrichtungen und Institutionen, welche die Gebäude beherbergen. Das Wort

«Bank» zum Beispiel, vereinte früher quasi in einem Atemzug die Funktion des Finanzdienstleisters mit der Vorstellung eines (meist sehr stattlichen) Gebäudes an zentraler Lage. Die repräsentativen Sitze von UBS und Credit Suisse am Zürcher Paradeplatz waren einst physischer Ausdruck von Stabilität und indirekt von Kompetenz und Vertrauenswürdigkeit. Mit der Verschiebung des Kundenkontakts auf Bancomat und Internetportal entfernt sich die Institution Bank im kollektiven Bewusstsein ebenso von diesen einstigen Sinnbildern, wie etwa die einst staatliche Post mit der Erosion ihres Filialnetzes sukzessive den Nimbus einer scheinbar «naturgegebenen» Monopolstellung in der Branche verliert. Eine Konsequenz solcher veränderlichen Wahrnehmungsmuster ist für den Ersteller oder Vermarkter von Immobilien, dass zunehmend weniger auf «selbstverständliches» Vorwissen gebaut werden kann. Der Wegfall gewisser Zeichen muss unter Umständen mit anderen Mitteln kompensiert werden.

Aus der Erkenntnis, dass Gebäude durch sich selbst kommunizieren, folgt, dass diese Kommunikationsleistung, genauso wie die Vermarktungsstrategie einer Immobilie, sorgfältig geplant und instrumentalisiert werden muss. Der Gebäudenutzer erwartet zu Recht, dass «sein» Haus eine für ihn nützliche kommunikative Leistung erbringt. Der Erbauer tut gut daran, mit seinem Architekten, neben Aspekten der Funktionalität und Ästhetik, auch die erwartete Kommunikationsleistung des Gebäudes zu diskutieren.

Architektursemantik

Mit der Frage, wie und mit welchen Mitteln ein Gebäude Botschaften, Werte und Inhalte transportiert, befasst sich die Architektursemantik, ein Wissenschaftszweig an der Schnittstelle von Architektur und Linguistik. Innerhalb der Linguistik (Sprachwissenschaft) bezeichnet Semantik die Lehre vom Zeichenverständnis und Zeichengebrauch.

Um die zeichenhafte Bedeutung von Architektur bewusst zur Erreichung eines bestimmten Kommunikationsziels nutzen zu können, bedarf es einiger grundlegender Erkenntnisse.

Zunächst einmal ist zwischen expliziter und impliziter Kommunikationsleistung zu unterscheiden. Explizit kommunizieren wir, wenn wir das, was wir sagen wollen, expressis verbis zum Ausdruck bringen – etwa, indem wir ein Gebäude mit der Aufschrift «Geschäftshaus», «Hotel» oder «Schule» etikettieren. Von impliziter Kommunikation ist dagegen dann die Rede, wenn die Botschaft vom Empfänger unausgesprochen, auf Basis eines gemeinsamen Wissens, zwischen ihm und dem Absender verstanden werden soll. Letzteres erfolgt durchaus alltäglich und oft völlig unbewusst. Schon ein Dach allein erweckt beim Betrachter intuitiv die Vorstellung eines Gebäudes, ein Marmorboden (zumindest in unserem Kulturkreis) die Vorstellung von Noblesse und Hochwertigkeit, eine geschlossene Tür den Wunsch nach Privatsphäre usw. Selbstverständlich lässt sich dieses Prinzip des impliziten Verstehens auch bewusst nutzen, indem wir dem Betrachter eben die adäquaten Zeichen geben und somit sein Verständnis steuern und unterstützen. So kann zum Beispiel in einem Parkhaus oft auf aufwändige (explizite) Signaletik verzichtet werden, wenn das Licht im Gebäude das Auge (implizit) in die richtige Richtung lenkt. Selbstverständlich steht dabei, wie in der gesprochenen oder geschriebenen Sprache, ein bestimmtes architektonisches Zeichen niemals für sich allein, sondern immer im Kontext anderer Zeichen. Ein und dasselbe Zeichen kann in unterschiedlichen Zusammenhängen unter Umständen völlig unterschiedliche Bedeutung erhalten. Umgesetzt auf die Architektur kann zum Beispiel die Verwendung eines bestimmten Materials billige Bauweise, sachliche Zweckmässigkeit oder vornehmes Understatement signalisieren, je nachdem, wozu das Gebäude dient und welcher Formensprache sich der Architekt bedient. Auch feine Nuancen, wie wir sie vom verbalen Ausdruck kennen, lassen sich über das Bewusstsein mit Zeichen und Zeichenbeziehungen erreichen. So würde wohl eine Reihe Blumenkisten mit Geranien vor den Fenstern eines Wohnhauses eine traditionelle Vorstellung von heimeligem Wohlgefühl verraten, während dasselbe Accessoire an der kühlen Stahl-Glas-Fassade eines Geschäftshauses eher eine humoristische oder ironisierende Wirkung hätte.

Mittel für kommunikative Wirkung findet der Architekt in allen Dimensionen unserer Sinneswahrnehmung – visuell, akustisch, haptisch (den Tastsinn betreffend), olfaktorisch (den Geruchssinn betreffend) – und auf unterschiedlichen Ebenen der architektonischen Gestaltung, in Stil, Ästhetik, Dimension, Proportion und Form eines Gebäudes, im Umgang mit Farbe, Materialisierung usw. Und was sich mit Mitteln impliziter Kommunikation nicht erreichen lässt, kann notfalls der expliziten Signaletik überlassen werden. Wichtig ist, dass sich Architekt und Bauherrschaft darüber im Klaren sind, welche Zielgruppen sie ansprechen, welche kommunikative Wirkung sie erzielen, welche Botschaften sie über das Gebäude, seinen Besitzer und seine künftigen Nutzer vermitteln wollen.

Wenn man erst einmal beginnt, sich über die kommunikative Wirkung von Bauten Gedanken zu machen, wird man bald einmal das vielfältige Vokabular und seinen Nutzen erkennen. Das Hallen der Schritte im Empfangsraum einer Bank, das grelle Licht einer Hotelküche, die gläserne Tür zum Büro des Chefs – all das hat Einfluss auf unser Verständnis der jeweiligen Situation, unsere Einstellung gegenüber dem Hausherrn, unsere Gedankengänge und unser Wohlbefinden.

12 Finanzierung

12.1 Einleitung

«Real Estate is space and money over time» – was, etwas modifiziert, als «Entgelt für Flächennutzung über Zeit» übersetzt werden kann. Immobilien sind Räume, die von Menschen für eine bestimmte Zeit belebt und genutzt werden. Bei Immobilienentwicklungen können neue Dinge entstehen oder es kann alten, nicht mehr gebrauchten Dingen neues Leben eingehaucht werden. Das Ziel erfolgreicher Entwicklungen besteht somit darin, beides so zu tun, dass ein optimaler und nachhaltiger Erfolg erzielt werden kann.

Wie die erfolgversprechendste Lösung aussieht, liegt selten von vornherein auf der Hand. Manchmal ergibt sie sich wie von alleine, weitaus häufiger ist sie das Resultat eines zielgerichteten Prozesses. Dieser führt über fundierte Analysen zu handlungsleitenden Strategien und zu praktisch umsetzbaren Konzepten, die eine nachhaltige Immobilienentwicklung erst ermöglichen.

Bei der Entwicklung von Visionen, die stark genug sind, um als erfolgreich realisierte Projekte in der Nutzungsphase zu bestehen, gilt es, die Gratwanderung zwischen Utopie und Realität, zwischen Theorie und Praxis, zwischen hoch gesteckten Zielen und mannigfaltigen Hindernissen zu meistern. Voraussetzungen dafür sind ein fundiertes Know-how über den Markt und seine Mechanismen, eine Untermauerung der Entwicklungsvision mit sozialwissenschaftlichen Erkenntnissen und Konzepten, der Einsatz unterschiedlichster Methoden aus Marktforschung und Statistik sowie Marketingwissen, Immobilienerfahrung und Interdisziplinarität, vereint in einem Team, welches über Fantasie, Kreativität und Ausdauer verfügt.

Das Ziel jeder Immobilienentwicklung ist es, Werte zu schaffen. Für viele Stakeholders sind diese Werte immaterieller Natur wie beispielsweise Komfort, Beitrag zur Siedlungsentwicklung oder ästhetische Aspekte. Bei (rationalen) Investoren stehen hingegen vielfach finanzielle Werte im Zentrum. Die Nagelprobe bei Immobilienentwicklungen liegt deshalb oft bei der Frage der Finanzierbarkeit. Man könnte auch sagen, dass eine Entwicklung nur dann erfolgreich ist, wenn es gelingt, sie so zu gestalten, dass jemand bereit ist, sie zu finanzieren. In den nachfolgenden Ausführungen wird deshalb dafür plädiert, dass die Finanzierungsaspekte möglichst früh in den Immobilienentwicklungsprozess miteinbezogen werden.

Bei Projektentwicklungen ist es von zentraler Bedeutung, die Dimensionen Markt (Positionierung des Projekts und Finanzierungsquellen), Projektdefinition (Nutzungskonzeption, Architektur usw.) sowie Finanzierung (Fremd- und Eigenkapital) in Einklang zu bringen.

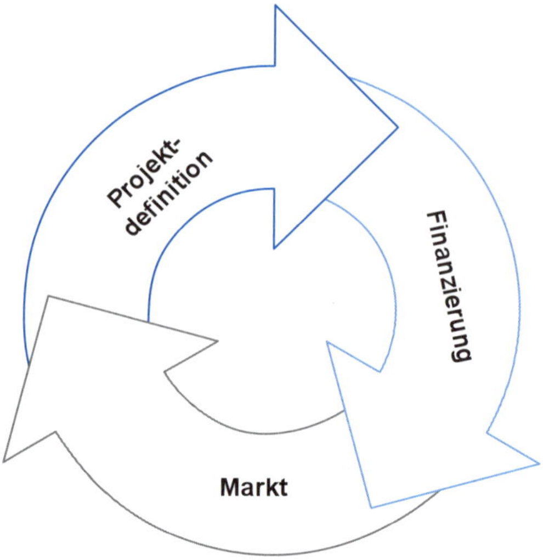

Abb. F16: Dimensionen der Projektentwicklung [F8]

Der Startpunkt für diesen Prozess ergibt sich durch die Ausgangslage einer Projektentwicklung und kann unterschiedlich sein. In der Praxis sind häufig folgende zwei Ausgangslagen anzutreffen:

- Ein Grundstück soll einer neuen Nutzung zugeführt werden.
- Eine Projektidee soll auf einem möglichst idealen Grundstück umgesetzt werden.

Unabhängig von der Ausgangslage sollte bei der Projektdefinition der Markt ins Zentrum gestellt werden. Wird die Projektdefinition ins Zentrum gestellt, bedingt dies, dass zu einem sehr frühen Zeitpunkt eine Adjustierung mit den Marktverhältnissen stattfindet. Damit wird sichergestellt, dass für das entsprechende Projekt eine adäquate Nachfrage nach Mietflächen, aber auch eine Nachfrage seitens der Investoren, vorhanden ist.

Sind diese beiden Faktoren Projektdefinition und Markt genügend erörtert, ergeben sich daraus viele Hinweise für die optimale Finanzierung. Die Finanzierungsmöglichkeiten können auch die Projektdefinition beeinflussen, da sich beispielsweise die Renditeanforderungen der Investoren je nach gewählter Nutzung unterscheiden. Um die Anforderungen von «Value-added» oder «Opportunistic Investors» bei Projektentwicklungen überhaupt erfüllen zu können, ist ein signifikanter Anteil an Fremdkapital notwendig.

Um die Fragen im Zusammenhang mit der Fremdfinanzierung beantworten zu können, sollte vorab möglichst viel Klarheit in Bezug auf das Eigenkapital bestehen. Wenn Immobilienentwickler als Projektträger auftreten, kommt der Frage des Eigenkapitals grosse Bedeutung zu, da reine Projektentwickler vielfach nicht über die finanzielle Kraft verfügen, um grosse Projekte mit den erforderlichen Eigenmitteln vor Projektbeginn auszustatten. Aus Fremdfinanzierungsoptik muss das gesamte Eigenkapital vor Baubeginn gesichert und liquide verfügbar sein. Dabei werden zukünftige Gewinne oder Eigenleistungen grundsätzlich nicht angerechnet. Um am Markt das erforderliche Eigenkapital zu beschaffen, müssen das Renditepotenzial und das dem Projekt unterliegende Risikoprofil in Einklang gebracht werden. Die Hürde auf diesem Weg stellt die Ermittlung der Eigenkapitalrendite dar. Um diese ermitteln zu können, wird die Höhe und der Preis des Fremdkapitals benötigt, welches vielfach in Abhängigkeit der Bekanntgabe des Eigenkapitalinvestors steht. Um diesen gordischen Knoten zu lösen, sind Verhandlungsgeschick, ein Vorgehen in Phasen und viel Erfahrung erforderlich.

12.2 Markt und Marktzyklen

In der Schweiz dürfte – gemäss einer groben Schätzung – das jährliche Gesamtvolumen der Entwicklungsprojekte mit einer Investition von mehr als 20 Mio. CHF ungefähr 2 Mrd. CHF betragen, wovon rund zwei Drittel auf den Wohnsektor und ein Drittel auf die übrigen Sektoren entfallen. Wie nur wenige andere Sektoren ist jedoch der Immobilienmarkt generell und der Immobilienentwicklungsmarkt im Speziellen starken Schwankungen unterworfen.

Zwei wichtige Risikoelemente bei der Immobilienentwicklung sind deshalb Volatilität und Zyklizität. Diese Elemente gilt es separat für die relevanten Teilmärkte zu analysieren, um die Chancen und Risiken bei der Immobilienentwicklung effektiv fassen zu können. Der Immobilienmarkt lässt sich nämlich in verschiedene Teilmärkte aufgliedern, die ganz spezifische Eigenheiten aufweisen. Einerseits ist eine regionale und sektorielle Gliederung angezeigt, andererseits muss der Immobilienmarkt in die Teilmärkte Mietflächenmarkt, Anlagemarkt und Neubaumarkt zerlegt werden. Wird auf die Analyse eines einzelnen Teilmarktes bei der Projektbeurteilung verzichtet, so sind die negativen Überraschungen vorprogrammiert. Die Analyse von Angebot und Nachfrage im Mietflächenmarkt, unter Berücksichtigung der Neubautätigkeit, umfasst nur einen Teil der Renditegleichung; ebenso entscheidend ist der Anlagemarkt und damit die Renditevorstellungen der Investoren. Gerade die jüngste Vergangenheit hat gezeigt, dass sich die Renditevorstellungen der Investoren relativ schnell ändern können, weil nebst den «buy and hold»-Investoren vermehrt auch zyklisch operierende

Investoren im Schweizer Markt aktiv sind. Ein Projektentwickler sollte deshalb die Anlagepräferenzen der Investoren kennen und sich ein Bild nicht nur über die künftige Entwicklung der Immobilienmärkte, sondern wegen den gegenseitigen Abhängigkeiten auch über die anderen Anlageklassen wie Aktien und Anleihen machen.

12.3 Akteure/Zusammenarbeitsmodelle

Nebst der kompromisslosen Fokussierung der Projektentwicklung auf die Marktverhältnisse, gilt es auch, den operativen Aspekten einer Projektentwicklung die notwendige Aufmerksamkeit zu schenken. Die Immobilienentwicklung ist in den meisten Fällen ein komplexer Prozess mit vielen involvierten Parteien. Die Komplexität nimmt dabei nicht zwingend mit der Grösse der Vorhaben zu, sondern bereits die Entwicklung einer einzigen Wohneinheit bedarf des Fachwissens vieler Spezialisten. Eine entscheidende Bedeutung, u.a. auch im Hinblick auf die Kostenentwicklung und -kontrolle und damit der Rentabilität des Vorhabens, kommt der Koordination der Akteure und insbesondere der Definition der einzelnen Schnittstellen zu. Letztere ist nicht ein einmaliger statischer Prozess, sondern bedarf mit Fortschritt der Projektentwicklung immer wieder Anpassungen und Korrekturen. Dabei gilt es, nicht nur die Arbeitsergebnisse und Termine zu definieren, sondern auch die Risikoexponierung der einzelnen Akteure im Rahmen der Projektentwicklung unter Berücksichtigung derer Risikofähigkeit vorgängig festzulegen.

Eine Differenzierung der Risiken in Kosten-, Termin-, Qualitäts- und Vermarktungsrisiko ist angezeigt. Je nach Management dieser einzelnen Risikokomponenten können das Gesamtrisiko bzw. das Investitionsrisiko für den Eigenkapital- und für den Fremdkapitalgeber mehr oder weniger eingegrenzt und die Kapitalkosten entsprechend optimiert werden. Eine klare Allokation der Risiken auf die einzelnen Akteure, gekoppelt mit einer adäquaten und effizienten Risikokontrolle, wird sich durch tiefere Finanzierungskosten auszahlen. Die Projektorganisationsstruktur und entsprechend die Interaktionen zwischen den einzelnen Parteien sind somit nicht nur im Hinblick auf den Arbeitsfluss, sondern auch aus Risikoüberlegungen entsprechend sorgfältig auszugestalten.

Generell empfiehlt es sich, die Finanzierungsseite schon sehr früh in den Projektentwicklungsprozess miteinzubeziehen, da sich gezeigt hat, dass sich die Erwartungshaltungen von baunahen und finanznahen Projektakteuren stark unterscheiden und zu teuren Fehlentwicklungen führen können. Nur allzu oft werden in der Schweiz Immobilienentwicklungsprojekte von baunahen Partnern wie Generalunternehmen (GU), Totalunternehmen (TU) oder Architekten initiiert und vorangetrieben und nicht, wie im angelsächsischen Raum üblich, von voll spezialisierten Projektentwicklern mit starker Vernetzung zu möglichen Finanzierungspartnern. Fairerweise ist aber anzumerken, dass sich viele baunahe Projektentwickler über die Jahre ihrer Tätigkeit eine stark durch finanzielle Gesichtspunkte geprägte Entwicklungsoptik zugelegt haben, während sich die Finanzbranche in der Schweiz mit dem Thema Projektentwicklung immer noch eher schwer tut.

Die vielen Unbekannten zu Beginn eines Projekts und insbesondere der während der ganzen Projektphase negative Cash Flow schrecken viele Finanzinstitute von einem Engagement ab, bzw. es werden Finanzierungsforderungen gestellt, die zum Teil konträr zu den Eigenheiten der Projektentwicklung stehen. So wird das Finanzierungsinstitut vor einem Engagement meistens eine hohe vertraglich abgesicherte Vorvermietung fordern, was je nach vorgesehener Nutzung jedoch nicht immer zu realisieren ist. Denn die Anzahl der Flächennachfrager, die sich allenfalls Jahre vor Bezugstermin vertraglich binden lassen, ist begrenzt.

Der frühe Einbezug der Finanzbranche in die Projektentwicklung erfolgt beispielsweise über die Vergabe eines Finanzberater-Mandates. Die Aufgaben eines solchen Finanzberaters, der vorzugsweise nicht nur sehr gut mit den Kreditentscheidungsprozessen von Banken, sondern auch mit den Anlagebedürfnissen von Eigenkapitalinvestoren vertraut ist, umfassen u.a. die Erstellung eines Finanzmodells sowie die Strukturierung der Finanzierung in den jeweilig unterschiedlichen Projektphasen.

Das Finanzmodell dient u.a. dazu, den Einfluss der vielen Unbekannten zu Projektbeginn inklusive der Finanzierungsinstrumente mit Hilfe von Szenarien und Sensitivitätsanalysen realitätsnah abzubilden, um auf finanzieller Seite den entsprechend notwendigen Spielraum schaffen zu können. Die Erfahrungen haben gezeigt, dass mit einer guten Strukturierung der Projektfinanzierung mit Hilfe von unterschiedlichen Finanzierungsinstrumenten eine hohe und kostengünstige Flexibilität zu erreichen ist. Eine solche Flexibilität ist bei einer sich über mehrere Jahre hinweg erstreckenden Projektentwicklung umso wichtiger, weil sich die Finanzierungsbedingungen sowohl im Banken- als auch am Kapitalmarkt schnell ändern und damit die ganze Projektentwicklung gefährden können. Geschieht dies während der Bauphase, so sind die Überraschungen bei fehlender Flexibilität für alle Beteiligten umso schmerzvoller.

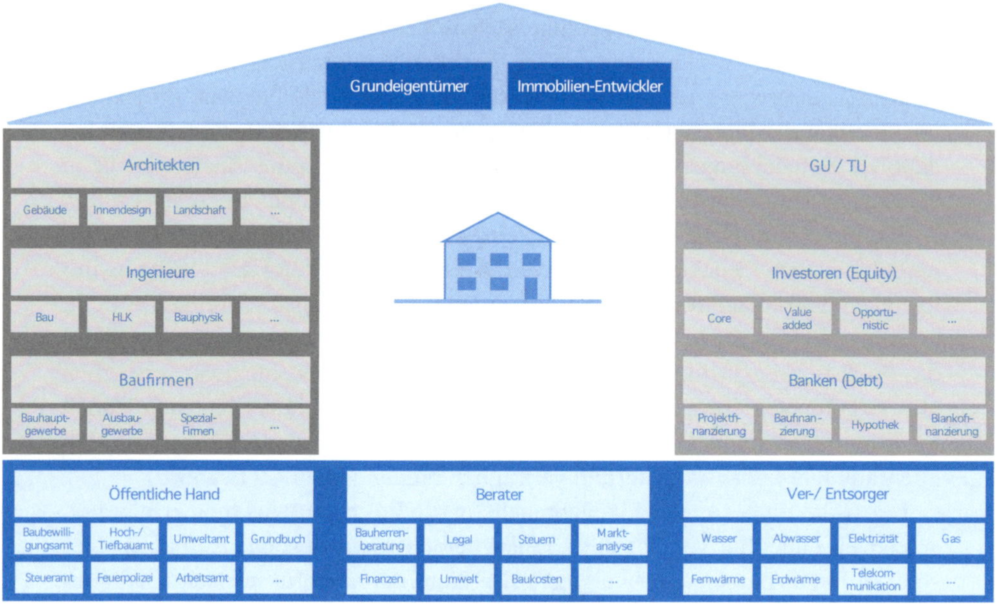

Abb. F17: Akteure bei der Immobilienentwicklung [F8]

12.4 Finanzielle Beurteilungskriterien für Projekte

Die Beurteilung von Immobilienentwicklungsprojekten aus einer finanziellen Optik verlangt die Fähigkeit, mit vielen Unbekannten umgehen zu können. Bereits bestehende, praktisch voll vermietete Immobilien («Anlageimmobilien») im Rahmen einer Finanzierung zu beurteilen, benötigt ein erhebliches Mass an Fachwissen und vorausschauender Analysefähigkeiten. Sowohl die Standortqualitäten als auch die Marktfähigkeit der entsprechenden Immobilie in Bezug auf Grösse, Grundrisse, Ausbau usw. gilt es zu werten und in finanzielle Kennzahlen wie Mieterträge, Unterhalts-, Instandhaltungs- und Instandsetzungskosten zu übersetzen.

12.4.1 Forderungen der Kreditinstitute

Damit für ein Immobilienentwicklungsprojekt die Finanzierung mit Fremdkapital überhaupt in Frage kommt, muss die Rechtssicherheit, die Ertragssicherheit und -stabilität, die Kostensicherheit, die Qualitätssicherheit und die Terminsicherheit so weit wie möglich gegeben sein. Daraus leiten sich bei einer Finanzierungsanfrage die folgenden Forderungen der Kreditinstitute ab:

- Eigenmittelnachweis
- Vorliegen einer gültigen Baubewilligung: Diese dient hauptsächlich der Rechts-

sicherheit, sie trägt aber auch das ihrige zur Terminsicherheit eines Entwicklungsprojekts bei.

- Vorliegen von langfristigen Mietverträgen: Meistens wird von den Banken ein langfristig vertraglich gesicherter Vermietungsstand bei Kreditvergabe von mindestens 60 % der potenziellen Mieteinnahmen gefordert, um Gewissheit über die Ertragssicherheit sowie die Ertragsstabilität zu haben.
- General-/Totalunternehmervertrag mit ausreichender Bonität: Für eine möglichst hohe Kosten-, Qualitäts- und Terminsicherheit wird zudem von den Banken meistens ein unterzeichneter General- oder Totalunternehmervertrag mit den entsprechenden Garantien gefordert.

Liegen diese Grundlagen vor, so wird das Kreditinstitut in einem nächsten Schritt die Anlagekosten sowie den Marktwert mit Hilfe von Benchmarks zu plausibilisieren versuchen. Das Vorliegen eines Bewertungsgutachtens eines unabhängigen Bewertungsexperten ist deshalb ebenfalls eine unabdingbare Grundlage für die Prüfung eines Finanzierungsgesuchs. Wegen der deutlich höheren Transparenz von Discounted Cash Flow-Bewertungen (DCF) im Vergleich zur Ertragswertberechnung wird vielfach eine Marktwertschätzung anhand der DCF-Methode verlangt. Bei Immobilienentwicklungsobjekten kommt man um eine DCF-Bewertung schon gar nicht herum, da nur mit dieser Methode der Zeitwert von Cash Flows adäquat berücksichtigt werden kann. Bei dieser Plausibilisierung gilt natürlich, je höher der Marktwert im Vergleich zu den Anlagekosten desto kreditwürdiger das Projekt.

Das Kreditinstitut wird ebenfalls überprüfen, ob die künftigen Cash Flows aus der Vermietung des Objektes die Verschuldungskosten zu tragen vermögen. Die Verschuldungskapazität (Debt Capacity) wird bestimmt durch das Verhältnis Freier Cash Flow (FCF: Free Cash Flow) zu Verschuldungskosten (Zinsen plus Amortisation). Der FCF widerspiegelt in diesem Fall die Mieterträge nach operativen Kosten (OPEX: Operating Expenditures) sowie nach Investitionen (CAPEX: Capital Expenditures), jedoch vor Finanzierungskosten.

12.4.2 Renditen

Bei Immobilienentwicklungsprojekten reicht ein Bewertungsgutachten für die Prüfung eines Finanzierungsgesuchs jedoch meistens nicht aus. Das bereits angesprochene Finanzierungsmodell mit Darlegung von unterschiedlichen Szenarien ist ein weiterer unabdingbarer Bestandteil. Denn nur so ist es für das Kreditinstitut möglich, die sogenannte Verschuldungskapazität seriös beurteilen zu können.

Auch in Bezug auf Renditekennzahlen sind bei Immobilienentwicklungsprojekten Zusatzinformationen im Vergleich zu einem Finanzierungsgesuch für eine

Anlageimmobilie notwendig. Die bei Anlageimmobilien üblichen Kennzahlen wie Brutto- und Nettorendite, also der Brutto- bzw. der Nettomieteinnahmen im Verhältnis zum Marktwert, haben bei Entwicklungsprojekten wegen dem Zeitwert der Cash Flows nur wenig Aussagekraft. Beurteilungsmasse wie der interne Zinsfuss (IRR: Internal Rate of Return) und der Barwert (PV: Present Value) liefern hier die notwendigen Informationen.

Es wird zudem empfohlen, Immobilien auch immer mit Hilfe des einfachen Wachstumsmodells von Gordon (Gordon Growth Model) zu beurteilen. Die einfachste Variante dieses Modells ist ein sogenanntes Einphasenmodell, das den Kapitalisierungssatz aufgliedert in die von den Investoren benötigte Rendite r sowie ein langfristiges Mietpreiswachstum g:

$$\text{Immobilienwert} = \text{Mieteinnahmen} / (r - g)$$

Mit diesem Modell lassen sich unterschiedliche Kapitalisierungssätze anschaulich durch unterschiedliche Renditeanforderungen der Investoren und unterschiedliche Erwartungen bezüglich dem künftigen Mietwachstum erklären. Damit kann die vorprogrammierte Diskussion um den «richtigen» Kapitalisierungssatz stark versachlicht werden, da es die Beteiligten zwingt, klar Stellung zu den Renditeerwartungen, aber auch zu den Zukunftsaussichten, zu nehmen.

Die genannten finanziellen Messgrössen lassen jedoch die Finanzierungsstruktur allesamt ausser Acht. Das Messgrössenset muss deshalb um die Eigenkapitalrendite (ROE: Return on Equity) ergänzt werden. Dieses Renditemass dokumentiert, wie hoch sich das vom Kapitalgeber investierte Kapital innerhalb einer Periode verzinst hat. Zur Berechnung setzt man den Jahresgewinn (nach Steuern) ins Verhältnis zu dem zu Beginn der Periode zur Verfügung stehenden Eigenkapital. Durch die Aufnahme von Fremdkapital und die damit verbundene Senkung des Eigenkapitalanteils kann die Eigenkapitalrendite entsprechend gesteigert werden, solange die Fremdkapitalkosten tiefer sind als die Gesamtkapitalrentabilität. Natürlich verändert sich dadurch auch das Risikoprofil eines Entwicklungsprojekts. Tatsache ist jedoch, dass sich die zweistelligen Eigenkapitalrenditevorstellungen der Investoren bei Immobilienentwicklungsprojekten (Abb. F18) vielfach nur mit einem deutlichen Einsatz von Fremdkapital realisieren lassen, denn die Netto-Mietrenditen von Anlageimmobilien liegen in Europa mehrheitlich klar im einstelligen Prozentbereich und die Landkosten antizipieren oftmals bereits einen schönen Teil des erwarteten Entwicklungsgewinnes. Die Fremdfinanzierung nimmt bei Immobilieninvestitionen einen entsprechend hohen Stellenwert ein. Die Möglichkeiten einer solchen Fremdfinanzierung sind deshalb auch durch die Projektentwickler bereits zu Projektbeginn genau zu analysieren, um die Erfolgschancen bei der Investorensuche abschätzen zu können.

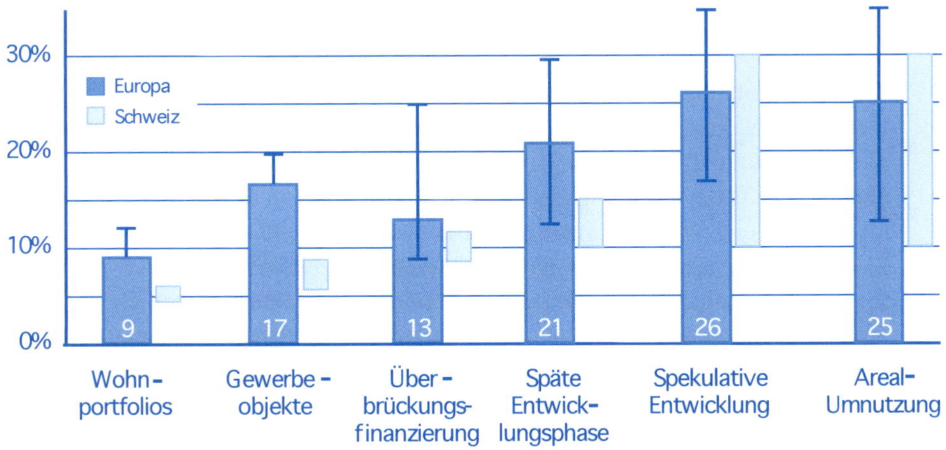

Abb. F18: Eigenkapitalrenditevorstellungen von Investoren bei Immobilieninvestitionen [F9]

Nebst den Renditevorstellungen der Investoren ist auch deren Investitionsverhalten in die Gesamtevaluation eines Projekts mit einzubeziehen. Je nach Investorentyp werden ganz spezifische Investitionsobjekte hinsichtlich Sektor, Geografie, aber auch in Bezug auf den Projektstand, bevorzugt. Institutionellen Investoren ist es aufgrund regulatorischer Vorgaben, Statuten oder Anlagerichtlinien nicht erlaubt, bereits in frühen Projektphasen als Investor aufzutreten. Andere Investoren bevorzugen hingegen gerade die frühen Projektphasen und stellen die Überbrückungsfinanzierung sicher, bis erstere sich engagieren dürfen.

12.4.3 Risiko

Spricht man von Renditen, so muss immer auch über Risiken gesprochen werden, denn diese zwei Begriffe sind untrennbar miteinander verbunden. Die Aussagekraft von Renditemassen ohne Gegenüberstellung der entsprechenden Risiken ist sehr begrenzt, dennoch lassen sich immer wieder Anleger nur von Renditeversprechungen blenden.

Immobilienentwicklungsprojekte sind deshalb, wie in der Finanzwelt üblich, aus einer Rendite/Risiko-Optik zu betrachten. Wegen der Einzigartigkeit jedes Immobilienentwicklungsprojekts sowie wegen dem verhältnismässig kleinen Schweizer Markt fehlen leider verlässliche, auf statistische Analysen abgestützte Risikowerkzeuge bei den Banken, denn die Daten, um solche Werkzeuge entwickeln zu können, sind schlicht nicht vorhanden. Für die Risikobeurteilung von Entwicklungsprojekten und deren adäquate Finanzierung nach Basel II-Richtlinien (Risikoprämien und Eigenkapitalunterlegung in Abhängigkeit des inhärenten Risikos der Finanzierung) gibt es nur wenige Fachspezialisten.

12.5 Finanzierungsinstrumente

12.5.1 Eigen- und Fremdkapital

Die Verfügbarkeit von Mitteln für die Entwicklung von Immobilienprojekten wird stark durch die Asset Allokation der Investoren und damit die Kapitalmärkte geprägt. Die Unterscheidung der Finanzierungsquellen in Eigen- und Fremdkapital ist zwingend, weil die Finanzierungsbedingungen sehr unterschiedlich sind.

Beim Eigenkapital wird in der Regel keine Laufzeit vereinbart und somit verfügt dieses Kapital über keine zeitlich fixierte Rückzahlungsverpflichtung. Der Wert des Eigenkapitals unterliegt Schwankungen und für die Nutzung des Kapitals wird eine Dividende entrichtet, welche vom Geschäftsgang abhängig ist. Daraus ergibt sich für den Eigenkapitalgeber ein unter Umständen von Jahr zu Jahr stark schwankender Wert seines Kapitaleinsatzes.

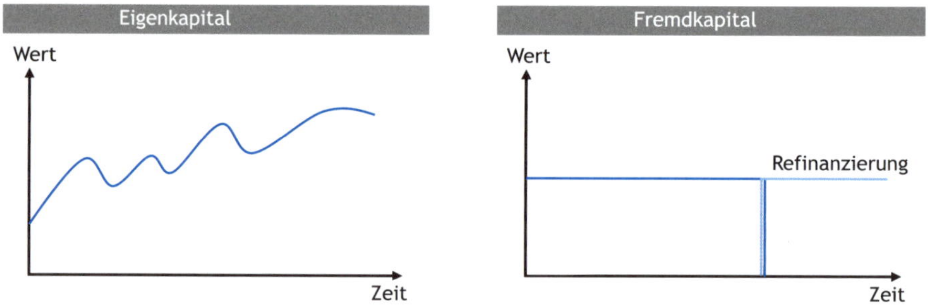

Abb. F19: Fundamentale Unterschiede von Eigen- und Fremdkapital [F8]

Beim Fremdkapital wird hingegen eine Laufzeit definiert und bei dessen Ende wird das Kapital zur Rückzahlung fällig. Der Wert des Fremdkapitals bleibt in der Regel stabil und für die Nutzung des Kapitals wird ein fester oder variabler Zins entrichtet, welcher, u.a. abhängig von Risiko und Laufzeit, unterschiedlich hoch ist. Der Wert des Fremdkapitals bleibt über die Zeit grundsätzlich konstant. Weil beim Fremdkapital eine Refinanzierung nach Ablauf der Laufzeit notwendig wird, muss bei dieser Art der Finanzierung immer auch das Refinanzierungsrisiko in die Risikoüberlegungen mit einbezogen werden. Aus Risikooptik ist meistens der Einsatz von verschiedenen Fremdkapitalinstrumenten mit unterschiedlichen Laufzeiten vorteilhaft.

12.5.2 Sicherheiten

Klassische Immobilienfinanzierungen sind über einen Grundpfandtitel besichert, welcher auf der finanzierten Immobilie lastet. Diese Besicherung reduziert bei den Fremdkapitalgebern die Eigenmittelunterlegungspflicht und erlaubt im Falle eines Konkurses den direkten Durchgriff des Fremdkapitalgebers auf die Immobilie. Aufgrund dieser beiden Hauptpunkte und den daraus folgenden attraktiven Konditionen ist diese Finanzierungsart stark verbreitet.

Eine weitere Form der Sicherheiten stellen die Mieterträge (Cash Flows) dar, welche zu Gunsten des Fremdkapitalgebers abgetreten werden können und somit auch als Besicherung dienen. Diese Form der Besicherung hat aber aufgrund des regulatorischen Umfeldes keinen direkten Einfluss auf die Konditionen.

Aus Fremdkapitalgebersicht stellt die Blankofinanzierung einer Immobilie die riskanteste Finanzierungsform dar. Dabei hat der Fremdkapitalgeber lediglich die Bonität des Schuldners als «Sicherheit», aber keine direkten Rechte an der Immobilie. Diese Form findet in der Regel nur bei grossen kotierten Immobiliengesellschaften Anwendung und steht immer unter dem Vorbehalt der Gleichbehandlung sämtlicher Gläubiger.

12.5.3 Kredittypen

Zur Finanzierung von Immobilien kommen die folgenden drei Typen von Krediten zur Anwendung, welche sich primär am Finanzierungsbedarf orientieren.

Aufbauender Kredit (Baukredit)

Für ein Bauprojekt, das einen steigenden Finanzierungsbedarf aufweist und bei dem die Eigenmittel idealerweise von Anfang an zur Verfügung stehen, eignet sich der Baukredit, welcher aus einer maximal verfügbaren Kreditlimite besteht und entsprechend dem Baufortschritt benutzt werden kann. Nach Beendigung der Bauphase wird dieser Kredit vielfach durch einen amortisierenden Kredit oder einen Festkredit abgelöst.

Amortisierender Kredit

Für die Finanzierung von Anlageimmobilien werden üblicherweise amortisierende Kredite mit fester Laufzeit eingesetzt. Die Höhe der Amortisationen hängt einerseits von der Belehnung (Finanzierungshöhe im Verhältnis zum Wert der Immobilie) und andererseits von der wirtschaftlichen Lebensdauer des Objekts ab.

Festkredit

Der Festkredit wird während der Laufzeit nicht verändert, es finden also weder Erhöhungen wie beim Baukredit noch Amortisationen statt. Der gesamte Betrag wird am Ende der Laufzeit zur Rückzahlung fällig. Das Prädikat «fest» bezieht sich dabei auf die Laufzeit und nicht auf den Zinssatz, denn dieser kann bei einem Festkredit variabel oder fest sein.

12.5.4 Finanzierungsstrukturen

Mit diesen drei Grundtypen von Krediten und zusammen mit Eigenkapital lassen sich eine Vielzahl von Finanzierungsstrukturen bilden, die bei Immobilienentwicklungsprojekten in unterschiedlichen Phasen und Ausprägungen zur Anwendung kommen.

Projektfinanzierung

Projektfinanzierungen umfassen nach einer gängigen Definition Finanzierungen von kapitalintensiven Projekten mit langen Laufzeiten, deren Rückzahlung sich ausschliesslich – oder im Falle von limitierter Rückhaftung des Projektsponsors grösstenteils – auf in der Zukunft anfallende Cash Flows der Projektgesellschaft abstützt. Diese Cash Flows sind in der Regel durch vertragliche Verpflichtungen wie Abnahmeverpflichtungen gesichert und weisen eine hohe Sicherheit in der Projektion auf. Fast die Hälfte der weltweiten Projektfinanzierungen wird im Energiesektor getätigt, rund ein Viertel im Industriebereich. Im Immobiliensektor ist die Anwendung dieser Finanzierungsstruktur unüblich. Einzig im Bereich von grösseren Hotel- und Infrastrukturprojekten sowie im Rahmen von Public Private Partnerships (PPP) kommt dieses Finanzierungsinstrument zum Einsatz. Der grosse Vorteil für den Projektsponsor liegt in der Finanzierung der Projekte ausserhalb der Bilanz («Off Balance Sheet»-Finanzierung), was ihm erlaubt, das Risiko entsprechend einzugrenzen und seine übrigen Vermögenswerte als Sicherheit für anderweitige Finanzierungen frei zu halten.

Eine Projektfinanzierung seitens einer Bank ist an eine Vielzahl von Anforderungen geknüpft. Bei Immobilienentwicklungsprojekten sind dies u.a. die Forderungen, dass Projektsponsoren erstklassig sind und sich signifikant finanziell beteiligen müssen, dass sämtliche Gegenparteien von Schlüsselverträgen des Projekts einen guten Leistungsausweis haben, dass das Baurisiko durch Performance-Garantien oder angemessene Liquiditätsreserven oder finanzielle Garantien seitens der Projektsponsoren einzugrenzen ist, dass Baukosten und künftige Mieterträge durch entsprechende Garantien und Verträge bis zu einem bestimmten Grad abgesichert sein müssen und dass der Schuldendienstdeckungsgrad in angemessenem Verhältnis zum Risikoprofil steht.

Die Projektfinanzierung bietet grundsätzlich keinen Kostenvorteil gegenüber einer normalen Immobilienfinanzierung, weil die Strukturierung sowie die Organisation eines solchen Geschäfts sehr kostenintensiv sind. Meistens wird deshalb die traditionelle Hypothekenfinanzierung oder die Objektfinanzierung vorgezogen.

Objektfinanzierung

Objektfinanzierungen oder sogenannte «Self-Cert-Mortgages» sind Finanzierungen, die nicht auf die Bonität des Darlehensnehmers, sondern praktisch ausschliesslich auf den Wert der zu finanzierenden Immobilie abstellen. Die Erträge der Immobilie tragen sowohl die Bewirtschaftungs- als auch die Finanzierungskosten selbst. Die Bonitätsprüfung ist wegen der untergeordneten Rolle des Darlehensnehmers stark vereinfacht. Sie zielt im Wesentlichen darauf ab, ob die Gefahr besteht, dass der Darlehensnehmer die Mieterträge des finanzierten Objektes für andere Zwecke «missbraucht». Die Prüfung des Objektes selber ist aber entsprechend intensiver.

Die Objektfinanzierung kommt bei hauptsächlich fremdvermieteten Liegenschaften zur Anwendung und hat grosse Ähnlichkeiten mit der Projektfinanzierung. Der Sponsor haftet jedoch, im Gegensatz zur Projektfinanzierung, nicht nur mit dem finanzierten Vermögenswert, sondern mit seinem gesamten Vermögen und Einkommen.

Traditionelle Hypothekenfinanzierung

Die traditionelle Hypothekenfinanzierung ist insbesondere im privaten Sektor (Eigenheime) sehr stark verbreitet und stellt eine Objektfinanzierung dar. Üblicherweise gewähren Fremdkapitalgeber Hypotheken im Umfang von bis zu 90 % des Immobilienwertes (Kaufpreis, Anlagekosten oder anerkannte Bewertung). Dabei wird aus Risikosicht unterschieden in eine 1. Hypothek, welche je nach Objektart zwischen 50 und 65 % beträgt und eine 2. Hypothek, welche ebenfalls abhängig von der Objektart die maximale Belehnung erreicht. Die 2. Hypothek sollte innerhalb von ungefähr 15 Jahren mittels Amortisationen zurückgeführt werden können.

Moderne Methoden

Moderne Methoden der Immobilienfinanzierung stützen sich auf sogenannte Kreditvereinbarungsklauseln («Covenants») als Sicherheit und nicht auf grundpfandgesicherte Vermögenswerte ab. Die Finanzierung einer Immobilie erfolgt deshalb nicht auf Objektstufe, sondern auf Gesellschaftsebene. Die Covenants legen u.a. Grenzen für buchhalterische Kennzahlen wie Belehnungshöhe (LTV: Loan-to-Value), Schuldendienst zu freiem Cash Flow oder EBIT (Debt Service Cover Ratio: beinhaltet Zinszahlungen und Amortisation) und Zinsdeckung (Interest Coverage) fest. Werden diese Kennzahlen nicht gemäss den Vorgaben in den Covenants eingehalten, so wird die Rückzahlung des Kredites fällig. Diese Art der Finanzierung ist insbesondere bei börsenkotierten Gesellschaften üblich, die sich nebst dem Bankenmarkt auch den Kapitalmarkt als Fremdfinanzierungsquelle offen halten möchten. Vorrangige Hypothekarkreditforderungen sind ein Hindernis für den Zugang zum Kapitalmarkt.

Portfoliofinanzierung

Im Gegensatz zur Objektfinanzierung steht die Portfoliofinanzierung, welche aber ebenfalls den Grundsätzen der Objektfinanzierung folgt. Aufgrund des Diversifikationseffektes bei einem Portfolio und damit einem geringeren Ausfallrisiko können entweder die maximale Belehnung oder die Konditionen zu Gunsten des Kunden optimiert werden.

Mezzanine-Finanzierung

Mezzanine-Finanzierungsinstrumente kombinieren die Eigenheiten von Fremd- und Eigenkapital. Drei typische Elemente solcher Instrumente sind zu nennen: 1) eine feste, vom unternehmerischen Erfolg unabhängige Basisverzinsung, 2) eine einmalige Zahlung hauptsächlich am Ende der Laufzeit, wodurch die Cash Flows während der Laufzeit der Finanzierung entlastet werden sowie 3) ein sogenannter Equity Kicker, der dem Geldgeber die Option einräumt, in einem vertraglich bestimmten Umfang und Zeitpunkt eine Beteiligungsposition zu einem vereinbarten Kaufpreis zu erlangen. Mezzanine-Kapital wird höchstens partiell besichert und ist im Falle einer Liquidation nachrangig zum Fremdkapital, jedoch vorrangig zum Eigenkapital. Eine Grundpfandsicherheit ist allerdings wenig praktikabel und unüblich. Bei Immobilienentwicklungsprojekten in der Schweiz ist der Einsatz von Mezzanine-Finanzierung bis heute unüblich, jedoch durchaus denkbar. Mit Mezzanine-Kapital können aus Investorenoptik die Kapitalstruktur optimiert und die ROE-Erwartungen erhöht werden, weil sich damit die Fremdkapitalkomponente bei der Finanzierung ausbauen lässt.

12.5.5 Pricing von Fremdfinanzierungen

Die Finanzierungskosten setzen sich in der Regel aus einem Basissatz (LIBOR – bis zu 12 Monaten oder SWAP – bei mehrjährigen Festzinskrediten) und einer Marge zusammen, welche sich aus der Bonität des Schuldners und des Objektes, sowie der Laufzeit und den hinterlegten Sicherheiten ergibt und zudem massgeblich von der Belehnungshöhe abhängig ist.

Für das Schuldner- wie auch das Objektrating, das die Risikoexponierung des Kreditgebers quantifiziert, gibt es viele unterschiedliche Modelle, welche sich aber alle an den Modellen der internationalen Ratingagenturen wie Standard & Poor's oder Moody's anlehnen. Das Pricing von Immobilienfinanzierungen ist neben dem Markt (Angebot und Nachfrage) stark von der Belehnungshöhe und der Laufzeit der Finanzierung abhängig und muss fallweise individuell bestimmt und ausgehandelt werden.

12.6 Fazit

Die Immobilienprojektentwicklung ist ein komplexes Unterfangen mit sehr vielen Unbekannten, nicht nur bauseits, sondern auch auf der Finanzierungsseite. Es wird deshalb mit Nachdruck empfohlen, zu Beginn eines Projekts den Fokus nicht nur auf die Nutzungs- und baulichen Aspekte zu legen, sondern die Finanzierungsfragen bereits zu Projektbeginn anzugeben. Wobei eine der Grundfragen den Zeitpunkt des Einsatzes von Eigen- bzw. Fremdkapital betrifft. Abhängig von der Projektphase ergeben sich klare Vorgaben seitens der Fremdkapitalgeber. Die meist nicht kostenintensive Phase «Vision» ist grundsätzlich durch Eigenkapital zu finanzieren. In der Realisierungsphase kann, sofern Bedingungen wie Baubewilligung, Vermietung und GU-/TU-Vertrag mit akzeptabler Bonität gegeben sind, Fremdkapital in Form eines Baukredites eingesetzt werden. Der Hauptpfeiler bildet jedoch auch hier das Eigenkapital. Die Fremdfinanzierung spielt während der Betriebsphase eine wichtige Rolle und erlaubt dem Eigenkapitalgeber seine Rendite zu optimieren, da das Risikoprofil einfacher einzuschätzen ist als während der Realisierungsphase. Im Weiteren wird die Optimierung unterstützt durch eine genügende Markttiefe bei den Anbietern sowie durch die Vielzahl zur Verfügung stehender Finanzierungsinstrumente. Damit wird klar, dass Eigenkapital in der Immobilienentwicklung immer die zentrale Finanzierungsart darstellen wird. Die Kunst in diesem Geschäft besteht nun insbesondere darin, die kostenintensiven Arbeiten so lange hinauszuzögern, bis die Voraussetzungen für eine Fremdfinanzierung gegeben sind. Denn nur so können die notwendigen Eigenkapitalrenditen erreicht werden, die von Investoren für die Entschädigung des Risikos verlangt werden.

Die vielen Unbekannten einer Immobilienprojektentwicklung bedeuten für die Finanzierung sowohl mit Eigen- als auch Fremdkapital eine grosse Hürde. Gerade wegen diesen Unbekannten und weil die Entscheide nicht an statistische Tools delegiert werden können, braucht es seitens der Kapitalgeber Personen und Gremien, die bereit sind, sich entsprechend stark zu exponieren und die zugleich auch über den entsprechenden Entscheidungsspielraum und das Know-how verfügen. Viele Projekte werden gerade deswegen finanziell von oftmals baunahen Projektsponsoren getragen, bis ein Entwicklungsstand erreicht ist, bei dem sich die sogenannten Core-Investoren – Investoren, die sich auf Anlageimmobilien mit langfristig stabilem Cash Flow fokussieren – engagieren können. Die eher schwierigen Finanzierungsbedingungen für Immobilienentwicklungsprojekte in der Schweiz liegen aber auch in der Tatsache, dass Projektentwickler und Investoren oftmals nicht die gleiche Sprache sprechen. Besserung verspricht hier, dass immer mehr Fachleute sowohl in der Immobilien- als auch in der Finanzbranche heimisch sind.

13 Bewertung von Immobilien

13.1 Entwicklung

Die radikale Kehrtwende der Wertvorstellung und der Werterwartung von Liegenschaften Mitte der 1990er Jahre hat dem Schätzungswesen in der Immobilienbranche neue Impulse verliehen. Während der ungebremsten Immobilien-Wertsteigerungsphase von 1960 bis 1990 fristete die Tätigkeit des Immobilienschätzers ein Schattendasein. Die Tätigkeit wurde meistens von Architekten im Sinne einer Nebenbeschäftigung wahrgenommen. Der momentane Immobilienwert bzw. dessen Schätzung war insofern nicht allzu bedeutungsvoll, als die nahezu gesicherte Wertsteigerung von Jahr zu Jahr im Ausmass von 5 bis 10% eine allfällige Fehlbeurteilung durch den Schätzer schon im nächsten Jahr korrigierte. Man begnügte sich mit dem Ertragswert, der auf einfachste Art mittels kapitalisierten Erträgen bestimmt wurde. Es galt die Regel, dass der Kapitalisierungssatz (Rendite) für Wohnbauten 1.5% über dem Satz für erste Hypotheken der Kantonalbanken, jener für Geschäftshäuser 2 bis 2.5% darüber liegen muss. Bereits in dieser Zeit stand eine umfangreiche Literatur zum Schätzungswesen zur Verfügung (z.B. Ruoss, Hägi, Nägeli, Kappeler, Fierz).

Durch den ungebrochenen Nachfrageüberhang gab man sich beim konkreten Erwerb einer Liegenschaft auch mit tieferen Kapitalisierungssätzen zufrieden, da man wusste, dass mittels Mietzinsanpassungen mittelfristig die erwünschte Rendite problemlos erreicht werden konnte. Es entstand der Begriff «in die Rendite hinein wachsen».

Der radikale und nachhaltige Bruch dieser Tradition in der ersten Hälfte der 1990er Jahre liess die Immobilienanleger und Immobilienhändler aufhorchen. Was war geschehen?

Vor allem musste erkannt werden, dass die konstante und ungebremste Wertsteigerung der Immobilien kein Naturgesetz ist. Die erfolgreiche Bewirtschaftung von Immobilien setzt Professionalität voraus. So entstanden Immobilienfonds und Immobilien-Aktiengesellschaften, die mittleren und kleineren Anlegern die Möglichkeit schufen, Geldanlagen in Immobilien zu tätigen, ohne diese selber bewirtschaften zu müssen und gleichzeitig das Risiko der Geldanlage in eine Einzelliegenschaft nicht mehr tragen zu müssen, da durch die grosse Zahl von Liegenschaften in einem Fonds oder in einer Aktiengesellschaft das Einzelrisiko breiter abgestützt war (indirekte Immobilienanlage).

Diese Entwicklung führte dazu, dass, als Folge der neuen Rechnungslegungsvorschriften Swiss GAAP FER (GAAP = Generally Accepted Accounting Principles, FER = Fachempfehlung für Rechnungslegung), erhöhte Anforderungen an die einzelne Immobilienbewertung gestellt wurden. Diesen Anforderungen vermochte die bis anhin übliche Schätzungsart nicht mehr zu genügen. Die statischen Werte wie Realwert, Ertragswert oder Verkehrswert geben keinerlei Auskunft über Fragen nach dem dynamischen Verhalten einer Immobilienanlage. Ebenso sind die steuerlichen Aspekte einer Immobilienanlage und die durch die Teuerung verursachten, mittelfristigen Wertveränderungen nicht sichtbar. Gleiches gilt für die werterhaltenden Erneuerungsinvestitionen und den Inflationsschutz (Kaufkrafterhaltung des investierten Kapitals).

Diese Entwicklung führte einerseits zur Einführung der Discounted Cash Flow-Methode, die allen Ansprüchen gerecht wurde; sie führte aber auch dazu, dass im Fachbereich Immobilienschätzung ein ideologischer Streit über die Richtigkeit der verschiedenen Methoden entbrannte. Für die Wahl der Methode ist entscheidend, welchen Anspruch der Auftraggeber an eine Schätzung stellt (Fortführungswert, Investitionsentscheid, Verkaufsgrundlage, Erbteilung usw.). Über allem stehen aber die Fachkompetenz, die Erfahrung und die Marktkenntnisse des Schätzers. Entsprechende Lücken beim Schätzer können durch die Methodenwahl nicht kompensiert werden.

13.2 Realwert/Substanzwert

Der Substanzwert entspricht den Wiederbeschaffungskosten, die für ein gleichartiges Objekt, bei gleicher Qualität und am gleichen Standort aufgewendet werden müssten. Diese Wiederbeschaffungskosten ergeben sich aus Grundstückskosten, Vorbereitungs- und Gebäudekosten, Umgebungskosten und Baunebenkosten (Gebühren, Abgaben, Baukreditzinsen, Grundstückzinsen) abzüglich der Altersentwertung. Unter Altersentwertung ist die bisher verbrauchte Substanz des Gebäudeneuwertes zu verstehen. Zum besseren Verständnis diene das folgende Beispiel: Ausgehend von der Annahme, dass die Heizung alle 25 Jahre erneuert werden muss, ist bei einem 12-jährigen Haus 50 % des heutigen Neuwertes der Heizungsinstallation als Altersentwertung in Abzug zu bringen.

Es muss deutlich darauf hingewiesen werden, dass diese Art der Beurteilung den tatsächlichen Nachfragemarkt in keiner Weise berücksichtigt. Der Landwert wird in der Regel nach der Vergleichsmethode ermittelt, d.h. es wird versucht, die tatsächlich gehandelten Landpreise an vergleichbaren Standorten festzustellen. Die Ermittlung des Realwertes / Substanzwertes basiert weitgehend auf der subjektiven Beurteilung des Schätzers; die tatsächlichen Marktverhältnisse werden in der Regel nicht im erforderlichen Masse berücksichtigt.

Die wesentliche Bedeutung des Realwertes liegt darin, dass aufgrund des Substanzwertes die in der DCF-Methode zu berücksichtigenden, notwendigen Erneuerungsinvestitionen ermittelt werden können. Diese Kosten sind wiederum völlig unabhängig vom Ertragswert.

13.3 Ertragswert

Der Ertragswert ist ein statischer Wert, der sich an der aktuellen Situation orientiert. Er leitet sich aus den gegenwärtigen Erträgen ab. Der Mietzins stellt den Preis für die Nutzung einer Immobilie dar. Der Ertragswert ergibt sich aus der kapitalisierten Summe aller marktkonformen Mieterträge exkl. Nebenkosten, die auf den Mieter abgewälzt werden können.

Der Kapitalisierungssatz ist jener Zinssatz, der zur Ermittlung des Ertragswertes verwendet wird. Dieser Satz muss im Einzelfall ermittelt und festgelegt werden. Er setzt sich wie folgt zusammen:

- Zinssatz für risikolose Anlagen
- Zinszuschlag zur Abdeckung des generellen Immobilienrisikos
- Verwaltungsaufwand
- Aufwand für allgemeinen Unterhalt und Reparaturen
- Rückstellungen für allfällige Leerstände
- Rückstellungen für Erneuerungen

Der mit diesem Satz (Bruttorenditesatz) ermittelte Ertragswert muss um allfällige unmittelbar bevorstehende, werterhaltende Erneuerungen (aufgestauter Erneuerungsbedarf) und/oder allfällig bevorstehende, ausserordentliche Ertragsveränderungen angepasst werden.

Zudem muss – insbesondere bei gewerblichen, durch den Eigentümer genutzten Liegenschaften und entgegen bisheriger Praxis – zwischen Fortführungswert (der Eigentümer bleibt Besitzer der Liegenschaft und nutzt diese wie bisher) und Liquidationswert (die Liegenschaft soll oder muss verkauft werden) unterschieden werden. Im Ertragswert sind die künftigen, werterhaltenden Erneuerungen, die periodisch anfallen, nicht berücksichtigt. Der Ertragswert ist über weite Strecken immer noch der im Immobilienhandel am häufigsten verwendete Wert.

Der Ertragswert wird aus den genannten Gründen (Immobilienhandel) auch als Benchmark verwendet, da der DCF-Wert durch die enorme Hebelwirkung der einzelnen, frei wählbaren Faktoren, wie Teuerung, Zuschlag für Makrostandortkriterien, Mikrostandortkriterien usw., enorme Abweichungen aufweisen kann.

13.4 Verkehrswert

Als Verkehrswert bezeichnet man den Wert, der unter normalen Marktverhältnissen und ohne Zeitdruck auf dem Markt erzielt werden kann. Er wird aus einem gewichteten Mittel von Ertrags- und Substanzwert errechnet. Der Gewichtungsfaktor des Ertragswertes (in der Regel > 1) richtet sich nach der Grössenordnung der Abweichung von Realwert und Ertragswert, d.h je grösser diese Abweichung ist, desto grösser ist der Gewichtungsfaktor.

13.5 Transaktionswert

Der Transaktionswert ist jener Wert, der bei einem allfälligen Notverkauf in jedem Fall erzielt wird. Er dient vor allem den Finanzierungsinstituten (Banken, Versicherungen) zur Beurteilung des möglichen Ausmasses einer Belehnung mittels Hypotheken.

13.6 DCF-Wert

Um künftige Entwicklungen wie Ertragsveränderungen infolge Teuerung oder Änderung der Marktverhältnisse (Mieterträge) einerseits sowie anfallende Erneuerungsinvestitionen (Werterhaltung) andererseits zu berücksichtigen, wird heute (allein oder ergänzend zur Ertragswertberechnung) die Wertermittlung nach DCF (Discounted Cash Flow) vorgenommen (→ Teil E Kap. 14). Der DCF-Wert hat vor allem Bedeutung im Rahmen der Portfoliobewirtschaftung.

13.7 Hedonischer Wert (Vergleichswert)

Die hedonische Bewertung beruht auf statistisch erfassten Transaktionen, die zu Marktbedingungen stattgefunden haben sowie auf einer statistischen Datenbank, die alle Standorte in einer definierten Region berücksichtigt und regelmässig angepasst wird.

13.8 Schlussfolgerungen

Unabhängig davon, nach welcher Methode eine projektierte oder bestehende Immobilie geschätzt wird, ist es notwendig, dass eine Fülle von Daten, die diese Liegenschaft betreffen, zur Verfügung stehen:

- Grundbuchauszug
- amtlicher Situationsplan (Kataster)
- Bauvolumen
- Baujahr
- Pläne

- ertragswirksame Flächen
- Ertragszahlen
- Betriebsrechnungen der letzten 2 bis 3 Jahre
- Investitionen in der Vergangenheit

Die übrigen Informationen (Marktdaten, regionale Entwicklung usw.) hat der Schätzer selbst zu beschaffen.

Die derzeitigen und – aller Wahrscheinlichkeit nach – auch mittelfristig gültigen Marktverhältnisse zeigen deutlich, dass sich die Immobilienkäufer (professionelle Investoren, private «Einmal-Investoren») weitgehend am Ertragswert orientieren. Er ist die Handelsgrösse schlechthin. Zunehmend wird jedoch als Wertüberprüfung auch im Handel der DCF-Wert ermittelt, um verlässlichere Informationen und Grundlagen, insbesondere hinsichtlich der künftigen Kapitalströme, für den Investitionsentscheid zu erhalten.

14 Wirtschaftlichkeitsrechnung

14.1 Allgemeiner Hinweis

Die DCF-Methode wandelt zukünftige Zahlungsströme (Einnahmen und Ausgaben, d.h. Cash Flows) zu heutigem Geld um (→ Teil G Kap. 3.1.16.1). Die Discounted Cash Flow-Verfahren sind Methoden zur Bewertung von Unternehmen, ganzen Projekten oder Teilprojekten. Als Verfahren der Unternehmensbewertung gehören sie zum Gebiet der Finanzierung und der Wirtschaftsprüfung.

Diskontieren bedeutet: Wie viel Geld müsste ich heute bereitstellen, damit ich zu einem definierten Zeitpunkt (z.B. in 20 Jahren) mit dem jährlichen Zins einen heute vorausbestimmten Betrag erhalte.

14.2 Herkunft, Verwendungszweck

Der Discounted Cash Flow (DCF, abgezinster Geldfluss) wurde erstmals 1938 in einem Text von John Burr Williams artikuliert: «The Story of Investment Value». Die DCF-Verfahren basieren auf den im Rahmen einer Unternehmensplanung ermittelten zukünftigen Zahlungsüberschüssen (auch Cash Flow, Zahlungsstrom) und diskontieren diese auf den Bewertungsstichtag. Dabei werden zu zahlende Steuern (z.B. Körperschaftssteuer oder Einkommenssteuer) mit in die Bewertung einbezogen. Der so ermittelte Barwert bzw. Kapitalwert entspricht der Summe der diskontierten Cash Flows.

Die DCF-Methode wurde und wird vor allem für Unternehmensbewertungen angewandt. Das Wesen der Methode liegt darin, dass zwischen zwei zeitlich getrennten Phasen unterschieden wird:

- Die zeitlich überschaubare Phase (in der Regel 3 bis 5 Jahre): In dieser Periode werden die erkennbaren jährlichen Cash Flows auf den Bewertungszeitpunkt diskontiert. In dieser Phase wird davon ausgegangen, dass die Unternehmung ihre heute bekannte Tätigkeit (Produktion, Dienstleistung, Handel usw.) weiterführt.
- Die anschliessende Restphase (Residualwert, Restwert): In dieser Phase geht man davon aus, dass unbekannt ist, ob diese Unternehmung weiterhin in ihrem heutigen Tätigkeitsgebiet tätig ist. Trotzdem sind noch gewisse Werte vorhanden (Räumlichkeiten, Mobiliar, Inventar, Goodwill), die in der Unternehmensbewertung berücksichtigt werden müssen. Diese Werte werden geschätzt und auf den heutigen Zeitpunkt diskontiert.

Während in der «überschaubaren Phase» Cash Flows aus der Unternehmenstätigkeit zugrunde liegen, werden in der «Restphase» nur noch die Aktiven (Residualwert, Restwert) beurteilt; Werte der unternehmerischen Tätigkeit sind bedeutungslos.

14.3 Anwendung im Immobilienbereich

Durch die Entwicklung am Immobilienmarkt (Börsengang von Immobiliengesellschaften) und den entsprechenden Rechnungslegungsvorschriften Swiss GAAP FER (GAAP = Generally Accepted Accounting Principles, FER = Fachempfehlung für Rechnungslegung) genügten die bisherigen Bewertungsmethoden (Realwert, Ertragswert, Verkehrswert) nicht mehr. Deshalb wird seit einiger Zeit auch für die Bewertung von Immobilieninvestitionen die DCF-Methode verwendet.

Die DCF-Methode wurde beinahe unverändert aus der Unternehmensbewertung übernommen, mit dem einzigen Unterschied, dass die der Unternehmensbewertung zugrunde gelegte «überschaubare Phase» von 3 bis 5 Jahren bei der Immobilienbewertung auf 10 bis 15 Jahre ausgedehnt wurde. Entgegen der Unternehmensbewertung, bei der man richtigerweise von einem Restwert spricht, der nur noch die Aktiven der Unternehmung beurteilt, werden bei der Immobilienbewertung für die an die überschaubare Periode anschliessende «Restphase» (die bei einer Immobilie häufig noch weitere 30 bis 40 Jahre dauert) die vermuteten Erträge im 11. bzw. 16. Jahr mit einem meist kaum nachvollziehbaren Kapitalisierungssatz kapitalisiert. Der so ermittelte Ertragswert wird auf den heutigen Zeitpunkt diskontiert. Als Begründung wird angegeben, dass eine Beurteilung auf so weite Zeiträume hinaus schwierig sei.

Im Klartext heisst dies, dass man sich – aufgrund der schwierigen Beurteilung der Cash Flows über die Nutzungsdauer von mehreren Jahrzehnten – auf den weitgehend zufällig gewählten Ertrag im 11. bzw. 16. Jahr abstützt und diesen für die Restnutzungsdauer konstant annimmt, wodurch die beklagte Prognoseunsicherheit lediglich vergrössert wird.

Cash Flow bedeutet Bargeldumlauf. Dieser wird über die Nutzungsdauer der Immobilie periodisch, d.h. in den Jahren der Erneuerungsinvestitionen, massiv negativ beeinflusst. Durch die Festlegung der überschaubaren Phase auf 10 bis 15 Jahre werden gerade diese wesentlichen, späteren Einflüsse nicht erfasst; sie werden lediglich mit einem fragwürdigen Zuschlag im Kapitalisierungssatz berücksichtigt. Deshalb ist es unumgänglich, dass für Immobilien über die gesamte Nutzungsdauer bis zum Abbruch, oder bis zur vollständigen Umnutzung (Rückbau bis auf den Rohbau), die Free Cash Flows (unter Berücksichtigung einer mittleren Teuerung) diskontiert werden. Zukünftige Unsicherheiten können auf diese Weise in die Bewertung mit einbezogen werden.

Diese Art der Anwendung der Methode ermöglicht den Nachweis, in welchem Ausmass das investierte Kapital aus den Erträgen während der gesamten Nutzungsdauer zurückzugewinnen ist.

Der Cash Flow (Ertrag abzüglich laufende Kosten für Verwaltung, Unterhalt und Betrieb, abzüglich werterhaltende Erneuerungen) wird über die überschaubare Periode in die Gegenwart diskontiert. Zu diesem Wert wird der Wert der Immobilie am Ende der Betrachtungsperiode (Residualwert) ebenfalls in die Gegenwart diskontiert und zum Wert der diskontierten Cash Flows addiert. Die Summe repräsentiert den Wert der Liegenschaft.

Der auf diese Weise ermittelte DCF-Wert zeigt, wie die als «Wert der Immobilie» bezeichnete Investition während der Nutzungsdauer (Erwerb bis Abbruch) an den Investor zurückfliesst. Dabei zeigt der zeitliche Verlauf dieses Rückflusses, wann die Immobilie entweder verkauft oder aber neuen Nutzungen zugeführt werden soll. Mit den gewählten Parametern gewinnt der erfahrene Immobilienfachmann Klarheit darüber, was für den Wert der Investition entscheidend ist und was nicht.

Da der Zeitraum, während der eine Immobilie Erträge erwirtschaftet, ausgesprochen langfristig ist und zudem nicht alle Zahlungsströme in gleichem Mass von der Inflation betroffen sind, muss der Einfluss der Teuerung berücksichtigt werden. Der Einfluss der Fremdfinanzierung kann mit der DCF-Methode ebenfalls dargestellt werden. Dabei wird jedoch der objektive Immobilienwert zu einem subjektiven Wert, der dem Investor nur noch die Zweckmässigkeit der Finanzierung zeigt.

14.4 Weshalb die DCF-Methode?

In der Vergangenheit war der Immobilienmarkt durch selbstverständliche Wertsteigerungen gekennzeichnet. Dies führte dazu, dass beim Aufbau eines Immobilienportefeuilles nur beschränkt eine kritische Selektion (Alter, Zustand, Nutzungsart) hinsichtlich des Wertsteigerungspotenzials vorgenommen wurde. Jeder Verzicht auf einen möglichen Erwerb war ein Fehler, weil die künftigen Wertsteigerungen den Preis schon bald (rückblickend) als günstig erscheinen liessen. In diesem Umfeld wurden Ungenauigkeiten in der Wertermittlung und Fehleinschätzungen schon nach relativ kurzer Zeit belanglos. Es bestand daher keine Veranlassung, die Bewertungen einer kritischen Prüfung zu unterziehen. Der Wertzerfall der Subprime-Krise 2008 hat dies deutlich gemacht.

Durch das zunehmende Angebot von indirekten Immobilienanlagen (Immobilienfonds, Immobilienaktiengesellschaften) für Investoren werden Immobilien von den Immobilienfonds und Immobilienaktiengesellschaften immer häufiger nur noch dann gehalten, wenn sie nicht zu alt und in bestem Zustand sind. Ältere Immobilien mit bedeutendem Erneuerungsbedarf werden zunehmend von spezialisierten Investoren gekauft, renoviert und allenfalls neuen Nutzungen zugeführt, mit dem Ziel, diese anschliessend wieder zu verkaufen.

In diesem Umfeld sind aussagekräftige und dynamische – anstelle von statischen – Bewertungsmethoden gefragt. Insbesondere soll eine moderne Bewertung, nebst einem nachvollziehbaren Wert, auch Hinweise darüber liefern, was in Zukunft mit der Immobilie zu tun ist, um deren Wert zu erhalten oder zu steigern.

14.5 DCF bei der Immobilienbewertung

Mit der Bewertung einer Liegenschaft soll aufgezeigt werden, ob und wie weit sich die vorgesehene Investition lohnt. Die wirtschaftliche Lebensdauer einer Immobilieninvestition beträgt je nach Nutzungsart 40 bis 80 Jahre.

Während bei einer Unternehmung die «überschaubare Periode» von 3 bis 5 Jahren ein entscheidendes Wert- und damit Kaufargument liefert, sind die entsprechenden Motive bei einer Immobilie anders gelagert (nicht gleich aber ähnlich gelagert wie Unternehmungen sind Immobilien, die eigentlich keine Immobilien, sondern vielmehr Betriebsmittel sind wie z.B. Hochregallager, Hotel, Einkaufszentrum usw.).

Wesentliche Einflüsse in Abhängigkeit von der Lebensdauer sind:
- Entwicklung der Nachfrage
- Veränderung der Standortqualität

- zukünftige Erschliessung des Standortes
- weitere absehbare Veränderungen (Mietverträge bei gewerblichen Liegenschaften, Ertragseinflüsse durch werterhaltende Erneuerungsinvestitionen, Ertragsausfälle mit anschliessender Ertragssteigerung durch wertvermehrende Erneuerungsinvestitionen)

Diesen Einflüssen trägt die Wirkung des Diskontsatzes Rechnung, sofern die jährlichen Free Cash Flows über die gesamte Nutzungsdauer ermittelt und diskontiert werden. Deshalb ist die Aufteilung der Bewertung in eine «überschaubare Periode» und einen Residualwert unsinnig, da ausgerechnet Ereignisse wie Erneuerungsinvestitionen oder Kündigung von Grossmietern und als Folge davon Ertragsausfälle, meist nach der «überschaubaren Periode» von 10 oder 15 Jahren anfallen.

Durch den Verzicht auf die Festlegung einer «überschaubaren Periode» müssen die jährlichen Cash Flows über die gesamte Nutzungsdauer (Lebensdauer) ermittelt und in die Gegenwart diskontiert werden. Zusätzlich sind die diskontierten Abbruchkosten der Baute als Aufwand und der teuerungsbereinigte, in die Gegenwart diskontierte Landwert als Ertrag in die DCF-Berechnung einzubeziehen.

14.6 Einflüsse der verschiedenen Parameter

14.6.1 Genereller Hinweis

Im Rahmen der Wertermittlung hat – im Gegensatz zur Liquiditätsplanung – die Art der Finanzierung der Liegenschaft keinen Einfluss. Das Verhältnis von Kosten (Verwaltung, Unterhalt und Reparaturen, Leerstände) zu Erträgen (Bruttoertrag exkl. auf den Mieter überwälzbare Nebenkosten) ist in der Regel 1 zu 6.

14.6.2 Diskontsatz

Der Diskontsatz setzt sich aus dem gewünschten oder notwendigen Nettozinssatz (z.B. 3.5%) und einer Risikoprämie für Immobilienanlagen (z.B. 1.5%) zusammen. Er stellt denjenigen Zinssatz dar, der für Liegenschaften mit marktgerechter Nutzung und marktgerechten Erträgen gefordert wird. Zusätzlich werden Zuschläge für die Makro- und Mikrostandortkriterien zugerechnet.

Beispiel:

• Zinssatz für risikolose Anlagen (langjähriges Mittel)	3.5%
• allgemeines Immobilienrisiko	1.5%
• zentrale Lage (Lageklasse 7)	0.1%
• mittlere Agglomerationsgemeinde (Lageklasse 4)	0.3%

Daraus folgt ein Diskontsatz von 5.3%.

Der Diskontsatz kann nicht mit dem Kapitalisierungssatz verglichen werden, da im Cash Flow die eigentümerseitigen Aufwendungen wie Verwaltung, Unterhalt, Betrieb und Rückstellung für Leerstände bereits berücksichtigt sind. Eine eigentliche, jährliche Entwertung wird nicht gerechnet, da die werterhaltende Erneuerungsinvestition die notwendige jährliche Abschreibung (eine buchhalterische Grösse) ersetzt.

14.6.3 Teuerung

In Anbedacht des Verhältnisses von Kosten zu Ertrag von 1 zu 6 und des beachtlichen Betrachtungszeitraums von mehreren Jahrzehnten darf der Teuerungsfaktor nicht vernachlässigt werden. Die Wahl des Teuerungsfaktors hat mit Zurückhaltung zu erfolgen, da seine Wirkung sehr gross ist. Zwar betrug die mittlere Teuerung in der Schweiz in den Jahren 1960 bis 1995 ca. 3% und in den folgenden 10 Jahren knapp 1%. Da aber die Zukunft zu erfassen ist, liegen die vertretbaren Werte zum Zeitpunkt der Herausgabe dieses Handbuches im Bereich von 1 bis 1.5%.

14.6.4 Aufwand

Bei der Festlegung des Aufwandes ist zu unterscheiden zwischen jährlich wiederkehrenden Kosten (Verwaltung, Betrieb und Instandhaltung, Rückstellungen für Leerstände usw.) und unregelmässig anfallenden Kosten (Instandsetzung und Erneuerung) sowie Altlastbeseitigung. Diese teuerungsbereinigten Instandsetzungs- und Erneuerungsaufwendungen werden in denjenigen Jahren erfasst, in denen sie voraussichtlich anfallen. Diese Aufwendungen sind im Cash Flow zu berücksichtigen.

14.6.5 Fremdfinanzierung

Die Fremdfinanzierung hat keinen Einfluss auf den Wert der Immobilie. Durch den Einbezug des Fremdkapitals wird nicht der Wert der Immobilie bewertet, sondern der Wert des Kapitalengagements des Eigenkapitalgebers.

Deshalb kann die DCF-Methode auch für solche Betrachtungen nutzbringende Ergebnisse liefern. Dies allerdings unter der Voraussetzung, dass nebst den Cash Flows auch der zeitliche Verlauf des Kapitalengagements abgebildet und in die Gegenwart diskontiert wird. Der objektive Wert der Immobilie geht bei diesem Rechnungsgang verloren. Aber die Differenz zwischen DCF (mit Fremdfinanzierung) und dem Kapitalengagement ergibt Hinweise über den Sinn der untersuchten Finanzierung.

Bei solchen Überlegungen sollte die Untersuchung der Liquidität in den einzelnen Rechnungsjahren vorgenommen werden.

14.6.6 Kapitalrückfluss

Die Investition in eine Immobilie als Anlage verfolgt das Ziel, neben einer angemessenen Rendite auch die Kaufkraft des investierten Kapitals zu erhalten. Zum Nachweis des Grades der Kaufkraftsicherung wird folgende Rechnung vorgenommen:

- Das zu Beginn investierte Kapital wird nominal zum Nettozinssatz für risikolose Anlagen während der gesamten Dauer verzinst und als Aufwand gerechnet.
- Die im gleichen Zeitraum kumulierten Cash Flows werden um die kumulierten Nettozinsen im gleichen Zeitraum reduziert.
- Der Saldo aus dieser Subtraktion zuzüglich teuerungsbereinigtem Landwert und abzüglich Abbruchkosten sollte im Idealfall dem teuerungsbereinigten, am Anfang investierten Kapital entsprechen.

Diese Berechnungsart ist zwar eine weitreichende Zukunftsbetrachtung mit vielen Ungewissheiten, sie ist aber dennoch sehr aufschlussreich:

- Entspricht der Saldo dem Nominalwert des investierten Kapitals oder liegt er sogar darunter, ist die Immobilie als uninteressant einzustufen.
- Liegt der Saldo deutlich über dem Nominalwert des investierten Kapitals oder erreicht er sogar den Wert des teuerungsbereinigten Kapitals, so handelt es sich um eine interessante Anlage.

Selbstverständlich können die Resultate im Verlauf der Jahre erhebliche Änderungen erfahren, weil sich die angenommenen Parameter verändert haben. Dennoch kann für den Investor ein Trend abgeleitet werden.

14.7 Fazit

Man muss sich bewusst sein, dass auch die Anwendung der DCF-Methode im Rahmen der Immobilienbewertung letztlich eine Schätzung ist und bleibt. Die relativ grosse Zahl der zu bestimmenden Faktoren setzt beim Anwender erhebliches Wissen und grosse Erfahrung voraus. Der Anwender ist deutlich mehr gefordert und kann einfacher zur Rechenschaft gezogen werden, denn die Wahrheit liegt nicht in der Methode, sondern sie liegt in der Qualität des Anwenders.

15 Steuern und Steuerfolgen

15.1 Vorbemerkungen

Bei der Entwicklung eines Bauprojekts und der Tätigkeit als Bauherr sind jeweils zahlreiche steuerliche Aspekte zu berücksichtigen. Die nachfolgenden Ausführungen vermögen lediglich einen ersten Einblick in ausgewählte steuerliche Fragestellungen zu schaffen und stellen eine Auswahl der wichtigsten Steuerthemen dar.

Ein Bauherr kann im eigenen Namen oder für eigene oder fremde Rechnung Bauvorhaben vorbereiten oder ausführen bzw. vorbereiten oder ausführen lassen. Er kann sowohl eine natürliche Person als auch eine juristische Person sein. Es ergibt sich das folgende schematische Bild der unterschiedlichen Rolle.

Bauherr / Durchführung	natürliche Person	juristische Person
In eigenem Name	Der Bauherr tritt als Privatperson auf und realisiert das Bauvorhaben für den Eigenbedarf. Der Bauherr realisiert das Bauvorhaben im Rahmen seiner Geschäftstätigkeit (selbständige Erwerbstätigkeit, Personengesellschaften) für Eigenbedarf oder auf Vorrat.	Der Bauherr realisiert im Kleid einer juristischen Person (primär Kapitalgesellschaften) ein Bauvorhaben auf Vorrat oder für den späteren Verkauf.
In fremdem Namen	Der Bauherr realisiert im Auftrag und im Rahmen seiner Geschäftstätigkeit ein Bauvorhaben. Er tritt als selbständig Erwerbender bzw. im Rahmen einer Personengesellschaft auf dem Markt auf.	Der Bauherr realisiert im Kleid einer juristischen Person (primär Kapitalgesellschaften) ein Bauvorhaben im Auftrag Dritter.

Abb. F20: Rollenverständnis des Bauherrn

15.2 Bauherr als natürliche Person

Der Bauherr kann als Privatperson oder im Rahmen seiner Geschäftstätigkeit (Einzelfirma oder Personengesellschaften) ein Bauvorhaben realisieren. Obwohl der Bauherr als Privatperson auftritt, kann er unabhängig davon als gewerbsmässiger Liegenschaftenhändler eingestuft werden.

15.2.1 Gewerbsmässiger Liegenschaftenhandel

Der gewerbsmässige Liegenschaftenhandel ist gesetzlich nicht definiert und ist eine Erscheinungsform der selbständigen Erwerbstätigkeit. Gewerbsmässiger Liegenschaftenhandel kann dann vorliegen, wenn eine Person Liegenschaften nicht einfach im Rahmen der Verwaltung des eigenen Vermögens oder unter Ausnützung einer sich zufällig bietenden Gelegenheit veräussert, sondern diese systematisch und mit der Absicht, Gewinne zu erzielen, kauft und verkauft. Die Rechtsprechung und die Praxis der Steuerbehörden haben zahlreiche Indizien herausgearbeitet, bei deren Vorliegen auf gewerbsmässigen Liegenschaftenhandel geschlossen werden kann:

- Häufigkeit der Transaktionen
- kurze Besitzdauer
- enger Zusammenhang mit der beruflichen Tätigkeit
- hohe Fremdfinanzierung
- spezielle Kenntnisse
- Planmässigkeit und Systematik des Vorgehens
- Wiederverwendung des Verkaufserlöses
- Beteiligung an einer Personengesellschaft oder einfachen Gesellschaft

Jedes der vorstehenden Indizien kann für sich allein zur Annahme einer selbständigen Erwerbstätigkeit genügen. Die Steuerbehörde entscheidet dabei unter Würdigung der Gesamtumstände im Einzelfall. Eine Erwerbstätigkeit kann bereits im nur gelegentlichen oder vereinzelten Kauf und Verkauf von Liegenschaften erblickt werden. Die kantonale Praxis zum gewerbsmässigen Liegenschaftenhandel ist teilweise unterschiedlich. Um unliebsame Überraschungen zu vermeiden, ist vor Transaktionen mit Liegenschaften Rücksprache mit den zuständigen Steuerbehörden zu nehmen. Zudem empfiehlt es sich, geplante Transaktionen mit Fachspezialisten zu überprüfen und allenfalls mögliche Gestaltungsvarianten auszunützen. So kann teilweise bereits eine gezielte Vertragsgestaltung zu einer Vermeidung von Steuerfolgen führen.

Gilt ein Bauherr als gewerbsmässiger Liegenschaftenhändler, so wird der beim Verkauf erzielte Gewinn als Einkommen aus selbständiger Erwerbstätigkeit qualifiziert und auch auf Bundesebene besteuert. Zudem unterliegt dieser Gewinn auch den Sozialversicherungsabgaben. Im Gegenzug sind aber erlittene Verluste abziehbar.

15.2.2 Eigenleistungen

Oft legen Hauseigentümer selbst Hand an und erledigen beispielsweise grössere Umbauten. Soweit der Steuerpflichtige selber Arbeiten an seiner Liegenschaft vornimmt, handelt es sich um Eigenleistungen. Diese können Einkommenssteuerfolgen, Sozialversicherungsabgaben, Mehrwertsteuer- und/oder Grundstückgewinnsteuerfolgen auslösen. Ob Abgabefolgen eintreten, ist bei Unselbständigerwerbenden und Selbständigerwerbenden sehr unterschiedlich: Nimmt ein Unselbständigerwerbender Umbauten an seinem Haus vor, erzielt er dadurch nicht unmittelbar ein steuerbares Einkommen. Er hat aber bei der Veräusserung der Liegenschaft diesbezügliches Einkommen bzw. den entsprechenden Grundstückgewinn zu versteuern, wenn die Arbeiten zu erheblichen Wertvermehrungen geführt haben. Ein selbständig erwerbender Maurer hingegen erzielt allenfalls steuerbares Einkommen, wenn er auf seinem Grundstück eine Garage selber erstellt. Die Begründung liegt darin, dass es sich um Arbeiten handelt, die im Zusammenhang mit seiner gewerblichen Tätigkeit stehen, d.h. sogenannte berufsnahe Eigenleistungen. Falls es sich lediglich um kleinere Arbeiten handelt, die der Selbständigerwerbende in seiner Freizeit erbringt, erfolgt keine unmittelbare Einkommensbesteuerung. Haben die Eigenleistungen dagegen nichts mit der beruflichen Tätigkeit des Steuerpflichtigen zu tun, sind die Einkünfte wie bei einem unselbständig Erwerbenden zu behandeln. Wertvermehrende Aufwendungen sind als Anlagekosten für die Grundstückgewinnsteuerberechnung bei einer Veräusserung relevant. Berücksichtigt werden können diese Kosten grundsätzlich nur dann, wenn sie durch die Einkommenssteuer erfasst worden sind bzw. nachträglich erfasst werden.

15.2.3 Beschränkung des Schuldzinsenabzugs

Private Schuldzinsen sind nicht uneingeschränkt abzugsfähig, sondern lediglich im Umfang des Ertrages aus beweglichem und unbeweglichem Vermögen und weiterer 50 000 CHF. Zinsen auf Geschäftsschulden sind von dieser Abzugsbeschränkung nicht betroffen. Aufgrund der hohen Limite für die Beschränkung dürfte die Regelung die meisten Privatpersonen nicht betreffen, könnte aber bei ungewöhnlichen Finanzierungsverhältnissen bzw. grösseren Bauvorhaben ein Thema sein.

15.2.4 Dumont-Praxis

Kosten von Unterhaltsarbeiten, die innert 5 Jahren nach dem Grundstückserwerb vorgenommen werden, konnten bisher grundsätzlich nicht vom Einkommen abgezogen werden. Die Regelung hat zahlreiche Überraschungen bei privaten Liegenschaftserwerbern ausgelöst und führte im Ergebnis teilweise zu nicht nachvollziehbaren Steuersituationen. Entsprechend hat das Eidgenössische Parlament der Abschaffung der Dumont-Praxis im Herbst 2008 zugestimmt, so dass die Frage lediglich in Übergangsphasen bis zum Inkrafttreten der Neuregelung Bedeutung haben dürfte.

15.2.5 Grundstückgewinnsteuern

Wird eine Liegenschaft des steuerlichen Privatvermögens veräussert, besteuern alle Kantone die beim Verkauf erzielten Gewinne mit einer Grundstückgewinnsteuer. Diese ist eine Objektsteuer, welche unabhängig vom übrigen Einkommen erhoben wird und deren Bemessung in aller Regel von der Höhe des Gewinns und der Haltedauer der Liegenschaft abhängt. Steuerpflichtig ist dabei der Veräusserer. Die Steuerbehörden haben bei Nichtbezahlung der Grundstückgewinnsteuer ein gesetzliches Pfandrecht auf dem Verkaufsobjekt. Entsprechend wird die Grundstückgewinnsteuer regelmässig im Rahmen der Übertragung sichergestellt.

Zu beachten sind insbesondere auch Transaktionen bei Personengesellschaftern: Tritt der Gesellschafter einer Kollektiv- oder Kommanditgesellschaft aus der Gesellschaft aus oder reduziert er seine Beteiligung, nehmen die Rechte der übrigen Gesellschafter an Wert zu. Das Eigentum am Grundstück verschiebt sich aufgrund gesellschaftsrechtlicher Vorgänge, ohne dass dies aus dem Grundbuch ersichtlich ist. Massgebender Zeitpunkt für die Realisation ist der gültige Abschluss der Austrittsvereinbarung. Erhält ein austretender Gesellschafter also eine Entschädigung für seinen Anteil, so unterliegt dies u.U. den Grundstückgewinnsteuern.

15.3 Bauherr als juristische Person

15.3.1 Grundstückgewinnsteuern, Handänderungssteuern

In der Schweiz bestehen unterschiedliche Systeme der Grundstückgewinnsteuer: Das monistische und das dualistische System. Beim monistischen System werden grundsätzlich alle Grundstückgewinne von der Grundstückgewinnsteuer erfasst. Wieder eingebrachte Abschreibungen unterliegen jedoch der Einkommens- bzw. Gewinnsteuer.

Beim dualistischen System unterliegen Gewinne aus der Veräusserung von Grundstücken des Geschäftsvermögens der Einkommens- bzw. Gewinnsteuer. Aufgrund der unterschiedlichen Systeme kommt der Unterscheidung zwischen Liegenschaften des Privatvermögens und solchen des Geschäftsvermögens im dualistischen System herausragende Bedeutung zu.

15.3.2 Privat- oder Geschäftsvermögen

Eine gemischt genutzte Liegenschaft, also eine Immobilie, welche sowohl geschäftlich als auch privat genutzt wird, wird steuerlich einer Sphäre zugeordnet. Danach wird eine gemischt genutzte Liegenschaft nach der überwiegenden effektiven Nutzungsart gesamthaft entweder dem Geschäfts- oder dem Privatvermögen zugeteilt. Liegenschaften, die nicht zu mehr als 50% geschäftlich genutzt werden, werden dem Privatvermögen zugewiesen.

Die Grundstückgewinnsteuer kommt für Privatliegenschaften immer zur Anwendung. Eine Liegenschaft kann aber aufgrund veränderter Nutzung von einer Privat- zu einer Geschäftsliegenschaft werden. Die Überführung einer Liegenschaft vom Privat- in das Geschäftsvermögen wird im dualistischen System einer Grundstückgewinnsteuer-pflichtigen Veräusserung gleichgestellt. Im monistischen System ist den Kantonen eine Besteuerung hingegen ausdrücklich untersagt.

Findet eine Überführung einer Geschäftsliegenschaft ins Privatvermögen statt, so erfolgt eine steuerliche Privatentnahme. Im monistischen System ist diese Privatentnahme kein Anlass zur Besteuerung des liegenschaftlichen Mehrwerts. Hier werden deshalb lediglich die wieder eingebrachten Abschreibungen mit der Einkommens- bzw. der Gewinnsteuer belegt. Der nicht realisierte Mehrwert wird erst in dem Zeitpunkt besteuert, in welchem die entnehmende Person das Grundstück veräussert. Bei den Bundessteuern und in den Kantonen mit dualistischem System werden die auf einer Liegenschaft ruhenden stillen Reserven mit der Einkommenssteuer erfasst. Wird also eine Liegenschaft vom Geschäfts- ins Privatvermögen überführt, muss der Differenzbetrag zwischen dem Verkehrswert und dem Wert der Liegenschaft in der Buchhaltung versteuert werden.

Zudem werden bei Selbständigerwerbenden Sozialversicherungsbeiträge erhoben. Mit der Einführung der Unternehmenssteuerreform II sind hier Milderungen geplant.

15.3.3 Immobiliengesellschaften

Sowohl bei den Grundstückgewinnsteuern als auch bei den Handänderungssteuern wird die Übertragung von Anteilen an Immobiliengesellschaften einer Veräusserung von den sich in der Gesellschaft befindlichen Grundstücken gleichgestellt (sogenannte wirtschaftliche Handänderung). Das Steuerharmonisierungsgesetz schreibt den Kantonen die Besteuerung der Übertragung bzw. des Erwerbs einer Mehrheitsbeteiligung an einer Immobiliengesellschaft vor, weil bei einer solchen Übertragung immer die Verfügungsmacht über die von der Gesellschaft gehaltenen Liegenschaften übergeht. Die Kantone haben zudem die Möglichkeit, eine spezielle Form der Kapitalgewinnbesteuerung einzuführen, bei der sogar jede Quotenverschiebung mittels Aktienverkaufs zur steuerlichen Abrechnung über Liegenschaftenmehrwerten führt. Bisher haben nur wenige Kantone von dieser Möglichkeit Gebrauch gemacht.

15.3.4 Umstrukturierungen und Immobilien

Bei grösseren Immobiliengesellschaften und Unternehmensgruppen mit teilweise betrieblichen Liegenschaften sind insbesondere die Bestimmungen des Fusionsgesetzes und die damit verbundenen steuerplanerischen Möglichkeiten zu beachten. Dabei kann eine steuerneutrale Übertragung von Immobilien bzw. die Übertragung in einem Rechtsakt massgebliche Vorteile bringen.

15.4 Mehrwertsteuern und Immobilien

Die Mehrwertsteuer ist für die Mehrheit der privaten Immobilienbesitzer ein Kostenfaktor. Sie zahlen als Konsumenten beim Bau, der Renovation und dem Unterhalt ihrer Liegenschaft mit jeder Planer-, Bauunternehmer- oder Handwerkerrechnung Mehrwertsteuer.

Gewerbliche Liegenschaftenbesitzer, Immobilienhändler und Investoren, d.h. insbesondere auch Privatpersonen mit gewerblich vermieteten Renditeobjekten, sollten den Mehrwertsteuern bereits vor dem Kauf die notwendige Beachtung schenken. Insbesondere sind die Voraussetzungen für die Steuerpflicht und die Möglichkeiten einer freiwilligen Versteuerung von Immobilienumsätzen zu prüfen. Der Vorteil dabei ist, dass durch die freiwillige Abrechnung der Umsätze die Vorsteuern auf den damit zusammenhängenden Aufwendungen geltend gemacht werden können.

Die Option kann jedoch nur für die Vermietung von Liegenschaften an Mehrwertsteuer-pflichtige Mieter beantragt werden. Damit können für den Eigentümer Verbesserungen der Rendite erzielt oder dem Mieter reduzierte Mietpreise angeboten werden. Überdies muss die Mehrwertsteuer auf den Nebenkosten offen an den Mieter überwälzt werden, welcher dafür am betreffenden Mietobjekt das Vorsteuerabzugsrecht hat.

Auch auf dem Verkauf einer Liegenschaft kann optiert werden. Dazu muss bereits im Kaufvertrag festgehalten werden, dass die Option auf dem Verkauf beantragt wird. Eine Option ist lediglich auf dem Gebäudeteil möglich. Der Wert des Bodens ist immer von der Steuer ausgenommen. Zur Vermeidung der «Taxe occulte» wird in der Praxis oft nur auf dem Gebäudeteil optiert, welcher in Zukunft mindestens teilweise für eine steuerbare Tätigkeit genutzt wird.

Mehrwertsteuerfragen im Zusammenhang mit Immobilien sind sicherlich ein Fall für den Spezialisten. Wird hier die Steuerseite fachgerecht geprüft und geplant, können sich massgebliche Ersparnisse auf der Steuerseite ergeben.

Literatur- und Quellenverzeichnis

[F1] Eisner H.; Essentials of Project and Systems Engineering Management; Wiley-Interscience Publication, New York, 1997

[F2] Bolz U. (Hrsg.); Public Private Partnership in der Schweiz; Schulthess Juristische Medien AG, Zürich, 2005

[F3] Bolz U. et al; Public Private Partnership – Gesetzgeberischer Handlungsbedarf in der Schweiz; Schulthess Juristische Medien AG, Zürich, 2008

[F4] Gerum J.K.; Stakeholder Management bei Projektentwicklungsunternehmen im Bauwesen; Dissertation Nr. 18039, ETH Zürich, 2008

[F5] Flucher Th., König U.; Konfliktmanagement – Mediation im Bauwesen; Gastreferat am IBB/ETH Zürich, 09.12.1999

[F6] Watzlawick P., Beavin J.H., Jackson D.D.; Menschliche Kommunikation - Formen, Störungen, Paradoxien; 5. unveränderte Auflage, Huber Verlag, Bern, 1980

[F7] Gilg M.,Schaeppi W.; Lebensräume – Auf der Suche nach zeitgemässem Wohnen; Niggli Verlag, Sulgen, 2007

[F8] UBS AG, Zürich, 2009

[F9] UBS AG und Technische Universität Darmstadt, Zürich/Darmstadt, 2009

Teil G

Methoden und Hilfsmittel

Redaktor

Hans-Rudolf Schalcher

Inhaltsverzeichnis

Einleitung

In Teil G werden ausgewählte Methoden und Hilfsmittel vorgestellt, die der vertieften Auseinandersetzung mit den Inhalten der Teile A bis F dienen sollen. Einerseits handelt es sich um theoretische Grundlagen und allgemein gültige Verfahren und andererseits um Beispiele aus der Praxis. Die Inhalte des Teils G können deshalb nicht unbesehen auf den konkreten Anwendungsfall übertragen werden, sondern sind als methodischer Hintergrund und als Denkanstösse zu verstehen.

Die dargelegten Methoden und Hilfsmittel sind gemäss den Teilen A bis F dieses Handbuches geordnet und mit Verweisen auf die entsprechenden Kapitel versehen.

1 Methoden und Hilfsmittel zu Teil A Grundlagen

1.1 Stellenbeschreibung für den Bauherrenberater in Linie (→ Teil A Kap. 9.4.2)

1 Stellenbezeichnung

Bauherrenvertreter (Projektleiter Bauherr)

2 Stellung

Der Bauherrenvertreter ist Projektleiter für die Planung, Projektierung, Realisierung und Inbetriebsetzung des Neubaus XYZ in ABC und ist Mitglied der Baukommission (siehe Organigramm).

3 Stellvertretung

Für voraussehbare Abwesenheiten wird der Bauherrenvertreter durch Fritz Muster vertreten.

4 Ziel der Stelle

Der Bauherrenvertreter hat während seines Einsatzes folgende Ziele zu erreichen:

- Die Investitionskosten müssen in ein optimales Verhältnis zu den Betriebs- und Bewirtschaftungskosten gebracht werden.
- Die Qualität soll entsprechend der Lebensdauer des Gebäudes gesichert sein.
- Die Termine müssen eingehalten werden.
- Die Konzeption des Bauvorhabens muss optimal den Betriebsansprüchen entsprechen.

5 Aufgaben im Einzelnen

Grundsatz:

Der Bauherrenvertreter hat ausschliesslich die Aufgaben des Auftraggebers im Rahmen der Projektabwicklung vorzunehmen. Die Aufgaben des Architekten / Totalunternehmers müssen uneingeschränkt von jenen wahrgenommen werden. Der Bauherrenvertreter ist verpflichtet, im Rahmen der Zusammenarbeit zwischen ihm und dem Architekten / Totalunternehmer jede Doppelspurigkeit zu vermeiden.

Im Wesentlichen hat der Projektleiter der Bauherrschaft folgende Aufgaben wahrzunehmen (keine abschliessende Aufzählung):

Sachaufgaben:

- zeitgerechtes Erarbeiten der erforderlichen Entscheidungsgrundlagen für den Auftraggeber
- Festlegen des Investitionsbudgets in Abhängigkeit der wirtschaftlichen Tragbarkeit
- Festlegen des Terminplans als Leitplanke für die Planung und Ausführung
- kritische Beurteilung der Vorschläge, Anträge und Ansprüche der Baukommission und der ausführenden Organe
- Aufbau resp. Beauftragung der Vermietungsorganisation
- Überwachung der Erstvermietung
- Vertretung des Auftraggebers nach aussen
- administrative Aufgaben
- periodische Information an den Auftraggeber bzgl. Kosten, Termine, Schwierigkeiten oder Abweichungen von den Zielvorgaben
- Erstellen der erforderlichen Sitzungspläne
- Organisation und Vorbereitung der Sitzungen der Baukommission
- Teilnahme an den organisierten Sitzungen und den Sitzungen der Baukommission
- Führen der Protokolle

Führungsaufgaben:

- Führen der Baukommission und der durch den Auftraggeber eingesetzten Spezialisten bezüglich Erreichung der Ziele
- Führung und Kontrolle der ihm direkt und indirekt unterstellten Instanzen
- Überwachung und Kontrolle der Termine und Kosten in Bezug auf die Vorgaben
- Qualitätskontrolle der Planung und Realisierung bezüglich erbrachter Leistungen
- Überwachung und Kontrolle der Koordinationsaufgabe des beauftragten Gesamtprojektleiters (Architekt, Generalunternehmer)

6 Kompetenzen

Dem Bauherrenvertreter werden zur Wahrnehmung seiner Aufgaben und Verantwortlichkeiten alle notwendigen Kompetenzen eingeräumt. Insbesondere hat er Weisungsbefugnisse zur Durchsetzung der Beschlüsse des Auftraggebers.

7 Information

Der Bauherrenvertreter ist für den Informationsaustausch unter den Beteiligten verantwortlich. Er ist verpflichtet, über sämtliche Besprechungen Protokolle zu erstellen oder erstellen zu lassen.

1.2 Mandatsvertrag für Bauherrenberatung und Leistungsumfang (→ Teil A Kap. 9.4.4)

Die Kammer Unabhängiger Bauherrenberater KUB stellt auf ihrer Website (www.kub.ch) ein Muster eines Mandatsvertrages für Bauherrenberatung sowie den Umfang der Leistungsbilder Bauherr, Projektleiter Bauherr und Bauherrenberater zur Verfügung.

2 Methoden und Hilfsmittel zu Teil B Immobilienentwicklung

2.1 Logik der Projektentwicklung (→ Teil B Kap. 1)

Definition der Bedürfnisse, Ziele und Rahmenbedingungen

Definition	Strategieziele und Schnittstellen	Langfristige, nachhaltige Investition unter Berücksichtigung der möglichen Marktveränderungen, Szenarien, Nutzungsdauer
Phase 1	Projektziele	Festlegen der Bedürfnisse sowie der übergeordneten Projektziele und Rahmenbedingungen. Als Resultat soll darüber Klarheit bestehen, welche Rahmenbedingungen erfüllt sein müssen, damit der Entscheid für die Projektentwicklung gefällt werden kann.

Einzelne Schritte	Zustandsanalyse, Prognose	Aus welchen Gründen wird eine Projektentwicklung ins Auge gefasst? Heutiger Zustand, was ist unbefriedigend, wo sind bestehende oder zukünftig vermutete Marktnischen/Marktlücken? Was soll mit dem Projekt erreicht werden? In welchem vermuteten (Prognose) zukünftigen Umfeld soll das Projekt platziert werden?
	Evaluation Standort, Sammeln der notwendigen Daten und Unterlagen	Gegenwärtiges Angebot in der Region (Art, Mengen, Preise) Geplante Angebote regional, überregional Vorhandene Infrastruktur (Erschliessung öffentlicher Verkehr, Individualverkehr) Leerstände Einkommen, Bevölkerungsentwicklung, Arbeitsplätze, Pendler
	Wirtschaftliche und rechtliche Rahmenbedingungen	Investorenstruktur, Nachbarrechtliche Situation, Planungsrechtliche Bedingungen, laufende Verfahren
	Überprüfen Projektziele	Überprüfen bzw. definieren der übergeordneten Projektziele und Rahmenbedingungen Vergleich der Projektziele und Rahmenbedingungen zu den Marktdaten
	Lösungsstrategien	Entwicklung von Lösungsstrategien, darstellen verschiedener Lösungsalternativen und deren Bewertung Erste Definition von möglichen Konzepten inkl. Mengendefinition in Abhängigkeit der Marktsituation (Daten) und den Projektzielen, qualifizieren der einzelnen Konzepte (Vorteile, Nachteile)

	Überprüfung der Machbarkeit	Darstellen und bewerten von planerischen und gestalterischen Lösungsansätzen Abklären der Notwendigkeit und Verfahren Umweltverträglichkeitsprüfung
	Kosten, Zeitbedarf	Umsetzen der Konzepte in volumetrische Darstellung (Massenstudien) Schätzen der Kosten und des Zeitbedarfs für die verschiedenen Lösungsalternativen Erste Kosten- und Terminschätzung Erste Ertragsschätzung und Tragbarkeitsrechnung
	Empfehlung der Lösungsstrategie Zusammenstellen der Grundlagen, Ergebnisse und Entscheide	Aufbereiten der Entscheidungsgrundlagen: Nutzungskonzept Investitionsvolumen Tragbarkeit Termine Finanzierungskonzept
	Entscheid	Go or no go Finanzierung der Phase 2
Phase 2	Projektierungsgrundlagen	Beschreiben des gewählten Lösungsansatzes
	Projektanforderungen	Zusammenstellen der Grundlagen, Ergebnisse und Entscheide Definition des projektrelevanten Zielsystems und der Rahmenbedingungen
	Definition der Aufbau- und Ablauforganisation	Festlegen der zu beauftragenden Fachkompetenzen Pflichtenhefte mit Stellenbeschreibung, Linien- und Stabsfunktionen, Kompetenzen Informationskonzept intern und extern
		Aufzeigen der Schnittstellen zur Auftraggeberorganisation

	Ablauf	Bestimmung der hauptsächlichen Abläufe und ermitteln der voraussichtlichen Termine für die Projektierung und Realisierung des Vorhabens
	Vorprojekt	Erstellen des Vorprojekts unter Einbezug aller relevanten Fachkompetenzen in der Planung sowie aller relevanten Fachkompetenzen des Betriebes und der Vermarktung
	Überprüfung	Planungs- und baurechtliche Überprüfung des Vorprojekts in Zusammenarbeit mit den zuständigen Behörden und den möglichen Einsprechern
	Schätzen der Kosten und des Zeitbedarfs	Zweite Kosten- und Terminschätzung Zweite Ertragsschätzung Tragbarkeitsrechnung Anpassen des Finanzierungskonzepts
	Entscheid	Go or no go Finanzierung der Phase 3
Phase 3	Bauprojekt	Projektierung eines bewilligungsfähigen Konzepts und einholen der Baubewilligung Erstellen des Informationskonzepts Erstellen des Marketingkonzepts Festlegen der Vermarktungsstrategie Vorbereiten der Finanzierung
	Entscheid	Go or no go Dritte Kosten- und Terminschätzung Dritte Ertragsschätzung und Tragbarkeitsrechnung Definitive Finanzierung
Phase 4	Realisierung	(→ Teil D)

2.2 Checkliste Makroanalyse (→ Teil B Kap. 4.3.2)

	unwichtig	mässig wichtig	wichtig	sehr wichtig	Bemerkung
MARKT					
Politische Organisation	☐	☐	☐	☐	GR, GV, Parlament usw.
Politische Ausrichtung	☐	☐	☐	☐	liberal, sozial usw.
Wirtschaftsentwicklung	☐	☐	☐	☐	lokal - global
Steuerfussentwicklung	☐	☐	☐	☐	
Struktur des Arbeitsmarktes	☐	☐	☐	☐	Dienstleistung, Gewerbe usw.
Entwicklungspotenzial Immobilienmarkt	☐	☐	☐	☐	
Absorption pro Jahr	☐	☐	☐	☐	
Benchmark Miete/Eigentum	☐	☐	☐	☐	
Bodenpreise	☐	☐	☐	☐	
ANGEBOT					
Bewilligte Neubauten	☐	☐	☐	☐	steigend, fallend
Im Bau befindliche Gebäude	☐	☐	☐	☐	
Neu erstellte Gebäude	☐	☐	☐	☐	
Leerstandsquote	☐	☐	☐	☐	
Gebäudebestand nach Bauperiode	☐	☐	☐	☐	Renovationsbedarf
Gebäudebestand nach Gebäudeart	☐	☐	☐	☐	Wohnen, Arbeiten usw.
Gebäudebestand nach Eigentümerart	☐	☐	☐	☐	Private, Anleger, Öffentliche
Wohnungsbestand nach Zimmerzahl	☐	☐	☐	☐	
Wohnungsbestand nach Gebäudeart	☐	☐	☐	☐	EFH, MFH usw.
NACHFRAGE					
Bevölkerungsstruktur	☐	☐	☐	☐	Nationalität, Alter
Bevölkerungswachstum	☐	☐	☐	☐	Zuzüge, Geburten usw.
Kaufkraft	☐	☐	☐	☐	
Ausbildungsstand	☐	☐	☐	☐	
Arbeitslosenquote	☐	☐	☐	☐	
Familientypen	☐	☐	☐	☐	Ehen mit/ohne Kinder usw.
Haushaltstypen	☐	☐	☐	☐	Einpersonen usw.
Zielgruppen	☐	☐	☐	☐	innerhalb der Gesellschaft

(Spaltengruppen: Bewertung = unwichtig / mässig wichtig / wichtig / sehr wichtig; Bemerkung)

2.3 Checkliste Grundstücksanalyse (→ Teil B Kap. 4.4.1)

	Gewichtung	Bewertung (schlecht / mässig / gut / sehr gut)	Bemerkung
LAGE			
Besonnung/Ausrichtung	•••	□□□□	Ost-Westorientierung
Aussicht	••	□□□□	In die Siedlung
Umgebungsqualität	••	□□□□	ruhig, parkähnlich
Image des Ortes	••	□□□□	ländlich
Immissionen (Industrie/Verkehr)	•••	□□□□	Geringer Verkehr
Einkaufsmöglichkeiten	••	□□□□	150 m
Schulen	••	□□□□	300 m
Post, Banken, Restaurants	•••	□□□□	150 m
Freizeitangebot (Kultur, Sport)	••	□□□□	400 m Naherholung
Steuerbelastung	•••	□□□□	Steuerfuss 116%
VERKEHR			
Öffentliche Erschliessung	•••	□□□□	Bus 50 m vom Haus
PW-Erschliessung (Arbeitsweg, Staugefahr)	•••	□□□□	7 Min. bis Autobahn
GRUNDSTÜCK			
Altlasten	••	□□□□	keine bekannt
Erschliessung (Kanalisation, Elektr.)	••	□□□□	Bauamt
Geologie	••	□□□□	nichts besonderes bekannt
Miet- bzw. Pachtverträge	•	□□□□	Normale Mietverträge
Topografie	••	□□□□	flach
BAURECHTLICHE SITUATION			
BZO rechtskräftig?	•••	□□□□	Ja, W 2.8
Quartierplan notwendig?	••	□□□□	nein
Gestaltungsplan notwendig?	••	□□□□	nein
Geschützte Bauten/Anlagen?	•	□□□□	Baum Nordwestecke
Baulinien?	•••	□□□□	nein
Vorhandene Servitute?	••	□□□□	AZ-Beschränkung prüfen
Zone/Ausnutzung?	••	□□□□	
GRUNDBUCH			
Dienstbarkeiten	•••	□□□□	
Grundpfandrechte	••	□□□□	
Nutzungstransfers	••	□□□□	
Baubeschränkungen	•••	□□□□	
Baurechtsvertrag	••	□□□□	

2.4 Flächendefinitionen (→ Teil B Kap. 5.2)

Bei der Entwicklung von Immobilien spielen Flächen eine zentrale Rolle: Fläche ist jedoch – wie das nachfolgende Schema zeigt – nicht gleich Fläche.

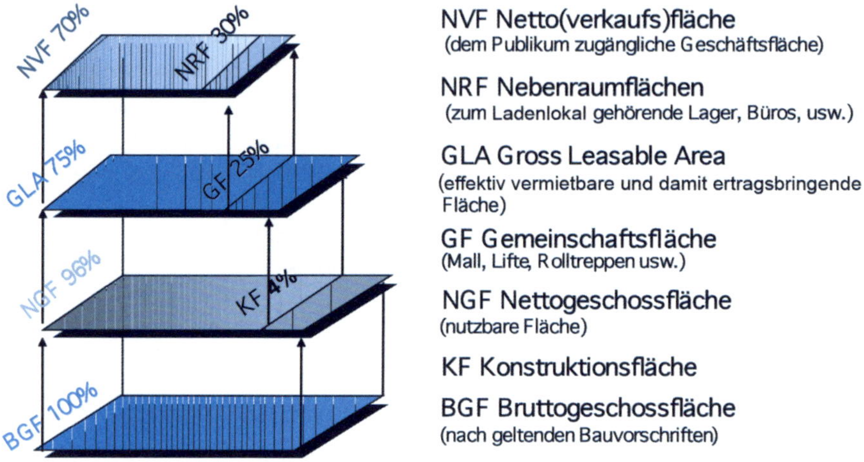

Abb. G1: Flächendefinitionen [G1]

- Die Bruttogeschossfläche (BGF) ist die allseitig umschlossene und überdeckte Grundrissfläche der zugänglichen Geschosse, inklusive der Konstruktionsflächen. Die Bruttogeschossfläche wird anhand der äusseren Masse der Bauteile zuzüglich der Bekleidung (z.B. Aussenputz) berechnet.
- Als Konstruktionsfläche (KF) gilt die Grundrissfläche der innerhalb der Bruttogeschossfläche liegenden, umschliessenden und innen liegenden Konstruktionsbauteile (z.B. Aussen- und Innenwände, Stützen).
- Daraus ergibt sich, dass die Nettogeschossfläche (NGF) die Fläche zwischen den umschliessenden oder innen liegenden Konstruktionsflächen (BGF-KF) ist.

Die Nettogeschossfläche lässt sich weiter unterteilen in die Gross Leasable Area (GLA, die effektiv vermietbare und damit ertragsbringende Fläche) und die Gemeinschaftsfläche (GF).

- Unter der Gemeinschaftsfläche versteht man diejenige Fläche, welche den Zugang zu den Räumen (inkl. Fluchtwege) gewährt sowie diejenige Fläche, welche für die Unterbringung zentraler betriebstechnischer Anlagen (Haustechnik) benötigt wird.

- Die GLA lässt sich aufteilen in die Nettoverkaufsfläche (NVF) und die Nebenraumflächen (NRF). Die Nettoverkaufsfläche ist diejenige Fläche, welche (z.B. in einem Shopping Center) dem Publikum effektiv zugänglich ist. Folglich ist die Nettoverkaufsfläche diejenige Fläche, welche der Zweckbestimmung und der Nutzung des Gebäudes im engeren Sinn dient. Nebenraumflächen sind alle Flächen, die nicht unmittelbar der Nutzung dienen (Luftschutzräume, Kamine, Eingangsbereiche, Lifte, Treppen usw.).

In der Schweiz sind die Flächendefinitionen des SVIT / SIA am meisten verbreitet [G2]. Die «Geschossfläche» nach SVIT/SIA entspricht der «Bruttogeschossfläche» in Abbildung G1.

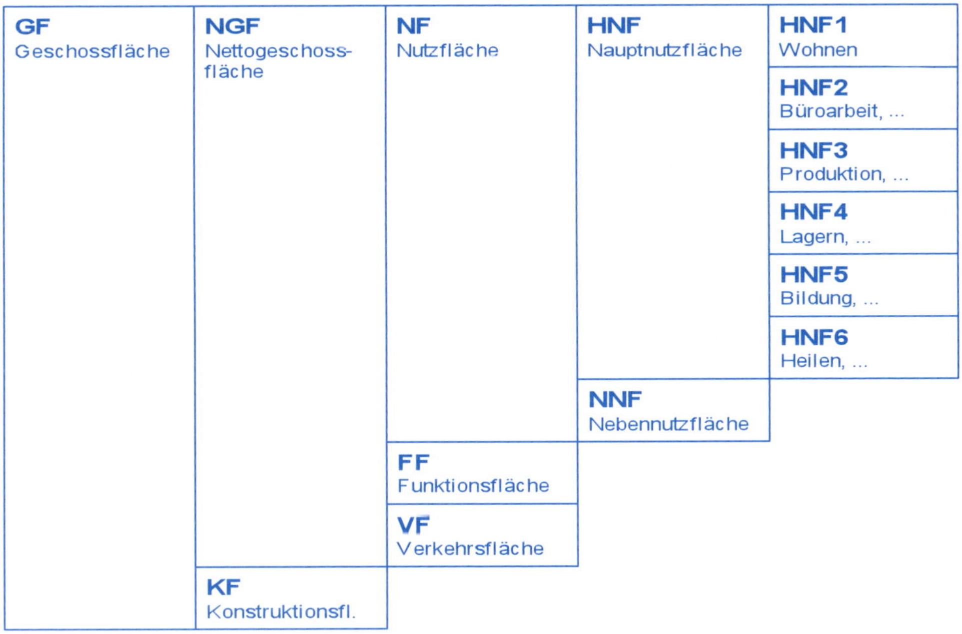

Abb. G2: Flächendefinitionen nach SVIT/SIA [G2]

Diese beiden, leicht unterschiedlichen Flächendefinitionen illustrieren, dass es gefährlich ist, Flächenangaben bzw. flächenbezogene Kennzahlen ohne genauere Spezifizierung zu verwenden. Auch hier sollten sich die Parteien über die Verwendung dieser Begriffe und natürlich über die Art und Weise, wie eine (von ihnen als massgeblich erachtete) Fläche zu berechnen ist, detailliert verständigen.

3 Methoden und Hilfsmittel zu Teil C Planung

3.1 Strategische Planung (→ Teil C Kap. 4)

Die im Folgenden aufgeführten Methoden und Hilfsmittel enthalten Verweise zu Teil C Kapitel 4 «Strategische Planung» und umgekehrt. Die Reihenfolge der Unterkapitel entspricht dem Ablaufschema «Strategische Planung» (Abb. C8). Viele der hier verwendeten Begriffe und Methoden zur strategischen Planung stammen aus der Unternehmensplanung. Sie eignen sich jedoch sehr gut für die strategische Planung im Vorfeld von Immobilienentwicklungen und Bauprojekten.

3.1.1 Umweltanalyse (→ Teil C Kap. 4.4)

Einflussfaktoren aus der Umwelt, die für die strategische Planung bedeutungsvoll sind, müssen näher analysiert werden. Im Folgenden ist eine Checkliste möglicher Kriterien, die im Rahmen der Umweltanalyse zu betrachten sind, dargestellt. Sind die massgebenden Kriterien bestimmt, so kann in einem nächsten Schritt mit der Erfassung der Kriterien-relevanten Informationen begonnen werden. Hier bieten sich verschiedene Möglichkeiten an. Im einfachsten Fall können die direkt involvierten Personen zu den jeweiligen Sachverhalten befragt werden. Sinnvoller ist es jedoch, auf entsprechendes Sekundärmaterial zurückzugreifen. Gerade in den Bereichen der ökologischen, wirtschaftlichen, technologischen und sozialen Umwelt werden von Forschungsinstituten regelmässig Analysen publiziert.

Nach Abschluss der verbalen Beurteilung kann die Relevanz der aufgezeigten Analysen und Trends für die gegebene Problemsituation untersucht werden. Dies geschieht in Form einer Chancen- und Gefahrenanalyse auf der Grundlage der SWOT-Analyse (→ Teil G Kap. 3.1.6).

Checkliste Umweltanalyse	
Ökologische Umwelt	• Verfügbarkeit von Energie - Erdöl - Gas - Elektrizität - Kohle - andere Energiequellen • Verfügbarkeit von Rohstoffen • Strömungen im Umweltschutz - Umweltbewusstsein - Umweltbelastung - Umweltschutzgesetzgebung • Altlasten • Recycling - Verfügbarkeit von Recyclingmaterial - Recyclingkosten

Checkliste Umweltanalyse	
Technologie	• Produktionstechnologie - Entwicklungstendenzen in der Verfahrenstechnologie - Innovationspotenzial - Automation/Prozesssteuerung • Produktinnovation - Entwicklungstendenzen in der Produktetechnologie -- Hardware -- Software - Innovationspotenzial • Substitutionstechnologien - mögliche Innovationen - Kostenentwicklung • Recyclingtechnologie
Wirtschaft	• Entwicklungstendenzen des Volkseinkommens in den relevanten Ländern • Entwicklung des internationalen Handels - Güteraustausch - Wirtschaftsintegration - Protektionismus • Entwicklungstendenzen der Zahlungsbilanzen und Wechselkurse • Erwartete Inflation • Entwicklung der Kapitalmärkte • Entwicklung der Beschäftigung • Zu erwartende Investitionsneigung • Zu erwartende Konjunkturschwankungen - Häufigkeit - Ausprägung • Entwicklung spezifischer relevanter Wirtschaftssektoren
Demografische und sozialpsychologische Entwicklungstendenzen	• Bevölkerungsentwicklung in den relevanten Ländern - allgemein - Entwicklung wichtiger Bevölkerungsgruppen - Bevölkerungswanderungen • Sozialpsychologische Strömungen - Arbeitsmentalität - Sparneigung - Freizeitverhalten - Einstellung gegenüber der Wirtschaft - Einstellung gegenüber der Automation - Einstellung gegenüber relevanten Werkstoffen - Einstellung gegenüber relevanten Produkten
Politik und Recht	• Globalpolitische Entwicklungstendenzen - Ost : West - Nord : Süd - Allgemeine Gefahr lokaler und internationaler Konflikte - Marktstellung der Rohstoffproduzenten • Parteipolitische Entwicklung in den relevanten Ländern • Entwicklungstendenzen in der Wirtschaftspolitik • Entwicklungstendenzen in der Sozialgesetzgebung • Bedeutung und Einfluss der Gewerkschaften • Handlungsfreiheit der Unternehmen

Abb. G3: Checkliste Umweltanalyse [G3]

3.1.2 Branchenanalyse (→ Teil C Kap. 4.4)

Grundsätzlich gelten die analogen Überlegungen wie bei der Umweltanalyse. Der Unterschied liegt darin, dass hier der Blickwinkel auf den für den Problemkreis relevanten Wirtschaftszweig eingeengt wird. Die folgende Checkliste enthält mögliche Kriterien, die im Rahmen einer Branchenanalyse untersucht werden können. Von besonderer Bedeutung sind hier die Branchenstruktur sowie die Eintrittshemmnisse für neue Konkurrenten und die Wettbewerbssituation in der betreffenden Branche. Auch hier eignet sich eine Auswertung in Bezug auf Stärken/Schwächen und Chancen/Gefahren analog einer SWOT-Analyse (→ Teil G Kap. 3.1.6).

Checkliste Branchenanalyse	
Branchenstruktur	• Anzahl Anbieter • Heterogenität der Anbieter • Typen der Anbieterfirmen • Organisation der Branche
Kundenstruktur	• Anzahl Kunden • Kundentypen
Beschäftigungslage und Wettbewerbssituation	• Auslastung der Kapazität • Konkurrenzkampf
Wichtigste Wettbewerbsinstrumente	• Qualität • Sortiment • Beratung • Preis • Lieferfristen • usw.
Distributionsstruktur	• Geografisch • Absatzkanäle
Branchenausrichtung	• Allgemeine Branchenausrichtung (Werkstoffe, Technologie, Kundenprobleme usw.) • Innovationstendenzen (Produkte, Verfahren usw.)
Sicherheit	• Eintrittsbarrieren für neue Konkurrenten • Substituierbarkeit der Leistungen

Abb. G4: Checkliste Branchenanalyse [G3]

3.1.3 Marktanalyse (→ Teil C Kap. 4.4)

Von grösster Bedeutung ist die Analyse des Marktes. Grundsätzlich interessieren alle problemrelevanten Märkte. Dabei steht die Analyse des Absatzmarktes im Vordergrund. Die nachstehende Tabelle ist eine Checkliste zur Analyse des Absatzmarktes. Besonders hier ist eine SWOT-Analyse (→ Teil C Kap. 3.1.6) empfehlenswert.

Checkliste Marktkanalyse	
Quantitative Marktdaten	• Marktvolumen - Stellung des Marktes im Marktlebenszyklus - Marktsättigung - Marktwachstum (mengenmässig, in % pro Jahr) - Marktanteile • Marktsegmentierung - Stabilität des Bedarfs
Qualitative Marktdaten	• Bedürfnisstruktur der Kunden • Kaufmotive • Kaufprozesse/Informationsverhalten • Marktmacht der Konkurrenten

Abb. G5:Checkliste Marktanalyse [G3]

3.1.4 Konkurrenzanalyse (→ Teil C Kap. 4.4)

Im Rahmen der Konkurrenzanalyse ist jeder wichtige Konkurrent einer sorgfältigen Analyse zu unterziehen. Besondere Beachtung ist in diesem Zusammenhang auch potenziellen neuen Konkurrenten zu schenken. Empirische Untersuchungen im Rahmen der PIMS-Studie (→ Teil G Kap. 3.1.14) haben gezeigt, dass die Gefahr von Neueintritten von Konkurrenten besonders gross ist, wenn:

- die betreffende Branche stark wächst
- eine geringe Investitionsintensität mit einer mittleren Marktkonzentration gekoppelt ist
- die Profitabilität der Branche hoch und die Marktkonzentration mittel bis hoch ist

In der folgenden Tabelle sind einige Kriterien aufgeführt, die bei der Konkurrenzanalyse relevant sind. Die Informationsbeschaffung im Rahmen der Konkurrenzanalyse ist besonders schwierig, aber nicht weniger wichtig. Analog zu den vorangegangenen Untersuchungen kann die Konkurrenzanalyse in Form einer SWOT-Analyse (→ Teil G Kap. 3.1.6) ausgewertet werden.

Checkliste Konkurrenzanalyse	
Konkurrent A	• Hauptstärken/Hauptschwächen • Erkennbare Strategien des Konkurrenten • Gegenwärtige Stellung des Konkurrenten - Umsatz - Marktanteile • Produktepolitik • Preislage • Kostenstruktur • Gewinnsituation • Finanzkraft • usw.
Konkurrent B	• dito

Abb. G6: Checkliste Konkurrenzanalyse [G3]

Benchmarking

Beim Benchmarking vergleicht sich ein Unternehmen in einem systematischen und kontinuierlichen Bewertungsprozess mit Unternehmen, die ein ähnliches Produkt erstellen oder deren Art der Leistungserstellung vergleichbar ist. Grundlage für ein Benchmarking sind einheitlich definierte und erfasste Indikatoren und Kennzahlen. Vergleichspartner können nicht nur direkte Konkurrenten sein, sondern auch branchenfremde Unternehmen. Eine direkte Zusammenarbeit im Benchmarking zwischen Konkurrenten macht nur dann Sinn, wenn für beide Partner eine «Win-Win-Situation» besteht.

Benchmarking dient auch zur innerbetrieblichen Standortbestimmung und ist generell Ausgangspunkt und Referenzbasis für einen ständigen Verbesserungsprozess.

3.1.5 Unternehmensanalyse (→ Teil C Kap. 4.4)

Hauptzweck der Unternehmensanalyse ist es, die Stärken und Schwächen der Unternehmung klar herauszuschälen und zu beurteilen. Dabei sollten möglichst alle Aspekte in die Analyse einbezogen werden. Entscheidend ist jedoch, dass die für die Unternehmung bedeutungsvollen Aspekte vollständig berücksichtigt werden.

Obwohl es bei der strategischen Planung nach dem Leistungsmodell SIA 112 nicht um einen strategischen Planungsprozess einer Unternehmung, sondern um die Evaluation problembezogener Strategien geht, steckt doch hinter jedem Problem eine Unternehmung bzw. Organisation (oder eine Einzelperson). Daher ergeben sich aus den folgenden Ausführungen auch Hinweise für die strategische Planung des Bauherrn im Vorfeld von Bauprojekten.

Auf den folgenden Seiten ist eine Checkliste zur Unternehmensanalyse dargestellt, welche mögliche Analysebereiche und deren Kriterien zeigt. Liegen die Informationen zu den bezeichneten Kriterien vor, so kann in einem nächsten Schritt ein Stärken- und Schwächenprofil erstellt werden. Dieses soll aufzeigen, in welchen Bereichen die Unternehmung Stärken besitzt bzw. wo sie eher als schwach zu beurteilen ist.

Obwohl die Unternehmung als Ganzes beleuchtet werden sollte, gibt es dennoch Aspekte, die ein spezielles Augenmerk erfordern. Die Erfolgskriterien, die bei der empirischen Strategieforschung zugrundegelegt wurden (→ Teil G Kap. 3.1.14), sind besonders sorgfältig zu erfassen. Hier wird ersichtlich, in welchen Bereichen interessante Erfolgspotenziale der Unternehmung liegen.

Ein weiteres Schwergewicht liegt in der Beurteilung des Unternehmens anhand von Kennzahlen aus der Bilanz, der Erfolgsrechnung und zusätzlichen Analysen. Dabei spielen vor allem die finanzwirtschaftlichen (Investitionsanalyse, Finanzierungsanalyse, Liquiditätsanalyse) und die erfolgswirtschaftlichen Kennzahlen (Ergebnisanalyse, Rentabilitätsanalyse, Wertschöpfungsanalyse, Break-Even-Analyse) eine entscheidende Rolle.

Eine weitere Informationsgrundlage im Rahmen der Unternehmensanalyse ist das sogenannte Wertvorstellungsprofil. Um das Verhalten einer Unternehmung in eine bestimmte Richtung zu lenken, ist es sehr wichtig, sich über die grundlegenden Wertvorstellungen klar zu werden. Im Rahmen der Strategieentwicklung stellt sich vor allem die Frage, ob im betreffenden Kader eine «unité de doctrine» in Bezug auf die Wertvorstellungen vorhanden ist. Werden bereits hier grosse Unterschiede festgestellt, so sind Abweichungen unbedingt noch vor der Strategieentwicklung zu diskutieren. Das Wertvorstellungsprofil kann bei der anschliessenden Strategieentwicklung im Sinne von Zielvorgaben eingesetzt werden.

Im Anschluss an die Checkliste zur Unternehmensanalyse ist ein Wertvorstellungsprofil dargestellt. Die Kriterien des Wertvorstellungsprofils decken sich weitgehend mit den Kriterien, welche für die Bewertung von alternativen Strategien verwendet werden.

Checkliste Unternehmensanalyse	

Allgemeine Unternehmens-entwicklung	• Umsatzentwicklung
	• Cash Flow-Entwicklung/Gewinnentwicklung
	• Entwicklung des Personalbestandes
	• Entwicklung der Kosten
	  - Fixe Kosten
	  - Variable Kosten

Marketing	• Marktleistung
	  - Sortiment
	    - Breite und Tiefe des Sortiments
	    - Bedürfniskonformität des Sortiments
	  - Qualität
	    - Qualität der Hardware-Leistungen (Dauerhaftigkeit, Konstanz der Leistung, Zuverlässigkeit, Individualität usw.)
	    - Qualitätsimage
	• Preis
	  - Allgemeine Preislage
	  - Rabatte, Abgebote
	  - Zahlungskonditionen
	• Marktbearbeitung
	  - Werbung
	  - Verkauf
	    - Verkaufskonzept
	    - Verkaufsinvestitionen
	    - Verhalten von Verkaufspersonen
	    - Intensität der Kundenbesuche
	    - Ausnützen der Geschäftsbeziehungen
	    - Kundenseminare
	    - Sprachbeherrschung/Mentalität
	    - Einsatz von Verkaufshilfen
	  - Verkaufsförderung
	    - Messen
	    - Andere
	  - Öffentlichkeitsarbeit
	    - Artikel in Fachzeitschriften
	    - Vorträge an Symposien
	    - Artikel in der Wirtschaftspresse
	    - Publikationen
	  - Markenpolitik
	  - Image (evt. differenziert nach Produktegruppen)
	• Distribution
	  - Inländische Absatzorganisation
	  - Exportorganisation
	  - Lagerbewirtschaftung und Lagerwesen
	  - Lieferbereitschaft
	  - Transportwesen

Produktion	• Produktionsprogramm
	• Vertikale Integration
	• Produktionstechnologie
	  - Zweckmässigkeit der Anlagen
	  - Modernität der Anlagen
	  - Automatisierungsgrad
	• Produktionskapazitäten
	• Produktivität
	• Produktionskosten
	• Einkauf und Versorgungssicherheit

Checkliste Unternehmensanalyse	
Forschung und Entwicklung	Forschungsaktivitäten und -investitionen • Entwicklungsaktivitäten und -investitionen • Leistungsfähigkeit der Forschung • Leistungsfähigkeit der Entwicklung - Verfahrensentwicklung - Produktentwicklung • Softwareentwicklung • Forschungs- und Entwicklungs-Know-how • Patente und Lizenzen
Personal	• Qualitative Leistungsfähigkeit der Mitarbeiter • Arbeitseinsatz • Salärpolitik/Sozialleistungen • Betriebsklima • Teamgeist/Unité de doctrine
Führung und Organisation	• Stand der Planung • Geschwindigkeit der Entscheide • Kontrolle • Qualität und Leistungsfähigkeit der Führungskräfte • Zweckmässigkeit der Organisationsstruktur/ organisatorische Friktionen • Innerbetriebliche Information - Rechnungswesen - Marktinformation
Innovationsfähigkeit	• Einführung neuer Marktleistungen • Erschliessung neuer Märkte • Erschliessung neuer Absatzkanäle
Know-how in Bezug auf	• Kooperationen • Beteiligungen • Akquisitionen

Abb. G7: Checkliste Unternehmensanalyse [G3]

Wertvorstellungsprofil

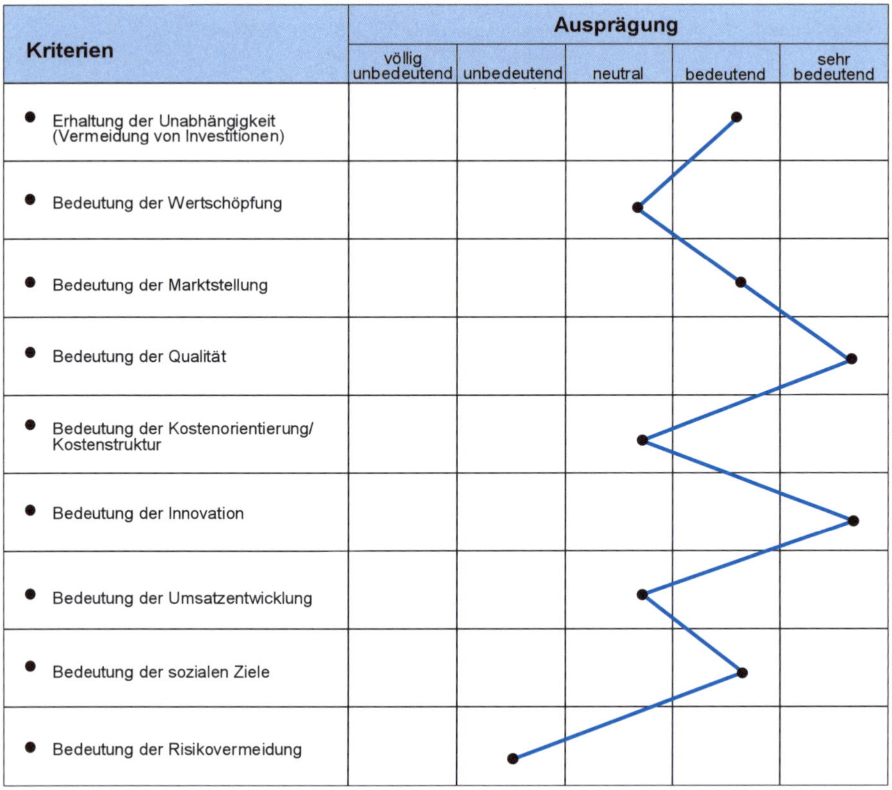

Abb. G8: Wertvorstellungsprofil [G3]

3.1.6 SWOT-Analyse (→ Teil B Kap. 5.1.4)

Die SWOT-Analyse (SWOT als Abkürzung für Strengths, Weaknesses, Opportunities, Threats) ist eine einfache Methode, um die Chancen und Gefahren mit den eigenen Stärken und Schwächen zu verbinden. Der SWOT-Analyse liegt die Annahme zugrunde, dass eine wirksame Strategie die Stärken und Chancen maximiert und die Schwächen und Gefahren minimiert. Sie zeigt systematisch den strategischen Handlungsbedarf auf und erleichtert damit die Entwicklung von Grundstrategien. Die Ergebnisse der SWOT-Analyse werden in einer Matrix dargestellt.

Umweltfaktoren / Unternehmensfaktoren	Opportunities (Chancen) 1. Steigerung des persönlichen Einkommens um 12% pro Jahr im Südpazifik 2. Weltweit zunehmendes Gesundheitsbewusstsein 3. Handelsabkommen mit China 4. ...	Threats (Gefahren) 1. Zunahme der gesetzlichen Beschränkungen im EU-Raum 2. Neue ausländische Konkurrenz 3. Erodierende Margen im Food-Bereich 4. ...
Strenghts (Stärken) 1. Starke Cashposition 2. Forschung und Entwicklung 3. Mitarbeitermotivation 4. ...	SO-Strategien a) Entwicklung neuer Gesundheitsprodukte (S2/S3/O2) b) Kauf eines Nahrungsmittelherstellers in Hongkong mit starker Stellung in China (S1/O3)	ST-Strategien a) Drastische Erhöhung der Werbeausgaben (S1/T2) b) Neue, innovative Produkte im traditionellen Food-Bereich entwickeln (S2/S3/T3)
Weaknesses (Schwächen) 1. Hohe Personalkosten 2. Schwaches Marketing im Südpazifik 3. Kapazitätsauslastung in Südeuropa nur bei 65% 4. ...	WO-Strategien a) Eingehen eines Joint Ventures mit einem japanischen Unternehmen (W2/O1) b) Produktionsverlagerung nach China (W1/O2/O3)	WT-Strategien a) unrentable Operationen in Südeuropa schliessen (W3/T1) b) Diversifikation in Nonfood-Bereich (W1/T3)

Abb. G9: SWOT-Matrix am Beispiel eines Nahrungsmittelherstellers (Auszug) [G4]

Die hauptsächlichen Stärken, Schwächen, Chancen und Gefahren resultieren aus den verschiedenen Umwelt- und Unternehmensanalysen.

Die Matrix wird systematisch nach logischen «SWOT-Kombinationen» untersucht, indem folgende Fragen beantwortet werden:

- Welche Stärken passen zu welchen Chancen (SO-Kombinationen)?
- Welche Stärken passen zu welchen Gefahren (ST-Kombinationen)?
- Welche Schwächen passen zu welchen Chancen (WO-Kombinationen)?
- Welche Schwächen passen zu welchen Gefahren (WT-Kombinationen)?

Die SWOT-Kombinationen werden in die vier Strategiefelder eingetragen. Auf diese SWOT-Kombinationen richtet sich die Entwicklung von Strategieoptionen. Es stehen grundsätzlich vier Strategietypen zur Verfügung:

- SO-Strategien nutzen die internen Stärken zur Realisierung externer Chancen (Idealfall).

- WO-Strategien zielen darauf ab, interne Schwächen abzubauen oder fehlende Stärken aufzubauen, um externe Chancen wahrzunehmen. Typische WO-Strategien sind zum Beispiel Personalentwicklung oder Kooperation mit anderen Unternehmen.
- Mit ST-Strategien werden Stärken genutzt, um externe Gefahren zu reduzieren oder zu umgehen.
- Mit WT-Strategien wird versucht, interne Schwächen abzubauen und gleichzeitig Gefahren zu vermeiden. Ein Unternehmen, das viele Kombinationen in diesem Strategiefeld aufweist, befindet sich in einer kritischen Lage und ist zu Defensivstrategien gezwungen (z.B. Verkauf, Liquidation, Turnaround).

3.1.7 Quantitative Prognoseinstrumente (→ Teil C Kap. 4.5)

Quantitative Prognoseinstrumente beruhen auf mathematischen Ansätzen. Bei quantitativen Verfahren versucht man quantifizierbare Faktoren in der Vergangenheit zu ermitteln, um diese dann in die Zukunft zu extrapolieren. Der Nachteil dieser Quantifizierung ist, dass viele relevante Informationen nicht verarbeitet werden, weil sie sich nicht quantifizieren lassen. Der grosse Vorteil dieser Verfahren besteht darin, dass sie zu Transparenz bei der Analyse und Extrapolation von Vergangenheitsentwicklungen führen. Die folgende Tabelle gibt einen Überblick über die bekannten quantitativen Verfahren.

Methoden	Zeitreihenanalysen			Kausale Methoden		
	Trendextrapolation	Methode der gleitenden Durchschnitte	Methode der exponentiellen Glättung	Einfache und multiple Regression	Ökonometrische Modelle	Input-/Output-Analyse
Beschreibung	Zerlegung einer Zeitreihe in Komponenten; Fortschreibung des sich ergebenden Trends in die Zukunft	Jeder «Punkt» einer Zeitreihe gleitender Durchschnitte ist das arithmetische oder gewichtete Mittel einer Anzahl von «Punkten» einer einfachen Zeitreihe	Vergleichbar zur Methode der gleitenden Durchschnitte, jedoch stärkere Gewichtung von Daten der «jüngeren Vergangenheit»	Der zu prognostizierende Wert wird zu einer oder mehreren kausalen Grössen in mathematische Beziehung gesetzt	System von interdependenten Regressionsgleichungen, die den zu untersuchenden Bereich gemeinschaftlich beschreiben	Analyse und Prognose des «Flusses» von Gütern oder Dienstleistungen zwischen verschiedenen Wirtschaftszweigen oder zwischen einzelnen Unternehmen und ihren Märkten
Typische Anwendungsbereiche	Prognose von Marktvolumen, Absatzvolumen usw. bei relativ stabiler Umwelt	Wie einfache Trendexploration, jedoch bei zunehmend instabiler Umwelt	Wie Methode der gleitenden Durchschnitte, jedoch bei relativ starken Schwankungen, d.h. sehr instabiler Umwelt	Prognose von Marktentwicklungen (Absatz, Marktvolumen) unter Verwendung von einem oder mehreren Indikatoren (z.B. Sozialprodukt) als kausale Grösse	Prognose von Marktentwicklungen, vor allem zusammenhängende Makrogrössen (Konsumausgaben, Investitionsvolumen usw.)	Prognose des Absatzes für verschiedene industrielle Sektoren (z.B. Branchen) und deren Subsektoren

Abb. G10: Quantitative Prognoseinstrumente [G5]

3.1.8 Qualitative Prognoseinstrumente (→ Teil C Kap. 4.5)

Die qualitativen Prognoseinstrumente haben einen subjektiv/intuitiven Charakter, da sie vorwiegend auf dem Erfassen von Expertenmeinungen basieren. Häufig kommen qualitative Methoden dort zur Anwendung, wo die Quantifizierung der vergangenheitsbezogenen Informationen nicht möglich oder zu aufwendig ist. Bei den qualitativen Prognoseinstrumenten spielen die Befragungsmethoden eine grosse Rolle. Das Resultat ist also eine verbale Umschreibung des zukünftigen Geschehens. Die folgende Tabelle gibt einen Überblick über die gängigen qualitativen Methoden.

Methoden	Umfragen	Brainstorming	Delphi-Technik	Experimentelle Verfahren	Historische Analogie
Beschreibung	Befragung von Abnehmern, Aussendienst, Händlern, Führungskräften oder unabhängigen Fachleuten über künftige, qualitative und quantitative Entwicklungen	Spezielle Form einer Gruppensitzung mit Experten aus einzelnen Funktionsbereichen und Hierarchien des Unternehmens, die jeweils eine relevante Problemkenntnis mitbringen	Mehrstufige schriftliche Befragung von Experten über künftige qualitative und quantitative Entwicklungen, in mehreren Durchgängen	Testmärkte und kontrollierte Markttests als Feldexperimente zur Unterstützung der Absatzprognose. Laborexperimente zur Prognose des Kaufverhaltens	Vergleichende Analyse und Prognose einer zukünftigen Entwicklung anhand von Analogieschlüssen zu vergangenen Entwicklungen bei ähnlich strukturierten Entscheidungsproblemen
Typische Anwendungsbereiche	Zusammenfassung vorhandener Marktinformationen über die Struktur und Entwicklung des Marktes, insbesondere qualitativer Informationen	Diskussion möglicher quantitativer und qualitativer Entwicklungen des Marktes als Grundlage von Prognosen	Langfristige Prognose von Ansatzmöglichkeiten und Marktpotenzialen, aber auch allgemeine Umweltentwicklungen, meist jedoch quantitativ	Akzeptanz und Absatzprognose vor allem von neuen oder veränderten Produkten	Langfristige Prognose von Produktumsatzentwicklungen oder Vorhersagen von Gewinnentwicklungen für Neuprodukte

Abb. G11: Qualitative Prognoseinstrumente [G5]

3.1.9 Szenariotechnik (→ Teil C Kap. 4.5)

In der strategischen Planung, die auch Brüche in der bisherigen Entwicklung und neue Trends mit einbeziehen muss, ist die Szenariotechnik ein geeignetes Instrument, um zukünftige Entwicklungen zu antizipieren. Szenarien bauen nicht auf Punktprognosen auf, sondern legen Bandbreiten fest. Die Bandbreite, innerhalb derer sich ein Faktor bewegt, wird durch zwei Extremszenarien begrenzt.

Die Strategieentwicklung sollte sich nicht nur auf ein überraschungsfreies Grundszenario (wahrscheinliches Szenario) abstützen, sondern auch die beiden Extremszenarien berücksichtigen. Szenarien sind nur für diejenigen Bereiche zu erarbeiten, welche einen erheblichen Einfluss auf die vorliegende Problemsituation ausüben.

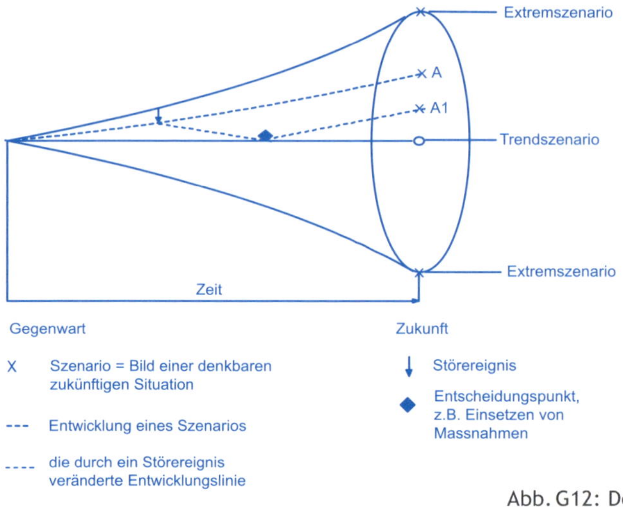

Abb. G12: Denkmodell zur Darstellung von Szenarien [G6]

3.1.10 Strategische Frühaufklärung (→ Teil C Kap. 4.5)

Strategische Frühaufklärungssysteme sollen Veränderungen der Umwelt, der Branche, des Marktes und der Konkurrenz als Chancen oder Gefahren für das Unternehmen frühzeitig ankünden, so dass entsprechende Massnahmen rechtzeitig geplant und umgesetzt werden können. Sie haben also aus unternehmerischer Sicht die Funktion eines «Radarsystems», welches relevante Ereignisse mit einem zeitlichen Vorlauf signalisiert.

Der grundsätzliche Aufbau eines Frühaufklärungssystems lässt sich grob in drei Schritte unterteilen. Ausgangspunkte für diese Schritte liefern die Bereiche, die in der Zustandsanalyse beleuchtet wurden. Unter diesen Beobachtungsbereichen werden z.B. der Absatzmarkt, der Beschaffungsmarkt, das Verhalten der Konkurrenten, das wirtschaftliche Umsystem, das technologische Umsystem usw. verstanden. Für jeden Beobachtungsbereich ist der Zeithorizont der Prognose festzulegen.

Nachdem die Beobachtungsbereiche festgelegt sind, müssen für jeden Beobachtungsbereich Frühaufklärungsindikatoren (Frühindikatoren) bestimmt werden. Diese Indikatoren sollen die Symptome bzw. Anzeichen für Veränderungen erkennbar und messbar machen. Für die Wachstumsaussichten der Baubranche wäre ein solcher Indikator z.B. die Anzahl der erteilten Baubewilligungen. Als nächstes müssen für jeden Indikator die jeweiligen Prognosewerte und Toleranzbereiche festgelegt werden. Um die kritischen Entwicklungen zu erkennen, sind Vorgaben von einzuhaltenden Bandbreiten erforderlich.

Falls sich die Entwicklung eines Indikators ausserhalb der prognostizierten Bandbreite bewegt, müssen je nach Bedeutung des Indikators und dessen Auswirkungen auf die Unternehmensentwicklung bzw. die Problemsituation entsprechende Korrektur- und Steuerungsmassnahmen geplant und umgesetzt werden.

3.1.11 Vision und Leitbild: Beispiel der Firma Hilti AG (→ Teil C Kap. 4.7.2)

Unsere Vision
Rund um die Welt wollen wir der führende Partner für den Profi am Bau und in der Gebäudeinstandhaltung sein. Mit hochwertigen, ausgewählten Geräten sowie abgestimmten Werkzeugen und Befestigungssystemen.
Wir schaffen mehr Wert
Wir wollen, dass unsere Kunden erfolgreich sind. Deshalb bieten wir ihnen Produkte und Dienstleistungen mit überlegenem Mehrwert.
Wir wollen die Besten sein
Kunden: Wir wollen der beste Partner unserer Kunden sein. Ihre Bedürfnisse bestimmen unser Handeln.
Kompetenz: Wir zeichnen uns aus durch wegweisende Innovation, umfassende Qualität, direkte Kundenbeziehungen und ein wirksames Marketing.
Konzentration: Wir konzentrieren uns auf Produkte und Märkte, in denen wir Führungspositionen erlangen und halten können.
Wir sind ein Team
Wir haben hervorragende MitarbeiterInnen. Wir erwarten hohe Leistungen und bieten entsprechende Gegenleistungen. Alle haben die gleichen Chancen - bei der Anstellung wie in der persönlichen Entwicklung. Unsere MitarbeiterInnen sollen im Team wachsen und ihre Laufbahn langfristig innerhalb der Hilti Gruppe gestalten können.
Wir leben gemeinsame Werte
Wir stehen zu unserem Wort. Integrität, Selbstverantwortung, Vertrauen, Toleranz und Respekt gegenüber dem Einzelnen zeichnen unser Miteinander aus. Wir sind stets bereit zu lernen und zu verändern. Wir handeln verantwortlich gegenüber Gesellschaft und Umwelt.
Wir bauen unsere Zukunft
Wir wollen nachhaltig profitabel und deutlich schneller wachsen als der Markt und damit unsere Unabhängigkeit und Handlungsfreiheit sichern.

Abb. G13: Leitbild der Firma Hilti AG

3.1.12 Zielgewichtungsmethoden (→ Teil C Kap. 4.7.3)

Methode der absoluten Gewichtung

Dieses Verfahren ist sehr einfach und – falls nicht mehr als sechs bis acht Kriterien zu gewichten sind – auch hinreichend genau.

Vorgehen:

- Massstab für die Bedeutung des einzelnen Zieles festlegen:

äusserst wichtig	5
sehr wichtig	4
wichtig	3
weniger wichtig	2
unwichtig	1

- Gewichtung der Ziele ermitteln:

Z_1	4	4/20= 0.2
Z_2	4	4/20= 0.2
Z_3	5	5/20= 0.25
Z_4	5	5/20= 0.25
Z_5	2	2/20= 0.1
	20	= 1.0

Methode der sukzessiven Vergleiche (Verhältnisskalierung)

Bei dieser Methode soll durch eine Folge von Paarvergleichen zwischen einzelnen Gewichtungsfaktoren und Gewichtungsfaktorensummen eine Abschätzung gemacht werden.

Das Verfahren läuft in folgenden Schritten ab:

1. Die Zielkriterien sind entsprechend ihrer relativen Bedeutung in eine Reihenfolge zu bringen. Bei fünf Teilzielen z.B. in der Weise:
   $Z_P > Z_W > Z_M > Z_S > Z_R$

2. Es sind vorläufige Kriteriengewichte zu bestimmen. Dabei erhält das bedeutsamste und daher an erster Stelle stehende Teilziel den Gewichtungsfaktor 1,0. Die Gewichtungsfaktoren der übrigen Teilziele nehmen mit zunehmender Bedeutung ab.
   $g_P > g_W > g_M > g_S > g_R \quad = \quad 1{,}0 > 0{,}8 > 0{,}6 > 0{,}4 > 0{,}2$

3. Den endgültigen Gewichtungsfaktor für das bedeutsamste erste Teilziel erhält man, indem man zunächst abschätzt, ob dessen Gewichtungsfaktor grösser, gleich oder kleiner sein soll, als die Summe der restlichen Faktoren. Im Beispiel wird verlangt, dass dieser kleiner sein soll.
   $g_P < g_W + g_M + g_S + g_R \quad = \quad 1{,}0 < 0{,}8 + 0{,}6 + 0{,}4 + 0{,}2$
   Da die Bedingung erfüllt ist, wird $g_P = 1{,}0$ endgültig fixiert.

4. Bei der Festlegung der endgültigen Gewichtungsfaktoren für die übrigen Zielkriterien wird entsprechend ihrer Rangfolge sukzessive wie unter 3. vorgegangen. Der nächste Faktor wird dabei stets mit der Summe der restlichen, noch nicht endgültig festgelegten Faktoren verglichen. Auf diese Weise sei endgültig fixiert:
   $g_P = 1{,}0; \quad g_W = 0{,}8; \quad g_M = 0{,}25; \quad g_S = 0{,}2; \quad g_R = 0{,}1$

5. Die ermittelten Gewichte werden auf $\sum_{j=1}^{1} g'_j = 100$ normiert.

   $$g_P' = \frac{100}{2{,}35} = 43; \quad g_W' = \frac{80}{2{,}35} = 34; \quad g_M' = \frac{25}{2{,}35} = 11; \quad g_S' = \frac{20}{2{,}35} = 8; \quad g_R' = \frac{10}{2{,}35} = 4$$

   Als Grenze der Anwendbarkeit der Methode der sukzessiven Vergleiche wird eine Zahl von max. 6 Zielkriterien angegeben. Daher sollte die Bildung einer Zielhierarchie angestrebt werden, bei der nach Möglichkeit jedem übergeordneten Ziel nicht mehr als 5 bis 7 Unterziele zugeordnet sind.

Intervallskalierung

Ein Punktetotal von z.B. 100 Punkten wird auf die Zielkriterien verteilt, wie dies den Präferenzen der Entscheidungsträger entspricht. Ferner ist das Gewicht eines Kriteriums auf der übergeordneten Hierarchieebene k gleich der Summe der Gewichte der direkt zugeordneten Teilziele der nächst niedrigeren Ebene k+1:

$$\sum_{j_k=1}^{l_k} g_j = 100; \qquad g_{j_k} = \sum_{j_{k+1}=1}^{l_{k+1}} g_{j_{k+1}}$$

g_{j_k} = Kriteriengewicht des Teilzieles j_k
l_k = Anzahl der Teilziele der Hierarchieebene k des Zielkataloges
k = Hierarchieebene des Zielkataloges

Beispiel

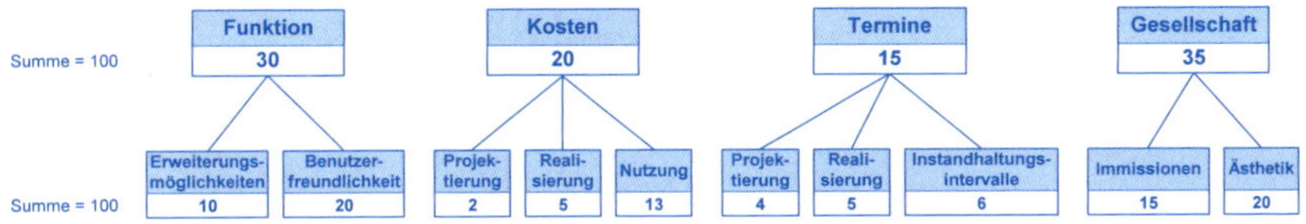

Abb. G14: Intervallskalierung [G7]

Die Intervallskalierung ermöglicht, die Gewichtung der verschiedenen (Teil-)Ziele pro Hierarchieebene zu vergleichen und allenfalls anzupassen. Dadurch werden unsinnige Gewichtungen schnell erkannt. In obigem Beispiel wird der «Benutzerfreundlichkeit» (20) ein um Faktor vier grösseres Gewicht zugeordnet als den «Kosten für die Realisierung» (5).

3.2.13 Kreativitätsmethoden (→ Teil C Kap. 4.8.2)

Morphologischer Kasten

Dies ist eine Methode mit deren Hilfe auf systematischem Weg eine Vielzahl von Lösungsmöglichkeiten erkannt werden kann. Das folgende Beispiel soll dies illustrieren.

<table>
<tr><td>Parameter</td><td colspan="6">Ausprägungen der Parameter</td></tr>
<tr><td>Verteilung von Antrieb und Beförderungsraum</td><td colspan="2">Antrieb und Beförderungsraum in einer einzigen Einheit</td><td colspan="2">Antrieb mit Beförderungsraum und weitere Anhänger</td><td colspan="2">Antrieb allein (Zugeinheit) und Beförderungsraum in Anhängern</td></tr>
<tr><td>Lenkung</td><td colspan="3">Manuelle Lenkung</td><td colspan="3">Lenkung durch Schiene</td></tr>
<tr><td>Antrieb</td><td>Dampfantrieb</td><td colspan="2">Verbrennungsmotor</td><td colspan="2">Elektromotor</td><td>Atommotor</td></tr>
</table>

Abb. G15: Beispiel eines morphologischen Schemas [G8]

Die linke Spalte kennzeichnet die Parameter der Lösung, während die rechte Spalte die verschiedenen möglichen Ausprägungen der Parameter enthält.

Jede denkbare Kombination von Parameterausprägungen führt theoretisch zu einer Lösungsvariante. Das richtige Festlegen der Parameter und deren Ausprägungen bildet dabei eine komplexe und kritische Aufgabe.

Abbildung G16 zeigt eine Kombination möglicher strategischer Grundverhaltensweisen mittels morphologischem Kasten:

Kriterien	**Ausprägung**			
Produkt-/Markt-Matrix	Markt-durchdringung	Marktentwicklung	Produktentwicklung	Diversifikation
Synergie	werkstofforientiert	technologie-orientiert	marktorientiert	
Portfolio	Desinvestition	Abschöpfung	Investition	Segmentation
Wachstum	expandieren	halten	konsolidieren	kontraktieren
Integration	Vorwärtsintegration	neutral	Rückwärtsintegration	
Kooperation	Akquisition	Beteiligungen	Kooperation	Unabhängigkeit
«Breite»	Konzentration	neutral	Ausweitung	
Verhalten gegenüber Konkurrenz	aggressiv	neutral	defensiv	

Abb. G16: Morphologischer Kasten von strategischen Grundverhaltensweisen [G3]

Brainstorming

Beim Brainstorming versucht eine Gruppe von 5 bis max. 10 Personen im Gespräch Lösungsideen intuitiv und assoziativ zu finden. Es ist wichtig, dass beim Brainstorming neben der Trennung von Ideenerzeugung und -beurteilung folgende Regeln eingehalten werden:

- Alle Ideen der Teilnehmer werden für alle sichtbar festgehalten (Wandtafel, Flipchart, Hellraumprojektor) und allenfalls zusätzlich auf Tonträger aufgezeichnet.
- Die Aufnahme bereits geäusserter Ideen mit Fortentwicklung, Verfremdung, Variierung ist erwünscht.
- Killer-Statements (Das geht nicht!/Das haben wir schon immer so gemacht! usw.) während des eigentlichen Brainstormings sind nicht erlaubt.
- Diskussion, Herausfinden des rationalen Kerns der Lösungen und Bewertung erfolgen in einer separaten anschliessenden Auswertungsrunde.

Methode 635 und Brainwriting

Bei der Methode 635 schreiben 6 Personen zu einem möglichst genau definierten Problem jeweils 3 Ideen in etwa 5 Minuten auf je ein Blatt und geben dieses dann an die nächste Person weiter. Diese schreibt durch die Ideen des Vorgängers angeregt 3 weitere Ideen dazu. Jeder der 6 Teilnehmer erhält so sukzessive die Blätter der 5 anderen zum Ergänzen.

Das Brainwriting ist eine ähnliche Kreativitätstechnik, nur legen dabei 5 bis 8 Teilnehmer beliebig viele Blätter mit je einer Lösungsidee zum anfangs definierten Problem auf den Tisch. Zwecks erneuter Stimulation lesen die Teilnehmer die Ideen anderer Teilnehmer und schreiben eigene Assoziationen dazu auf.

Analogiemethode

Unter Analogie wird die erkennbare Ähnlichkeit in Form, Eigenschaft oder Funktion zweier Phänomene verstanden.

Die Anwendung dieser Methode kann nach den folgenden 4 Schritten durchgeführt werden:

1. Schritt: Gewollte Form, Eigenschaft, Funktion usw. festlegen
2. Schritt: Vorbilder suchen, die ähnliche Eigenschaften usw. aufweisen
3. Schritt: Untersuchung des analogen Systems, das diese Eigenschaften besitzt
4. Schritt: Prüfen, ob die Wirkungsweise übertragbar ist

Synektik

Die Synektik ist eine Kreativitätstechnik, welche die Lösungssuchaktivität intensiviert. Ihr liegt das Brainstorming zugrunde, das in einem Prozess stufenweiser Analogie-Bildung angewendet wird. Auf diese Methode wird nicht weiter eingegangen.

3.1.14 Faktoren aus der PIMS-Studie (→ Teil C Kap. 4.8.2)

Aus der PIMS-Studie haben sich die folgenden Faktoren als entscheidende Bestimmungsgrössen des Return on Investment (ROI) und des Cash Flow ergeben (Reihenfolge entspricht der Bedeutung).

Schlüsselfaktor	Definition	Wirkung
1. Investitionsintensität	Investition Wertschöpfung (Investition = Betriebs-notwendiges Kapital)	Eine hohe Investitionsintensität hat von allen Faktoren den grössten negativen Einfluss auf den ROI. Gründe: hohe Fixkosten, die zu einer hohen Kapazitätsauslastung zwingen und zu Preiskämpfen führen; erschwerter Austritt aus unwirtschaftlichen Geschäften; je mehr Anlagen, desto komplexer, kostspieliger und ineffizienter der Fertigungsablauf.

Schlüsselfaktor	Definition	Wirkung
2. Produktivität	Wertschöpfung pro Mitarbeitenden	Hohe Produktivität ist immer positiv, sie ist unabdingbar bei hoher Investitionsintensität. Gründe: höhere Produktivität wirkt der negativen Auswirkung der Investitionsintensität entgegen. Dagegen führt eine Erhöhung des investierten Kapitals pro Mitarbeitenden bei gleichbleibender Produktivität zu einem niedrigeren ROI.
3. Relativer Marktanteil	Eigener Marktanteil/ Summe der Marktanteile der drei grössten Konkurrenten	Ein hoher Marktanteil am bedienten Markt (d.h. am Branchensegment, in dem die SGE tatsächlich konkurriert) ist immer günstig, besonders bei hoher Marketingintensität (Marketing/ Umsatz), hoher F&E-Intensität (F&E/Umsatz) und bei schlechter Konjunkturlage. Katastrophal wirkt sich eine schwache Marktposition zusammen mit einer hohen Investitionsintensität aus. Gründe für die positive Korrelation zwischen Marktanteil und ROI sind unter anderem Grössenvorteile und Marktmacht.
4. Marktwachstumsrate	Wachstumsrate des bedienten Marktes in Prozent	Eine hohe Wachstumsrate ist positiv für den absoluten Gewinn, neutral bezüglich des relativen Gewinns, negativ für alle Cash Flows. Gründe: Schnell wachsende Märkte weisen unter anderem hohe Bruttospannen und steigende Produktivität auf, erfordern jedoch liquide Mittel.
5. Relative Qualität	Umsatzanteil aus Produkten mit überlegener Qualität (aus Kundensicht) abzüglich Umsatzanteilen aus Produkten mit unterlegener Qualität	Eine hohe relative Qualität ist positiv für alle Finanzdaten und bei kleinem Marktanteil unabdingbar. Gründe: Kundentreue, Möglichkeit zur Durchsetzung höherer Preise und zu Marktanteilserhöhungen. Eine hohe relative Qualität wirkt einer schwachen Marktposition entgegen. Zudem erhöhen Qualitätsverbesserungen den Marktanteil viel eher als Preissenkungen (diese können von Konkurrenten schnell neutralisiert werden).
6. Innovationsrate	Umsatzanteil von Produkten, die nicht älter als drei Jahre sind	Eine hohe Innovationsrate ist günstig bis zu einem gewissen Grad (Umsatzanteil), aber i.d.R. nur bei hohen Marktanteilen. Ab einem bestimmten Umsatzanteil ist Innovation negativ für den ROI, da eine hohe Innovationsrate hohe F&E-Ausgaben erfordert.
7. Vertikale Integration	Wertschöpfung/ Umsatz	Die Beziehung zwischen vertikaler Integration und Rentabilität ist komplex und hängt von der jeweiligen Situation ab. Eine hohe vertikale Integration ist z.B. positiv in reifen, stabilen Märkten. Sie ist negativ in rasch wachsenden und in schrumpfenden Märkten. SGE mit einem geringen Marktanteil erreichen den höchsten ROI bei einer geringen Wertschöpfung.
8. Kundenprofil	Anzahl der direkten Kunden, die 50% des Umsatzes ausmachen	Eine eher kleine Kundenzahl (allerdings abhängig von Branchenmerkmalen) ist günstig. Grund: eine kleine Kundenzahl erfordert eine geringere Marketingintensität.

Abb. G17: PIMS-Schlüsselfaktoren für den Erfolg [G4]

Es sei erwähnt, dass die Erkenntnisse aus der PIMS-Studie nicht ohne unternehmensspezifische Analysen verwendet werden dürfen. Einzelfälle können von solchen statistischen Auswertungen erheblich abweichen.

3.1.15 Portfolio-Analyse (→ Teil C Kap. 4.8.2)

Ziel des Portfoliomanagements ist es, den langfristigen Erfolg des Gesamtunternehmens zu sichern. Drei Hauptschritte sind zu unterscheiden:

1. Darstellung des Ist-Portfolios
2. Bestimmung des Soll-Portfolios und der Ressourcenallokation
3. Entwicklung von SGF-Strategien (SGF = strategische Geschäftsfelder) zur Verwirklichung des Soll-Portfolios

Es gibt viele methodische Ansätze für die Portfolio-Analyse; die beiden wichtigsten sollen hier kurz vorgestellt werden.

Marktanteils-Marktwachstums-Portfolio

Die Tatsache, dass Marktanteile als Ausdruck interner Stärken bzw. Schwächen und Marktwachstum als Ausdruck externer Risiken bzw. Chancen erheblichen Einfluss auf den langfristigen Unternehmenserfolg haben, führte zu einer Verknüpfung dieser beiden Komponenten in einer zweidimensionalen Darstellung, der Portfolio-Matrix.

Dieser erste Ansatz geht auf die US-Beratungsfirma BCG (Boston Consulting Group) in den frühen 1970er Jahren zurück.

Für jede strategische Geschäftseinheit (SGE) wird der jeweilige relative Marktanteil und das Wachstum des relevanten Marktes ermittelt. Dementsprechend lassen sich die Positionen der verschiedenen SGE innerhalb der Matrix festlegen. Das Resultat ist das Ist-Portfolio. Anhand dieses Ist-Portfolios lassen sich dann die Strategien der einzelnen SGE auf eine anschauliche Art und Weise entwickeln. Ist die Strategieevaluation abgeschlossen, lässt sich das Ergebnis in einem Ziel-Portfolio darstellen. Wichtig ist, dass das Ziel-Portfolio auf die Ausgewogenheit bezüglich zukünftiger Finanzierbarkeit von SGE mit hohem Mittelbedarf durch SGE mit Mittelfreisetzung geprüft und ein Risikoausgleich herbeigeführt wird.

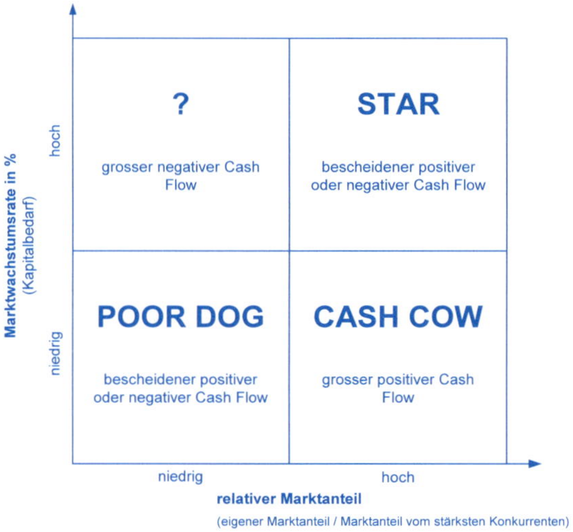

Abb. G18: Marktanteils-Marktwachstums-Portfolio [G4]

Die vier Kategorien auf der obigen Abbildung lassen sich wie folgt umschreiben:

Star

Die SGE befinden sich in einem Markt mit einem hohen Marktwachstum. Die Unternehmung hat zwar einen hohen Marktanteil, doch muss sie zu dessen Verteidigung weiterhin stark investieren.
Normstrategie: Marktanteil halten bzw. leicht ausbauen (Wachstumsstrategie).

Cash Cow

Bei diesen SGE sorgt ein hoher Marktanteil mit niedrigem Marktwachstum dafür, dass die Unternehmung ihre Kostenvorteile voll ausschöpfen kann. Mit den hohen Einnahmen können die übrigen Geschäftseinheiten finanziert werden.
Normstrategie: Marktanteil halten bzw. leicht senken (Gewinnstrategie).

Poor Dog

Es handelt sich dabei um problematische SGE, die aufgrund ihres niedrigen Marktanteils eine schwache Wettbewerbsstellung besitzen. Sie bringen keinen Beitrag zum Cash Flow, binden aber selbst Ressourcen, deren Einsatz fragwürdig ist.
Normstrategie: Marktanteil stark senken bzw. Verkauf (Deinvestitionsstrategie).

Question Mark

Am schwierigsten ist eine Beurteilung dieser SGE. Sie sind mit einem Fragezeichen versehen, weil sie entweder zu neuen hoffnungsvollen Cash Cows entwickelt werden können oder wegen zu tiefem Marktanteil aus dem Markt gezogen werden müssen.

Normstrategie: - Marktanteil deutlich steigern (Offensivstrategie)
- Marktanteil senken bzw. aussichtslos

Marktattraktivitäts-Wettbewerbsstärken-Portfolio

Ein wesentlicher Schwachpunkt des Marktanteils-Marktwachstums-Portfolio ist, dass nur diese beiden Elemente als strategisch bedeutsam erscheinen. Um weitere Einflussgrössen zu erfassen, wurde die Portfolio-Matrix durch die Beratungsgesellschaft McKinsey erweitert.

Die beiden Achsen der erweiterten Matrix werden durch die Elemente Marktattraktivität und relative Wettbewerbsvorteile gebildet. Die Marktattraktivität wird hier nicht nur durch die Höhe des Marktwachstums bestimmt, sondern beinhaltet weitere externe, unternehmensunabhängige Indikatoren zur Marktgrösse, Marktqualität, Rentabilität, Innovationspotenzial, Konjunkturanfälligkeit usw.

Die relativen Wettbewerbsvorteile umfassen Indikatoren zu relativer Marktposition, relativem Produktionspotenzial, relativer Qualität usw.

In der folgenden Abbildung werden für bestimmte Sektoren der Portfolio-Matrix sogenannte Normstrategien vorgeschlagen, die eine grundlegende Tendenz der strategischen Stossrichtung festlegen, die aber im Einzelfall kritisch zu überprüfen sind.

Marktattraktivität ↓ / Relative Wettbewerbsposition →	niedrig	mittel	hoch
hoch	SELEKTION - Spezialisierung - Nischen suchen - Akquisition erwägen	SELEKTIVES WACHSTUM - Potenzial für Marktführung durch Segmentierung abschätzen - Schwächen identifizieren - Stärken aufbauen	INVESTITION UND WACHSTUM - wachsen - Marktführerschaft anstreben - Investitionen maximieren
mittel	ERNTEN - Spezialisierung - Nischen suchen - Rückzug erwägen	SELEKTION - Wachstumsbereiche identifizieren - Spezialisierung - Selektiv investieren	SELEKTIVES WACHSTUM - Wachstumsbereiche identifizieren - stark investieren - ansonsten Position halten
niedrig	ERNTEN - Rückzug planen - desinvestieren	ERNTEN - Geschäftszweig ausschöpfen - Investitionen minimieren - auf Devestitionen vorbereiten	SELEKTION - Gesamtposition halten - Cash Flow anstreben - Investitionen nur zur Instandhaltung

Abb. G19: Marktattraktivitäts-Wettbewerbsstärken-Portfolio [G9]

Insgesamt ermöglichen die Portfolio-Analysen eine differenzierte Einordnung und Weiterentwicklung der unternehmensstrategischen Positionen unter Berücksichtigung der jeweils relevanten internen und externen Strukturen. Sie sind im Ergebnis ein einfaches Instrument, dessen praktische Vorbereitung und Ausführung allerdings umfangreiche Analysen sowie hohe Urteilskraft und damit einen erheblichen Ressourceneinsatz erfordern.

Eine entscheidende Rolle kommt der richtigen Einordnung der SGE innerhalb des Portfolios zu. Des Weiteren ist zu beachten, inwieweit die Verfolgung dieser Normstrategien die Kreativität im Rahmen strategischer Planung herabsetzt; eventuell sind für bestimmte SGE auch andere Strategien erfolgsversprechender.

3.1.16 Bewertungsmethoden (→ Teil C Kap. 4.9.1 und Teil F Kap. 14)

3.1.16.1 Wirtschaftlichkeitsrechnung

Da Bauinvestitionen in der Regel mit hohen Kosten verbunden sind und die Investitionsentscheidung nach Baubeginn kaum mehr rückgängig gemacht werden kann, hat die methodische Unterstützung des Investitionsentscheides eine hohe Bedeutung.

Die Methoden der Wirtschaftlichkeitsrechnung sollten immer dann angewendet werden, wenn bei der vergleichenden Bewertung von verschiedenen Lösungsalternativen der Wirtschaftlichkeit, selbstverständlich neben möglicherweise weiteren, nicht exakt quantifizierbaren Faktoren, eine vorrangige Bedeutung zukommt.

Es wird zwischen statischen und dynamischen Methoden der Wirtschaftlichkeitsrechnung unterschieden.

Statische Methoden	Dynamische Methoden
Der Wirtschaftlichkeitsvergleich wird auf der Grundlage von Durchschnittswerten (z.B. jährliche) angestellt. Zeitlicher Unterschied von Einnahmen und Ausgaben nicht berücksichtigt. Zahlungsvorgänge werden durch Durchschnittswerte ersetzt.	Zeitlich unterschiedlich anfallende Zahlungsströme werden auf einen bestimmten Bezugszeitpunkt ab- oder aufgezinst. Beurteilung von Einzelinvestitionen und Auswahl bei verschiedenen Alternativen möglich.
Vorteile: - Verständlichkeit - Einfachheit der Berechnungen - benötigte Daten aus der Buchhaltung - klare Aussagekraft der Resultate	Vorteile: - ganzer Lebenszyklus berücksichtigt - zeitlicher Anfall der Zahlungsströme berücksichtigt - effektive Zahlungen - Beurteilung langfristiger Investitionen
Nachteile: - grobe Vereinfachung (Durchschnittsjahr) - zeitlicher Anfall der Zahlungsströme vernachlässigt Verzerrungen - Nutzungsdauer unberücksichtigt	Nachteile: - relativ kompliziert für Laien - Bereitstellung der Daten sehr aufwendig - Zahlungsströme richtig voraussehen ist schwierig - Annahme: Cash Flow sofort zum gegebenen Kalkulationszinsfuss reinvestierbar - Berechnungen täuschen falsche Genauigkeit vor

Abb. G20: Vor- und Nachteile der statischen und dynamischen Methoden der Wirtschaftlichkeitsrechnung

Die folgenden Tabellen geben einen Überblick über die am meisten verwendeten Methoden der Wirtschaftlichkeitsrechnung.

Statische Wirtschaftlichkeitsrechnung

Methode	Kostenvergleichsrechnung	Gewinnvergleichsrechnung	Rentabilitätsrechnung	Amortisationsrechnung
	$ØK = \frac{I_0 - L_n}{n} + \frac{I_0 + L_n}{2} \cdot i + B$	$ØG = ØE - ØK$	$r[\%] = \frac{ØGewinn}{ØKapitaleinsatz} \cdot 100$	$t_a[a] = \frac{Kapitaleinsatz}{ØNettoeinnahmen / Jahr}$
Beschrieb	Voraussetzung: ökonomisch gleichartige Leistung, z.B. gleiche Ausbringungsmenge (nicht Kapazität) Erträge der Alternativen müssen gleich hoch, jedoch nicht bekannt sein Rechnung liefert nur einen relativen Vorteilsmassstab Vergleich der Gesamtkosten einer Periode (Gesamtkosten: laufende Betriebskosten plus Kapitaldienst (Abschreibungen, Zinsen)		Erweiterung des Gewinnvergleichs Setzt den Periodengewinn zum Kapitaleinsatz in Beziehung: Berechnet Kapitalrenditen (interner Zins mit vereinfachten Grundlagen)	Bestimmt die Rückflusszeit von Investitionen Ergänzende Rechnung Bei konstanten Periodenüberschüssen: einfache Amortisationsrechnung Bei schwankenden Periodenüberschüssen: kumulative Amortisationsrechnung
Einsatzbereich, Vorteilhaftigkeit	Ersatz- und Erweiterungsinvestitionen Kostenvergleich mehrerer Alternativen: tiefere Perioden- oder Stückkosten Für Vergleiche bei unterschiedlicher Leistung nicht geeignet, da die Prämisse der gleichen Erträge (pro Leistungseinheit) dann in den allermeisten Fällen nicht mehr stimmt	Ersatz-, Rationalisierungs- und Erweiterungsinvestitionen Für Alternativen mit unterschiedlichen Erträgen Vergleichskriterium: durchschnittlicher jährlicher Gewinn	Für Vergleiche von kleineren Investitionsobjekten Einzelinvestition: $r \geq i$ Mehrere Alternativen: höchstes r	Dient zur groben Risikoabschätzung: kleinste Amortisationszeit
Besonderheiten	Die Nutzungsdauern müssen nicht gleich lang sein	Unterschiedliche I_0: Annahmen über Differenzinvestitionen sind zu machen (sonst wird implizit ein Ertrag zu i angenommen) Unterschiedliche Nutzungsdauer: Gesamtgewinnvergleich durchführen, sonst wird implizit die Annahme getroffen, der Gewinn der kürzeren Investition entstehe auch noch zwischen dem Ende der kürzeren Investition und dem Ende der längeren Investition	Probleme beim bestimmen des massgebenden Kapitals: Anschaffungsausgaben oder arithmetisches Durchschnittskapital üblich Gewinngrösse: Gewinn nach Verrechnung der Zinsen (wie beim Gewinnvergleich) oder Gewinn einschliesslich der kalkulatorischen Zinsen (unabhängig von der Finanzierung) Aber: Reihenfolge der Vorteilhaftigkeit bleiben erhalten Bei unterschiedlichen I_0: Differenz wird zu r verzinst Unterschiedliche Nutzungsdauern: Fortsetzung der Rentabilität über die kürzere Nutzungsdauer hinaus	Kein Kriterium zur Auswahl der rentabelsten Investition
Beurteilung	+ Geringer Aufwand für die Durchführung - Durchschnittswerte sind z.T. sehr weit von der Realität entfernt - Verwendung von Zahlen des betrieblichen Rechnungswesens (Aufwände / Erträge) - Kein absolutes Mass zur Beurteilung einer Investition	- Es werden neben gleichbleibenden Kosten auch gleichbleibende Erträge vorausgesetzt - Periodengewinn ist nicht auf Kapitaleinsatz bezogen		- betrachtet nur den Zeitraum bis zur Rückgewinnung des Kapitaleinsatzes - Zinsen werden nicht berücksichtigt (Rechnung ist in der statischen Form eigentlich nicht zulässig)

Abb. G21: Statische Methoden der Wirtschaftlichkeitsrechnung

Dynamische Wirtschaftlichkeitsrechnung

Methode	Kapitalwertmethode	Annuitätenmethode	Methode des internen Zinssatzes
	$KW_0 = \sum_{t=1}^{n} \frac{E_t - A_t}{(1+i)^t} + \frac{L_n}{(1+i)^n} - I_0$	$A = KW_0 \cdot \frac{(1+i)^n \cdot i}{(1+i)-1}$	$\frac{I_0}{(E_t - A_t)} = \frac{(1+r)^n - 1}{r \cdot (1+r)^n}$
Beschrieb	Kapitalwert = Betrag, den der Investor über die Verzinsung zu i hinaus erzielt, bezogen auf t_0 Kapitalwert = Gesamtgewinn als Differenz der Barwerte der Ein- und Ausgaben Differenzinvestitionen werden zu i verzinst	Die Methode vergleicht die durchschnittlichen Einnahmen und Ausgaben. Die Differenz ist die Gewinnannuität Rechnet mit Durchschnittsgrössen Differenzinvestitionen werden zu i verzinst	Der interne Zinsfuss r gibt an, zu welchem Zinssatz sich die jeweils noch gebundenen Kapitalbeträge verzinsen (nicht Verzinsung des Anfangskapitals!) Differenzinvestitionen werden zu r verzinst Bei voller Entnahme der Zinsen auf das jeweils gebundene Kapital ist die Investitionssumme am Ende der Investition zurückgeflossen
Einsatzbereich, Vorteilhaftigkeit	Einzelinvestition: $KW_0 \geq 0$ Vergleich mehrerer Investitionen: höchster KW0, alle $KW_0 \geq 0$	Vergleich mehrerer Investitionen: höhere Gewinnannuität (einmalige Investition: Zum Vergleich sind die Gewinnannuitäten auf die längste Nutzungsdauer zu verteilen; wiederholte identische Investition: Gewinnannuität als Vergleichsmassstab zulässig)	Bei Einzelinvestition problemlos anwendbar: $r \geq i$ Methode ist sinnvoll, wenn zuerst Ausgaben (Investition) anfällt und dann nur noch Einnahmenüberschüsse Zum Vergleich mehrerer Investitionen nur bedingt geeignet Anwendbar, wenn I_0, n und die jährlichen Überschüsse nicht wesentlich voneinander abweichen
Besonderheiten	Zahlungen haben um so höheres Gewicht, je näher sie bei t_0 liegen Ungleiche n und I_0 der Alternativen: Vergleich zulässig (Implizite Annahme: Differenzinvestitionen werden zu i verzinst). Falls die Differenzinvestitionen nicht zu i verzinst werden können, sind die Differenzinvestitionen mit ihren Gewinnbeiträgen explizit in die Rechnung einzubeziehen Abschreibungen und Zinsen sind keine Ausgaben (werden durch I_0 und i berücksichtigt)	Gleiche Grundlagen wie die Kapitalwertmethode, jedoch nicht unbedingt gleiches Ergebnis; nur bei gleichen Nutzungsdauern der verschiedenen Investitionen resultiert die gleiche Aussage wie bei der Kapitalwertmethode I_0 ist mit Hilfe des Wiedergewinnungsfaktors auf n Jahre zu verteilen, Barwerte der (unregelmässigen) Zahlungen sind in Annuitäten umzuwandeln Bei einmaligen Investitionen müssen die Nutzungsdauern gleich sein, oder die Gewinnannuitäten müssen zum Vergleich auf die längste Nutzungsdauer verteilt werden.	Grafisches Näherungsverfahren bei nicht uniformen Zahlungsreihen Evt. mehrere richtige Lösungswerte für den internen Zinssatz, wenn zwischenzeitlich Auszahlungsüberschüsse auftreten Ungleiche I_0 und n: Beim Vergleich mehrerer Investitionen sind die Differenzinvestitionen (für jede Periode!) explizit in die Rechnung einzubeziehen, da sonst unvergleichliches miteinander verglichen wird
Beurteilung	Bei sämtlichen Ein- und Ausgaben müssen Zeit und Betrag bekannt sein Keine Aussage über die Rentabilität KW_0 ist nicht auf Kapitaleinsatz bezogen Scheingenauigkeit	Keine Aussage über die Rentabilität KW_0 ist nicht auf Kapitaleinsatz bezogen	Bezugsgrösse der Rendite (noch gebundenes Kapital) ändert sich von Periode zu Periode - Bei hohem r ist die implizite Annahme der Verzinsung der Ergänzungsinvestitionen zu r sehr unrealistisch (alle Einnahmen könnten zu r angelegt werden).

Abb. G22: Dynamische Methoden der Wirtschaftlichkeitsrechnung

Bei relativ hohen Inflationsraten muss für unternehmerische Entscheidungen die Geldentwertung bei der Investitionsrechnung berücksichtigt werden. Bei mässiger Teuerung wird in der Regel auf die Berücksichtigung des Einflusses der Inflation verzichtet.

3.1.16.2 Nutzen/Kosten-Untersuchungen (→ Teil C Kap. 4.9.1)

Wie die Wirtschaftlichkeitsrechnungen dienen auch die Nutzen / Kosten-Untersuchungen (NKU) als Entscheidungshilfe bei der Lösungswahl. Im Gegensatz zur ausschliesslich an Geldwerten ausgerichteten Wirtschaftlichkeitsrechnung werden bei der NKU auch nichtmonetäre Kriterien berücksichtigt, d.h. es werden mehrdimensionale Zielsysteme verwendet.

Die NKU wird vorrangig auf grosse Investitionen angewendet, welche nicht nur einzelwirtschaftliche (betriebliche), sondern auch gesamtwirtschaftliche (gesellschaftliche, ökologische) Nutzen- und Kostenwirkungen haben. Der mit der Durchführung von NKU verbundene Aufwand ist bedeutend grösser als bei der Wirtschaftlichkeitsrechnung. Im Folgenden werden drei Methoden für Nutzen/Kosten-Untersuchungen kurz vorgestellt.

Kosten/Nutzen-Analyse (KNA)

Die KNA ist die älteste Methode. Sie geht von der Prämisse aus, dass sämtliche mit einer Investition verbundenen Folgen (Kosten und Nutzen), also auch die nichtmonetären Auswirkungen, in Geldwerten ausgedrückt werden können. Sie bietet sich an, wenn alle betrieblichen und gesellschaftlichen Nutzen- und Kostenfaktoren mit Geldeinheiten bewertbar sind. Das Kriterium der Vorteilhaftigkeit entspricht dem der Kapitalwertmethode (→ Teil G Kap. 3.1.16.1), allerdings unter Einbezug aller gesamtwirtschaftlichen Nutzen- und Kostenaspekten ($KW_0 > 0$: Investition lohnt sich; KW_0 von A > KW_0 von B: A vorteilhafter als B). Auch das Berechnungsverfahren entspricht demjenigen der Kapitalwertmethode. Die entscheidungsrelevanten Nutzen- und Kostenfaktoren der entsprechenden Massnahmen werden erfasst, bewertet und auf einen gemeinsamen Zeitpunkt diskontiert (Barwert). Anschliessend wird der Kapitalwert errechnet, indem der Barwert aller Kosten vom Barwert sämtlicher Nutzen subtrahiert wird. Das Hauptproblem bei der KNA liegt in der monetären Bewertung gesamtwirtschaftlicher Nutzen und Kosten. Diese Methode wird daher heute nur noch selten angewendet.

Nutzwertanalyse (NWA)

Die NWA lässt ein mehrdimensionales Zielsystem zu. Sie kommt dann zur Anwendung, wenn gewisse einzel- oder gesamtwirtschaftliche Zielkriterien nicht in Geldeinheiten bewertet werden können. Monetäre und nichtmonetäre Zielkriterien werden mit Hilfe von Nutzenfunktionen in gleichnamige Nutzenpunkte transformiert, welche multipliziert mit den entsprechenden Zielgewichten die Teilnutzwerte der einzelnen Zielkriterien ergeben. Als Kriterium der Vorteilhaftigkeit dient die Summe der Teilnutzwerte, der sogenannte Gesamtnutzwert. Die NWA lässt nur eine Aussage über die relative Vorteilhaftigkeit der verschiedenen Alternativen zu (Rangfolge). Sie dient nicht zur Beurteilung einer einzelnen Alternative. Je mehr Teilziele bei der NWA nur ordinal (Rangordnung) oder nominal (beschreibend) bewertbar sind, desto grösser ist die Subjektivität der Aussage. Diese Methode verlangt also, dass möglichst viele Zielkriterien kardinal (eindeutige Einheit) messbar sind. Die NWA eignet sich insbesondere für gesamtwirtschaftliche oder gesellschaftsrelevante Aufgabenstellungen. Sie wird in der Praxis am häufigsten angewendet.

Kosten/Wirksamkeits-Analyse (KWA)

Die KWA stellt eine Kombination von KNA und NWA dar. Monetäre Zielkriterien werden als Geldwerte berücksichtigt (z.B. als Kapitalwert), währenddem die unterschiedlichen, nicht monetär messbaren Kriterien in Nutzenpunkte mit zugehöriger Gewichtung transformiert werden. Als Kriterium der Vorteilhaftigkeit wird das Verhältnis der Kosten (in Geldwerten) zum Gesamtnutzwert (Summe der Teilnutzwerte der nichtmonetären Kriterien) verwendet. Dieses Verhältnis (Gesamtnutzwert/Kosten) stellt ein Effizienzmass dar. Wie die NWA erlaubt auch die KWA nur ein Urteil über die relative Vorteilhaftigkeit verschiedener Alternativen und keine absolute Aussage bezüglich einer einzelnen Lösung. Die KWA eignet sich insbesondere für einzelwirtschaftliche Aufgabenstellungen (z.B. Investitionsentscheide einer Unternehmung), da die Kosten separat ausgewiesen werden und daher auch einen entsprechenden Stellenwert besitzen (keine Gewichtung).

In Anbetracht der vielen Annahmen und grossen Unsicherheiten sind Auftraggeber und Betroffene in eine NKU einzubeziehen. Zudem sind bei den NKU zwingend ausgedehnte Sensitivitätsanalysen erforderlich, um die Aussagekraft und die Stabilität der Ergebnisse zu verifizieren.

Vorgehen bei einer Nutzen/Kosten-Untersuchung

In Anbetracht des Aufwands und der Komplexität der NKU empfiehlt sich ein schrittweises Vorgehen. In der Praxis hat sich eine Gliederung in 12 Schritte bewährt [G7].

Vorbereitung	1.	Problemdefinition
	2.	Zielsystem
	3.	Rahmenbedingungen
	4.	Wahl der Alternativen
Durchführung	5.	Erfassen von Nutzen und Kosten
	6.	Messen der Zielerreichungsgrade der Teilziele
	7.	Bewerten der Zielerreichungsgrade der Teilziele
	8.	Gewichten der Teilziele
	9.	Ermitteln der «besten» Alternative
	10.	Sensitivitätsanalyse
	11.	Diskussion der nichtquantifizierten Kosten und Nutzen
	12.	Gesamtbeurteilung

Die Schritte 1 bis 4 (Vorbereitung) sind Gegenstand der Vorstudien (→ Teil C Kap. 5.4 und 5.6) und werden deshalb an dieser Stelle nicht weiter erörtert.

Erläuterungen zu den Punkten 5 bis 12 (Durchführung):

5. Erfassen von Kosten und Nutzen

Sämtliche einzel- und gesamtwirtschaftlichen Nutzen und Kosten der betrachteten Alternativen sind aus den Teilzielen des Zielsystems abzuleiten und zu erfassen. Dabei genügt die Gegenwartsbetrachtung nicht, sondern es sind auch die zukünftigen Kosten- und Nutzenwirkungen über die gesamte Lebensdauer einer Investition zu berücksichtigen.

6. Messen der Zielerreichungsgrade der Teilziele

Die einzelnen Teilziele werden durch die verschiedenen Alternativen in unterschiedlicher Weise erfüllt. Das Mass der jeweiligen Zielerfüllung ist durch Messung bzw. Schätzungen oder Berechnungen festzustellen.

Für die «Messung» stehen unterschiedliche Skalen zur Verfügung. Die Wahl der Messskala richtet sich nach der Operationalität des jeweiligen Teilziels und nach der Qualität der vorhandenen Daten:

- Kardinalskala (Zahlenstrahl)
- Ordinalskala (Rangfolge)
- Nominalskala (qualitative Beschreibung)

7. Bewertung der Zielerreichungsgrade der Teilziele

Messen allein gibt noch keine Anhaltspunkte über die Vorteilhaftigkeit der zu beurteilenden Alternativen, da Messergebnisse mit ganz unterschiedlichen Dimensionen vorliegen.

Bewerten in Geldeinheiten: Die monetäre Bewertung einzelwirtschaftlicher Kosten- und Nutzenwirkungen bereitet im Allgemeinen keine grösseren Probleme, da hier verlässliche Daten über Kosten und Erträge oder Kosteneinsparungen vorliegen. Erhebliche Schwierigkeiten ergeben sich hingegen bei der Bewertung gesamtwirtschaftlicher, insbesondere sozialer und ökologischer Kosten und Nutzen. Bei öffentlichen Investitionen stellt sich auch die Frage, inwieweit die Allgemeinheit, die mit einer Investition verbundenen positiven und negativen Auswirkungen monetär geltend machen kann.

Bewerten mit Nutzenpunkten: Besteht keine Möglichkeit, ein Messergebnis in Geldwerten zu bewerten, so werden Nutzenpunkte verwendet.

Bei kardinalen Messergebnissen werden die unterschiedlichen Dimensionen der Messergebnisse durch Bewertung mit Nutzenpunkten gleichnamig gemacht. Aufgrund des festgelegten Höchst- und Mindestwerts eines Kriteriums werden den Messwerten mit Hilfe einer Transformationsfunktion Nutzenpunkte zugeordnet.

Auch ordinale und nominale Messergebnisse können in Nutzenpunkten ausgedrückt werden, obwohl bereits beim Messen eine verdeckte, subjektive Bewertung stattgefunden hat.

8. Gewichten der Teilziele

Durch die Gewichtung der Teilziele des Zielkatalogs soll deren relative Bedeutung im Hinblick auf das Gesamtziel berücksichtigt werden.

Für die Bestimmung der Kriteriengewichte eignen sich zwei Methoden (→ Teil G Kap. 3.1.12):
- Intervallskalierung
- Verhältnisskalierung

9. Ermitteln der «besten» Alternative

Die gesamthafte Berücksichtigung sämtlicher monetärer und nichtmonetärer Zielkriterien mit der entsprechenden Gewichtung ergibt die «beste» Alternative. Das konkrete Vorgehen ist je nach angewendeter Methode verschieden.

10. Sensitivitätsanalyse

Wie bei der Investitionsrechnung ist auch bei der NKU der Einfluss von Änderungen der Annahmen und Eingangsgrössen auf das Ergebnis zu prüfen. Als Variable kommen in Frage:
- Messwerte inkl. Höchst- und Mindestwerte
- Transformationsfunktion zur Bestimmung der Nutzenpunkte
- Zielgewichtung

Durch Sensitivitätsanalysen wird die Unsicherheit nicht beseitigt, aber die Auswirkungen der Unsicherheit können innerhalb kritischer oder wahrscheinlicher Grenzen bewusst gemacht werden.

11. Diskussion der nichtquantifizierten Kosten und Nutzen

Im Zusammenhang mit der Problematik beim Messen und Bewerten von nichtquantifizierbaren Zielkriterien, ergibt sich die Notwendigkeit, solche Grössen in Ergänzung zur NKU auch qualitativ zu diskutieren, um die Vor- und Nachteile der «besten» Alternative im Hinblick auf die gesamtwirtschaftlichen Ziele transparent darzulegen.

12. Gesamtbeurteilung

Die abschliessende kritische Gesamtbeurteilung einer NKU sollte die folgenden Aspekte beleuchten:

- Begründeter Antrag zur Wahl der Bestalternative
- Plausibilität, Stabilität und Eindeutigkeit des Ergebnisses
- Hinweis auf die mit der empfohlenen Alternative nur beschränkt erreichbaren Teilziele
- Vergleichbarkeit der Ergebnisse mit anderen, ähnlichen Studien
- Empfehlungen für die weitere Planung und die Realisierung der Investition

3.1.16.3 Quality Function Deployment (→ Teil C Kap. 5.4.1)

Quality Function Deployment (QFD) ist eine systematische, prozessorientierte, sich auf Kundenwünsche abstützende und lösungsneutrale Planungsmethode. Quality Function Deployment bedeutet zu Deutsch etwa «schrittweise Entwicklung der Qualitätsfunktionen».

Das Ziel der Methode ist, die Kundenbedürfnisse in die einzelnen Bereiche der Unternehmung zu transportieren, sie dort verständlich zu machen und die Umsetzung sicherzustellen. Mit QFD werden also allen an einem Projekt Beteiligten die Kundenbedürfnisse bewusst gemacht, um diese dann qualitäts- und anforderungsgerecht umzusetzen. In diesem Sinne drückt sich gute Qualität in einem hohen Erfüllungsgrad der Kundenwünsche aus.

QFD unterstützt die Konzentration auf die wesentlichen Kundenbedürfnisse, die frühzeitige Identifizierung von Problemfeldern, die strukturierte Vorgehensweise bei der Lösungssuche und eine jederzeit nachvollziehbare Entscheidungsfindung im Sinne einer Variantenausscheidung und späteren Variantenoptimierung.

Kernpunkt von QFD ist das Erstellen von Einflussmatrizen, in welchen die funktionalen Anforderungen der Kunden in technische Parameter oder Merkmale umgesetzt werden. Hierfür wird das «Quality House» als Korrelationsmatrix zwischen den Qualitätsmerkmalen sowie den Zielgrössen und deren Variationsrichtung eingesetzt. In Abbildung G23 ist ein «Quality House» für das Beispiel «Seitenspiegel eines Autos» abgebildet.

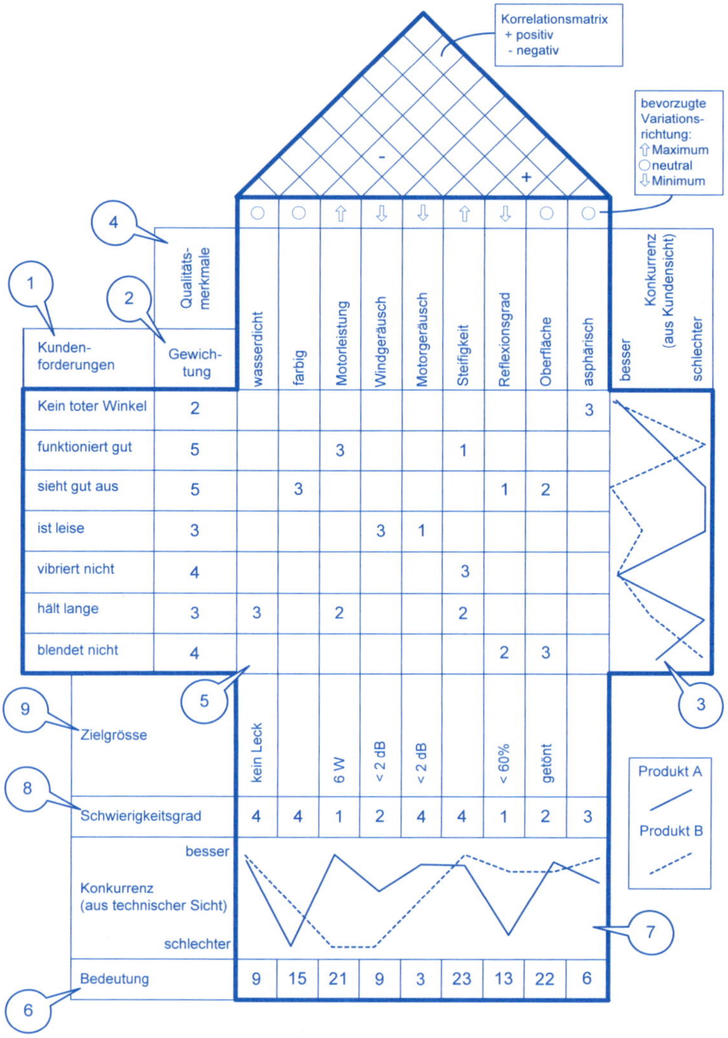

Abb. G23: Quality House-Chart und 10 Schritte zur Implementierung [G10]

Die 10 Schritte in Abbildung G23 sind wie folgt:

1. Ermittlung der Kundenanforderungen
2. Gewichtung der Kundenanforderungen
3. Leistungsvergleich der Erfüllung der Kundenanforderungen
4. Ableitung der Qualitätsmerkmale
5. Erstellen der Einflussmatrix
6. Abschätzung der Bedeutung der Qualitätsmerkmale

7. Leistungsvergleich der Qualitätsmerkmale
8. Abschätzen des Schwierigkeitsgrades der technischen Realisierbarkeit
9. Festlegen von Zielgrössen
10. Festlegen der Variationsrichtung der Zielgrössen,
    Prüfen auf Wechselwirkung (Korrelationsmatrix)

Bei der Immobilienentwicklung und bei Bauprojekten lässt sich mit der QFD-Methode das Nutzen/Aufwand-Verhältnis verbessern, denn mit konsequenter Ausrichtung auf Benutzeranforderungen lassen sich messbare Vorteile (Nutzen und Einsparungen) erzielen.

3.2 Vorstudien (→ Teil C Kap. 5)

3.2.1 Projektdefinition (→ Teil C Kap.5.9)

Auftrag Projektierung [G11]

Auftrags - Nr. IMMO (GK):	
SAP - Nr. IMMO (CATS):	
Kontenplan - Nr. IMMO:	
IMMO Gebäude Nr.:	
Auftrags - Nr. AHB:	
Eingangs - Nr. AHB:	
Standort:	Kat. Nr. xxx
Gebäude, Wirtschaftseinheit:	Neubau (...)
Betroffene Teile:	Neubau und Umgebung
Auftragsbezeichnung:	Wettbewerb für den Neubau (...)
Vereinbarte Leistungen:	Projektierung / Projektmanagementaufgaben
	Vorbereitung, Ausschreibung und Durchführung des Wettbewerbes in Koordination mit GSZ
	Weisungsbestandteile AHB für Projektierungskredit
	Kostenschätzung
	Terminprogramm/Weiteres Vorgehen
Terminziel Projekt:	Wettbewerbsergebnis Monat 200X
	Inbetriebnahme Neubau: Monat 200Z
Kostenziel Projekt:	Gemäss Budgetplanung CHF xyz Mio. zwischen 200X und 200Y
Ansprechpartner IMMO:	Name, Funktion und Tel.-Nr
Ansprechpartner AHB:	Name, Funktion und Tel.-Nr

1. Ausgangslage

Ist-Situation:	Ergänzte Beschreibung der momentanen Situation: - Portfolio / Objekt - Betrieb, Nutzer - Relevante Resultate aus der vorangegangenen Phase
Projektanstoss:	Ergänzte Beschreibung des Problems: - Portfolio / Objekt (Portfoliobetrachtungen, Lebenszyklus Gebäude, Wichtigkeit Gebäude etc.) - Dienstabteilung resp. Betriebseinheit (Wachstum, Reorganisationen, neue Aufgaben, Zusammenlegungen etc.) - Baulicher Lösungsansatz gemäss Machbarkeitsstudie und / oder Vereinbarung AHB / IMMO

2. Projektziele

Themen:	Projektziele, Vision:	Prio.
Betrieb:	- Ein Gebäude, welches die Umsetzung des definierten Betriebskonzepts ermöglicht.	1
	- Ein Gebäude, welches dank hoher Funktionalität und Flexibilität nachträglich an künftige Nutzeranforderungen angepasst werden kann.	2
	- Ein attraktiver Quartierpark, der räumlich und funktional gut mit dem Aussenraum der Schule zusammen wirkt.	3
Objekt:	- Pilotprojekt im Rahmen des HBD-Legislaturziels «2000 Watt-Gesellschaft mit Leuchtturmfunktion.	1
	- Maximale Betriebskosten von CHF XYZ Mio. (oder 2% der Gebäudekosten BKP 2) pro Jahr.	2
	- Städtebaulich und architektonisch Identitätsstiftendes Gebäude	3
	- Einhalten des Kostendachs von CHF XYZ Mio.; davon CHF abc Mio. BKP 1-9 und CHF efg Mio. für Altlastenentsorgung.	4

3. Rahmenbedingungen

Themen:	Rahmenbedingung:
Übergeordnete:	- Legislaturziele, Departementsvorgaben etc.
Wirtschaftliche:	- Finanzpolitische Tendenzen, welche das Projekt von aussen beeinflussen.
Grundstück:	- Lage, Geologie, best. Bauten, Altlasten etc.
Umgebung:	- Ver- und Entsorgung, Verkehrslage, Nachbarn etc.
Rechtliche:	- Privatrecht (z.B. Dienstbarkeiten), öffentliches Recht (z.B. Bau- und Zonenordnung), Ökologie etc.
Betriebliche:	- Betriebsabläufe, Ausbaustandard, Sicherheit, Bauen unter Betrieb etc.
Terminliche:	- Etappierbarkeit, Provisorien, Kündigungstermine, welche das Projekt von aussen beeinflussen.
Objekt:	- Life-Cycle-Betrachtung, Gebrauchstauglichkeit, Statik, Haustechnik etc.
Bauliche:	- Aus Machbarkeitsstudie oder mit AHB vereinbart, wie z.B. Eingriffstiefe, Erweiterung-, Umbau-, oder Neubaulösung usw.

4. Projektgrundlagen

Projektumfang:

- Provisorisches Betriebskonzept und Projektbeschrieb (Beilage 1)
- Raumprogramm (Beilage 2)
- Objektstrategische Rahmenbedingungen (Beilage 3)
- Schulische Leitgedanken (Beilage 4)

Kosten:

Die Immobilien-Bewirtschaftung hat 2009 - 2013 im Finanzplan den Betrag von CHF Mio. für das vorliegende Projekt vorgemerkt.
Die Zielkosten des Projekts wurden mit dem Amt für Hochbauten vereinbart und umfassen CHF Mio. inkl. Zuschläge.
Die Kostenzusammenstellung der IMMO, die als Basis für diesen Auftrag gilt, sieht folgendermassen aus:

BKP 0:	Altlasten
BKP 1:	Vorbereitungsarbeiten
BKP 2:	Neubau
BKP 3:	Betriebseinrichtung
BKP 4	Umgebung Neubau
BKP 5:	Baunebenkosten (5% BKP 0-4)
BKP 9	Grundausrüstung, Mobiliar, Ausstattung
Zwischentotal	
MwSt 7.6%	
Total Zielkosten Neubau:	
Zuschlag für Unvorhergesehenes 10%	
Zuschlag für Ungenauigkeit 5%	
Total Weisung (Anteil HBD)	
Total Weisung (Anteil GSZ)	
Total Weisung	**Mio.**

Termine:

Die Immobilien-Bewirtschaftung rechnet mit der Inbetriebnahme des abgeschlossenen Bauvorhabens zu Beginn des Schuljahres 20xx.
Das Amt für Hochbauten bestätigt, dass dieser Termin unter der Voraussetzung eingehalten werden kann, dass folgende, aus der Machbarkeitsstudie hervorgegangenen Meilensteine erfüllt werden können:

- Start Wettbewerb
- Projektstart
- Projekt und KV abgeschlossen
- Projektgenehmigungen und Krediterteilungen
- Altlastensanierung
- Baubeginn
- Bauabnahme
- Inbetriebnahme

Weitere Unterlagen:

Folgende Unterlagen sind nicht beigelegt, stehen aber bei der IMMO zur Verfügung:

- Katasterplan
- Raumstandards
- Altlastenberichte
- Detaillierte Kostenzusammenstellung

5. Chancen / Risiken

Chancen:

Risiken:

6. Organisation

Vertretungen	Name, Funktion	Telefon
Amt für Städtebau		
Nutzervertreter		
IMMO		
AHB		

7. Auftragsprüfung / Zirkulation		
Sichtung Bauvorhaben	Name, Funktion	Datum, Unterschrift
Auftragsprüfung	Name, Funktion	Datum, Unterschrift
AHB:		
IMMO:		
Freigabe	Name, Funktion	Datum, Unterschrift
AHB:		
IMMO:		
Kopien an:	• Unterzeichnende • Nutzervertreter • Portfoliomanager	

4 Methoden und Hilfsmittel zu Teil F Querschnittthemen

4.1 Risikomanagement (→ Teil F Kap. 2.1)

Einleitung

Alle Projekte sind mit den unterschiedlichsten Risiken behaftet. Beim Projektstart ist das Risiko meist am grössten. Die Risiken nehmen im Laufe der Zeit ab, da mit jedem weiteren Planungsschritt der Detaillierungsgrad zunimmt und sich die Unsicherheiten verkleinern.

Obwohl im allgemeinen Sprachgebrauch der Begriff «Risiko» negativ behaftet ist, werden im Folgenden unter diesem Begriff alle Unsicherheiten infolge von Gefahren und Chancen verstanden.

Erkannte Risiken können besonders beachtet und damit im Rahmen der Projektüberwachung und -steuerung auch beherrscht werden.

Projektrisiken sind keine statischen Gegebenheiten, die während allen Lebensphasen eines Bauwerks von gleichbleibender Bedeutung sind. Die Ergebnisse einer Risikoanalyse hängen deshalb stark vom Zeitpunkt der Betrachtung ab. Bei lang dauernden Projekten ist es deshalb erforderlich, die Risikoanalyse periodisch, d.h. mindestens vor Inangriffnahme jeder Projektphase oder beim Eintreten von aussergewöhnlichen Ereignissen, zu überprüfen.

Bei Bauprojekten ist es sinnvoll, von einem anforderungsorientierten Risikobegriff auszugehen, welcher auf die Unsicherheiten bezüglich der Erfüllung der Projektanforderungen fokussiert. Als Messgrösse wird dabei der Risikowert verwendet, der wie folgt definiert wird:

Risikowert = Eintretenswahrscheinlichkeit einer Gefahr bzw. Chance
multipliziert mit der
Auswirkung auf die Erfüllung einer Projektanforderung

Dieser Risikowert kann in der Regel nicht exakt bestimmt werden. Man begnügt sich deshalb in der Praxis mit einer sehr einfachen, qualitativen Aussage, z.B. mittels folgender Skala:

0 = kein Risiko
1 = kleiner Risikowert
2 = mittlerer Risikowert
3 = grosser Risikowert

Projektanforderungen werden von sogenannten inneren und äusseren Risikofaktoren (Gefahren und Chancen) beeinflusst:

- *Innere Risikofaktoren* sind Faktoren, die vom Bauwerk und Bauprozess selbst bzw. von Teilen davon ausgehen. Sie sind vollständig oder mindestens teilweise beeinflussbar (z.B. Standort der Baute, Bauverfahren, Materialien, Bauprojektorganisation).
- *Äussere Risikofaktoren* sind Faktoren, die nicht oder nur sehr schwer beeinflussbar sind und von aussen auf das Bauwerk und den Bauprozess einwirken (z.B. Geologie, Umwelteinflüsse, Bewilligungs- und Genehmigungsverfahren, politische Akzeptanz).

Für die gesamthafte Bewertung und Beurteilung der in einem bestimmten Betrachtungsfeld herrschenden Risikosituation eignet sich die Risikomatrix, die in der Vertikalen durch die inneren und äusseren Risikofaktoren und in der Horizontalen durch die relevanten Projektanforderungen gegeben ist. Die entsprechenden Risikowerte bilden die Matrixelemente.

Durch die Bildung der Zeilensummen gewinnt man eine relative Aussage über den gesamthaften Einfluss eines Risikofaktors auf alle relevanten Projektanforderungen, während die Spaltensummen ein relatives Mass für die Beeinflussbarkeit der einzelnen Projektanforderungen darstellen.

Es wird empfohlen, für die Gefahren und Chancen je eine separate Risikomatrix aufzustellen und diese getrennt auszuwerten.

AlpTransit Gotthard AG Qualitätsmanagement **Risikomatrix**	Betrachtungsstandpunkt - Zeitpunkt der Betrachtung: .... - Verantwortungsbereich: .... Betrachtungszeitraum: .... Betrachtungsgegenstand: .... ausgefüllt durch: .... Datum: ....

Risikowert = Eintretenswahrscheinlichkeit x Schadenausmass

	Risikowert
--	null
1	gering
2	mittel
3	gross

negative Einwirkung von … auf

relevante Gefahren				Sicherheit	Zuverlässigkeit	Gebrauchstauglichkeit	Dauerhaftigkeit	Investitionskosten	Betriebskosten	Unterhaltskosten	....	....	Summe Risikowerte pro Gefahr = Bedeutung der Gefährdung
relevante Gefahren	Äussere Gefahren (nicht beeinflussbar)	Geologie, Tektonik	Felshärte, Abrasivität, Zähigkeit	1	-	-	-	2	-				3
			Standfestigkeit	1	1	-	-	1	-				3
			Störzonen	3	2	1	1	2	1	1			11
		Hydrosphäre	Wassereinbrüche	3	2	1	-	2	1	1			10
			Betonaggressivität	-	1	2	3	2	1	1			10
		Naturgefahren	Lawinen	2	2	1	-	1	-				6
			....										
			....										
	Summe Risikowerte äussere Gefahren			10	8	4	4	10	3	3			
	Innere Gefahren (beeinflussbar)	Umgehungsstollen		1	1	1	1	1	-	1			6
		Entwässerungskonzept		2	1	3	3	2	-	2			13
		Materialbewirtschaftung, -ablagerungen		-	-	-	-	2	-	-			2
		Betriebskonzept		2	1	-	-	-	2	2			7
		Projektmanagement		2	2	1	1	3	1	1			11
		....											
		....											
		....											
	Summe Risikowerte innere Gefahren			7	5	5	5	8	3	6			
	Summe Risikowerte innere und äussere Gefahren = gesamthafte Gefährdung der Projektanforderung			17	13	9	9	18	6	9			

Abb. G24: Beispiel einer Risikomatrix für Gefahren beim Tunnelvortrieb [G12]

Vorgehen

Risikobetrachtungen nach der vorgängig dargelegten Methode werden in vier Schritten durchgeführt.

Schritt 1: Grundlagen

Definition des Betrachtungsfeldes

Risikoanalysen müssen mit zunehmendem Projektfortschritt und Wissensstand verfeinert werden. Für die verschiedenen Projektphasen ändert sich daher das Betrachtungsfeld der Risikoanalyse. Das Betrachtungsfeld wird durch den Projektleiter festgelegt und beinhaltet die folgenden drei Aspekte:

- Betrachtungsgegenstand
  - nach Fachbereich
  - nach Projektstrukturplan
- Betrachtungszeitraum
  - nach Lebensphasen des Projekts
- Betrachtungsstandpunkt
  - nach Zeitpunkt der Betrachtung
  - nach Sicht bzw. Verantwortungsbereich des Betrachters

Festlegen der Beteiligten

Der Projektleiter entscheidet, welche Beteiligten (Auftraggeber, andere Projektbeteiligte, nicht direkt involvierte Experten) bei der Risikoanalyse mitwirken.

Schritt 2: Risikoanalyse

Bestimmen der relevanten Projektanforderungen

In der Regel bestimmt der Projektleiter, welche Projektanforderungen für das gewählte Betrachtungsfeld relevant sind.

Bestimmen der relevanten Gefahren und Chancen

Anschliessend werden die in Bezug auf das Betrachtungsfeld relevanten inneren und äusseren Gefahren und Chancen mittels Brainstorming im Team der Beteiligten identifiziert und strukturiert; d.h. es werden jene Risikofaktoren ermittelt und aufgelistet, welche einen grossen Einfluss auf die relevanten Projektanforderungen haben können. Relevante Risikofaktoren zeichnen sich durch folgende Merkmale aus:

- Es besteht eine realistische Eintretenswahrscheinlichkeit, d.h. mit dem Auftreten innerhalb des Betrachtungszeitraumes muss gerechnet werden.
- Die Einwirkungsmöglichkeit ist vorhanden, d.h. eine Einwirkung auf eine relevante Projektanforderung ist möglich.

Schritt 3: Risikobewertung

Erstellen der Risikomatrix

Auf der Basis der relevanten Projektanforderungen und der gemeinsam erarbeiteten Risikofaktoren wird die (leere) Risikomatrix erstellt.

Individuelle Risikobewertung der Beteiligten

Jeder Beteiligte am Prozess Risikomanagement ermittelt aufgrund seiner subjektiven Bewertung die Auswirkung jedes einzelnen Risikofaktors auf jede Projektanforderung und bestimmt den entsprechenden, qualitativen Risikowert (Skala 1 bis 3). Jeder Beteiligte erstellt seine individuelle Risikomatrix (getrennt für Gefahren und Chancen) inkl. der Zeilen- und Spaltensummen und leitet diese an den Projektleiter weiter.

Vergleich der individuellen Risikomatrizen

Der Projektleiter vergleicht die Risikomatrizen der Beteiligten und ermittelt allfällige Diskrepanzen. Dabei ist das Augenmerk nicht auf die einzelnen Matrixelemente, sondern auf Abweichungen bei den Spalten- und Zeilensummen zu legen. Häufig sind unterschiedliche Vorstellungen oder Unklarheiten bezüglich der Projektanforderungen und/oder der Risikofaktoren die Hauptursachen für stark abweichende Risikobewertungen.

Bereinigung der Risikomatrix

Diskrepanzen zwischen den individuellen Risikobewertungen werden in einem Konsensfindungsverfahren unter den Beteiligten geklärt und bereinigt. Daraus resultiert die definitiv vereinbarte Risikomatrix.

Schritt 4: Risikobeurteilung

Relative Beurteilung der Risikosituation

Aufgrund der bereinigten Risikomatrix wird eine gesamthafte Risikobeurteilung vorgenommen, d.h. die grossen Projektrisiken und die dazugehörigen Risikofaktoren werden festgelegt.

Dazu liefert die bereinigte Risikomatrix die folgenden Ansatzpunkte:

- Hohe Spaltensummen weisen auf grosse Projektrisiken, d.h. auf stark gefährdete Projektanforderungen hin, wobei zusätzlich auch die unterschiedliche Gewichtung der Projektanforderungen zu berücksichtigen ist.
- Hohe Zeilensummen weisen auf massgebende Risikofaktoren (Gefahren und Chancen) hin.

Bei der Gesamtbeurteilung der im gewählten Betrachtungsfeld herrschenden Risikosituation sowie bei der definitiven Wahl der Qualitätsschwerpunkte und der relevanten Risikofaktoren ist darauf zu achten, dass:

- die Projektanforderungen meistens unterschiedlich gewichtet sind,
- die verschiedenen Risikofaktoren in der Regel nicht gleichzeitig eintreten und zwischen einzelnen Risikofaktoren Beziehungen bestehen können.

Absolute Beurteilung der Risikosituation

Da die Auswertung der Risikomatrix lediglich eine vergleichende, d.h. relative

Aussage liefert, ist die Risikosituation (Risikolandkarte mit Äquidistanzen) mit Hilfe von quantifizierbaren Risiken (z.B. Kosten oder Termine) auch absolut zu beurteilen (Einführung der Höhe über Meer). Dazu werden die Risikowerte (Erwartungswerte) von einigen ausgewählten, leicht quantifizierbaren Beziehungen zwischen einem Risikofaktor und einer Projektanforderung ermittelt (z.B. Terminverzug infolge Krankheit eines Projektbeteiligten oder Kostenüberschreitung infolge von Teuerungseinflüssen). Die so ermittelten Erwartungswerte (Produkt aus Eintretenswahrscheinlichkeit und Ausmass der Zielabweichung) sagen für sich allein noch wenig aus. Sie sind in Relation zur Grösse und Bedeutung eines Projekts zu interpretieren. So ist z.B. eine erwartete Kostenüberschreitung von 100 000 CHF bei einem Einfamilienhaus ein nicht tolerierbares Risiko, während derselbe Betrag bei einem Grossprojekt in der Genauigkeit der Kostenvorhersage liegt.

Dieser Umstand soll mit den nachfolgenden Beispielen (Abb. G25 und G26) von absoluten Risikobeurteilungen beim Grossprojekt NEAT Achse Gotthard veranschaulicht werden. Die gesamthafte Risikobeurteilung bildet die Grundlage für den Entscheid betreffend des Einsatzes der Instrumente des projektbezogenen Qualitätsmanagements (→ Teil G Kap. 4.2.2). Als Entscheidungskriterium gilt das Vorhandensein von grossen Projektrisiken. Zur «Messung» dieses Kriteriums sind nicht nur die relativen Aussagen der Risikomatrix und die absolute Risikobeurteilung im konkreten Einzelfall, sondern auch Quervergleiche mit anderen Risikosituationen bzw. Betrachtungsfeldern und der gesunde Menschenverstand («engineering common sense») zu verwenden.

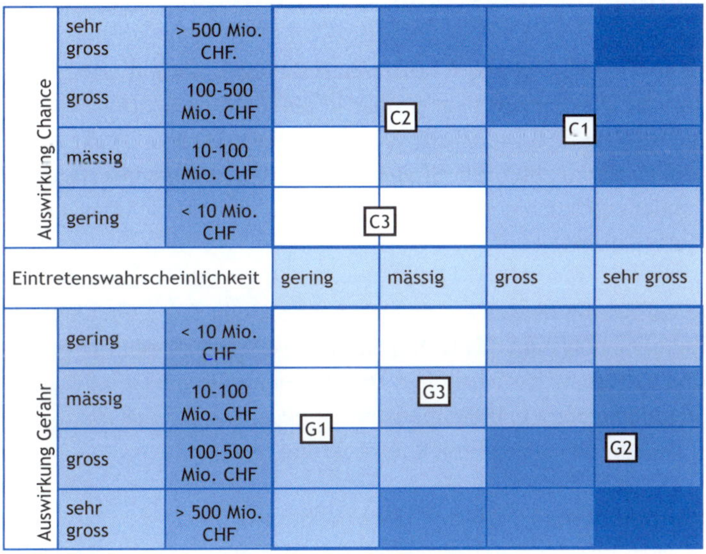

Abb. G25: Kostenrisiken bei der NEAT Achse Gotthard [G13]

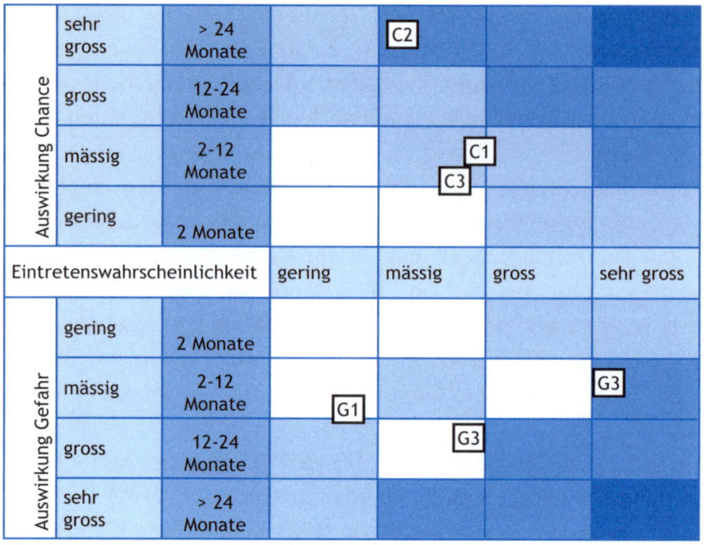

Abb. G26: Terminrisiken bei der NEAT Achse Gotthard [G13]

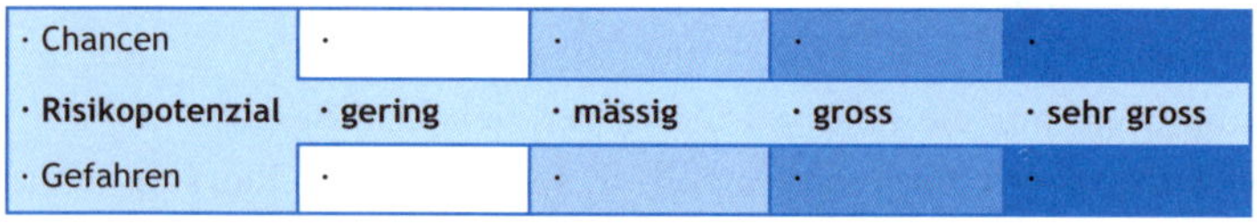

4.2 Managementsysteme im Bauwesen (→ Teil F Kap. 3.2)

Prozessorientiertes Planen und Realisieren setzt prozessorientierte Managementsysteme voraus. Der Nutzen liegt primär in einer höheren Effektivität (die richtigen Dinge tun) und Effizienz (die Dinge richtig tun), was direkt zu einer besseren Produktequalität und zur Steigerung des Unternehmenserfolges beiträgt. Höhere Kundenzufriedenheit hebt das Ansehen der Unternehmen und der Bauwirtschaft als Ganzes.

Mit Bezug auf das Bauwesen lassen sich zwei Sichten unterscheiden:

- Das Managementsystem des Unternehmens, welches die internen organisatorischen und betriebswirtschaftlichen Belange einer Organisation regelt.
- das projektbezogene Qualitätsmanagment, welches das Zusammenwirken der am Bau Beteiligten in der Projektabwicklung regelt.

4.2.1 Managementsystem des Unternehmens

Ziel und Zweck des Managementsystems im Unternehmen (MS) ist es, die im Unternehmen vorhandenen Prozesse transparent darzustellen und zu dokumentieren. Es sollen die wertschöpfenden Prozesse optimiert und die nichtwertschöpfenden Prozesse effizienter gestaltet werden. Das MS soll dazu beitragen, dass die Anforderungen, welche im Rahmen der durch das Unternehmen zu lösenden Aufgaben festgelegt oder vorausgesetzt wurden, optimal erfüllt werden. Um die angestrebte Optimierung und Effizienzsteigerung zu erzielen, sind zuerst die bestehenden Prozesse im Unternehmen zu analysieren und abzubilden. Prozessoptimierung bedeutet in diesem Sinn zeitgerechte, vollständige, fehlerfreie und ressourcenschonende Leistungserbringung zu einem konkurrenzfähigen Preis.

Für Unternehmen im Bauwesen (Architektur- und Ingenieurbüros, ausführende Unternehmen) eignet sich in Anlehnung an die Norm ISO 9001:2000 das folgende Prozessmodell als Grundlage für den Aufbau eines MS.

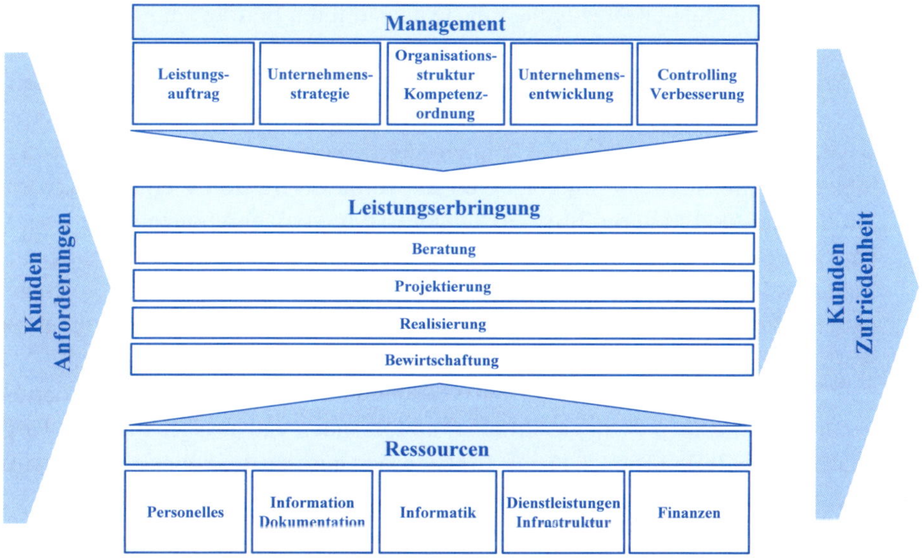

Abb. G27: Prozessmodell für das Bauwesen [G14]

Der Unterschied im Prozessmodell für das Bauwesen zum Prozessmodell nach ISO 9001, besteht darin, dass statt vier nur drei Prozessgruppen verwendet werden. Die Prozessgruppe «Messung, Analyse und Verbesserung» ist unter «Controlling / Verbesserung» im Management-Prozess untergebracht.

Im Merkblatt SIA 2007 (2001) [G14] ist ein allgemeines Vorgehen für den Aufbau eines MS und für die Integration der besonderen Anforderungen des Qualitätsmanagements (ISO 9001), des Umweltmanagements (ISO 14001) sowie der Arbeitssicherheit (EKAS-Richtlinie 6508) dargelegt. Auf nähere Ausführungen zum Managementsystem des Unternehmens wird deshalb an dieser Stelle verzichtet.

4.2.2 Projektbezogenes Qualitätsmanagement (→ Teil F Kap. 3.2)

Innerhalb der Bauprojektorganisationen muss das MS jedes Beteiligten durch ein projektbezogenes Qualitätsmanagement (PQM) ergänzt werden. Dieses soll sicherstellen, dass die projektrelevanten Anforderungen ganzheitlich und in ihrer Vernetzung erkannt und optimal erfüllt werden. Aus Sicht der Prozesse, die innerhalb der Bauprojektorganisation phasenbezogen ablaufen, hat das projektbezogene Qualitätsmanagement insbesondere an den Nahtstellen zwischen den Beteiligten anzusetzen, dort, wo Informationen, Verantwortlichkeiten und Kompetenzen die Hand ändern (v.a. dort, wo keine direkten vertraglichen Beziehungen bestehen: z.B. Planer-Ausführende; zwischen den Unternehmen).

Das PQM ist ein wichtiger Teil des Projektmanagements. Es basiert darauf, dass alle am Projekt beteiligten Stellen und Unternehmen eigene, zweckmässige Verfahren zur Qualitätserzeugung mit Bezug auf ihren Beitrag am Projekt einsetzen und ihre Aufgaben beherrschen.

Mit dem PQM soll ein gemeinsames Qualitätsverständnis erreicht, die Qualität von Bauwerken und Bauprozessen sichergestellt sowie die Effizienz und Wirtschaftlichkeit der Projektabwicklung gesteigert werden. Im Weiteren sollen signifikante Umweltaspekte im konkreten Bauvorhaben frühzeitig erkannt werden, um Energie- und Materialflüsse effizienter und ressourcenschonender zu gestalten. Schliesslich sollen die bei der Bauwerkserstellung und Bewirtschaftung auftretenden Unfallrisiken und Gesundheitsgefährdungen so gering wie möglich gehalten werden. Das PQM wird damit zum wirkungsorientierten Arbeitsmittel für Auftraggeber und Auftragnehmer im Bauwesen.

PQM baut auf den eindeutig und vollständig definierten Projektanforderungen (→ Teil C Kap. 5.4) sowie auf einer umfassenden und aussagekräftigen Risikoanalyse (→ Teil G Kap. 4.1) auf. Ergeben sich aus der Risikobeurteilung keine grossen Projektrisiken, so kann auf den Einsatz des PQM verzichtet werden.

Zielsetzungen des PQM

Mit der Anwendung des PQM sollen im konkreten Projekt die folgenden Ziele erreicht werden:

- Alle wesentlichen Anforderungen des Bestellers und der Gesellschaft an das Projekt rechtzeitig erkennen und während dem Bau und der Nutzung insgesamt optimal erfüllen.
- Die Wahrscheinlichkeit von mangelhaften Projektgrundlagen und -annahmen sowie von Fehlentscheidungen möglichst klein halten.
- Grosse Projektrisiken frühzeitig erkennen und die relevanten Gefahren eliminieren bzw. eindämmen und die vorhandenen Chancen bestmöglich nutzen.

- Die umweltrelevanten Aspekte für Bauwerkserstellung und Bewirtschaftung erkennen und Material- und Stoffkreisläufe effizienter, d.h. ressourcenschonender gestalten.
- Unfall- und Gesundheitsrisiken erkennen und reduzieren.
- Schnittstellen erkennen und beherrschen.
- Notwendige Vorbeuge- und Korrekturmassnahmen rechtzeitig einleiten.
- Der Projektablauf erfolgt transparent, wirtschaftlich, zeitgerecht und ressourcenschonend.

Konzept PQM

Die Erfüllung der Projektanforderungen (Ziele und Rahmenbedingungen für den Planungs- und Bauprozess und das Bauwerk) wird in jedem Projekt von verschiedenen externen und internen Faktoren beeinflusst. Diese Faktoren können von den Projektbeteiligten zum Teil beeinflusst werden, viele sind aber nicht beeinflussbar. Sie können sich negativ oder positiv auf die Erfüllung einer Projektanforderung auswirken. Bei negativer Wirkung spricht man von Gefahren, bei positiver von Chancen. Gefahren (z.B. Wassereinbruch im Untertagbau, Störfälle, Konkurs eines Auftragnehmers) und Chancen (z.B. günstige Vergabepreise, bessere Baugrundverhältnisse als prognostiziert, höhere Vortriebsleistung als geplant) werden als Risikofaktoren bezeichnet.

Ist die Erfüllung einer Projektanforderung stark gefährdet, so herrscht ein Projektrisiko. Handelt es sich dabei um eine bedeutungsvolle Projektanforderung, so wird diese als Qualitätsschwerpunkt betrachtet.

Mit gezielten Massnahmen soll sichergestellt werden, dass die relevanten Gefahren eliminiert bzw. wirkungsvoll eingedämmt und die vorhandenen Chancen bestmöglich genutzt werden, um die erkannten Projektrisiken zu beherrschen. Die Risikostrategie des Auftraggebers sagt aus, welcher Projektbeteiligte die Verantwortung für einen Risikofaktor (Gefahr oder Chance) trägt oder welche Projektrisiken auf wen überwälzt (z.B. Versicherung) oder akzeptiert werden. Die Planung und Umsetzung dieser Massnahmen ist Sache des Verantwortlichen für den entsprechenden Risikofaktor.

Zyklus und Instrumente des PQM

Der Zyklus und die Instrumente des projektbezogenen Qualitätsmanagements sind in Abbildung G28 mit ihren gegenseitigen Abhängigkeiten dargestellt.

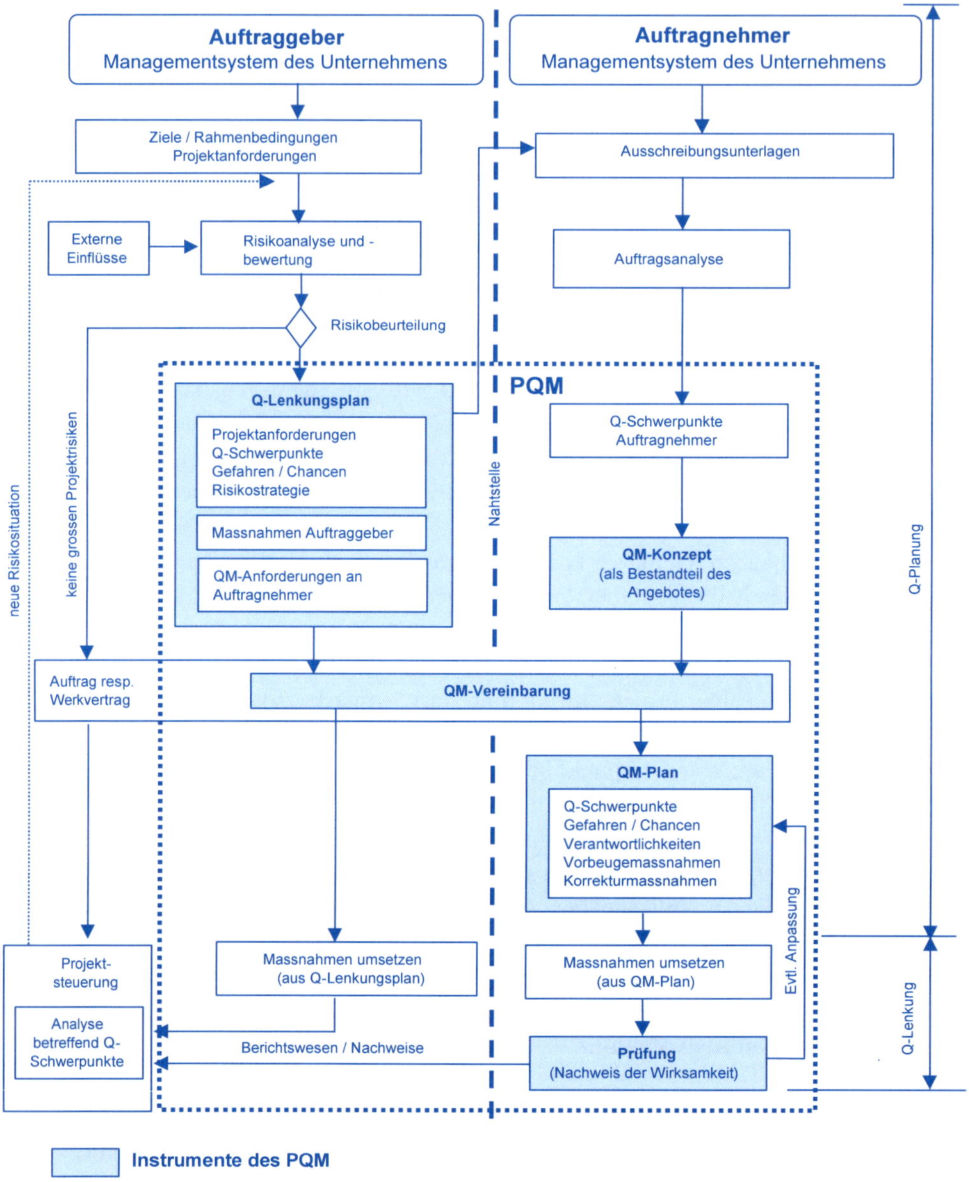

Abb. G28: Zyklus und Instrumente des projektbezogenen Qualitätsmanagements (PQM) [G14]

Die einzelnen Instrumente des PQM sind im Merkblatt 2007 (2001) des SIA [G14] im Detail erläutert.

Das PQM im Bauablauf: Aufgaben der Beteiligten

PQM betrifft nicht nur den Projektleiter Bauherr und den Gesamtleiter: Alle Planer und Ausführenden sind phasen- und stufengerecht in den PQM-Zyklus einbezogen. In Abbildung G29 ist der Bezug der Instrumente des PQM zu den Beteiligten und Phasen des Bauablaufes dargestellt: Der Q-Lenkungsplan wird auf der Seite des Auftraggebers, der QM-Plan auf der Seite des Auftragnehmers erstellt. Der Planer erstellt seinen QM-Plan in der Projektierungsphase, der Ausführende in der Realisierungsphase.

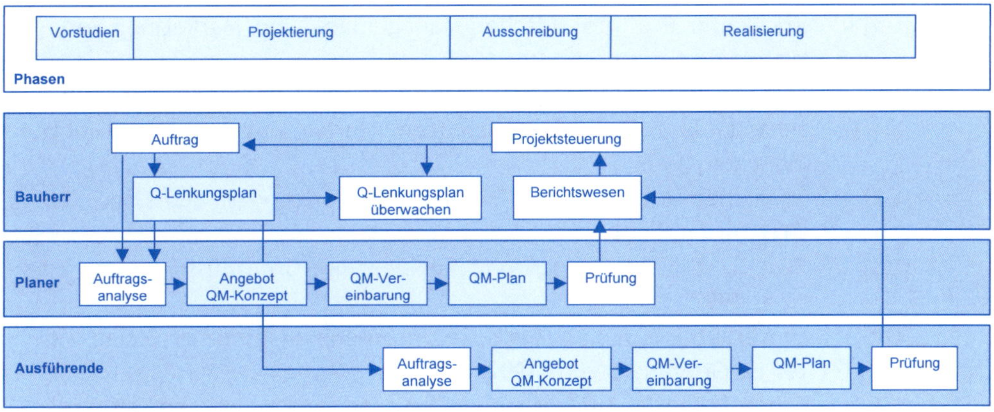

Abb. G29: PQM im Bauablauf [G14]

Mit der Erstellung des Q-Lenkungsplans, dem Abschluss der QM-Vereinbarung und der Umsetzung der QM-Anforderungen in den QM-Plänen der Auftragnehmer sind die Voraussetzungen für die aktive Lenkung der qualitäts-, umwelt- und arbeitssicherheitsrelevanten Aspekte während der Projektabwicklung auf allen Stufen geschaffen.

Die Aufgaben des Auftraggebers und des Auftragnehmers im Rahmen des PQM sind im Merkblatt SIA 2007 (2001) [G14] aufgeführt. Der Bauherrenberater bzw. der Projektleiter Bauherr erledigt in der Regel die diesbezüglichen Aufgaben des Auftraggebers.

Literatur- und Quellenverzeichnis

[G1] Thomas Wetzel, Wenger Plattner, Küsnacht

[G2] SIA Dokumentation D 0165; Kennzahlen im Immobilienmanagement; Schweizerischer Ingenieur- und Architektenverein, Zürich, 2000

[G3] Pümpin C.; Strategische Führung in der Unternehmungspraxis; in: Die Orientierung Nr. 76, Bern, 1980

[G4] Lombrisier R., Aplanalp P.A.; Strategisches Management; Versus-Verlag, Zürich, 1997

[G5] Kreilkamp E.; Strategisches Management und Marketing; Verlag Walter de Gruyter, Berlin, 1987

[G6] Staehle W.H.; Management; in: Vahlens Handbücher der Wirtschafts- und Sozialwissenschaften, Verlag Franz Vahlen GmbH, München, 1994

[G7] Schalcher H.R.; Systems Engineering; Vorlesungsmanuskript, IBB, ETH Zürich, 2004

[G8] Züst R.; Einstieg ins Systems Engineering; Orell Füssli Verlag, Zürich, 1997

[G9] Hinterhuber H.H.; Strategische Unternehmensführung; Verlag Walter de Gruyter, Berlin, 1992

[G10] Schönsleben P.; Umfassendes Qualitätsmanagement im Unternehmen; Vorlesungsunterlagen. ETH Zentrum für Unternehmenswissenschaften, ETH Zürich, 2000

[G11] Amt für Hochbauten, Stadt Zürich, 2007

[G12] Schalcher H.R.; Projektmanagement; Vorlesungsmanuskript, IBB, ETH Zürich, 2007

[G13] AlpTransit Gotthard AG; NEAT Standberichte; ATG, Luzern

[G14] SIA Merkblatt 2007; Qualität im Bauwesen; Schweizerischer Ingenieur- und Architektenverein, Zürich; 2001

Glossar

Abschreibung
Planmässige Herabsetzung des Gebäudewertes in der Buchhaltung und Kostenrechnung. Durch Abschreibung wird der technischen, wirtschaftlichen und modischen Altersentwertung eines Bauwerks Rechnung getragen. Abschreibungen können als Aufwand steuerlich berücksichtigt werden. In der Regel werden Abschreibungsbeträge entweder nach dem Anschaffungswert oder nach dem jeweils verbleibenden Buchwert berechnet. [16/9]

Abschreibungssatz
Prozentsatz für die buchhalterische Festsetzung des Wertverlustes auf Anlage- und Umlaufvermögen (Abschreibung). Für die Veranlagung der direkten Bundessteuer setzt die Eidg. Steuerverwaltung die jeweils geltenden Sätze fest. Kantone und Gemeinden wenden weitgehend die gleichen Normen an. [9]

Agglomeration
Eine Agglomeration ist ein Siedlungsraum, in dem Wohnen, Arbeiten, öffentliche Dienstleistungen und Freizeitgestaltung in hoher Dichte vorkommen, der räumlich aber auf das Gebiet einer oder mehrerer umliegenden Kernstädte ausgerichtet ist. [18]

Agio
Im Bankgeschäft versteht man darunter einen Aufpreis. Bei Wertpapieren bezeichnet man damit den Betrag, um den der Ausgabepreis über dem Nennwert liegt, bei Währungen, den Aufpreis, den man beim Umwandeln von Devisen in Banknoten zahlt, bei Edelmetallen, den Aufpreis, den man für die Verarbeitungsform des Metalls zahlt. Das Agio wird meist in Prozenten des Ausgangspreises angegeben. [21]

Akonto
Vorauszahlung, Anzahlung oder Teilzahlung auf eine fällige Geldschuld. [17]

Alleineigentum
Form des Eigentums. Die Liegenschaft gehört einer natürlichen oder juristischen Person allein. Der Alleineigentümer kann selbständig über seine Liegenschaft verfügen. [23]

Allianzen
Strategische Geschäftsverbindungen unter Partnern, um sich gemeinsam am Markt bessere Chancen verschaffen zu können. [17]

Altersentwertung
Bei der Altersentwertung eines Gebäudes handelt es sich um die altersabhängige technische Entwertung, die das Objekt seit der Erbauung infolge Alterung und Abnützung oder aus anderen Gründen erlitten hat. Die Wertverminderung eines Gebäudes ist von der Alterung und vom Zustand des Objektes abhängig. [23]

Amortisation
Jährlicher Betrag zur Rückzahlung des investierten Kapitals über die Nutzungsdauer der Investition. Bei der linearen Amortisation, die bei der Berechnung des Restwertes verwendet wird, ist dies ein über die Nutzungsdauer konstanter Be-

trag, welcher gleich den Investitionskosten geteilt durch die Nutzungsdauer ist. [19]

Amortisationsrechnung, Pay Back-Methode

Methode der statischen Wirtschaftlichkeitsrechnung zur Ermittlung der Zeitdauer bis das für eine Investition eingesetzte Kapital durch Kapitalrückflüsse zurückgewonnen wird. [17]

Anfangsmietzins

Beim Abschluss eines neuen Mietvertrages vereinbarter Mietzins. [16]

Anlage (wirtschaftlich)

Wirtschaftliche Einheit innerhalb des Anlagevermögens (Anlagenbuchhaltung). [3]

Anlagekosten, Investitionskosten

1) Kaufpreis der Liegenschaft (Erwerbskosten), zuzüglich der bei der Handänderung anfallenden Steuern, Gebühren, Spesen und Provisionen.
2) Erstellungskosten (Gestehungskosten); Summe aus Grundstückskosten und Baukosten (BKP 0–9). [16]

Anlagewert

Der Anlagewert einer Liegenschaft besteht in der Regel aus den Anlagekosten und den vorgenommenen wertvermehrenden Aufwendungen. [9]

Annuität

Regelmässige Zahlung in gleichbleibender Höhe, die sich aus Zins- und Amortisationsanteil zusammensetzt und die vereinbarte Rückzahlung und Verzinsung einer Schuld (Hypothek), bzw. des investierten Kapitals sicherstellt.
Annuitätenhypothek: Grundpfandkredit mit gleichbleibenden periodischen Zahlungsverpflichtungen (Annuitäten); Zinssatzänderungen werden durch Anpassungen der Amortisationsrate aufgefangen. [17]

Arbeitsgemeinschaft, Arge

→ Konsortium

Assekuranzwert

Der Gebäudeversicherungswert oder Assekuranzwert ist der von der kantonalen Gebäudeversicherung festgesetzte Neuwert der versicherten Gebäude. Er umfasst die gebäudevollendenden, ortsgebundenen Kosten sowie alle dem Eigentümer gehörenden, mit dem Gebäude fest verbundenen Anlagen. [12]

Attikawohnung

Wohnung in zurückversetztem oberstem Geschoss. [16]

Ausbaugrad

Grad der baulichen Fertigstellung einer Immobilie. Es wird unterschieden zwischen Rohbau, Edelrohbau (Rohbau mit technischer Gebäudeausrüstung), Ausbau I, Ausbau II, schlüsselfertiger Ausbau.

Ausbesserung, kleiner Unterhalt

Unterhaltsarbeit zur Beseitigung eines Mangels, der vom Mieter nach Ortsgebrauch auf eigene Kosten beseitigt werden muss (Art. 259 OR), z.B. der Ersatz einer defekten Kochherdplatte oder eines Rollladengurtes. [16]

Ausnutzungsziffer

Verhältnis zwischen Parzellenfläche und Bruttogeschossfläche; definiert die maximal zulässige Überbauung eines Grundstücks. [16]

Aussengeschossfläche

Genutzte Grundrissfläche ausserhalb der allseitig umschlossenen und überdeckten Geschossfläche (z.B. Balkone, Terrassen, Aussentreppen, offene Parkgaragen). [27]

Ausstattung

Einrichtungsgegenstände, welche in ein voll ausgebautes bauliches Objekt installiert werden und die dem konkreten Verwendungszweck dienen (z.B. Vorhänge, Möbel, Medien, Wandtafeln in Schulgebäuden, Leinwände in Sitzungszimmern. Empfangskorpus, Einbauschränke). [19]

Auszug, vorzeitiger

Beendigung eines Mietverhältnisses vor Ablauf der Kündigungsfrist. Der Mieter muss ein Begehren um vorzeitige Vertragsauflösung an den Vermieter richten. Der Vermieter muss dem Begehren entsprechen, wenn der Mieter einen zahlungsfähigen und zumutbaren Ersatzmieter stellen kann. [16]

Balanced Scorecard

Die Balanced Scorecard ist eine Management-Methodik zur Kommunikation der Unternehmensstrategie und zu ihrer Umsetzung in operative Ziele auf jeder Ebene der Unternehmensstruktur. [32]

Barwertmethode

Der Ertragswert wird durch Aufsummierung aller auf den Zeitpunkt der Schätzung abgezinsten künftigen Nettomieterträge einer Liegenschaft bestimmt. [16]

Barwert

Der auf den Referenzzeitpunkt diskontierte Wert zukünftiger Einnahmen und Ausgaben. [26]

Basiskonfiguration

Konfiguration eines Bauvorhabens als Vorgabe für die Projektierung (Projektdefinition, Pflichtenheft). [17]

Bauerwartungsland

Unerschlossenes Land ausserhalb der Bauzone, das seiner Lage nach in absehbarer Zeit als Bauland in Betracht kommt. [16]

Baugespann

Baugespann, als Teil des Baugesuches. Bei der Einreichung eines Baugesuches ist die dreidimensionale Profilierung des Neubauvorhabens an Ort durch einen Vermessungsfachmann (es muss nicht der offizielle Geometer/Vermessungsingenieur sein) erforderlich. Diese Profilierung dient der Beurteilung des Bauvorhabens durch die Baubehörde und der Orientierung der einspruchsberechtigten Nachbarn. [2]

Bauhandwerkerpfandrecht

Gesetzliches Grundpfandrecht zur Sicherung des werkvertraglichen Vergütungsanspruchs, welches Unternehmern und Subunternehmern zusteht, die für ein Werk auf dem betreffenden Grundstück «Material und Arbeit oder Arbeit allein» geliefert haben. Die Rechtswirkung entsteht mit der Eintragung des Grundpfandrechts in das Grundbuch, welche spätestens drei Monate nach der Vollendung der Arbeit zu erfolgen hat. [17]

Bauherr

Als Bauherr gilt, wer im eigenen Namen oder für eigene oder fremde Rechnung Bauvorhaben durchführt oder durchführen lässt. Die Feststellung des Bauherrn bezieht sich auf den Zeitpunkt der Baugenehmigung. Sie ist deshalb unabhängig von einer eventuell beabsichtigten späteren Veräusserung der Gebäude oder Wohnungen. [29]

Baukosten

Erstellungskosten eines Gebäudes, inkl. Vorbereitungskosten, Honorare und Baunebenkosten (BKP 1–9, ohne Grundstückskosten). [17]

Baukostenindex

Zahlenreihe, die teuerungsbedingte Veränderungen der Erstellungskosten von Mehrfamilienhäusern beschreibt. Indexzahlen werden von den statistischen Ämtern der Städte Bern und Zürich und des Kantons Genf sowie der Gebäudeversicherung des Kantons Luzern jährlich mit Stichtag 1. April veröffentlicht. [16]

Baukredit

Kontokorrentkredit zur Abwicklung der während der Bauzeit anfallenden Zahlungen; ist in der Regel 1/2 Prozentpunkt höher verzinslich als eine Hypothek. Nach Fertigstellung des Gebäudes wird der Baukredit konsolidiert, d.h. in eine zinsgünstigere Hypothek umgewandelt. [16]

Baulinie

Definiert den Abstand, den ein Bau gegenüber Verkehrsflächen und öffentlichen Anlagen zu wahren hat. [16]

Baumassenziffer

Die Baumassenziffer ist die Verhältniszahl zwischen dem umbauten Raum und der anrechenbaren Grundstücksfläche (§ 25 PBG). [22]

Baunebenkosten

Bestandteile der Anlagekosten, die nicht bereits in den Bodenkosten oder den Baukosten enthalten sind (BKP 5: Wettbewerbskosten, Bewilligungen und Gebühren, Muster, Modelle, Vervielfältigungen, Dokumentation, Finanzierung nach Baubeginn, Bauherrenleistungen, MWST). [16]

Baunutzungskosten

Sammelbegriff für die Verwaltungs-, Betriebs-, Instandsetzungs-, Kapital- und Amortisationskosten pro Jahr für ein Gebäude (= Liegenschaftenaufwand und Verzinsung sowie Amortisation des Eigenkapitals). [17]

Baupreisindex

Der schweizerische Baupreisindex wird vom Bundesamt für Statistik (BFS) seit Oktober 1998 (Indexstand Oktober 1998 = 100) halbjährlich per April und Oktober berechnet und publiziert. [4]

Bauprozessmanagement, Baumanagement
Operative Leitung der Prozesse und Ergebnisse der Planung und Realisierung eines Bauvorhabens (Neubau, Erhaltung oder Veränderung). [17]

Baurecht
1) Im Grundbuch eingetragenes Recht, auf fremdem Boden ein Bauwerk zu erstellen. Der Baurechtgeber (Landbesitzer) erhält vom Baurechtnehmer (Liegenschaftenbesitzer) einen jährlichen Baurechtszins. Die Dauer des Baurechtes ist gesetzlich auf höchstens 99 Jahre beschränkt. Nach Ablauf dieser Frist fällt der Bau gegen eine angemessene Entschädigung an den Baurechtgeber. [33]
2) Die Gesamtheit der für Bauten massgebenden Rechtsbestimmungen und Baugesetzgebung (z.B. kantonales Planungs- und Baugesetz, kommunale Bauordnung und Zonenplan usw.). [2]

Bausparen
1) Steuerbegünstigtes Ansparen von Eigenkapital zwecks Erwerb selbstgenutzten Wohneigentums, beispielsweise im Rahmen der freiwilligen, gebundenen Selbstvorsorge, 3. Säule.
2) Zweckgebundenes Banksparen auf einem Bausparkonto. Bei Verwendung der Spargelder für den Eigenheimerwerb gewähren die Banken Zinsboni und/oder befristete Hypothekarzinsermässigung. [16]

Bauwert
1) Erstellungswert des Gebäudes gemäss Bauabrechnungen der Handwerker und Bauunternehmer, inkl. Honorare und Baunebenkosten.
2) Realwertschätzung des Gebäudes; das mit den für Neuerstellungen üblichen Kubikmeterpreisen bewertete Gebäudevolumen, abzüglich der seit der Gebäudeerstellung eingetretenen Altersentwertung. [16]

Belastungsgrenze, Pfandbelastungsgrenze
Prozentualer Anteil des Anlagewertes, der hypothekarisch belehnt werden darf. [16]

Belegungsdichte
Zahl der Bewohner je besetzte Wohnung. [16]

Belehnungsgrenze
Prozentualer Anteil des Anlagewertes, den Banken und andere Kreditgeber mittels Hypothekarkrediten zu finanzieren bereit sind. [16]

Benchmarking
Verfahren zur Messung der Leistung (einschliesslich der Preise) von erbrachten Facility Services und zum internen und/oder externen Vergleich der Ergebnisse. [10]

Besitz
Tatsächliche Gewalt/Herrschaft über eine Sache. Das meist verbreitete Besitzmittlungsverhältnis ist die Miete. Der Eigentümer (Vermieter) lässt die unmittelbare Sachherrschaft durch den Mieter ausüben. Dann ist der Vermieter mittelbarer und der Mieter unmittelbarer Besitzer.

Betrachtungszeitraum

Periode, über welche eine Investition bzw. die damit verbundenen Ausgaben und Einnahmen betrachtet werden (DCF-Methode). [26]

Betreiber

Der Betreiber betreibt die Liegenschaft. Er ist Dienstleister für Eigentümer, Mieter und Nutzer. Er kann weitere Services für den Nutzer (oder evt. für den Eigentümer) erbringen. [8]

Betriebskosten

Jährliche Ausgaben, welche durch den bestimmungsgemässen Gebrauch eines Gebäudes entstehen. Dazu gehören die Ausgaben für die Ver- und Entsorgung, die Reinigung und Pflege, die Bedienung der technischen Anlagen, den laufenden Unterhalt (Wartung, Instandhaltung), die Kontroll- und Sicherheitsdienste und die Abgaben und Beiträge. [26]

Bewirtschaftungskosten

Kosten, welche infolge der Bewirtschaftung einer Immobilie entstehen. Sie bestehen aus den Verwaltungskosten, den Betriebskosten und den werterhaltenden (nicht aktivierbaren) Erhaltungskosten. [19]

Bodenwert, Landwert

Verkehrswert des unüberbauten Bodens. Bei überbauten Grundstücken wird der Bodenwert aus der Differenz von Bauwert- und Ertragswertschätzung ermittelt (Methode der Rückwärtsrechnung). Daneben findet auch die Lageklassenmethode Anwendung. Sie beruht auf der Beobachtung, dass Liegenschaften mit übereinstimmenden Lagemerkmalen annähernd das gleiche Verhältnis von Bodenwert und Bauwert aufweisen. Durch Zuweisung des Grundstücks zu einer Lageklasse und Schätzung des Bauwertes kann auf den Bodenwert geschlossen werden. [16]

Bruttogeschossfläche

→ Geschossfläche

Bruttomietkosten

Gesamtes Entgelt, das der Mieter dem Vermieter für die Überlassung des Mietobjektes schuldet. [27]

Bruttorendite

Die Bruttorendite ist das in Prozenten ausgedrückte Verhältnis zwischen den Bruttomietzinseinnahmen und dem Anlagewert der Liegenschaft. Unter den Bruttomietzinseinnahmen versteht man die gesamten Mietzinse (Mietzinse ohne Nebenkosten) eines Jahres gemäss Rechnungsstellung an die Mieter (ohne Zahlungsausfälle). [27]

Bruttowohnfläche

Fläche sämtlicher innerhalb einer Wohnung liegender Wohnräume, Nebenräume, Gänge und Treppen; nicht aber ausserhalb liegende Flächen, wie Treppenhäuser, Terrassen und offene Balkone, sowie nicht bewohnbare Keller- und Dachgeschossräume. [16]

Buchwert

Betrag, zu dem ein Aktivposten in der Buchhaltung bzw. Bilanz aufgeführt ist (Bilanzwert). Falls der Buchwert kleiner ist als der effektiv bei einem Verkauf erzielbare Wert, entspricht die Differenz einer stillen Reserve. [21]

Cashdrain

Ein negativer Cash Flow wird als Cashdrain bezeichnet.

Cash Flow

Cash Flow = Reingewinn + Abschreibungen + Rückstellungen (in der Regel ohne ausserordentliche und periodenfremde Erträge und Aufwendungen). [17]

Cash Operating Taxes

Theoretische Steuern auf den betrieblichen Gewinn, Pauschalsteuersatz.

Contracting

Gesamtübernahme von Projektierung, Erstellung, Betrieb, Unterhalt und Finanzierung eines Bau- oder Anlageteils durch einen Unternehmer und dessen Zurverfügungstellung gegen Entgelt (z.B. Energie-Contracting). [17]

Corporate Real Estate Management (CREM)

Immobilienmanagement für den betrieblich genutzten Liegenschaftenbestand von Unternehmen. [17]

Deckungsbeitragsrechnung

Differenz zwischen dem Verkaufspreis und den variablen Kosten ergibt den Deckungsbeitrag, welcher zur Deckung der Fixkosten und zur Erzielung des Gewinnes verwendet wird.

Depot, Kaution, Sicherheitsleistung

Vom Mieter hinterlegter Betrag in Geld. Das Depot darf drei Monatsmietzinse nicht übersteigen und muss zum üblichen Zinsfuss für Spareinlagen verzinst werden (Art. 257e OR). [16]

Dienstbarkeit, Servitut

Im Grundbuch vorgemerkte Belastung eines Grundstücks zugunsten einer Person (Wohnrecht, Nutzniessung) oder zugunsten eines anderen Grundstückes, z.B. Wegrecht. [16]

Dienste

Dienstleistungen, welche zur Unterstützung des Kerngeschäftes oder der Immobiliennutzung vom Mieter nachgefragt werden. Dienstleistungen unterstehen nicht der Mietgesetzgebung. Sie werden entsprechend direkt verrechnet. [19]

Dienstleister

Der Dienstleister stellt dem Mieter/Nutzer seine Leistungen zur Verfügung. Dabei handelt es sich um benutzerspezifische, nicht gebäudeabhängige Dienstleistungen. [3]

Diligence, Due Diligence

Bewusste, systematische und professionelle Untersuchung der Chancen und Risiken des Marktes sowie der Stärken und Schwächen der zu übernehmenden Unternehmung vor, während und/oder nach den Verkaufsverhandlungen. [31]

Disagio
Unterschied zwischen Nenn- oder Paritätswert und dem darunterliegenden Kurswert. Ein Disagio besteht z.B., wenn der in % des Nennwerts ausgedrückte Emissions- oder Börsenkurs unter pari (d.h. unter 100) liegt. Im Notenhandel spricht man von Disagio, wenn der Kurs unter der festgesetzten Parität liegt. [1]

Discounted (Free) Cash Flow (DCF-Methode)
Abdiskontierte zukünftige Cash Flows, bzw. Methode zur Ermittlung des zeitabhängigen (dynamischen) Ertragswertes.

Duplex-Wohnung, Maisonette-Wohnung
Wohnung auf zwei Stockwerken. [16]

Dynamische Rendite
→ Interner Zinssatz

Earnings Before Interest and Taxes (EBIT)
Betriebsgewinn vor Zinsen und Steuern.
Earnings Before Interest and Taxes, Depreciation and Amortization (EBITDA).
Betriebsgewinn vor Zinsen und Steuern, Abschreibungen auf Sacheinlagen und Abschreibungen auf immateriellen Vermögensgegenständen. Der englische Begriff «Amortization» (Abschreibungen auf immateriellen Vermögensgegenständen) darf hier nicht mit dem deutschen Begriff «Amortisation» verwechselt werden.

Economic Value Added
Geschaffener Mehrwert.

Eigenkapital, risikotragendes Kapital
Differenz zwischen Liegenschaftswert (Verkehrswert oder Anlagewert) und Fremdkapital. [16]

Eigenkapitalrentabilität
Jahresgewinn dividiert durch durchschnittliches Eigenkapital Brutto x 100.

Eigenkapitalrendite
Die Eigenkapitalrendite entspricht den Nettomieteinnahmen abzüglich des Zinsaufwands im Verhältnis zum eingesetzten Eigenkapital. [11]

Eigenmietwert
Der Eigenmietwert ist eine fiktive Steuergrösse, mit der Eigenheimbesitzer und Mieter steuerlich gleichgestellt werden sollen. Besitzer von selbst genutztem Wohneigentum müssen den so genannten Eigenmietwert als steuerbares Einkommen ausweisen, dafür dürfen sie ihre Schuldzinsen und einen Teil der Unterhaltskosten abziehen. [33]

Eigentum
Umfassendstes Nutzungs- und Verfügungsrecht über eine Sache. «Wer Eigentümer einer Sache ist, kann in den Schranken der Rechtsordnung über sie nach seinem Belieben verfügen. Er hat das Recht, sie von jedem, der sie ihm vorenthält, herauszuverlangen und jede ungerechtfertigte Einwirkung abzuwehren» (Art. 641 ZGB). Das Eigentum an einem Grundstück beinhaltet insbesondere das Recht, es zu bebauen, es zu verkaufen, anderen Rechte daran einzuräumen, es zu vermieten, zu verpachten und zu vererben. [16]

Energiebezugsfläche
Summe aller ober- und unterirdischen Geschossflächen, für deren Nutzung ein Beheizen oder Klimatisieren notwendig ist. [24]

Erhaltung
Gesamtheit aller Tätigkeiten und Massnahmen zur Sicherstellung des Bestandes sowie der materiellen und kulturellen Werte eines Bauwerks. Die Massnahmen können werterhaltend oder wertvermehrend sein. [25]

Erneuerung
Die Erneuerung hat zum Zweck, ein sanierungsbedürftiges bauliches Objekt oder Bereiche davon in einen mit einem Neubau vergleichbaren Zustand zu versetzen. [25]

Ersatzmieter
Tritt anstelle des bisherigen Mieters in ein bestehendes Mietverhältnis ein. Will der bisherige Mieter das Mietverhältnis vor Ablauf der Kündigungsfrist beenden, so muss er ein Begehren um vorzeitige Vertragsauflösung an den Vermieter richten. Der Vermieter muss dem Begehren entsprechen, wenn der Mieter einen zahlungsfähigen und zumutbaren Ersatzmieter stellen kann. [16]

Erschliessung
Schaffung der Infrastruktur (Zugänglichkeit, Strom, Gas, Wasser und Abwasser usw.) für die Überbauung eines Grundstücks. [16]

Feinerschliessung: Anschluss der einzelnen Grundstücke an die Hauptstränge der Erschliessungsanlagen. Groberschliessung: Versorgung eines zu überbauenden Gebiets mit den Hauptsträngen der Erschliessungsanlagen, namentlich Wasser-, Energieversorgungs- und Abwasserleitungen sowie mit Strassen und Wegen. [34]

Ertragswert
Liegenschaftswert aufgrund einer Schätzung auf der Basis der Mieterträge. Ertragswertmethode: der Ertragswert wird durch Division des jährlichen Mietertrages (oder des Mietwertes) mit einem angemessenen Kapitalisierungszinsfuss berechnet. Der Kapitalisierungszinsfuss liegt bei Mehrfamilienhäusern je nach Art und Alter des Gebäudes 2–3 Prozentpunkte über dem aktuellen Zinsfuss für 1. Hypotheken.

Ertragswert = Jahresmietertrag : Kapitalisierungszinsfuss (in %) x 100. [16]

Etage
→ Stockwerk.

Facility
Materieller Vermögensgegenstand, der eine Organisation unterstützt. [10]

Facility Management
Integration von Prozessen innerhalb einer Organisation zur Erbringung und Entwicklung der vereinbarten Leistungen, welche zur Unterstützung und Verbesserung der Effektivität der Hauptaktivitäten der Organisation dienen. [10]

Facility Manager
Der Facility Manager definiert und überprüft die Objektstrategien aufgrund der Vorgaben des Eigentümers. Er definiert Bewirtschaftungskonzepte für die opti-

male Nutzung der Immobilie und trägt die Ergebnisverantwortung für die einzelnen Immobilien (Optimierung der Nutzungsressource Immobilie). [3]

Fahrnis, Fahrhabe, Mobilie

Anderer Ausdruck für bewegliche Sachen (Hausrat, Waren, Mobiliar), die nicht als Gebäudebestandteile oder bauliche Einrichtungen gelten. [15]

Feinerschliessung

→ Erschliessung

Festzinshypothek, Festhypothek, Fixhypothek

Hypothekarkredit mit fixem Zinssatz und fester Laufzeit von meist zwei bis fünf Jahren. Der Kreditnehmer sichert sich gegen das Risiko von Zinserhöhungen ab, kann dafür aber auch nicht von allfälligen Zinssenkungen profitieren. [16]

Flächeneffizienz

Verhältnis von Nutzfläche zu Geschossfläche bzw. von Hauptnutzfläche zu Geschossfläche. [27]

Flächenmanagement

Systematische Bewirtschaftung der Gebäudefläche (Erhebung und Nachführung von Flächenbestand, Flächenbedarf, Flächennutzung, Flächenbelegung und Flächenkosten). [17]

Formular, kantonal genehmigtes, amtliches

Der Vermieter muss dem Mieter Mietzinserhöhungen und Begehren um andere Vertragsänderungen sowie Kündigungen auf einem vom Kanton genehmigten amtlichen Formular mitteilen, andernfalls sind die Mitteilungen nichtig. [16]

Free Cash Flow

Entspricht dem entnahmefähigen Finanzmittelüberschuss eines Geschäftsjahres. Diese freien Mittel stehen für die Ausschüttung, für Erweiterungsinvestitionen oder für die Rückzahlung von Fremdkapital zur Verfügung. [15]

Free Float

Unter dem Streubesitz, auch Free Float, versteht man jene Aktien eines Unternehmens, die am Markt frei gehandelt werden und nicht im Besitz von Anlegern sind, welche sich dauerhaft an der Unternehmung beteiligen wollen. Das Gegenteil davon ist das Schachtelprivileg. Wenn ein Anleger mehr als 5% des Aktienkapitals einer AG besitzt, spricht man von Festbesitz.

Fremdkapital

Schulden; Verbindlichkeiten des Eigentümers gegenüber Banken und anderen Gläubigern in Form von Hypothekarkrediten und Darlehen. [16]

Funktionsfläche

Teil der Nettogeschossfläche, welcher der Unterbringung zentraler betriebstechnischer Anlagen (Haustechnik) in einem Gebäude dient. [27]

Gebäudebewirtschaftung

→ Gebäudemanagement

Gebäudemanagement

Gesamtheit aller Prozesse und Leistungen zum Betreiben, Unterhalten und Bewirtschaften von Gebäuden. Es teilt sich in kaufmännisches (Verwaltung), technisches (Betrieb und Instandsetzung) und infrastrukturelles Gebäudemanagement (Dienste) auf. [17]

Gebäudemanagement, Infrastrukturelles (IGM)

Das infrastrukturelle Gebäudemanagement befasst sich mit allen gebäudebezogenen Dienstleistungen, welche die Nutzung von Immobilien optimiert (Empfang, Post, Reinigung usw.).

Gebäudemanagement, Kaufmännisches (KGM)

Zum kaufmännischen Gebäudemanagement zählen alle kaufmännischen Leistungen unter dem Aspekt der Gebäudeökonomie (Eigentums- und Mietverhältnisse, Finanzbuchhaltung usw.).

Gebäudemanagement, Technisches (TGM)

Für das technische Gebäudemanagement sind alle Leistungen, die zum Betreiben und Bewirtschaften der baulichen und technischen Anlagen eines Gebäudes erforderlich sind, zu erbringen.

Generalunternehmer (GU)

Der GU übernimmt als alleiniger Vertragspartner des Bauherrn unter Beizug von Subunternehmern die Gesamtverantwortung für die Ausführung von Bauten. Er kann Qualität, Termin und Preis garantieren. Vertragsarten: Pauschal-, Global-, Vertrag auf Abrechnung, Vertrag mit Kostendach. [17]

Gesamteigentum

«Haben mehrere Personen, die durch Gesetzesvorschrift oder Vertrag zu einer Gemeinschaft verbunden sind, eine Sache kraft ihrer Gemeinschaft zu Eigentum, so sind sie Gesamteigentümer, und es geht das Recht eines jeden auf die ganze Sache» (Art. 652 ZGB). [16]

Gesamtleiter

Die Funktion Gesamtleitung ist das Bindeglied zwischen der Bauherrschaft und den beauftragten Planern und Unternehmern. Zu den Hauptaufgaben gehören: Oberleitung der Beauftragten, Koordination, Qualitäts-, Termin- und Kostencontrolling, Reporting, Projektrechnungswesen und Vertretung des Bauherrn. Diese Funktion kann vom Architekten oder einem Spezialisten wahrgenommen werden. [17]

Geschoss

Horizontaler Gebäudeabschnitt; auf der gleichen Ebene angeordnete Räume eines Bauwerks. [16]

Geschossfläche

Summe der allseitig umschlossenen und überdeckten Grundrissflächen der zugänglichen Geschosse eines Gebäudes einschliesslich der Konstruktionsflächen (ohne nicht zugängliche Hohlräume von Konstruktionen und Installationsgeschosse von weniger als 1 m lichter Höhe). [27]

Gewinn, Reingewinn

Der den Aufwand übersteigende Ertrag. Das Total der Erträge abzüglich aller Gemeinkosten ergibt den Reingewinn oder Nettogewinn. Der verfügbare Gewinn umfasst neben dem Reingewinn des Geschäftsjahres auch den allfälligen Gewinnvortrag vom Vorjahr. [21]

Goodwill

Ist die positive Differenz zwischen Ertragswert und Substanzwert.

Groberschliessung

→ Erschliessung

Grundausbau (GAB)

Der durch den Eigentümer erstellte und finanzierte Teil eines baulichen Objekts ohne den mieterspezifischen Teil des Ausbaus. [20]

Grundbuch

Amtliches Verzeichnis der an Grundstücken bestehenden Rechte und Pflichten. «Das Grundbuch besteht aus dem Hauptbuch und den das Hauptbuch ergänzenden Plänen, Liegenschaftsverzeichnissen, Belegen und Liegenschaftsbeschreibungen und dem Tagebuch» (Art. 942 ZGB). [16]

Grundeigentum

Eigentum an Grundstücken. [16]
Grundeigentum bezeichnet, wem ein Grundstück gehört. Grundeigentümer wird man erst mit der Eintragung ins Grundbuch. Man unterscheidet drei Formen des Grundeigentums: Alleineigentum, Miteigentum, Gesamteigentum. [21]

Grundpfandrecht

Sicherung von Forderungen mit Hilfe eines im Grundbuch eingetragenen Pfandes auf Grundstücken. Das Schweizerische Zivilgesetzbuch (ZGB) umschreibt drei verschiedene Grundpfandrechte. Es sind dies die Grundpfandverschreibung, Art. 824 ff. ZGB, der Schuldbrief, Art. 842 ff. ZGB und die Gült, Art. 847 ff. ZGB. [2]

Grundpfandverschreibung

→ Hypothek

Grundstück

Festbegrenzter Teil der Bodenfläche, mit oder ohne Bauten. Das Schweizerische Zivilgesetzbuch zählt neben den Liegenschaften auch Miteigentumsanteile (einschliesslich Stockwerkeigentum), Bergwerke oder selbständige und dauernde Rechte (z.B. das Baurecht) zu den Grundstücken (Art. 943 ZGB).

Grundstücksgewinnsteuer

Kantons- und/oder Gemeindesteuer auf der Differenz zwischen dem Veräusserungserlös und den Anlagekosten von Grundstücken. [16]

Grundstücksfläche

1) Grösse eines Grundstücks in m^2
2) Gesamte einem Gebäude zugeordnete Fläche (Gebäudegrundfläche und Umgebungsfläche). Sie kann eine oder mehrere Parzellen umfassen. [27]

Grundstückskosten

Kosten für den Erwerb eines Grundstücks (eine oder mehrere Parzellen) oder eines Baurechts inkl. Vorstudien, Altlastsanierung, Abfindungen, Finanzierung vor Baubeginn, Erschliessung bis zur Grundstücksgrenze, Handänderungsgebühren, Grundstücksgewinnsteuer und weitere Abgaben (BKP 0). [17]

Gült
In einzelnen Kantonen der Schweiz verbreitetes Wertpapier, das eine auf Geldleistung gerichtete Grundlast auf einem Grundstück verbrieft. Für die Gültschuld haftet grundsätzlich nur das belastete Grundstück. [21]

Güterschatzung
→ Steuerwert

Handänderungssteuer, -gebühr
Abgabe für die Vornahme der Rechtshandlung, durch welche Eigentum an Grundstücken übertragen wird; hat sich geschichtlich aus der Notariatsgebühr oder Grundbuchtaxe entwickelt; wird teils vom Kanton, teils von der Gemeinde erhoben. [16]

Hauptnutzfläche
Teil der Nutzfläche, welcher der Zweckbestimmung und der Nutzung des Gebäudes im engeren Sinne dient (z.B. Wohnen und Aufenthalt, Büroarbeit, Produktion, Lagern). [27]

Heimfall
Am Ende der Baurechtsdauer geht das Eigentum an einem im Baurecht errichteten Bauwerk auf den Grundeigentümer über. Der Grundeigentümer hat dem Bauberechtigten eine angemessene Entschädigung (Heimfallentschädigung) zu leisten. [16]

Heizgradtage
Monatliche Temperaturkennzahl, die Rückschlüsse auf klimabedingte Veränderungen des Heizenergieverbrauchs gestattet; dient der Kontrolle des Heizungsbetriebs. Die Heizgradtage werden monatlich von der Schweizerischen Meteorologischen Anstalt (SMA) gemäss SIA-Norm 381/3 berechnet. [16]

Hypothek, Grundpfandverschreibung
1) Im Grundbuch eingetragenes Pfandrecht auf einem Grundstück, das den Gläubigern zur Sicherung ihrer Forderungen gegenüber dem Grundeigentümer dient.
2) Grundpfandkredit; grundpfandrechtlich gesichertes Darlehen.
Hypothek (variable, konventionell) weitverbreiteter Grundpfandkredit mit variablem Zinssatz und mit kurzer, meist sechsmonatiger Kündigungsfrist. Aufgrund der kurzen Kündigungsfrist kann der Hypothekarzinssatz rasch an veränderte Kapitalmarktbedingungen angepasst werden. Hypotheken können in mehreren Rängen begründet werden, die sich hinsichtlich Verzinsung und Art der Amortisation unterscheiden. Die 1. Hypothek, die ungefähr zwei Drittel des Anlagewertes der Liegenschaft ausmacht, ist in der Regel nicht amortisationspflichtig. Die 2. Hypothek ist meist innert 15 bis 20 Jahren zu tilgen und ist in aller Regel ¼ bis ½ Prozent höher verzinslich. [16]

Immobilie
→ Liegenschaft

Immobilienfonds
Anlagefonds, der sein Vermögen nach dem Prinzip der geografischen und objektmässigen Risikostreuung in bebauten und unbebauten Grundstücken sowie un-

ter Umständen in Beteiligungen und Forderungen an Immobiliengesellschaften investiert. [1]

Immobiliengesellschaft
Unternehmen, dessen Kerngeschäft das Immobilienmanagement ist; meist in der Form einer privaten oder börsenkotierten Aktiengesellschaft. [17]

Immobilienmanagement
Objektmanagement für Immobilien (Grundstücke, Gebäude und Aussenanlagen). Das Immobilienmanagement umfasst das Portfoliomanagement und das Facility Management. [17]

Indexklausel
Mietvertragliche Vereinbarung, wonach die Anpassung des Mietzinses an veränderte wirtschaftliche Rahmenbedingungen einem Index folgt. Indexklauseln sind nur gültig, wenn der Mietvertrag für mindestens fünf Jahre abgeschlossen wird und als Index der Landesindex der Konsumentenpreise vorgesehen wird (Art. 269b OR). Bei Mietwohnungen darf die jeweilige Mietzinserhöhung 80% des Anstiegs des Landesindexes der Konsumentenpreise nicht übersteigen (Art. 17 VMWG). [16]

Indirekte Immobilienanlage
In der Schweiz dominiert der Direktbesitz von Immobilien (Alleineigentum, insbesondere durch Private und Firmen). Der Trend in Richtung indirekten Immobilienbesitz (Fonds, Immo-AGs, PKs, Miteigentum) ist zurzeit ausgeprägt feststellbar. Damit werden Immobilien im weitesten Sinne kapitalmarktfähig.

Inflation
→ Teuerung

Inspektion
Feststellung des Zustandes durch gezielte, in der Regel visuelle Beurteilung, und einfache Untersuchungen sowie Bewertung derselben. [25]

Instandhaltung
Bewahrung der Gebrauchstauglichkeit durch einfache und regelmässige Massnahmen. [25]

Instandhaltungskosten
Kosten für die Instandhaltung (Bewahren der Gebrauchstauglichkeit).

Instandsetzung
Wiederherstellen der Sicherheit und der Gebrauchstauglichkeit (ursprünglicher Sollzustand) für eine festgelegte Dauer. [25]

Instandsetzungskosten
Kosten für die Instandsetzung (Wiederherstellen des ursprünglichen Sollzustandes) eines Gebäudes. [7]

Institutionelle Anleger
Grossinvestoren mit regelmässigem Anlagebedarf; im Immobiliensektor vor allem Versicherungen, Pensionskassen, Vorsorgestiftungen und Anlagefonds. [16]

Interner Zinssatz
Zinssatz bei welchem der Kapitalwert einer Investition gleich Null ist. Er gibt an, zu welchem Zins das durch die Investition zusätzlich gebundene Kapital verzinst wird. [17]

Invested Capital
Betriebswirtschaftlich notwendiges Gesamtkapital/Vermögen (Eigen- und Fremdkapital).

Investition, werterhaltende, Instandsetzung
Massnahmen am Gebäude und seiner Ausstattung, die der Erhaltung des zum vorausgesetzten Gebrauch geeigneten Zustandes und des Werts einer Liegenschaft dienen. [16]

Investition, wertvermehrende, Modernisierung
Verbesserung an der Liegenschaft durch neue, bisher nicht vorhandene Einrichtungen und Eigenschaften; Massnahmen am Gebäude und seiner Ausstattung, die über die Erhaltung des zum vorausgesetzten Gebrauch geeigneten Zustandes der Liegenschaft hinausgehen. [16]

Investitionskosten
→ Anlagekosten

Internal Rate of Return, IRR
→ Interner Zinssatz

Kapital, risikotragendes
→ Eigenkapital

Kapitalisierungsfaktor
Kehrwert des Kapitalisierungszinssatzes. [16]

Kapitalisierungszinssatz
Kalkulatorischer Zinssatz mit dem der Jahresmietertrag aufgezinst (kapitalisiert) wird, um den Ertragswert zu schätzen. [16]

Kalkulationsszinssatz, Kapitalkostensatz
Kalkulatorischer Zinssatz für die Diskontierung (Abzinsung) zukünftiger Zahlungsströme (Einnahmen und Ausgaben). Bei der Anwendung der DCF- und Barwert-Methode. Bei der Verwendung von realen Geldbeträgen ist der Realzinssatz und bei nominalen Geldbeträgen der Nominalzinssatz (vereinfacht: Nominalzinssatz = Realzinssatz + Inflation) zu verwenden. [17]

Kapitalkosten
Kosten, die sich aus der Inanspruchnahme von Finanzierungsmitteln ergeben, namentlich die Zinsen. Zu den Kapitalkosten gehören die Fremdkapitalkosten und die Eigenkapitalkosten. [7]

Kapitalwert
Summe der Barwerte aller zahlungswirksamen Ausgaben und Einnahmen eines Projekts bzw. einer Investition über die Betrachtungsperiode (DCF-Methode). [26]

Kapitalwert-Methode
→ Discounted Cash Flow

Kataster
1) Grundstückverzeichnis:
Katasterplan, Grundbuchplan, vom Grundbuchgeometer nachgeführte Karte, auf der die Parzellen, Gebäude, Strassen usw. verzeichnet sind.
2) Steuerregister:
Katasterschatzung, Katasterwert, steueramtliche Grundstückschätzung (Kantone Luzern, Solothurn, Basel-Landschaft). [16]

Kaufkraftsicherung

Teuerung auf dem risikotragenden Kapital. [16]

Kaufsrecht, Kaufoption

Art. 216a ff. OR: Recht einer Person, ein Grundstück zu einer bestimmten Zeit und zu einem bestimmten Preis zu kaufen. Dieses Recht ist im Grundbuch vorgemerkt. [21]

Kaution

Hinterlegung eines bestimmten Wertes, z.B. Geld, Wertschriften als Sicherheit (Depot) für eine mögliche Verpflichtung, die durch die Verletzung eines Rechtes entstehen könnte, z.B. Nichteinhaltung eines Vertrages. [1]

Kernkompetenz

Das Potenzial einer Unternehmung, das den Aufbau von Wettbewerbsvorteilen in verschiedenen Geschäftsbereichen ermöglicht. [31]

Konfiguration

Ein Satz von bestimmten Merkmalen und deren quantitative oder qualitative Ausprägung, der die Eigenschaften eines Projekts oder eines fertigen Bauwerks umfassend beschreibt (z.B. Gestalt, Funktion, Standard, Kosten und Termine). [17]

Konsolidierung

(1) Umwandlung von schwebenden, kurzfristigen Schulden in feste, langfristige Schulden, (2) Festigung des Kursniveaus an der Börse nach einem Rückschlag, (3) Baukredite werden nach Vollendung des Baues konsolidiert durch Umwandlung in Hypotheken, (4) Zusammenfassung der Teilbilanzen eines Konzerns zur Konzernbilanz. [21]

Konsortium

Vereinigung von Unternehmen in Form einer einfachen Gesellschaft zur gemeinsamen Durchführung von Geschäften, z.B. Arbeitsgemeinschaft von Bauunternehmern. [21]

Konstruktionsfläche

Grundrissfläche der innerhalb der Geschossfläche liegenden, umschliessenden und innenliegenden Konstruktionsbauteile (z.B. Aussen- und Innenwände, Stützen, Brüstungen). [27]

Konsumentenpreisindex

→ Landesindex der Konsumentenpreise

Konversion

Umwandlung einer gekündigten oder fälligen Anleihe in eine neue Anleihe mit anderen Bedingungen. [21]

Kostendeckende Bruttorendite

→ Bruttorendite

Kostenmiete

Ordnungspolitisches Prinzip, wonach der Mietpreis den Rahmen der kostendeckenden Bruttorendite nicht überschreiten darf und Mietzinserhöhungen mit entsprechenden Kostensteigerungen begründet werden müssen. [16]

Kosten/Wirksamkeits-Analyse

→ Nutzen/Kosten-Untersuchung

Kündigung
Mitteilung über die Auflösung des Vertragsverhältnisses. Bei Mietverhältnissen mit unbestimmter Dauer ist die Kündigung nur auf einen ortsüblichen Kündigungstermin hin zulässig, falls der Mietvertrag keine andere Regelung vorsieht (Ausnahme: Auszug, vorzeitiger). [16]

Landesindex der Konsumentenpreise
Die Zahlenreihe widerspiegelt die Preisentwicklung der für die privaten Haushalte bedeutsamen Waren und Dienstleistungen. Die vom Bundesamt für Statistik (BFS) monatlich veröffentlichte Indexzahl gibt Aufschluss darüber, in welchem Umfang die Lebenshaltung infolge von Preisveränderungen, aber unbeeinflusst durch Änderungen im Konsumverhalten oder durch Veränderungen der Güterqualitäten teurer oder billiger geworden ist.

Landwert
→ Bodenwert

Lebensdauer, technische
Effektiv zu erwartende Periode zwischen der Inbetriebnahme und dem Ersatz eines Bau- oder Anlageteiles aufgrund ungenügender Gebrauchstauglichkeit oder Sicherheit. [26]

Lebenszyklus
Sich wiederholende Abfolge zeitlicher Abschnitte (Lebenszyklusphasen) in der Entstehung, Nutzung und Verwertung von Facilities. [14]

Lebenszykluskosten
Kosten, die während des Lebenszyklus von Facilities anfallen, unabhängig vom Zeitpunkt ihrer Entstehung. [14]

Leerwohnungsziffer
Prozentuales Verhältnis der Leerwohnungen zum Gesamtwohnungsbestand. Als leerstehende Wohnungen gelten alle bewohnbaren, unbesetzten Wohnungen und Einfamilienhäuser, die zu dauernder Vermietung oder zum Kauf angeboten werden. [16]

Lex Friedrich, Furgler, von Moos
Bundesgesetz über den Erwerb von Grundstücken durch Personen im Ausland. Das Gesetz regelt, inwieweit Ausländer und ausländische Firmen Grundstücke in der Schweiz erwerben dürfen. [16]

Liegenschaft
Bebaute oder unbebaute Bodenparzelle, Grundstück. [16]

Liegenschaftsaufwand
Gemäss handelsrechtlichen oder steuerrechtlichen Bestimmungen erfasster Wert der im Rahmen der Nutzung einer Immobilie verbrauchten Güter und Dienstleistungen. Zum Liegenschaftsaufwand zählen der Fremdkapitalzins, der Betriebsaufwand, der Unterhaltsaufwand und die Abschreibungen. Vertraglich ausgeschiedene Nebenkosten und kalkulatorische Liegenschaftskosten stellen keinen Liegenschaftsaufwand dar. [16]

Liegenschaftskosten

Wert aller in einer Abrechnungsperiode für die Bereitstellung von Wohn- und Geschäftsraum verbrauchten Güter und Dienstleistungen, einschliesslich der auf dem Grundstück lastenden Objektsteuern (Liegenschaftssteuern).

Kalkulatorische Liegenschaftskosten sind Kosten, die keine Entsprechung beim Liegenschaftsaufwand finden. Es handelt sich um die Eigenkapitalzinsen, den Unternehmerlohn und die Risikoprämie. Diese Kosten müssen aus dem Gewinn gemäss buchhalterischer Erfolgsrechnung gedeckt werden. [16]

Liegenschaftssteuer

In 16 Kantonen wird zusätzlich zur Vermögenssteuer eine Steuer auf dem Grundeigentum erhoben. [16]

Liquidationswert, Liquidationserlös

Verkehrswert einer Liegenschaft anlässlich einer Zwangsverwertung oder eines Notverkaufs. [16]

Maisonette-Wohnung, Duplex-Wohnung

Wohnung auf zwei Stockwerken.

Market Value Added

Die Grösse «Market Value Added» (MVA) entspricht dem betrieblichen Goodwill bzw. dem zukünftigen Geschäftsmehrwert aus betrieblicher Tätigkeit. [13]

Marktmiete

Ordnungspolitisches Prinzip, wonach die Mietpreisbildung im freien Wechselspiel von Angebot und Nachfrage am Wohnungsmarkt erfolgt. [16]

Miete

Zeitweise Überlassung einer Sache gegen die Entrichtung eines Mietpreises. Die gesetzlichen Bestimmungen über die Miete sind im Schweizerischen Obligationenrecht (Art. 253 ff. OR) und in der Verordnung über die Miete und Pacht von Wohn- und Geschäftsräumen (VMWG) enthalten. [16]

Mieterausbau (MAB)

Der durch den Mieter erstellte und finanzierte mieterspezifische Teil des Gebäudes. [19]

Mietertrag

Der Bruttomietertrag entspricht dem vertraglich vereinbarten Mietpreis abzüglich Nebenkosten und Zahlungsausfällen. Die Netto-Miete berechnet sich aus dem Mietertrag abzüglich der Fremdkapitalzinsen, des Betriebsaufwandes, des Unterhaltsaufwandes, jedoch ohne Abzug der Abschreibungen, der Eigenkapitalzinsen, des Unternehmerlohnes und der Risikoprämie. [33]

Mietpreis, Mietzins

Entgelt, das der Mieter dem Vermieter für die Überlassung der Mietsache schuldet.

Brutto-Mietpreis = Mietpreis einschliesslich allfälliger, gesondert berechneter Nebenkosten.

Netto-Mietpreis = Mietpreis abzüglich Nebenkosten. [16]

Mietpreisindex

Zahlenreihe, die Veränderungen der Wohnungsmietpreise beschreibt. Der vom Bundesamt für Statistik (BFS) quartalsweise berechnete Index der Wohnungsmiete geht als Teilindex in die Berechnung des Landesindexes der Konsumentenpreise ein. [16]

Mietpreiskataster
Verzeichnis der orts- und quartierüblichen Mietpreise. [16]

Mietvertrag, paritätischer
Zwischen Vermieter- und Mieterverbänden ausgehandelter und gemeinschaftlich herausgegebener Mustervertrag. [16]

Mietwert
Summe der auf Dauer erzielbaren Mietererträge eines Jahres. Der Mietwert weicht vom aktuellen Jahresmietertrag ab, sofern bei der Neuvermietung am Wohnungsmarkt ein auf Dauer höherer Mietpreis erzielt werden könnte. [16]
Der Mietwert ist der als erzielbar geschätzte Ertrag. [28]

Mietzins
→ Mietpreis

Minimalsteuer
Um auch sogenannte nichtgewinnstrebige Unternehmen, die eine wirtschaftliche Bedeutung haben, steuerlich zu erfassen, unterwerfen mehrere Kantone juristische Personen einer Minimalsteuer, die auf den Bruttoeinnahmen, dem Grundeigentum oder dem investierten Kapital berechnet wird. Die Minimalsteuer wird dann anstelle der ordentlichen Steuer erhoben, wenn sie diese übersteigt. [30]

Miteigentum
«Haben mehrere Personen eine Sache nach Bruchteilen und ohne äusserliche Abteilung in ihrem Eigentum, so sind sie Miteigentümer» (Art. 646 ZGB). [16]

Mobilie
→ Fahrnis

Modernisierung
→ Investition, wertvermehrende

Nebenkosten
Sind für vertraglich vereinbarte Leistungen des Vermieters zu entrichten, die nicht bereits im Mietzins inbegriffen sind; z.B. Kosten für Heizung, Warmwasser, Treppenhausreinigung, Hausbetreuung, Allgemeinstrom, Wasser/Abwasser, Serviceabonnement für Waschautomaten und Tumbler, Kehrichtabfuhr, Gartenunterhalt, Gebäudeversicherung und Verwaltung. Nebenkosten werden vom Mieter während der Abrechnungsperiode durch Pauschalbeträge abgegolten oder durch Akontozahlungen vorgeschossen. Die Nebenkosten müssen den tatsächlichen Aufwendungen entsprechen (Art. 257b OR). Bei der Pauschalierung muss der Vermieter auf Durchschnittswerte dreier Jahre abstellen (Art. 4 VMWG). [16]

Nebennutzfläche
Teil der Nutzfläche, welcher die Hauptnutzfläche zur Nutzfläche ergänzt (z.B. unterirdische Parkierungsflächen). [27]

Net Operating Assets
Betriebswirtschaftlich notwendiges Vermögen minus kurzfristig nicht verzinsliches Festkapital.

Net Operating Profit After Taxes
Betriebsgewinn vor Zinsen und nach Steuern.

Net Operating Profit Before Taxes
Betriebsgewinn vor Zinsen und Steuern (= EBIT).

Net Operating Profit Less Adjusted Taxes
Der um die Steuern adjustierte Betriebsgewinn.

Net Present Value
→ Kapitalwert

Nettobarwert
→ Kapitalwert

Nettogeschossfläche
Teil der Geschossfläche zwischen den umschliessenden oder innenliegenden Konstruktionsbauteilen. [27]

Nettomietfläche
→ Vermietbare Fläche

Nettomietkosten
Bruttomietkosten abzüglich Kosten für Verwaltung, Betrieb und Unterhalt, Verzinsung des Eigen- und Fremdkapitals sowie Amortisation (ohne Unternehmerlohn und Risikozuschlag). [27]

Nettorendite
Die Nettorendite gibt über die Rentabilität des Eigenkapitals Auskunft. Sie ist das prozentuale Verhältnis zwischen dem Nettoertrag (vor Steuern) und dem in die Liegenschaft investierten Eigenkapital. Der Nettoertrag wird aus dem Bruttoertrag (Nettomietzinseinnahmen vermindert um allfällige Zahlungsausfälle) abzüglich Zins-, Unterhalts-, Betriebs- und Verwaltungsaufwand berechnet – und zwar üblicherweise vor Berücksichtigung von Abschreibungen, Rückstellungen und Risikoprämie. [27]

Neuwert
Als Neuwert resp. Reproduktionswert gelten die Kosten, die aufgebracht werden müssten, um das entsprechende Gebäude am gleichen Ort für die gleiche Nutzung, mit gleicher Nutzfläche, unter Berücksichtigung heute gültiger Vorschriften (z.B. Energie) und heute üblicher Standards (Ausbau, Installationsgrad, Materialien) neu zu erstellen. [27]

Nominelle Preise
Geldwert zu Preisen im zukünftigen Zahlungszeitpunkt (laufende Preise), d.h. unter Berücksichtigung der Inflation. [17]

Nutzen/Kosten-Untersuchung
Methodik zum Vergleich mehrerer (Investitions-)Alternativen auf der Basis eines mehrdimensionalen (monetären und nicht monetären) Zielsystems. Gängige Verfahren sind die Nutzwertanalyse und die Kosten/Wirksamkeits-Analyse. [17]

Nutzfläche
Teil der Nettogeschossfläche, welcher der Nutzung des Gebäudes aufgrund seiner Zweckbestimmung dient. [27]

Nutzniessung, Niessbrauch

Ist ein Recht, welches dem Berechtigten ein Anrecht auf den Besitz, den Gebrauch und die volle Nutzung der Sache gibt. [28]

Nutzungsdauer

Effektiv zu erwartende Periode zwischen der Inbetriebnahme und dem Ersatz eines Bau- oder Anlageteiles. Die Nutzungsdauer ist begrenzt durch die technische Lebensdauer oder durch einen allfälligen Ersatz aufgrund veränderter Bedürfnisse oder verbesserter Ausführungen. [26]

Nutzungskosten

Kosten, welche infolge der Nutzung bzw. des Besitzes einer Immobilie anfallen. Nutzungskosten bestehen aus den Bewirtschaftungskosten, den Kapitalkosten und den Abschreibungen. [19]

Nutzwertanalyse

→ Nutzen/Kosten-Untersuchung

Objektmanagement

Gestaltung, Realisierung, Lenkung und Entwicklung eines/mehrerer physischen Objekte/s (z.B. Immobilien, Raumfahrzeuge) über den gesamten Lebenszyklus des/der Objekte/s. [17]

Operating Assets

Betriebswirtschaftlich notwendiges Vermögen.

Orts- oder Quartierüblichkeit

Orts- oder quartierüblicher Mietpreis.

Outsourcing

Auslagerung von betrieblich notwendigen, aber in der Regel nicht zum Kerngeschäft eines Unternehmens gehörenden Leistungen an spezialisierte Drittunternehmen im Vertragsverhältnis (z.B. FM-Leistungen). [17]

Pacht

Zeitweise Überlassung einer nutzbaren Sache (z.B. landwirtschaftliches Grundstück, Hotel, Betrieb) oder eines nutzbaren Rechtes (z.B. Fischereirecht) zum Gebrauch und zum Bezug der Früchte oder Erträgnisse gegen Entrichtung eines Pachtzinses. Die gesetzlichen Bestimmungen über die Pacht sind im Schweizerischen Obligationenrecht (Art. 275 ff. OR) und in der Verordnung über die Miete und Pacht von Wohn- und Geschäftsräumen (VMWG) enthalten. [16]

Pachtzins

Entgelt für die Pacht. [16]

Parterre, Erdgeschoss

Zu ebener Erde gelegener Gebäudeabschnitt.

Hoch-Parterre, eine halbe Treppe über dem Erdboden gelegenes Geschoss. [16]

Payout-Ratio

Das Dividend Payout-Ratio (Dividendenausschüttungs-Verhältnis) ist ein Modell zur Cash Flow-Messung, das von Investoren benutzt wird, um festzustellen, ob eine Firma ein ausreichendes Niveau an Cash Flows erzeugt, um einen anhaltenden Strom von Dividendenzahlungen an sie zu sichern.

Pay Back-Methode
→ Amortisationsrechnung

Perimeterbeitrag
Rückvergütung von Erschliessungskosten an das Gemeinwesen. [16]

Pfandbelastungsgrenze
→ Belastungsgrenze

Portfoliomanagement
Der Begriff «Portfoliomanagement» wird in der Immobilienwirtschaft noch nicht allzu lange angewendet. Er stammt aus der Kapitalmarkttheorie und wird dort als gemischtes Anlageportfolio (Wertpapiere, Immobilien etc.) unterschiedlicher Art, unter der Prämisse der Renditesteigerung und Risikominderung verstanden. Inhalt des Immobilien-Portfoliomanagements ist die systematische Planung, Steuerung und Kontrolle eines Bestandes an Immobilien und Grundstücken, mit der Zielsetzung Erfolgspotenziale aufzubauen. Das Portfoliomanagement ermöglicht auch Entscheidungsgrundlagen, über eine einzelne Immobilie hinaus, für die Optimierung des ganzen Immobilienbestandes zu liefern.

Present Value
→ Barwert

Private Equity-Gesellschaft
Privates Beteiligungskapital ist der allgemeine Begriff für das von privaten und institutionellen Anlegern bereitgestellte Beteiligungskapital an in der Regel nicht börslich (öffentlich) gehandelten Unternehmen.

Projekt
Abgrenzbares Vorhaben, welches bezüglich der Ziele und Rahmenbedingungen eine gewisse Einmaligkeit aufweist, projektspezifischen Restriktionen betreffend Finanzen, Zeit und Ressourcen unterworfen ist und von einer projektspezifischen Organisation durchgeführt wird. [17]

Projektmanagement
Operative Planung und Leitung eines einmaligen Vorhabens bzw. Projekts. [17]

(Bau-)Projektorganisation
Projektspezifische, temporäre Organisation für die Planung, Durchführung und Steuerung eines (Bau-)Projekts. [17]

Promotor
Initiant einer Bauinvestition, ohne Absicht, die Immobilie auf Dauer im Eigentum zu halten.

Public Real Estate Management (PREM)
Das Public Real Estate Management (PREM) ist eine strategische Gesamtkonzeption des Immobilien-Portfoliomanagements der öffentlichen Hand, welche den Bestand nach wirtschaftlichen und politischen Zielen optimieren soll.

Rahmenmietvertrag
Der Rahmenmietvertrag im Sinne dieses Gesetzes ist eine Vereinbarung, durch die Vermieter- und Mieterverbände gemeinsam Musterbestimmungen über Abschluss, Inhalt und Beendigung der einzelnen Mietverhältnisse über Wohn- und Geschäftsräume aufstellen. [5]

Rang
Bestimmt die Reihenfolge, in der die Pfandgläubiger im Falle der Pfandverwertung aus dem Liquidationserlös befriedigt werden. [16]

Reale Preise
Geldwert zu Preisen im aktuellen Zeitpunkt, d.h. ohne Inflation.

Realwert, Sachwert, Substanzwert
Der Realwert einer Liegenschaft setzt sich zusammen aus dem Zeitwert (Zustandswert) aller baulichen Anlagen auf einem Grundstück, den für ihre Erstellung notwendigen Vorbereitungsarbeiten, Umgebungsarbeiten und Baunebenkosten zuzüglich dem Landwert. [27]

Referenzzeitpunkt
Bezugszeitpunkt für die Diskontierung von zukünftigen Zahlungsströmen bzw. zur Berechnung deren Barwerte oder des Kapitalwertes (Discounted Cash Flow) einer Investition. In der Regel wird der Beginn der Betrachtungsperiode bzw. der Nutzungsdauer einer Investition als Referenzzeitpunkt gewählt. [26]

Rendite, Rentabilität
Verhältnis von periodischem Ertrag zu investiertem Kapital; Rentabilitätskennziffer.

Bruttorendite = Jahresmietertrag: Anlagewert x 100.

Die kostendeckende Bruttorendite (KBR) wird berechnet, indem statt des jährlichen Mietertrags der jährliche kostendeckende Mietpreis gemäss Liegenschaftskostenrechnung in obige Formel eingesetzt wird. Bei Einfamilienhäusern liegt die kostendeckende Bruttorendite erfahrungsgemäss um 1–2%, bei Mehrfamilienhäusern um 2–3% über dem aktuellen Zinssatz für 1. Hypotheken.

Nettorendite (NR), prozentuales Verhältnis von jährlichem Nettomietertrag zum Eigenkapital.

Nettorendite = Jahresnettomietertrag: Eigenkapital x 100. [16]

Renovation, Instandstellung
→ Instandsetzung

Restwert
→ Liquidationserlös

Return On Equity
Eigenkapital-Rendite, Betriebsgewinn in % des Eigenkapitals.

Return On Invested Capital
Gesamtkapital-Rendite.

Return On Investment
→ Rendite

Return On Sales
Umsatzrendite (Betriebsgewinn in % des Umsatzes).

Risikoprämie
Bestandteil des Mietpreises, der zur Deckung von Verlusten aus Leerwohnungsbeständen und Mietzinsausfällen dient. [16]

Rückkaufsrecht
Recht des Verkäufers, eine Liegenschaft zu den im Voraus festgelegten Bedingungen zurückzukaufen. [16]

Sachwert
→ Realwert

Sanierung
→ Instandsetzung

Schlichtungsbehörde, Schlichtungsstelle
Aus Vertretern der Vermieter und Mieter paritätisch zusammengesetztes Gremium, das bei Mietstreitigkeiten eine Einigung zwischen den Parteien anstrebt. [16]

Schuldbrief
Grundpfandrecht; verkehrsfähige Forderung, für die das Grundstück und der Schuldner mit seinem persönlichen Vermögen haften. [16]

Selbstkosten
Beinhalten Materialkosten + Fertigungskosten + Verwaltungskosten sowie Vertriebskosten. [16]
Summe der Kosten, die für die Herstellung sowie für den Vertrieb und die Verwaltung in einem Unternehmen anfallen. Sie werden in der Kostenrechnung im Rahmen der Kostenträgerrechnung durch eine Zuschlagskalkulation oder Divisionskalkulation ermittelt. Insbesondere für die Preispolitik (Stückpreis, Preisuntergrenzen) sind die Selbstkosten eine wichtige Entscheidungsgrundlage.

Service Level Agreement (SLA)
Vereinbarung zwischen dem Auftraggeber bzw. Kunden und dem Leistungserbringer über die Leistung, deren Messung und die Bedingungen der Erbringung der Dienstleistungen. [10]

Servitut
→ Dienstbarkeit

Sharp-Ratio
Die Sharp-Ratio, auch Reward-to-Variability-Ratio genannt, ist eine Kennzahl und betrachtet die Rendite einer Geldanlage in Abhängigkeit vom Risiko bzw. der Volatilität bei unterstelltem fixem Zinssatz. Mit der Sharp-Ratio kann im Nachhinein ein Vergleich zwischen verschiedenen Geldanlagen vorgenommen werden.

Sicherheitsleistung
→ Depot

Sperrfrist
Zeitlich begrenztes Veräusserungsverbot für Grundstücke. Die Sperrfrist beträgt bei nichtlandwirtschaftlichen Grundstücken 2 Jahre und bei landwirtschaftlichen Grundstücken 10 Jahre. [16]

Staffelmiete
Vertragliche Vereinbarung, wonach sich der Mietpreis periodisch um einen frankenmässig festgelegten Betrag erhöht. Der Mietvertrag muss für mindestens drei Jahre abgeschlossen werden (Art. 269c OR). [16]

Steuerwert, Katasterwert, Güterschatzung, amtlicher Wert
Liegenschaftsschätzung gemäss kantonalem Steuergesetz. Die Schätzung ist die Bemessungsgrundlage für die Vermögens-, Liegenschafts-, Minimal-, Erbschafts- und Schenkungssteuer. Über die Berechnung des Eigenmietwerts beeinflusst sie auch die Einkommenssteuer. [33]

Stockwerk, Etage
Eines der über dem Parterre (Erdgeschoss) gelegenen Geschosse. [16]

Stockwerkeigentum (STWE)
Miteigentumsanteil an einem Grundstück, der dem Miteigentümer das Sonderrecht gibt, bestimmte Teile eines Gebäudes ausschliesslich zu benutzen und innen auszubauen (Art. 712a ZGB). 1965 in der Schweiz eingeführte Sonderform des Miteigentums. [16]

Strategisches Controlling
Systematisches, proaktives Steuern der Entwicklung von Unternehmen und Vermögens-Portfolios. Controlling ist Input-, Prozess- und Outputorientiert; es stellt die effektive und effiziente Umsetzung der strategischen Pläne (Projekte und Massnahmen) sicher. [17]

Strategische Planung
Mittel- und langfristige Planung der Entwicklung eines Unternehmens oder eines Vermögens-Portfolios (Immobilien, Wertpapiere usw.). Die strategische Planung basiert auf der normativen Planung und mündet in strategische Projekte bzw. Massnahmen. [17]

Submission
Öffentliche oder auf Einladung basierende Ausschreibung zwecks Vergabe von Bauarbeiten oder Leistungen. [16]

Substanzwert/Substanzwertmethode
→ Realwert

Teuerung, allgemeine
Durchschnittliche Preisänderung gemäss Konsumentenpreisindex (Inflation).

Teuerung auf dem risikotragenden Kapital, Kaufkraftsicherung
Schutz des in der Liegenschaft investierten Eigenkapitals vor der Geldentwertung. Gemäss Mietrecht sind Mietzinserhöhungen in der Regel nicht missbräuchlich, wenn sie lediglich die Teuerung auf dem risikotragenden Kapital ausgleichen (Art. 269a lit. E OR). Eine mit dem Teuerungsausgleich begründete Mietzinserhöhung darf 40% des seit der letzten Mietzinsanpassung zu verzeichnenden Anstiegs des Landesindexes der Konsumentenpreise nicht übersteigen (Art. 16 VMWG). [16]

Tilgung
→ Amortisation

Totalunternehmer (TU)
Der TU übernimmt als alleiniger Vertragspartner des Bauherrn die Gesamtverantwortung für die Planung und Ausführung von Bauten; er kann Qualität, Termin und Preis garantieren. Der Totalunternehmer übernimmt im Gegensatz zum Generalunternehmer auch die Aufgabe der Architekten und Ingenieure. [16]

Treynor-Ratio
Die von J. L. Treynor 1965 erstmals aufgestellte Treynor-Ratio ist eine auf dem Capital Asset Pricing Model (CAPM) aufbauende finanzwirtschaftliche Kennzahl.

Sie bezeichnet das Verhältnis der Überschussrendite zum Betafaktor und somit die Risikoprämie je Einheit des eingegangenen systematischen Risikos. Stehen zwei Portfolios unter gleichen Rahmenbedingungen zur Auswahl, so erzielt das Portfolio mit der grösseren Treynor-Ratio seine Rendite mit geringerem systematischem Risiko.

Überbauungsziffer
Die Überbauungsziffer ist die Verhältniszahl zwischen der überbauten Grundfläche und der anrechenbaren Grundstücksfläche. [28]

Überwachung
Feststellen und Bewerten des Zustandes mit Empfehlungen für das weitere Vorgehen. [25]

Umbau
In aller Regel bewilligungspflichtiges Anpassen an neue Anforderungen, mit wesentlichen Eingriffen in das Bauwerk. [25]

Umsatzmiete
Bemessung der Mietpreise für Geschäftsräumlichkeiten in Abhängigkeit vom Geschäftsverlauf des Mieters. [16] Wird meistens in Verbindung mit einer Basismiete verwendet.

Unterhalt
Die Gesamtheit der Massnahmen zur Bewahrung und Wiederherstellung des Soll-Zustandes von Gebäuden und der dazugehörenden Anlagen. [25]

Unterhaltskosten
Summe der Instandhaltungskosten und der Instandsetzungskosten. [25]

Untermiete
Weitervermietung einer Mietfläche oder von Teilen davon durch den Mieter an einen Dritten. [16]

Value Based Management
Wertorientierte Führung.

Varianzbereich
Die Varianz ist ein Mass, das beschreibt, wie sehr ein Sachverhalt «streut». Sie wird berechnet, indem man die Abstände der Messwerte vom Mittelwert quadriert, addiert und durch die Anzahl der Messwerte teilt.

Veränderung
Eingreifen in ein Bauwerk zwecks Anpassung an neue Anforderungen. [25]

Verbesserung, wertvermehrende
→ Investition, wertvermehrende

Vergleichsmiete
Orts- und quartierüblicher Mietpreis (Erhält im neuen Mietrecht gesetzesähnliche Bedeutung). [16]

Verkehrsfläche
Teil der Nettogeschossfläche, welcher dem Zugang zu den Räumen, dem Verkehr innerhalb des Gebäudes und auch dem Verlassen im Notfall dient. [27]

Verkehrswert, Kaufpreis, Verkaufspreis
Preis, der für eine Liegenschaft tatsächlich erzielt wurde oder unter normalen Verhältnissen voraussichtlich hätte erzielt werden können. In der Praxis der Liegenschaftsschätzung wird der Verkehrswert überbauter Grundstücke aus den unabhängig voneinander errechneten Grössen Realwert und Ertragswert bestimmt. Bei Einfamilienhäusern wird dem Realwert, bei Mehrfamilienhäusern dem Ertragswert mehr Gewicht beigemessen. [16]

Vermietbare Fläche, Nettomietfläche
Die vermietbare Fläche setzt sich aus der Geschoss- und Aussengeschossfläche abzüglich der tragenden Konstruktionsfläche sowie den allgemeinen Nebennutz-, Funktions-, Verkehrs- und Aussengeschossflächen zusammen. Sie entspricht der Fläche, die effektiv vermietet werden kann. [27]

Versicherungswert, Assekuranzwert
Der Gebäudeversicherungswert entspricht der von den Gebäudeversicherungsgesellschaften festgelegten Versicherungssumme (ohne Landwert). Umfang und Bewertung sind kantonal unterschiedlich. [28]

Verwaltung
Aufwand für die (kaufmännische) Verwaltung eines Objektes. Dazu gehören auch Aufwände für Kauf, Verkauf, Bauherrenaufgaben bei Bau, Umbau, Erneuerung, Aufwand für Vermarktung, Vermietung sowie für Portfoliomanagement. [19]

Verwaltungskosten
Kosten von Eigen- und Fremdleistungen zur Verwaltung eines Gebäudes (Personal- und Sachmittelkosten). [7]

Volatilität
Volatilität bezeichnet in einer Statistik die Schwankung von Zeitreihen. Die Volatilität ist hier definiert als die Standardabweichung der Veränderungen (auch Renditen, Returns) des betrachteten Parameters und dient häufig als Risikomass.

Volumeneffizienz
Verhältnis von Gebäudevolumen zu Geschossfläche.

Volumenziffer, Baumassenziffer
Verhältnis zwischen dem oberirdischen Gebäudevolumen und der anrechenbaren Grundstücksfläche; definiert die maximal zulässige Überbauung eines Grundstücks. [16]

Vorkaufsrecht
Recht, bei einem allfälligen späteren Verkauf statt eines Dritten in den Kaufvertrag einzutreten.
Gesetzliches Vorkaufsrecht steht dem Vorkaufsberechtigten von Gesetzes wegen zu und ist im Grundbuch vorgemerkt.
Limitiertes Vorkaufsrecht ist mit einem zum Voraus fest bestimmten Kaufpreis ausgestattet. [16]

Weighted Average Cost of Capital
Gewichteter Kapitalkostensatz. Kapitalkosten des Eigenkapitals und des Fremdkapitals.

Wert, amtlicher

→ Steuerwert

Wirtschaftlichkeit

Verhältniszahl zwischen Ertrag dividiert durch Aufwand. [16]

Wirtschaftlichkeitsrechnung

Berechnung der Wirtschaftlichkeit eines Projekts bzw. einer Investition mit einer statischen Methode (z.B. Amortisationsrechnung) oder einer dynamischen Methode (z.B. DCF-Methode). [17]

Wohndichte

Die Wohndichte stellt sich aus der Anzahl Haushaltsmitglieder dividiert durch die Anzahl Zimmer (ohne Küche, Badezimmer, Toilette, Garage und Geschäfts- oder Abstellräume) zusammen. Eine Wohndichte von 0,5 Personen pro Zimmer entspricht 2 Zimmern pro Person, 1 entspricht einem Zimmer pro Person. [4]

Wohneigentum für alle

Titel der vom Schweizerischen Hauseigentümerverband 1992 lancierten eidgenössischen Volksinitiative zwecks Aufnahme eines Art. 34octies in die Schweizerische Bundesverfassung (BV). Die Initiative verlangt Massnahmen zur Förderung des Bau- und Wohnsparens sowie massvolle Eigenmietwerte. Die Eigenmietwerte sollen nicht mehr erhöht werden, solange der Eigentümer oder der überlebende Ehegatte das Eigenheim selber bewohnt. [16]

Wohneigentümerquote, Wohneigentumsquote

Anteil der Haushalte, die Eigentümer ihrer Erstwohnung (Eigenheim Eigentumswohnung) sind. Die erweiterte Wohneigentumsquote umfasst auch jene Haushalte, die nicht Eigentümer ihrer Erstwohnung sind, aber über Eigentum an Wohnungen (Zweit- und Ferienwohnungen, Mietwohnungen) verfügen. [16]

Wohneigentumsförderung

Massnahmen zwecks breiterer Streuung des selbstgenutzten Haus-, Wohnungs- und Grundeigentums. Das Postulat der Wohneigentumsförderung ist in den Artikeln 34sexies und 34quater der Schweizerischen Bundesverfassung (BV) verankert. Der Bund erleichtert den Erwerb von Wohnungs- und Hauseigentum u.a. durch Massnahmen im Rahmen des Wohnbau- und Eigentumsförderungsgesetzes. [16]

Wohnrecht

Dingliches Recht, in einem Gebäude oder Teilen desselben zu wohnen. Ein im Grundbuch vorgemerktes Wohnrecht bleibt bei einem Verkauf des Grundstücks bestehen, ist jedoch nicht auf andere Personen übertragbar. [16]

Wohnung

Räume, auch einzelner Raum, die für die dauernde Unterkunft von Personen geeignet und bestimmt sind. [16]

Zeitwert

Als Zeitwert (ZW) wird der Betrag bezeichnet, der für die Neuanschaffung oder die Wiederherstellung einer gleichartigen Sache erforderlich ist, abzüglich der Wertminderung infolge von Abnützung, Alter oder anderen Gründen. [6]

Zins

Preis für die leihweise Überlassung von Kapital.

Mietzins (auch Mietpreis), Entgelt für die (vorübergehende) Überlassung einer Mietsache zum Gebrauch. Der Mietzins für Wohnungen wird üblicherweise als frankenmässig bezeichneter Betrag pro Monat und nicht als Zinssatz ausgewiesen. Der Mietzins für Geschäftsräume wird üblicherweise in Franken pro Quadratmeter und Jahr bei gleichzeitiger Angabe der vermieteten Fläche ausgewiesen. [16]

Zinssatz, Zinsfuss

Preis für die leihweise Überlassung von Kapital, ausgedrückt als Quote des Kapitals, meist in Prozent, pro rata temporis (meist pro Jahr). [16]

Zinsstufenhypothek

Hypothekarform, bei der sich die Zinszahlungen nach einem bestimmten Schlüssel über eine feste Laufzeit verteilen. Um die finanzielle Belastung unmittelbar nach dem Erwerb zu reduzieren, erhält der Kreditnehmer in den ersten Jahren eine Zinsermässigung gegenüber dem Satz für variable Hypotheken, die er später durch entsprechende Zinserhöhungen wieder ausgleicht. [33]

Quellenverzeichnis

[1] Bankfachwörterbuch/UBS AG, Zürich
[2] Baulexikon/www.bauprojekt.ch, Schweizer Online-Dienst für das Bauwesen
[3] Bundesamt für Energie, Ittigen
[4] Bundesamt für Statistik, Neuchâtel
[5] Bundesgesetz über Rahmenverträge
[6] ABC der Finanzen/Süddeutsche Zeitung, München
[7] DIN 18960 : 1999-08
[8] DIN 32736 : 2000
[9] Eidgenössische Steuerverwaltung, Bern
[10] EN 15221-1 : 2006
[11] FM Monitor 2005/pom+Consulting AG, Zürich
[12] Gebäudeversicherung des Kantons Bern, Ittigen
[13] Alumni BFH Wirtschaft (vormals Gesellschaft Berner Betriebsökonomen HWV), Zürich
[14] GEFMA Deutscher Verband für Facility Management e.V., Nürnberg
[15] Glossar/Credit Suisse, Zürich
[16] Immo-Lexikon/HEV Schweiz, Zürich
[17] Institut für Bauplanung und Baubetrieb, ETH Zürich, Zürich
[18] Institut für Betriebs- und Regionalökonomie/Hochschule Zentralschweiz, Luzern
[19] IFMA International Facility Management Association, Houston TX
[20] IFMA Schweiz, Zürich
[21] Internet-Glossar/Verband der Schweizer Raiffeisenbanken, St. Gallen
[22] Luzerner Steuerbuch/Weisungen
[23] Richtlinien/Glarner Sachversicherung, Glarus
[24] SIA 180/4 : 1999
[25] SIA 469 : 1997
[26] SIA 480 : 2004
[27] SIA D 0165 : 2000
[28] Schweizerische Vereinigung kantonaler Grundstückbewertungsexperten, Chur
[29] Statistisches Bundesamt Deutschland, Wiesbaden
[30] Steuerinformation/Interkantonale Kommission für Steuerfragen, Bern

[31] Swiss Banking Institute, Universität Zürich, Zürich
[32] Verein zur Zertifizierung im Projektmanagement, Glattbrugg
[33] Glossar Eigenheimfinanzierung/www.vzonline.ch, VZ Vermögens Zentrum, Zürich
[34] Eidgenössisches Wohnbau- und Eigentumsförderungsgesetz

Autoren

Stefan Bingisser
UBS AG Corporate Finance Switzerland
Elias Canetti-Strasse 2
8098 Zürich

Andreas Binkert
dipl. Arch. ETH
Nüesch Development
Kreuzbuchstrasse 29
6006 Luzern

Benjamin Buser
Dr. sc. ETH
Ernst Basler + Partner AG
Mühlebachstrasse 11
8032 Zürich

Giovanni Danielli
Prof. Dr. phil. nat.
Hochschule Luzern
Institut für Tourismuswirtschaft
Rösslimatte 48
6002 Luzern

Sandro De Jacob
SIB Strategische Immobilien Beratung
Bruggwisstrasse 15
8523 Hagenbuch

Ruedi Detsch
Stadt Zürich, Immobilien-Bewirtschaftung
Lindenhofstrasse 21
8021 Zürich

Michael Eichholzer
Betriebsök. HWV, dipl. Steuerexperte
Balmer-Etienne AG
Dreikönigstrasse 34
8002 Zürich

Thomas Häberli
Stadt Zürich, Immobilien-Bewirtschaftung
Lindenhofstrasse 21
8021 Zürich

Fredy Hasenmaile
Credit Suisse Economic Research
Uetlibergstrasse 231
8070 Zürich

Jürg Inderbitzin
dipl. Geograf
Hochschule Luzern
Institut für Betriebs- und
Regionalökonomie
Zentralstrasse 9
6002 Luzern

Florian Jennewein
dipl. Arch. ETH
Nüesch Development
Quellenstrasse 1
8005 Zürich

Werner Kälin
Stadt Zürich, Amt für Hochbauten
Lindenhofstrasse 21
8021 Zürich

Christoph Kratzer
dipl. Bauing. ETH
MMK Immobilientreuhand AG
Seestrasse 17
8002 Zürich

Bernhard Lauper
Immopro AG
Alderstrasse 40
8034 Zürich

Daniela Lutz
RA lic. iur. M.B.L-HSG
Lindtlaw Anwaltskanzlei
Obstgartenstrasse 7
8042 Zürich

Minh Ly
dipl. Arch. ETH
Nüesch Development
Brunnadernstrasse 91
3006 Bern

Tino Martin Margadant
Mobimo Development
Seestrasse 59
8700 Küsnacht

Peter Marti
Dr. oec. publ.
Metron AG
Stahlrain 2
5201 Brugg

Andreas Meister
Dr. sc. techn.
Move Consultants AG
St. Jakobs-Strasse 54
4002 Basel

Werner Mendler
dipl. Energie- und Umweltingenieur FH
Stadt Zürich, Immobilien-Bewirtschaftung
Lindenhofstrasse 21
8021 Zürich

Albert Metz
MMK Immobilientreuhand AG
Seestrasse 17
8002 Zürich

Sandra Nigsch
dipl. Arch. ETH
Stadt Zürich, Amt für Städtebau
Lindenhofstrasse 19
8021 Zürich

Hansjörg Pedrett
dipl. Bauing. HTL/FH
MMK Immobilientreuhand AG
Seestrasse 17
8002 Zürich

Roberto Pelizzari
dipl. Arch. ETH
Dachtler Partner AG Architekten
Birmensdorferstrasse 94
8036 Zürich

Jürg Rehsteiner
dipl. Arch. FH, Executive MBA HSG
Brandschenkestrasse 72
8002 Zürich

Hans Jörg Rütsche
dipl. El. Inst. TFS
tcm solution ag
Hardturmstrasse 123
8005 Zürich

Werner Schaeppi
Dr. phil.
Werbepsychologe
Gotthardstrasse 31
6300 Zug

Hans-Rudolf Schalcher
Prof. Dr. sc. techn.
ETH Zürich
Institut für Bauplanung und Baubetrieb
Wolfgang-Pauli-Strasse 15
8093 Zürich

Adrian Schmid
RA lic. iur.
Balmer-Etienne AG
Kauffmannweg 4
6003 Luzern

Markus Schmidiger
Dr. oec. HSG
Hochschule Luzern
Institut für Finanzdienstleistungen
Grafenauweg 10
6304 Zug

Christopher Tillman
RA lic. iur. LL. M., Fachanwalt SAV
Bau- und Immobilienrecht
Lutz Rechtsanwälte
Forchstrasse 2
8032 Zürich

Christian Unternährer
UBS AG Corporate Finance Switzerland
Elias Canetti-Strasse 2
8098 Zürich

Alan Wakefield
Stadt Zürich, Amt für Hochbauten
Lindenhofstrasse 21
8021 Zürich

Stephan Wegelin
Stephan Wegelin.Marketing &
Communication
Reismühlestrasse 11/83
8409 Winterthur

Thomas Wetzel
Dr. iur., Fachanwalt SAV
Bau- und Immobilienrecht
Wenger Plattner Rechtsanwälte
Seestrasse 39
8700 Küsnacht

Mark Ziegler
dipl. Arch. ETH
Stadt Zürich, Immobilien-Bewirtschaftung
Lindenhofstrasse 21
8021 Zürich

Albert Ziegler
Pater Dr. phil. lic. theol.
Sozialethiker
Hirschengraben 74
8001 Zürich